中国科学院科学出版基金资助出版

计算方法丛书·典藏版 27

最优化理论与方法

袁亚湘　孙文瑜　著

科学出版社

北京

内 容 简 介

本书全面、系统地介绍了无约束最优化、约束最优化和非光滑最优化的理论和计算方法，它包括了近年来国际上关于优化研究的最新成果.

本书可作研究生教材，可供从事计算数学、应用数学、运筹学和计算技术的科研人员参考.

图书在版编目(CIP)数据

最优化理论与方法/袁亚湘，孙文瑜著. —北京：科学出版社，2007.7
(计算方法丛书)
ISBN 978-7-03-005413-5
Ⅰ. ①最… Ⅱ. ①袁… ②孙… Ⅲ. ①最优化算法②最佳化-数学理论
Ⅳ. ①O224
中国版本图书馆 CIP 数据核字(2007)第 124982 号

责任编辑：赵彦超 胡庆家／责任校对：鲁 素
责任印制：赵 博／封面设计：陈 敬

科学出版社 出版
北京东黄城根北街 16 号
邮政编码：100717
http://www.sciencep.com
天津市新科印刷有限公司印刷
科学出版社发行 各地新华书店经销
*
1997 年 1 月第 一 版 开本：850×1168 1/32
2024 年 1 月印 刷 印张：20 3/8
字数：538 000
定价：148.00 元
(如有印装质量问题，我社负责调换)

前　　言

最优化是一门应用相当广泛的学科，它讨论决策问题的最佳选择之特性，构造寻求最佳解的计算方法，研究这些计算方法的理论性质及实际计算表现．伴随着计算机的高速发展和优化计算方法的进步，规模越来越大的优化问题得到解决．因为最优化问题广泛见于经济计划、工程设计、生产管理、交通运输、国防等重要领域，它已受到政府部门、科研机构和产业部门的高度重视．

本书全面、系统地介绍了最优化理论和方法，详细论述了无约束最优化、约束最优化和非光滑最优化的最优性条件、求解方法以及各类求解方法的特点．作者在本书拟稿时曾打算用一章来介绍线性规划，后发现要想仅用一章系统地介绍线性规划是远远不够的，故本书未对线性规划作介绍．感兴趣的读者可参阅 Dantzig (1963), Chvàtal (1983), Walsch (1985).

本书的特点之一是内容新，它介绍了近些年来国际上关于最优化研究的许多新的成果．书中的不少内容是作者在优化科研中取得的结果，例如关于信赖域法、非精确牛顿法、自调比变尺度法、非二次模型方法、非拟牛顿法以及逐步二次规划方面的结果．本书的另一个特点是理论性强，它深入地探讨了许多算法的收敛性，给出了大量的全局收敛性和局部收敛性结果．

本书可作为研究生教材，也可作为科研人员以及从事实际应用的工程技术人员的参考书．

本书的一至七章由南京大学孙文瑜撰写，作者感谢 J. Stoer, E. Spedicato, Liqun Qi 和胡毓达等教授的支持．作者的一些研究生对书稿提过很好的建议，也在此致谢．

八至十四章由中国科学院袁亚湘撰写．作者在此感谢 M.J.D. Powell 和 冯康 先生、石钟慈教授的关心和鼓励．作者的学生陈新对部分书稿进行了认真的校对，也一并表示感谢.

北京航空航天大学王日爽教授对全书手稿进行了认真审阅，并提出了宝贵的修改意见，作者谨向他致以衷心的感谢.

本书的出版得到了中国科学院出版基金的资助，在此表示感谢.

由于水平有限，书中难免有不妥和错误之处，欢迎读者批评指正.

作　者

1995. 12. 30

目　录

第一章 引 论

§1.1 引 言

最优化理论与方法是一门应用性很强的年轻学科. 它研究某些数学上定义的问题的最优解, 即对于给出的实际问题, 从众多的方案中选出最优方案.

虽然最优化可以追溯到十分古老的极值问题, 然而, 它成为一门独立的学科是在本世纪 40 年代末, 是在 1947 年 Dantzig 提出求解一般线性规划问题的单纯形法之后. 现在, 解线性规划、非线性规划以及随机规划、非光滑规划、多目标规划、几何规划、整数规划等各种最优化问题的理论的研究发展迅速, 新方法不断出现, 实际应用日益广泛. 在电子计算机的推动下, 最优化理论与方法在经济计划、工程设计、生产管理、交通运输等方面得到了广泛应用, 成为一门十分活跃的学科.

最优化问题的一般形式为

$$\begin{aligned} &\min f(x) \\ &\text{s.t. } x \in X, \end{aligned} \tag{1.1.1}$$

其中 $x \in R^n$ 是决策变量, $f(x)$ 为目标函数, $X \subset R^n$ 为约束集或可行域. 特别地, 如果约束集 $X = R^n$, 则最优化问题 (1.1.1) 称为无约束最优化问题:

$$\min_{x \in R^n} f(x). \tag{1.1.2}$$

约束最优化问题通常写为

$$
\begin{aligned}
&\min f(x) \\
&\text{s.t. } c_i(x)=0, \quad i\in E, \\
&\qquad c_i(x)\geqslant 0, \quad i\in I,
\end{aligned} \tag{1.1.3}
$$

这里 E 和 I 分别是等式约束的指标集和不等式约束的指标集，$c_i(x)$ 是约束函数. 当目标函数和约束函数均为线性函数时，问题称为线性规划. 当目标函数和约束函数中至少有一个是变量 x 的非线性函数时，问题称为非线性规划. 此外，根据决策变量、目标函数和要求的不同，最优化还分成了整数规划、动态规划、网络规划、非光滑规划、随机规划、几何规划、多目标规划等若干分支. 本书主要研究求解无约束最优化问题 (1.1.2) 和约束最优化问题 (1.1.3) 的理论和方法，其中第三章至第七章研究无约束最优化问题，第八章至第十三章研究约束最优化问题，第十四章研究非光滑优化问题.

§1.2 数学基础

本节介绍在最优化理论与方法中常常用到的一些数学基础知识.

1.2.1 范数

定义 1.2.1 映射 $\|\cdot\|: R^n \to R$ 称为 R^n 上的半范数，当且仅当它具有下列性质：

(i) $\|x\|\geqslant 0, \forall x\in R^n$.

(ii) $\|\alpha x\|=|\alpha|\|x\|, \forall \alpha\in R, x\in R^n$.

(iii) $\|x+y\|\leqslant \|x\|+\|y\|, \forall x,y\in R^n$.

此外，除了上述三个性质外，如果映射还满足

(iv) $\|x\|=0 \Leftrightarrow x=0$,

则 $\|\cdot\|$ 称为 R^n 上的范数.

设 $x=(x_1,x_2,\cdots,x_n)^T\in R^n$, 常用的向量范数为

$$\|x\|_\infty=\max_i|x_i|,\quad (l_\infty\text{ 范数})\tag{1.2.1}$$

$$\|x\|_1=\sum_{i=1}^n|x_i|,\quad (l_1\text{ 范数})\tag{1.2.2}$$

$$\|x\|_2=\left(\sum_{i=1}^n x_i^2\right)^{1/2},\quad (l_2\text{ 范数})\tag{1.2.3}$$

这些都是 l_p 范数的特例. 一般地, 对于 $1\leqslant p<\infty$, l_p 向量范数定义为

$$\|x\|_p=\left(\sum_{i=1}^n|x_i|^p\right)^{1/p},\quad (l_p\text{ 范数}).\tag{1.2.4}$$

类似于向量范数的定义, 可以定义矩阵范数. 设 $A\in R^{n\times n}$, 其诱导矩阵范数定义为

$$\|A\|=\max_{x\neq0}\left\{\frac{\|Ax\|}{\|x\|}\right\},\tag{1.2.5}$$

其中 $\|x\|$ 是某一向量范数. 特别, l_1 诱导矩阵范数或列和范数:

$$\|A\|_1=\max_j\{\|a_{\cdot j}\|_1\}=\max_j\sum_{i=1}^n|a_{ij}|,\tag{1.2.6}$$

l_∞ 诱导矩阵范数或行和范数:

$$\|A\|_\infty=\max_i\{\|a_{i\cdot}\|_1\}=\max_i\sum_{j=1}^n|a_{ij}|,\tag{1.2.7}$$

l_2 诱导矩阵范数或谱范数:

$$\|A\|_2=(\lambda_{A^TA})^{1/2},\tag{1.2.8}$$

这里 λ_{A^TA} 表示 A^TA 的最大特征值, $a_{\cdot j}$ 表示 A 的第 j 列, $a_{i\cdot}$ 表示 A 的第 i 行. 显然,

$$\|A^{-1}\|=\frac{1}{\min\limits_{x\neq0}\dfrac{\|Ax\|}{\|x\|}}.$$

此外，对于诱导矩阵范数，我们总有 $\|I\| = 1$.

经常采用的矩阵范数还有 Frobenius 范数，它定义为

$$\|A\|_F = \left(\sum_{j=1}^{n}\sum_{i=1}^{n}|a_{ij}|^2\right)^{1/2} = [\mathrm{tr}\,(A^TA)]^{1/2}, \tag{1.2.9}$$

加权 Frobenius 范数和加权 l_2 范数分别定义为

$$\|A\|_{M,F} = \|MAM\|_F, \quad \|A\|_{M,2} = \|MAM\|_2, \tag{1.2.9a}$$

其中 M 是 $n \times n$ 对称正定矩阵.

如果某个范数 $\|\cdot\|$ 满足

$$\|AB\| \leqslant \|A\|\,\|B\|, \tag{1.2.10}$$

则称范数 $\|\cdot\|$ 满足相容性条件. 容易看出，诱导 p- 范数和 Frobenius 范数满足相容性条件，并且有

$$\|AB\|_F \leqslant \min\{\|A\|_2\|B\|_F, \|A\|_F\|B\|_2\}. \tag{1.2.10a}$$

此外，椭球向量范数也是常用的向量范数. 设 $x \in R^n$, $A \in R^{n\times n}$ 是对称正定矩阵，向量 x 的椭球范数定义为

$$\|x\|_A = (x^TAx)^{1/2}. \tag{1.2.11}$$

直交变换下不变的矩阵范数也是一类重要的矩阵范数. 设 U 为 n 阶直交矩阵，若

$$\|UA\| = \|A\|,$$

则称 $\|\cdot\|$ 为直交不变矩阵范数. 显然，谱范数和 Frobenius 范数是直交不变范数.

关于范数的等价性，我们有

定义 1.2.2 设 $\|\cdot\|_\alpha$ 和 $\|\cdot\|_\beta$ 是 R^n 上任意两个范数，如果存在 $\mu_1, \mu_2 > 0$, 使得

$$\mu_1\|x\|_\alpha \leqslant \|x\|_\beta \leqslant \mu_2\|x\|_\alpha, \quad \forall x \in R^n, \tag{1.2.12}$$

则称范数 $\|\cdot\|_\alpha$ 和范数 $\|\cdot\|_\beta$ 是等价的.

特别，我们有

$$\|x\|_2 \leqslant \|x\|_1 \leqslant \sqrt{n}\|x\|_2, \tag{1.2.13}$$

$$\|x\|_\infty \leqslant \|x\|_2 \leqslant \sqrt{n}\|x\|_\infty, \tag{1.2.14}$$

$$\|x\|_\infty \leqslant \|x\|_1 \leqslant n\|x\|_\infty, \tag{1.2.15}$$

$$\|x\|_\infty \leqslant \|x\|_2 \leqslant \|x\|_1, \tag{1.2.16}$$

$$\sqrt{\lambda}\|x\|_2 \leqslant \|x\|_A \leqslant \sqrt{\Lambda}\|x\|_2, \tag{1.2.17}$$

其中 λ 和 Λ 分别为 A 的最小和最大特征值.

设 $\{x_k\}$ 是向量序列，如果

$$\lim_{k\to\infty} \|x_k - x^*\| = 0, \tag{1.2.18}$$

则称序列 $\{x_k\}$ 依范数收敛到 x^*, 简称收敛到 x^*.

在 R^n 中，如果序列 $\{x_k\}$ 满足

$$\lim_{m,l\to\infty} \|x_m - x_l\| = 0,$$

则 $\{x_k\}$ 称为 Cauchy 序列. 这就是说，对任给的 $\varepsilon > 0$, 存在整数 N_ε, 使得每当 $m, l > N_\varepsilon$ 时，就有

$$\|x_m - x_l\| < \varepsilon$$

成立. 在 R^n 中，序列 $\{x_k\}$ 收敛，当且仅当 $\{x_k\}$ 是 Cauchy 序列.

关于范数的几个重要不等式是：

(1) Cauchy-Schwarz 不等式：

$$|x^T y| \leqslant \|x\|\,\|y\|,$$

当且仅当 x 和 y 线性相关时，等式成立.

(2) 设 A 是 $n \times n$ 正定矩阵，则

$$|x^T Ay| \leqslant \|x\|_A \|y\|_A,$$

当且仅当 x 和 y 线性相关时，等式成立.

(3) 设 A 是 $n \times n$ 正定矩阵，则

$$|x^T y| \leqslant \|x\|_A \|y\|_{A^{-1}},$$

当且仅当 x 和 $A^{-1}y$ 线性相关时，等式成立.

(4) Young 不等式：假定 p 和 q 都是大于 1 的实数，$\dfrac{1}{p}+\dfrac{1}{q}=1$，如果 x 和 y 是实数，则

$$xy \leqslant \frac{x^p}{p}+\frac{y^q}{q},$$

当且仅当 $x^p = y^q$ 时，等式成立.

证明 令 $s = x^p, t = y^q$，由算术-几何不等式，

$$xy = s^{1/p}t^{1/q} \leqslant \frac{s}{p}+\frac{t}{q}=\frac{x^p}{p}+\frac{y^q}{q}.$$

此外，当且仅当 $s = t$，即 $x^p = y^q$ 时，等式成立. □

(5) Hölder 不等式：

$$|x^T y| \leqslant \|x\|_p \|y\|_q = \left(\sum_{i=1}^n |x_i|^p\right)^{1/p}\left(\sum_{i=1}^n |y_i|^q\right)^{1/q},$$

其中 p 和 q 都大于 1 且满足 $\dfrac{1}{p}+\dfrac{1}{q}=1$.

证明 若 $x = 0$ 或 $y = 0$，则不等式显然成立. 若 x 和 y 均不为零，记

$$\|x\|_p = \left(\sum_{i=1}^n |x_i|^p\right)^{1/p}, \quad \|y\|_q = \left(\sum_{i=1}^n |y_i|^q\right)^{1/q},$$

从 Young 不等式，有

$$\frac{|x_iy_i|}{\|x\|_p\|y\|_q} \leqslant \frac{1}{p}\frac{|x_i|^p}{\|x\|_p^p} + \frac{1}{q}\frac{|y_i|^q}{\|y\|_q^q}, \quad i = 1, \cdots, n.$$

上述不等式两边关于 i 求和，得

$$\begin{aligned}\frac{1}{\|x\|_p\|y\|_q}\sum_{i=1}^n |x_iy_i| &\leqslant \frac{1}{p\|x\|_p^p}\sum_{i=1}^n |x_i|^p + \frac{1}{q\|y\|_q^q}\sum_{i=1}^n |y_i|^q \\ &= \frac{1}{p} + \frac{1}{q} = 1.\end{aligned}$$

两边同乘以 $\|x\|_p^p\|y\|_q^q$, 即得结果. □

(6) Minkowski 不等式：

$$\|x + y\|_p \leqslant \|x\|_p + \|y\|_p,$$

即

$$\left(\sum_{i=1}^n |x_i + y_i|^p\right)^{1/p} \leqslant \left(\sum_{i=1}^n |x_i|^p\right)^{1/p} + \left(\sum_{i=1}^n |y_i|^p\right)^{1/p},$$

其中，$p \geqslant 1$.

这个不等式的证明作为函数凸性的应用，在 1.3.2 节中给出.

1.2.2 矩阵求逆和广义逆

定理 1.2.3 (von Neumann 引理) 设 $E \in R^{n\times n}$, $I \in R^{n\times n}$ 是单位矩阵，$\|\cdot\|$ 是满足 $\|I\| = 1$ 的相容矩阵范数. 如果 $\|E\| < 1$, 则 $(I - E)$ 非奇异，且

$$(I - E)^{-1} = \sum_{k=0}^{\infty} E^k, \tag{1.2.19a}$$

$$\|(I - E)^{-1}\| \leqslant \frac{1}{1 - \|E\|}. \tag{1.2.19b}$$

如果 A 非奇异，$\|A^{-1}(B-A)\|<1$, 则 B 非奇异，且

$$B^{-1}=\sum_{k=0}^{\infty}(I-A^{-1}B)^k A^{-1}, \tag{1.2.20}$$

$$\|B^{-1}\|\leqslant \frac{\|A^{-1}\|}{1-\|A^{-1}(B-A)\|}. \tag{1.2.21}$$

证明 因为 $\|E\|<1$, 故

$$S_k=I+E+E^2+\cdots+E^k$$

定义一个 Cauchy 序列，因而收敛，即

$$\sum_{k=0}^{\infty}E^k=\lim_{k\to\infty}S_k=(I-E)^{-1},$$

从而得到 (1.2.19b).

由于 A 非奇异，$\|A^{-1}(B-A)\|=\|-(I-A^{-1}B)\|<1$, 由 (1.2.19a) 和 (1.2.19b) 立得 (1.2.20) 和 (1.2.21). □

这个定理表明，若 B 充分接近于一个可逆矩阵 A, 则 B 也可逆. 上述定理也可以写成下面的形式：

定理 1.2.3′ 设 $A,B\in R^{n\times n}$, A 可逆，$\|A^{-1}\|\leqslant\alpha$, 如果 $\|A-B\|\leqslant\beta$, $\alpha\beta<1$, 则 B 可逆，且

$$\|B^{-1}\|\leqslant\frac{\alpha}{1-\alpha\beta}.$$

设 L 和 M 是 R^n 的子空间，R^n 称为 L 和 M 的直和

$$R^n=L\oplus M$$

当且仅当

(1) $R^n=L+M$,

(2) $L\cap M=\{0\}$.

设 $R^n = L \oplus M$, 如果线性算子 $P: R^n \to R^n$ 满足

$$Py = y, \quad \forall y \in L,$$
$$Pz = 0, \quad \forall z \in M,$$

则称 P 是从 R^n 沿子空间 M 到子空间 L 上的投影算子，记作 $P_{L,M}$ 或 P.

如果 $M = L^{\perp}$, 则上述投影算子称为直交投影算子，记作 P_L 或 P.

设 $C^{m\times n}$ 是所有复 $m \times n$ 矩阵组成的集合， A^* 表示 A 的共轭转置.

设 $A \in C^{m\times n}$, 则 A 的 Moore-Penrose 广义逆定义为 $A^+ \in C^{n\times m}$, 它满足

$$AA^+A = A, \quad A^+AA^+ = A^+, \quad (AA^+)^* = AA^+, \quad (A^+A)^* = A^+A. \tag{1.2.22}$$

等价地，它满足

$$AA^+ = P_{R(A)}, \quad A^+A = P_{R(A^+)}, \tag{1.2.23}$$

其中 $P_{R(A)}$ 和 $P_{R(A^+)}$ 分别是象空间 $R(A)$ 和 $R(A^+)$ 上的直交投影算子.

如果 $A \in C_r^{m\times n}$ 的直交分解是

$$A = Q^*RP, \tag{1.2.24}$$

其中 Q 和 P 分别是 $m \times m$ 和 $n \times n$ 酉矩阵， $R \in C^{m\times n}$,

$$R = \begin{bmatrix} R_{11} & 0 \\ 0 & 0 \end{bmatrix},$$

其中 R_{11} 是 $r \times r$ 非奇异上三角矩阵，于是,

$$A^+ = P^*R^+Q, \tag{1.2.25}$$

其中

$$R^{+}=\begin{bmatrix} R_{11}^{-1} & 0 \\ 0 & 0 \end{bmatrix}.$$

类似地，如果 $A\in C_r^{m\times n}$ 的奇异值分解是

$$A=UDV^{*}, \tag{1.2.26}$$

其中 U 和 V 分别是 $m\times m$ 和 $n\times n$ 酉矩阵，

$$D=\begin{bmatrix} \Sigma & 0 \\ 0 & 0 \end{bmatrix}\in C^{m\times n},$$

其中，$\Sigma=\mathrm{diag}(\sigma_1,\cdots,\sigma_r)$, $\sigma_i>0$ 是 A 的非零奇异值，则

$$A^{+}=VD^{+}U^{*}, \tag{1.2.27}$$

其中

$$D^{+}=\begin{bmatrix} \Sigma^{-1} & 0 \\ 0 & 0 \end{bmatrix}.$$

1.2.3 矩阵的 Rayleigh 商

定义 1.2.4 设 A 是 $n\times n$ Hermite 矩阵，$u\in C^n$, 则称

$$R_\lambda(u)=\frac{u^*Au}{u^*u},\quad u\neq 0 \tag{1.2.28}$$

为 Hermite 矩阵 A 的 Rayleigh 商.

定理 1.2.5 设 A 是 $n\times n$ Hermite 矩阵，$u\in C^n$, 则 (1.2.28) 定义的 Rayleigh 商具有下列基本性质：

(1) 齐次性

$$R_\lambda(\alpha u)=R_\lambda(u),\quad \alpha\neq 0. \tag{1.2.29}$$

(2) 极性

$$\lambda_1=\max_{\|u\|_2=1}u^*Au=\max_{u\neq 0}\frac{u^*Au}{u^*u}, \tag{1.2.30}$$

$$\lambda_n = \min_{\|u\|_2=1} u^* A u = \min_{u \neq 0} \frac{u^* A u}{u^* u}. \tag{1.2.31}$$

这表明 Rayleigh 商具有有界性

$$\lambda_n \leqslant R_\lambda(u) \leqslant \lambda_1. \tag{1.2.32}$$

(3) 极小残量性质：对任意 $u \in C^n$,

$$\|(A - R_\lambda(u)I)u\| \leqslant \|(A - \mu I)u\|, \quad \forall \text{实数}\, \mu. \tag{1.2.33}$$

证明 性质 (1) 从定义 1.2.4 立得.

由于性质 (1), 我们可以在单位球面 $\|x\|_2 = 1$ 上讨论 Rayleigh 商，即

$$R_\lambda(u) = u^* A u, \quad \|u\|_2 = 1.$$

设酉矩阵 T 将 A 化为对角矩阵， $T^*AT = \Lambda$, 又设 $u = Ty$, 则

$$u^* A u = y^* \Lambda y = \sum_{i=1}^n \lambda_i |y_i|^2 \begin{cases} \geqslant \lambda_n \sum_{i=1}^n |y_i|^2, \\ \leqslant \lambda_1 \sum_{i=1}^n |y_i|^2, \end{cases}$$

注意到 $\|u\|_2 = \|y\|_2 = 1$, 因而有界性得到，并且当 $y_1 = 1$, $y_i = 0$, $i \neq 1$ 时，极大值 λ_1 达到；当 $y_n = 1$, $y_j = 0$, $j \neq n$ 时，极小值 λ_n 达到，从而性质 (2) 成立.

为了证明性质 (3), 我们定义

$$s(u) = Au - R_\lambda(u)u, \quad u \neq 0, \tag{1.2.34}$$

于是

$$Au = R_\lambda(u)u + s(u). \tag{1.2.35}$$

由于 $(s(u), u) = (Au - R_\lambda(u)u, u) = 0$, 可知 A 的分解 (1.2.35) 是直交分解，从而 $R_\lambda(u)u$ 是 Au 在 $L = \{u\}$ 上的直交投影，从而 (1.2.34) 定义的残量具有极小性质 (3). □

1.2.4 秩一校正

矩阵的秩一校正在最优化中经常用到. 这里给出秩一校正的逆、秩一校正的行列式、秩一校正后特征值的联锁定理以及矩阵分解的秩一校正. 关于详细的证明读者可以参见一些标准线性代数教材.

逆的秩一校正的著名定理是 Sherman-Morrison 定理.

定理 1.2.6 (Sherman-Morrison 定理) 设 $A \in R^{n\times n}$ 是非奇异矩阵, $u, v \in R^n$ 是任意向量, 若

$$1 + v^T A^{-1} u \neq 0 \tag{1.2.36}$$

则 A 的秩一校正 $A + uv^T$ 非奇异, 且其逆矩阵可以表示为

$$(A + uv^T)^{-1} = A^{-1} - \frac{A^{-1}uv^T A^{-1}}{1 + v^T A^{-1} u}. \tag{1.2.37}$$

上述定理的推广为:

定理 1.2.7 (Sherman-Morrison-Woodburg 定理) 设 A 是 $n \times n$ 非奇异矩阵, U, V 是 $n \times m$ 矩阵, 若 $I + V^* A^{-1} U$ 可逆, 则 $A + UV^*$ 可逆, 且

$$(A + UV^*)^{-1} = A^{-1} - A^{-1}U(I + V^* A^{-1} U)^{-1} V^* A^{-1}. \tag{1.2.38}$$

关于秩一校正的行列式, 我们显然有

$$\det(I + uv^T) = 1 + u^T v. \tag{1.2.39}$$

事实上, 可以假定 $u \neq 0$, 注意到 $I + uv^T$ 的特征向量或者直交于 v, 或者平行于 u. 如果直交于 v, 则特征值为 1; 如果平行于 u, 则特征值为 $1 + u^T v$, 从而结果 (1.2.39) 得到.

进一步, 对于秩二校正, 有

$$\begin{aligned} &\det\left(I + u_1 u_2^T + u_3 u_4^T\right) \\ &= \left(1 + u_1^T u_2\right)\left(1 + u_3^T u_4\right) - \left(u_1^T u_4\right)\left(u_2^T u_3\right). \end{aligned} \tag{1.2.40}$$

事实上，只要注意到

$$I + u_1 u_2^T + u_3 u_4^T = \left(I + u_1 u_2^T\right)\left[I + \left(I + u_1 u_2^T\right)^{-1} u_3 u_4^T\right],$$

则

$$\begin{aligned}
&\det\left(I + u_1 u_2^T + u_3 u_4^T\right) \\
&= \left(1 + u_1^T u_2\right)\left[1 + u_4^T \left(I + u_1 u_2^T\right)^{-1} u_3\right] \\
&= \left(1 + u_1^T u_2\right)\left[1 + u_4^T \left(I - \frac{u_1 u_2^T}{1 + u_1^T u_2}\right) u_3\right] \\
&= \left(1 + u_1^T u_2\right)\left(1 + u_3^T u_4\right) - \left(u_1^T u_4\right)\left(u_2^T u_3\right).
\end{aligned}$$

注意到 $\|A\|_F^2 = \operatorname{tr}(A^T A)$, 故秩一校正矩阵 $A + xy^T$ 的 Frobenius 范数为

$$\|A + xy^T\|_F^2 = \|A\|_F^2 + 2y^T A^T x + \|x\|^2 \|y\|^2. \tag{1.2.41}$$

又设 $P \in R^{n \times n}$,

$$P = I - \frac{xy^T}{\|x\|\|y\|}, \tag{1.2.42}$$

显然， P 有 $n-1$ 个特征值为 1. 利用 (1.2.40), 考虑 $P^T P$ 的最大特征值，可知

$$\|P\|_2 = \frac{y^T x}{\|x\|\|y\|}. \tag{1.2.43}$$

关于秩一校正矩阵特征值的联锁定理可以叙述如下：

定理 1.2.8 (联锁特征值定理)　设 A 是 $n \times n$ 对称矩阵，其特征值为 $\lambda_1 \geqslant \lambda_2 \geqslant \cdots \geqslant \lambda_n$, 又设 $\overline{A} = A + \sigma uu^T$, 其特征值为 $\overline{\lambda}_1 \geqslant \overline{\lambda}_2 \geqslant \cdots \geqslant \overline{\lambda}_n$. 那么

(1) 若 $\sigma > 0$, 则

$$\overline{\lambda}_1 \geqslant \lambda_1 \geqslant \overline{\lambda}_2 \geqslant \lambda_2 \geqslant \cdots \geqslant \overline{\lambda}_n \geqslant \lambda_n.$$

(2) 若 $\sigma < 0$, 则

$$\lambda_1 \geqslant \overline{\lambda}_1 \geqslant \lambda_2 \geqslant \overline{\lambda}_2 \geqslant \cdots \geqslant \lambda_n \geqslant \overline{\lambda}_n.$$

下面我们讨论矩阵分解的秩一校正. 首先讨论 Cholesky 分解的秩一校正.

设 B 和 $\overline{B}$ 是 $n\times n$ 对称正定矩阵,

$$\overline{B}=B+\alpha yy^T,\quad B=LDL^T. \tag{1.2.44}$$

我们可用下述校正方法求 $\overline{B}$ 的 Cholesky 分解 $\overline{B}=\overline{L}\,\overline{D}\,\overline{L}^T$.

$$\begin{aligned}\overline{B}&=B+\alpha yy^T\\&=L(D+\alpha pp^T)L^T,\end{aligned} \tag{1.2.45}$$

其中 p 是 $Lp=y$ 的解. 注意到 $D+\alpha pp^T$ 是正定矩阵, 其 Cholesky 分解为

$$D+\alpha pp^T=\widehat{L}\widehat{D}\widehat{L}^T,$$

于是

$$\overline{B}=L\widehat{L}\widehat{D}\widehat{L}^TL^T=\overline{L}\,\overline{D}\,\overline{L}^T, \tag{1.2.46}$$

其中, $\overline{L}=L\widehat{L}$, $\overline{D}=\widehat{D}$. $\overline{L}$ 和 $\overline{D}$ 可以利用下述递推关系得到.

算法 1.2.9 (Cholesky 分解的秩一校正算法)

1. 定义 $\alpha_1=\alpha$, $w^{(1)}=y$.
2. 对于 $j=1,2,\cdots,n$, 计算

$$\begin{aligned}&p_j=w_j^{(j)},\\&\overline{d}_j=d_j+\alpha_jp_j^2,\\&\beta_j=p_j\alpha_j/\overline{d}_j,\\&\alpha_{j+1}=d_j\alpha_j/\overline{d}_j,\\&\left.\begin{aligned}w_r^{(j+1)}&=w_r^{(j)}-p_jl_{r,j}\\\overline{l}_{r,j}&=l_{r,j}+\beta_jw_r^{(j+1)}\end{aligned}\right\}\quad r=j+1,\cdots,n.\end{aligned}$$

对于负校正的情形, 在计算校正因子时为了防止失去正定性, 我们必须小心, 因为舍入误差可能引起 $\overline{D}$ 的元素为零或为负. 为此, 我们再给出针对负校正情形的递推算法.

算法 1.2.10 (负校正情形 Cholesky 分解的秩一校正算法)

考虑

$$\begin{aligned}\overline{B} &= B - yy^T = L(D - pp^T)L^T \\ &= L\widehat{L}\widehat{D}\widehat{L}^T L^T = \overline{L}\,\overline{D}\,\overline{L}^T\end{aligned} \tag{1.2.47}$$

1. 解方程组 $Lp = y$, 定义 $t_{n+1} = 1 - p^T D^{-1} p$, 如果 $t_{n+1} < \varepsilon_M$, 令 $t_{n+1} = \varepsilon_M$, 这里 ε_M 是相对机器精度.

2. 对于 $j = n, n-1, \cdots, 1$, 计算

$$\begin{aligned}&t_j = t_{j+1} + p_j^2/d_j,\\ &\overline{d}_j = d_j t_{j+1}/t_j,\\ &\beta_j = -p_j/(d_j t_{j+1}),\\ &w_j^{(j)} = p_j,\\ &\left.\begin{aligned}\overline{l}_{rj} &= l_{rj} + \beta_j w_r^{(j+1)},\\ w_r^{(j)} &= w_r^{(j+1)} + p_j l_{rj},\end{aligned}\right\} \quad r = j+1, \cdots, n.\end{aligned}$$

对于上述算法, 可以证明: 不管计算中产生的舍入误差如何, $\overline{d}_j$, $j = 1, \cdots, n$ 都将保证是正的.

进一步, 如果求秩二校正的 Cholesky 因子, 我们可以利用前面叙述的关于秩一校正的算法 1.2.9 和 1.2.10. 考虑

$$\overline{B} = B + vw^T + wv^T, \tag{1.2.48}$$

令

$$x = (v + w)/\sqrt{2}, \quad y = (v - w)/\sqrt{2}, \tag{1.2.49}$$

便得

$$\overline{B} = B + xx^T - yy^T, \tag{1.2.50}$$

从而可以利用算法 1.2.9 和 1.2.10.

今考虑秩二校正的特殊情形. 设 B 是 $n\times n$ 对称正定矩阵, $B=LDL^T$, 考虑增加一行一列:

$$\overline{B}=\begin{bmatrix} B & b \\ b^T & \theta \end{bmatrix}, \tag{1.2.51}$$

其中 b 是 n 维向量, θ 是数. 若设

$$\widehat{B}=\begin{bmatrix} B & 0 \\ 0 & \theta \end{bmatrix}, \tag{1.2.52}$$

则

$$\overline{B}=\widehat{B}+e_{n+1}\begin{pmatrix} b \\ 0 \end{pmatrix}^T+\begin{pmatrix} b \\ 0 \end{pmatrix}e_{n+1}^T, \tag{1.2.53}$$

于是 $\overline{B}$ 的 Cholesky 因子 $\overline{L}$ 和 $\overline{D}$ 可以利用上面所述的算法计算. 此外, 我们可以证明 $\overline{L}$ 和 $\overline{D}$ 具有如下形式

$$\overline{L}=\begin{bmatrix} L & 0 \\ l^T & 1 \end{bmatrix},\quad \overline{D}=\begin{bmatrix} D & 0 \\ 0 & d \end{bmatrix} \tag{1.2.54}$$

在等式

$$\begin{bmatrix} L & 0 \\ l^T & 1 \end{bmatrix}\begin{bmatrix} D & 0 \\ 0 & d \end{bmatrix}\begin{bmatrix} L^T & l \\ 0 & 1 \end{bmatrix}=\begin{bmatrix} B & b \\ b^T & \theta \end{bmatrix} \tag{1.2.55}$$

中, 令对应部分相等, 得

$$\begin{aligned} LDl&=b, \\ d&=\theta-l^TDl. \end{aligned} \tag{1.2.56}$$

求出 l 和 d, 就得到 $\overline{L}$ 和 $\overline{D}$.

考虑删去第 j 行第 j 列. 设

$$B=\left[\begin{array}{ccccccc} & & & \times & & & \\ & B_1 & & \times & & B_2 & \\ & & & \times & & & \\ \times & \times & \times & \times & \times & \times & \times \\ & & & \times & & & \\ & B_2^T & & \times & & B_3 & \\ & & & \times & & & \end{array}\right] \leftarrow \text{第 } j \text{ 行}, \tag{1.2.57}$$

定义

$$\overline{B}=\begin{bmatrix} B_1 & B_2 \\ B_2^T & B_3 \end{bmatrix}\Big\} n-1, \tag{1.2.58}$$

可以证明

$$\overline{B}=\widehat{L}D\widehat{L}^T, \tag{1.2.59}$$

其中 $\widehat{L}$ 是从 L 中删去第 j 行得到的 $(n-1)\times n$ 矩阵.

现在，我们考虑直交分解的秩一校正.

设 $A,\overline{A}\in R^{n\times n}$, $u,v\in R^n$,

$$A=QR,\quad \overline{A}=A+uv^T. \tag{1.2.60}$$

于是，

$$\overline{A}=QR+uv^T=Q(R+wv^T) \tag{1.2.61}$$

其中 $w=Q^Tu$. 对 $R+wv^T$ 作 QR 分解，得

$$R+wv^T=\widetilde{Q}\widetilde{R},$$

于是

$$\overline{A}=Q\widetilde{Q}\widetilde{R}\triangleq\overline{Q}\,\overline{R}, \tag{1.2.62}$$

其中，$\overline{Q}=Q\widetilde{Q},\overline{R}=\widetilde{R}$.

类似地，如果 $m\times n$ 矩阵 $A\ (m<n)$ 的直交分解形式为

$$A=[L\quad 0]\,Q, \tag{1.2.63}$$

其中 L 是单位下三角阵，$Q^TQ=I$. 我们要求

$$\overline{A}=A+xy^T \tag{1.2.64}$$

的 LQ 分解因子.

$$\begin{aligned}\overline{A}&=A+xy^T\\ &=[L\quad 0]\,Q+xy^T\end{aligned}$$

$$
\begin{aligned}
&= ([L \quad 0] + xw^T)Q \quad (\text{其中 } w = Qy) \\
&= ([L \quad 0] + xw^T)P^T PQ \quad (\text{其中 } P^T P = I) \\
&= \big([H \quad 0] + \alpha x e_1^T\big)PQ \quad (\text{其中 } Pw = \alpha e_1) \\
&= [\overline{H} \quad 0]PQ \\
&= [\overline{H} \quad 0]\overline{P}\,\overline{P}^T PQ \quad (\text{其中 } \overline{P}\,\overline{P}^T = I) \\
&= [\overline{L} \quad 0]\overline{P}^T PQ \quad (\text{其中 } \overline{H}\,\overline{P} = [\overline{L} \quad 0]) \\
&= [\overline{L} \quad 0]\overline{Q} \quad (\text{其中 } \overline{Q} = \overline{P}^T PQ).
\end{aligned}
\tag{1.2.65}
$$

1.2.5 函数和微分

连续函数 $f: R^n \to R$ 称为在 $x \in R^n$ 连续可微,如果 $\left(\dfrac{\partial f}{\partial x_i}\right)(x)$ 存在且连续, $i = 1, \cdots, n$. f 在 x 处的梯度定义为

$$
\nabla f(x) = \left[\frac{\partial f}{\partial x_1}(x), \cdots, \frac{\partial f}{\partial x_n}(x)\right]^T.
$$

如果 f 在开集 $D \subset R^n$ 中的每一点连续可微，则称 f 在 D 中连续可微，记作 $f \in C^1(D)$.

连续可微函数 $f: R^n \to R$ 称为在 x 二次连续可微，如果 $\dfrac{\partial^2 f}{\partial x_i \partial x_j}(x)$ 存在且连续，$1 \leqslant i, j \leqslant n$. f 在 x 处的 Hesse 矩阵定义为 $n \times n$ 矩阵，其第 i, j 元素为

$$
[\nabla^2 f(x)]_{ij} = \frac{\partial^2 f(x)}{\partial x_i \partial x_j}, \quad 1 \leqslant i, j \leqslant n.
$$

如果 f 在开集 $D \subset R^n$ 中的每一点二次连续可微，则称 f 在 D 中二次连续可微，记作 $f \in C^2(D)$.

设 $f: R^n \to R$ 在开集 D 上连续可微，对于 $x \in R^n, d \in R^n$, f 在 x 点关于方向 d 的方向导数定义为

$$
\frac{\partial f}{\partial d}(x) = \lim_{\theta \to 0} \frac{f(x + \theta d) - f(x)}{\theta}. \tag{1.2.66}
$$

上述定义的方向导数等于 $\nabla f(x)^T d$, 其中 $\nabla f(x)$ 表示 f 在 x 的梯度，它是 f 的导数 $f'(x)$ 的转置，是 $n\times 1$ 向量.

对任何 $x, x+d\in D$, 或 $x, y\in D$, 若 $f: R^n\to R$ 在开凸集 D 上连续可微，则有

$$\begin{aligned} f(x+d) &= f(x)+\int_0^1 \nabla f(x+td)^T d\mathrm{d}t \\ &= f(x)+\int_x^{x+d} \nabla f(\xi)\mathrm{d}\xi, \end{aligned} \tag{1.2.67}$$

因而也有

$$f(x+d) = f(x)+\nabla f(\xi)^T d, \quad \xi\in(x, x+d) \tag{1.2.68a}$$

或

$$f(y) = f(x)+\nabla f(x+t(y-x))^T(y-x), \quad t\in(0,1), \tag{1.2.68b}$$

或

$$f(y) = f(x)+\nabla f(x)^T(y-x)+o(\|y-x\|). \tag{1.2.68c}$$

设 $f: R^n\to R$ 在开集 D 上二次连续可微，对于 $x\in R^n$, $d\in R^n$, f 在 x 关于方向 d 的二阶方向导数定义为

$$\frac{\partial^2 f}{\partial d^2}(x) = \lim_{\theta\to 0}\frac{\dfrac{\partial f}{\partial d}(x+\theta d)-\dfrac{\partial f}{\partial d}(x)}{\theta}. \tag{1.2.69}$$

上述定义的二阶方向导数等于 $d^T\nabla^2 f(x)d$, 其中 $\nabla^2 f(x)$ 表示 f 在 x 的 Hesse 矩阵. 对于任何 $x, x+d\in D$, 存在 $\xi\in(x, x+d)$, 使得

$$f(x+d) = f(x)+\nabla f(x)^T d+\frac{1}{2}d^T\nabla^2 f(\xi)d, \tag{1.2.70}$$

或

$$f(x+d) = f(x)+\nabla f(x)^T d+\frac{1}{2}d^T\nabla^2 f(x)d+o(\|d\|^2). \tag{1.2.71}$$

由此，我们也有

$$|f(y)-f(x)| \leqslant \|y-x\| \sup_{\xi \in L(x,y)} \|f'(\xi)\|, \tag{1.2.72}$$

$$\begin{aligned} &|f(y)-f(x)-f'(x_0)(y-x)| \\ \leqslant &\|y-x\| \sup_{\xi \in L(x,y)} \|f'(\xi)-f'(x_0)\|, \end{aligned} \tag{1.2.73}$$

其中 $L(x,y)$ 表示 x 和 y 的连接线段，$\xi = x+t(y-x), 0 \leqslant t \leqslant 1$.

设 $h: R^n \to R$, $g: R^m \to R$, $f: R^n \to R^m$, 并设 $f \in C^1(D)$, $g \in C^1(D)$, $h(x_0) = g(f(x_0))$, 则链式法则为

$$h'(x_0) = g'(f(x_0))f'(x_0), \tag{1.2.74a}$$

其中 $f'(x_0)$ 是 $m \times n$ 矩阵，即 $f'(x_0) = \left[\dfrac{\partial f_i(x_0)}{\partial x^j}\right]_{m\times n}$

$$h''(x_0) = \nabla f(x_0)^T \nabla^2 g[f(x_0)] \nabla f(x_0) + \sum_{i=1}^{m} \frac{\partial g[f(x_0)]}{\partial f_i}[f_i(x_0)]''. \tag{1.2.74b}$$

下面给出向量值函数的微分基础.

连续函数 $F: R^n \to R^m$ 在 $x \in R^n$ 连续可微，如果其每一个分量 $f_i, (i=1,\cdots,m)$, 在 x 连续可微. F 在 x 的导数 $F'(x) \in R^{m\times n}$ 叫做 F 在 x 的 Jacobi 矩阵，它的转置叫 F 在 x 的梯度，即

$$F'(x) = J(x) = \nabla F(x)^T,$$

Jacobi 矩阵的第 i,j 元素为

$$[F'(x)]_{ij} = [J(x)]_{ij} = \frac{\partial f_i}{\partial x_j}(x), \quad i=1,\cdots,m, \ j=1,\cdots,n.$$

若 $F: R^n \to R^m$ 在开凸集 D 上连续可微，则对任何 $x, x+d \in R^n$, 有

$$F(x+d)-F(x) = \int_0^1 J(x+td)d\mathrm{d}t = \int_x^{x+d} F'(\xi)\mathrm{d}\xi. \tag{1.2.75}$$

定义 1.2.11 $G: R^n \to R^{m\times n}$ 在 $x \in D \subset R^n$ 上称为 Lipschitz 连续，如果 $\forall v \in D$,

$$\|G(v) - G(x)\| \leqslant \gamma\|v - x\|, \tag{1.2.76}$$

其中 γ 称为 Lipschitz 常数. 如果 $\forall x \in D$, (1.2.76) 成立，则称 G 在开集 D 上 Lipschitz 连续，记作 $G \in \mathrm{Lip}_{\gamma}(D)$.

定理 1.2.12 设 $F: R^n \to R^m$ 在开凸集 D 上连续可微，F' 在 $x \in$ 邻域 D 中 Lipschitz 连续，则对于任何 $x + d \in D$, 有

$$\|F(x+d) - F(x) - F'(x)d\| \leqslant \frac{\gamma}{2}\|d\|^2. \tag{1.2.77}$$

证明

$$\begin{aligned}F(x+d) - F(x) - F'(x)d &= \int_0^1 F'(x+\alpha d)d\mathrm{d}\alpha - F'(x)d\\ &= \int_0^1 [F'(x+\alpha d) - F'(x)]d\mathrm{d}\alpha,\end{aligned}$$

从而,

$$\begin{aligned}\|F(x+d) - F(x) - F'(x)d\| &\leqslant \int_0^1 \|F'(x+\alpha d) - F'(x)\|\|d\|\mathrm{d}\alpha\\ &\leqslant \int_0^1 \gamma\|\alpha d\|\|d\|\mathrm{d}\alpha\\ &= \gamma\|d\|^2\int_0^1 \alpha\mathrm{d}\alpha\\ &= \frac{\gamma}{2}\|d\|^2. \qquad \square\end{aligned}$$

定理 1.2.12 给出了用线性模型 $F(x) + F'(x)d$ 作为 $F(x+d)$ 的近似所产生的误差界. 类似于定理 1.2.12, 我们可以给出用二次模型作为 $f(x+d)$ 的近似所产生的误差界.

定理 1.2.13 设 $f: R^n \to R$ 在开凸集 $D \subset R^n$ 上二次连续可微，设 $\nabla^2 f(x)$ 在 $x \in$ 邻域 D 上 Lipschitz 连续，则对于任何

$x+d\in D$, 有

$$\left|f(x+d)-\left[f(x)+\nabla f(x)^T d+\frac{1}{2}d^T\nabla^2 f(x)d\right]\right|\leqslant\frac{\gamma}{6}\|d\|^3. \quad (1.2.78)$$

这个定理的证明留给读者练习.

作为定理 1.2.12 的推广, 可以得到

定理 1.2.14 设 $F:R^n\to R^m$ 在开凸集 D 上连续可微, 则对于任何 $x,u,v\in D$, 有

$$\begin{aligned}&\|F(u)-F(v)-F'(x)(u-v)\|\\ \leqslant&\left[\sup_{0\leqslant t\leqslant 1}\|F'(v+t(u-v))-F'(x)\|\right]\|u-v\|.\end{aligned} \quad (1.2.79)$$

再设 F' 在 D 中 Lipschitz 连续, 则有

$$\|F(u)-F(v)-F'(x)(u-v)\|\leqslant\gamma\sigma(u,v)\|u-v\|, \quad (1.2.80a)$$

和

$$\|F(u)-F(v)-F'(x)(u-v)\|\leqslant\gamma\frac{\|u-x\|+\|v-x\|}{2}\|u-v\|, \quad (1.2.80b)$$

其中

$$\sigma(u,v)=\max\{\|u-x\|,\|v-x\|\}.$$

证明

$$\begin{aligned}&\|F(u)-F(v)-F'(x)(u-v)\|\\ =&\left\|\int_0^1[F'(v+t(u-v))-F'(x)](u-v)\mathrm{d}t\right\|\\ \leqslant&\int_0^1\|F'(v+t(u-v))-F'(x)\|\|u-v\|\mathrm{d}t\\ \leqslant&\left[\sup_{0\leqslant t\leqslant 1}\|F'(v+t(u-v))-F'(x)\|\right]\|u-v\|,\end{aligned}$$

此即 (1.2.79). 又由于 F' 在 D 中 Lipschitz 连续，故可继续推得

$$
\begin{aligned}
&\|F(u)-F(v)-F'(x)(u-v)\| \\
\leqslant&\gamma\int_0^1\|v+t(u-v)-x\|\|u-v\|\mathrm{d}t \\
\leqslant&\gamma\sup_{0\leqslant t\leqslant 1}\|v+t(u-v)-x\|\|u-v\| \\
=&\gamma\sigma(u,v)\|u-v\|.
\end{aligned}
$$

类似地，可证 (1.2.80b) 成立. □

定理 1.2.15 设 F,F' 满足定理 1.2.14 的条件, 假定 $[F'(x)]^{-1}$ 存在, 则存在 $\varepsilon>0,\beta>\alpha>0$, 使得 $\forall u,v\in D$, 当 $\max\{\|u-x\|,\|v-x\|\}\leqslant\varepsilon$ 时，有

$$
\alpha\|u-v\|\leqslant\|F(u)-F(v)\|\leqslant\beta\|u-v\|. \tag{1.2.81}
$$

证明 利用三角不等式和 (1.2.80b),

$$
\begin{aligned}
\|F(u)-F(v)\|&\leqslant\|F'(x)(u-v)\|+\|F(u)-F(v)-F'(x)(u-v)\| \\
&\leqslant\left[\|F'(x)\|+\frac{\gamma}{2}(\|u-x\|+\|v-x\|)\right]\|u-v\| \\
&\leqslant[\|F'(x)\|+\gamma\varepsilon]\|u-v\|.
\end{aligned}
$$

令 $\beta=\|F'(x)\|+\gamma\varepsilon$, 则得 (1.2.81) 中右边的不等式.

类似地,

$$
\begin{aligned}
\|F(u)-F(v)\|&\geqslant\|F'(x)(u-v)\|-\|F(u)-F(v)-F'(x)(u-v)\| \\
&\geqslant\left[1/\|[F'(x)]^{-1}\|-\frac{\gamma}{2}(\|u-x\|+\|v-x\|)\right]\|u-v\| \\
&\geqslant[1/\|[F'(x)]^{-1}\|-\gamma\varepsilon]\|u-v\|.
\end{aligned}
$$

因此，如果 $\varepsilon<\dfrac{1}{\|[F'(x)]^{-1}\|\gamma}$, 则令

$$
\alpha=\frac{1}{\|[F'(x)]^{-1}\|}-\gamma\varepsilon>0,
$$

便得 (1.2.81) 中左边的不等式. □

1.2.6 有限差分导数

设 $F: R^n \to R^m$, 其 Jacobi 矩阵 $J(x)$ 的第 (i,j) 个分量可以用有限差分

$$a_{ij} = \frac{f_i(x+he_j)-f_i(x)}{h} \tag{1.2.82}$$

近似, 其中 $f_i(x)$ 表示 $F(x)$ 的第 i 个分量, e_j 表示第 j 个单位向量, h 是一个数, 表示步长因子. 等价地, 如果用 $A_{\cdot j}$ 表示 A 的第 j 列, 我们有

$$A_{\cdot j} = \frac{F(x+he_j)-F(x)}{h}. \tag{1.2.83}$$

定理 1.2.16 设 $F: R^n \to R^m$ 满足定理 1.2.12 的条件, 又设所采用的范数 $\|\cdot\|$ 满足 $\|e_j\| = 1$, $j = 1,\cdots,n$, 则

$$\|A_{\cdot j} - J(x)_{\cdot j}\| \leqslant \frac{\gamma}{2}|h|. \tag{1.2.84}$$

如果所采用的范数是 l_1 范数, 则

$$\|A - J(x)\|_1 \leqslant \frac{\gamma}{2}|h|. \tag{1.2.85}$$

证明 将 $d = he_j$ 代入 (1.2.77), 得到

$$\|F(x+he_j)-F(x)-J(x)he_j\| \leqslant \frac{\gamma}{2}\|he_j\|^2 = \frac{\gamma}{2}|h|^2,$$

两边同除以 h, 便得 (1.2.84). 注意到矩阵的 l_1 范数是向量的 l_1 范数的极大值, 从而立即得到 (1.2.85). □

类似地, 我们可以用中心差分近似梯度和 Hesse 矩阵.

定理 1.2.17 设 $f: R^n \to R$ 满足定理 1.2.13 的条件, 所采用的向量范数满足 $\|e_i\| = 1$, $i = 1,\cdots,n$. 假定 $x+he_i, x-he_i \in D$, $i = 1,\cdots,n$, 并设向量 $a \in R^n$, 其分量 a_i 定义为

$$a_i = \frac{f(x+he_i)-f(x-he_i)}{2h}, \tag{1.2.86}$$

则

$$|a_i - [\nabla f(x)]_i| \leqslant \frac{\gamma}{6}h^2. \tag{1.2.87}$$

如果所采用的范数是 l_∞ 范数，则

$$\|a - \nabla f(x)\|_\infty \leqslant \frac{\gamma}{6}h^2. \tag{1.2.88}$$

证明 定义 α 和 β 分别为

$$\begin{aligned}\alpha &= f(x+he_i) - f(x) - h[\nabla f(x)]_i - h^2[\nabla^2 f(x)]_{ii},\\ \beta &= f(x-he_i) - f(x) + h[\nabla f(x)]_i - h^2[\nabla^2 f(x)]_{ii}.\end{aligned} \tag{1.2.89}$$

应用 (1.2.78), 并令 $d = \pm he_i$, 得

$$|\alpha| \leqslant \frac{\gamma}{6}h^3, \quad |\beta| \leqslant \frac{\gamma}{6}h^3.$$

利用三角不等式，得

$$|\alpha - \beta| \leqslant \frac{\gamma}{3}h^3.$$

又由 (1.2.86) 和 (1.2.89), 有

$$\alpha - \beta = 2h(a_i - [\nabla f(x)]_i),$$

从而 (1.2.87) 得到. 利用 l_∞ 范数的定义，从 (1.2.87) 立得 (1.2.88).
□

定理 1.2.18 设 f 满足定理 1.2.17 的条件, 假定 $x, x+he_i, x+he_j, x+he_i+he_j \in D$, $1 \leqslant i,j \leqslant n$. 又设 $A \in R^{n\times n}$, 其分量 a_{ij} 定义为

$$a_{ij} = \frac{f(x+he_i+he_j) - f(x+he_i) - f(x+he_j) + f(x)}{2h^2}. \tag{1.2.90}$$

于是

$$\left|a_{ij} - [\nabla^2 f(x)]_{ij}\right| \leqslant \frac{1}{4}\gamma h. \tag{1.2.91}$$

如果采用的矩阵范数是 l_1, l_∞ 或 Frobenius 范数，则

$$\|A-\nabla^2 f(x)\| \leqslant \frac{1}{4}\gamma hn. \tag{1.2.92}$$

证明 此证明完全类似于定理 1.2.17 的证明. 分别令

$$\begin{aligned}
\alpha =& f(x+he_i+he_j)-f(x)-(he_i+he_j)^T\nabla f(x)\\
&-(he_i+he_j)^T\nabla^2 f(x)(he_i+he_j),\\
\beta =& f(x+he_i)-f(x)-(he_i)^T\nabla f(x)-(he_i)^T\nabla^2 f(x)(he_i),\\
\eta =& f(x+he_j)-f(x)-(he_j)^T\nabla f(x)-(he_j)^T\nabla^2 f(x)(he_j),
\end{aligned}$$

于是

$$\alpha-\beta-\eta = 2h^2\big(a_{ij}-[\nabla^2 f(x)]_{ij}\big),$$

利用 $|\alpha-\beta-\eta| \leqslant |\alpha|+|\beta|+|\eta|$, 并在两边同除以 $2h^2$, 便得 (1.2.91). (1.2.92) 直接从范数定义和 (1.2.91) 得到. □

§1.3 凸集和凸函数

凸性在最优化理论和方法的研究中起着重要作用. 本节扼要地介绍凸集和凸函数的基本概念和基本结果. 对凸分析感兴趣的读者可参阅这方面的专著, 如 Rockafellar (1970) “Convex Analysis”, Eggleston (1958) “Convexity” 等等.

1.3.1 凸集

定义 1.3.1 设集合 $S\subset R^n$, 如果对任意 $x_1, x_2\in S$, 有

$$\alpha x_1+(1-\alpha)x_2\in S, \quad \forall \alpha\in[0,1], \tag{1.3.1}$$

则称 S 是凸集.

这个定义表明, 如果 $x_1, x_2\in S$, 则连接 x_1 和 x_2 的线段属于 S.

归纳地可以证明，R^n 的子集 S 为凸集当且仅当对任意 $x_1, x_2, \cdots, x_m \in S$, 有

$$\sum_{i=1}^{m} \alpha_i x_i \in S, \tag{1.3.2}$$

其中 $\sum\limits_{i=1}^{m} \alpha_i = 1, \alpha_i \geqslant 0, i = 1, \cdots, m.$

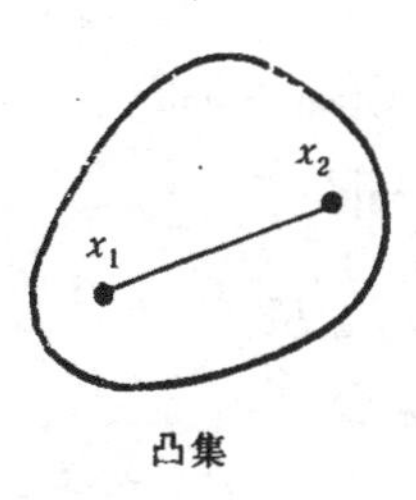

凸集

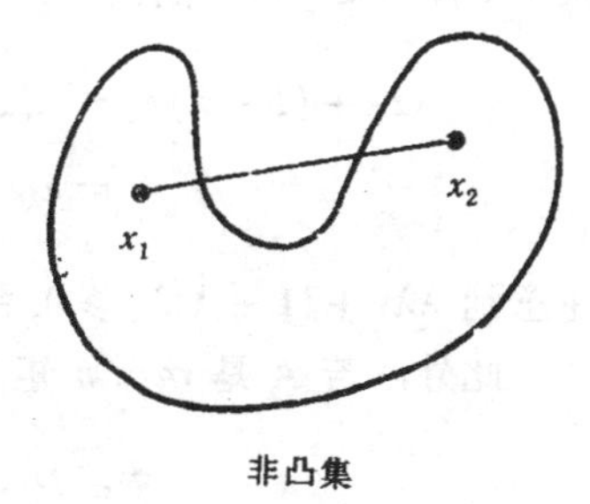

非凸集

图 1.3.1　凸集与非凸集

(1.3.1) 中的 $x = \alpha x_1 + (1-\alpha)x_2$ 称为 x_1 和 x_2 的凸组合，(1.3.2) 中的 $x = \sum\limits_{i=1}^{m} \alpha_i x_i$ 称为 $x_1, \cdots, x_m$ 的凸组合.

例 1.3.2　超平面 $H = \{x \mid p^T x = \alpha\}$ 是凸集，其中 $p \in R^n$ 是非零向量，称为超平面的法向量，α 为实数.

事实上，对任意 $x_1, x_2 \in H$ 和每一个 $\theta \in [0,1]$, 有

$$p^T[\theta x_1 + (1-\theta)x_2] = \alpha,$$

故 $\theta x_1 + (1-\theta)x_2 \in H$.

例 1.3.3　闭半空间 $H^- = \{x \mid p^T x \leqslant \beta\}$ 和 $H^+ = \{x \mid p^T x \geqslant \beta\}$ 为凸集. 开半空间 $\mathring{H}^- = \{x \mid p^T x < \beta\}$ 和 $\mathring{H}^+ = \{x \mid p^T x > \beta\}$ 为凸集.

事实上，注意到对任意 $x_1, x_2 \in H^-$ 和 $\theta \in [0,1]$ 有

$$p^T[\theta x_1 + (1-\theta)x_2] = \theta p^T x_1 + (1-\theta)p^T x_2 \leqslant \beta.$$

故 $\theta x_1 + (1-\theta)x_2 \in H^-$. 其余类似.

例 1.3.4 射线 $S=\{x \mid x_0+\lambda d, \lambda \geqslant 0\}$ 为凸集，其中，d 是给定的非零向量，x_0 为定点.

对任意 $x_1, x_2 \in S$ 和每一个数 $\lambda \in [0,1]$, 有

$$x_1=x_0+\lambda_1 d, \quad x_2=x_0+\lambda_2 d,$$

其中 $\lambda_1, \lambda_2 \in [0,1]$. 因而

$$\begin{aligned}\lambda x_1+(1-\lambda)x_2 &= \lambda(x_0+\lambda_1 d)+(1-\lambda)(x_0+\lambda_2 d) \\ &= x_0+[\lambda\lambda_1+(1-\lambda)\lambda_2]d,\end{aligned}$$

注意到 $\lambda\lambda_1+(1-\lambda)\lambda_2 \geqslant 0$, 故 $\lambda x_1+(1-\lambda)x_2 \in S$.

此外，若 A 是 $m \times n$ 矩阵，$b \in R^n$, 则集合

$$S=\{x \in R^n \mid Ax=b\}$$

是凸集.

由有限个闭半空间的交组成的集合 S 叫多面集，

$$S=\{x | p_i^T x \leqslant \beta_i, i=1, \cdots, m\},$$

其中 p_i 是非零向量，β_i 是数. 多面集是闭凸集. 由于等式可以用两个不等式表示，所以下面的集合都是多面集的例子.

$$S=\{x \mid Ax=b, x \geqslant 0\},$$
$$S=\{x \mid Ax \geqslant 0, x \geqslant 0\}.$$

下面的引理叙述了凸集的性质，即两个凸集的交集是凸集，两个凸集的代数和是凸集. 这个引理的证明留给读者练习.

引理 1.3.5 设 S_1 和 S_2 是 R^n 中的凸集，则

1) $S_1 \cap S_2$ 为凸集；

2) $S_1 \pm S_2=\{x_1 \pm x_2 \mid x_1 \in S_1, x_2 \in S_2\}$ 是凸集.

从这个引理可知，线性规划和二次规划中的可行域是凸集，因为它是超平面和半空间的交集.

设 $S \subset R^n$, 包含子集 S 的所有凸集的交叫 S 的凸包，记作 $\mathrm{conv}\,(S)$, 它是包含 S 的唯一的最小的凸集. 凸包 $\mathrm{conv}\,(S)$ 由 S 中元素的所有凸组合组成,

$$\mathrm{conv}\,(S) = \left\{ x \middle| x = \sum_{i=1}^{m} \alpha_i x_i, x_i \in S, \sum_{i=1}^{m} \alpha_i = 1, \right.$$
$$\left. \alpha_i \geqslant 0, \quad i = 1, \cdots, m \right\}. \tag{1.3.3}$$

R^n 的子集叫锥, 如果它关于正的数乘运算是封闭的, 即当 $x \in K$ 和 $\lambda > 0$ 时， $\lambda x \in K$. 如果锥 K 也是凸集，则称之为凸锥. 例如,

$$\{x = (\xi_1, \cdots, \xi_n) \mid \xi_1 \geqslant 0, \cdots, \xi_n \geqslant 0\},$$
$$\{x = (\xi_1, \cdots, \xi_n) \mid \xi_1 > 0, \cdots, \xi_n > 0\}$$

和

$$\left\{x \in R^n \middle| x^T b_i \leqslant 0, i \in I\right\}$$

均是凸锥，在上式中， $b_i \in R^n$, I 是一个任意指标集.

R^n 的一个子集是凸锥当且仅当它关于加法和正的数乘运算是封闭的. 包含凸集 C 的最小凸锥是

$$K = \{\lambda x \mid \lambda > 0, x \in C\}.$$

下面叙述一下开集、闭集、开凸集和闭凸集.

设 $x \in R^n$, 开球 $B(x, r)$ 定义为

$$B(x, r) = \{y \in R^n \mid \|y - x\| < r\},$$

这个开球以 x 为中心，以 r 为半径.

设 $S \subset R^n$, 如果存在 $r > 0$, 使得 $B(x, r) \subset S$, 则称 $x \in R^n$ 是 S 的内点. S 的所有内点的集合叫 S 的内部，用 $\mathrm{int}\,(S)$ 表示. 显然， $\mathrm{int}\,(S) \subset S$.

如果子集 S 的每一点都是 S 的内点，即 $\mathrm{int}(S)=S$，则 S 称为开子集. 特别，空集 $\varnothing$ 和 n 维空间 R^n 是 R^n 的开子集.

设 $S\subset R^n$，如果

$$S\cap B(x,r)\neq\varnothing,\quad \forall r>0,$$

则 x 称为属于 S 的闭包，即 $x\in\overline{S}$. 显然，$S\subset\overline{S}$.

如果 $S=\overline{S}$，则 S 称为闭子集. 特别，空集 $\varnothing$ 和 n 维空间 R^n 是 R^n 的闭子集. 直观地说，如果一个子集包含它所有的边界点，则它是闭的. 例如，闭球 $\overline{B}(x,r)=\{y\in R^n\mid \|y-x\|\leqslant r\}$ 是闭集.

显然，一个子集是闭的，当且仅当它的补是开的.

根据上面的定义，闭包 $\overline{S}$ 可以写为

$$\overline{S}=\left\{x\in R^n\left|\lim_k\|x_k-x\|=0,x_k\in S\right.\right\}.$$

设 $S\subset R^n$ 是凸集，若它是开的，则称为开凸集；若它是闭的，则称为闭凸集.

下面的定理表明凸集的闭包是凸集.

定理 1.3.6 如果 $C\subset R^n$ 是凸集，那么 C 的闭包 $\overline{C}$ 也是凸集.

证明 我们必须证明对任何 $x,y\in\overline{C}$，$0\leqslant\lambda\leqslant 1$，有

$$\lambda x+(1-\lambda)y\in\overline{C}.$$

选择 $\{x_k\},\{y_k\}\subset C$，使得

$$\lim_k\|x_k-x\|=0,\quad \lim_k\|y_k-y\|=0,$$

于是，

$$\begin{aligned}&\|[\lambda x_k+(1-\lambda)y_k]-[\lambda x+(1-\lambda)y]\|\\&=\|\lambda(x_k-x)+(1-\lambda)(y_k-y)\|\end{aligned}$$

$$\leqslant \lambda\|x_k - x\| + (1-\lambda)\|y_k - y\|.$$

因此，取极限便有

$$\lim_k \|[\lambda x_k + (1-\lambda)y_k] - [\lambda x + (1-\lambda)y]\| = 0,$$

从而 $\lambda x + (1-\lambda)y \in \overline{C}$. □

在凸集的研究中另一个有用的概念为凸集的极值点和极值方向.

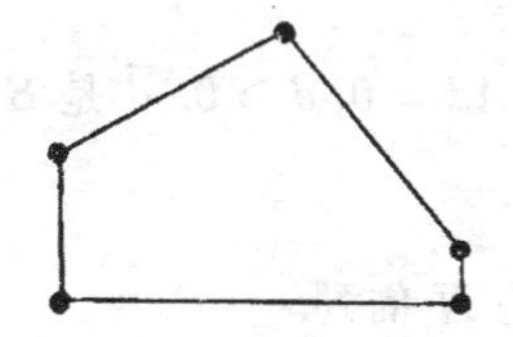

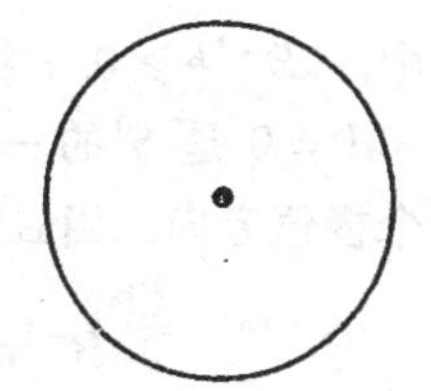

图 1.3.2 凸集的极值点

定义 1.3.7 设 $S \subset R^n$ 是非空凸集，$x \in S$, 若 x 不在 S 中任何线段的内部，即，若假设 $x = \theta x_1 + (1-\theta)x_2$, $x_1, x_2 \in S$, $\theta \in (0,1)$ 必推出 $x = x_1 = x_2$, 则称 x 是凸集 S 的极值点.

显然，多边形的顶点和圆周上的任意点都是极值点.

定义 1.3.8 设 $S \subset R^n$ 为闭凸集，d 为非零向量，如果对每一个 $x \in S$, $x + \lambda d \in S$, $\forall \lambda \geqslant 0$, 则称向量 d 为 S 的方向. 又设 d_1 和 d_2 为 S 的两个方向，如果 $d_1 \neq \alpha d_2$, $\forall \alpha > 0$, 则称 d_1 和 d_2 是 S 的两个不同方向. 如果 S 的方向 d 不能表示成该集合的两个不同方向的正的线性组合，即如果 $d = \lambda_1 d_1 + \lambda_2 d_2$, $\lambda_1, \lambda_2 > 0$, 必推得 $d_1 = \alpha d_2$, 其中 $\alpha > 0$, 则称 d 为 S 的极值方向.

今考虑多面集

$$S = \{x \mid Ax = b, x \geqslant 0\},$$

其中 A 是 $m \times n$ 矩阵，$\operatorname{rank}(A) = m$, $b \in R^m$. 不失一般性，设

$$A = [B, N],$$

其中 B 是 $m\times m$ 非奇异矩阵, N 是 $m\times(n-m)$ 矩阵. 设 x_B 和 x_N 分别是对应于 B 和 N 的向量,

$$Bx_B+Nx_N=b,\quad x_B\geqslant 0,\ x_N\geqslant 0.$$

于是, x 是多面集 S 的极值点的充分必要条件是

$$x=\begin{bmatrix}x_B\\x_N\end{bmatrix}=\begin{bmatrix}B^{-1}b\\0\end{bmatrix},$$

其中, $B^{-1}b\geqslant 0$.

$d\neq 0$ 是 S 的一个方向, 当且仅当 $Ad=0, d\geqslant 0$. $\overline{d}$ 是 S 的一个极值方向, 当且仅当

$$\begin{aligned}&B^{-1}a_j\leqslant 0,\ \text{对某个}\ a_j\ \text{是}\ N\ \text{的列},\\&\overline{d}=\alpha d=\alpha\begin{pmatrix}B^{-1}a_j\\e_j\end{pmatrix},\end{aligned}$$

其中 $\alpha>0, e_j\in R^{n-m}$ 是单位向量.

1.3.2 凸函数

定义 1.3.9 设 $S\subset R^n$ 是非空凸集, $\alpha\in(0,1)$, f 是定义在 S 上的函数. 如果对任意 $x_1,x_2\in S$, 有

$$f(\alpha x_1+(1-\alpha)x_2)\leqslant\alpha f(x_1)+(1-\alpha)f(x_2),\tag{1.3.4}$$

则称函数 f 是 S 上的凸函数. 如果当 $x_1\neq x_2$ 时 (1.3.4) 中严格不等式成立,

$$f(\alpha x_1+(1-\alpha)x_2)<\alpha f(x_1)+(1-\alpha)f(x_2),\tag{1.3.5}$$

则称 f 为 S 上的严格凸函数. 如果存在一个常数 $c>0$, 使得对任意 $x_1,x_2\in S$, 有

$$\alpha f(x_1)+(1-\alpha)f(x_2)\geqslant f(\alpha x_1+(1-\alpha)x_2)+c\alpha(1-\alpha)\|x_1-x_2\|^2,\tag{1.3.6}$$

则称 f 在 S 上是一致凸的.

如果 $-f$ 是 S 上的凸 (严格凸) 函数，则称 f 为 S 上的凹 (严格凹) 函数.

图 1.3.3 给出了凸函数、凹函数和非凸非凹函数的图形. 凸函数的几何解释告诉我们，一个凸函数的图形总是位于相应弦的下方. 由凸函数的定义易知，线性函数 $f(x) = a^T x + \beta$ ($a, x \in R^n$, $\beta \in R$) 在 R^n 上既是凸函数也是凹函数.

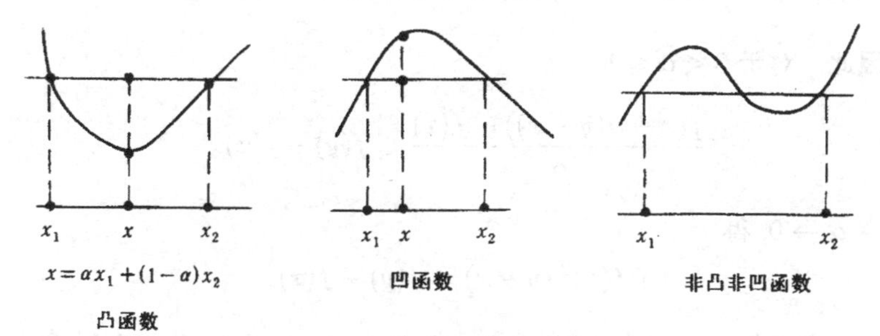

图 1.3.3 凸函数和凹函数

凸函数有如下性质：

定理 1.3.10 1) 设 f 是定义在凸集 S 上的凸函数，实数 $\alpha \geqslant 0$, 则 αf 也是定义在 S 上的凸函数.

2) 设 f_1, f_2 是定义在凸集 S 上的凸函数，则 $f_1 + f_2$ 也是定义在 S 上的凸函数.

3) 设 $f_1, f_2, \cdots, f_m$ 是定义在凸集 S 上的凸函数，实数 $\alpha_1, \alpha_2, \cdots, \alpha_m \geqslant 0$, 则 $\sum_{i=1}^{m} \alpha_i f_i$ 也是定义在 S 上的凸函数.

证明 2) 设 $x_1, x_2 \in S$, $0 < \alpha < 1$, 则

$$\begin{aligned} & f_1(\alpha x_1 + (1-\alpha)x_2) + f_2(\alpha x_1 + (1-\alpha)x_2) \\ \leqslant\ & \alpha[f_1(x_1) + f_2(x_1)] + (1-\alpha)[f_1(x_2) + f_2(x_2)]. \end{aligned}$$

性质 1 和性质 3 的证明留给读者. □

如果凸函数是可微的，我们可以用下面的特征描述凸函数. 下面的定理刻画了凸函数的一阶特征.

定理 1.3.11 设 $S\subset R^n$ 为非空开凸集，f 是定义在 S 上的可微函数，则 f 为凸函数的充分必要条件是

$$f(y)\geqslant f(x)+\nabla f(x)^T(y-x),\quad \forall x,y\in S. \tag{1.3.7}$$

证明 必要性：设 f 是凸函数，于是对所有 $\alpha, 0\leqslant\alpha\leqslant 1$, 有

$$f(\alpha y+(1-\alpha)x)\leqslant \alpha f(y)+(1-\alpha)f(x).$$

因此，对于 $0<\alpha\leqslant 1$,

$$\frac{f(x+\alpha(y-x))-f(x)}{\alpha}\leqslant f(y)-f(x).$$

令 $\alpha\to 0$, 得

$$\nabla f(x)^T(y-x)\leqslant f(y)-f(x).$$

充分性：今设 (1.3.7) 成立，任取 $x_1,x_2\in S$, $0\leqslant\alpha\leqslant 1$, 令 $x=\alpha x_1+(1-\alpha)x_2$, 我们有

$$f(x_1)\geqslant f(x)+\nabla f(x)^T(x_1-x),$$
$$f(x_2)\geqslant f(x)+\nabla f(x)^T(x_2-x),$$

于是得到

$$\begin{aligned}\alpha f(x_1)+(1-\alpha)f(x_2)\geqslant& f(x)+\nabla f(x)^T[\alpha x_1\\&+(1-\alpha)x_2-x]\\=&f(\alpha x_1+(1-\alpha)x_2),\end{aligned}$$

这表明 $f(x)$ 是凸函数. □

凸函数的定义 1.3.9 表示了两点的线性插值大于函数值，即函数图形在弦之下. 这个定理表明了根据局部导数的线性近似是函数的低估，即凸函数图形位于图形上任一点切线的上方. 这样的切线 (面) 就称为凸函数的一个支撑超平面.

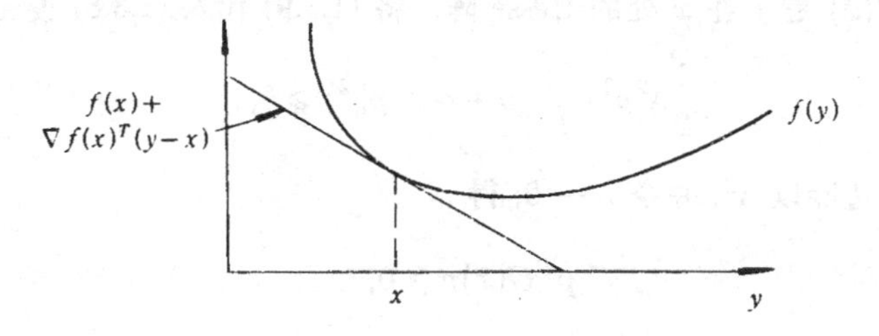

图 1.3.4　凸函数的一阶特征

下面，我们对于二次连续可微函数，考虑凸函数的二阶特征.

定理 1.3.12　设 $S \subset R^n$ 是非空开凸集，f 是定义在 S 上的二次可微函数，则 f 是凸函数的充分必要条件是在 S 的每一点 Hesse 矩阵正半定.

证明　充分性：设 Hesse 矩阵 $\nabla^2 f(x)$ 在每一点 $x \in S$ 正半定. 考虑 $x, \overline{x} \in S$, 由中值定理，有

$$f(x) = f(\overline{x}) + \nabla f(\overline{x})^T(x - \overline{x}) + \frac{1}{2}(x - \overline{x})^T \nabla^2 f(\widehat{x})(x - \overline{x}),$$

其中 $\widehat{x} = \overline{x} + \theta(x - \overline{x}), \theta \in (0,1)$. 注意到 $\widehat{x} \in S$, 故由假设知

$$f(x) \geqslant f(\overline{x}) + \nabla f(\overline{x})^T(x - \overline{x}),$$

从而根据定理 1.3.11 可知 f 是凸函数.

必要性：设 f 是凸函数，任取 $\overline{x} \in S$, 我们要证明 $p^T \nabla^2 f(\overline{x}) p \geqslant 0, \forall p \in R^n$. 由于 S 是开集，必存在 $\delta > 0$ 使得当 $|\lambda| < \delta$ 时，$\overline{x} + \lambda p \in S$. 根据定理 1.3.11, 有

$$f(\overline{x} + \lambda p) \geqslant f(\overline{x}) + \lambda \nabla f(\overline{x})^T p. \tag{1.3.8}$$

又由于 $f(x)$ 在 $\overline{x}$ 处二次可微，则

$$f(\overline{x} + \lambda p) = f(\overline{x}) + \lambda \nabla f(\overline{x})^T p + \frac{\lambda^2}{2} p^T G(\overline{x}) p + o(\|\lambda p\|^2), \tag{1.3.9}$$

其中 $G(\overline{x})$ 是 f 在 $\overline{x}$ 处的 Hesse 阵. 将 (1.3.9) 代入 (1.3.8) 便得

$$\frac{1}{2}\lambda^2 p^T G(\overline{x})p + o(\|\lambda p\|^2) \geqslant 0,$$

上式两边除以 λ^2, 并令 $\lambda \to 0$, 得

$$p^T G(\overline{x})p \geqslant 0,$$

必要性得证. □

下面二个定理给出了严格凸函数的特征，其证明类似于定理 1.3.11 和定理 1.3.12, 这里不再重复.

定理 1.3.13 设 $S \subset R^n$ 为非空开凸集，f 是定义在 S 上的可微函数，则 f 为严格凸函数的充分必要条件是

$$f(y) > f(x) + \nabla f(x)^T(y-x), \quad \forall y, x \in S,\ x \neq y. \tag{1.3.10}$$

定理 1.3.14 设 $S \subset R^n$ 为非空开凸集，f 是定义在 S 上的二次可微函数，如果在每一点 $x \in S$, Hesse 阵正定，则 f 为严格凸函数. 但如果 f 是严格凸函数，则 Hesse 矩阵在 S 的每一点正半定.

和凸函数关系密切的是水平集. 下面的定理指出水平集是凸集.

定理 1.3.15 设 $S \subset R^n$ 是非空凸集，f 是定义在 S 上的凸函数，α 是一个实数，则水平集 $L_\alpha = \{x \mid x \in S, f(x) \leqslant \alpha\}$ 是凸集.

证明 设 $x_1, x_2 \in L_\alpha$, 于是 $x_1, x_2 \in S$, $f(x_1) \leqslant \alpha$, $f(x_2) \leqslant \alpha$. 今设 $\lambda \in (0,1)$, $x = \lambda x_1 + (1-\lambda)x_2$. 由 S 的凸性知 $x \in S$, 又由于 f 是凸函数，故

$$f(x) \leqslant \lambda f(x_1) + (1-\lambda)f(x_2) \leqslant \lambda\alpha + (1-\lambda)\alpha = \alpha.$$

因此 $x \in L_\alpha$, 从而 L_α 是凸集. □

进一步，若 f 是 S 上的连续凸函数，则显然水平集 L_α 是闭凸集.

定理 1.3.16 设 $f(x)$ 在 $S \subset R^n$ 上二次连续可微，且存在常数 $m > 0$, 使得：

$$u^T \nabla^2 f(x) u \geqslant m\|u\|^2, \quad \forall x \in L(x_0),\ u \in R^n, \tag{1.3.11}$$

则水平集 $L(x_0) = \{x \in S \mid f(x) \leqslant f(x_0)\}$ 是有界闭凸集.

证明 由前面讨论可知 $L(x_0)$ 对任意 $x_0 \in R^n$ 是闭凸集. 现在证明 $L(x_0)$ 的有界性.

因为水平集 $L(x_0)$ 是凸的，由 (1.3.11), 故 $\forall x, y \in L(x_0)$,

$$m\|y-x\|^2 \leqslant (y-x)^T \nabla^2 f(x + \alpha(y-x))(y-x).$$

又由 Taylor 展式,

$$\begin{aligned} f(y) =& f(x) + \nabla f(x)^T (y-x) \\ &+ \int_0^1 \int_0^t (y-x)^T \nabla^2 f(x+\alpha(y-x))(y-x) d\alpha dt \\ \geqslant& f(x) + \nabla f(x)^T (y-x) + \frac{1}{2} m\|y-x\|^2, \end{aligned}$$

其中 m 与 x, y 无关. 因此对任意 $y \in L(x_0)$, $y \neq x_0$,

$$\begin{aligned} f(y) - f(x_0) &\geqslant \nabla f(x_0)^T (y-x_0) + \frac{1}{2} m \|y-x_0\|^2 \\ &\geqslant -\|\nabla f(x_0)\| \cdot \|y-x_0\| + \frac{1}{2} m\|y-x_0\|^2. \end{aligned}$$

由于 $f(y) \leqslant f(x_0)$, 故

$$\|y-x_0\| \leqslant \frac{2}{m} \|\nabla f(x_0)\|.$$

这表明水平集 $L(x_0) = \{x \mid x \in S, f(x) \leqslant f(x_0)\}$ 有界. □

最后，作为函数凸性的一个应用，我们给出 Minkowski 不等式的证明.

Minkowski 不等式：

$$\|x+y\|_p \leqslant \|x\|_p + \|y\|_p,$$

即

$$\left(\sum_{i=1}^{n}|x_i+y_i|^p\right)^{1/p} \leqslant \left(\sum_{i=1}^{n}|x_i|^p\right)^{1/p} + \left(\sum_{i=1}^{n}|y_i|^p\right)^{1/p},$$

其中，$p \geqslant 1$.

证明 如果 x 或 y 为零向量，则不等式显然成立. 故假定 $x \neq 0, y \neq 0$.

若 $p = 1$, 由于 $|x_i + y_i| \leqslant |x_i| + |y_i|, i = 1, \cdots, n$. 关于 i 求和，则得结果.

今设 $p > 1$, 考虑函数

$$\varphi(t) = t^p, \quad t > 0.$$

由于

$$\varphi''(t) = p(p-1)t^{p-2} > 0,$$

故函数 $\varphi(t)$ 严格凸. 注意到

$$\frac{\|x\|_p}{\|x\|_p + \|y\|_p} + \frac{\|y\|_p}{\|x\|_p + \|y\|_p} = 1,$$

于是，由凸函数定义得到

$$\left(\frac{\|x\|_p}{\|x\|_p + \|y\|_p}\frac{|x_i|}{\|x\|_p} + \frac{\|y\|_p}{\|x\|_p + \|y\|_p}\frac{|y_i|}{\|y\|_p}\right)^p$$
$$\leqslant \frac{\|x\|_p}{\|x\|_p + \|y\|_p}\left(\frac{|x_i|}{\|x\|_p}\right)^p + \frac{\|y\|_p}{\|x\|_p + \|y\|_p}\left(\frac{|y_i|}{\|y\|_p}\right)^p.$$

因此，

$$\sum_{i=1}^{n}\left(\frac{|x_i + y_i|}{\|x\|_p + \|y\|_p}\right)^p \leqslant \sum_{i=1}^{n}\left(\frac{|x_i| + |y_i|}{\|x\|_p + \|y\|_p}\right)^p$$
$$\leqslant \sum_{i=1}^{n}\left(\frac{\|x\|_p}{\|x\|_p + \|y\|_p}\left(\frac{|x_i|}{\|x\|_p}\right)^p + \frac{\|y\|_p}{\|x\|_p + \|y\|_p}\left(\frac{|y_i|}{\|y\|_p}\right)^p\right)$$

$$
\begin{aligned}
&\leqslant \frac{\|x\|_p}{\|x\|_p+\|y\|_p}\sum_{i=1}^{n}\left(\frac{|x_i|}{\|x\|_p}\right)^p+\frac{\|y\|_p}{\|x\|_p+\|y\|_p}\sum_{i=1}^{n}\left(\frac{|y_i|}{\|y\|_p}\right)^p \\
&=\frac{\|x\|_p}{\|x\|_p+\|y\|_p}\cdot\frac{\|x\|_p^p}{\|x\|_p^p}+\frac{\|y\|_p}{\|x\|_p+\|y\|_p}\cdot\frac{\|y\|_p^p}{\|y\|_p^p} \\
&=1,
\end{aligned}
$$

这样，

$$
\sum_{i=1}^{n}|x_i+y_i|^p \leqslant (\|x\|_p+\|y\|_p)^p.
$$

上式两边取 p 次根即得结果. □

1.3.3 凸集的分离和支撑

凸集的分离和支撑是研究最优性条件的重要工具. 我们首先讨论闭凸集外一点与闭凸集的极小距离.

定理 1.3.17 设 $S\subset R^n$ 是非空闭凸集， $y\notin S$, 则存在唯一的点 $\overline{x}\in S$, 它与 y 距离最短. 进一步， $\overline{x}$ 与 y 距离最短的充要条件是

$$
(x-\overline{x})^T(\overline{x}-y)\geqslant 0,\quad \forall x\in S. \tag{1.3.12}
$$

证明 设

$$
\inf\{\|y-x\| \mid x\in S\}=\gamma>0. \tag{1.3.13}
$$

存在一个序列 $\{x_k\}\subset S$ 使得 $\|y-x_k\|\to\gamma$. 下面我们证明 $\{x_k\}$ 是 Cauchy 序列，从而存在极限 $\overline{x}\in S$.

由平行四边形法则，有

$$
\begin{aligned}
\|x_k-x_m\|^2 &= 2\|x_k-y\|^2+2\|x_m-y\|^2-\|x_k+x_m-2y\|^2 \\
&= 2\|x_k-y\|^2+2\|x_m-y\|^2-4\left\|\frac{x_k+x_m}{2}-y\right\|^2,
\end{aligned} \tag{1.3.14}
$$

注意到 $(x_k+x_m)/2\in S$, 由 r 的定义，有

$$\left\|\frac{x_k+x_m}{2}-y\right\|^2\geqslant r^2,$$

因而，

$$\|x_k-x_m\|^2\leqslant 2\|x_k-y\|^2+2\|x_m-y\|^2-4\gamma^2.$$

于是，取 k 和 m 充分大，则

$$\|x_k-x_m\|\to 0.$$

从而 $\{x_k\}$ 是 Cauchy 序列，且有极限 $\overline{x}$. 因为 S 是闭的，故 $\overline{x}\in S$. 这表明存在 $\overline{x}$ 使得 $\|y-\overline{x}\|=\gamma$.

下面证唯一性. 假定 $\overline{x}',\overline{x}\in S$ 满足

$$\|y-\overline{x}\|=\|y-\overline{x}'\|=\gamma.$$

由 S 的凸性， $(\overline{x}+\overline{x}')/2\in S$. 于是

$$\left\|y-\frac{\overline{x}+\overline{x}'}{2}\right\|\leqslant\frac{1}{2}\|y-\overline{x}\|+\frac{1}{2}\|y-\overline{x}'\|=\gamma.$$

如果严格不等号成立, 则与 γ 的定义矛盾, 从而在上述不等式中, 仅仅等号成立，从而必有

$$y-\overline{x}=\lambda(y-\overline{x}'),\quad \text{对某个 }\lambda.$$

又由于 $\|y-\overline{x}\|=\|y-\overline{x}'\|=\gamma$, 故 $|\lambda|=1$. 若 $\lambda=-1$, 则有 $y=(\overline{x}+\overline{x}')/2\in S$, 这与 $y\notin S$ 矛盾. 从而， $\lambda=1$, 即 $\overline{x}=\overline{x}'$. 唯一性得证.

最后证明 $\overline{x}\in S$ 与 $y\notin S$ 距离最短的充要条件是 $(x-\overline{x})^T(\overline{x}-y)\geqslant 0,\ \forall x\in S$.

设 $x\in S$, $(x-\overline{x})^T(\overline{x}-y)\geqslant 0$. 由于

$$\|y-x\|^2=\|y-\overline{x}+\overline{x}-x\|^2$$

$$= \|y - \overline{x}\|^2 + \|\overline{x} - x\|^2 + 2(\overline{x} - x)^T(y - \overline{x}),$$

故 $\|y - x\|^2 \geqslant \|y - \overline{x}\|^2$, 从而 $\overline{x}$ 与 y 有极小距离.

反之, 设 $\|y-x\|^2 \geqslant \|y-\overline{x}\|^2, \forall x \in S$. 注意到 $\overline{x}+\lambda(x-\overline{x}) \in S$, 对充分小的 $\lambda > 0$. 于是,

$$\|y - \overline{x} - \lambda(x - \overline{x})\|^2 \geqslant \|y - \overline{x}\|^2.$$

又

$$\begin{aligned}\|y - \overline{x} - \lambda(x - \overline{x})\|^2 = &\|y - \overline{x}\|^2 \\ &+ \lambda^2\|x - \overline{x}\|^2 + 2\lambda(x - \overline{x})^T \cdot (\overline{x} - y).\end{aligned}$$

从上面两式立得

$$\lambda^2\|x - \overline{x}\|^2 + 2\lambda(x - \overline{x})^T(\overline{x} - y) \geqslant 0, \quad 对充分小的 \lambda > 0.$$

两边同除以 λ, 并令 $\lambda \to 0$, 便得结果. □

现在我们讨论点和凸集的分离定理, 它是最基本的分离定理.

定理 1.3.18 设 $S \subset R^n$ 是非空闭凸集, $y \in R^n, y \notin S$, 则存在向量 $p \neq 0$ 和实数 α, 使得

$$p^T y > \alpha \text{ 和 } p^T x \leqslant \alpha, \quad \forall x \in S, \tag{1.3.15}$$

即存在超平面 $H = \{x \mid p^T x = \alpha\}$ 严格分离 y 和 S.

证明 因为 S 是闭凸集, $y \notin S$, 故由定理 1.3.17 知存在唯一的与 y 距离极小的点 $\overline{x} \in S$, 使得

$$(x - \overline{x})^T(\overline{x} - y) \geqslant 0, \quad \forall x \in S$$

此即

$$-\overline{x}^T(y - \overline{x}) \leqslant -x^T(y - \overline{x}), \quad \forall x \in S. \tag{1.3.16}$$

由于

$$\|y - \overline{x}\|^2 = (y - \overline{x})^T(y - \overline{x}) = y^T(y - \overline{x}) - \overline{x}^T(y - \overline{x}),$$

故将其代入 (1.3.16) 有

$$y^T(y-\overline{x})-x^T(y-\overline{x})\geqslant\|y-\overline{x}\|^2,$$

令 $p=y-\overline{x}\neq 0$, 上式成为

$$p^T(y-x)\geqslant\|y-\overline{x}\|^2,\quad \forall x\in S,$$

即

$$p^Ty\geqslant p^Tx+\|y-x\|^2,\quad \forall x\in S.$$

令 $\alpha=\sup\{p^Tx\mid x\in S\}$, 则结果得到. □

应用上述分离定理 1.3.18, 可以得到在推导线性和非线性规划最优性条件中广泛利用的 Farkas 定理.

定理 1.3.19 (Farkas 定理) 设 $A\in R^{m\times n}$, $c\in R^n$. 则下列两方程组有且仅有一组有解:

$$Ax\leqslant 0,\quad c^Tx>0,\quad 对某个\ x\in R^n, \tag{1.3.17}$$

$$A^Ty=c,\quad y\geqslant 0,\quad 对某个\ y\in R^m. \tag{1.3.18}$$

证明 假设 (1.3.18) 有解, 即存在 $y\geqslant 0$, 使得 $A^Ty=c$. 设 x 满足 $Ax\leqslant 0$, 则因 $y\geqslant 0$, 有

$$c^Tx=y^TAx\leqslant 0,$$

这表明 (1.3.17) 无解.

再假设 (1.3.18) 无解, 记

$$S=\{x\mid x=A^Ty,\ y\geqslant 0\},$$

则 S 是非空闭凸集, 且 $c\notin S$. 由定理 1.3.18, 存在 $p\in R^n$ 和 $\alpha\in R$, 使得

$$p^Tc>\alpha$$

和

$$p^T x \leqslant \alpha, \quad \forall x \in S.$$

由于 $0 \in S$, 故 $\alpha \geqslant 0$, 因而 $p^T c > 0$. 又

$$\alpha \geqslant p^T x = p^T A^T y = y^T Ap, \quad \forall y \geqslant 0.$$

由于 $y \geqslant 0$ 可任意大，故 $Ap \leqslant 0$. 这样我们构造了向量 $p \in R^n$, 满足 $Ap \leqslant 0$ 和 $p^T c > 0$, 从而 (1.3.17) 有解. 证明完成. □

为了研究两个凸集间的分离关系，我们引进下面的支撑超平面定义，并给出超平面支撑凸集的定理.

定义 1.3.20 设 $S \subset R^n$ 是非空集合, $p \in R^n, \overline{x} \in \partial S$, 这里 ∂S 表示集合 S 的边界,

$$\partial S = \left\{x \in R^n \middle| S \cap N_\delta(x) \neq \varnothing, (R^n \backslash S) \cap N_\delta(x) \neq \varnothing, \ \forall \delta > 0\right\},$$

其中 $N_\delta(x) = \{y \mid \|y - x\| < \delta\}$. 若有

$$S \subset H^+ = \{x \in S \mid p^T(x - \overline{x}) \geqslant 0\}, \tag{1.3.19}$$

或

$$S \subset H^- = \{x \in S \mid p^T(x - \overline{x}) \leqslant 0\}, \tag{1.3.20}$$

则称超平面 $H = \{x \mid p^T(x - \overline{x}) = 0\}$ 是 S 在 $\overline{x}$ 处的支撑超平面. 此外，若 $S \not\subset H$, 则 H 称为 S 在 $\overline{x}$ 的正常支撑超平面.

现在我们证明凸集在每一个边界点有一个支撑超平面. (见图 1.3.5.)

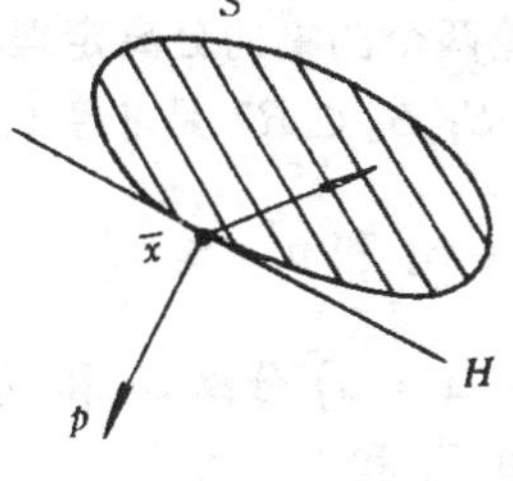

图 1.3.5 支撑超平面

定理 1.3.21 设 $S \subset R^n$ 是非空凸集， $\overline{x} \in \partial S$. 那么，在 $\overline{x}$ 处存在一个超平面支撑 S, 即存在非零向量 p, 使得

$$p^T(x-\overline{x}) \leqslant 0, \quad \forall x \in \mathrm{c}\,|\,S, \tag{1.3.21}$$

这里 $\mathrm{c}\,|\,S$ 表示 S 的闭包，$\mathrm{c}\,|\,S = \left\{x \in R^n \middle| S \cap N_\delta(x) \neq \varnothing, \forall \delta > 0\right\}$.

证明 因为 $\overline{x} \in \partial S$, 故存在序列 $\{y_k\} \not\subset \mathrm{c}\,|\,S$, 使得

$$y_k \to \overline{x}, \quad k \to \infty. \tag{1.3.22}$$

由定理 1.3.18, 对应于每一个 y_k, 存在 $p_k \in R^n$ 且 $\|p_k\| = 1$, 使得

$$p_k^T y_k > p_k^T x, \quad \forall x \in \mathrm{c}\,|\,S \tag{1.3.23}$$

由于 $\{p_k\}$ 有界, 故存在收敛子列 $\{p_k\}_\mathcal{K}$, 其极限为 p, $\|p\| = 1$. 对于这个子序列，显然 (1.3.23) 成立. 固定 $x \in \mathrm{c}\,|\,S$, 令 $k \in \mathcal{K}$, $k \to \infty$, 取极限，便得 $p^T(x-\overline{x}) \leqslant 0$. 由于这个不等式对所有 $x \in \mathrm{c}\,|\,S$ 成立，从而结果得到. □

利用定理 1.3.18 和 1.3.21, 立即得到下面的推论.

推论 1.3.22 设 $S \subset R^n$ 是非空凸集， $\overline{x} \notin S$, 那么存在非零向量 p 使得

$$p^T(x-\overline{x}) \leqslant 0, \quad \forall x \in \mathrm{c}\,|\,S. \tag{1.3.24}$$

证明 如果 $\overline{x} \notin \mathrm{c}\,|\,S$, 则推论从定理 1.3.18 得到, 如果 $\overline{x} \in \partial S$, 则推论简化为定理 1.3.21. □

现在，我们来讨论两个凸集的分离定理.

定义 1.3.23 设 $S_1, S_2 \subset R^n$ 是非空凸集，若

$$p^T x \geqslant \alpha, \quad \forall x \in S_1 \text{ 和 } p^T x \leqslant \alpha, \quad \forall x \in S_2, \tag{1.3.25}$$

则称超平面 $H = \{x \mid p^T x = \alpha\}$ 分离 S_1 和 S_2. 此外，若 $S_1 \cup S_2 \not\subset H$, 则 H 称为正常分离 S_1 和 S_2. 若

$$p^T x > \alpha, \quad \forall x \in S_1 \text{ 和 } p^T x < \alpha, \quad \forall x \in S_2, \tag{1.3.26}$$

则称 H 严格分离 S_1 和 S_2. 若

$$p^T x \geqslant \alpha + \varepsilon, \quad \forall x \in S_1 \text{ 和 } p^T x \leqslant \alpha, \quad \forall x \in S_2, \tag{1.3.27}$$

则称 H 强分离 S_1 和 S_2, 其中 $\varepsilon > 0$.

定理 1.3.24 (两个凸集的分离定理) 设 $S_1, S_2 \subset R^n$ 是非空凸集, 若 $S_1 \cap S_2 = \varnothing$, 则存在超平面分离 S_1 和 S_2, 即存在非零向量 $p \in R^n$, 使得

$$p^T x_1 \leqslant p^T x_2, \quad \forall x_1 \in \mathrm{c}\,|\,S_1, \quad \forall x_2 \in \mathrm{c}\,|\,S_2. \tag{1.3.28}$$

证明 设

$$S = S_1 - S_2 = \{x_1 - x_2 \mid x_1 \in S_1, x_2 \in S_2\},$$

因为 S 是凸集, 并且 $0 \notin S$ (否则, $S_1 \cap S_2 \neq \varnothing$), 故由推论 1.3.22 知存在非零向量 $p \in R^n$, 使得

$$p^T x \leqslant p^T 0 = 0, \quad \forall x \in \mathrm{c}\,|\,S,$$

这意味着

$$p^T x_1 \leqslant p^T x_2, \quad \forall x_1 \in \mathrm{c}\,|\,S_1, \quad x_2 \in \mathrm{c}\,|\,S_2,$$

于是结论得到. □

上述分离定理可以加强而得到强分离定理.

定理 1.3.25 (两个凸集的强分离定理) 设 S_1 和 S_2 是闭凸集, 且 S_1 有界. 若 $S_1 \cap S_2 = \varnothing$, 则存在一个超平面强分离 S_1 和 S_2, 即存在非零向量 p 和 $\varepsilon > 0$, 使得

$$\inf \left\{p^T x \middle| x \in S_1\right\} \geqslant \varepsilon + \sup \left\{p^T x \middle| x \in S_2\right\}. \tag{1.3.29}$$

证明 设 $S = S_1 - S_2$. 注意到 S 是凸集, 并且 $0 \notin S$. 我们先证明 S 是闭的. 设 $\{x_k\} \subset S$, $x_k \to x$. 由 S 的定义, $x_k = y_k - z_k$,

$y_k \in S_1$, $z_k \in S_2$. 由于 S_1 是紧的，故存在收敛子列 $\{y_k\}_{\mathcal{K}}$: $y_k \to y$, $y \in S_1$, $k \in \mathcal{K}$. 由于

$$y_k - z_k \to x, \quad y_k \to y, \quad 对于\ k \in \mathcal{K},$$

故有 $z_k \to z$. 由于 S_2 是闭的，故 $z \in S_2$, 因此,

$$x = y - z, \quad y \in S_1, \quad z \in S_2.$$

这表明 $x \in S$, 从而 S 是闭的.

于是，由定理 1.3.18 可知，存在非零向量 p 和实数 ε, 使得

$$p^T x \geqslant \varepsilon, \quad \forall x \in S\ 和\ p^T 0 < \varepsilon.$$

因此， $\varepsilon > 0$, 由 S 的定义，我们得到

$$p^T x_1 \geqslant \varepsilon + p^T x_2, \quad \forall x_1 \in S_1,\ x_2 \in S_2.$$

从而结果得到. □

§1.4 无约束问题的最优性条件

本节研究无约束问题

$$\min f(x), \quad x \in R^n \tag{1.4.1}$$

的最优性条件，它包括一阶条件和二阶条件.

极小点的类型有局部极小点和总体极小点两种.

定义 1.4.1 如果存在 $\delta > 0$, 使得对所有满足 $x \in R^n$ 和 $\|x - x^*\| < \delta$ 的 x, $f(x) \geqslant f(x^*)$, 则称 x^* 为 f 的局部极小点. 如果对所有满足 $x \in R^n$, $x \neq x^*$ 和 $\|x - x^*\| < \delta$ 的 x, $f(x) > f(x^*)$, 则称 x^* 为 f 的严格局部极小点.

定义 1.4.2 如果对所有 $x \in R^n$, $f(x) \geqslant f(x^*)$, 则称 x^* 为 $f(x)$ 的总体极小点. 如果对所有 $x \neq x^*$ 和 $x \in R^n$, $f(x) > f(x^*)$, 则称 x^* 为 $f(x)$ 的严格总体极小点.

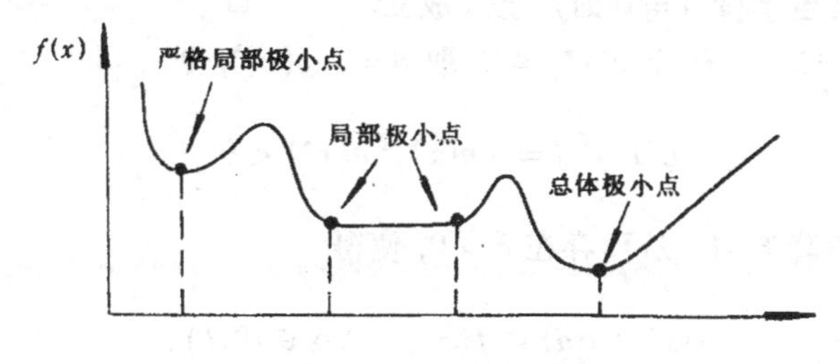

图 1.4.1　极小点的类型

应该指出，实际上可行的只是求一个局部 (或严格局部) 极小点，而非总体极小点. 尽管我们在后面也考虑了求总体极小点的可能性，但一般来说这是一个相当困难的任务. 在很多实际应用中，求局部极小点已满足了问题的要求. 因此，本书所指的求极小点，通常是指求局部极小点. 仅当问题具有某种凸性时，局部极小点才是总体极小点.

设 f 的一阶导数和二阶导数存在，且分别表示为

$$g(x)=\nabla f(x),\quad G(x)=\nabla^2 f(x),$$

则我们有

定理 1.4.3 (一阶必要条件)　设 $f: D\subset R^n\to R^1$ 在开集 D 上连续可微，若 $x^*\in D$ 是 (1.4.1) 的局部极小点，则

$$g(x^*)=0. \tag{1.4.2}$$

[证法一]　设 x^* 是一个局部极小点，考虑序列

$$x_k=x^*-\alpha_k g(x^*).$$

利用 Taylor 展式，对于充分大的 k, 有

$$0\leqslant f(x_k)-f(x^*)=-\alpha_k f'(\eta_k)g(x^*),$$

其中 η_k 是 x_k 和 x^* 的凸组合. 两边同除以 α_k, 并取极限. 由于 $f\in C^1$, 故有

$$0\leqslant -\|f'(x^*)\|^2.$$

显然，仅当 $f'(x^*)=0$ 时，上式成立. □

[证法二] 假定 $g(x^*)\neq 0$, 取 $d=-g(x^*)$, 则

$$g(x^*)^T d=-g(x^*)^T g(x^*)<0,$$

即 d 是下降方向，从而存在 $\delta>0$, 使得

$$f(x^*+\alpha d)<f(x^*),\quad \forall\alpha\in(0,\delta).$$

取 $\overline{\delta}=\delta\|d\|$, 因 $\alpha<\delta$, 故有

$$\|\alpha d\|\leqslant\alpha\|d\|=\overline{\delta},$$

故存在 $x^*+\alpha d\in N_{\overline{\delta}}(x^*)$, 使得

$$f(x^*+\alpha d)<f(x^*),$$

这与 x^* 是局部极小点矛盾. □

定理 1.4.4 (二阶必要条件) 设 $f:D\subset R^n\to R^1$ 在开集 D 上二阶连续可微，若 $x^*\in D$ 是 (1.4.1) 的局部极小点，则

$$g(x^*)=0,\quad G(x^*)\geqslant 0, \tag{1.4.3}$$

[证法一] (1.4.3) 中第一式在定理 1.4.3 中已经证明，故只须证明第二式. 考虑序列 $x_k=x^*+\alpha_k d$, d 任意. 由于 $f\in C^2$ 和 $g(x^*)=0$, 故由 Taylor 展式，对于充分大的 k, 有

$$0\leqslant f(x_k)-f(x^*)=\frac{1}{2}\alpha_k^2 d^T G(\eta_k)d,$$

其中 η_k 是 x_k 和 x^* 的凸组合. 由于 x^* 是局部极小点， $f\in C^2$, 则上式两边同除以 $\frac{1}{2}\alpha_k^2$, 并取极限，得

$$d^T G(x^*)d\geqslant 0,\quad \forall d\in R^n.$$

从而 (1.4.3) 第二式得到. □

[证法二]　为了证明 (1.4.3) 中第二式，我们只要利用反证法排斥 $G(x^*)$ 是不定的即可. 假定 $G(x^*)$ 不定，并设 $N_\delta(x^*)$ 是 x^* 的邻域. 由连续性可知，对所有 $x \in N_\delta(x^*)$, $G(x)$ 不定. 今选择 ε 和向量 d, 使得 $x^* + \varepsilon d \in N_\delta(x^*)$, 且满足 $d^T G(x^* + \varepsilon d)d < 0$. 利用 $g(x^*) = 0$, 有

$$f(x^* + \varepsilon d) = f(x^*) + \frac{1}{2}\varepsilon^2 d^T G(x^* + \theta\varepsilon d)d,$$

其中 $0 \leqslant \theta \leqslant 1$. 从而，$f(x^* + \varepsilon d) < f(x^*)$. 这与 x^* 是局部极小点矛盾.　□

满足 $g(x^*) = 0$ 的点 x^* 称为函数 f 的平稳点或驻点. 如果 $g(x^*) = 0$, 则 x^* 可能是极小点，也可能是极大点，也可能不是极值点. 既不是极小点也不是极大点的平稳点叫做函数的鞍点.

下面我们讨论二阶充分性条件

定理 1.4.5 (二阶充分条件)　设 $f : D \subset R^n \to R^1$ 在开集 D 上二阶连续可微，则 $x^* \in D$ 是 f 的一个严格局部极小点的充分条件是

$$g(x^*) = 0 \text{ 和 } G(x^*) \text{ 是正定矩阵.} \tag{1.4.4}$$

[证法一]　设 (1.4.4) 成立，则由 Taylor 展式，对任意向量 d,

$$f(x^* + \varepsilon d) = f(x^*) + \frac{1}{2}\varepsilon^2 d^T G(x^* + \theta\varepsilon d)d.$$

由于 $G(x^*)$ 正定，$f \in C^2$, 故可选择 ε, 使得 $x^* + \varepsilon d \in N_\delta(x^*)$, 从而 $d^T G(x^* + \theta\varepsilon d)d > 0$, 这样

$$f(x^* + \varepsilon d) > f(x^*),$$

即 x^* 是严格局部极小点.

[证法二](反证法)　假定 x^* 不是严格局部极小点，则存在序列 $\{x_k\} \subset D$, $x_k \neq x^*$, $\forall k, f(x_k) \leqslant f(x^*)$, 对充分大的 k. 利用 Taylor 展式

$$0 \geqslant f(x_k) - f(x^*)$$

$$= g(x^*)^T\left(x_k - x^*\right) + \frac{1}{2}\left(x_k - x^*\right)^T G(\eta_k)\left(x_k - x^*\right),$$

由于 $g(x^*) = 0$, 上式两边同除以 $\frac{1}{2}\left\|x_k - x^*\right\|^2$, 并取极限，得

$$0 \geqslant \bar{e}^T G(x^*)\bar{e}, \tag{1.4.5}$$

其中 $\bar{e}$ 是一致有界序列

$$\left\{\frac{x_k - x^*}{\left\|x_k - x^*\right\|}\right\}$$

的任何聚点, $\|\bar{e}\| = 1$. (1.4.5) 与$G(x^*)$ 的正定性假设矛盾. □

一般地，目标函数的平稳点不一定是极小点. 但若目标函数是凸函数，则其平稳点就是其极小点，且为总体极小点.

定理 1.4.6 (凸充分性定理) 设 $f: R^n \to R^1$ 是凸函数，且 $f \in C^1$. 则 x^* 是总体极小点的充分必要条件是 $g(x^*) = 0$.

证明 因为 f 是 R^n 上的可微凸函数， $g(x^*) = 0$, 故有

$$f(x) \geqslant f(x^*) + g(x^*)(x - x^*) = f(x^*), \quad \forall x \in D.$$

这表明 x^* 是 D 中 f 的总体极小点.

必要性显然. □

约束最优化的最优性条件将在第八章讨论.

§1.5 最优化方法的结构

最优化方法通常采用迭代方法求它的最优解，其基本思想是：给定一个初始点 $x_0 \in R^n$, 按照某一迭代规则产生一个点列 $\{x_k\}$, 使得当 $\{x_k\}$ 是有穷点列时，其最后一个点是最优化模型问题的最优解. 当 $\{x_k\}$ 是无穷点列时，它有极限点，且其极限点是最优化模型问题的最优解. 一个好的算法应具备的典型特征为：迭代点 x_k 能稳定地接近局部极小点 x^* 的邻域，然后迅速收敛于 x^*. 当

给定的某种收敛准则满足时，迭代即终止．一般地，我们要证明迭代点列 $\{x_k\}$ 的聚点 (即子序列的极限点) 为一局部极小点．

设 x_k 为第 k 次迭代点， d_k 为第 k 次搜索方向， α_k 为第 k 次步长因子，则第 k 次迭代为

$$x_{k+1} = x_k + \alpha_k d_k. \tag{1.5.1}$$

从这个迭代格式可以看出，不同的步长因子 α_k 和不同的搜索方向 d_k 构成了不同的方法．在第二章，我们将讨论确定步长因子 α_k 的不同方法．从第三章开始，我们将介绍确定搜索方向 d_k 的不同方法．在最优化方法中，搜索方向 d_k 是 f 在 x_k 点处的下降方向，即 d_k 满足

$$\nabla f(x_k)^T d_k < 0 \tag{1.5.2}$$

或

$$f(x_k + \alpha_k d) < f(x_k). \tag{1.5.3}$$

最优化方法的基本结构为：

给定初始点 x_0,

(a) 确定搜索方向 d_k, 即依照一定规则，构造 f 在 x_k 点处的下降方向作为搜索方向．

(b) 确定步长因子 α_k, 使目标函数值有某种意义的下降．

(c) 令

$$x_{k+1} = x_k + \alpha_k d_k,$$

若 x_{k+1} 满足某种终止条件，则停止迭代，得到近似最优解 x_{k+1}. 否则，重复 (1) 上步骤．

收敛速度也是衡量最优化方法有效性的重要方面．设算法产生的迭代点列 $\{x_k\}$ 在某种范数意义下收敛，即

$$\lim_{k\to\infty} \|x_k - x^*\| = 0. \tag{1.5.4}$$

若存在实数 $\alpha > 0$ 及一个与迭代次数 k 无关的常数 $q > 0$, 使得

$$\lim_{k\to\infty} \frac{\|x_{k+1} - x^*\|}{\|x_k - x^*\|^\alpha} = q, \tag{1.5.5}$$

则称算法产生的迭代点列 $\{x_k\}$ 具有 Q-α 阶收敛速度. 特别地,

(1) 当 $\alpha=1, q>0$ 时, 迭代点列 $\{x_k\}$ 叫做具有 Q- 线性收敛速度;

(2) 当 $1<\alpha<2, q>0$ 或 $\alpha=1, q=0$ 时, 迭代点列 $\{x_k\}$ 叫做具有 Q- 超线性收敛速度;

(3) 当 $\alpha=2$ 时, 迭代点列 $\{x_k\}$ 叫做具有 Q- 二阶收敛速度.

另一种收敛速度是 R- 收敛速度 (根收敛速度). 设

$$R_p=\begin{cases}\limsup\limits_{k\to\infty}\left\|x_k-x^*\right\|^{1/k}, & \text{如果 } p=1,\\ \limsup\limits_{k\to\infty}\left\|x_k-x^*\right\|^{1/p^k}, & \text{如果 } p>1.\end{cases}$$

如果 $R_1=0$, 则称 x_k 是 R- 超线性收敛于 x^*; 如果 $0<R_1<1$, 则称 x_k 是 R- 线性收敛于 x^*; 如果 $R_1=1$, 则称 x_k 是 R- 次线性收敛于 x^*.

类似地, 如果 $R_2=0$, 则称 x_k 是 R- 超平方收敛于 x^*; 如果 $0<R_2<1$, 则称 x_k 是 R- 平方收敛于 x^*; 如果 $R_2\geqslant 1$, 则称 x_k 是 R- 次平方收敛于 x^*.

在以后各章中, 除特别说明外, 所指的收敛速度均为 Q- 收敛速度.

一般认为, 具有超线性收敛速度和二阶收敛速度的方法是比较快速的. 不过, 还应该意识到, 对任何一个算法, 收敛性和收敛速度的理论结果并不保证算法在实际执行时一定有好的实际计算结果. 这一方面是由于这些结果本身并不能保证方法一定有好的特性, 另一方面是由于它们忽略了计算过程中十分重要的舍入误差的影响. 此外, 这些结果通常要对函数 $f(x)$ 加上某些不易验证的限制, 这些限制条件在实际上并不一定能得到满足. 因此, 一个最优化方法的开发还有赖于数值试验. 这就是说, 通过对各种形式的有代表性的检验函数进行数值计算, 一个好的算法应该具有可以接受的特性. 显然, 数值试验并不能以严格的数学证明保证算法具有良好的性态. 理想的情况是根据收敛性和收敛速度的理论结果来选择适当的数值试验.

下面的定理给出了算法超线性收敛的一个特征．它对于构造终止迭代所需的收敛准则是有用的．

定理 1.5.1　如果序列 $\{x_k\}$ Q- 超线性收敛到 x^*, 那么

$$\lim_{k\to\infty}\frac{\left\|x_{k+1}-x_k\right\|}{\left\|x_k-x^*\right\|}=1. \tag{1.5.6}$$

但反之一般不成立．

证明　对于给出的整数 $k\geqslant 0$,

$$\begin{aligned}\frac{\left\|x_{k+1}-x^*\right\|}{\left\|x_k-x^*\right\|}&=\frac{\left\|(x_{k+1}-x_k)+(x_k-x^*)\right\|}{\left\|x_k-x^*\right\|}\\&\geqslant\left|\frac{\left\|x_{k+1}-x_k\right\|}{\left\|x_k-x^*\right\|}-\frac{\left\|x_k-x^*\right\|}{\left\|x_k-x^*\right\|}\right|.\end{aligned}$$

根据超线性收敛的定义

$$\lim_{k\to\infty}\frac{\left\|x_{k+1}-x^*\right\|}{\left\|x_k-x^*\right\|}=0,$$

故

$$\lim_{k\to\infty}\frac{\left\|x_{k+1}-x_k\right\|}{\left\|x_k-x^*\right\|}=1.$$

为了证明反之一般不成立，我们举一反例．在赋范线性空间 $\{R,|\cdot|\}$ 中，定义序列 $\{x_k\}$ 为：

$$\begin{aligned}&x_{2i-1}=\frac{1}{i!}\quad(i=1,2,\cdots),\\&x_{2i}=2x^{2i-1}\quad(i=1,2,\cdots),\end{aligned}$$

显然，$x^*=0$, 我们有

$$\frac{\left|x_{k+1}-x_k\right|}{\left|x_k-x^*\right|}=\begin{cases}1, & k=2i-1,\ i\geqslant 1,\\ 1-1/(i+1), & k=2i,\ i\geqslant 1.\end{cases}$$

这样，$\{x_k\}$ 并不超线性收敛于 x^*．　□

这个定理表明 $\|x_{k+1}-x_k\|$ 可以用来代替 $\|x_k-x^*\|$ 给出终止判断，并且这个估计随着 k 的增加而改善.

算法的另一重要特征为终止迭代所需的收敛准则. 对使用者来说，最有用的也许是要求 $|f(x_k)-f(x^*)|\leqslant\varepsilon$ 或 $\|x_k-x^*\|\leqslant\varepsilon$，其中参数 ε 由使用者提供. 但由于上述准则需要预先知道解的信息，因而是不实用的.

从前面的讨论可知，$\|x_{k+1}-x_k\|$ 是误差 $\|x_k-x^*\|$ 的一个估计，因此我们有时采用

$$\|x_{k+1}-x_k\|\leqslant\varepsilon_1 \tag{1.5.7a}$$

或

$$|(x_{k+1})_i-(x_k)_i|\leqslant\overline{\varepsilon}_i,\quad \forall i \tag{1.5.7b}$$

其中 $(x_k)_i$ 表示向量 x_k 的第 i 个分量. 另一个可以采用的终止准则是

$$f(x_k)-f(x_{k+1})\leqslant\varepsilon_1. \tag{1.5.8}$$

终止准则 (1.5.7) 和 (1.5.8) 对于一些预计会有较快收敛性的算法是比较理想的. 但是，在有些情况下，终止准则 (1.5.7) 和 (1.5.8) 是不适当的. 有时，虽然 $\|x_{k+1}-x_k\|$ 是小的，但 $f(x_k)-f(x_{k+1})$ 是大的，极小点 x^* 远离 x_k. 有时，虽然 $f(x_k)-f(x_{k+1})$ 是小的，但 $\|x_{k+1}-x_k\|$ 是大的，极小点 x^* 远离 x_k. 这样，Himmeblau 指出，同时使用 (1.5.7) 和 (1.5.8) 是合适的. 注意到量值的关系，Himmeblau 提出如下终止准则：

当 $\|x_k\|>\varepsilon_2$ 和 $|f(x_k)|>\varepsilon_2$ 时，采用

$$\frac{\|x_{k+1}-x_k\|}{\|x_k\|}\leqslant\varepsilon_1,\quad \frac{|f(x_k)-f(x_{k+1})|}{|f(x_k)|}\leqslant\varepsilon_1, \tag{1.5.9a}$$

否则采用

$$\|x_{k+1}-x_k\|\leqslant\varepsilon_1,\quad |f(x_k)-f(x_{k+1})|\leqslant\varepsilon_1. \tag{1.5.9b}$$

对于有一阶导数信息，且收敛不太快的算法，例如共轭梯度法，可以采用如下终止准则：

$$\|g_k\| \leqslant \varepsilon_3, \tag{1.5.10}$$

其中 $g_k = g(x_k) = \nabla f(x_k)$. 但是，由于临界点可能是鞍点，因此，在有些情形单独使用这个准则也是不适当的. Himmeblau 建议可以将 (1.5.9) 与 (1.5.10) 结合使用. 一般地，可取 $\varepsilon_1 = \varepsilon_2 = 10^{-5}$, $\varepsilon_3 = 10^{-4}$.

大多数最优化方法是从二次函数模型导出的. 这种类型的方法在实际上常常是有效的. 其主要原因是一般函数在极小点附近常可用二次函数很好地进行近似. 所谓二次终止性是指当算法应用于一个二次函数时，只要经过有限步迭代就能达到函数的极小点 x^*. 因此，对于一般函数而言，具有二次终止性的算法可望在接近极小点时具有很好的收敛性质.

第二章 一 维 搜 索

§2.1 引 言

所谓一维搜索，又称线性搜索，就是指单变量函数的最优化．它是多变量函数最优化的基础．如前所述，在多变量函数最优化中，迭代格式为

$$x_{k+1} = x_k + \alpha_k d_k, \tag{2.1.1}$$

其关键就是构造搜索方向 d_k 和步长因子 α_k．设

$$\varphi(\alpha) = f(x_k + \alpha d_k), \tag{2.1.2}$$

这样，从 x_k 出发，沿搜索方向 d_k，确定步长因子 α_k，使

$$\varphi(\alpha_k) < \varphi(0)$$

的问题就是关于 α 的一维搜索问题．

如果求得 α_k，使目标函数沿方向 d_k 达到极小，即使得

$$f(x_k + \alpha_k d_k) = \min_{\alpha>0} f(x_k + \alpha d_k),$$

或

$$\varphi(\alpha_k) = \min_{\alpha>0} \varphi(\alpha),$$

则称这样的一维搜索为最优一维搜索，或精确一维搜索，α_k 叫最优步长因子．如果选取 α_k，使目标函数 f 得到可接受的下降量，

即使得下降量 $f(x_k)-f(x_k+\alpha_k d_k)>0$ 是用户可接受的，则称这样的一维搜索为近似一维搜索，或不精确一维搜索，或可接受一维搜索.

由于在实际计算中，理论上精确的最优步长因子一般不能求到. 求几乎精确的最优步长因子需花费相当大的工作量. 因而花费计算量较少的不精确一维搜索日益受到人们的青睐.

一维搜索的主要结构如下：首先确定包含问题最优解的搜索区间，再采用某种分割技术或插值方法缩小这个区间，进行搜索求解.

下面给出搜索区间的概念和确定搜索区间的方法.

定义 2.1.1 设 $\varphi: R\to R$, $\alpha^*\in[0,+\infty)$, 并且

$$\varphi(\alpha^*)=\min_{\alpha\geqslant 0}\varphi(\alpha).$$

若存在闭区间 $[a,b]\subset[0,+\infty)$, 使 $\alpha^*\in[a,b]$, 则称 $[a,b]$ 是一维极小化 $\min\limits_{\alpha\geqslant 0}\varphi(\alpha)$ 的搜索区间.

确定搜索区间的一种简单方法叫进退法，其基本思想是从一点出发，按一定步长，试图确定出函数值呈现“高 - 低 - 高”的三点. 一个方向不成功，就退回来，再沿相反方向寻找. 具体地说，就是给出初始点 α_0, 初始步长 $h_0>0$, 若

$$\varphi(\alpha_0+h_0)<\varphi(\alpha_0),$$

则下一步从新点 α_0+h_0 出发，加大步长，再向前搜索. 若

$$\varphi(\alpha_0+h_0)>\varphi(\alpha_0),$$

则下一步仍以 α_0 为出发点，沿反方向同样搜索，直到目标函数上升就停止. 这样便得到一个搜索区间，这种方法叫进退法.

算法 2.1.2 (进退法步骤)

步 1　选取初始数据. $\alpha_0\in[0,\infty)$, $h_0>0$, 加倍系数 $t>1$ (一般取 $t=2$), 计算 $\varphi(\alpha_0)$, $k:=0$.

步 2　比较目标函数值. 令 $\alpha_{k+1} = \alpha_k + h_k$, 计算 $\varphi_{k+1} = \varphi(\alpha_{k+1})$, 若 $\varphi_{k+1} < \varphi_k$, 转步 3, 否则转步 4.

步 3　加大探索步长. 令 $h_{k+1} := th_k$, $\alpha := \alpha_k$, $\alpha_k := \alpha_{k+1}$, $\varphi_k := \varphi_{k+1}$, $k := k+1$, 转步 2.

步 4　反向探索. 若 $k = 0$, 转换探索方向, 令 $h_k := -h_k$, $\alpha_k := \alpha_{k+1}$, 转步 2; 否则, 停止迭代, 令

$$a = \min\{\alpha, \alpha_{k+1}\}, \quad b = \max\{\alpha, \alpha_{k+1}\},$$

输出 $[a, b]$.　　□

本章给出的一维搜索方法主要针对单峰区间 (或叫单谷区间) 和单峰函数 (或叫单谷函数, unimodal function). 这里介绍它们的概念和简单性质.

定义 2.1.3　设 $\varphi: R \to R$, $[a,b] \subset R$, 若存在 $\alpha^* \in [a,b]$, 使得 $\varphi(\alpha)$ 在 $[a,\alpha^*]$ 上严格递降, 在 $[\alpha^*,b]$ 上严格递增, 则称 $[a,b]$ 是函数 $\varphi(\alpha)$ 的单峰区间, $\varphi(\alpha)$ 是 $[a,b]$ 上的单峰函数 (或单谷函数).

单峰函数也可定义如下:

定义 2.1.3a　如果存在唯一的 $\alpha^* \in [a,b]$, 使得对于任何 α_1, $\alpha_2 \in [a,b]$, $\alpha_1 < \alpha_2$, 有

若 $\alpha_2 < \alpha^*$, 则 $\varphi(\alpha_1) > \varphi(\alpha_2)$;

若 $\alpha_1 > \alpha^*$, 则 $\varphi(\alpha_1) < \varphi(\alpha_2)$;

则 $\varphi(\alpha)$ 是 $[a,b]$ 上的单峰函数.

单峰区间和单峰函数具有一些有用的性质. 如果 φ 在 $[a,b]$ 上是单峰函数, 则可通过比较 φ 的函数值, 缩小搜索区间.

定理 2.1.4　设 $\varphi: R \to R$, $[a,b]$ 是 $\varphi(\alpha)$ 的单峰区间, $\alpha_1, \alpha_2 \in [a,b]$, 且 $\alpha_1 < \alpha_2$, 则

(1) 若 $\varphi(\alpha_1) \leqslant \varphi(\alpha_2)$, 则 $[a,\alpha_2]$ 是 $\varphi(\alpha)$ 的单峰区间;

(2) 若 $\varphi(\alpha_1) \geqslant \varphi(\alpha_2)$, 则 $[\alpha_1,b]$ 是 $\varphi(\alpha)$ 的单峰区间.

证明　根据单峰区间的定义, 存在 $\alpha^* \in [a,b]$ 使得 $\varphi(\alpha)$ 在 $[a,\alpha^*]$ 上严格递降, 在 $[\alpha^*,b]$ 上严格递增. 由于 $\varphi(\alpha_1) \leqslant \varphi(\alpha_2)$, 故可知 $\alpha^* \in [a,\alpha_2]$ (如图 2.1.1).

由于$\varphi(\alpha)$ 是$[a,b]$ 上的单峰函数，$\varphi(\alpha)$ 也是$[a,\alpha_2]$ 上的单峰函数，于是$[a,\alpha_2]$ 是$\varphi(\alpha)$ 的单峰区间．类似地可证明 (2)． □

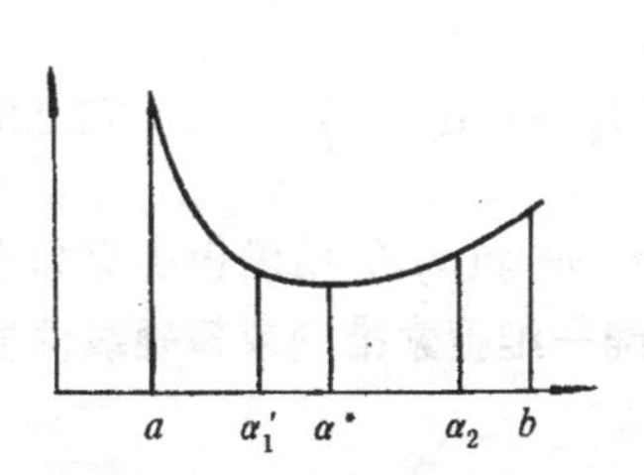

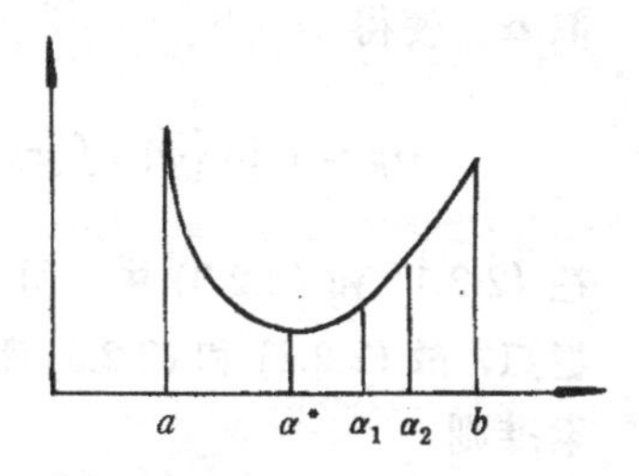

图 2.1.1　单峰区间和单峰函数的性质

§2.2　精确一维搜索的收敛理论

通常，无约束最优化算法的一般形式如下：

算法 2.2.1

初始步：给出 $x_0 \in R^n$, $0 \leqslant \varepsilon \ll 1$.

第 k 步：计算下降方向 d_k;

计算步长因子 α_k, 使得

$$f(x_k + \alpha_k d_k) = \min_{\alpha \geqslant 0} f(x_k + \alpha d_k); \tag{2.2.1}$$

令

$$x_{k+1} = x_k + \alpha_k d_k; \tag{2.2.2}$$

如果 $\|\nabla f(x_k)\| \leqslant \varepsilon$, 停止计算；否则，重复上述步骤． □

令

$$\varphi(\alpha) = f(x_k + \alpha d_k),$$

这里显然要求

$$\varphi(0) = f(x_k), \quad \varphi(\alpha) \leqslant f(x_k).$$

(2.2.1) 实际上是求 $\varphi(\alpha)=f(x_k+\alpha d_k)$ 的总体极小点，这实际上是相当困难的. 通常，我们往往求出 $\varphi(\alpha)$ 的第一个平稳点，即选取 α_k，使得

$$\alpha_k=\min\left\{\alpha\middle|\nabla f(x_k+\alpha d_k)^T d_k=0,\alpha>0\right\}. \tag{2.2.3}$$

在 (2.2.1) 和 (2.2.3) 中，分别要求 α_k 是 $\varphi(\alpha)$ 的精确极小点和平稳点，故 (2.2.1) 和 (2.2.3) 都称为精确一维搜索准则或精确线性搜索准则.

设 $\langle d_k,-\nabla f(x_k)\rangle$ 表示向量 d_k 与 $-\nabla f(x_k)$ 之间的角度，则有

$$\cos\langle d_k,-\nabla f(x_k)\rangle=-\frac{d_k^T\nabla f(x_k)}{\|d_k\|\|\nabla f(x_k)\|}.$$

定理 2.2.2 设 $\alpha_k>0$ 是 (2.2.1) 的解，$\left\|\nabla^2 f(x_k+\alpha d_k)\right\|\leqslant M$ 对一切 $\alpha>0$ 均成立，其中 M 是某个正的常数，则有

$$f(x_k)-f(x_k+\alpha_k d_k)\geqslant\frac{1}{2M}\|\nabla f(x_k)\|^2\cos^2\langle d_k,-\nabla f(x_k)\rangle. \tag{2.2.4}$$

证明 由假设可知

$$f(x_k+\alpha d_k)\leqslant f(x_k)+\alpha d_k^T\nabla f(x_k)+\frac{\alpha^2}{2}M\|d_k\|^2$$

对一切 $\alpha>0$ 都成立. 令

$$\overline{\alpha}=-d_k^T\nabla f(x_k)/(M\|d_k\|^2),$$

则有

$$\begin{aligned}f(x_k)-f(x_k+\alpha_k d_k)&\geqslant f(x_k)-f(x_k+\overline{\alpha}d_k)\\&\geqslant-\overline{\alpha}d_k^T\nabla f(x_k)-\frac{\overline{\alpha}^2}{2}M\|d_k\|^2\\&=\frac{1}{2}\frac{\left(d_k^T\nabla f(x_k)\right)^2}{M\|d_k\|^2}\end{aligned}$$

$$= \frac{1}{2M}\|\nabla f(x_k)\|^2 \frac{\left(d_k^T \nabla f(x_k)\right)^2}{\|d_k\|^2\|\nabla f(x_k)\|^2}$$

$$= \frac{1}{2M}\|\nabla f(x_k)\|^2 \cos^2 \langle d_k, -\nabla f(x_k)\rangle . \qquad \square$$

下面我们讨论关于采用精确一维搜索极小化算法的收敛性定理.

定理 2.2.3 设 $f(x)$ 是开集 $D \subset R^n$ 上的连续可微函数，且任一极小化算法 (2.2.1) 满足 $f(x_{k+1}) \leqslant f(x_k), \forall k; \nabla f(x_k)^T d_k \leqslant 0$. 又设 $\overline{x} \in D$ 是序列 $\{x_k\}$ 的聚点，K_1 是满足 $\lim\limits_{k\in K_1} x_k = \overline{x}$ 的指标 k 的指标集. 假定存在 $M > 0$, 使得 $\|d_k\| < M, \forall k \in K_1$. 设 $\overline{d}$ 是序列 $\{d_k\}$ 的任一聚点，则

$$\nabla f(\overline{x})^T \overline{d} = 0. \tag{2.2.5}$$

进一步，如果再设 $f(x)$ 在 D 上二次连续可微，则还有

$$\overline{d}^T \nabla^2 f(\overline{x}) \overline{d} \geqslant 0. \tag{2.2.6}$$

证明 我们仅证明 (2.2.5). (2.2.6) 的证明与 (2.2.5) 完全类似.

设 $K_2 \subset K_1$ 是满足 $\overline{d} = \lim\limits_{k\in K_2} d_k$ 的指标集. 如果 $\overline{d} = 0$, 则 (2.2.5) 显然成立. 否则，假定

(i) 存在指标集 $K_3 \subset K_2$, 使得 $\lim\limits_{k\in K_3} \alpha_k = 0$. 由于 α_k 是精确一维搜索因子，故

$$\nabla f(x_k + \alpha_k d_k)^T d_k = 0.$$

由于 $\|d_k\|$ 一致上有界和 $\alpha_k \to 0$, 故取极限得

$$\nabla f(\overline{x})^T \overline{d} = 0.$$

(ii) 存在 $\liminf\limits_{k\in K_2}\alpha_k=\overline{\alpha}>0$ 的情形. 设 $K_4\subset K_2$ 是满足 $\alpha_k\geqslant\overline{\alpha}/2$ 的 k 的指标集, $\forall k\in K_4$. 今假定定理不成立, 即有

$$\nabla f(\overline{x})^T\overline{d}<-\delta<0.$$

于是存在 $\overline{x}$ 的邻域 $N(\overline{x})$ 和指标集 $K_5\subset K_4$, 使得当 $x\in N(\overline{x})$ 和 $k\in K_5$ 时,

$$\nabla f(x)^Td_k\leqslant-\delta/2<0.$$

设 $\widehat{\alpha}$ 是一个足够小的正数, 使得对于所有 $0\leqslant\alpha\leqslant\widehat{\alpha}$ 和所有 $k\in K_5$, $x_k+\alpha d_k\in N(\overline{x})$. 取 $\alpha^*=\min(\overline{\alpha}/2,\widehat{\alpha})$, 则

$$\begin{aligned}
f(\overline{x})-f(x_0)&=\sum_{k=0}^{\infty}[f(x_{k+1})-f(x_k)]\\
&\leqslant\sum_{k\in K_5}[f(x_{k+1})-f(x_k)]\ (\text{由算法的非上升性质})\\
&\leqslant\sum_{k\in K_5}\left[f\left(x_k+\alpha^*d_k\right)\right]-f(x_k)]\ (\text{由精确一维搜索}) \quad (2.2.7)\\
&=\sum_{k\in K_5}\nabla f(x_k+\tau_kd_k)^T\alpha^*d_k\ (0\leqslant\tau_k\leqslant\alpha^*) \quad (2.2.8)\\
&\leqslant\sum_{k\in K_5}-\left(\frac{\delta}{2}\right)\alpha^*=-\infty.
\end{aligned}$$

这个矛盾说明了 (2.2.5) 对于情形 (ii) 也成立.

(2.2.6) 的证明与 (2.2.5) 完全类似. 只是在 (2.2.8) 处利用 Taylor 定理的二阶形式. 注意到 (2.2.7),

$$f(\overline{x})-f(x_0)\leqslant\sum_{k\in K_5}\left[f\left(x_k+\alpha^*d_k\right)-f(x_k)\right]$$

$$=\sum_{k\in K_5}\left[\nabla f(x_k)^T\left(\alpha^*d_k\right)+\frac{(\alpha^*)^2}{2}d_k^T\nabla^2f(x_k+\tau_kd_k)d_k\right]\quad 0\leqslant\tau_k\leqslant\alpha^*$$

$$\leqslant\sum_{k\in K_5}\frac{(\alpha^*)^2}{2}d_k^T\nabla^2f(x_k+\tau_kd_k)d_k$$

$$\leqslant \sum_{k\in K_5}\left[-\frac{1}{2}\left(\frac{\delta}{2}\right)(\alpha^*)^2\right]=-\infty. \tag{2.2.9}$$

这个矛盾说明了 (2.2.6) 对于情形 (ii) 也成立. □

定理 2.2.4 设 $\nabla f(x)$ 在水平集 $L=\{x\in R^n \mid f(x)\leqslant f(x_0)\}$ 上存在且一致连续，算法 2.2.1 产生的方向 d_k 与 $\nabla f(x_k)$ 的夹角 θ_k 满足

$$\theta_k\leqslant\frac{\pi}{2}-\mu,\quad \text{对某个 } \mu>0, \tag{2.2.10}$$

则或者对某个 k 有 $g_k=0$, 或者有 $f_k\to-\infty$, 或者有 $\nabla f(x_k)\to 0$.

证明 假定对所有 k, $\nabla f(x_k)\neq 0$, $f(x_k)$ 有下界. 由于 $\{f(x_k)\}$ 单调下降，故极限存在，因而

$$f(x_k)-f(x_{k+1})\to 0. \tag{2.2.11}$$

设 $g_k\triangleq\nabla f(x_k)$. 假定 $g_k\to 0$ 不成立，则存在常数 $\varepsilon>0$, 使得 $\|g_k\|\geqslant\varepsilon$. 从而

$$-g_k^T d_k/\|d_k\|=\|g_k\|\cos\theta_k\geqslant\varepsilon\sin\mu\triangleq\varepsilon_1, \tag{2.2.12}$$

又

$$\begin{aligned}f(x_k+\alpha d_k)&=f(x_k)+\alpha g(\xi_k)^T d_k\\&=f(x_k)+\alpha g_k^T d_k+\alpha[g(\xi_k)-g_k]^T d_k\\&\leqslant f(x_k)+\alpha\|d_k\|\left(\frac{g_k^T d_k}{\|d_k\|}+\|g(\xi_k)-g_k\|\right),\end{aligned} \tag{2.2.13}$$

其中 ξ 在 x_k 与 $x_k+\alpha d_k$ 之间. 由于 g 在水平集 L 上一致连续，故存在 $\overline{\alpha}$, 使得当 $0\leqslant\alpha\|d_k\|\leqslant\overline{\alpha}$ 时,

$$\|g(\xi_k)-g_k\|\leqslant\frac{1}{2}\varepsilon_1, \tag{2.2.14}$$

所以，由 (2.2.12)—(2.2.14),

$$f\left(x_k+\overline{\alpha}\frac{d_k}{\|d_k\|}\right)\leqslant f(x_k)+\overline{\alpha}\left(\frac{g_k^T d_k}{\|d_k\|}+\frac{1}{2}\varepsilon_1\right)$$

$$\leqslant f(x_k) - \frac{1}{2}\overline{\alpha}\varepsilon_1,$$

从而

$$f(x_{k+1}) \leqslant f\left(x_k + \overline{\alpha}\frac{d_k}{\|d_k\|}\right) \leqslant f(x_k) - \frac{1}{2}\overline{\alpha}\varepsilon_1,$$

这与 (2.2.11) 矛盾. 从而有 $g_k \to 0$. □

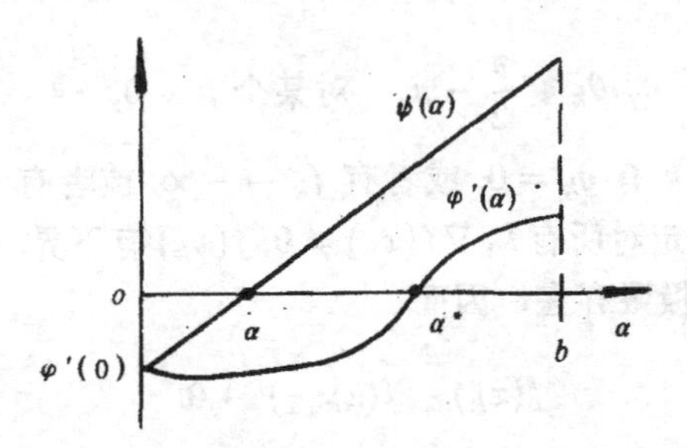

图 2.2.1　引理 2.2.4 示意图

下面, 我们给出采用精确一维搜索的极小化算法的收敛速度. 为此, 先给出几个引理.

引理 2.2.5　设函数 $\varphi(\alpha)$ 在闭区间 $[0,b]$ 上二次连续可微, 且 $\varphi'(0)<0$. 若 $\varphi(\alpha)$ 在 $[0,b]$ 上的极小点 $\alpha^* \in (0,b)$, 则

$$\alpha^* \geqslant \widetilde{\alpha} = \frac{-\varphi'(0)}{M}, \tag{2.2.15}$$

其中 $\varphi''(\alpha) \leqslant M, \forall\alpha \in [0,b]$.

证明　构造辅助函数

$$\psi(\alpha) = \varphi'(0) + M\alpha,$$

它有唯一零点

$$\widetilde{\alpha} = -\varphi'(0)/M.$$

由于 $\varphi''(\alpha) \leqslant M$, 故有

$$\varphi'(\alpha) = \varphi'(0) + \int_0^\alpha \varphi''(\alpha)\mathrm{d}\alpha \leqslant \varphi'(0) + \int_0^\alpha M\mathrm{d}\alpha = \psi(\alpha).$$

这表明函数 $\varphi'(\alpha)$ 的图象总是在 $\psi(\alpha)$ 的图象之下，从而有 (2.2.15) 成立. □

引理 2.2.6 设函数 $f(x)$ 在 R^n 上二次连续可微，则对任意向量 $x, d \in R^n$ 和任意实数 α, 等式

$$f(x+\alpha d)=f(x)+\alpha g^T d+\alpha^2\int_0^1(1-t)[d^T G(x+t\alpha d)d]\mathrm{d}t \quad (2.2.16)$$

成立.

证明

$$\begin{aligned}
&f(x+\alpha d)-f(x)=\int_0^1 \mathrm{d}f(x+t\alpha d)\\
&=-\int_0^1[\alpha\nabla f(x+t\alpha d)^T d]\mathrm{d}(1-t)\\
&=-[(1-t)\alpha\nabla f(x+t\alpha d)^T d]_0^1\\
&\quad+\int_0^1(1-t)\mathrm{d}[\alpha\nabla f(x+t\alpha d)^T d]\\
&=\alpha\nabla f(x)^T d+\alpha^2\int_0^1[(1-t)d^T\nabla^2 f(x+t\alpha d)d]\mathrm{d}t.
\end{aligned}$$

□

引理 2.2.7 设函数 $f(x)$ 在极小点 x^* 的邻域内二次连续可微，且存在 $\varepsilon>0$ 和 $M>m>0$, 使得当 $\|x-x^*\|<\varepsilon$ 时，

$$m\|y\|^2 \leqslant y^T G(x)y \leqslant M\|y\|^2, \quad \forall y\in R^n \quad (2.2.17)$$

成立，则

$$\frac{1}{2}m\|x-x^*\|^2 \leqslant f(x)-f(x^*) \leqslant \frac{1}{2}M\|x-x^*\|^2, \quad (2.2.18)$$

$$\|g(x)\| \geqslant m\|x-x^*\|. \quad (2.2.19)$$

证明 由引理 2.2.6,

$$f(x)-f(x^*)=g(x^*)^T(x-x^*)$$

$$
\begin{aligned}
&+\int_0^1 (1-t)(x-x^*)^T G(tx+(1-t)x^*)(x-x^*)\mathrm{d}t \\
&=\int_0^1 (1-t)(x-x^*)^T G(tx+(1-t)x^*)(x-x^*)\mathrm{d}t,
\end{aligned}
$$

利用 (2.2.17) 立得 (2.2.18).

对 $g(x)$ 作 Taylor 展开.

$$
g(x)=g(x)-g(x^*)=\int_0^1 G(tx+(1-t)x^*)(x-x^*)\mathrm{d}t.
$$

于是，有

$$
\begin{aligned}
\|g(x)\|\|x-x^*\| &\geqslant (x-x^*)^T g(x) \\
&=\int_0^1 (x-x^*)^T G(tx+(1-t)x^*)(x-x^*)\mathrm{d}t \\
&\geqslant m\|x-x^*\|^2,
\end{aligned}
$$

于是 (2.2.19) 得到. □

现在，我们给出关于收敛速度的定理.

定理 2.2.8 设算法 2.2.1 产生的序列 $\{x_k\}$ 收敛到 $f(x)$ 的极小点 x^*. 若 $f(x)$ 在 x^* 的某一邻域内二次连续可微，且存在 $\varepsilon>0$ 和 $M>m>0$, 使得当 $\|x-x^*\|<\varepsilon$ 时，有

$$
m\|y\|^2 \leqslant y^T G(x) y \leqslant M\|y\|^2, \quad \forall y \in R^n, \tag{2.2.20}
$$

则 $\{x_k\}$ 线性收敛.

证明 设 $\lim\limits_{k\to\infty} x_k = x^*$, 又假定

$$
\left\|x_k - x^*\right\| \leqslant \varepsilon, \quad k=0,1,\cdots. \tag{2.2.21}
$$

由于 $\left\|x_{k+1}-x^*\right\|<\varepsilon$, 故存在 $\delta>0$, 使得

$$
\left\|x_k+(\alpha_k+\delta)d_k-x^*\right\|=\left\|x_{k+1}-x^*+\delta d_k\right\|<\varepsilon.
$$

又由于 $\varphi'(0)<0$ 和 $\varphi''(\alpha)=d_k^T G(x_k+\alpha d_k)d_k \leqslant M\|d_k\|^2$, 故由引理 2.2.5 知，$\varphi(\alpha)=f(x_k+\alpha d_k)$ 在区间 $[0,\alpha_k+\delta]$ 上的极小点 α_k 满足

$$\alpha_k \geqslant \tilde{\alpha}_k = \frac{-\varphi'(0)}{M\|d_k\|^2} \geqslant \frac{\rho\|g_k\|}{M\|d_k\|}. \tag{2.2.22}$$

记

$$\overline{\alpha}_k = \frac{\rho\|g_k\|}{M\|d_k\|}, \tag{2.2.23}$$

令 $\overline{x}_k = x_k + \overline{\alpha}_k d_k$, 显然 $\|\overline{x}_k - x^*\| < \varepsilon$. 于是利用引理 2.2.6, 有

$$\begin{aligned}
& f(x_k+\alpha_k d_k) - f(x_k) \\
& \quad \leqslant f(x_k+\overline{\alpha}_k d_k) - f(x_k) \\
& \quad = \overline{\alpha}_k g_k^T d_k + \overline{\alpha}_k^2 \int_0^1 (1-t) d_k^T G(x_k+\overline{\alpha}_k d_k) d_k \mathrm{d}t \ (\text{由引理 2.2.6}) \\
& \quad \leqslant \overline{\alpha}_k(-\rho)\|g_k\|\|d_k\| + \frac{1}{2}M\overline{\alpha}_k^2\|d_k\|^2 \ (\text{由 (2.2.20)}) \\
& \quad \leqslant -\frac{\rho^2}{2M}\|g_k\|^2 \ \ (\text{由 (2.2.23)}) \\
& \quad \leqslant -\frac{\rho^2}{2M}m^2\|x_k - x^*\|^2 \ \ (\text{由 (2.2.19)}) \\
& \quad \leqslant -\left(\frac{\rho m}{M}\right)^2 \left[f(x_k) - f(x^*)\right], \ (\text{由 (2.2.18)})
\end{aligned}$$

于是有

$$f(x_{k+1}) - f(x^*) \leqslant \left[1 - \left(\frac{\rho m}{M}\right)^2\right]\left[f(x_k) - f(x^*)\right]. \tag{2.2.24}$$

令

$$\theta = \left[1 - \left(\frac{\rho m}{M}\right)^2\right]^{\frac{1}{2}}, \tag{2.2.25}$$

显然 $\theta \in (0,1)$, 则有

$$\begin{aligned}
f(x_k) - f(x^*) &\leqslant \theta^2\left[f(x_{k-1}) - f(x^*)\right] \leqslant \cdots \\
&\leqslant \theta^{2k} \cdot \left[f(x_0) - f(x^*)\right].
\end{aligned} \tag{2.2.26}$$

再由 (2.2.18), 得

$$\|x_k - x^*\|^2 \leqslant \frac{2}{m}[f(x_k) - f(x^*)]$$
$$\leqslant \frac{2}{m}[f(x_0) - f(x^*)]\theta^{2k}. \tag{2.2.27}$$

上式可以写成

$$\|x_k - x^*\| \leqslant K\theta^k, \tag{2.2.28}$$

其中 $\theta < 1$,

$$K = \sqrt{\frac{2}{m}}[f(x_0) - f(x^*)]^{\frac{1}{2}}.$$

(2.2.28) 表明点列 $\{x_k\}$ 线性收敛到 x^*. □

最后，我们给出采用精确一维搜索后函数下降量的估计式.

定理 2.2.9 设 α_k 是精确一维搜索产生的步长因子，函数 $f(x)$ 满足

$$(x - z)^T[\nabla f(x) - \nabla f(z)] \geqslant \eta\|x - z\|^2, \tag{2.2.29}$$

则

$$f(x_k) - f(x_k + \alpha_k d_k) \geqslant \frac{1}{2}\eta\|\alpha_k d_k\|^2. \tag{2.2.30}$$

证明 由 $d_k^T\nabla f(x_k + \alpha_k d_k) = 0$ 与 (2.2.29) 可得

$$\begin{aligned} f(x_k) - f(x_k + \alpha_k d_k) &= \int_0^{\alpha_k} -d_k^T\nabla f(x_k + td_k)\mathrm{d}t \\ &= \int_0^{\alpha_k} d_k^T[\nabla f(x_k + \alpha_k d_k) - \nabla f(x_k + td_k)]\mathrm{d}t \\ &\geqslant \int_0^{\alpha_k} \eta(\alpha_k - t)\mathrm{d}t\|d_k\|^2 \\ &= \frac{1}{2}\eta\|\alpha_k d_k\|^2. \end{aligned}$$

于是定理成立. □

§2.3　0.618 法和 Fibonacci 法

0.618 法和 Fibonacci (斐波那契) 法都是分割方法. 其基本思想是通过取试探点和进行函数值的比较，使包含极小点的搜索区间不断缩短，当区间长度缩短到一定程度时，区间上各点的函数值均接近极小值，从而各点可以看作为极小点的近似. 这类方法仅需计算函数值，用途很广，尤其适用于非光滑及导数表达式复杂或写不出的种种情形.

2.3.1　0.618 法

设

$$\varphi(\alpha) = f(x_k + \alpha d_k),$$

$\varphi(\alpha)$ 是搜索区间 $[a_1, b_1]$ 上的单峰函数. 设在第 k 次迭代时搜索区间为 $[a_k, b_k]$. 取两个试探点 $\lambda_k, \mu_k \in [a_k, b_k]$, 且 $\lambda_k < \mu_k$, 计算 $\varphi(\lambda_k)$ 和 $\varphi(\mu_k)$. 根据定理 2.1.4,

(1) 若 $\varphi(\lambda_k) \leqslant \varphi(\mu_k)$, 则令 $a_{k+1} = a_k$, $b_{k+1} = \mu_k$. (2.3.1)

(2) 若 $\varphi(\lambda_k) > \varphi(\mu_k)$, 则令 $a_{k+1} = \lambda_k$, $b_{k+1} = b_k$. (2.3.2)

我们要求两个试探点 λ_k 和 μ_k 满足下列条件：

1. λ_k 和 μ_k 到搜索区间 $[a_k, b_k]$ 的端点等距，即

$$b_k - \lambda_k = \mu_k - a_k. \tag{2.3.3}$$

2. 每次迭代，搜索区间长度的缩短率相同，即

$$b_{k+1} - a_{k+1} = \tau(b_k - a_k). \tag{2.3.4}$$

由 (2.3.3) 和 (2.3.4) 得到

$$\lambda_k = a_k + (1-\tau)(b_k - a_k), \tag{2.3.5}$$

$$\mu_k = a_k + \tau(b_k - a_k). \tag{2.3.6}$$

今考虑 (2.3.1) 的情形．这时新的搜索区间为

$$[a_{k+1}, b_{k+1}] = [a_k, \mu_k]. \tag{2.3.7}$$

为进一步缩短区间，需取试探点 λ_{k+1}, μ_{k+1}. 由 (2.3.6),

$$\begin{aligned}\mu_{k+1} &= a_{k+1} + \tau(b_{k+1} - a_{k+1}) \\ &= a_k + \tau(\mu_k - a_k) \\ &= a_k + \tau(a_k + \tau(b_k - a_k) - a_k) \\ &= a_k + \tau^2(b_k - a_k).\end{aligned} \tag{2.3.8}$$

若令

$$\tau^2 = 1 - \tau, \tag{2.3.9}$$

则

$$\mu_{k+1} = a_k + (1-\tau)(b_k - a_k) = \lambda_k. \tag{2.3.10}$$

这样，新的试探点 μ_{k+1} 不需重新计算，只要取 λ_k 就行了．从而在每次迭代中 (第一次迭代除外), 只需选取一个试探点即可．

类似地，如果考虑 (2.3.2) 的情形，新的试探点 $\lambda_{k+1} = \mu_k$, 它也不需重新计算．

搜索区间长度缩短率 τ 究竟是多少呢？解方程 (2.3.9) 立得

$$\tau = \frac{-1 \pm \sqrt{5}}{2}.$$

由于 $\tau > 0$, 故取

$$\tau = \frac{\sqrt{5} - 1}{2} \approx 0.618. \tag{2.3.11}$$

这样，计算公式 (2.3.5) 和 (2.3.6) 分别可写为

$$\lambda_k = a_k + 0.382(b_k - a_k), \tag{2.3.12}$$

$$\mu_k = a_k + 0.618(b_k - a_k). \tag{2.3.13}$$

显然，与下面介绍的 Fibonacci 法相比较，0.618 法实现比较简单，且不必预先知道探索点的个数 n.

由于每次函数计算后极小区间的缩短率为 τ, 故若初始区间为 $[a_1, b_1]$, 则最终区间的长度为 $\tau^{n-1}(b_1 - a_1)$, 因此可知 0.618 法的收敛速度是线性的.

0.618 法也叫黄金分割法 (gold section method), 这是因为这里的缩短率 τ 叫黄金分割数，它满足比例

$$\frac{\tau}{1} = \frac{1-\tau}{\tau}, \tag{2.3.14}$$

即

$$\tau^2 + \tau - 1 = 0.$$

其几何意义是：黄金分割数 τ 对应的点在单位长区间 $[0,1]$ 中的位置相当于其对称点 $1-\tau$ 在区间 $[0,\tau]$ 中的位置.

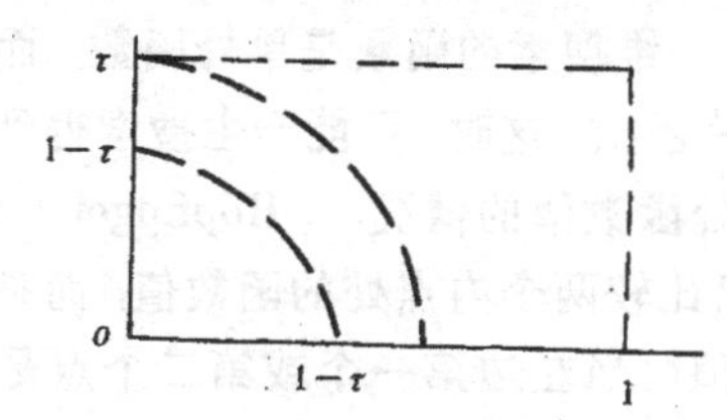

图 2.3.1　黄金分割数的几何意义

算法 2.3.1 (0.618 法计算步骤)

步 1　选取初始数据. 确定初始搜索区间 $[a_1, b_1]$ 和精度要求 $\delta > 0$. 计算最初二个试探点 λ_1, μ_1,

$$\lambda_1 = a_1 + 0.382(b_1 - a_1),$$
$$\mu_1 = a_1 + 0.618(b_1 - a_1),$$

计算 $\varphi(\lambda_1)$ 和 $\varphi(\mu_1)$, 令 $k = 1$.

步 2　比较函数值. 若 $\varphi(\lambda_k) > \varphi(\mu_k)$, 则转步 3; 若 $\varphi(\lambda_k) \leqslant \varphi(\mu_k)$, 则转步 4.

步 3　若 $b_k - \lambda_k \leqslant \delta$, 则停止计算，输出 μ_k. 否则，令

$$a_{k+1} := \lambda_k,\quad b_{k+1} := b_k,\quad \lambda_{k+1} := \mu_k,$$

$$\varphi(\lambda_{k+1}) := \varphi(\mu_k),\quad \mu_{k+1} := a_{k+1} + 0.618(b_{k+1} - a_{k+1}).$$

计算 $\varphi(\mu_{k+1})$, 转步 5.

步 4　若 $\mu_k - a_k \leqslant \delta$, 则停止计算，输出 λ_k. 否则，令

$$a_{k+1} := a_k,\quad b_{k+1} := \mu_k,\quad \mu_{k+1} := \lambda_k,$$

$$\varphi(\mu_{k+1}) := \varphi(\lambda_k),\quad \lambda_{k+1} := a_{k+1} + 0.382(b_{k+1} - a_{k+1}),$$

计算 $\varphi(\lambda_{k+1})$, 转步 5.

步 5　$k := k + 1$, 转步 2.　□

2.3.2　0.618 法的改进形式

0.618 法要求一维搜索的函数是单峰函数，而实际上所遇到的函数不一定是单峰函数，这时，可能产生搜索得到的函数值反而大于初始区间端点处函数值的情况. Höpfinger (1976) 建议每次缩小区间时，不要只比较两个内点处的函数值，而是要比较两内点和两端点处的函数值. 当左边第一个或第二个点是这四个点中函数值最小的点时，丢弃右端点，构成新的搜索区间；否则，丢弃左端点，构成新的搜索区间. 经过这样的修改，算法要可靠些.

算法 2.3.2 (0.618 法的改进形式)

步 1　选取初始数据，确定初始搜索区间 $[a_1, b_1]$ 和精度要求 $\delta > 0$, 计算

$$\lambda_1 = a_1 + 0.382(b_1 - a_1),$$

$$\mu_1 = a_1 + 0.618(b_1 - a_1).$$

计算 $\varphi(a_1)$, $\varphi(b_1)$, $\varphi(\lambda_1)$, $\varphi(\mu_1)$. 令 $k = 1$. 比较函数值，令 $\varphi_t := \min\{\varphi(a_1), \varphi(b_1), \varphi(\lambda_1), \varphi(\mu_1)\}$.

步 2　$\varphi := \varphi_t$, 若 $t < 3$, 转步 4; 否则，转步 3.

步 3　若 $b_k - a_k < \delta$, 则停止计算，输出 μ_k. 否则，令

$$a_{k+1} := \lambda_k, \quad \lambda_{k+1} := \mu_k, \quad b_{k+1} := b_k,$$
$$\varphi(a_{k+1}) := \varphi(\lambda_k), \quad \varphi(\lambda_k) := \varphi(\mu_k),$$
$$\mu_{k+1} := a_{k+1} + 0.618(b_{k+1} - a_{k+1}),$$

计算 $\varphi(\mu_{k+1})$. 如果 $(-1)^t\varphi_3 < (-1)^t\varphi$, 令 $t := t-1$, 转步 2; 否则，转步 2.

步 4　若 $b_k - a_k < \delta$, 则停止计算，输出 λ_k; 否则，令

$$a_{k+1} := a_k, \quad b_{k+1} := \mu_k, \quad \mu_{k+1} := \lambda_k,$$
$$\varphi(b_{k+1}) := \varphi(\mu_k), \quad \varphi(\mu_{k+1}) := \varphi(\lambda_k),$$
$$\lambda_{k+1} = a_{k+1} + 0.382(b_{k+1} - a_{k+1}),$$

计算 $\varphi(\lambda_{k+1})$. 如果 $(-1)^t\varphi_2 \leqslant (-1)^t\varphi$, 转步 2; 否则, 令 $t := t+1$, 转步 2.　□

2.3.3　Fibonacci 法

另一种与 0.618 法相类似的分割方法叫 Fibonacci 法. 它与 0.618 法的主要区别之一在于：搜索区间长度的缩短率不是采用黄金分割数，而是采用 Fibonacci 数. Fibonacci 数列满足

$$\begin{aligned} &F_0 = F_1 = 1, \\ &F_{k+1} = F_k + F_{k-1}, \quad k = 1, 2, \cdots. \end{aligned} \tag{2.3.15}$$

Fibonacci 法中的计算公式为

$$\begin{aligned} \lambda_k &= a_k + \left(1 - \frac{F_{n-k}}{F_{n-k+1}}\right)(b_k - a_k) \\ &= a_k + \frac{F_{n-k-1}}{F_{n-k+1}}(b_k - a_k), \quad k = 1, \cdots, n-1. \end{aligned} \tag{2.3.16}$$

$$\mu_k = a_k + \frac{F_{n-k}}{F_{n-k+1}}(b_k - a_k), \quad k = 1, \cdots, n-1. \tag{2.3.17}$$

显然，这里 $\frac{F_{n-k}}{F_{n-k+1}}$ 相当于黄金分割法 (2.3.5)-(2.3.6) 中的 τ, 每次缩短率满足

$$b_{k+1}-a_{k+1}=\frac{F_{n-k}}{F_{n-k+1}}(b_k-a_k). \tag{2.3.18}$$

这里 n 是计算函数值的次数，即要求经过 n 次计算函数值后，最后区间的长度不超过 δ, 即

$$b_n-a_n\leqslant\delta.$$

由于

$$\begin{aligned}b_n-a_n&=\frac{F_1}{F_2}(b_{n-1}-a_{n-1})\\&=\frac{F_1}{F_2}\cdot\frac{F_2}{F_3}\cdots\frac{F_{n-1}}{F_n}(b_1-a_1)\\&=\frac{1}{F_n}(b_1-a_1),\end{aligned} \tag{2.3.19}$$

故有

$$\frac{1}{F_n}(b_1-a_1)\leqslant\delta,$$

从而

$$F_n\geqslant\frac{b_1-a_1}{\delta}. \tag{2.3.20}$$

给出最终区间长度的上界 δ, 由 (2.3.20) 求出 Fibonacci 数 F_n, 再根据 F_n 确定出 n, 从而搜索一直进行到第 n 个搜索点为止.

今设 $F_k=r^k$, 代入 (2.3.15) 得

$$r^2-r-1=0, \tag{2.3.21}$$

解得

$$r_1=\frac{1+\sqrt{5}}{2},\quad r_2=\frac{1-\sqrt{5}}{2}. \tag{2.3.22}$$

因此，差分方程 $F_{k+1}=F_k+F_{k-1}$ 的通解有形式

$$F_k=Ar_1^k+Br_2^k. \tag{2.3.23}$$

利用 $F_0 = F_1 = 1$, 得

$$F_k = \frac{1}{\sqrt{5}}\left\{\left(\frac{1+\sqrt{5}}{2}\right)^{k+1} - \left(\frac{1-\sqrt{5}}{2}\right)^{k+1}\right\}, \tag{2.3.24}$$

从而得到

$$\lim_{k\to\infty} \frac{F_{k-1}}{F_k} = \frac{\sqrt{5}-1}{2} = \tau. \tag{2.3.25}$$

这表明，当 $n \to \infty$ 时， Fibonacci 法与 0.618 法的区间缩短率相同, 因而 Fibonacci 法也以收敛比 τ 线性收敛. 可以证明，Fibonacci 法是分割方法求一维极小化问题的最优策略，而 0.168 法是近似最优的，但由于 0.618 法简单易行，因而得到广泛应用.

2.3.4 二分法

本节最后，我们稍微提一下一种最简单的分割方法 —— 二分法，其基本思想是通过计算函数导数值来缩短搜索区间. 设初始区间为 $[a_1, b_1]$, 第 k 步时的搜索区间为 $[a_k, b_k]$, 满足 $\varphi'(a_k) \leqslant 0$, $\varphi'(b_k) \geqslant 0$, 取中点 $c_k = \frac{1}{2}(a_k + b_k)$, 若 $\varphi'(c_k) \geqslant 0$, 则令 $a_{k+1} = a_k$, $b_{k+1} = c_k$; 若 $\varphi'(c_k) \leqslant 0$, 则令 $a_{k+1} = c_k$, $b_{k+1} = b_k$, 从而得到新的搜索区间 $[a_{k+1}, b_{k+1}]$. 依此进行，直到搜索区间的长度小于预定的容限为止. 二分法每次迭代都将区间缩短一半，故二分法的收敛速度也是线性的，收敛比为 $\frac{1}{2}$.

§2.4 插 值 法

插值法是一类重要的一维搜索方法，其基本思想是在搜索区间中不断用低次 (通常不超过三次) 多项式来近似目标函数，并逐步用插值多项式的极小点来逼近一维搜索问题

$$\min_{\alpha} \varphi(\alpha)$$

的极小点. 当函数具有比较好的解析性质时，插值方法比直接方法 (如 0.618 法或 Fibonacci 法) 效果更好.

2.4.1 二次插值法

1. 一点二次插值法 (牛顿法) 考虑利用一点处的函数值、一阶和二阶导数值构造二次插值函数. 设二次插值多项式为

$$q(\alpha)=a\alpha^2+b\alpha+c, \tag{2.4.1}$$

则

$$q'(\alpha)=2a\alpha+b, \tag{2.4.2}$$

故

$$\alpha=-\frac{b}{2a} \tag{2.4.3}$$

就是计算近似极小点的公式. 方法应满足的插值条件为

$$\begin{aligned} q(\alpha_1)&=a\alpha_1^2+b\alpha_1+c=\varphi(\alpha_1),\\ q'(\alpha_1)&=2a\alpha_1+b=\varphi'(\alpha_1),\\ q''(\alpha_1)&=2a=\varphi''(\alpha_1), \end{aligned} \tag{2.4.4}$$

解得

$$a=\varphi''(\alpha_1)/2,\quad b=\varphi'(\alpha_1)-\varphi''(\alpha_1)\alpha_1,$$

故

$$\overline{\alpha}=-\frac{b}{2a}=\alpha_1-\varphi'(\alpha_1)/\varphi''(\alpha_1), \tag{2.4.5}$$

此即牛顿法.

牛顿法的优点是它的收敛速度快.

定理 2.4.1 假定 $\varphi: R\to R, \varphi\in C^2, \varphi'(\alpha^*)=0, \varphi''(\alpha^*)\neq 0$, 则当初始点 α_0 充分靠近 α^* 时, 由牛顿法迭代

$$\alpha_{k+1}=\alpha_k-[\varphi''(\alpha_k)]^{-1}\varphi'(\alpha_k),\quad k=0,1,\cdots \tag{2.4.6}$$

产生的点列收敛, 即 $\alpha_k\to\alpha^*$. 若 $\varphi\in C^3$, 则

$$\lim_{k\to\infty}\frac{|\alpha_{k+1}-\alpha^*|}{|\alpha_k-\alpha^*|}=\left|\frac{1}{2}\varphi''(\alpha^*)^{-1}\varphi'''(\alpha^*)\right|, \tag{2.4.7}$$

这表明

$$\left|\alpha_{k+1}-\alpha^*\right| = O\left(\left|\alpha_k-\alpha^*\right|^2\right).$$

证明

$$\begin{aligned}\alpha_{k+1}-\alpha^* &= \alpha_k-\alpha^*-\varphi'(\alpha_k)/\varphi''(\alpha_k)\\ &= \alpha_k-\alpha^*-\left[\varphi'(\alpha^*)+\int_{\alpha^*}^{\alpha_k}\varphi''(\alpha)d\alpha\right]\Big/\varphi''(\alpha_k)\\ &= \int_{\alpha^*}^{\alpha_k}[\varphi''(\alpha_k)-\varphi''(\alpha)]d\alpha/\varphi''(\alpha_k).\end{aligned}$$

因为 $\varphi\in C^2$, $\varphi''(\alpha^*)\neq 0$, 必存在 $\delta>0$, 使得对任何 $\alpha,\beta\in[\alpha^*-\delta,\alpha^*+\delta]$ 时,

$$|\varphi''(\alpha)-\varphi''(\beta)|<\frac{1}{2}|\varphi''(\alpha)|.$$

于是，当 $\left|\alpha_k-\alpha^*\right|\leqslant\delta$ 时，必有

$$\left|\alpha_{k+1}-\alpha^*\right|<\frac{1}{2}\left|\alpha_k-\alpha^*\right|\leqslant\delta.$$

从而，当 $\left|\alpha_0-\alpha^*\right|\leqslant\delta$ 时，有

$$\left|\alpha_k-\alpha^*\right|\leqslant\left(\frac{1}{2}\right)^k\delta,$$

故 $\alpha_k\to\alpha^*$.

今再设 $\varphi\in C^3$. 利用 Taylor 公式，对于充分大的 k,

$$0=\varphi'(\alpha^*)=\varphi'(\alpha_k)+\varphi''(\alpha_k)\left(\alpha^*-\alpha_k\right)+\frac{1}{2}\varphi'''(\xi_k)\left(\alpha^*-\alpha_k\right)^2,$$

其中， $\xi_k=\alpha_k+\theta\alpha^*$, $\theta\in[0,1]$, 解之，得

$$\alpha^*=\alpha_k-\varphi''(\alpha_k)^{-1}\varphi'(\alpha_k)-\frac{1}{2}\varphi''(\alpha_k)^{-1}\varphi'''(\xi_k)\left(\alpha^*-\alpha_k\right)^2. \quad (2.4.8)$$

将 (2.4.6) 和 (2.4.8) 两边分别相减，得

$$\alpha_{k+1}-\alpha^*=\left(\alpha_k-\alpha^*\right)^2\left[\frac{1}{2}\varphi''(\alpha_k)^{-1}\varphi'''(\xi_k)\right].$$

取绝对值，两边同除以 $\left|\alpha_k-\alpha^*\right|^2$，并取极限就得到结果 (2.4.7).

□

这个定理表明牛顿法具有局部二阶收敛速度.

2. 二点二次插值法 (I)　给出二点 α_1, α_2，函数值 $\varphi(\alpha_1), \varphi(\alpha_2)$，导数值 $\varphi'(\alpha_1)$ (或 $\varphi'(\alpha_2)$)，构造二次插值函数 $q(\alpha)=a\alpha^2+b\alpha+c$. 插值条件满足

$$
\begin{aligned}
q(\alpha_1) &= a\alpha_1^2+b\alpha_1+c=\varphi(\alpha_1),\\
q(\alpha_2) &= a\alpha_2^2+b\alpha_2+c=\varphi(\alpha_2),\\
q'(\alpha_1) &= 2a\alpha_1+b=\varphi'(\alpha_1).
\end{aligned}
\tag{2.4.9}
$$

解方程组 (2.4.9)，得

$$
\begin{aligned}
a &= \frac{\varphi_1-\varphi_2-\varphi_1'(\alpha_1-\alpha_2)}{-(\alpha_1-\alpha_2)^2},\\
b &= \varphi_1'+2\cdot\frac{\varphi_1-\varphi_2-\varphi_1'(\alpha_1-\alpha_2)}{(\alpha_1-\alpha_2)^2}\cdot\alpha_1,
\end{aligned}
$$

从而

$$
\begin{aligned}
\overline{\alpha} &= -\frac{b}{2a}=\alpha_1+\frac{1}{2}\cdot\frac{\varphi_1'(\alpha_1-\alpha_2)^2}{\varphi_1-\varphi_2-\varphi_1'(\alpha_1-\alpha_2)}\\
&= \alpha_1+\frac{1}{2}\cdot\frac{\alpha_1-\alpha_2}{\dfrac{\varphi_1-\varphi_2}{\varphi_1'(\alpha_1-\alpha_2)}-1}\\
&= \alpha_1-\frac{(\alpha_1-\alpha_2)\varphi_1'}{2\left[\varphi_1'-\dfrac{\varphi_1-\varphi_2}{\alpha_1-\alpha_2}\right]}.
\end{aligned}
\tag{2.4.10}
$$

上式通常写成如下迭代格式

$$
\begin{aligned}
\alpha_{k+1} &= \alpha_k+\frac{1}{2}\frac{\alpha_k-\alpha_{k-1}}{\dfrac{\varphi_k-\varphi_{k-1}}{\varphi_k'(\alpha_k-\alpha_{k-1})}-1}\\
&= \alpha_k-\frac{(\alpha_k-\alpha_{k-1})\varphi_k'}{2\left[\varphi_k'-\dfrac{\varphi_k-\varphi_{k-1}}{\alpha_k-\alpha_{k-1}}\right]}.
\end{aligned}
\tag{2.4.11}
$$

3. 二点二次插值法 (II) 给出二点 α_1, α_2, 要求二次插值函数满足如下插值条件

$$\begin{aligned} q(\alpha_1) &= a\alpha_1^2 + b\alpha_1 + c = \varphi(\alpha_1), \\ q'(\alpha_1) &= 2a\alpha_1 + b = \varphi'(\alpha_1), \\ q'(\alpha_2) &= 2a\alpha_2 + b = \varphi'(\alpha_2). \end{aligned} \tag{2.4.12}$$

解之，得

$$\overline{\alpha} = -\frac{b}{2a} = \alpha_1 - \frac{\alpha_1 - \alpha_2}{\varphi'(\alpha_1) - \varphi'(\alpha_2)}\varphi'(\alpha_1), \tag{2.4.13}$$

上式可写为迭代格式

$$\alpha_{k+1} = \alpha_k - \frac{\alpha_k - \alpha_{k-1}}{\varphi'(\alpha_k) - \varphi'(\alpha_{k-1})}\varphi'(\alpha_k). \tag{2.4.14}$$

上式也称为割线公式或试位法，它可直接由 Lagrange 插值公式得到：

$$\varphi'(\alpha) = L(\alpha) = \frac{(\alpha - \alpha_1)\varphi'(\alpha_2) - (\alpha - \alpha_2)\varphi'(\alpha_1)}{\alpha_2 - \alpha_1}. \tag{2.4.15}$$

令 $L(\alpha) = 0$, 便得 (2.4.13).

在后面的讨论中，为叙述方便，我们把二点二次插值法 (I) 称为二点二次插值公式，而把二点二次插值法 (II) 称为割线公式.

在实际计算中割线公式 (2.4.14) 比二点二次插值公式 (2.4.11) 差. 实际上，公式 (2.4.14) 仅利用了二点处的导数插值条件，而没有利用函数值插值条件；而公式 (2.4.11) 既利用了函数值信息 (二点处), 也利用了导数信息 (一点处). 因此二点二次插值法 (I) (2.4.11) 比二点二次插值法 (II) 即割线法 (2.4.14) 好. 另外，从二阶导数的逼近角度看，在割线法中，

$$\frac{\varphi'(\alpha_k) - \varphi'(\alpha_{k-1})}{\alpha_k - \alpha_{k-1}} \approx \varphi''(\alpha_k), \tag{2.4.16}$$

其逼近的主要误差是 $-\frac{1}{2}\varphi'''(\alpha_k)(\alpha_k-\alpha_{k-1})^2$. 在二点二次插值法中，

$$\frac{2\left[\varphi'(\alpha_k)-\dfrac{\varphi_k-\varphi_{k-1}}{\alpha_k-\alpha_{k-1}}\right]}{\alpha_k-\alpha_{k-1}}\approx\varphi''(\alpha_k), \tag{2.4.17}$$

其逼近的主要误差是 $-\frac{1}{3}\varphi'''(\alpha_k)(\alpha_k-\alpha_{k-1})^3$. 由此也可看出，公式 (2.4.11) 比公式 (2.4.14) 好.

下面，我们讨论二点二次插值法的收敛速度.

定理 2.4.2 设 $\varphi(\alpha)$ 存在连续三阶导数，α^* 满足 $\varphi'(\alpha^*)=0$, $\varphi''(\alpha^*)\neq 0$, 则二点二次插值公式 (II) (2.4.14) 产生的序列 $\{\alpha_k\}$ 收敛到 α^*, 其收敛速度的阶为 $\frac{1+\sqrt{5}}{2}\approx 1.618$.

[证法一] 利用 Lagrange 插值公式的余项表示

$$\begin{aligned}\varphi'(\alpha)-L(\alpha)=&\frac{1}{2}\varphi'''(\xi)(\alpha-\alpha_k)(\alpha-\alpha_{k-1}),\\ &\xi\in(\alpha,\alpha_{k-1},\alpha_k).\end{aligned} \tag{2.4.18}$$

令 $\alpha=\alpha_{k+1}$. 由于 $L(\alpha_{k+1})=0$, 故有

$$\begin{aligned}\varphi'(\alpha_{k+1})=&\frac{1}{2}\varphi'''(\xi)(\alpha_{k+1}-\alpha_k)(\alpha_{k+1}-\alpha_{k-1}),\\ &\xi\in(\alpha_{k-1},\alpha_k,\alpha_{k+1}),\end{aligned} \tag{2.4.19}$$

利用割线公式 (2.4.14), 得

$$\begin{aligned}\varphi'(\alpha_{k+1})=&\frac{1}{2}\varphi'''(\xi)\varphi'_k\varphi'_{k-1}\frac{(\alpha_k-\alpha_{k-1})^2}{(\varphi'_k-\varphi'_{k-1})^2},\\ &\xi\in(\alpha_{k-1},\alpha_k,\alpha_{k+1}).\end{aligned} \tag{2.4.20}$$

利用微分中值定理，

$$\frac{\varphi'_k-\varphi'_{k-1}}{\alpha_k-\alpha_{k-1}}=\varphi''(\xi_0),\quad \xi_0\in(\alpha_{k-1},\alpha_k), \tag{2.4.21}$$

$$\varphi'(\alpha_{k+1})=\varphi'(\alpha_{k+1})-\varphi'(\alpha^*)=(\alpha_{k+1}-\alpha^*)\varphi''(\xi_{k+1}), \tag{2.4.22}$$

$$\xi_{k+1} \in \big(\alpha_{k+1}, \alpha^*\big).$$

$$\varphi'(\alpha_k) = \varphi'(\alpha_k) - \varphi'(\alpha^*) = \big(\alpha_k - \alpha^*\big)\varphi''(\xi_k), \tag{2.4.23}$$

$$\xi_k \in \big(\alpha_k, \alpha^*\big).$$

$$\varphi'(\alpha_{k-1}) = \varphi'(\alpha_{k-1}) - \varphi'(\alpha^*) = \big(\alpha_{k-1} - \alpha^*\big)\varphi''(\xi_{k-1}), \tag{2.4.24}$$

$$\xi_{k-1} \in \big(\alpha_{k-1}, \alpha^*\big).$$

由 (2.4.20)–(2.4.24) 得

$$\alpha_{k+1} - \alpha^* = \frac{1}{2}\frac{\varphi'''(\xi)\varphi''(\xi_k)\varphi''(\xi_{k-1})}{\varphi''(\xi_{k+1})[\varphi''(\xi_0)]^2}\big(\alpha_k - \alpha^*\big)\big(\alpha_{k-1} - \alpha^*\big). \tag{2.4.25}$$

令 $e_{k+1} = \big|\alpha_{k+1} - \alpha^*\big|, e_k = \big|\alpha_k - \alpha^*\big|, e_{k-1} = \big|\alpha_{k-1} - \alpha^*\big|$. 设在所考虑的区间内,

$$0 < m_2 \leqslant |\varphi'''(\alpha)| \leqslant M_2, \quad 0 < m_1 \leqslant |\varphi''(\alpha)| \leqslant M_1,$$

$$K_1 = m_2 \cdot m_1^2/\big(2M_1^3\big), \quad K = M_2 \cdot M_1^2/\big(2m_1^3\big),$$

则

$$K_1\big|\alpha_k - \alpha^*\big| \cdot \big|\alpha_{k-1} - \alpha^*\big| \leqslant \big|\alpha_{k+1} - \alpha^*\big| \leqslant K\big|\alpha_k - \alpha^*\big| \cdot \big|\alpha_{k-1} - \alpha^*\big|. \tag{2.4.26}$$

注意到 φ'' 和 φ''' 在 α^* 处连续, 则

$$\frac{\alpha_{k+1} - \alpha^*}{\big(\alpha_k - \alpha^*\big)\big(\alpha_{k-1} - \alpha^*\big)} \to \frac{1}{2}\frac{\varphi'''(\alpha^*)}{\varphi''(\alpha^*)}, \tag{2.4.27}$$

从而有

$$e_{k+1} = \left|\frac{\varphi'''(\eta_1)}{2\varphi''(\eta_2)}\right| e_k e_{k-1} \triangleq M e_k e_{k-1}, \tag{2.4.28}$$

其中 $\eta_1 \in \big(\alpha_{k-1}, \alpha_k, \alpha^*\big), \eta_2 \in (\alpha_{k-1}, \alpha_k)$. 这表明存在 $\delta > 0$, 当初始点 $\alpha_0, \alpha_1 \in (\alpha^* - \delta, \alpha^* + \delta)$, 且 $\alpha_0 \neq \alpha_1$ 时, $\alpha_k \to \alpha^*$.

令 $\varepsilon_i = Me_i, y_i = l_n\varepsilon_i, i = k-1, k, k+1$, 则

$$\varepsilon_{k+1} = \varepsilon_k\varepsilon_{k-1}, \tag{2.4.29}$$

$$y_{k+1}=y_k+y_{k-1}. \tag{2.4.30}$$

(2.4.30) 是 Fibonacci 序列满足的方程，其特征方程是

$$t^2-t-1=0, \tag{2.4.31}$$

解得

$$t_1=\frac{1+\sqrt{5}}{2},\quad t_2=\frac{1-\sqrt{5}}{2}. \tag{2.4.32}$$

由于 Fibonacci 序列 $\{y_k\}$ 可以写成

$$y_k=At_1^k+Bt_2^k,\quad k=0,1,\cdots, \tag{2.4.33}$$

这里 A 和 B 是待定参数. 显然，当 $k\to\infty$ 时，

$$\ln\varepsilon_k=y_k\approx At_1^k. \tag{2.4.34}$$

注意到

$$\frac{\varepsilon_{k+1}}{\varepsilon_k^{t_1}}\approx\frac{\exp\left(At_1^{k+1}\right)}{\left[\exp\left(At_1^k\right)\right]^{t_1}}=1, \tag{2.4.35}$$

于是,

$$\frac{e_{k+1}}{e_k^{t_1}}\approx M^{t_1-1}. \tag{2.4.36}$$

从而方法的收敛阶是

$$t_1=\frac{1+\sqrt{5}}{2}\approx 1.618.\qquad\square$$

这个定理表明了二点二次插值法 (II) 的收敛阶约为 1.618, 即这个方法具有超线性收敛速度.

这个定理也可以用下面两个方法导出：其关键是得到 (2.4.25) 和 (2.4.28), 余下的证明部分是相同的.

[证法二]　记 $\psi(\alpha)=\varphi'(\alpha)$. 利用均差符号

$$\psi(a,b)=\frac{\psi(b)-\psi(a)}{b-a},\quad \psi(a,b,c)=\frac{\psi(b,c)-\psi(a,b)}{c-a}, \tag{2.4.37}$$

则割线公式 (2.4.14) 可表示为

$$\alpha_{k+1}-\alpha^*=\frac{\psi\big(\alpha_{k-1},\alpha_k,\alpha^*\big)}{\psi\big(\alpha_{k-1},\alpha_k\big)}\big(\alpha_k-\alpha^*\big)\big(\alpha_{k-1}-\alpha^*\big). \tag{2.4.38}$$

注意,

$$\psi(\alpha_{k-1},\alpha_k)=\psi'(\xi_k),\quad \xi_k\in(\alpha_{k-1},\alpha_k),$$
$$\psi\big(\alpha_{k-1},\alpha_k,\alpha^*\big)=\frac{1}{2}\psi''(\eta_k),\quad \eta_k\in\big(\alpha_{k-1},\alpha_k,\alpha^*\big).$$

记 $e_k=\big|\alpha_k-\alpha^*\big|$, 则 (2.4.38) 成为

$$e_{k+1}=\left|\frac{\psi''(\eta_k)}{2\psi'(\xi_k)}\right|e_ke_{k-1}=\left|\frac{\varphi'''(\eta_k)}{2\varphi''(\xi_k)}\right|e_ke_{k-1}, \tag{2.4.39}$$

其中 $\eta_k\in\big(\alpha_{k-1},\alpha_k,\alpha^*\big)$, $\xi_k\in(\alpha_{k-1},\alpha_k)$, 此即 (2.4.28). □

[证法三] 利用反插值. 令 $\beta=\varphi'(\alpha)$, 设其反函数为 $\alpha=\psi(\beta)$, 则 $\alpha^*=\psi(0)$. 今用线性函数插值反函数 $\psi(\beta)$, 有

$$p(\beta)=\frac{(\beta-\beta_{k-1})\alpha_k-(\beta-\beta_k)\alpha_{k-1}}{\beta_k-\beta_{k-1}}. \tag{2.4.40}$$

令 $\beta=0$, 得

$$p(0)=\frac{\alpha_{k-1}\beta_k-\alpha_k\beta_{k-1}}{\beta_k-\beta_{k-1}}=\alpha_{k+1}, \tag{2.4.41}$$

上式可以写成

$$\begin{aligned}\alpha_{k+1}&=\alpha_k-\frac{\alpha_k-\alpha_{k-1}}{\beta_k-\beta_{k-1}}\beta_k\\&=\alpha_k-\frac{\alpha_k-\alpha_{k-1}}{\varphi'_k-\varphi'_{k-1}}\varphi'_k.\end{aligned} \tag{2.4.42}$$

这与 (2.4.14) 相同. 今考虑反函数插值的误差估计

$$\psi(0)-p(0)=\beta_k\beta_{k-1}\frac{\psi''(\eta)}{2},\quad \eta\in(0,\beta_{k-1},\beta_k), \tag{2.4.43}$$

由于反函数 $\alpha=\psi(\beta)$ 的二阶导数为 $\psi''(\beta)=-\beta''/(\beta')^3$, 故

$$\psi(0)-p(0)=-\beta_k\beta_{k-1}\frac{\varphi'''(\xi)}{2[\varphi''(\xi)]^3},\quad \xi\in\big(\alpha_{k-1},\alpha_k,\alpha^*\big)$$

即

$$\alpha^*-\alpha_{k+1}=-\varphi'_k\varphi'_{k-1}\frac{\varphi'''(\xi)}{2[\varphi''(\xi)]^3},\quad \xi\in\big(\alpha_{k-1},\alpha_k,\alpha^*\big). \tag{2.4.44}$$

再利用微分中值定理 (2.4.23) 和 (2.4.24), 得到

$$\alpha^*-\alpha_{k+1}=\left[-\frac{\varphi'''(\xi)\varphi''(\xi_k)\varphi''(\xi_{k-1})}{2[\varphi''(\xi)]^3}\right]\big(\alpha^*-\alpha_k\big)\big(\alpha^*-\alpha_{k-1}\big), \tag{2.4.45}$$

其中

$$\xi\in\big(\alpha_{k-1},\alpha_k,\alpha^*\big),\quad \xi_{k-1}\in\big(\alpha_{k-1},\alpha^*\big),\ \xi_k\in\big(\alpha_k,\alpha^*\big).$$

从而得到

$$e_{k+1}=Me_ke_{k-1}, \tag{2.4.46}$$

于是得到 (2.4.28). □

用类似的方法. 可以证明二点二次插值法 (I) 的收敛速度的阶也是 1.618.

4. 三点二次插值法.

考虑利用 $\alpha_1,\alpha_2,\alpha_3$ 三点处的函数值 $\varphi(\alpha_1),\varphi(\alpha_2),\varphi(\alpha_3)$ 构造二次函数. 要求插值条件满足

$$\begin{aligned} q(\alpha_1)&=a\alpha_1^2+b\alpha_1+c=\varphi(\alpha_1),\\ q(\alpha_2)&=a\alpha_2^2+b\alpha_2+c=\varphi(\alpha_2),\\ q(\alpha_3)&=a\alpha_3^2+b\alpha_3+c=\varphi(\alpha_3). \end{aligned} \tag{2.4.47}$$

解上述方程组得:

$$a=-\frac{(\alpha_2-\alpha_3)\varphi_1+(\alpha_3-\alpha_1)\varphi_2+(\alpha_1-\alpha_2)\varphi_3}{(\alpha_1-\alpha_2)(\alpha_2-\alpha_3)(\alpha_3-\alpha_1)}, \tag{2.4.48a}$$

$$
b=\frac{\left(\alpha_2^2-\alpha_3^2\right)\varphi_1+\left(\alpha_3^2-\alpha_1^2\right)\varphi_2+\left(\alpha_1^2-\alpha_2^2\right)\varphi_3}{(\alpha_1-\alpha_2)(\alpha_2-\alpha_3)(\alpha_3-\alpha_1)}. \tag{2.4.48b}
$$

于是

$$
\overline{\alpha}=-\frac{b}{2a}=\frac{1}{2}\frac{\left(\alpha_2^2-\alpha_3^2\right)\varphi_1+\left(\alpha_3^2-\alpha_1^2\right)\varphi_2+\left(\alpha_1^2-\alpha_2^2\right)\varphi_3}{(\alpha_2-\alpha_3)\varphi_1+(\alpha_3-\alpha_1)\varphi_2+(\alpha_1-\alpha_2)\varphi_3}, \tag{2.4.49}
$$

上式也可写成

$$
\overline{\alpha}=\frac{1}{2}(\alpha_1+\alpha_2)+\frac{1}{2}\frac{(\varphi_1-\varphi_2)(\alpha_2-\alpha_3)(\alpha_3-\alpha_1)}{(\alpha_2-\alpha_3)\varphi_1+(\alpha_3-\alpha_1)\varphi_2+(\alpha_1-\alpha_2)\varphi_3}. \tag{2.4.50}
$$

(2.4.49)(或 (2.4.50)) 叫做三点二次插值公式. 这个公式也可直接利用拉格朗日插值公式

$$
\begin{aligned}
L(\alpha)=&\frac{(\alpha-\alpha_2)(\alpha-\alpha_3)}{(\alpha_1-\alpha_2)(\alpha_1-\alpha_3)}\varphi_1+\frac{(\alpha-\alpha_1)(\alpha-\alpha_3)}{(\alpha_2-\alpha_1)(\alpha_2-\alpha_3)}\varphi_2\\
&+\frac{(\alpha-\alpha_1)(\alpha-\alpha_2)}{(\alpha_3-\alpha_1)(\alpha_3-\alpha_2)}\varphi_3,
\end{aligned} \tag{2.4.51}
$$

并令 $L'(\alpha)=0$ 得到.

现在, 我们讨论三点二次插值法的收敛速度.

定理 2.4.3 设 $\varphi(\alpha)$ 存在连续四阶导数, α^* 满足 $\varphi'(\alpha^*)=0$, $\varphi''(\alpha^*)\neq 0$. 则三点二次插值法 (2.4.49) 产生的序列 $\{\alpha_k\}$ 的收敛速度约为 1.32.

证明 由 Lagrange 插值公式 (2.4.51) 可知

$$
\varphi(\alpha)=L(\alpha)+R_3(\alpha), \tag{2.4.52}
$$

其中

$$
R_3(\alpha)=\frac{1}{6}\varphi^{(3)}(\xi(\alpha))(\alpha-\alpha_1)(\alpha-\alpha_2)(\alpha-\alpha_3), \tag{2.4.53}
$$

将 (2.4.49) 式改写为

$$\alpha_4 = \frac{\dfrac{\varphi_1(\alpha_2+\alpha_3)}{(\alpha_1-\alpha_2)(\alpha_1-\alpha_3)}+\dfrac{\varphi_2(\alpha_3+\alpha_1)}{(\alpha_2-\alpha_3)(\alpha_2-\alpha_1)}+\dfrac{\varphi_3(\alpha_1+\alpha_2)}{(\alpha_3-\alpha_1)(\alpha_3-\alpha_2)}}{2\left\{\dfrac{\varphi_1}{(\alpha_1-\alpha_2)(\alpha_1-\alpha_3)}+\dfrac{\varphi_2}{(\alpha_2-\alpha_3)(\alpha_2-\alpha_1)}+\dfrac{\varphi_3}{(\alpha_3-\alpha_1)(\alpha_3-\alpha_2)}\right\}}, \tag{2.4.54}$$

由于 $0=\varphi'(\alpha^*)=L'(\alpha^*)+R_3'(\alpha^*)$, 故有

$$\begin{aligned}&\varphi_1\frac{\big(2\alpha^*-(\alpha_2+\alpha_3)\big)}{(\alpha_1-\alpha_2)(\alpha_1-\alpha_3)}+\varphi_2\frac{\big(2\alpha^*-(\alpha_3+\alpha_1)\big)}{(\alpha_2-\alpha_3)(\alpha_2-\alpha_1)}\\&\quad+\varphi_3\frac{\big(2\alpha^*-(\alpha_1+\alpha_2)\big)}{(\alpha_3-\alpha_1)(\alpha_3-\alpha_2)}+R_3'(\alpha^*)=0,\end{aligned} \tag{2.4.55}$$

于是由 (2.4.54) 和 (2.4.55) 得

$$\alpha^*-\alpha_4 = \frac{\dfrac{1}{2}\dfrac{\mathrm{d}R_3}{\mathrm{d}\alpha}(\alpha^*)}{\left\{\dfrac{\varphi_1}{(\alpha_1-\alpha_2)(\alpha_1-\alpha_3)}+\dfrac{\varphi_2}{(\alpha_2-\alpha_3)(\alpha_2-\alpha_1)}+\dfrac{\varphi_3}{(\alpha_3-\alpha_1)(\alpha_3-\alpha_2)}\right\}}. \tag{2.4.56}$$

令 $e_i=\alpha^*-\alpha_i,\ i=1,2,3,4$. 则由上式可得

$$\begin{aligned}&e_4[-\varphi_1(e_2-e_3)-\varphi_2(e_3-e_1)-\varphi_3(e_1-e_2)]\\&\quad=-\frac{1}{2}\frac{\mathrm{d}R_3(\alpha^*)}{\mathrm{d}\alpha}(e_1-e_2)(e_2-e_3)(e_3-e_1).\end{aligned} \tag{2.4.57}$$

由于 $\varphi'(\alpha^*)=0$, 由 Taylor 展式得

$$\varphi_i=\varphi(\alpha^*)+\frac{e_i^2}{2}\varphi''(\alpha^*)+O(e_i^3). \tag{2.4.58}$$

假定 e_i 的三阶项可以忽略，将 (2.4.58) 代入 (2.4.57), 得

$$e_4 = \frac{1}{\varphi''(\alpha^*)} \frac{\mathrm{d}R_3(\alpha^*)}{\mathrm{d}\alpha}. \tag{2.4.59}$$

利用 Lagrange 插值公式的结果，有

$$\begin{aligned}\frac{\mathrm{d}R_3(\alpha)}{\mathrm{d}\alpha} = &\frac{1}{6}\varphi^{(3)}(\xi(\alpha))[(\alpha-\alpha_2)(\alpha-\alpha_3)+(\alpha-\alpha_1)(\alpha-\alpha_3)\\ &+(\alpha-\alpha_1)(\alpha-\alpha_2)]+\frac{1}{24}\varphi^{(4)}(\eta)(\alpha-\alpha_1)(\alpha-\alpha_2)(\alpha-\alpha_3),\end{aligned}$$

故

$$\begin{aligned}\frac{\mathrm{d}R_3(\alpha^*)}{\mathrm{d}\alpha} =&\frac{1}{6}\varphi^{(3)}(\xi(\alpha^*))(e_1e_2+e_2e_3+e_3e_1)\\ &+\frac{1}{24}\varphi^{(4)}(\eta)e_1e_2e_3.\end{aligned} \tag{2.4.60}$$

若假定 $|e_1|,|e_2|,|e_3|$ 均很小，则由 (2.4.59) 有

$$e_4 = \frac{\varphi^{(3)}(\xi(\alpha^*))}{6\varphi''(\alpha^*)}(e_1e_2+e_2e_3+e_3e_1) = M(e_1e_2+e_2e_3+e_3e_1). \tag{2.4.61}$$

这里 M 是某个常数. 一般地，我们有

$$e_{k+2} = M(e_{k-1}e_k+e_ke_{k+1}+e_{k+1}e_{k-1}). \tag{2.4.62}$$

由于当 $e_k \to 0$ 时， $e_{k+1}=O(e_k)=O(e_{k-1})$, 故存在 $\overline{M}>0$, 使得

$$|e_{k+2}| \leqslant \overline{M}|e_{k-1}|\cdot|e_k|,$$

或

$$\overline{M}|e_{k+2}| \leqslant \overline{M}|e_{k-1}|\cdot\overline{M}|e_k|.$$

若取 $|e_1|,|e_2|,|e_3|$ 充分小，使得

$$\delta = \max\{\overline{M}|e_1|,\overline{M}|e_2|,\overline{M}|e_3|\}<1,$$

则有

$$\overline{M}|e_4| \leqslant \overline{M}|e_1|\cdot\overline{M}|e_2| \leqslant \delta^2.$$

令

$$\overline{M}|e_k| \leqslant \delta^{q_k}, \tag{2.4.63}$$

则

$$\overline{M}|e_{k+2}| \leqslant \overline{M}|e_k| \cdot \overline{M}|e_{k-1}| \leqslant \delta^{q_k} \cdot \delta^{q_{k-1}} = \delta^{q_{k+2}}.$$

于是

$$q_{k+2} = q_k + q_{k-1}, \quad (k \geqslant 2) \tag{2.4.64}$$

其中

$$q_1 = q_2 = q_3 = 1.$$

显然，(2.4.64) 的特征方程为

$$t^3 - t - 1 = 0, \tag{2.4.65}$$

这个特征方程有一个大于 1 的实根为

$$t_1 \approx 1.32, \tag{2.4.66}$$

有两个模小于 1 的共轭复根，$|t_2| = |t_3| < 1$. 方程 (2.4.64) 的通解可以写成

$$q_k = At_1^k + Bt_2^k + Ct_3^k, \tag{2.4.67}$$

其中 A, B 和 C 是待定参数. 显然，当 $k \to \infty$ 时，

$$q_{k+1} - t_1 q_k = Bt_2^k(t_2 - t_1) + Ct_3^k(t_3 - t_1) \to 0,$$

故当 k 充分大时，有

$$q_{k+1} - t_1 q_k \geqslant -0.1. \tag{2.4.68}$$

由 (2.4.63) 有

$$|e_k| \leqslant \frac{1}{\overline{M}} \delta^{q_k} \triangleq B_k \quad (k \geqslant 1).$$

于是，利用 (2.4.68) 可知，当 k 充分大时，

$$\frac{B_{k+1}}{B_k^{t_1}} = \frac{\dfrac{1}{\overline{M}} \delta^{q_{k+1}}}{\left(\dfrac{1}{\overline{M}}\right)^{t_1} \delta^{t_1 q_k}} = \overline{M}^{t_1 - 1} \delta^{q_{k+1} - t_1 q_k} \leqslant \delta^{-0.1} \overline{M}^{t_1 - 1}.$$

这表明方法的收敛阶为 $t_1 \approx 1.32$. □

图 2.4.1 为三点二次插值法的框图.

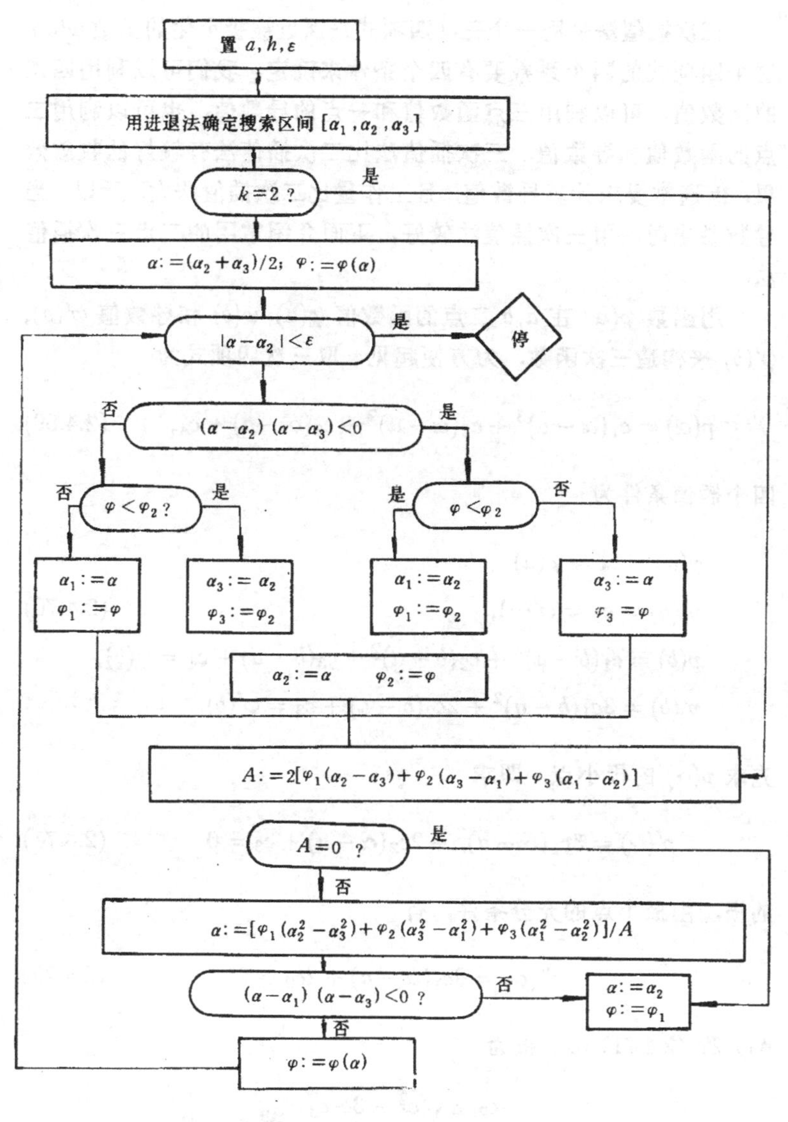

图 2.4.1　三点二次插值法框图

2.4.2 三次插值法

三次插值法是用一个三次四项式来逼近被极小化的函数 $\varphi(\alpha)$，这个四项式的四个系数要有四个条件来确定. 我们可以利用四点的函数值，可以利用三点函数值和一点的导数值，也可以利用二点的函数值和导数值. 三次插值法比二次插值法有较好的收敛效果，但通常要求计算导数值，且工作量比二次插值法大. 所以，当导数易求时，用三次插值法较好. 下面介绍常用的二点三次插值法.

用函数 $\varphi(\alpha)$ 在 a, b 二点的函数值 $\varphi(a), \varphi(b)$ 和导数值 $\varphi'(a)$, $\varphi'(b)$ 来构造三次函数. 为方便起见，取三次四项式为

$$p(\alpha) = c_1(\alpha - a)^3 + c_2(\alpha - a)^2 + c_3(\alpha - a) + c_4, \tag{2.4.69}$$

四个插值条件为：

$$\begin{aligned} & p(a) = c_4 = \varphi(a), \\ & p'(a) = c_3 = \varphi'(a), \\ & p(b) = c_1(b-a)^3 + c_2(b-a)^2 + c_3(b-a) + c_4 = \varphi(b), \\ & p'(b) = 3c_1(b-a)^2 + 2c_2(b-a) + c_3 = \varphi'(b). \end{aligned} \tag{2.4.70}$$

先求 $p(\alpha)$ 的极小点，即求

$$p'(\alpha) = 3c_1(\alpha - a)^2 + 2c_2(\alpha - a) + c_3 = 0 \tag{2.4.71}$$

的根. 由极小点的充分条件，有

$$p''(\alpha) = 6c_1(\alpha - a) + 2c_2 > 0, \tag{2.4.72}$$

解方程 (2.4.71) 得二根为

$$\alpha = a + \frac{-c_2 \pm \sqrt{c_2^2 - 3c_1c_3}}{3c_1}，若 c_1 \neq 0, \tag{2.4.73a}$$

$$\alpha = a - \frac{c_3}{2c_2}, \text{ 若 } c_1 = 0. \tag{2.4.73b}$$

将 (2.4.73a) 代入 (2.4.72) 可知

$$2\Big(-c_2 \pm \sqrt{c_2^2 - 3c_1c_3}\Big) + 2c_2 = \pm 2\sqrt{c_2^2 - 3c_1c_3} > 0, \tag{2.4.74}$$

故符号应取正号. 这样, 我们可将解的表达式 (2.4.73a) 和 (2.4.73b) 合并, 得

$$\alpha - a = \frac{-c_2 + \sqrt{c_2^2 - 3c_1c_3}}{3c_1} = \frac{-c_3}{c_2 + \sqrt{c_2^2 - 3c_1c_3}}, \tag{2.4.75}$$

当 $c_1 = 0$ 时, (2.4.75) 就是 (2.4.73b). 于是 $p(\alpha)$ 的极小点为

$$\overline{\alpha} = a - \frac{c_3}{c_2 + \sqrt{c_2^2 - 3c_1c_3}}. \tag{2.4.76}$$

在 (2.4.76) 中极小点 $\overline{\alpha}$ 是用 c_1, c_2, c_3 表示的. 下面, 我们用二点 a 和 b 处的信息 $\varphi(a), \varphi(b), \varphi'(a), \varphi'(b)$ 将 $\overline{\alpha}$ 表示出来.

设

$$\begin{aligned} &s = 3\frac{\varphi(b) - \varphi(a)}{b - a}, \quad z = s - \varphi'(a) - \varphi'(b), \\ &w^2 = z^2 - \varphi'(a)\varphi'(b). \end{aligned} \tag{2.4.77}$$

利用 (2.4.70) 有

$$\begin{aligned} &s = 3\frac{\varphi(b) - \varphi(a)}{b - a} = 3\big[c_1(b-a)^2 + c_2(b-a) + c_3\big], \\ &z = s - \varphi'(a) - \varphi'(b) = c_2(b-a) + c_3, \\ &w^2 = z^2 - \varphi'(a)\varphi'(b) = (b-a)^2\big(c_2^2 - 3c_1c_3\big), \end{aligned}$$

则

$$(b-a)c_2 = z - c_3, \quad \sqrt{c_2^2 - 3c_1c_3} = \frac{w}{b-a},$$

故

$$c_2 + \sqrt{c_2^2 - 3c_1c_3} = \frac{z + w - c_3}{b - a}.$$

利用 $c_3=\varphi'(a)$, 则 (2.4.76) 可以写成

$$\overline{\alpha}-a=\frac{-(b-a)\varphi'(a)}{z+w-\varphi'(a)},\tag{2.4.78}$$

或者

$$\begin{aligned}\overline{\alpha}-a&=\frac{-(b-a)\varphi'(a)\cdot\varphi'(b)}{(z+w-\varphi'(a))\varphi'(b)}=\frac{-(b-a)(z^2-w^2)}{\varphi'(b)(z+w)-(z^2-w^2)}\\&=\frac{(b-a)(w-z)}{\varphi'(b)-z-w}.\end{aligned}\tag{2.4.79}$$

注意到上式的分母可能为零，我们将 (2.4.78) 和 (2.4.79) 右端的分子分母分别相加，得

$$\overline{\alpha}=a+(b-a)\left(1-\frac{\varphi'(b)+w+z}{\varphi'(b)-\varphi'(a)+2w}\right),\tag{2.4.80a}$$

或

$$\overline{\alpha}=a+(b-a)\frac{w-\varphi'(a)-z}{\varphi'(b)-\varphi'(a)+2w}.\tag{2.4.80b}$$

在 (2.4.80) 中分母 $\varphi'(b)-\varphi'(a)+2w\neq 0$. 事实上，由于 $\varphi'(a)<0$, $\varphi'(b)>0$, 故 $w^2=z^2-\varphi'(a)\varphi'(b)>0$, 取 w 为算术根. 故 $2w>0$, 从而分母 $\varphi'(b)-\varphi'(a)+2w>0$.

和二次插值法一样，我们可以讨论三次插值法的收敛速度. 类似于 (2.4.28), 我们可以得到

$$e_{k+1}=M\left(e_ke_{k-1}^2+e_k^2e_{k-1}\right),$$

M 是某个确定的常数. 从而可以确定其特征方程为

$$t^2-t-2=0,$$

解得 $t=2$. 因此二点三次插值方法的收敛速度为 2 阶.

最后. 我们给出二点三次插值算法的框图 (见图 2.4.2).

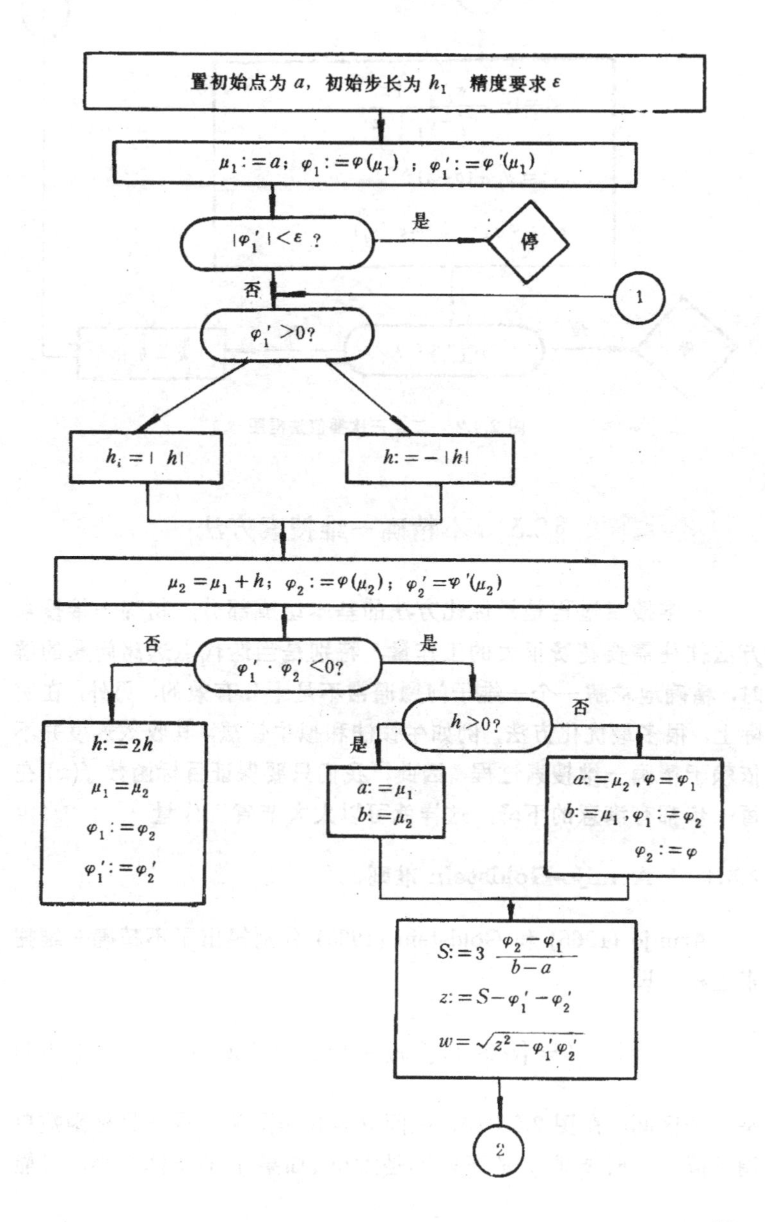
置初始点为 a，初始步长为 h_1 精度要求 ε
$\mu_1:=a$；$\varphi_1:=\varphi(\mu_1)$；$\varphi_1':=\varphi'(\mu_1)$
$|\varphi_1'|<\varepsilon$?
是
停
否
1
$\varphi_1'>0$?
$h_i=|h|$
$h:=-|h|$
$\mu_2=\mu_1+h$；$\varphi_2:=\varphi(\mu_2)$；$\varphi_2'=\varphi'(\mu_2)$
否
是
$\varphi_1'\cdot\varphi_2'<0$?
否
$h>0$?
是
$h:=2h$
$\mu_1=\mu_2$
$\varphi_1:=\varphi_2$
$\varphi_1':=\varphi_2'$
$a:=\mu_1$
$b:=\mu_2$
$a:=\mu_2, \varphi=\varphi_1$
$b:=\mu_1, \varphi_1:=\varphi_2$
$\varphi_2:=\varphi$
$S:=3\dfrac{\varphi_2-\varphi_1}{b-a}$
$z:=S-\varphi_1'-\varphi_2'$
$w=\sqrt{z^2-\varphi_1'\varphi_2'}$
2

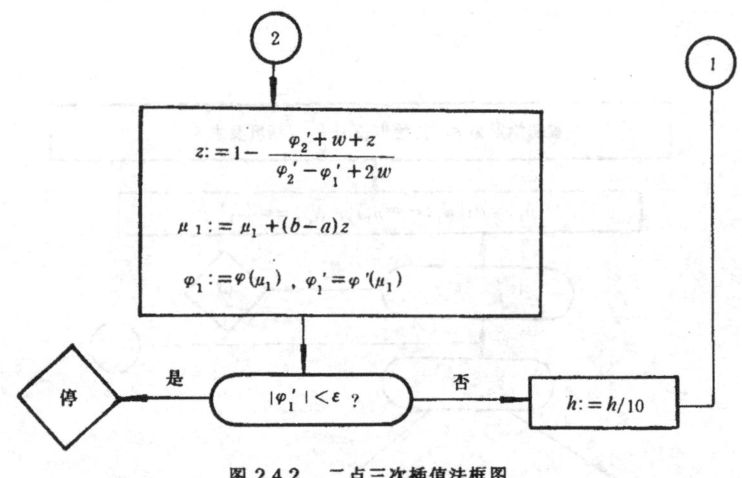

图 2.4.2　二点三次插值法框图

§2.5　不精确一维搜索方法

一维搜索过程是最优化方法的基本组成部分，精确一维搜索方法往往需要花费很大的工作量. 特别是当迭代点远离问题的解时，精确地求解一个一维子问题通常不是十分有效的. 另外，在实际上，很多最优化方法，例如牛顿法和拟牛顿法，其收敛速度并不依赖于精确一维搜索过程. 因此，我们只要保证目标函数 $f(x)$ 在每一步都有满意的下降，这样就可以大大节省工作量.

2.5.1　Armijo-Goldstein 准则

Armijo (1966) 和 Goldstein (1965) 分别提出了不精确一维搜索过程. 设

$$J=\{\alpha>0 \mid f(x_k+\alpha d_k)<f(x_k)\} \tag{2.5.1}$$

是一个区间. 在图 2.5.1 中，区间 $J=(0,a)$. 为了保证目标函数单调下降，同时要求 f 的下降不是太小 (如果 f 的下降太小，可能

导致序列 $\{f(x_k)\}$ 的极限值不是极小值), 必须避免所选择的 α 太靠近区间 J 的端点. 一个合理的要求是

$$f(x_k+s_k)\leqslant f(x_k)+\rho g_k^T s_k, \tag{2.5.2}$$

其中 $0<\rho<\dfrac{1}{2}$, $s_k=\alpha_k d_k$. 满足 (2.5.2) 要求的 α_k 构成区间 $J_1=(0,c]$, 这排斥了区间 J 的右端点附近的点.

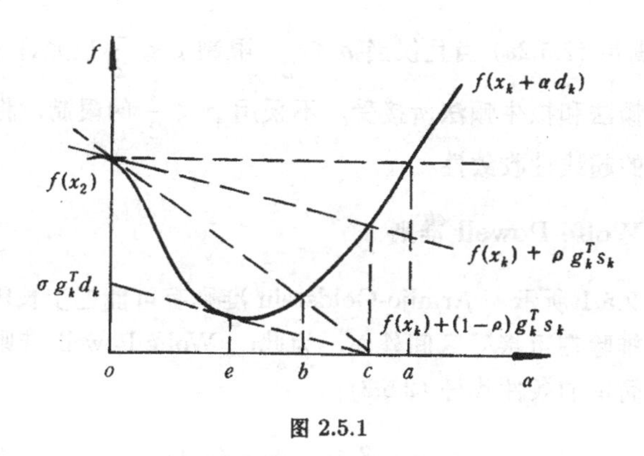

图 2.5.1

为了避免 α 太小的情况，我们加上另一个要求：

$$f(x_k+s_k)\geqslant f(x_k)+(1-\rho)g_k^T s_k, \tag{2.5.3}$$

这个要求排斥了区间 J 的左端点附近的点. 满足 (2.5.2) 和 (2.5.3) 要求的 α 构成了区间 $J_2=[b,c]$. 我们把 (2.5.2) 和 (2.5.3) 称为 Armijo-Goldstein 不精确线性搜索准则. 简称 Armijo-Goldstein 准则. 一旦所得到的步长因子 α 满足 (2.5.2)–(2.5.3), 我们就称它为可接受步长因子. 满足 (2.5.2)–(2.5.3) 要求的区间 $J_2=[b,c]$ 称为可接受区间.

若设 $\varphi(\alpha)=f(x_k+\alpha d_k)$, 则 (2.5.2) 和 (2.5.3) 可以分别写成

$$\varphi(\alpha_k)\leqslant\varphi(0)+\rho\alpha_k\varphi'(0), \tag{2.5.2a}$$

$$\varphi(\alpha_k)\geqslant\varphi(0)+(1-\rho)\alpha_k\varphi'(0). \tag{2.5.3a}$$

还应该指出，$\rho < \frac{1}{2}$ 的要求是必要的．事实上，如果 φ 是二次函数，满足

$$\varphi'(0) < 0 \text{ 和 } \varphi''(0) > 0,$$

那么，φ 的总体极小点 α^* 满足

$$\varphi(\alpha^*) = \varphi(0) + \frac{1}{2}\alpha^*\varphi'(0),$$

因此 α^* 满足 (2.5.2a) 当且仅当 $\rho \leqslant \frac{1}{2}$．限制 $\rho < \frac{1}{2}$ 也允许 $\alpha = 1$ 最终为牛顿法和拟牛顿法所接受．不采用 $\rho < \frac{1}{2}$ 的限制，将影响这些方法的超线性收敛性．

2.5.2 Wolfe-Powell 准则

如图 2.5.1 所示．Armijo-Goldstein 准则有可能把步长因子 α 的极小值排除在可接受区间外面．为此，Wolfe-Powell 准则给出了一个更简单的条件代替 (2.5.3)

$$g_{k+1}^T d_k \geqslant \sigma g_k^T d_k, \quad \sigma \in (\rho, 1) \tag{2.5.4}$$

亦即

$$\begin{aligned}\varphi'(\alpha_k) = [\nabla f(x_k + \alpha_k d_k)]^T d_k &\geqslant \sigma \nabla f(x_k)^T d_k \\ &= \sigma\varphi'(0) > \varphi'(0).\end{aligned} \tag{2.5.4a}$$

其几何解释是在可接受点处切线的斜率 $\varphi'(\alpha_k)$ 大于或等于初始斜率的 σ 倍．准则 (2.5.2) 和 (2.5.4) 称为 Wolfe-Powell 不精确线性搜索准则，简称 Wolfe-Powell 准则，其可接受区间为 $J_3 = [e, c]$．

(2.5.4) 可直接由中值定理和 (2.5.3) 得到．设 α_k 满足 (2.5.3)，则有

$$\begin{aligned}\alpha_k[\nabla f(x_k + \theta_k\alpha_k d_k)]^T d_k &= f(x_k + \alpha_k d_k) - f(x_k) \\ &\geqslant (1-\rho)\alpha_k \nabla f(x_k)^T d_k,\end{aligned}$$

由上式即可得到 (2.5.4). 事实上，满足 (2.5.2) 和 (2.5.4) 的 α_k 是存在的. 设 $\widehat{\alpha}_k$ 是满足 (2.5.2) 中等式成立的 α, 由中值定理和 (2.5.2)

$$\begin{aligned}\widehat{\alpha}_k[\nabla f(x_k+\theta_k\widehat{\alpha}_k d_k)]^T d_k &= f(x_k+\widehat{\alpha}_k d_k)-f(x_k)\\ &= \rho\widehat{\alpha}_k\nabla f(x_k)^T d_k,\end{aligned}$$

其中 $\theta_k\in(0,1)$. 设 $\rho<\sigma<1$, 注意到 $\nabla f(x_k)^T d_k<0$, 则

$$[\nabla f(x_k+\theta_k\widehat{\alpha}_k d_k)]^T d_k=\rho\nabla f(x_k)^T d_k>\sigma\nabla f(x_k)^T d_k,$$

令 $\alpha_k=\theta_k\widehat{\alpha}_k$, 即得 (2.5.4). 上面的讨论也表明：要求 $\rho<\sigma<1$ 是必要的，它保证了满足不精确线性搜索准则的步长因子 α_k 的存在.

应该指出，不等式 (2.5.4) 是精确线性搜索所满足的正交条件

$$g_{k+1}^T d_k=0$$

的近似. 但 (2.5.4) 的不足是即使在 $\sigma\to 0$ 时，也不能导致精确的线性搜索. 但是，如果利用

$$\left|g_{k+1}^T d_k\right|\leqslant -\sigma g_k^T d_k \tag{2.5.5}$$

代替 (2.5.4), 则在极限情形 $\sigma\to 0$ 时就可得到精确的线性搜索. 因此，(2.5.2) 和 (2.5.5) 也是一组成功的不精确线性搜索准则. 有时 (2.5.5) 也可写成如下形式

$$\left|g_{k+1}^T d_k\right|\leqslant\sigma\left|g_k^T d_k\right|, \tag{2.5.5a}$$

或

$$|\varphi'(\alpha_k)|\leqslant\sigma|\varphi'(0)|. \tag{2.5.5b}$$

一般地，σ 值愈小，线性搜索愈精确. 取 $\sigma=0.1$, 就得到一个相当精确的线性搜索，而取 $\sigma=0.9$, 则得到一个相当弱的线性搜索. 不过，σ 值愈小，工作量愈大. 而不精确线性搜索不要求过小的 σ, 通常可取 $\rho=0.1$, $\sigma=0.4$.

当采用 Wolfe-Powell 准则 (2.5.2) 和 (2.5.4) 时，下面的性质成立.

定理 2.5.1 设函数 $f(x)$ 连续可微，$\nabla f(x)$ 满足 Lipschitz 条件

$$\|\nabla f(y)-\nabla f(z)\| \leqslant M\|y-z\|.$$

如果 $f(x_k+\alpha d_k)$ 下有界，$\alpha>0$, 则对满足 (2.5.2) 和 (2.5.4) 的任何 $\alpha_k>0$ 均有

$$f(x_k)-f(x_k+\alpha_k d_k) \geqslant \frac{\rho(1-\sigma)}{M}\|\nabla f(x_k)\|^2 \cos^2\langle d_k,-\nabla f(x_k)\rangle. \tag{2.5.6}$$

证明 由 Lipschitz 条件和 (2.5.4), 得

$$\alpha_k M\|d_k\|^2 \geqslant d_k^T[\nabla f(x_k+\alpha_k d_k)-\nabla f(x_k)] \geqslant -(1-\sigma)d_k^T\nabla f(x_k),$$

即

$$\begin{aligned}\alpha_k\|d_k\| &\geqslant \frac{1-\sigma}{M\|d_k\|}\|d_k\|\|\nabla f(x_k)\|\cos\langle d_k,-\nabla f(x_k)\rangle\\ &=\frac{1-\sigma}{M}\|\nabla f(x_k)\|\cos\langle d_k,-\nabla f(x_k)\rangle.\end{aligned}$$

利用 (2.5.2), 有

$$\begin{aligned}&f(x_k)-f(x_k+\alpha_k d_k) \geqslant -\alpha_k\rho d_k^T\nabla f(x_k)\\ =&\alpha_k\rho\|d_k\|\|\nabla f(x_k)\|\cos\langle d_k,-\nabla f(x_k)\rangle\\ \geqslant&\rho\|\nabla f(x_k)\|\cos\langle d_k,-\nabla f(x_k)\rangle\cdot\frac{1-\sigma}{M}\|\nabla f(x_k)\|\cos\langle d_k,-\nabla f(x_k)\rangle\\ =&\frac{\rho(1-\sigma)}{M}\|\nabla f(x_k)\|^2\cos^2\langle d_k,-\nabla f(x_k)\rangle.\end{aligned}$$ □

2.5.3 Armijo-Goldstein 和 Wolfe-Powell 不精确一维搜索方法

虽然 Armijo-Goldstein 准则中 (2.5.3) 可能把 α 的极小值排斥，但实际上这种情形几乎很少出现. 因此，它还是一个经常采用的准则.

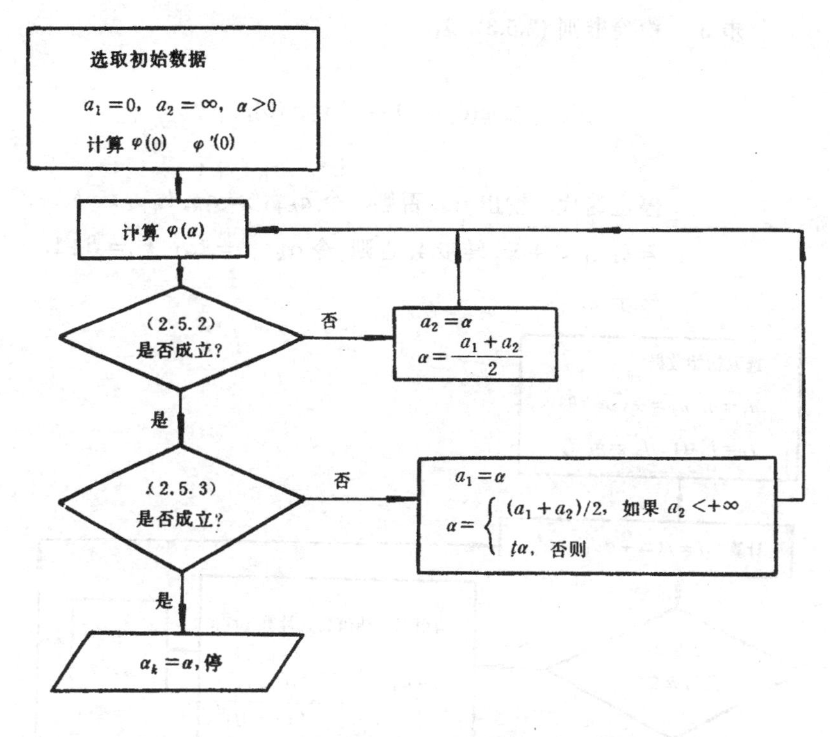

图 2.5.2 Armijo-Goldstein 不精确线性搜索法框图

下面，我们给出 Armijo-Goldstein 不精确一维搜索方法的步骤..

算法 2.5.2

步 1 选取初始数据. 在搜索区间 $[0,+\infty)$ (或 $[0,\alpha_{\max}]$) 中取定初始点 α_0, 计算 $\varphi(0),\varphi'(0)$, 给出 $\rho\in\left(0,\frac{1}{2}\right)$, $t>1$. 令 $a_0:=0$, $b_0:=+\infty$ (或 $\alpha_{\max}$), $k:=0$.

步 2 检验准则 (2.5.2). 计算 $\varphi(\alpha_k)$, 若

$$\varphi(\alpha_k)\leqslant\varphi(0)+\rho\alpha_k\varphi'(0),$$

转步 3; 否则，令 $a_{k+1}:=a_k$, $b_{k+1}:=\alpha_k$, 转步 4.

步 3　检验准则 (2.5.3). 若

$$\varphi(\alpha_k) \geqslant \varphi(0) + (1-\rho)\alpha_k \varphi'(0),$$

停止迭代，输出 α_k; 否则，令 $a_{k+1} := \alpha_k, b_{k+1} := b_k$. 若 $b_{k+1} < +\infty$, 转步 4; 否则, 令 $\alpha_{k+1} := t\alpha_k, k := k+1$, 转步 2.

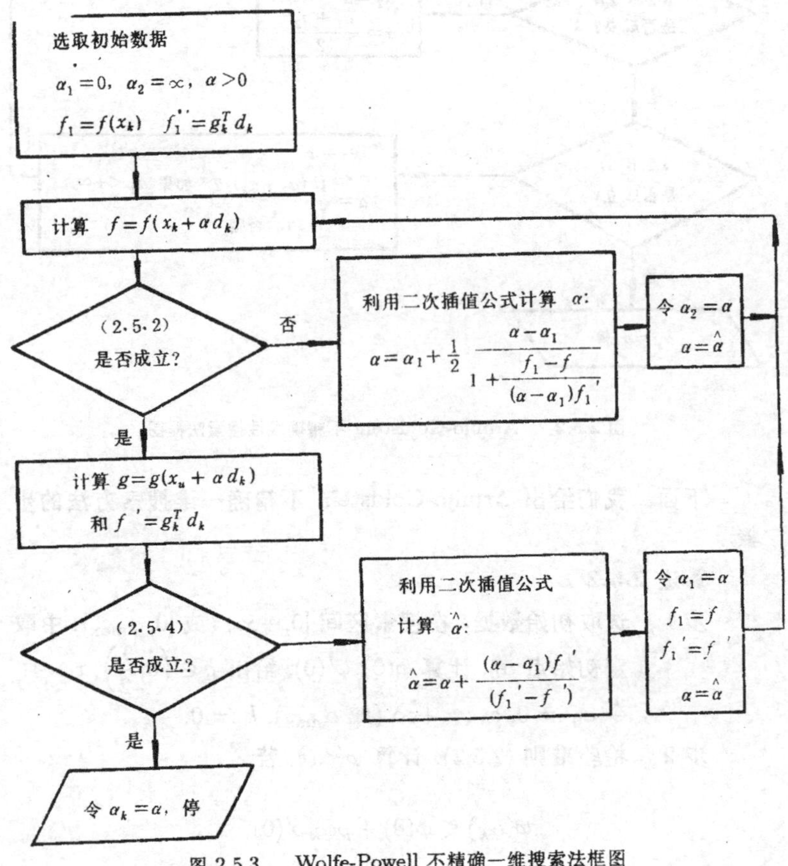

图 2.5.3　Wolfe-Powell 不精确一维搜索法框图

步 4　选取新的探索点. 取

$$\alpha_{k+1} := \frac{a_{k+1} + b_{k+1}}{2},$$

令 $k := k + 1$, 转步 2.　□

类似地，我们给出 Wolfe-Powell 不精确一维搜索法的框图.

从上述两个算法框图中可以看出，这两种方法是类似的. 只是在准则不成立，而需计算新的 α 时，一个利用了简单的求区间中点的方法，另一个采用了二次插值方法. 这只是我们所介绍的确定新的 α 的两种方法. 读者也可以采用其他方法确定新的 α.

2.5.4　简单准则和后退方法

在实际中有时仅采用准则 (2.5.2), 并要求 α 不太小，我们把这种仅利用准则 (2.5.2) 的做法叫做简单准则. 后退方法就是利用这种简单准则的不精确一维搜索方法.

其思想为：开始时令 $\alpha = 1$, 如果 $x_k + \alpha d_k$ 不可接受，则减少 α (即后退), 一直到 $x_k + \alpha d_k$ 可接受为止. 后退方法的算法如下：

算法 2.5.3　给出 $\rho \in \left(0, \frac{1}{2}\right), 0 < l < u < 1$.

步 1　取 $\alpha = 1$;

步 2　试验

$$f(x_k + \alpha d_k) \leqslant f(x_k) + \rho\alpha g_k^T d_k; \tag{2.5.2}$$

步 3　如果 (2.5.2) 不满足，取 $\alpha := \omega\alpha, \omega \in [l, u]$, 转步 2; 如果 (2.5.2) 满足，取 $\alpha_k := \alpha$,

$$x_{k+1} := x_k + \alpha_k d_k.\quad □$$

在上述算法的步 3 中, 减少 α 的策略也可以采用二次插值法. 设

$$\varphi(\alpha) = f(x_k + \alpha d_k). \tag{2.5.7}$$

开始时，我们有

$$\varphi(0)=f(x_k),\quad \varphi'(0)=\nabla f(x_k)^T d_k. \tag{2.5.8a}$$

在计算了 $f(x_k+d_k)$ 以后，我们有

$$\varphi(1)=f(x_k+d_k). \tag{2.5.8b}$$

如果 $f(x_k+d_k)$ 不满足 (2.5.2), 则用如下二次模型近似 $\varphi(\alpha)$:

$$m(\alpha)=[\varphi(1)-\varphi(0)-\varphi'(0)]\alpha^2+\varphi'(0)\alpha+\varphi(0), \tag{2.5.9}$$

它满足 (2.5.8a) 和 (2.5.8b) 中的三个条件. 令 $m'(\alpha)=0$, 得

$$\widehat{\alpha}=-\frac{\varphi'(0)}{2[\varphi(1)-\varphi(0)-\varphi'(0)]}, \tag{2.5.10}$$

它可以作为下一个 λ_k 的值.

为了防止 α 太小和循环出现，常常在上述算法中增加保险措施，即给出一个最小步长 minstep, 如果准则 (2.5.2) 不满足，但 $\|\alpha d_k\|$ <minstep, 则线性搜索也终止.

归纳起来，我们在这一节介绍了三种不精确线性搜索准则：

(1) Armijo-Goldstein 准则： (2.5.2)–(2.5.3).

(2) Wolfe-Powell 准则： (2.5.2) 和 (2.5.4) 或 (2.5.2) 和 (2.5.5).

(3) 简单准则： (2.5.2).

这三种不精确线性搜索准则都是常用的. 利用这三种准则可以构造若干不精确一维搜索方法. 上面介绍的几种方法仅是其中的几个例子.

2.5.5 不精确一维搜索的收敛性定理

本节最后，我们研究不精确一维搜索方法的收敛性定理. 为了证明方法的下降性，我们要求避免搜索方向 $s_k=\alpha_k d_k$ 和负梯度方向 $-g_k$ 几乎直交的情形，即要求 s_k 偏离 g_k 的正交方向远一

些. 否则，$s_k^T g_k$ 接近于零，s_k 几乎不是下降方向. 为此，我们假设 s_k 和 $-g_k$ 的夹角 θ_k 满足

$$\theta_k \leqslant \frac{\pi}{2} - \mu, \quad \forall k, \tag{2.5.11}$$

其中，$\mu > 0, \theta_k \in [0, \pi/2]$ 定义为

$$\cos\theta_k = -g_k^T s_k / (\|g_k\| \|s_k\|). \tag{2.5.12}$$

采用不精确一维搜索的一般下降算法的形式如下：

算法 2.5.4

步 1　给出 $x_0 \in R^n, 0 \leqslant \varepsilon < 1, k := 0$.

步 2　如果 $\|\nabla f(x_k)\| \leqslant \varepsilon$, 则停止；否则，求出下降方向 d_k, 使其满足 $d_k^T \nabla f(x_k) < 0$.

步 3　求出步长因子 α_k, 使其满足 Armijo-Goldstein 准则 (2.5.2)–(2.5.3), 或 Wolfe - Powell 准则 (2.5.2) 和 (2.5.4).

步 4　令 $x_{k+1} = x_k + \alpha_k d_k$; $k := k+1$, 转步 2.　□

下面给出采用不精确一维搜索的一般下降算法的总体收敛性定理.

定理 2.5.5　设在算法 2.5.4 中求步长因子 α_k 采用 Armijo-Goldstein 准则 (2.5.2)–(2.5.3), 并设夹角条件 (2.5.11) 满足. 如果 ∇f 存在，且在水平集 $\{x \mid f(x) < f(x_0)\}$ 上一致连续，那么，或者对某个 k, 有 $\nabla f(x_k) = 0$, 或者 $f(x_k) \to -\infty$, 或者 $\nabla f(x_k) \to 0$.

证明　假定对所有的 k, $g_k = \nabla f(x_k) \neq 0$ (由此 $s_k = \alpha_k d_k \neq 0$) 和 $f(x_k)$ 下有界，得到 $f(x_k) - f(x_{k+1}) \to 0$, 因此，由 (2.5.2) 得到 $-g_k^T s_k \to 0$.

今假定 $g_k \to 0$ 不成立，那么存在 $\varepsilon > 0$ 和一个子列使得 $\|g_k\| \geqslant \varepsilon$ 和 $\|s_k\| \to 0$. 由于 $\theta_k \leqslant \frac{\pi}{2} - \mu$, 故

$$\cos\theta_k \geqslant \cos\left(\frac{\pi}{2} - \mu\right) = \sin\mu,$$

从而

$$-g_k^T s_k \geqslant \sin\mu \|g_k\| \cdot \|s_k\| \geqslant \varepsilon \sin\mu \|s_k\|.$$

但 Taylor 公式给出

$$f(x_{k+1}) = f(x_k) + g(\xi_k)^T s_k,$$

其中 ξ_k 位于线段 (x_k, x_{k+1}) 上. 由一致连续性, 当 $s_k \to 0$ 时, $g(\xi_k) \to g_k$. 这样,

$$f(x_{k+1}) = f(x_k) + g_k^T s_k + o(\|s_k\|),$$

由此有

$$\frac{f(x_k) - f(x_{k+1})}{-g_k^T s_k} \to 1,$$

这与 (2.5.3) 矛盾. 因而 $g_k \to 0$. □

类似地, 若方法采用 Wolfe-Powell 准则, 则可采用 (2.5.4) 代替 (2.5.3), 并注意到, 由 $g(x)$ 的一致连续性, 有

$$g_{k+1}^T s_k = g_k^T s_k + o(\|s_k\|),$$

使得

$$\frac{g_{k+1}^T s_k}{g_k^T s_k} \to 1.$$

这与 (2.5.4) $g_{k+1}^T s_k / g_k^T s_k \leqslant \sigma < 1$ 矛盾, 因而也有 $g_k \to 0$. 因此, 对于采用 Wolfe - Powell 准则的不精确线性搜索的下降方法, 总体收敛性定理 2.5.5 也成立.

类似地, 定理的其它形式和证明如下.

定理 2.5.6 设 $f: R^n \to R$ 在 R^n 上连续可微和下有界, ∇f 存在且在水平集 $\Omega = \{x \mid f(x) \leqslant f(x_0)\}$ 上一致连续. 又设不精确线性搜索的下降方法采用 Wolfe-Powell 准则 (2.5.2) 和 (2.5.4), 则

$$\lim_{k \to +\infty} \frac{\nabla f(x_k)^T s_k}{\|s_k\|} = 0. \qquad (2.5.13)$$

证明 由于 $\nabla f(x_k)^T s_k < 0$, 又由于 f 下有界, 因此序列 $\{x_k\}$ 是有定义的. 且在水平集 Ω 中. 此外, $f(x_k)$ 是下降的, 因此收敛.

下面用反证法证明 (2.5.13). 假定 (2.5.13) 不成立，则存在 $\varepsilon>0$ 和子序列，其指标集 K, 使得

$$-\frac{\nabla f(x_k)^T s_k}{\|s_k\|}\geqslant\varepsilon,\quad k\in K.$$

由 (2.5.2),

$$f(x_k)-f(x_{k+1})\geqslant\rho\|s_k\|\left(-\frac{\nabla f(x_k)^T s_k}{\|s_k\|}\right)\geqslant\rho\|s_k\|\varepsilon.$$

又因为 $f(x_k)$ 是收敛序列，故 $\{s_k:k\in K\}$ 收敛到零. 又由 (2.5.4),

$$(1-\sigma)\big(-\nabla f(x_k)^T s_k\big)\leqslant(\nabla f(x_k+s_k)-\nabla f(x_k))^T s_k,\quad k\geqslant 0.$$

因此,

$$\varepsilon\leqslant-\frac{\nabla f(x_k)^T s_k}{\|s_k\|}\leqslant\frac{1}{1-\sigma}\|\nabla f(x_k+s_k)-\nabla f(x_k)\|,\quad k\in K.$$

但是，由于我们已经证明了 $\{s_k\mid k\in K\}$ 收敛到零，故这与 ∇f 在水平集上的一致连续性矛盾. □

定理 2.5.7 设函数 $f(x)$ 连续可微，且 $\nabla f(x)$ 满足 Lipschitz 条件

$$\|\nabla f(x)-\nabla f(y)\|\leqslant M\|x-y\|,\tag{2.5.14}$$

又设在算法 2.5.4 中采用 Wolfe-Powell 准则 (2.5.2) 和 (2.5.4). 如果算法产生的下降方向 d_k 与 $-\nabla f(x_k)$ 的夹角 θ_k 满足 (2.5.11), 那么，对于算法产生的点列 $\{x_k\}$, 或者对某个 k 有 $\nabla f(x_k)=0$, 或者 $f(x_k)\to-\infty$, 或者 $\nabla f(x_k)\to 0$.

证明 假定对所有 k, $\nabla f(x_k)\neq 0$. 从定理 2.5.1, 得

$$f(x_k)-f(x_{k+1})\geqslant\beta\cos^2\theta_k\|\nabla f(x_k)\|^2,\tag{2.5.15}$$

其中 $\beta=\rho(1-\sigma)/M$ 是与 k 无关的正常数. 于是，对一切 $k>0$, 有

$$f(x_0)-f(x_k)=\sum_{i=0}^{k-1}[f(x_i)-f(x_{i+1})]$$

$$\geqslant \beta \min_{0\leqslant i\leqslant k} \|\nabla f(x_i)\|^2 \sum_{i=0}^{k-1} \cos^2 \theta_i. \tag{2.5.16}$$

由于 θ_k 满足 (2.5.11), 这意味着

$$\sum_{k=0}^{\infty} \cos^2 \theta_k = +\infty, \tag{2.5.17}$$

于是, 从不等式 (2.5.16) 即知, 或者 $\nabla f(x_k) \to 0$, 或者 $f(x_k) \to -\infty$, 从而结论得到. □

最后, 我们给出在不精确一维搜索条件下函数 $f(x)$ 下降量的估计式.

定理 2.5.8 设 α_k 满足不精确一维搜索条件 (2.5.2), 如果函数 $f(x)$ 是一致凸函数, 即存在常数 $\eta > 0$, 使得

$$(y-z)^T[\nabla f(y) - \nabla f(z)] \geqslant \eta \|y - z\|^2, \tag{2.5.18}$$

或者存在常数 m 和 M, 使得

$$m\|y\|^2 \leqslant y^T \nabla^2 f(x) y \leqslant M\|y\|^2, \tag{2.5.19}$$

则必有

$$f(x_k) - f(x_k + \alpha_k d_k) \geqslant \frac{\rho\eta}{1+\sqrt{M/m}} \|\alpha_k d_k\|^2. \tag{2.5.20}$$

证明 分两种情况讨论.

先假定 $d_k^T \nabla f(x_k + \alpha_k d_k) \leqslant 0$. 这时有

$$\begin{aligned} f(x_k) - f(x_k + \alpha_k d_k) &= \int_0^{\alpha_k} -d_k^T \nabla f(x_k + t d_k) \mathrm{d}t \\ &\geqslant \int_0^{\alpha_k} d_k^T [\nabla f(x_k + \alpha_k d_k) - \nabla f(x_k + t d_k)] \mathrm{d}t \\ &\geqslant \int_0^{\alpha_k} \eta(\alpha_k - t) \mathrm{d}t \|d_k\|^2 \end{aligned}$$

$$=\frac{1}{2}\eta\|\alpha_k d_k\|^2. \tag{2.5.21}$$

在这种情形， (2.5.20) 成立.

再假定 $d_k^T\nabla f(x_k+\alpha_k d_k)>0$, 则必存在 $0<\alpha^*<\alpha_k$, 使得 $d_k^T\nabla f\big(x_k+\alpha^* d_k\big)=0$. 由 (2.5.19), 有

$$f(x_k)-f\big(x_k+\alpha^* d_k\big)\leqslant\frac{1}{2}M\big\|\alpha^* d_k\big\|^2, \tag{2.5.22}$$

$$f(x_k+\alpha_k d_k)-f\big(x_k+\alpha^* d_k\big)\geqslant\frac{1}{2}m\big\|\big(\alpha_k-\alpha^*\big)d_k\big\|^2. \tag{2.5.23}$$

由于 $f(x_k+\alpha_k d_k)<f(x_k)$, 故由 (2.5.22) 和 (2.5.23) 得

$$\alpha_k\leqslant\left(1+\sqrt{\frac{M}{m}}\right)\alpha^*. \tag{2.5.24}$$

从而有

$$\begin{aligned}f(x_k)-f(x_k+\alpha_k d_k)&\geqslant-\alpha_k\rho d_k^T\nabla f(x_k)\\&\geqslant\alpha_k\rho d_k^T\big[\nabla f\big(x_k+\alpha^* d_k\big)-\nabla f(x_k)\big]\\&\geqslant\eta\rho\alpha_k\alpha^*\|d_k\|^2\\&\geqslant\frac{\rho\eta}{1+\sqrt{M/m}}\|\alpha_k d_k\|^2.\end{aligned} \tag{2.5.25}$$

从而这时 (2.5.20) 也成立. 定理得证. □

本章介绍的精确一维搜索和不精确一维搜索都要求函数值在每一步搜索中下降. 最近， Grippo 等人提出了非单调线性搜索技术, 这个方法不要求每一步线性搜索产生的方向都是下降的, 放宽了对线性搜索的要求, 提高了线性搜索的效率. 感兴趣的读者请参阅 Grippo 等人 (1986) 文献.

第三章 牛 顿 法

§3.1 最 速 下 降 法

3.1.1 最速下降法

最速下降法以负梯度方向作为极小化算法的下降方向，又称梯度法，是无约束最优化中最简单的方法.

设函数 $f(x)$ 在 x_k 附近连续可微，且 $g_k = \nabla f(x_k) \neq 0$. 由 Taylor 展式

$$f(x) = f(x_k) + (x - x_k)^T \nabla f(x_k) + o(\|x - x_k\|) \tag{3.1.1}$$

可知，若记 $x - x_k = \alpha d_k$, 则满足 $d_k^T g_k < 0$ 的方向 d_k 是下降方向. 当 α 取定后， $d_k^T g_k$ 的值越小，即 $-d_k^T g_k$ 的值越大，函数下降得越快. 由 Cauchy-Schwartz 不等式

$$\left|d_k^T g_k\right| \leqslant \|d_k\| \|g_k\|, \tag{3.1.2}$$

故当且仅当 $d_k = -g_k$ 时， $d_k^T g_k$ 最小，从而称 $-g_k$ 是最速下降方向.

最速下降法的迭代格式为

$$x_{k+1} = x_k - \alpha_k g_k.$$

这个方法的计算步骤如下：

算法 3.1.1 (最速下降法)

步 1　给出 $x_0 \in R^n, 0 \leqslant \varepsilon \ll 1, k := 0$;

步 2　计算 $d_k = -g_k$; 如果 $\|g_k\| \leqslant \varepsilon$, 则停止;

步 3　由一维搜索求步长因子 α_k, 使得

$$f(x_k + \alpha_k d_k) = \min_{\alpha > 0} f(x_k + \alpha d_k);$$

步 4　计算 $x_{k+1} = x_k + \alpha_k d_k$;

步 5　$k := k + 1$, 转步 2.

3.1.2　最速下降法的收敛性

最速下降法在最优化中具有重要的理论意义. 现在我们讨论最速下降法的总体收敛性和局部收敛速度.

定理 3.1.2a (最速下降法总体收敛性定理)　**设 $f \in C^1$, 在最速下降法中采用精确一维搜索, 则产生的迭代点列 $\{x_k\}$ 的每一个聚点是驻点.**

证明　设 $\bar{x}$ 是聚点. K 是一个无限指标集, 使得 $\lim_{k \in K} x_k = \bar{x}$, 令 $d_k = -\nabla f(x_k)$, 因为 $f \in C^1$, 故序列 $\{d_k \mid k \in K\}$ 一致有界, $\|d_k\| = \|\nabla f(x_k)\|$. 由于一维搜索定理 2.2.3 的假设条件满足, 故由该定理得到 $\|\nabla f(\bar{x})\|^2 = 0$, 即 $\nabla f(\bar{x}) = 0$.　□

定理 3.1.2b (最速下降法总体收敛性定理)　设函数 $f(x)$ 二次连续可微, 且 $\|\nabla^2 f(x)\| \leqslant M$. 对任何给定的初始值 x_0 和 $\varepsilon > 0$, 最速下降算法 3.1.1 或有限终止, 或 $\lim_{k \to \infty} f(x_k) = -\infty$, 或 $\lim_{k \to \infty} \nabla f(x_k) = 0$.

证明　考虑无穷迭代下去的算法 3.1.1, 由定理 2.2.2, 有

$$f(x_k) - f(x_{k+1}) \geqslant \frac{1}{2M} \|\nabla f(x_k)\|^2.$$

于是

$$f(x_0) - f(x_k) = \sum_{i=0}^{k-1} [f(x_i) - f(x_{i+1})]$$

$$\geqslant \frac{1}{2M}\sum_{i=1}^{k-1}\|\nabla f(x_i)\|^2. \tag{3.1.3}$$

取极限，于是，或者 $\lim_{k\to\infty} f(x_k) = -\infty$, 或者 $\lim_{k\to\infty}\|\nabla f(x_k)\| = 0$. 从而定理成立. □

最速下降法也可采用不精确一维搜索过程. 利用不精确一维搜索的总体收敛性定理我们可得到

定理 3.1.3 (采用不精确一维搜索的最速下降法收敛定理) 设 $f \in C^1$, 最速下降法中的一维搜索采用不精确一维搜索过程, 则迭代点列 $\{x_k\}$ 的每一个聚点是驻点.

证明 直接从定理 2.5.4 可得结论. □

遗憾的是，总体收敛性并未能保证最速下降法是一个有效的方法，这可以从下面给出的收敛速度分析中看出.

最速下降方向仅是算法的局部性质. 对于许多问题，最速下降法并非 "最速下降", 而是下降非常缓慢. 数值试验表明，当目标函数的等值线接近于一个圆 (球) 时，最速下降法下降较快，而当目标函数的等值线是一个扁长的椭球时，最速下降法开始几步下降较快，后来就出现锯齿现象，下降就十分缓慢. 其原因可从如下事实看出. 由于一维搜索满足 $g_{k+1}^T d_k = 0$, 即

$$g_{k+1}^T g_k = d_{k+1}^T d_k = 0, \tag{3.1.4}$$

这表明在相邻两个迭代点上函数 $f(x)$ 的两个梯度方向是互相直交的，即，两个搜索方向互相直交，这就产生了锯齿形状. 当接近极小点时，步长愈小，前进愈慢.

下面，我们先考虑二次函数情形最速下降法的收敛速度，然后考虑一般情形最速下降法的收敛速度.

当目标函数是二次函数时，最速下降法的收敛速度由对应于某个等值线的椭球的最长轴与最短轴之比决定. 这个比越大，最速下降法下降越慢. 下面的定理表明最速下降法的收敛速度是线性的.

定理 3.1.4 (二次函数情形最速下降法的收敛速度定理)　考虑无约束极小化问题

$$\min f(x)=\frac{1}{2}x^TGx, \tag{3.1.5}$$

其中 G 是 $n\times n$ 对称正定矩阵，λ_1 和 λ_n 分别是 G 的最大和最小特征值. 设 x^* 是问题的解点，则最速下降法的收敛速度至少是线性的，并且下面的界成立：

$$\frac{f(x_{k+1})-f(x^*)}{f(x_k)-f(x^*)}\leqslant\frac{(\kappa-1)^2}{(\kappa+1)^2}=\frac{(\lambda_1-\lambda_n)^2}{(\lambda_1+\lambda_n)^2}, \tag{3.1.6}$$

$$\frac{\left\|x_{k+1}-x^*\right\|}{\left\|x_k-x^*\right\|}\leqslant\sqrt{\kappa}\frac{(\kappa-1)^2}{(\kappa+1)^2}, \tag{3.1.7}$$

其中，$\kappa=\lambda_1/\lambda_n$.

证明　由于

$$g(x)=Gx, \tag{3.1.8}$$

故

$$x_{k+1}=(I-\alpha_kG)x_k, \tag{3.1.9}$$

其中 α_k 使得

$$f((I-\alpha_kG)x_k)\leqslant f((I-\alpha G)x_k),\quad\forall\alpha. \tag{3.1.10}$$

设

$$P(t)=1-\alpha_kt,\quad Q(t)=\lambda-\mu t, \tag{3.1.11}$$

其中，$\lambda,\mu\in R$ 是任意的. 由 (3.1.10) 可知

$$f((I-\alpha_kG)x_k)\leqslant f\Big(\Big(I-\frac{\mu}{\lambda}G\Big)x_k\Big),$$

故有

$$f(x_{k+1})=f\Big(\frac{P(G)}{P(0)}x_k\Big)\leqslant f\Big(\frac{Q(G)}{Q(0)}x_k\Big). \tag{3.1.12}$$

特别地，选择 λ, μ, 使得

$$Q(\lambda_1)=1, \quad Q(\lambda_n)=-1. \tag{3.1.13}$$

解之得

$$\lambda=\frac{-(\lambda_1+\lambda_n)}{\lambda_1-\lambda_n}, \quad \mu=\frac{-2}{\lambda_1-\lambda_n}, \tag{3.1.14}$$

从而

$$Q(t)=\frac{2t-(\lambda_1+\lambda_n)}{\lambda_1-\lambda_n}. \tag{3.1.15}$$

由于 G 对称正定，故 G 的对应于 $\lambda_i\ (i=1,\cdots,n)$ 的特征向量 $u_i\ (i=1,\cdots,n)$ 线性无关，不妨假定 $\{u_i\}$ 是标准直交特征向量系，满足 $u_i^T u_j=\delta_{ij}, i,j=1,\cdots,n$. 于是，存在 $a_i^{(k)}\ (i=1,\cdots,n)$ 使得

$$x_k=\sum_{i=1}^n a_i^{(k)} u_i, \tag{3.1.16}$$

利用 (3.1.12) 、 (3.1.15) 和 (3.1.16) 得到

$$\begin{aligned} f(x_{k+1}) &\leqslant \frac{1}{2}\Big(\frac{Q(G)}{Q(0)}x_k\Big)^T G\Big(\frac{Q(G)}{Q(0)}x_k\Big) \\ &=\frac{1}{2}\sum_{i=1}^n\sum_{j=1}^n \frac{a_i^{(k)}a_j^{(k)}}{[Q(0)]^2}(Q(G)u_i)^T G(Q(G)u_j) \\ &\leqslant \frac{1}{2[Q(0)]^2}\sum_{i=1}^n \big(a_i^{(k)}\big)^2[Q(\lambda_i)]^2\lambda_i. \end{aligned} \tag{3.1.17}$$

由于 $|Q(\lambda_i)|\leqslant 1, i=1,\cdots,n$, 故

$$f(x_{k+1})\leqslant \frac{1}{2[Q(0)]^2}\sum_{i=1}^n \big(a_i^{(k)}\big)^2\lambda_i. \tag{3.1.18}$$

又由 (3.1.5) 和 (3.1.16) 可知

$$f(x_k)=\frac{1}{2}\sum_{i=1}^n \big(a_i^{(k)}\big)^2\lambda_i,$$

将其代入 (3.1.18), 有

$$f(x_{k+1}) \leqslant \frac{f(x_k)}{[Q(0)]^2}. \tag{3.1.19}$$

而从 (3.1.15)

$$[Q(0)]^2 = \left(\frac{\lambda_1 + \lambda_n}{\lambda_1 - \lambda_n}\right)^2,$$

故

$$f(x_{k+1}) \leqslant \left(\frac{\lambda_1 - \lambda_n}{\lambda_1 + \lambda_n}\right)^2 f(x_k), \quad \forall k \geqslant 0. \tag{3.1.20}$$

但 $0 < (\lambda_1 - \lambda_n)/(\lambda_1 + \lambda_n) < 1$, 从而当 $k \to \infty$ 时， $f(x_k) \to 0$. 从目标函数的定义，当且仅当 $x = 0$ 时， $f(x) = 0$. 又由于在 $x = 0$ 处 f 连续，因而当 $k \to \infty$ 时， $x_k \to 0$. 因为 $x^* = 0$, 因此我们得到：对于所给出的任何初始点 x_0, 最速下降法产生的点列 $\{x_k\}$ 收敛于 f 的唯一极小点 $x^* = 0$. 注意到 $f(x^*) = 0$, (3.1.20) 即为所求的第一个不等式 (3.1.6).

下面我们利用 (3.1.20) 证明第二个不等式 (3.1.7). 设 $e_k = x_k - x^*, \forall k \geqslant 0$. 注意到 G 是实对称的，故

$$\lambda_n e_k^T e_k \leqslant e_k^T G e_k \leqslant \lambda_1 e_k^T e_k. \tag{3.1.21}$$

由于 $x^* = 0$, 则

$$e_k^T G e_k = x_k^T G x_k = 2f(x_k),$$

这样， (3.1.21) 成为

$$\lambda_n \|x_k - x^*\|^2 \leqslant 2f(x_k) \leqslant \lambda_1 \|x_k - x^*\|^2. \tag{3.1.22}$$

反复利用 (3.1.20) 得

$$f(x_k) \leqslant \left(\frac{\lambda_1 - \lambda_n}{\lambda_1 + \lambda_n}\right)^{2k} f(x_0), \quad \forall k \geqslant 0. \tag{3.1.23}$$

再将上式中的 $f(x_k)$ 和 $f(x_0)$ 用 (3.1.22) 代替，得

$$\begin{aligned}\|x_k - x^*\|^2 &\leqslant \frac{2}{\lambda_n} f(x_k) \\ &\leqslant \frac{2}{\lambda_n}\left(\frac{\lambda_1-\lambda_n}{\lambda_1+\lambda_n}\right)^{2k} f(x_0) \\ &\leqslant \frac{2}{\lambda_n}\left(\frac{\lambda_1-\lambda_n}{\lambda_1+\lambda_n}\right)^{2k} \cdot \frac{\lambda_1}{2}\|x_0 - x^*\|^2 \\ &= \frac{\lambda_1}{\lambda_n}\left(\frac{\lambda_1-\lambda_n}{\lambda_1+\lambda_n}\right)^{2k} \|x_0 - x^*\|^2. \end{aligned} \tag{3.1.24}$$

此即不等式(3.1.7).这表明了最速下降法具有线性收敛速度. □

注意，在定理 3.1.4 中，如果考虑的是如下一般二次目标函数

$$f(x) = \frac{1}{2}x^T Gx + b^T x \tag{3.1.25}$$

其中 G 是 $n \times n$ 对称正定矩阵，则由类似的证明方法可知定理 3.1.4 同样成立. 进一步我们还要指出，利用本节最后附录中给出的 Kantorovich 不等式

$$\frac{(x^T x)^2}{(x^T Gx)(x^T G^{-1}x)} \geqslant \frac{4\lambda_1\lambda_n}{(\lambda_1+\lambda_n)^2}, \tag{3.1.26}$$

其中 λ_1 和 λ_n 分别是 $n \times n$ 对称正定矩阵 G 的最大和最小特征值， $x \in R^n$ 是任意向量，我们可以更方便地证明定理 3.1.4, 同样得到 (3.1.6) 和 (3.1.7).

定理 3.1.4 的证明 (证法二, 利用 Kantorovich 不等式)　我们考虑 (3.1.25) 表示的二次目标函数. 显然，极小点 x^* 满足 $Gx^* = b$. 引进函数

$$E(x) = \frac{1}{2}(x - x^*)^T G(x - x^*), \tag{3.1.27}$$

可知， $E(x) = f(x) + \frac{1}{2}(x^*)^T Gx^*$, 即 $E(x)$ 与 $f(x)$ 仅相差一个常数. 为方便起见，我们用极小化 $E(x)$ 来代替极小化 $f(x)$. 由

$\min\limits_{\alpha} f(x_k - \alpha g_k)$ 可得极小化二次函数的最优步长因子

$$\alpha_k = \frac{g_k^T g_k}{g_k^T G g_k}. \tag{3.1.28}$$

于是，这时最速下降法的显式形式为

$$x_{k+1} = x_k - \frac{g_k^T g_k}{g_k^T G g_k} g_k, \tag{3.1.29}$$

其中 $g_k = Gx_k - b$. 由直接计算可得

$$\begin{aligned}
&\frac{E(x_k) - E(x_{k+1})}{E(x_k)} \\
=&\frac{\frac{1}{2}(x_k - x^*)^T G(x_k - x^*) - \frac{1}{2}(x_{k+1} - x^*)^T G(x_{k+1} - x^*)}{\frac{1}{2}(x_k - x^*)^T G(x_k - x^*)}.
\end{aligned}$$

令 $e_k = x_k - x^*$, 并利用 $g_k = Gx_k - b = Ge_k$, 有

$$\begin{aligned}
\frac{E(x_k) - E(x_{k+1})}{E(x_k)} &= \frac{2\alpha_k g_k^T G e_k - \alpha_k^2 g_k^T G g_k}{e_k^T G e_k} \\
&= \frac{2(g_k^T g_k)^2 / g_k^T G g_k - (g_k^T g_k)^2 / g_k^T G g_k}{g_k^T G^{-1} g_k} \\
&= (g_k^T g_k)^2 / [(g_k^T G g_k)(g_k^T G^{-1} g_k)],
\end{aligned} \tag{3.1.30}$$

利用 Kantorovich 不等式 (3.1.26) 立得

$$\begin{aligned}
E(x_{k+1}) &\leqslant \left\{1 - \frac{4\lambda_1\lambda_n}{(\lambda_1 + \lambda_n)^2}\right\} E(x_k) \\
&= \left(\frac{\lambda_1 - \lambda_n}{\lambda_1 + \lambda_n}\right)^2 E(x_k).
\end{aligned} \tag{3.1.31}$$

由此立即可知，$E(x_k) \to 0$. 注意到 G 是对称正定，从而 $x_k \to x^*$. 显然，(3.1.31) 也可写成

$$f(x_{k+1}) \leqslant \left(\frac{\lambda_1 - \lambda_n}{\lambda_1 + \lambda_n}\right)^2 f(x_k), \tag{3.1.32}$$

此即 (3.1.20) 或 (3.1.6). 下面再按照证法一中的方法便可从 (3.1.6) 得到 (3.1.7). □

当目标函数从二次情形推广到非二次情形时，最速下降法的收敛速度也是线性的.

定理 3.1.5 设 $f(x)$ 满足定理 2.2.8 的假设条件. 若最速下降法产生的点列 $\{x_k\}$ 收敛于 x^*, 则它至少是线性收敛.

证明 利用定理 2.2.8 立得. □

上述关于一般函数情形，最速下降法 3.1.1 的收敛速度定理也可叙述为

定理 3.1.6 设最速下降法产生的点列 $\{x_k\}$ 收敛于 x^*, $f(x)$ 在 x^* 附近二次连续可微，$\nabla f(x^*)=0$, $\nabla^2 f(x^*)$ 正定，则

$$\frac{f(x_{k+1})-f(x^*)}{f(x_k)-f(x^*)}=\beta_k<1, \tag{3.1.33a}$$

且

$$\limsup_{k\to+\infty}\beta_k\leqslant\frac{M-m}{M}<1. \tag{3.1.33b}$$

其中 M 和 m 满足

$$0<m\leqslant\lambda_n\leqslant\lambda_1\leqslant M, \tag{3.1.34}$$

$\lambda_n=\lambda_n(\nabla^2 f(x))$ 和 $\lambda_1=\lambda_1(\nabla^2 f(x))$ 分别是 $\nabla^2 f(x)$ 的最小与最大特征值.

证明 由定理 2.2.2, 有

$$\begin{aligned}\big[f(x_k)-f(x^*)\big]-\big[f(x_{k+1})-f(x^*)\big]&=f(x_k)-f(x_{k+1})\\&\geqslant\frac{1}{2M}\|\nabla f(x_k)\|^2,\end{aligned}$$

此即

$$(1-\beta_k)\big[f(x_k)-f(x^*)\big]\geqslant\frac{1}{2M}\|\nabla f(x_k)\|^2,$$

故有

$$\beta_k\leqslant 1-\frac{\|\nabla f(x_k)\|^2}{2M\big[f(x_k)-f(x^*)\big]}<1. \tag{3.1.35}$$

由假设可知，显然存在正数 M,m 和 δ, 使得当 x 满足 $\|x-x^*\|<\delta$ 时， (3.1.34) 成立.

今假定 $(x_k-x^*)/\|x_k-x^*\|\to\overline{d}$, 我们有

$$\|\nabla f(x_k)\|^2=\|x_k-x^*\|^2(\|\nabla^2 f(x^*)\overline{d}\|^2+o(1)),$$
$$f(x_k)-f(x^*)=\frac{1}{2}\|x_k-x^*\|^2(\overline{d}^T\nabla^2 f(x^*)\overline{d}+o(1)).$$

利用上述两式和 (3.1.34), 得

$$\begin{aligned}\lim_{k\to\infty}\frac{\|\nabla f(x_k)\|^2}{f(x_k)-f(x^*)}&=\frac{2\|\nabla^2 f(x^*)\overline{d}\|^2}{\overline{d}^T\nabla^2 f(x^*)\overline{d}}\\&\geqslant 2m.\end{aligned}\tag{3.1.36}$$

由 (3.1.35) 和 (3.1.36) 立得

$$\begin{aligned}\lim_{k\to\infty}\sup\beta_k&\leqslant 1-\lim_{k\to\infty}\inf\frac{\|\nabla f(x_k)\|^2}{2M[f(x_k)-f(x^*)]}\\&\leqslant 1-\frac{m}{M}<1.\end{aligned}$$

定理证毕. □

Barzilai 和 Borwein (1988) 提出两点步长梯度法，其基本思想是利用迭代当前点以及前一点的信息来确定步长因子. 迭代公式 $x_{k+1}=x_k-\alpha_k g_k$ 可以看成是

$$x_{k+1}=x_k-D_k g_k,$$

其中 $D_k=\alpha_k I$ 是一个矩阵. 为了使矩阵 D_k 具有拟牛顿性质 (拟牛顿法将在第五章讨论), 计算 α_k 使得

$$\min\|s_{k-1}-D_k y_{k-1}\|,$$

或者

$$\min\left\|D_k^{-1}s_{k-1}-y_{k-1}\right\|,$$

其中,

$$s_{k-1}=x_k-x_{k-1},\quad y_{k-1}=g_k-g_{k-1}.$$

于是，可分别求得

$$\alpha_k = s_{k-1}^T y_{k-1} / \|y_{k-1}\|^2 \tag{3.1.37a}$$

及

$$\alpha_k = \|s_{k-1}\|^2 / s_{k-1}^T y_{k-1}. \tag{3.1.37b}$$

算法 3.1.7 (两点步长梯度法)

步 1　给出 $x_0 \in R^n$, $0 \leqslant \varepsilon \ll 1$, $k := 0$;

步 2　计算 $d_k = -g_k$; 如果 $\|g_k\| \leqslant \varepsilon$, 则停止；

步 3　如果 $k = 0$, 利用一维搜索求 α_0; 否则，利用 (3.1.37a) 或 (3.1.37b) 计算 α_k.

步 4　$x_{k+1} = x_k + \alpha_k d_k$;

步 5　$k := k+1$, 转步 2. □

Barzilai 和 Borwein (1988) 证明了上述算法是 R- 超线性收敛的.

3.1.3　附录：Kantorovich 不等式

定理 3.1.8 (Kantorovich 不等式)　设 G 为 $n \times n$ 对称正定矩阵，其特征值为 $\lambda_1 \geqslant \cdots \geqslant \lambda_n$, 则对任何 $x \in R^n$, 总成立不等式

$$\frac{(x^T x)^2}{(x^T G x)(x^T G^{-1} x)} \geqslant \frac{4\lambda_1 \lambda_n}{(\lambda_1 + \lambda_n)^2}. \tag{3.1.38}$$

证明 [证法一]　设对称正定矩阵 G 的谱分解为

$$G = U \Lambda U,$$

令 $x = Uy$, 则得

$$\frac{(x^T x)^2}{(x^T G x)(x^T G^{-1} x)} = \frac{(y^T y)^2}{(y^T \Lambda y)(y^T \Lambda^{-1} y)} = \frac{\left(\sum_{i=1}^n y_i\right)^2}{\left(\sum_{i=1}^n \lambda_i y_i^2\right)\left(\sum_{i=1}^n y_i^2/\lambda_i\right)}. \tag{3.1.39}$$

令

$$\xi_i = \frac{y_i^2}{\sum\limits_{i=1}^{n} y_i^2}, \quad \phi(\lambda) = \frac{1}{\lambda}, \tag{3.1.40}$$

则

$$\frac{(x^T x)^2}{(x^T G x)(x^T G^{-1} x)} = \frac{1}{\left(\sum\limits_{i=1}^{n} \lambda_i \xi_i\right)\left(\sum\limits_{i=1}^{n} \phi(\lambda_i)\xi_i\right)}. \tag{3.1.41}$$

下面利用 ϕ 的凸性估计 (3.1.41) 的右端. 设

$$\lambda = \sum_{i=1}^{n} \lambda_i \xi_i, \quad \lambda_\phi = \sum_{i=1}^{n} \phi(\lambda_i)\xi_i.$$

由于 $\xi_i \geqslant 0\ (i = 1, \cdots, n)$, $\sum\limits_{i=1}^{n} \xi_i = 1$. 故 $\lambda_n \leqslant \lambda \leqslant \lambda_1$. 这样每个 λ_i 都可表示成 λ_1 与 λ_n 的如下凸组合

$$\lambda_i = \frac{\lambda_1 - \lambda_i}{\lambda_1 - \lambda_n}\lambda_n + \frac{\lambda_i - \lambda_n}{\lambda_1 - \lambda_n}\lambda_1.$$

由一元函数 $\varphi(\lambda)$ 的凸性,

$$\varphi(\lambda_i) \leqslant \frac{\lambda_1 - \lambda_i}{\lambda_1 - \lambda_n}\varphi(\lambda_n) + \frac{\lambda_i - \lambda_n}{\lambda_1 - \lambda_n}\phi(\lambda_1),$$

于是,

$$\begin{aligned}
\lambda_\varphi &\leqslant \sum_{i=1}^{n}\left[\frac{\lambda_1 - \lambda_i}{\lambda_1 - \lambda_n}\varphi(\lambda_n) + \frac{\lambda_i - \lambda_n}{\lambda_1 - \lambda_n}\varphi(\lambda_1)\right]\xi_i \\
&= \sum_{i=1}^{n} \frac{\lambda_1 + \lambda_n - \lambda_i}{\lambda_1 \lambda_n}\xi_i \\
&= \frac{\lambda_1 + \lambda_n - \lambda}{\lambda_1 \lambda_n}.
\end{aligned} \tag{3.1.42}$$

由 (3.1.41)

$$\frac{(x^T x)^2}{(x^T G x)(x^T G^{-1} x)} = \frac{1}{\lambda \lambda_\varphi} \geqslant \frac{\lambda_1 \lambda_n}{\lambda(\lambda_1 + \lambda_n - \lambda)}$$

$$\geqslant \frac{\lambda_1\lambda_n}{\max\limits_{\lambda\in[\lambda_1,\lambda_n]} \lambda(\lambda_1+\lambda_n-\lambda)} = \frac{4\lambda_1\lambda_n}{(\lambda_1+\lambda_n)^2}. \qquad \square$$

[证法二]　由证法一中 (3.1.41) 有

$$\frac{(x^Tx)^2}{(x^TGx)(x^TG^{-1}x)} = \frac{1\Big/\sum\limits_{i=1}^n \xi_i\lambda_i}{\sum\limits_{i=1}^n \xi_i \dfrac{1}{\lambda_i}} \triangleq \frac{\varphi'(\xi)}{\psi'(\xi)},$$

其中 $\xi_i = y_i \Big/ \sum\limits_{i=1}^n y_i^2$. 显然 $\sum\limits_{i=1}^n \xi_i = 1$. 如图 3.1.1, $\sum\limits_{i=1}^n \xi_i\lambda_i$ 是 λ_i 的

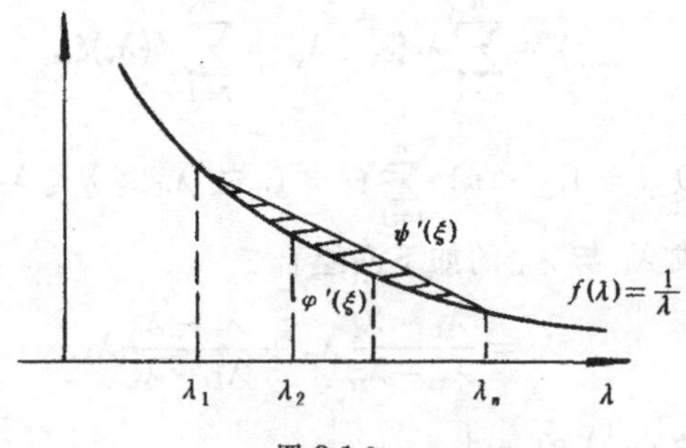

图 3.1.1

凸组合，它表示为 λ_1 和 λ_n 之间的点，其倒数在曲线上. $\sum\limits_{i=1}^n \xi_i \dfrac{1}{\lambda_i}$ 是 $\dfrac{1}{\lambda_i}$ 的凸组合，因为 $\dfrac{1}{\lambda_i}$ 是曲线上的点，因此，它是曲线上 n 个点的凸组合，它的值在阴影区域. 对于同一个 $\xi = (\xi_1, \cdots, \xi_n)^T$, $\varphi'(\xi)$ 和 $\psi'(\xi)$ 的值在同一垂线上，要使比值 $\varphi'(\xi)/\psi'(\xi)$ 达到极小，即 $\varphi'(\xi)$ 在曲线上， $\psi'(\xi)$ 在最上面的边界上，而最上面的边界是

$$\xi_1\frac{1}{\lambda_1} + \xi_n\frac{1}{\lambda_n},$$

即取 $\xi = (\xi_1, 0, \cdots, 0, \xi_n)^T$, 这样 $\sum\limits_{i=1}^n \xi_i\lambda_i = \xi_1\lambda_1 + \xi_n\lambda_n$. 令 $\lambda = \xi_1\lambda_1 + \xi_n\lambda_n$, 于是

$$\xi_1\frac{1}{\lambda_1} + \xi_n\frac{1}{\lambda_n} = (\xi_1\lambda_n + \xi_n\lambda_1)/\lambda_1\lambda_n$$

$$= [(1-\xi_n)\lambda_n + (1-\xi_1)\lambda_1]/\lambda_1\lambda_n$$
$$= (\lambda_1 + \lambda_n - \xi_1\lambda_1 - \xi_n\lambda_n)/\lambda_1\lambda_n$$
$$= (\lambda_1 + \lambda_n - \lambda)/\lambda_1\lambda_n,$$

从而

$$\frac{\varphi'(\xi)}{\psi'(\xi)} \geqslant \min_{\lambda_1 \leqslant \lambda \leqslant \lambda_n} \frac{1/\lambda}{(\lambda_1 + \lambda_n - \lambda)/\lambda_1\lambda_n}.$$

对上式右边求导，并令其为零得 $\lambda = (\lambda_1 + \lambda_n)/2$, 所以,

$$\frac{(x^Tx)^2}{(x^TGx)(x^TG^{-1}x)} = \frac{\varphi'(\xi)}{\psi'(\xi)} \geqslant \frac{4\lambda_1\lambda_n}{(\lambda_1 + \lambda_n)^2}. \qquad \square$$

§3.2 牛 顿 法

牛顿法的基本思想是利用目标函数的二次 Taylor 展开，并将其极小化.

设 $f(x)$ 是二次可微实函数，$x_k \in R^n$, Hesse 矩阵 $\nabla^2 f(x_k)$ 正定. 我们在 x_k 附近用二次 Taylor 展开近似 f,

$$f(x_k + s) \approx q^{(k)}(s) = f(x_k) + \nabla f(x_k)^T s + \frac{1}{2} s^T \nabla^2 f(x_k) s, \quad (3.2.1)$$

其中，$s = x - x_k$, $q^{(k)}(s)$ 为 $f(x)$ 的二次近似. 将上式右边极小化，便得

$$x_{k+1} = x_k - \left[\nabla^2 f(x_k)\right]^{-1} \nabla f(x_k), \quad (3.2.2a)$$

这就是牛顿法迭代公式. 在这个公式中，步长因子 $\alpha_k = 1$. 令 $G_k = \nabla^2 f(x_k)$, $g_k = \nabla f(x_k)$, 则 (3.2.2a) 也可写成

$$x_{k+1} = x_k - G_k^{-1} g_k. \quad (3.2.2b)$$

显然，牛顿法也可看成在椭球范数 $\|\cdot\|_{G_k}$ 下的最速下降法. 事实上，对于 $f(x_k + s) \approx f(x_k) + g_k^T s$, s_k 是极小化问题

$$\min_{s \in R^n} \frac{g_k^T s}{\|s\|} \quad (3.2.3)$$

的解． (3.2.3) 的解依赖于所取的范数．当采用 l_2 范数时，

$$s_k = -g_k,$$

所得方法是最速下降法．当采用椭球范数 $\|\cdot\|_{G_k}$ 时，

$$s_k = -G_k^{-1} g_k,$$

所得方法是牛顿法．

对于正定二次函数，牛顿法一步即可达到最优解．对于非二次函数，牛顿法并不能保证经有限次迭代求得最优解，但由于目标函数在极小点附近近似于二次函数，故当初始点靠近极小点时，牛顿法的收敛速度一般是快的．下面的定理证明了牛顿法的局部收敛性和二阶收敛速度．

定理 3.2.1 (牛顿法收敛定理) 设 $f \in C^{(2)}$, x_k 充分靠近 x^*, $\nabla f(x^*) = 0$, 如果 $\nabla^2 f(x^*)$ 正定，且 Hesse 矩阵 $G(x)$ 满足 Lipschitz 条件，即存在 $\beta > 0$, 使得对所有 i, j, 有

$$|G_{ij}(x) - G_{ij}(y)| \leqslant \beta \|x - y\|. \tag{3.2.4}$$

其中 $G_{ij}(x)$ 是 Hesse 矩阵 $G(x)$ 的 (i, j) 元素．则对一切 k, 牛顿法迭代 (3.2.2) 有定义，且所得序列 $\{x_k\}$ 收敛到 x^*, 并且具有二阶收敛速度．

[证法一] 设 $h_k = x_k - x^*$, $g(x) = \nabla f(x)$, $G(x) = \nabla^2 f(x)$, $g_k = \nabla f(x_k)$, $G_k = \nabla^2 f(x_k)$．由 Taylor 公式，

$$g(x^*) = g(x_k + h) = g_k + G_k h + O(\|h\|^2)$$

令 $h = -h_k$, 得

$$0 = g(x^*) = g_k - G_k h_k + O\big(\|h_k\|^2\big).$$

由于 $f \in C^{(2)}$, x_k 充分靠近 x^* 和 $G^* = \nabla^2 f(x^*)$ 正定，故可设 x_k 在 x^* 的邻域中，且 G_k 正定， G_k^{-1} 上有界，于是第 k 次牛顿迭代存在．用 G_k^{-1} 乘以上式两边，得

$$0 = G_k^{-1} g_k - h_k + O\big(\|h_k\|^2\big)$$

$$
\begin{aligned}
&= -s_k - h_k + O\big(\|h_k\|^2\big) \\
&= -h_{k+1} + O\big(\|h_k\|^2\big).
\end{aligned}
$$

由 $O(\cdot)$ 的定义可知，存在常数 C, 使得

$$\|h_{k+1}\| \leqslant C\|h_k\|^2. \tag{3.2.5}$$

若 $x_k \in \{x \mid \|h\| \leqslant \gamma/C, \gamma \in (0,1)\}$, 则有

$$\|h_{k+1}\| \leqslant \gamma\|h_k\| \tag{3.2.6}$$

从而 $x_{k+1} \in \{x \mid \|h\| \leqslant \gamma/C, \gamma \in (0,1)\}$. 由归纳法，迭代对所有 k 有定义，且 $\|h_k\| \to 0$. 因此迭代收敛. (3.2.5) 表明收敛速度是二阶的. □

[证法] 二　我们有 $x_{k+1} = x_k - [G(x_k)]^{-1}g_k \triangleq A(x_k)$. 注意到 $g(x^*) = 0$, $G(x^*)$ 非奇异，则 $A(x^*) = x^*$, 故有

$$x_{k+1} - x^* = A(x_k) - A(x^*).$$

于是，

$$
\begin{aligned}
\big\|x_{k+1} - x^*\big\| &= \big\|A(x_k) - A(x^*)\big\| \\
&\leqslant \big\|A'(x^*)\big(x_k - x^*\big)\big\| + \frac{1}{2}\|A''(\overline{x})\|\big\|x_k - x^*\big\|^2,
\end{aligned}
$$

其中 $\overline{x}$ 位于 x^* 和 x_k 之间的线段上. 由于

$$A'(x) = -\{[G(x)]^{-1}\}'g(x),$$

故 $A'(x^*) = 0$. 这样，

$$\big\|x_{k+1} - x^*\big\| \leqslant c\big\|x_k - x^*\big\|^2,$$

其中 c 依赖于 $f(x)$ 在 x^* 附近的三阶导数. □

应该注意的是，当初始点远离最优解时，G_k 不一定正定. 牛顿方向不一定是下降方向，其收敛性不能保证. 这说明恒取步长因子为 1 的牛顿法是不合适的，应该在牛顿法中采用某种一维搜

索来确定步长因子. 但是应该强调，仅当步长因子 $\{\alpha_k\}$ 收敛到 1 时，牛顿法才是二阶收敛的. 这时牛顿法的迭代公式为

$$d_k = -G_k^{-1} g_k, \tag{3.2.7a}$$

$$x_{k+1} = x_k + \alpha_k d_k, \tag{3.2.7b}$$

其中 α_k 是一维搜索产生的步长因子.

算法 3.2.2 (带步长因子的牛顿法)

步 1　选取初始数据. 取初始点 x_0, 终止误差 $\varepsilon > 0$, 令 $k := 0$.

步 2　计算 g_k. 若 $\|g_k\| < \varepsilon$, 停止迭代，输出 x_k, 否则进行步 3.

步 3　解方程组构造牛顿方向，即解 $G_k d = -g_k$, 求出 d_k.

步 4　进行一维搜索，求 α_k 使得

$$f(x_k + \alpha_k d_k) = \min_{\alpha \geqslant 0} f(x_k + \alpha d_k),$$

令 $x_{k+1} = x_k + \alpha_k d_k$, $k := k + 1$ 转步 2. □

下面我们证明这种带步长因子的牛顿法是总体收敛的.

定理 3.2.3　设 $f: R^n \to R$ 在开凸集 D 中二阶连续可微，又设对任意 $x_0 \in D$, 存在常数 $m > 0$, 使得 $f(x)$ 在水平集 $L(x_0) = \{x \mid f(x) \leqslant f(x_0)\}$ 上满足

$$u^T \nabla^2 f(x) u \geqslant m\|u\|^2, \quad \forall u \in R^n, \quad x \in L(x_0). \tag{3.2.8}$$

则在精确一维搜索条件下，带步长因子的牛顿法产生的迭代点列 $\{x_k\}$ 满足

(1) 当 $\{x_k\}$ 为有穷点列时，对某个 k, 有 $g_k = 0$;

(2) 当 $\{x_k\}$ 为无穷点列时，$\{x_k\}$ 收敛到 f 的唯一极小点 x^*.

证明　首先由 (3.2.8) 知 $f(x)$ 为 R^n 上的严格凸函数，从而其平稳点为总体极小点，且是唯一的.

又由假设条件可知水平集 $L(x_0)$ 是有界闭凸集, 由于 $f(x_k)$ 单调下降, 可知 $\{x_k\} \subset L(x_0)$, 故 $\{x_k\}$ 是有界点列, 于是存在极限点 $\overline{x} \in L(x_0)$, $x_k \to \overline{x}$. 又 $f(x_k)$ 单调下降且有下界, 故 $f(x_k) \to f(\overline{x})$.

根据精确一维搜索极小化算法的收敛定理 2.2.4, 有 $g_k \to g(\overline{x}) = 0$. 由于平稳点是唯一的. 故 $\{x_k\}$ 收敛到 $\overline{x}$. □

类似地，如果一维搜索满足

$$f(x_k) - f(x_k + \alpha_k d_k) \geqslant \overline{\eta} \|g_k\|^2 \cos^2 \langle d_k, -g_k \rangle, \tag{3.2.9}$$

则上述总体收敛性定理仍成立，其中 $\overline{\eta}$ 是一个与 k 无关的常数.

定理 3.2.4 设 $f: R^n \to R$ 在开凸集 D 中二阶连续可微，又设对任意 $x_0 \in R^n$, 存在常数 $m > 0$, 使得 $f(x)$ 在水平集 $L(x_0) = \{x \mid f(x) \leqslant f(x_0)\}$ 上满足 (3.2.8). 则在一维搜索 (3.2.9) 的条件下，牛顿法产生的点列 $\{x_k\}$ 满足

$$\lim_{k\to\infty} \|\nabla f(x_k)\| = 0, \tag{3.2.10}$$

且 $\{x_k\}$ 收敛于 $f(x)$ 唯一的极小点.

证明 因为 $f(x)$ 满足 (3.2.8), 则 $f(x)$ 在 $L(x_0)$ 上一致凸. 由 (3.2.9) 知 $f(x)$ 严格单调下降，故 $\{x_k\}$ 必有界. 从而存在常数 $M > 0$, 使得

$$\left\|\nabla^2 f(x_k)\right\| \leqslant M \tag{3.2.11}$$

对一切 k 成立. 从 (3.2.2) 、(3.2.8) 和 (3.2.11) 可知

$$\begin{aligned}\cos(d_k, -g_k) &= \frac{-d_k^T g_k}{\|d_k\|\|g_k\|} \\ &= \frac{g_k^T \nabla^2 f(x_k)^{-1} g_k}{\left\|\nabla^2 f(x_k)^{-1} g_k\right\| \|g_k\|} \\ &= \frac{d_k^T \nabla^2 f(x_k) d_k}{\|d_k\| \left\|\nabla^2 f(x_k) d_k\right\|} \geqslant \frac{m}{M},\end{aligned} \tag{3.2.12}$$

因此得到

$$\infty > \sum_{k=0}^{\infty} [f(x_k) - f(x_{k+1})] \geqslant \sum_{k=0}^{\infty} \overline{\eta} \frac{m^2}{M^2} \|g_k\|^2, \tag{3.2.13}$$

从而得到 (3.2.10).

由于 $f(x)$ 一致凸，故它只有一个稳定点，于是从 (3.2.10) 可知 $\{x_k\}$ 收敛于 $f(x)$ 唯一的极小点 x^*. □

§3.3 修 正 牛 顿 法

牛顿法面临的主要困难是 Hesse 矩阵 G_k 不正定. 这时候二次模型不一定有极小点，甚至没有平稳点. 当 G_k 不定时，二次模型函数是无界的.

为了克服这些困难，人们提出了若干修正措施. Goldstein 和 Price (1967) 提出一种修正办法：当 G_k 非正定时，采用最速下降方向 $-g_k$. 如果将这种处理方法与角度准则

$$\theta \leqslant \frac{\pi}{2} - \mu, \quad 对某个\ \mu > 0$$

结合起来，给出

$$d_k = \begin{cases} d_k^N, & 如果\ \cos\langle d_k^N, -g_k\rangle \geqslant \eta; \\ -g_k; & \end{cases}$$

其中 $\eta > 0$ 是预先给定的正常数，这样，搜索方向 d_k 总满足

$$\cos\langle d_k - g_k\rangle \geqslant \eta.$$

从而算法的收敛性是可保证的.

Goldfeld 等人 (1966) 提出了另一种修正牛顿法. 这种方法不是用最速下降方向代替牛顿方向，而是使牛顿方向偏向最速下降方向 $-g_k$. 更明确地说，就是将模型的 Hesse 矩阵 G_k 改变成 $G_k + \nu_k I$，其中 $\nu_k > 0$，使得 $G_k + \nu_k I$ 正定. 比较理想的是，ν_k 不要太大于使 $G_k + \nu I$ 正定的最小的 ν. 这个方法的算法框架如下.

算法 3.3.1 (Goldfeld 等人修正牛顿法)

给出初始点 $x_0 \in R^n$. 第 k 步迭代为

(1) 令 $\overline{G}_k = G_k + \nu_k I$，其中

$$\nu_k = 0, \quad 如果\ G_k\ 正定;$$

$\nu_k > 0$, (按 (3.3.3) 计算 v_k), 否则.

(2) 计算 $\overline{G}_k$ 的 Cholesky 分解, $\overline{G}_k = L_k D_k L_k^T$.

(3) 解 $\overline{G}_k d = -g_k$ 得 d_k.

(4) 令 $x_{k+1} = x_k + d_k$. □

上述算法中的 ν_k 应按模稍微大于 G_k 的最负的特征值. 我们建议按照 Gill 和 Murray 的修改 Cholesky 分解算法确定 ν_k. 今设对 G_k 应用 Gill 和 Murray 的修改 Cholesky 分解算法得到

$$G_k + E = LDL^T, \tag{3.3.1}$$

如果 $E = 0$, 令 $\nu_k = 0$, 如果 $E \neq 0$, 则利用 Gerschgorin 圆盘定理计算 ν_k 的一个上界 b_1,

$$b_1 = \left| \min_{1 \leqslant i \leqslant n} \left\{ (G_k)_{ii} - \sum_{j \neq i} |(G_k)_{ij}| \right\} \right| \geqslant \left| \min_i \lambda_i \right|. \tag{3.3.2a}$$

另外, 令

$$b_2 = \max_i \{e_{ii}\}, \text{ 其中 } e_{ii} \text{ 是 } E \text{ 的第 } i \text{ 个对角元}, \tag{3.3.2b}$$

它也是 ν_k 的一个上界. 我们令

$$\nu_k = \min\{b_1, b_2\}. \tag{3.3.3}$$

这一类型的方法可以称为信赖域方法或限步长方法, 在后面我们还将继续讨论这类方法.

基于 Cholesky 分解的另一种策略是: 先形成 G_k 的 Cholesky 分解 LDL^T, 然后定义 $\overline{G}_k = L\overline{D}L^T$, 其中 $\overline{d}_{ii} = \max\{|d_{jj}|, \delta\}$, d_{jj} 为 D 的对角元, δ 是某个给定的小正数. 但是, 这种处理方法有两个主要缺点: 第一是对称不定矩阵的 Cholesky 分解可能不存在, 第二是即使这种分解存在, 其计算过程一般也是数值不稳定的, 因为其矩阵分解因子的元素可能是无界的. 进一步, 当 G_k 仅是稍微不定的, 用这样的方法产生的 $\overline{G}_k$ 也可能与 G_k 相差很大. 例如

$$G_k = \begin{pmatrix} 1 & 1 & 2 \\ 1 & 1 + 10^{-20} & 3 \\ 2 & 3 & 1 \end{pmatrix}, \tag{3.3.4}$$

其特征值近似地为 5.1131, −2.2019 和 0.888. G_k 的 Cholesky 分解为

$$L=\begin{pmatrix}1&0&0\\1&1&0\\2&10^{20}&1\end{pmatrix},\quad D=\begin{pmatrix}1&0&0\\0&10^{-20}&0\\0&0&-(3+10^{20})\end{pmatrix}.$$

利用上面讲述的方法产生的 $\overline{G}_k$ 与 G_k 的偏差 $\|G_k-\overline{G}_k\|_F$ 的阶达到 10^{20}.

Gill 和 Murray (1974) 提出了一个数值稳定的处理方法, 从 G_k 的修改 Cholesky 分解形成 $\overline{G}_k$. 我们知道, 对称正定矩阵的 Cholesky 分解可以描述如下:

$$d_{jj}=g_{jj}-\sum_{s=1}^{j-1}d_{ss}l_{js}^2, \tag{3.3.5a}$$

$$l_{ij}=\frac{1}{d_{jj}}\left(g_{ij}-\sum_{s=1}^{j-1}d_{ss}l_{js}l_{is}\right),\quad i\geqslant j+1. \tag{3.3.5b}$$

这里 g_{ij} 表示 G_k 的元素, d_{jj} 表示 D 的对角元. 现在, 要求 Cholesky 分解因子 L 和 D 满足两个要求: 一是 D 的所有元素要严格正的, 另一是分解因子的元素满足一致有界. 也就是说, 对于 $k=1,\cdots,n$ 和某个正数 β, 要求

$$d_{kk}>\delta \text{ 和 } |r_{ik}|\leqslant\beta,\quad i>k, \tag{3.3.6}$$

其中辅助量 $r_{ik}=l_{ik}\sqrt{d_{kk}}$, δ 是某个给定的小正数.

下面我们描述一下这个分解的第 j 步. 假设修改 Cholesky 分解的前 $j-1$ 列已经计算, 对于 $k=1,\cdots,j-1$, (3.3.6) 成立. 先计算

$$\gamma_j=\left|\xi_j-\sum_{s=1}^{j-1}d_{ss}l_{js}^2\right|, \tag{3.3.7}$$

其中 ξ_j 取 g_{jj}, 试验值 $\overline{d}$ 取为

$$\overline{d}=\max\{\gamma_j,\delta\}. \tag{3.3.8}$$

其中 δ 是一个小的正数. 为了断定 $\bar{d}$ 是否可以接受作为 D 的第 j 个元素，我们检验 $r_{ij} = l_{ij}\sqrt{\bar{d}}$ 是否满足 (3.3.6). 如果满足，则令 $d_{jj} = \bar{d}$, 并且由 $l_{ij} = r_{ij}/\sqrt{d_{jj}}$ 得到 L 的第 j 列. 否则,

$$d_{jj} = \left|\xi_j - \sum_{s=1}^{j-1} d_{ss} l_{js}^2\right|, \tag{3.3.9}$$

其中取 $\xi_j = g_{jj} + e_{jj}$, 选择正数 e_{jj} 使得 $\max|r_{ij}| = \beta$, 并且也产生 L 的第 j 列.

当上述过程完成时，我们得到正定矩阵 $\overline{G}_k$ 的 Cholesky 分解

$$\overline{G}_k = LDL^T = G_k + E, \tag{3.3.10}$$

其中 E 是非负对角阵，对角元为 e_{jj}. 对于给出的 G_k, 这个非负对角矩阵 E 依赖于 β. Gill 和 Murray 证明：如果 $n > 1$, 则

$$\|E(\beta)\|_\infty \leqslant \left(\frac{\xi}{\beta} + (n-1)\beta\right)^2 + 2(\gamma + (n-1)\beta^2) + \delta, \tag{3.3.11}$$

其中 ξ 是 G_k 的非对角元的最大模，γ 是 G_k 的对角元的最大模. 当 $\beta^2 = \xi/\sqrt{n^2-1}$ 时，上面的界被极小化. 因此取 β 满足

$$\beta^2 = \max\left\{\gamma, \xi/\sqrt{n^2-1}, \varepsilon_M\right\} \tag{3.3.12}$$

其中 ε_M 表示机器精度. 增加 ε_M 是为了防止 $\|G_k\|$ 很小的情形.

下面我们给出修改Cholesky 分解算法,其中辅助量 $c_{is} = l_{is}d_{ss}$, $s = 1, \cdots, j$; $i = j, \cdots, n$. 这些数无需另外存贮，它们可以存贮在矩阵 G_k 中.

算法 3.3.2 (修改 Cholesky 分解)

步 1　计算分解因子元素的界. 令 $\beta^2 = \max\{\gamma, \xi/\nu, \varepsilon_M\}$ 其中 $\nu = \max\{1, \sqrt{n^2-1}\}$, γ 和 ξ 分别是 G_k 的对角元和非对角元的最大模.

步 2　初始化. 令 $j := 1$, $c_{ii} = g_{ii}$, $i = 1, \cdots, n$.

步 3　求最小指标 q, 使得 $|c_{qq}| = \max\limits_{j \leqslant i \leqslant n} |c_{ii}|$, 交换 G_k 的 q 行和 j 行，q 列和 j 列的信息.

步 4　计算 L 的第 j 行，并求 $l_{ij}d_{jj}$ 的最大模：

令 $l_{js}=c_{js}/d_{ss}$, $s=1,\cdots,j-1$;

计算 $c_{ij}=g_{ij}-\sum_{s=1}^{j-1}l_{js}c_{is}$, $i=j+1,\cdots,n$;

令 $\theta_j=\max_{j+1\leqslant i\leqslant n}|c_{ij}|$, (如果 $j=n$, 令 $\theta_j=0$).

步 5　计算 D 的第 j 个对角元：

$$d_{jj}=\max\left\{\delta,|c_{jj}|,\theta_j^2/\beta^2\right\};$$

E 的对角元修改为 $E_j=d_{jj}-c_{jj}$, 如果 $j=n$, 停止.

步 6　校正对角元和列指标：

令 $c_{ii}=c_{ii}-c_{ij}^2/d_{jj}$,　$i=j+1,\cdots,n$;

令 $j:=j+1$, 转步 3.　　□

上述修改 Cholesky 分解的计算量大约为 $\frac{1}{6}n^3$ 次算术运算，与正定情形不修改分解的计算量大约相同. 对于 (3.3.4) 中给出的 G_k, 由以上修改 Cholesky 分解可得 $\beta=1.061$,

$$L=\begin{pmatrix}1&0&0\\0.2652&1&0\\0.5303&0.4295&1\end{pmatrix},\quad D=\begin{pmatrix}3.771&0&0\\0&5.750&0\\0&0&1.121\end{pmatrix},$$

$$E=\begin{pmatrix}2.771&0&0\\0&5.016&0\\0&0&2.243\end{pmatrix}.$$

这样产生的 $\overline{G}_k$ 与 G_k 的偏差为 $\|\overline{G}_k-G_k\|_F=\|E\|_F\approx 6.154$. 由于在修改 Cholesky 分解 $\overline{G}_k=LDL^T$ 中， $d_{jj}\geqslant\delta$, 这保证了在修改牛顿法中得到的矩阵 $\overline{G}_k=G_k+E_k$ 是正定的，其条件数一致有界,

$$\|\overline{G}_k\|\|\overline{G}_k^{-1}\|\leqslant\kappa,\quad k\geqslant 0. \tag{3.3.13}$$

这样，我们有

$$-\frac{\nabla f(x_k)^T s_k}{\|s_k\|}\geqslant\frac{1}{\kappa}\|\nabla f(x_k)\|. \tag{3.3.14}$$

在不精确一维搜索的条件下，由 (2.5.13), 可得 $\{\nabla f(x_k)\}$ 收敛到零. 因此我们有如下修改牛顿法的收敛定理.

定理 3.3.3 设 $f: D\subset R^n\to R$ 在开集 D 上二次连续可微，水平集 $\Omega=\{x\mid f(x)\leqslant f(x_0)\}$ 是紧的，如果序列 $\{x_k\}$ 由 Gill-Murray 修改牛顿法定义，那么

$$\lim_{k\to+\infty}\nabla f(x_k)=0. \tag{3.3.15}$$

§3.4 有限差分牛顿法

有限差分牛顿法是在牛顿法中利用有限差分作为解析导数 $\nabla f(x)$ 和 $\nabla^2 f(x)$ 的近似.

我们先考虑解非线性方程组

$$F(x)=0. \tag{3.4.1}$$

设 $F: R^n\to R^n$ 连续可微. 其牛顿法迭代为

$$\begin{cases}\text{解}\quad J(x_k)d=-F(x_k),\ \text{得}\ d_k;\\ \text{令}\quad x_{k+1}=x_k+\alpha_k d_k,\end{cases} \tag{3.4.2}$$

其中 $J(x_k)$ 是 F 在 x_k 处的 Jacobi 矩阵. 当 $J(x)$ 不可利用时，我们可以用有限差分近似代替 $J(x)$. 在适当的条件下，牛顿法的二阶收敛性仍可保持.

定理 3.4.1 设 $F: R^n\to R^n$ 在开凸集 $D\subset R^n$ 上连续可微，假定存在 $x^*\in R^n$ 和 $r,\beta>0$, 使得 $N(x^*,r)\subset D$, $F(x^*)=0$, $J(x^*)^{-1}$ 存在且满足 $\|J(x^*)^{-1}\|\leqslant\beta$, $J\in \mathrm{Lip}_\gamma(N(x^*,r))$, 即 J 在邻域 $N(x^*,r)=\{x\in R^n\mid \|x-x^*\|<r\}$ 上 Lipschitz 连续. 那么存在 $\varepsilon,h>0$, 使得如果 $\{h_k\}$ 是满足 $0<|h_k|\leqslant h$ 的实序列，$x_0\in N(x^*,\varepsilon)$, 则由有限差分牛顿迭代

$$\begin{aligned}&(A_k)_{\cdot j}=\frac{F(x_k+h_k e_j)-F(x_k)}{h_k},\quad j=1,\cdots,n,\\&x_{k+1}:=x_k-A_k^{-1}F(x_k),\quad k=0,1,\cdots\end{aligned} \tag{3.4.3}$$

产生的序列 $x_1, x_2, \cdots$ 是有定义的，并线性收敛于 x^*. 如果

$$\lim_{k\to 0} h_k = 0,$$

则收敛是超线性的. 如果存在常数 c_1, 使得

$$|h_k| \leqslant c_1 \left\| x_k - x^* \right\|, \tag{3.4.4}$$

或等价地，存在常数 c_2, 使得

$$|h_k| \leqslant c_2 \| F(x_k) \|, \tag{3.4.5}$$

则收敛是二阶的.

证明 选择 ε 和 h, 使得对于 $x_k \in N(x^*, \varepsilon)$, A_k 非奇异, $|h_k| < h$. 设 $\varepsilon \leqslant r$ 和

$$\varepsilon + h \leqslant 1/2\beta\gamma. \tag{3.4.6}$$

我们利用归纳法证明

$$\left\| x_{k+1} - x^* \right\| \leqslant \frac{1}{2} \left\| x_k - x^* \right\|, \tag{3.4.7}$$

这样

$$x_{k+1} \in N(x^*, \varepsilon). \tag{3.4.8}$$

对于 $k = 0$, 首先证 A_0 非奇异. 利用假设条件和定理 1.2.16, $\|A(x) - J(x)\| \leqslant \dfrac{\gamma h}{2}$, 有

$$\begin{aligned} \left\| J(x^*)^{-1} \left[A_0 - J(x^*) \right] \right\| \leqslant & \| J(x^*)^{-1} \| \Big\| \left[A_0 - J(x_0) \right] \\ & + \left[J(x_0) - J(x^*) \right] \Big\| \\ \leqslant & \beta \left(\frac{\gamma h}{2} + \gamma \varepsilon \right) \leqslant \frac{1}{2}. \end{aligned} \tag{3.4.9}$$

由 von Neumann 引理 1.2.3 可知 A_0 非奇异和 $\left\| A_0^{-1} \right\| \leqslant 2\beta$, 因此, x_1 有定义且

$$x_1 - x^* = -A_0^{-1} F(x_0) + x_0 - x^*$$

$$= A_0^{-1}\{[F(x^*) - F(x_0) - J(x_0)(x^* - x_0)] \\ + [(J(x_0) - A_0)(x^* - x_0)]\}. \tag{3.4.10}$$

故

$$\|x_1 - x^*\| \leqslant \|A_0^{-1}\|\{\|F(x^*) - F(x_0) - J(x_0)(x^* - x_0)\| \\ + \|A_0 - J(x_0)\|\|x^* - x_0\|\} \tag{3.4.11a}$$

$$\leqslant 2\beta\left\{\frac{\gamma}{2}\|x^* - x_0\|^2 + \frac{\gamma}{2}h\|x_0 - x^*\|\right\} \tag{3.4.11b}$$

$$\leqslant \beta\gamma(\varepsilon + h)\|x^* - x_0\|$$

$$\leqslant \frac{1}{2}\|x_0 - x^*\|. \tag{3.4.12}$$

由归纳法即得 (3.4.7) 和 (3.4.8). 同时这表明了迭代序列的线性收敛性.

超线性收敛和二次收敛的关键是要求 $\|A_0 - J(x_0)\|$ 有一个改进的界. 因此, 当 $\lim_{k\to 0} h_k = 0$ 时, (3.4.11) 中第二项趋向于零. 从而 $k \to \infty$ 时,

$$\frac{\|x_{k+1} - x^*\|}{\|x_k - x^*\|} \to 0,$$

方法超线性收敛. 类似地, 从 (3.4.11) 可以看出, 当 (3.4.4) 满足时, 方法是二次收敛的. 最后利用定理 1.2.15,

$$\alpha\|v - u\| \leqslant \|F(v) - F(u)\| \leqslant \beta\|v - u\|,$$

可得 (3.4.4) 和 (3.4.5) 的等价性. □

对于无约束极小化问题

$$\min_{x\in R^n} f(x), \tag{3.4.13}$$

如果 $\nabla f(x)$ 可以利用, 我们只要用有限差分近似 Hesse 矩阵. 这时, 第 k 步的迭代格式为:

$$(A)_{\cdot j} = \frac{\nabla f(x_k + h_j e_j) - \nabla f(x_k)}{h_j}, \quad j = 1, \cdots, n, \tag{3.4.14a}$$

$$A_k = \frac{A + A^T}{2}, \tag{3.4.14b}$$

其中

$$h_j = \sqrt{\eta}\max\{|x_j|, \widetilde{x}_j\}\text{sign}(x_j), \tag{3.4.14c}$$

这里 $\widetilde{x}_j$ 为用户给出的典型估计值， η 大于机器精度，它是计算 $\nabla f(x)$ 的估计相对误差.

$$x_{k+1} = x_k - A_k^{-1}\nabla f(x_k). \tag{3.4.14d}$$

在定理 3.4.1 中的标准假设下，如果 h_j 满足

$$h_j = O(\|x_k - x^*\|),$$

则这种有限差分牛顿法 (3.4.14) 保持二次收敛性.

当 $\nabla f(x)$ 不可解析计算时，我们有 Hesse 近似为

$$(A_k)_{ij} = \frac{[f(x_k + h_i e_i + h_j e_j) - f(x_k + h_i e_i)] - [f(x_k + h_j e_j) - f(x_k)]}{h_i h_j}, \tag{3.4.15a}$$

其中

$$h_j = \eta^{\frac{1}{3}}\max\{|x_j|, \widetilde{x}_j\}\text{sign}(x_j), \tag{3.4.15b}$$

或

$$h_j = (\widetilde{\varepsilon})^{1/3}x_j, \quad \widetilde{\varepsilon}\text{ 是机器精度}. \tag{3.4.15c}$$

当采用向前差分和中心差分时，梯度近似分别为：

$$(\widehat{g}_k)_j = \frac{f(x_k + h_j e_j) - f(x_k)}{h_j}, \quad j = 1, \cdots, n, \tag{3.4.15d}$$

和

$$(\widehat{g}_k)_j = \frac{f(x_k + h_j e_j) - f(x_k - h_j e_j)}{2h_j}, \quad j = 1, \cdots, n. \tag{3.4.15e}$$

用向前差分时，误差为 $O(h_j)$, 用中心差分时，误差为 $O(h_j^2)$,

$$x_{k+1} = x_k - A_k^{-1}\widehat{g}_k, \tag{3.4.15f}$$

这里 A_k 和 $\widehat{g}_k$ 分别是 $\nabla^2 f(x_k)$ 和 $\nabla f(x_k)$ 的差分近似. 在定理 3.4.1 中的标准假设下，我们可以类似地得到

$$\begin{aligned}\|x_{k+1}-x^*\| \leqslant & \|A_k^{-1}\|\Big\{\frac{v}{2}\|x_k-x^*\|^2+\|A_k-\nabla^2 f(x_k)\|\|x_k-x^*\| \\ & +\|\widehat{g}_k-\nabla f(x_k)\|\Big\}. \end{aligned} \tag{3.4.16}$$

上式与 (3.4.11) 相比，多了一项 $\|\widehat{g}_k-\nabla f(x_k)\|$. 如果要得到二次收敛速度，显然需要 $\|\widehat{g}_k-f(x_k)\|=O\big(\|x_k-x^*\|^2\big)$，而这意味着，$h_j=O\big(\|x_k-x^*\|^2\big)$. 因此我们立即可知对于算法 (3.4.15)，采用中心差分时，算法具有二次收敛性，而采用向前差分时，则仅当 $h_j=O\big(\|x_k-x^*\|^2\big)$ 时才有二次收敛性.

一般地，在实际计算中采用向前差分方案是可行的，虽然中心差分精度高，但工作量是向前差分的二倍. 只有对那些需要较高精度的问题才需采用中心差分方案. 最后还应强调，如果目标函数的梯度可以利用，最好还是利用解析梯度.

§3.5 负曲率方向法

3.5.1 引言

负曲率方向法是修正牛顿法的又一种类型. 当初始点远离局部极小点时， Hesse 矩阵 $\nabla^2 f(x_k)$ 可能不正定. 在这种情况下，利用负曲率方向法是有效的. 尤其是在鞍点处，即 $\nabla f(x_k)=0$ 而 $\nabla^2 f(x_k)$ 不是正半定时，前述的修正牛顿法可能不好应用，而采用负曲率方向作为搜索方向，可使目标函数值下降.

定义 3.5.1 设 $f: R^n \to R$ 在开集 $\mathcal{D}$ 上二次连续可微，

(i) 如果 $\nabla^2 f(x)$ 至少有一个负特征值，则 $x \in \mathcal{D}$ 叫做不定点.

(ii) 如果 x 是一个不定点，若方向 d 满足

$$d^T \nabla^2 f(x) d < 0,$$

则称 d 为 $f(x)$ 在 x 处的负曲率方向.

(iii) 如果

$$s^T\nabla f(x)\leqslant 0,\quad d^T\nabla f(x)\leqslant 0,\quad d^T\nabla^2 f(x)d<0,$$

则向量对 (s,d) 称为不定点 x 处的下降对. 若 x 不是一个不定点，则满足

$$s^T\nabla f(x)<0,\quad d^T\nabla f(x)\leqslant 0,\quad d^T\nabla^2 f(x)d=0$$

的向量对 (s,d) 称为在点 x 处的下降对.

作为下降对的一个例子，可以选择

$$s=-\nabla f(x),$$

$$d=\begin{cases}0, & \text{如果 } \nabla^2 f(x)\geqslant 0,\\ -\text{sign}\,(u^T\nabla f(x))u, & \text{否则},\end{cases}$$

其中 u 是对应于 $\nabla^2 f(x)$ 的负特征值的单位特征向量.

显然，当且仅当 $\nabla f(x)=0$ 和 $\nabla^2 f(x)$ 正半定时，下降对不再存在.

从上面的定义可知，在稳定点处，负曲率方向必为下降方向. 在一般点处，若负曲率方向 d 满足 $d^T\nabla f(x)=0$, 则 d 和 $-d$ 均为下降方向；若 $d^T\nabla f(x)\leqslant 0$, 则 d 是下降方向；若 $d^T\nabla f(x)\geqslant 0$, 则 $-d$ 是下降方向.

采用负曲率方向的修正牛顿法与普通牛顿法、修正牛顿法的主要区别是：一、对于非正定 Hesse 矩阵，先强迫正定，在接近稳定点时采用负曲率方向；或对于对称不定的 Hesse 矩阵，采用对称不定分解，直接产生负曲率方向. 二、当采用下降对时，在选择步长因子的不精确一维搜索方法中，代替一阶步长准则，采用二阶步长准则.

3.5.2 Gill-Murray 稳定牛顿法

Gill-Murray 稳定牛顿法的基本思想是：当 G_k 为不定矩阵时，采用修改 Cholesky 分解强迫矩阵正定；当 g_k 趋于零时，采用负曲率方向使函数值下降.

今设

$$\overline{G}_k = G_k + E_k = L_k D_k L_k^T, \tag{3.5.1}$$

其中

$$D_k = \text{diag}\,(d_{11}, \cdots, d_{nn}), \quad E_k = \text{diag}\,(e_{11}, \cdots, e_{nn}).$$

我们构造下列负曲率方向算法.

算法 3.5.2

步 1 令 $\psi_j = d_{jj} - e_{jj}, j = 1, \cdots, n$.

步 2 求下标 t, 使 $\psi_t = \min\{\psi_j \mid j = 1, \cdots, n\}$.

步 3 若 $\psi_t \geqslant 0$, 则停止；否则，解方程组

$$L_k^T d = e_t, \tag{3.5.2}$$

求得方向 d_k, 其中 e_t 为第 t 个元素是 1 的单位向量.

□

定理 3.5.3 设 G_k 为 $f(x)$ 在 x_k 处的 Hesse 矩阵,

$$\overline{G}_k = G_k + E_k = L_k D_k L_k^T.$$

若能由算法 3.5.2 求得方向 d_k, 则 d_k 是 x_k 处的负曲率方向，并且 d_k 和 $-d_k$ 中至少有一个是 x_k 处的下降方向.

证明 因为 L_k 是单位下三角矩阵，故方程组 (3.5.2) 的解 d_k 有如下形式

$$d_k = (\rho_1, \cdots, \rho_{t-1}, 1, 0, \cdots, 0)^T.$$

于是有

$$\begin{aligned} d_k^T G_k d_k &= d_k^T \overline{G}_k d_k - d_k^T E_k d_k \\ &= d_k^T L_k D_k L_k^T d_k - d_k^T E_k d_k \\ &= e_t^T D_k e_t - \left(\sum_{r=1}^{t-1} \rho_r^2 e_{rr} + e_{tt} \right) \\ &= d_{tt} - e_{tt} - \sum_{r=1}^{t-1} \rho_r^2 e_{rr} \end{aligned}$$

$$= \psi_t - \sum_{r=1}^{t-1} \rho_r^2 e_{rr}.$$

由修改 Cholesky 分解算法 3.3.2,

$$e_{jj} = \bar{g}_{jj} - g_{jj} = d_{jj} + \sum_{r=1}^{j-1} l_{jr}^2 d_r - g_{jj}$$
$$= d_{jj} - c_{jj} \geqslant 0,$$

故 $\sum_{r=1}^{t-1} \rho_r^2 e_{rr} \geqslant 0$. 又因 $\psi_t < 0$, 故

$$d_k^T G_k d_k < 0,$$

所以 d_k 是负曲率方向. 显然, $-d_k$ 也是负曲率方向. 若 $g_k^T d_k \leqslant 0$, 则 d_k 是下降方向; 否则, $-d_k$ 是下降方向. □

下面给出 Gill-Murray 稳定牛顿法.

算法 3.5.4 (Gill-Murray 稳定牛顿法)

步 1　给定初始点 x_0, $\varepsilon > 0$, 置 $k = 1$.

步 2　计算 g_k 和 G_k.

步 3　用算法 3.3.2 对 G_k 进行修改 Cholesky 分解

$$L_k D_k L_k^T = G_k + E_k.$$

步 4　若 $\|g_k\| > \varepsilon$, 则解方程

$$L_k D_k L_k^T d = -g_k,$$

求出搜索方向 d_k, 转步 6; 否则, 转步 5.

步 5　执行算法 3.5.2, 若不能求得方向 d_k (即 $\psi_t \geqslant 0$), 则停止; 否则, 求出方向 d_k, 令

$$d_k = \begin{cases} -d_k, & 若\ g_k^T d_k > 0, \\ d_k, & 其它. \end{cases}$$

步 6　一维搜索求 α_k, 使

$$f(x_k+\alpha_k d_k)=\min_{\alpha\geqslant 0} f(x_k+\alpha d_k),$$

并令 $x_{k+1}=x_k+\alpha_k d_k$.

步 7　若 $f(x_{k+1})\geqslant f(x_k)$, 则停止计算；否则，置 $k=k+1$, 转步 2.　□

关于上述算法的收敛性，我们有如下定理.

定理 3.5.5　设 $f(x)\in C^2$, 且存在 $\overline{x}\in R^n$ 使

$$L(\overline{x})=\{x\mid f(x)\leqslant f(\overline{x})\}$$

为有界闭凸集. 假定在算法 3.5.4 中取 $\varepsilon=0$, 且初始点 $x_0\in L(\overline{x})$, 则算法 3.5.4 产生的序列 $\{x_k\}$ 满足

(i) 当 $\{x_k\}$ 为有穷序列时，其最后一个元素必为 $f(x)$ 的稳定点；

(ii) 当 $\{x_k\}$ 为无穷序列时，它必有聚点，且它的所有聚点都是 $f(x)$ 的稳定点.

定理的证明从略，感兴趣的读者可以参看 Gill 和 Murray (1972) 或邓乃扬 (1982).

3.5.3　Fiacco-MaCormick 方法

利用负曲率方向的修正牛顿法是 Fiacco-McCormick (1968) 首先提出的. 它处理 Hesse 矩阵 G_k 有负特征值的情形，步长算法是精确线性搜索方法. 这个方法的思想是：沿着负曲率方向前进，使目标函数值下降. 当

$$d_k^T g_k\leqslant 0 \text{ 和 } d_k^T G_k d_k<0 \tag{3.5.3}$$

时

$$f(x_k+d_k)\approx f(x_k)+d_k^T g_k+\frac{1}{2}d_k^T G_k d_k$$

将下降. 由于 G_k 是不定的， Fiacco-McCormick 方法利用分解

$$G_k=LDL^T, \tag{3.5.4}$$

其中，L 是单位下三角矩阵，$D=\operatorname{diag}(d_{11},\cdots,d_{nn})$ 是对角矩阵．当 G_k 正定时，这个分解产生下降方向 d_k．但是，如果存在负的 d_{ii}，则解

$$L^Tt=a, \tag{3.5.5}$$

其中，向量 a 的分量 a_i 定义为：

$$a_i=\begin{cases}1, & d_{ii}\leqslant 0,\\ 0, & d_{ii}>0.\end{cases} \tag{3.5.5a}$$

容易证明

$$d_k=\begin{cases}t, & g_k^Tt\leqslant 0,\\ -t, & g_k^Tt>0.\end{cases} \tag{3.5.6}$$

是满足 (3.5.3) 的负曲率下降方向．

这个分解的主要缺点是分解 (3.5.4) 是潜在不稳定的，甚至可能不存在．为此，Fletcher-Freeman (1977) 利用了稳定的对称不定分解方法．

3.5.4 Fletcher-Freeman 方法

Fletcher-Freeman 利用的稳定的对称不定分解来源于 Bunch-Parlett (1971) 的方法，对任何对称矩阵 G_k，总存在排列阵 P，使得

$$P^TG_kP=LDL^T, \tag{3.5.7}$$

其中，L 是单位下三角矩阵，D 是块对角矩阵，其块的阶数为 1 或 2，对称交换的执行是为了保持对称性和数值稳定性．今设 A 是 $n\times n$ 矩阵，

$$A=A^{(0)}=\begin{bmatrix}a_{11} & \underset{\sim}{a}_{21}^T\\ \underset{\sim}{a}_{21} & A_{22}\end{bmatrix}, \tag{3.5.8}$$

其中 $\underset{\sim}{a}_{21}$ 是 $(n-1)$ 向量，A_{22} 是 $(n-1)\times(n-1)$ 矩阵，消去一行一列得到简化矩阵 $A^{(1)}$：

$$A^{(1)}=A^{(0)}-d_{11}l_1l_l^T=\left[\begin{array}{c|c}0 & 0^T\\ \hline 0 & A_{22}-\underset{\sim}{a}_{21}\underset{\sim}{a}_{21}^T/d_1\end{array}\right], \tag{3.5.9}$$

其中

$$d_{11}=a_{11},\quad l_1=\frac{1}{d_{11}}\begin{bmatrix}a_{11}\\ \underset{\sim}{a}_{21}\end{bmatrix}=\begin{bmatrix}1\\ \underset{\sim}{a}_{21}/d_{11}\end{bmatrix}. \tag{3.5.10}$$

若设

$$A^{(0)}=\begin{bmatrix}A_{11} & A_{21}^T\\ A_{21} & A_{22}\end{bmatrix}, \tag{3.5.11}$$

其中，A_{11} 是 2×2 块，A_{21} 是 $(n-2)\times2$ 矩阵，A_{22} 是 $(n-2)\times(n-2)$ 矩阵，消去二行二列，得到简化矩阵 $A^{(2)}$:

$$\begin{aligned}A^{(2)}&=A^{(0)}-L_1D_1L_1^T=A^{(0)}-\begin{bmatrix}I\\ L_{21}\end{bmatrix}D_1\begin{bmatrix}I & L_{21}^T\end{bmatrix}\\ &=\left[\begin{array}{c|c}0 & 0\\ \hline 0 & A_{22}-A_{21}D_1^{-1}A_{21}^T\end{array}\right],\end{aligned} \tag{3.5.12}$$

其中

$$D_1=A_{11},\quad L_1=\begin{bmatrix}A_{11}\\ A_{21}\end{bmatrix}D_1^{-1}=\begin{bmatrix}I\\ A_{21}A_{11}^{-1}\end{bmatrix}\triangleq\begin{bmatrix}I\\ L_{21}\end{bmatrix}. \tag{3.5.13}$$

这样进行下去，就得到 (3.5.7).

在所有迭代中，算法在两种主元形式中进行选择，分解需要 $n^3/6+O(n^2)$ 次乘法运算，产生的 L 和 D 的形式分别是块下三角矩阵和块对角矩阵. 例如，

$$D=\begin{bmatrix}* & & & & & \\ & * & * & & & \\ & * & * & & & \\ & & & * & * & \\ & & & * & * & \\ & & & & & *\end{bmatrix},\quad L=\begin{bmatrix}1 & & & & & \\ * & 1 & & & & \\ * & 0 & 1 & & & \\ * & * & * & 1 & & \\ * & * & * & 0 & 1 & \\ * & * & * & * & * & 1\end{bmatrix}$$

上述分解通常称为 Bunch-Parlett 分解或称 B-P 分解. 利用上述分解，可以产生负曲率方向.

设

$$G_k=LDL^T, \tag{3.5.14}$$

解

$$L^T t = a, \tag{3.5.15}$$

其中，对于 1×1 主元，a 的分量定义为

$$a_i = \begin{cases} 1, & d_{ii} \leqslant 0, \\ 0, & d_{ii} > 0. \end{cases} \tag{3.5.16}$$

对于 2×2 主元，

$\begin{pmatrix} a_i \\ a_{i+1} \end{pmatrix}$ 是对应于 $\begin{bmatrix} d_{ii} & d_{i,i+1} \\ d_{i+1,i} & d_{i+1,i+1} \end{bmatrix}$ 的负特征值的单位特征向量，令搜索方向 d_k 为

$$d_k = \begin{cases} t, & 当\ g_k^T t \leqslant 0, \\ -t, & 当\ g_k^T t > 0, \end{cases} \tag{3.5.17}$$

则 d_k 是满足条件 (3.5.3) 的负曲率下降方向. 事实上，

$$d_k^T G_k d_k = d_k^T LDL^T d_k = a^T Da = \sum_{i:\lambda_i<0} \lambda_i < 0, \tag{3.5.18}$$

$$d_k^T g_k \leqslant 0,\ (从\ (3.5.17)). \tag{3.5.19}$$

另外，当 D 有负特征值时，搜索方向 d_k 也可由

$$d_k = -L^{-T}\widetilde{D}^+ L^{-1} g_k \tag{3.5.20}$$

产生，其中 $\widetilde{D}$ 是 D 的正部分，即令 D 的负特征值均为零得到，

$$\widetilde{D}_i = \begin{cases} d_{ii}, & 当\ d_{ii} > 0\ 时, \\ 0, & 否则. \end{cases}$$

$\widetilde{D}^+$ 是 $\widetilde{D}$ 的广义逆.

当 D 中至少含有一个零特征值时，方向 d_k 可由

$$G_k d_k = LDL^T d_k = 0, \quad g_k^T d_k < 0 \tag{3.5.21}$$

产生.

当 D 的特征值全为正数时，D 中全是一阶块. 这时，Bunch-Parlett 分解简化为通常的 Cholesky 分解，所产生的搜索方向就是通常的牛顿方向

$$d_k = -L^{-T}D^{-1}L^{-1}g_k.$$

可以看出，(3.5.17) 确定的负曲率下降方向局限在某一个子空间中；(3.5.20) 产生的是正曲率方向的子空间中的牛顿方向. 因此，当 G_k 有负特征值时，交替采用 (3.5.17) 和 (3.5.20) 作为搜索方向，可望取得好的效果. 类似地，当连续遇到零特征值时，交替使用 (3.5.20) 和 (3.5.21), 效果也较好.

对称不定分解的一个好处是可以确定 G_k 的惯量，即确定正特征值、负特征值和零特征值的数目. 在 (3.5.7) 中，D 的惯量和 G_k 的惯量相同 (虽然它们的特征值本身并不相同). 由于 D 的 2×2 块总是对应着一个正特征值和一个负特征值，故 G_k 的正特征值个数等于 1×1 正块的数目加上 2×2 块的数目.

3.5.5 二阶 Armijo 步长准则 ——McCormick 方法

在 §2.5 我们已经讨论了不精确一维搜索的一阶 Armijo 步长准则. 考虑

$$\min f(x), \quad x\in \mathcal{D}\subset R^n, \quad \mathcal{D} \text{ 是开集}. \tag{3.5.22}$$

对于最速下降法

$$x_{k+1} = x_k - \nabla f(x_k)2^{-i}, \tag{3.5.23}$$

由 (2.5.2) 有一阶 Armijo 步长准则

$$f(x_{k+1}) - f(x_k) \leqslant -\rho\|\nabla f(x_k)\|^2 2^{-i}, \quad 0<\rho<1, \tag{3.5.24}$$

并且我们证明了如果 $\nabla f(x)$ 是 Lipschitz 连续，那么 $\mathcal{D}$ 中序列 $\{x_k\}$ 的聚点是驻点.

现在讨论二阶 Armijo 步长准则. 一般地，我们考虑的迭代形式为

$$x_{k+1} = x_k + \phi_1(\alpha)s_k + \phi_2(\alpha)d_k, \tag{3.5.25}$$

其中 (s_k, d_k) 是一个下降对. 特别, (3.5.25) 可以取为

$$y_k(i) = x_k + s_k 2^{-i} + d_k 2^{-i/2}. \tag{3.5.26}$$

二阶步长准则要求求 $i(k)$, 它是满足

$$y_k(i) \in \mathcal{D}, \tag{3.5.27a}$$

$$f[y_k(i)] \leqslant f(x_k) + \rho 2^{-i}\left[s_k^T \nabla f(x_k) + \frac{1}{2} d_k^T \nabla^2 f(x_k) d_k\right] \tag{3.5.27b}$$

的最小整数, 并令

$$x_{k+1} = y_k[i(k)]. \tag{3.5.28}$$

为了存在满足 (3.5.27) 的有限值 $i(k)$, 只要

$$s_k^T \nabla f(x_k) < 0,\ 每当\ \nabla f(x_k) \neq 0, \tag{3.5.29}$$

和

$$d_k^T \nabla^2 f(x_k) d_k < 0,\ 每当\ \nabla f(x_k) = 0. \tag{3.5.30}$$

仅当 x_k 是一个满足二阶最优条件的点时, 满足上述条件的下降对 (s_k, d_k) 不存在, 算法终止. 为了使无穷序列 $\{x_k\}$ 的聚点是一个满足二阶最优条件的点, 必须在 $\{s_k\}$ $\{d_k\}$ 上加上较强的条件. 如果 s_k 与 $-\nabla f(x_k)$ 的夹角充分小, 如果 d_k 的作用足够象 $\nabla^2 f(x_k)$ 的对应于其最小特征值的特征向量, 则可以证明下面一个有意义的收敛定理.

定理 3.5.6 假定 Hesse 矩阵 $\nabla^2 f(x)$ 在开集 $\mathcal{D}$ 中连续, 假定在 $\mathcal{D}$ 中极小化 f 的算法满足 $f(x_{k+1}) \leqslant f(x_k)$, 且无限多次利用二阶步长过程 (3.5.27). 设 K_1 是利用二阶步长过程的一个指标集, $\overline{x} \in \mathcal{D}$ 是 $\{x_k\}$ 的聚点, $k \in K_1$. 假定存在常数 c_1, c_2, c_3, $0 \leqslant c_j \leqslant 1$, $j = 1, 2$, 使得

$$\|s_k\| \geqslant c_3 \|\nabla f(x_k)\|, \quad k \in K_1, \tag{3.5.31}$$

$$d_k^T \nabla^2 f(x_k) d_k \leqslant c_2 \left(e_k^{\min}\right)^T \nabla^2 f(x_k) e^{\min}, \quad k \in K_1, \tag{3.5.32}$$

$$-\frac{s_k^T \nabla f(x_k)}{\|s_k\| \|\nabla f(x_k)\|} \geqslant c_1 > 0,\ (每当\ \nabla f(x_k) \neq 0,\ k \in K_1). \tag{3.5.33}$$

进一步假定序列 $\{s_k\}, \{d_k\}$ 一致有界，那么， $\overline{x}$ 是一个驻点，即 $\nabla f(\overline{x})=0$, Hesse 矩阵是正半定的，至少有一个零特征值.

证明 分两种情形考虑.

情形 A. 设对于 $k\in K_1$, 整数序列 $\{i(k)\}$ 一致有上界. 并设 β 表示这个上界. 因为 $f(x_{k+1})\leqslant f(x_k), k=0,1,\cdots$. 由 (3.5.27) 、(3.5.31) 、 (3.5.32) 和 (3.5.33), 得到

$$
\begin{aligned}
f(\overline{x})-f(x_0) &= \sum_{k=0}^{\infty}(f(x_{k+1})-f(x_k)) \\
&\leqslant \sum_{K_1}(f(x_{k+1})-f(x_k)) \\
&\leqslant \sum_{K_1}\rho 2^{-i(k)}\Big[s_k^T\nabla f(x_k)+\frac{1}{2}d_k^T\nabla^2 f(x_k)d_k\Big] \\
&\leqslant \sum_{K_1}\rho 2^{-\beta}\Big[-c_1c_3\|\nabla f(x_k)\|^2+\frac{1}{2}c_2\big(e_k^{\min}\big)^T\nabla^2 f(x_k)e_k^{\min}\Big].
\end{aligned}
$$

由于 $f(\overline{x})$ 有限，又由于上式方括号中的两项均小于等于零，故得

$$
\nabla f(\overline{x})=0 \text{ 和 } (\overline{e}^{\min})^T\nabla^2 f(\overline{x})\overline{e}^{\min}=0,
$$

其中 $\overline{e}^{\min}$ 是 $\{e_k^{\min}\}$ 的聚点，它是对应于 $\nabla^2 f(\overline{x})$ 的最小特征值的特征向量.

情形 B. 设对于 $k\in K_1$, 整数序列 $\{i(k)\}$ 不是一致有上界. 设 $K_2\subseteq K_1$ 是一个指标集， $i(k)\to\infty, k\to\infty, k\in K_2$. 由 (3.5.27), 我们有或者

$$
y_k[i(k)-1]\notin\mathcal{D}, \tag{3.5.34}
$$

或者

$$
\begin{aligned}
f[y_k(i(k)-1)]-f(x_k)>\rho\alpha^{-[i(k)-1]}\Big[&s_k^T\nabla f(x_k) \\
&+\frac{1}{2}d_k^T\nabla^2 f(x_k)d_k\Big].
\end{aligned} \tag{3.5.35}
$$

因为 $i(k)\to\infty, k\to\infty, k\in K_2$, 因此， $y_k[i(k)-1]\to\overline{x}$. 如果 (3.5.34) 无限多次成立，则 $\overline{x}\notin\mathcal{D}$, 这与定理的假设 $\overline{x}\in\mathcal{D}$ 矛盾. 因此，不失一般性，我们考虑对所有 $k\in K_2$, (3.5.35) 成立.

为符号简便计，设

$$p_k = s_k 2^{-[i(k)-1]} + d_k 2^{-[i(k)-1]/2},$$

利用 Taylor 定理展开 (3.5.35) 的左边，并注意到 $\nabla^2 f(x)$ 连续，有

$$\begin{aligned}f[y_k(i(k)-1)] - f(x_k) =& p_k^T \nabla f(x_k) + \frac{1}{2} p_k^T \nabla^2 f(x_k) p_k \\ &+ o(2^{-[i(k)-1]}) \\ >& \rho 2^{-[i(k)-1]}\left[s_k^T \nabla f(x_k) + \frac{1}{2} d_k^T \nabla^2 f(x_k) d_k\right],\end{aligned}$$

将相同的项组合，并将适当的项并到 $o(2^{-[i(k)-1]})$ 中去，上述不等式变成

$$\begin{aligned}o(2^{-[i(k)-1]}) >& (\rho-1) 2^{-[i(k)-1]}\left[s_k^T \nabla f(x_k) + \frac{1}{2} d_k^T \nabla^2 f(x_k) d_k\right] \\ \geqslant& (\rho-1) 2^{-[i(k)-1]}\Bigg[-c_1 c_3 \|\nabla f(x_k)\|^2 \\ &+ \frac{c_2}{2}\left(e_k^{\min}\right)^T \nabla^2 f(x_k) e_k^{\min}\Bigg],\end{aligned}$$

两边同除以 $(1-\rho)2^{-[i(k)-1]}$, 并取极限 $k \to \infty$, $k \in K_2$, 得

$$0 \geqslant c_1 c_3 \|\nabla f(\bar{x})\|^2 - \frac{1}{2} c_2 (\bar{e}^{\min})^T \nabla^2 f(\bar{x}) \bar{e}^{\min},$$

其中 $\bar{e}^{\min}$ 是来自适当的子序列的极限特征向量. 由于每一项均非负，故两项必都等于零. □

3.5.6 二阶 Armijo 步长准则 ——Goldfarb 方法

Goldfarb (1980) 给出了 (3.5.25) 类型的一种迭代形式

$$x_k(\alpha) = x_k + \alpha s_k + \alpha^2 d_k, \tag{3.5.36}$$

其对应的二阶 Armijo 步长算法为：给出 α, ρ, $0 < \alpha, \rho < 1$, 初始点 x_0. 对于 $k = 0, 1, 2, \cdots$, 确定 x_{k+1} 如下：在 x_k 处选择下降对 (s_k, d_k), 如果不存在下降对，算法停止. 否则，设 $i_k + 1$ 是使得

$$f\big(x_k(\alpha^i)\big) - f(x_k) \leqslant \rho\Big[\alpha^i s_k^T g_k + \frac{1}{2} \alpha^{4i} d_k^T G_k d_k\Big] \tag{3.5.37}$$

成立的最小整数 $i=0,1,2,\cdots$, 并令

$$x_{k+1}=x_k(\alpha^{i_k+1}). \tag{3.5.38}$$

上述二阶 Armijo 步长算法的收敛性证明类似于定理 3.5.6.

定义 3.5.7 如果下降对 $\{\|s_k\|,\|d_k\|,\ k=0,1,\cdots\}$ 有界，且满足

(i) $g_k^T s_k=0\Rightarrow g_k=0, s_k=0$,

(ii) $g_k^T s_k\to 0\Rightarrow g_k\to 0, s_k\to 0$,

(iii) $d_k^T G_k d_k\to 0\Rightarrow \lambda_k\to 0, d_k\to 0$,

则称下降对 (s_k,d_k) 是可接受的，其中 $\lambda_k=\min\{\lambda(G_k),0\}$, $\lambda(G_k)$ 是 G_k 的最小特征值.

定理 3.5.8 设 $f:R^n\to R$ 在开集 $\mathcal{D}$ 上有二阶连续导数，对于给出的 $x_0\in\mathcal{D}$, 设水平集

$$L=\{x\mid f(x)\leqslant f(x_0)\}$$

是 $\mathcal{D}$ 的紧集. 假定在上述二阶 Armijo 步长算法中下降对是可接受的，并假定

$$-s_k^T g_k\geqslant c_1\|s_k\|^2, \tag{3.5.39}$$

$$s_k^T G_k s_k\leqslant c_2\|s_k\|^2,\quad 0<c_1,c_2<\infty, \tag{3.5.40}$$

那么，$g_k\to 0$, $s_k\to 0$, $\lambda_k\to 0$, $d_k\to 0$.

证明 首先证明序列 $\{i_k\}$ 一致上有界. 假定序列 $\{i_k\}$ 不是一致上有界，由 i_k 的定义,

$$f\big(x_k(\alpha^{i_k})\big)-f(x_k)>\rho\Big[\alpha^{i_k}s_k^T g_k+\frac{1}{2}\alpha^{4i_k}d_k^T G_k d_k\Big].$$

对上式左边用 Taylor 展开，得

$$\alpha^{i_k}s_k^T g_k+\alpha^{2i_k}d_k^T g_k+\frac{1}{2}\big[\alpha^{i_k}s_k+\alpha^{2i_k}d_k\big]^T G_k\big[\alpha^{i_k}s_k + \alpha^{2i_k}d_k\big]+o(\alpha^{2i_k})$$

$$>\rho\left[\alpha^{i_k}s_k^Tg_k+\frac{1}{2}\alpha^{4i_k}d_k^TG_kd_k\right], \tag{3.5.41}$$

把所有阶数高于 $O(\alpha^{2i_k})$ 的项归集到 $o(\alpha^{2i_k})$ 中去，并注意到 $d_k^Tg_k\leqslant 0$，得

$$\frac{1}{2}\alpha^{2i_k}s_k^TG_ks_k+o(\alpha^{2i_k})>(\rho-1)\alpha^{i_k}s_k^Tg_k\geqslant 0.$$

利用 (3.5.39) 和 (3.5.40)，得到

$$\frac{1}{2}c_2\alpha^{2i_k}\|s_k\|^2+o(\alpha^{2i_k})>(1-\rho)c_1\alpha^{i_k}\|s_k\|\geqslant 0,$$

因此，

$$\alpha^{i_k}>2(1-\rho)c_1/c_2+o(\alpha^{i_k})>0.$$

由于 $0<\alpha<1$，上式表明 α^{i_k} 有界但不趋于零，这与假设 $\{i_k\}$ 无界矛盾，从而序列 $\{i_k\}$ 一致上有界. 于是，对所有 k，有 $i_k+1\leqslant\beta<\infty$，$\beta$ 是某个有限上界.

由二阶 Armijo 准则 (3.5.37) 和关于 s_k, d_k 的条件得到

$$f_{k+1}-f_k\leqslant\rho\left[\alpha^{\beta}s_k^Tg_k+\frac{1}{2}\alpha^{4\beta}d_k^TG_kd_k\right]\leqslant 0. \tag{3.5.42}$$

又从定理假设知序列 $\{f_k\}$ 下有界，$(f_{k+1}-f_k)\to 0$. 因而由 (3.5.42) 有 $s_k^Tg_k\to 0$ 和 $d_k^TG_kd_k\to 0$，再由可接受下降对的假设立得本定理的结论. □

引理 3.5.8 设 $f:R^n\to R$ 在紧集 $\mathcal{D}$ 上连续可微，假定 $\{x_k\}\subset\mathcal{D}$ 是满足 $\lim\limits_{k\to\infty}\nabla f(x_k)=0$ 的任一序列，那么 f 在 $\mathcal{D}$ 中的临界点集

$$\Omega=\{x\in\mathcal{D}\mid\nabla f(x)=0\} \tag{3.5.43}$$

非空，且

$$\lim_{k\to\infty}\left[\inf_{x\in\Omega}\|x_k-x\|\right]=0. \tag{3.5.44}$$

特别，如果 Ω 由一个点 x^* 组成，则 $\lim\limits_{k\to\infty}x_k=x^*$ 和 $\nabla f(x^*)=0$.

证明 因为 $\mathcal{D}$ 是紧的，故 $\{x_k\}$ 有收敛子列. 若 $\lim\limits_{i\to\infty}x_{k_i}=x$，那么由 ∇f 的连续性，有 $\nabla f(x)=0$，从而 $x\in\Omega$.

今设 $\delta_k = \inf_{x\in\Omega} \|x_k - x\|$. 假定 $\lim_{i\to\infty} \delta_{k_i} = \delta$, 那么 $\{x_{k_i}\}$ 有收敛子序列. 由于子序列在 Ω 中必定有极限，故 $\delta = 0$, 从而 (3.5.44) 得证. □

这个结果的重要性是当临界点集仅由一个点组成时，序列收敛. 但是, 如果临界点集 Ω 由有限个点组成, 只要 $\lim_{k\to\infty}(x_{k+1}-x_k) = 0$ 成立，那么收敛性仍然成立.

引理 3.5.10 设 $f: R^n \to R$ 在紧集 $\mathcal{D}$ 上连续可微，假定 f 在 $\mathcal{D}$ 中的临界点集是有限的，设序列 $\{x_k\} \subset \mathcal{D}$ 满足

$$\lim_{k\to\infty} \|x_k - x_{k+1}\| = 0, \quad \lim_{k\to\infty} \|\nabla f(x_k)\| = 0,$$

那么,

$$\lim_{k\to\infty} x_k = x^* \text{ 和 } \nabla f(x^*) = 0.$$

证明 设 Λ 是 $\{x_k\}$ 的极限点集，由引理 3.5.9 可知，任何极限点也是 f 的一个临界点，所以 $\Lambda \subset \Omega$, 这表明 Λ 是有限的.

下面用反证法证明序列的收敛性, 即证明极限点只有一个. 假定极限点集 $\Lambda = \{z_1, z_2, \cdots, z_m\}$, $m > 1$, 则

$$\delta = \min\{\|z_i - z_j\| \mid i \neq j, i, j = 1, \cdots, m\} > 0.$$

设 $N(z_i, \delta) = \{x \mid \|x - z_i\| \leqslant \delta\}$. 我们可以取 $k_0 \geqslant 0$, 使得对所有 $k \geqslant k_0$, 有

$$x_k \in \bigcup_{i=1}^m N(z_i, \delta/4) \text{ 和 } \|x_k - x_{k+1}\| \leqslant \delta/4.$$

但这时，对某一 $k_1 \geqslant k_0$, $x_{k_1} \in N(z_1, \delta/4)$ 意味着

$$\begin{aligned}\|z_i - x_{k_1+1}\| &\geqslant \|z_i - z_1\| - (\|z_1 - x_{k_1}\| + \|x_{k_1} - x_{k_1+1}\|) \\ &\geqslant \delta - 2\delta/4 = \delta/2, \quad i \geqslant 2,\end{aligned}$$

这表明 x_{k_1+1} 不在 $N(z_i, \delta/4)$ 中， $i \geqslant 2$. 因而必定有 $x_{k_1+1} \in N(z_1, \delta/4)$. 于是由归纳法得到

$$x_k \in N(z_1, \delta/4), \quad \forall k \geqslant k_1.$$

但这与 $z_1,\cdots,z_m$ 是 $\{x_k\}$ 的极限点矛盾，因而假定不正确，故 $m=1$. □

定理 3.5.11 除了定理 3.5.8 的假设以外，再假定 f 在水平集 L 中的临界点集是有限的，那么，如果 $\{x_k\}$ 是由二阶 Armijo 步长算法 (3.5.37) 和 (3.5.38) 得到的序列，则

$$\lim_{k\to\infty} x_k = x^*, \quad g(x^*)=0, \quad G(x^*)\geqslant 0. \tag{3.5.45}$$

此外，若有无限多个 $G_k \ngeqslant 0$, 则 $G(x^*)$ 至少有一个零特征值.

证明 由于定理中假设了下降对是可接受的，故定理 3.5.8 的结论 $s_k\to 0$ 和 $d_k\to 0$ 意味着 $\|x_{k+1}-x_k\|\to 0$. 今又由于 f 在水平集 L 中的临界点集是有限的，故由引理 3.5.10 得

$$\lim_{k\to\infty} x_k = x^* \text{ 和 } \nabla f(x^*)=0.$$

又由于 $\lambda_k\to 0$, $G(x)$ 连续，故 $G(x^*)$ 必定是正半定. 此外，如果有无限多个 $G_k\ngeqslant 0$, 则从 $G(x)$ 的连续性可知 $G(x^*)$ 至少有一个特征值为零. □

3.5.7 二阶 Wolfe-Powell 步长准则——Moré-Sorensen 方法

(3.5.25) 也常常取为

$$x(\alpha) = x + \alpha^2 s + \alpha d, \tag{3.5.46}$$

这个选择称为 Moré-Sorensen 选择，它要求 α 满足

$$f(x(\alpha)) \leqslant f(x) + \rho\alpha^2\left[\nabla f(x)^T s + \frac{1}{2} d^T\nabla^2 f(x) d\right], \tag{3.5.47}$$

$$\begin{aligned}\nabla f(x(\alpha))^T x'(\alpha) \geqslant \sigma\Big[&\nabla f(x)^T d + 2\alpha\nabla f(x)^T s\\ &+\alpha d^T\nabla^2 f(x) d\Big],\end{aligned} \tag{3.5.48}$$

其中 $0<\rho\leqslant\sigma<1$. 当 $d=0$ 时，上述步长准则 (3.5.47)—(3.5.48) 简化为 Wolfe-Powell 步长准则 (2.5.2) 和 (2.5.4). 我们称 (3.5.47)

和 (3.5.48) 为二阶 Wolfe-Powell 步长准则. 若令

$$\Phi_k(\alpha) = f\big(x_k + \alpha^2 s_k + \alpha d_k\big), \tag{3.5.49}$$

则 (3.5.47) 和 (3.5.48) 等价于确定 α_k 满足

$$\Phi_k(\alpha_k) \leqslant \Phi_k(0) + \frac{1}{2}\rho\Phi_k''(0)\alpha_k^2, \tag{3.5.50}$$

$$\Phi_k'(\alpha_k) \geqslant \sigma[\Phi_k'(0) + \Phi_k''(0)\alpha_k]. \tag{3.5.51}$$

图 3.5.1 给出了二阶 Wolfe-Powell 步长准则，它类似于图 2.5.1 给出的一阶不精确线性搜索步长准则.

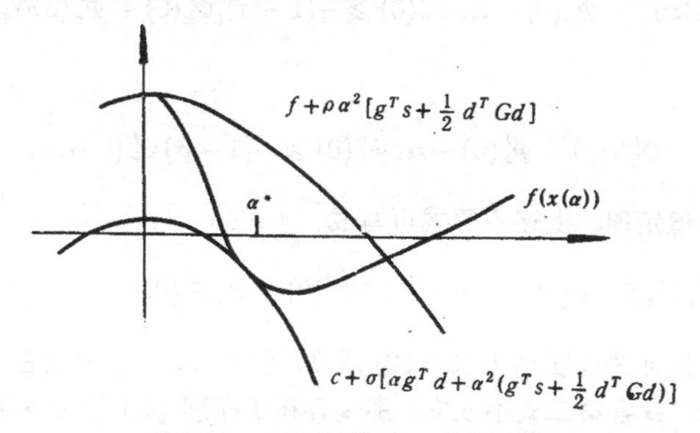

图 3.5.1　二阶 Wolfe-Powell 步长准则

定理 3.5.12　设 $f:R^n \to R$ 在开集 $\mathcal{D}$ 上有二阶连续导数，对于给出的 $x_0 \in \mathcal{D}$, 设水平集 $L = \{x \in \mathcal{D} \mid f(x) \leqslant f(x_0)\}$ 是 $\mathcal{D}$ 的紧集，假定二阶 Wolfe-Powell 步长算法 (3.5.46), (3.5.47) 和 (3.5.48 中下降对是可接受的，那么，

$$\lim_{k\to\infty} g_k^T s_k = 0 \text{ 和 } \lim_{k\to\infty} d_k^T G_k d_k = 0. \tag{3.5.52}$$

证明　从 (3.5.49) 有 $\Phi_k'(0) = g_k^T d_k$ 和

$$\Phi_k''(0) = 2g_k^T s_k + d_k^T G_k d_k.$$

由于 (s_k, d_k) 是下降对，故 $\Phi_k'(0) \leqslant 0$, $\Phi_k''(0) < 0$. 因此，(3.5.47) 表明 $\{x_k\} \subset L$. 由 f 的连续性和 L 的紧性可知 $\{f_k - f_{k+1}\}$ 收敛

到零. 由于

$$f_k - f_{k+1} \geqslant -\frac{1}{2}\rho \Phi_k''(0)\alpha_k^2 \geqslant 0,$$

故

$$\lim_{k\to\infty} \alpha_k^2 g_k^T s_k = 0, \tag{3.5.53}$$

$$\lim_{k\to\infty} \alpha_k^2 d_k^T G_k d_k = 0. \tag{3.5.54}$$

又从 (3.5.51) 可得

$$\Phi_k'(\alpha_k) - \Phi_k'(0) - \alpha_k \Phi_k''(0) \geqslant -(1-\sigma)[\Phi_k'(0) + \Phi_k''(0)\alpha_k],$$

因此,

$$\Phi_k'(\alpha_k) - \Phi_k'(0) - \alpha_k \Phi_k''(0) \geqslant -(1-\sigma)\Phi_k''(0)\alpha_k.$$

应用中值定理, 上述不等式可写成

$$\Phi_k''(\theta_k) - \Phi_k''(0) \geqslant -(1-\sigma)\Phi_k''(0), \quad \theta_k \in (0, \alpha_k). \tag{3.5.55}$$

下面用反证法证明结果 (3.5.52) 成立. 假定 (3.5.52) 中或者第一式不成立, 或者第二式不成立, 那么存在子序列 $\{k_i\}$ 和 $\eta > 0$, 使得

$$-\Phi_k''(0) \geqslant \eta > 0. \tag{3.5.56}$$

这样, (3.5.55) 意味着 $\{\alpha_{k_i}\}$ 不收敛于零. 但是, 若 $\{\alpha_{k_i}\}$ 不收敛于零, 而 (3.5.56) 成立, 那么 (3.5.53) 和 (3.5.54) 不可能满足. 这个矛盾建立了定理. □

完全类似于定理 3.5.11, 我们有

定理 3.5.13 设定理 3.5.9 中的假设成立, 又假定 f 在水平集 L 中的临界点集是有限的, 那么, 如果 $\{x_k\}$ 是由二阶 Wolfe-Powell 步长算法 (3.5.46) 、(3.5.47) 和 (3.5.48) 得到的序列, 则

$$\lim_{k\to\infty} x_k = x^*, \quad g(x^*) = 0, \quad G(x^*) \geqslant 0. \tag{3.5.57}$$

此外, 若有无限多个 $G_k \not\geqslant 0$, 则 $G(x^*)$ 至少有一个零特征值.

证明 同定理 3.5.11 的证明.

3.5.7 确定下降对 (s_k, d_k)

最后，我们提一下如何选择下降对 (s_k, d_k)，使其满足收敛定理. 首先考虑计算 s_k. 由 Bunch-Parlett 对称不定分解

$$G_k = L_k D_k L_k^T,$$

这里我们省去了排列矩阵，L_k 是一个单位下三角矩阵，D_k 是块对角矩阵，其对角块为 1×1 或 2×2 块. 设 D_k 的谱分解为

$$D_k = U_k \Lambda_k U_k^T,$$

令

$$\overline{\lambda}_j^{(k)} = \max_{1\leqslant j\leqslant n}\left\{\left|\lambda_j^{(k)}\right|, \varepsilon n \max_{1\leqslant i\leqslant n}\left|\lambda_i^{(k)}\right|, \varepsilon\right\},$$

$$\overline{\Lambda_k} = \mathrm{diag}\left(\overline{\lambda}_1^{(k)}, \cdots, \overline{\lambda}_n^{(k)}\right),$$

其中 ε 是相对机器精度. 并令

$$\overline{D}_k = U_k \overline{\Lambda}_k U_k^T,$$

解

$$\left(L_k \overline{D}_k L_k^T\right) s = -g_k,$$

得 s_k.

负曲率方向 d_k 可由解

$$L_k^T d_k = \pm\left|\min\{\lambda(D_k), 0\}\right|^{1/2} z_k$$

得到，其中 $\lambda(D_k)$ 是 D_k 的最小特征值，z_k 是对应的单位特征向量. 或者解

$$L_k^T d_k = \pm \sum_{\lambda_j(D_k)\leqslant 0} z_j,$$

得到一个负曲率方向.

§3.6 信赖域方法

3.6.1 信赖域方法

牛顿法的基本思想是在迭代点 x_k 附近用二次函数

$$q^{(k)}(s) = f(x_k) + g_k^T s + \frac{1}{2} s^T G_k s$$

逼近 $f(x)$, 并以 $q^{(k)}(s)$ 的极小点 s_k 修正 x_k, 得到

$$x_{k+1} = x_k + s_k.$$

但是，这种方法只能保证算法的局部收敛性，即只有当 s 充分小时，$q^{(k)}(s)$ 才能逼近 $f(x)$. 为了建立算法的总体收敛性，我们前面介绍了一维搜索技术. 在采用一维搜索的方法中，我们保持同样的搜索方向，而选择一个缩短了的步长. 虽然这种策略是成功的，但它有一个缺点，即没有进一步利用 n 维二次模型.

在这一节， 我们介绍另一种新的保证算法总体收敛的方法 —— 信赖域方法，它不仅可以用来代替一维搜索，而且也可以解决 Hesse 矩阵 G_k 不正定和 x_k 为鞍点等困难. 这种方法首先选择一个缩短了的步长，然后利用 n 维二次模型选择搜索方向. 即先确定一个步长上界 h_k, 并由此定义 x_k 的邻域 Ω_k,

$$\Omega_k = \{x \mid \|x - x_k\| \leqslant h_k\}. \tag{3.6.1}$$

假定在这个邻域中 $q^{(k)}(s)$ 与目标函数 $f(x_k+s)$ 一致，即二次模型是目标函数 $f(x)$ 的一个合适的模拟，然后用 n 维二次模型 $q^{(k)}(s)$ 确定搜索方向 s_k, 并取 $x_{k+1} = x_k + s_k$. 这种方法既具有牛顿法的快速局部收敛性，又具有理想的总体收敛性. 由于步长受到使 Taylor 展式有效的信赖域的限制，故方法又称为限步长方法.

信赖域方法的模型问题是

$$\begin{aligned} &\min q^{(k)}(s) = f(x_k) + g_k^T s + \frac{1}{2} s^T G_k s \\ &\text{s.t.} \|s\| \leqslant h_k. \end{aligned} \tag{3.6.2}$$

注意，第一，这里的范数没有指明，可以利用 2- 范数 $\|\cdot\|_2$, ∞- 范数 $\|\cdot\|_\infty$, 也可以利用 G- 范数 $\|\cdot\|_G$ 或其它范数. 多数方法采用 $\|\cdot\|_2$, 例如下面介绍的 Levenberg-Marquardt 方法，也有的方法采用 $\|\cdot\|_\infty$, 例如 Fletcher 的超立方体方法. 第二，这里模型中的 G_k 是目标函数的 Hesse 矩阵，如果 Hesse 矩阵难以计算或不好利用，则可利用有限差分近似 G_k, 或者利用第五章讨论的拟牛顿法构造 Hesse 近似.

如何选择 h_k? 一般地，当 $q^{(k)}(s)$ 与 $f(x_k+s)$ 之间的一致性满足某种要求时，应选取尽可能大的 h_k. 设 Δf_k 为 f 在第 k 步的实际下降量，

$$\Delta f_k = f_k - f(x_k + s_k), \tag{3.6.3}$$

$\Delta q^{(k)}$ 为对应的预测下降量：

$$\Delta q^{(k)} = f_k - q^{(k)}(s). \tag{3.6.4}$$

定义比值

$$r_k = \Delta f_k / \Delta q^{(k)}, \tag{3.6.5}$$

它衡量二次模型 $q^{(k)}(s_k)$ 近似目标函数 $f(x_k+s_k)$ 的程度. r_k 越接近 1, 表明近似程度越好. 下面给出一个简单的模式算法，它自适应地改变 h_k, 并且在使 h_k 尽可能大的同时，尽量保持二次模型与目标函数的一致程度.

算法 3.6.1 (信赖域方法)

初始步：给出 x_0, 令 $h_0 = \|g_0\|$;

第 k 步：

(1) 给出 x_k 和 h_k, 计算 g_k 和 G_k;

(2) 解信赖域模型 (3.6.2), 求出 s_k;

(3) 求 $f(x_k+s_k)$ 和 r_k 的值；

(4) 如果 $r_k < 0.25$, 令 $h_{k+1} = \|s_k\|/4$;

如果 $r_k > 0.75$ 和 $\|s_k\| = h_k$, 令 $h_{k+1} = 2h_k$;

否则，置 $h_{k+1} = h_k$;

(5) 若 $r_k \leqslant 0$, 置 $x_{k+1}=x_k$; 否则置 $x_{k+1}=x_k+s_k$.

□

应该指出，算法中的常数 0.25, 0.75 等是根据经验选取的，读者也可以自己确定，算法对这些常数的变化不太敏感. 另外，也可根据多项式插值选取 h_k. 例如当 $r_k<0.25$ 时，可以在区间 $(0.1\|s_k\|, 0.5\|s_k\|)$ 中由多项式插值选取 h_{k+1}.

3.6.2 信赖域方法的收敛性

信赖域方法的一个突出优点是它具有总体收敛性. 下面我们仅就 l_2 范数给出方法的总体收敛性证明. 类似地，利用范数等价性定理，可以知道其总体收敛性对其它范数也成立.

定理 3.6.2 (信赖域方法总体收敛性定理) 设 $B\subset R^n$ 是有界集，$x_k\in B, \forall k$, 若 $f\in C^2$, 在有界集 B 上 $\|G_k\|_2\leqslant M, M>0$, 则信赖域算法产生一个满足一阶和二阶必要条件的聚点 x^∞.

证明 由算法产生的序列中存在一个子序列，或者满足

(1) $r_k<0.25$, $h_{k+1}\to 0$ (因而 $\|s_k\|\to 0$)

或者满足

(2) $r_k\geqslant 0.25$, $\mathrm{glb}\,(h_k)>0$, 这里 $\mathrm{glb}\,(h_k)$ 表示 h_k 的总体最小界 (global least bound).

取 x^∞ 为这样的子序列的任一聚点.

先考虑情形 (1). 假定 $g^\infty\neq 0$, 对任何 x_k, 考虑最速下降步，有

$$q^{(k)}(-\alpha g_k/\|g_k\|_2)=f_k-\alpha\|g_k\|_2+\frac{1}{2}\alpha^2 g_k^T G_k g_k/\|g_k\|_2^2. \tag{3.6.6}$$

若 $g_k^T G_k g_k>0$, 则当

$$\alpha_{\min}=\|g_k\|_2^3/g_k^T G_k g_k$$

时，$q^{(k)}(-\alpha g_k/\|g_k\|_2)$ 取极小值. 记

$$\Delta_{\min}=\frac{1}{2}\|g_k\|_2^4/g_k^T G_k g_k.$$

由于 $s=-h_kg_k/\|g_k\|_2$ 对于信赖域模型问题 (3.6.2) 是可行的，故

$$\begin{aligned}\Delta q^{(k)} &= f_k - q^{(k)}(s_k)\\ &\geqslant f_k - q^{(k)}(s)\\ &= f_k - q^{(k)}(-h_kg_k/\|g_k\|_2)\\ &= h_k\|g_k\|_2 - \frac{1}{2}h_k^2g_k^TG_kg_k/\|g_k\|_2^2\\ &= \frac{1}{2}h_k\|g_k\|_2\big(2-h_k\cdot g_k^TG_kg_k/\|g_k\|_2^3\big)\\ &= \frac{\Delta_{\min}h_k}{\alpha_{\min}}(2-h_k/\alpha_{\min}).\end{aligned} \tag{3.6.7}$$

因为 $h_k\to 0$, $\alpha_{\min}\geqslant\|g_k\|_2/M\to\|g^\infty\|_2/M>0$, 从而对所有充分大的 k,

$$\Delta q^{(k)}\geqslant\Delta_{\min}h_k/\alpha_{\min}=\frac{1}{2}h_k\|g_k\|_2. \tag{3.6.8}$$

若 $g_k^TG_kg_k<0$, 从 (3.6.7) 中第四式也可直接得出这一结果. 因此，当 $\|s_k\|\to 0$ 时，

$$\frac{\|s_k\|_2^2}{\Delta q_k}\leqslant\frac{2\|s_k\|_2^2}{h_k\|g_k\|_2}\leqslant\frac{2}{\|g_k\|_2}\|s_k\|_2\to 0. \tag{3.6.8a}$$

今由 Taylor 展式，有

$$\Delta f_k=\Delta q^{(k)}+o\big(\|s_k\|_2^2\big).$$

于是得到

$$r_k=\Delta f_k/\Delta q^{(k)}\to 1,$$

这与 $r_k<0.25$ 矛盾. 从而有 $g^\infty=0$.

再假定 G^∞ 的最小特征值 $\lambda<0$, 其对应的单位特征向量为 v. 考虑 x_k+h_kv, v 满足 $v^Tg_k\leqslant 0$. 于是，类似地，由对于 (3.6.2) 的可行性，有

$$\begin{aligned}\Delta q^{(k)} &\geqslant -h_kv^Tg_k-\frac{1}{2}h_k^2v^TG_kv\\ &\geqslant -\frac{1}{2}h_k^2v^TG_kv\end{aligned}$$

$$= \frac{1}{2}h_k^2(-\lambda + o(1)).$$

注意到 $\Delta f_k = \Delta q^{(k)} + o\big(\|s_k\|_2^2\big)$, 从而得到

$$r_k = \Delta f_k / \Delta q^{(k)} \to 1,$$

这又与 $r_k < 0.25$ 矛盾. 从而 G^∞ 是正半定的.

现在考虑情形 (2). 注意到

$$f_k - f^\infty \geqslant \sum_k \Delta f_k,$$

由于 $f_1 - f^\infty$ 是常数, 故由

$$\sum_k \Delta f_k \geqslant 0.25 \sum_k \Delta q^{(k)}$$

可知, $\Delta q^{(k)} \to 0$. 定义

$$q^\infty(s) = f^\infty + s^T g^\infty + \frac{1}{2} s^T G^\infty s,$$

设 $\overline{h}$ 满足 $0 < \overline{h} < \mathrm{glb}\,(h_k)$, 又设 $\overline{s}$ 在约束条件 $\|s\|_2 \leqslant \overline{h}$ 之下极小化 $q^\infty(s)$. 对充分大的 k, $\overline{x} = x^\infty + \overline{s}$ 关于 Ω_k 可行, 这样

$$q^{(k)}(\overline{x} - x_k) \geqslant q^{(k)}(s_k) = f_k - \Delta q^{(k)}.$$

取极限, 有 $f_k \to f^\infty$, $g_k \to g^\infty$, $G_k \to G^\infty$, $\Delta q^{(k)} \to 0$, $\overline{x} - x_k \to \overline{s}$, 从而得到

$$q^\infty(\overline{s}) \geqslant f^\infty = q^\infty(0).$$

因此 $s = 0$ 在约束条件 $\|s\| \leqslant \overline{h}$ 之下也极小化 $q^\infty(s)$. 注意到 $\overline{h} > 0$, 故这时约束 $\|s\| \leqslant \overline{h}$ 是无效约束, 其对应的拉格朗日乘子为零, 从而约束问题

$$\min q^\infty(s)$$
$$\text{s.t.} \|s\| \leqslant \overline{h}$$

的一阶必要条件简化为 $q^\infty = 0$, 二阶必要条件简化为 G^∞ 正半定. □

如果再加上较强的假设，我们可以得到算法是二阶收敛的结果.

定理 3.6.3 如果定理 3.6.2 中的聚点 x^{∞} 还满足 f 的 Hesse 矩阵 G^{∞} 是正定的条件，那么，对于主序列，有 $r_k \to 1, x_k \to x^{\infty}$, $\mathrm{glb}\,(x_k) > 0$, 以及对于充分大的 k, 约束 $\|s\|_2 < h_k$. 此外，收敛速度是二阶的.

证明 . 假定算法产生的子序列 $x_k \to x^{\infty}$ 属于定理 3.6.2 中第一种情形，即 $r_k < 0.25$, $h_{k+1} \to 0$. 考虑方向 $d_k = -G_k^{-1} g_k$. 由于 G^{∞} 正定，则对充分大的 k, 上述方向 d_k 有定义且为下降方向.

若 $\|d_k\| \leqslant h_k$, 则 $s_k = d_k$,

$$\begin{aligned}
\Delta q^{(k)} &= f_k - q^{(k)}(s_k) \\
&= -g_k^T s_k - \frac{1}{2} s_k^T G_k s_k \\
&= (G_k s_k)^T s_k - \frac{1}{2} s_k^T G_k s_k \\
&= \frac{1}{2} s_k^T G_k s_k \\
&\geqslant \frac{1}{2} \lambda_k \|s_k\|^2,
\end{aligned} \tag{3.6.9}$$

其中 λ_k 是 G_k 的最小特征值.

若 $\|d_k\| \geqslant h_k$, 则由 $\Delta q^{(k)}$ 的最优性,

$$\begin{aligned}
\Delta q^{(k)} &\geqslant f_k - q^{(k)}(h_k d_k / \|d_k\|) \\
&\geqslant -h_k d_k^T g_k / \|d_k\| - \frac{1}{2} h_k^2 d_k^T G_k d_k / \|d_k\|^2 \\
&= h_k d_k^T G_k d_k / \|d_k\| - \frac{1}{2} h_k^2 d_k^T G_k d_k / \|d_k\|^2 \\
&\geqslant \frac{1}{2} h_k d_k^T G_k d_k / \|d_k\| \\
&\geqslant \frac{1}{2} h_k \lambda_k \|d_k\| \\
&\geqslant \frac{1}{2} h_k^2 \lambda_k \\
&= \frac{1}{2} \lambda_k \|s_k\|^2.
\end{aligned} \tag{3.6.10}$$

(3.6.9) 和 (3.6.10) 表明

$$\Delta q^{(k)} \geqslant \frac{1}{2}\lambda_k\|s_k\|^2$$

总成立. 注意到 $\Delta f_k = \Delta q^{(k)} + o\big(\|s_k\|^2\big)$, 从而得到

$$r_k = \frac{\Delta f_k}{\Delta q^{(k)}} = 1 + \frac{o\big(\|s_k\|^2\big)}{\Delta q^{(k)}} \to 1, \tag{3.6.11}$$

这与 $r_k < 0.25$ 矛盾. 从而序列 $x_k \to x^\infty$ 不属于第一种情形, 而属于第二种情形. 于是, 如果 k 充分大使得 $\big\|x_k - x^\infty\big\| \leqslant \frac{1}{2}\mathrm{glb}\,(h_k)$, 则牛顿法收敛性定理 3.2.1 成立, 故 $x_{k+1} = x_k - G_k^{-1}g_k$ 满足

$$\big\|x_{k+1} - x^\infty\big\| < \big\|x_k - x^\infty\big\|,$$

并且在 Ω_k 中可行. 因此整个序列 $x_k \to x^\infty$. 并且由 (3.6.11) 知整个序列满足 $r_k \to 1$, 且在第二种情形有 $\mathrm{glb}\,(h_k) > 0$.

由于 k 充分大时, $\|s_k\| < h_k$, 算法化为牛顿迭代, 故由定理 3.2.1 可知序列 $\{x_k\}$ 具有二阶收敛速度. □

3.6.3 Levenberg-Marquardt 方法

最重要的一类信赖域模型是在 (3.6.2) 中取 l_2 范数得到的模型

$$\begin{cases} \min q^{(k)}(s) = f(x_k) + g_k^T s + \frac{1}{2}s^T G_k s, \\ \text{s.t.} \|s\|_2 \leqslant h_k. \end{cases} \tag{3.6.12}$$

这个模型可以由解

$$(G_k + \mu I)s = -g_k \tag{3.6.13}$$

确定 s_k 来表征, 其中 μ 是一个非负数. 这个结果直接从约束最优化的 Kuhn-Tucker 条件得到 (见第八章). 事实上, 如果 G_k 正定, 且牛顿修正 $s_k = -G_k^{-1}g_k$ 满足 $\|s_k\| \leqslant h_k$, 则 s_k 即为问题 (3.6.12) 的解, (3.6.13) 中相应的 $\mu = 0$. 否则, 可以假定约束为有效 (积极) 约束, 从而模型 (3.6.12) 可以写成

$$\begin{aligned} &\min q^{(k)}(s) = f(x_k) + g_k^T s + \frac{1}{2}s^T G_k s, \\ &\text{s.t.} s^T s = h_k^2. \end{aligned} \tag{3.6.14}$$

引进 Lagrange 函数

$$L(s,\mu)=q^{(k)}(s)+\frac{1}{2}\mu\left(s^Ts-h_k^2\right). \tag{3.6.15}$$

由于约束 $s^Ts\leqslant h_k^2$ 是有效约束，根据约束最优化的最优性条件知 $\mu\geqslant 0$. 令 $\nabla_s L=0$, 有

$$g_k+G_ks+\mu s=0, \tag{3.6.16}$$

此即 (3.6.13) 式. (3.6.16) 和 $s^Ts=h_k^2$ 即为问题 (3.6.14) 的一阶必要条件. 对于 $\mu=\mu_k$, 注意到 $L(s,\mu)$ 是 s 的二次函数, $\Delta L(s_k,\mu_k)=0$, 于是,

$$\begin{aligned}L(s,\mu_k)=&q^{(k)}(s)+\frac{1}{2}\mu_k\left(s^Ts-h_k^2\right)\\=&q^{(k)}(s)+\frac{1}{2}\mu_k s^Ts-\frac{1}{2}\mu_k h_k^2+s_k^T\nabla L(s_k,\mu_k)\\=&f_k+g_k^Ts+\frac{1}{2}s^TG_ks+\frac{1}{2}\mu_k s^Ts-\frac{1}{2}\mu_k h_k^2+s_k^Tg_k\\&+s_k^TG_ks_k+\mu_k s_k^Ts_k\\=&q^{(k)}(s_k)+\frac{1}{2}(s-s_k)^T(G_k+\mu_kI)(s-s_k).\end{aligned} \tag{3.6.17}$$

注意到 (3.6.14) 的局部解的二阶必要条件是

$$p^T(G_k+\mu_kI)p\geqslant 0,\quad \forall p: p^Ts_k=0. \tag{3.6.18}$$

今设 s_k 是 (3.6.14) 的总体解，设 v 满足 $v^Ts_k\neq 0$, 则有可能构造向量 $s'\neq s_k$, 使得它对于问题 (3.6.14) 可行且

$$s'-s_k \text{ 与 } v \text{ 成比例}. \tag{3.6.19}$$

由总体解的性质和可行性，有

$$q^{(k)}(s_k)\leqslant q^{(k)}(s')=L(s',\mu_k). \tag{3.6.20}$$

从 (3.6.17), (3.6.19) 和 (3.6.20) 立得

$$v^T(G_k+\mu I)v\geqslant 0,\quad \forall v: v^Ts_k\neq 0. \tag{3.6.21}$$

这样，从 (3.6.18) 和 (3.6.21) 得到总体解的二阶必要条件是 $G_k+\mu_k I$ 正半定.

进一步，设对于 $\mu=\mu_k$, s_k 是 (3.6.13) 的解. 又设 $G_k+\mu_k I$ 正定，则对于任何使 (3.6.14) 可行的 $s \neq s_k$, 由 (3.6.17) 可得

$$q^{(k)}(s)=L(s,\mu_k)>q^{(k)}(s_k), \tag{3.6.22}$$

这表明一个唯一的总体解的二阶充分条件是对于某个 $\mu=\mu_k$, (3.6.13) 式在 s_k 成立，且 $G_k+\mu_k I$ 正定.

因此，所有的 Levenberg-Marquardt 方法都要确定一个 $\mu \geqslant 0$, 使得 $G_k+\mu I$ 正定，并解 (3.6.13) 以确定 s_k.

可以证明 $\|s\|_2$ 是 μ 的单调下降函数. 事实上，

$$\eta(\mu) \triangleq \|s\|_2=\left\|(G_k+\mu I)^{-1}g_k\right\|,$$

于是，

$$\eta'(\mu)=\frac{-g_k^T(G_k+\mu I)^{-3}g_k}{\|s\|_2}=\frac{-s^T(G_k+\mu I)^{-1}s}{\|s\|_2}.$$

当 $g_k \neq 0$ 时，有 $\eta'(\mu)<0$. 这表明 $\eta(\mu) \triangleq \|s\|_2$ 是 μ 的单调下降函数.

下面，我们给出如下一个类似于算法 3.6.1 的算法.

算法 3.6.4 (Levenberg-Marquardt 方法)

初始步：给出 x_0 和 $\mu_0>0$, $k=0$.

第 k 次迭代格式为：

(1) 给出 x_k 和 μ_k, 计算 g_k 和 G_k; 若 $\|g_k\|<\varepsilon$, 停止.

(2) 分解 $G_k+\mu_k I$, 如果不正定，置 $\mu_k=4\mu_k$, 并重复这一步，直到 $G_k+\mu_k I$ 为正定.

(3) 解方程组 (3.6.13) 求出 s_k.

(4) 求 $f(x_k+s_k)$, $q^{(k)}(s_k)$ 和 r_k 的值.

(5) 若 $r_k<0.25$, 置 $\mu_{k+1}=4\mu_k$;
若 $r_k>0.75$, 置 $\mu_{k+1}=\mu_k/2$;
否则，置 $\mu_{k+1}=\mu_k$.

(6) 若 $r_k \leqslant 0$, 置 $x_{k+1} = x_k$, 否则，置 $x_{k+1} = x_k + s_k$.

(7) 令 $k := k+1$, 转 (1). □

3.6.4 双折线步方法 (The Double Dogleg Step Method)

一个修改的信赖域算法的执行方案是 Powell (1970) 给出的折线步方法 (dogleg step method). 为了求 $x_{k+1} = x_k + s_k$, 满足 $\|s_k\| = h_k$, Powell (1970) 用一条折线来近似 s, 其做法是连接 Cauchy 点 (即由最速下降法产生的极小点 C.P.) 和牛顿点 (即由牛顿法产生的极小点 x_{k+1}^N), 其连线与信赖域边界的交点取为 x_{k+1} (如图 3.6.1 所示 $x_{k+1}^{(1)}$). 显然, $\|x_{k+1} - x_k\| = h_k$. 当牛顿步 s_k^N 的长度 $\|s_k^N\| \leqslant h_k$ 时，x_{k+1} 就取为牛顿点.

Dennis 和 Mei (1979) 发现，如果在信赖域迭代中产生的点一开始就偏向于牛顿方向，则算法的性态将得到进一步改善. 于是，他们将 Cauchy 点和牛顿方向上的 $\widehat{N}$ 点连接起来，并将这个连线与信赖域边界的交点取为 x_{k+1} (如图 3.6.1 中 $x_{k+1}^{(2)}$). 比较起来, $x_{k+1}^{(2)}$ 比 $x_{k+1}^{(1)}$ 更偏向于牛顿方向. 我们把折线 $x_k \to C.P. \to x_{k+1}^N$ 称为单折线，把 $x_k \to C.P. \to \widehat{N} \to x_{k+1}^N$ 称为双折线.

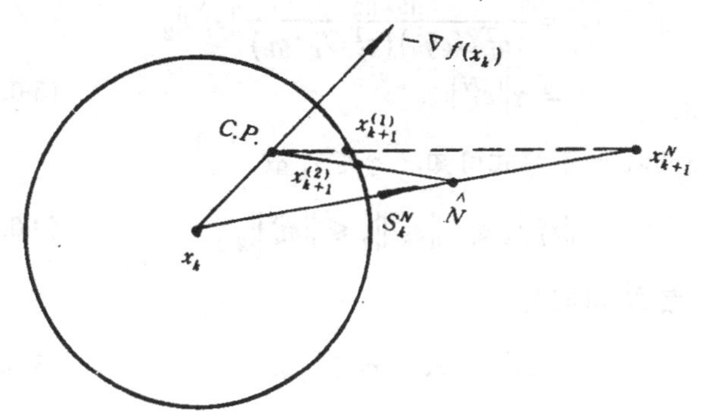

图 3.6.1 折线步方法和双折线步方法

对于二次模型

$$q^{(k)}(x_k - \alpha g_k) = f(x_k) - \alpha \|g_k\|_2^2 + \frac{1}{2}\alpha^2 g_k^T G_k g_k, \qquad (3.6.23)$$

其精确一维搜索因子 α_k 的显式表示是

$$\alpha_k = \frac{\|g_k\|_2^2}{g_k^T G_k g_k}. \tag{3.6.24}$$

如果

$$\alpha_k \|g_k\|_2 \geqslant h_k, \tag{3.6.25}$$

则取

$$x_{k+1} = x_k - h_k g_k / \|g_k\|_2. \tag{3.6.26}$$

选择双折线的一个特殊办法是使它具有下面两个性质：

(1) 从 x_k 到 $C.P.$ 点，到 $\widehat{N}$ 点，到 x_{k+1}^N 点的距离单调增加；

(2) 当从 x_k 向 $C.P.$ 点，$\widehat{N}$ 点和 x_{k+1}^N 点移动时，二次模型 $q^{(k)}(x_k+s)$ 的值单调下降.

为此，我们考虑

$$\begin{aligned}
\left\|s_k^c\right\|_2 &= \|g_k\|_2^3 / g_k^T G_k g_k \\
&\leqslant \frac{\|g_k\|_2^3}{g_k^T G_k g_k} \cdot \frac{\|g_k\|_2 \left\|G_k^{-1} g_k\right\|_2}{g_k^T G_k^{-1} g_k} \\
&= \frac{\|g_k\|_2^4}{\left(g_k^T G_k g_k\right)\left(g_k^T G_k^{-1} g_k\right)} \left\|s_k^N\right\|_2 \\
&\triangleq \gamma \left\|s_k^N\right\|_2.
\end{aligned} \tag{3.6.27}$$

由 Cauchy-Schwarz 不等式可知，$\gamma \leqslant 1$, 故

$$\left\|s_k^c\right\|_2 \leqslant \gamma \left\|s_k^N\right\|_2 \leqslant \left\|s_k^N\right\|_2. \tag{3.6.28}$$

双折线上的点 $\widehat{N}$ 可取为

$$x^{\widehat{N}} = x_k - \eta G_k^{-1} g_k, \tag{3.6.29}$$

其中

$$\gamma \leqslant \eta \leqslant 1. \tag{3.6.30}$$

这样，

$$\left\|x^c - x_k\right\|_2 \leqslant \left\|x^{\widehat{N}} - x_k\right\|_2 \leqslant \left\|x_{k+1}^N - x_k\right\|_2. \tag{3.6.31}$$

这时，上面指出的第二个性质也成立，即从 $C.P.$ 点到 $\widehat{N}$ 点，二次模型 $q^{(k)}(x_k+s)$ 的值单调下降．事实上，

$$x_{k+1}(\lambda)=x_k+s_k^c+\lambda\left(\eta s_k^N-s_k^c\right),\quad 0\leqslant\lambda\leqslant 1. \tag{3.6.32}$$

这样，在 $x_{k+1}(\lambda)$ 处的方向导数为

$$\begin{aligned}&\nabla q^{(k)}(x_{k+1}(\lambda))^T\left(\eta s_k^N-s_k^c\right)\\=&\left(g_k+G_k s_k^c\right)^T\left(\eta s_k^N-s_k^c\right)+\lambda\left(\eta s_k^N-s_k^c\right)^T G_k\left(\eta s_k^N-s_k^c\right).\end{aligned} \tag{3.6.33}$$

当 G_k 是正定时，上式右端是 λ 的单调上升函数．为了使得当 $0\leqslant\lambda\leqslant 1$ 时上式是负的，只需当 $\lambda=1$ 时上式是负的即可，即

$$\left(g_k+G_k s_k^c\right)^T\left(\eta s_k^N-s_k^c\right)+\lambda\left(\eta s_k^N-s_k^c\right)^T G_k\left(\eta s_k^N-s_k^c\right)<0.$$

上式等价于

$$0>(1-\eta)\left(g_k^T\left(\eta s_k^N-s_k^c\right)\right)=(1-\eta)(\gamma-\eta)\left(g_k^T G_k^{-1} g_k\right). \tag{3.6.34}$$

当 $\gamma<\eta<1$ 时，上述不等式满足．

因此，双折线步选择 $\widehat{N}$ 点是由

$$x_{k+1}=x_k+\eta s_k^N,\quad \eta\in(\gamma,1), \tag{3.6.35}$$

产生．当 $\eta=1$ 时，$\widehat{N}$ 点就变成牛顿点，双折线步就成为单折线步．一般地，取 $\eta=0.8\gamma+0.2$．

在产生 $C.P.$ 点和 $\widehat{N}$ 点后，所求的新点 $x_{k+1}(\lambda)$ 由 (3.6.32) 产生，选择 λ 使得

$$\left\|s_k^c+\lambda\left(\eta s_k^N-s_k^c\right)\right\|_2=h_k. \tag{3.6.36}$$

如果所得到的 $x_{k+1}(\lambda)$ 满足下降性要求

$$f(x_{k+1}(\lambda))\leqslant f(x_k)+\rho g_k^T(x_{k+1}(\lambda)-x_k),\quad \rho\in\left(0,\frac{1}{2}\right), \tag{3.6.37}$$

则根据信赖域算法 3.6.1 的第 4 步修改信赖域半径，如果 $x_{k+1}(\lambda)$ 不满足 (3.6.37), 则令 $x_{k+1} := x_k$.

§3.7 不精确牛顿法

前面已经提及，牛顿法在每次迭代中所需的计算量较大，尤其对于维数很大的问题. 本节考虑一类不精确牛顿法，这类方法在每次迭代中只是近似地求解牛顿方程. 为了阐述这种方法，我们考虑解非线性方程组 $F(x) = 0$ 的问题. 读者可以毫不困难地将下述处理方法用于无约束最优化中.

考虑解非线性方程组

$$F(x) = 0, \tag{3.7.1}$$

其中 $F : R^n \to R^n$ 具有下列性质：

(1) 存在 x^* 使得 $F(x^*) = 0$.

(2) F 在 x^* 的邻域中连续可微. (3.7.2)

(3) $F'(x^*)$ 非奇异.

经典牛顿法为：解

$$F'(x_k)s_k = -F(x_k), \tag{3.7.3a}$$

令

$$x_{k+1} = x_k + s_k. \tag{3.7.3b}$$

今考虑不精确牛顿法：解

$$F'(x_k)s_k = -F(x_k) + r_k, \tag{3.7.4a}$$

其中

$$\frac{r_k}{\|F(x_k)\|} \leqslant \eta_k, \tag{3.7.4b}$$

令

$$x_{k+1} = x_k + s_k. \tag{3.7.4c}$$

这里 $r_k = F'(x_k)s_k + F(x_k)$ 表示残量，$\{\eta_k\}$ 是一个控制不精确程度的序列. 如果 $\eta_k \equiv 0$, 则 (3.7.4) 就是牛顿法.

下面，我们在序列 $\{\eta_k\}$ 一致小于 1 的条件下证明不精确牛顿法的局部收敛性.

引理 3.7.1 设 $F: D \subset R^n \to R^n$ 在 $x^* \in D$ 连续可微，$F'(x^*)$ 非奇异，则存在 $\delta > 0, \gamma > 0, \varepsilon > 0$, 使得当 $\|y - x^*\| < \delta$, $y \in D$ 时，$F'(y)$ 非奇异，且

$$\|F'(y)^{-1}\| \leqslant \gamma. \tag{3.7.5}$$

此外，$F'(y)^{-1}$ 在 x^* 处连续，即

$$\|F'(y)^{-1} - F'(x^*)^{-1}\| < \varepsilon. \tag{3.7.6}$$

证明 令 $\alpha = \|F'(x^*)^{-1}\|$. 对于给出的 $\beta < \alpha^{-1}$, 选择 δ 使得当 $y \in D, \|y - x^*\| < \delta$ 时，

$$\|F'(x^*) - F'(y)\| \leqslant \beta.$$

由 von Neumann 定理 1.2.3 可知，$F'(y)$ 可逆，并且 (3.7.5) 式成立，$\gamma = \alpha/(1 - \beta\alpha)$. 因此，

$$\begin{aligned}\|F'(x^*)^{-1} - F'(y)^{-1}\| &= \|F'(x^*)^{-1}(F'(y) - F'(x^*))F'(y)^{-1}\| \\ &\leqslant \alpha\gamma\|F'(x^*) - F'(y)\| \\ &\leqslant \alpha\beta\gamma \\ &\triangleq \varepsilon,\end{aligned}$$

即 F' 的连续性保证了其逆 $(F')^{-1}$ 的连续性. □

定理 3.7.2 设 $F: R^n \to R^n$ 具有性质 (3.7.2). 设 $\{\eta_k\}$ 是一个实数序列满足 $0 \leqslant \eta_k \leqslant \eta_{\max} < t < 1$. 那么，对于某个 $\varepsilon > 0$, 如果 $\|x_0 - x^*\| < \varepsilon$, 则由不精确牛顿法 (3.7.4) 产生的迭代序列 $\{x_k\}$ 收敛到 x^*, 并且收敛是线性的，即满足

$$\|x_{k+1} - x^*\|_* \leqslant t\, \|x_k - x^*\|_*, \tag{3.7.7}$$

其中 $\|y\|_* = \|F'(x^*)y\|$.

证明 由于 $F'(x^*)$ 非奇异，故对于 $y \in R^n$ 有

$$\frac{1}{\mu}\|y\| \leqslant \|y\|_* \leqslant \mu\|y\|, \tag{3.7.8a}$$

其中

$$\mu = \max\{\|F'(x^*)\|, \|F'(x^*)^{-1}\|\}. \tag{3.7.8b}$$

由于 $\eta_{\max} < t$, 故存在充分小的 $\gamma > 0$, 使得

$$(1+\gamma\mu)[\eta_{\max}(1+\mu\gamma)+2\mu\gamma] \leqslant t. \tag{3.7.9}$$

今选择充分小的 $\varepsilon > 0$, 使得如果 $\|y - x^*\| \leqslant \mu^2\varepsilon$, 则有

$$\|F'(y) - F'(x^*)\| \leqslant \gamma, \tag{3.7.10}$$

$$\|F'(y)^{-1} - F'(x^*)^{-1}\| \leqslant \gamma, \tag{3.7.11}$$

$$\|F(y) - F(x^*) - F'(x^*)(y - x^*)\| \leqslant \gamma\|y - x^*\|. \tag{3.7.12}$$

设 $\|x_0 - x^*\| \leqslant \varepsilon$. 我们用归纳法证明结论 (3.7.7). 利用 (3.7.8) 和归纳法假设，我们有

$$\begin{aligned}\|x_k - x^*\| &\leqslant \mu\|x_k - x^*\|_* \leqslant \mu t^k\|x_0 - x^*\|_* \\ &\leqslant \mu^2\|x_0 - x^*\| \leqslant \mu^2\varepsilon.\end{aligned}$$

于是，当 $y = x_k$ 时， (3.7.10)—(3.7.12) 成立. 由于

$$\begin{aligned}&F'(x^*)(x_{k+1} - x^*) \\ &= F'(x^*)\big(x_k - x^* - F'(x_k)^{-1}F(x_k) \\ &\quad + F'(x_k)^{-1}r_k\big) \\ &= F'(x^*)F'(x_k)^{-1}\big[F'(x_k)(x_k - x^*) - F(x_k) + r_k\big] \\ &= \big[I + F'(x^*)\big(F'(x_k)^{-1} - F'(x^*)^{-1}\big)\big]\cdot\big[r_k + \big(F'(x_k) \\ &\quad - F'(x^*)\big)(x_k - x^*) - \big(F(x_k) - F(x^*) - F'(x^*)(x_k - x^*)\big)\big],\end{aligned} \tag{3.7.13}$$

取范数，并利用 (3.7.8b)、(3.7.11)、(3.7.4b)、(3.7.10) 和 (3.7.12)，得

$$\begin{aligned}\|x_{k+1}-x^*\| \leqslant & \left[1+\|F'(x^*)\|\|F'(x_k)^{-1}-F'(x^*)^{-1}\|\right] \\ & \cdot\left[\|r_k\|+\|F'(x_k)-F'(x^*)\|\|x_k-x^*\|\right. \\ & \left.+\|F(x_k)-F(x^*)-F'(x^*)(x_k-x^*)\|\right] \\ \leqslant & (1+\mu\gamma)\left[\eta_k\|F(x_k)\|+\gamma\|x_k-x^*\|+\gamma\|x_k-x^*\|\right]. \end{aligned} \tag{3.7.14}$$

由于 $F(x_k)$ 可以写成

$$F(x_k)=\left[F'(x^*)(x_k-x^*)\right]+\left[F(x_k)-F(x^*)-F'(x^*)(x_k-x^*)\right],$$

故取范数有

$$\|F(x_k)\| \leqslant \|x_k-x^*\|_*+\gamma\|x_k-x^*\|. \tag{3.7.15}$$

将 (3.7.15) 代入 (3.7.14)，并利用 (3.7.8a) 和 (3.7.7)，得到

$$\begin{aligned}\|x_{k+1}-x^*\|_* \leqslant & (1+\mu\gamma)\left[\eta_k(\|x_k-x^*\|_*+\gamma\|x_k-x^*\|)\right. \\ & \left.+2\gamma\|x_k-x^*\|\right] \\ \leqslant & (1+\mu\gamma)\left[\eta_{\max}(1+\mu\gamma)+2\mu\gamma\right]\|x_k-x^*\|_* \\ \leqslant & t\|x_k-x^*\|_*. \quad \square \end{aligned}$$

下面，我们讨论不精确牛顿法的收敛速度. 为此，我们先给出一个引理.

引理 3.7.3 设

$$\alpha=\max\left\{\|F'(x^*)\|+\frac{1}{2\beta}, 2\beta\right\},$$

其中 $\beta=\|F'(x^*)^{-1}\|$. 则对于 $\|y-x^*\|$ 充分小，不等式

$$\frac{1}{\alpha}\|y-x^*\| \leqslant \|F(y)\| \leqslant \alpha\|y-x^*\| \tag{3.7.16}$$

成立.

证明 由 F 的连续可微性可知，存在充分小的 $\delta > 0$, 使得当 $\|y - x^*\| < \delta$ 时，

$$\|F(y) - F(x^*) - F'(x^*)(y - x^*)\| \leqslant \frac{1}{2\beta}\|y - x^*\| \tag{3.7.17}$$

成立. 由于 $F(y)$ 可以写成

$$F(y) = [F'(x^*)(y - x^*)] + [F(y) - F(x^*) - F'(x^*)(y - x^*)],$$

故取范数有

$$\begin{aligned}\|F(y)\| &\leqslant \|F'(x^*)\|\|y - x^*\| + \|F(y) - F(x^*) - F'(x^*)(y - x^*)\| \\ &\leqslant \left(\|F'(x^*)\| + \frac{1}{2\beta}\right)\|y - x^*\| \end{aligned} \tag{3.7.18}$$

和

$$\begin{aligned}\|F(y)\| \geqslant &\|F'(x^*)^{-1}\|^{-1}\|y - x^*\| - \|F(y) \\ &- F(x^*) - F'(x^*)(y - x^*)\| \\ \geqslant &\left(\|F'(x^*)^{-1}\|^{-1} - \frac{1}{2\beta}\right)\|y - x^*\| \\ = &\frac{1}{2\beta}\|y - x^*\|. \end{aligned} \tag{3.7.19}$$

由 (3.7.18) 和 (3.7.19) 便得到 (3.7.16). □

定理 3.7.4 设定理 3.7.2 中的假设条件成立. 假定不精确牛顿法产生的序列 $\{x_k\}$ 收敛到 x^*, 那么，当且仅当

$$\|r_k\| = o(\|F(x_k)\|), \quad k \to \infty \tag{3.7.20}$$

时， $\{x_k\}$ 超线性收敛到 x^*.

证明 假设 $\{x_k\}$ 超线性收敛到 x^*. 由于

$$\begin{aligned} r_k =& F(x_k) + F'(x_k)(x_{k+1} - x_k) \\ =& \left[F(x_k) - F(x^*) - F'(x^*)\left(x_k - x^*\right)\right] - \left[F'(x_k)\right. \\ &\left. - F'(x^*)\right]\left(x_k - x^*\right) \end{aligned}$$

$$+\big[F'(x^*)+\big(F'(x_k)-F'(x^*)\big)\big]\big(x_{k+1}-x^*\big),$$

取范数，并利用 F 的性质 (3.7.2) 和 $\{x_k\}$ 的超线性收敛性，得

$$\begin{aligned}\|r_k\| \leqslant &\big\|F(x_k)-F(x^*)-F'(x^*)\big(x_k-x^*\big)\big\|+\big\|F'(x_k)\\&-F'(x^*)\big\|\big\|x_k-x^*\big\|+\big[\|F'(x^*)\|+\big\|F'(x_k)\\&-F'(x^*)\big\|\big]\big\|x_{k+1}-x^*\big\|\\=&o\big(\big\|x_k-x^*\big\|\big)+o(1)\big\|x_k-x^*\big\|+[\|F'(x^*)\|\\&+o(1)]o\big(\big\|x_k-x^*\big\|\big).\end{aligned}$$

因此，利用引理 3.7.3, 得到，当 $k\to\infty$ 时，

$$\|r_k\|=o\big(\big\|x_k-x^*\big\|\big)=o(\|F(x_k)\|). \tag{3.7.21}$$

反之，假设 $\|r_k\|=o(\|F(x_k)\|)$. 由 (3.7.13), 可得

$$\begin{aligned}\big\|x_{k+1}-x^*\big\| \leqslant &\big(\|F'(x^*)^{-1}\|+\big\|F'(x_k)^{-1}\\&-F'(x^*)^{-1}\big\|\big)\big(\|r_k\|+\|F'(x_k)-F'(x^*)\big\|\big\|x_k-x^*\big\|\\&+\big\|F(x_k)-F(x^*)-F'(x^*)\big(x_k-x^*\big)\big\|\big)\\=&(\|F'(x^*)^{-1}\|+o(1))\big(o(\|F(x_k)\|)+o(1)\big\|x_k-x^*\big\|\\&+o\big(\big\|x_k-x^*\big\|\big)\big).\end{aligned}$$

因此，利用引理 3.7.3, 得到

$$\begin{aligned}\big\|x_{k+1}-x^*\big\|&=o(\|F(x_k)\|)+o\big(\big\|x_k-x^*\big\|\big)\\&=o\big(\big\|x_k-x^*\big\|\big).\end{aligned}$$

这表明了序列 $\{x_k\}$ 的超线性收敛性. □

下面的推论指明了序列 $\{\eta_k\}$ 对不精确牛顿法的收敛性的影响.

推论 3.7.5 假定不精确牛顿法产生的序列 $\{x_k\}$ 收敛到 x^*, 那么，如果 $\{\eta_k\}$ 收敛到 0, 则序列 $\{x_k\}$ 超线性收敛到 x^*.

证明 如果

$$\lim_{k\to\infty} \eta_k = 0,$$

则

$$\limsup_{k\to\infty} \frac{\|r_k\|}{\|F(x_k)\|} = 0,$$

这表明$\|r_k\| = o(\|F(x_k)\|)$,从而结论由定理 3.7.4 直接得到. □

本节介绍的不精确牛顿法可以应用于各种牛顿型方法，尤其对于大型问题将会收到很好的效果. 作为这个方法的一个应用，Steihaug (1980) 提出了解大型最优化问题的不精确拟牛顿法，Dennis and Walker (1985) 也讨论了拟牛顿法中的不精确性问题.

§3.8 附录：关于牛顿法收敛性的 Kantorovich 定理

作为本章的一个结束，我们给出一个附录. 介绍 Kantorovich (1948) 提出的 Banach 空间中牛顿法收敛的一个著名定理，它是解非线性方程组和极小化问题的理论基础.

考虑解非线性方程组

$$F(x) = 0, \quad x \in X. \tag{3.8.1}$$

X 是 Banach 空间. 牛顿迭代为

$$x_{m+1} = x_m - F'(x_m)^{-1}F(x_m), \quad m = 0, 1, 2, \cdots. \tag{3.8.2}$$

为了本节证明的需要，我们先给出 Taylor 定理及其推论.

定理 3.8.1 (Taylor 定理) 假定在球 $U(x_0, r)$ 中 $F(x)$ n 次可微，$r > 0$, $F(x)$ 的 n 阶导数 $F^{(n)}(x)$ 从 x_0 到任何 $x_1 \in U(x_0, r)$ 可积，则

$$F(x_1) = F(x_0) + \sum_{k=1}^{n-1} \frac{1}{k!} F^{(k)}(x_0)(x_1 - x_0)^k + R_n(x_0, x_1), \tag{3.8.3}$$

其中

$$R_n(x_0,x_1)=\int_0^1 F^{(n)}(\theta x_1+(1-\theta)x_0)(x_1-x_0)^n\frac{(1-\theta)^{n-1}}{(n-1)!}d\theta. \tag{3.8.4}$$

证明 用分部积分和归纳法证明. 当 $n=1$ 时，由 (1.2.67) 可知定理显然成立. 假设对于 $n=m-1$ 定理成立，设

$$Q(\theta)=\frac{(1-\theta)^{m-1}}{(m-1)!}, \tag{3.8.5}$$

则

$$Q'(\theta)=-\frac{(1-\theta)^{m-2}}{(m-2)!}. \tag{3.8.6}$$

又设

$$T(\theta)=F^{(m-1)}(\theta x_1+(1-\theta)x_0)(x_1-x_0)^{m-1}, \tag{3.8.7}$$

则

$$T'(\theta)=F^{(m)}(\theta x_1+(1-\theta)x_0)(x_1-x_0)^m. \tag{3.8.8}$$

因而由 (3.8.4) 、 (3.8.7) 、 (3.8.8) 和分部积分法则，得

$$\begin{aligned}R_{m-1}(x_0,x_1)&=-\int_0^1 T(\theta)Q'(\theta)\mathrm{d}\theta\\&=-T(1)Q(1)+T(0)Q(0)+\int_0^1 T'(\theta)Q(\theta)\mathrm{d}\theta\\&=\frac{1}{(m-1)!}F^{(m-1)}(x_0)(x_1-x_0)^m+\int_0^1 F^{(m)}(\theta x_1\\&\quad+(1-\theta)x_0)(x_1-x_0)^m\frac{(1-\theta)^{m-1}}{(m-1)!}\mathrm{d}\theta\\&=\frac{1}{(m-1)!}F^{(m-1)}(x_0)(x_1-x_0)^m+R_m(x_0,x_1).\end{aligned} \tag{3.8.9}$$

这便由归纳法证明了 (3.8.3). □

推论 3.8.2 如果 $F(x)$ 在球 $U(x_0,r)$ 中满足定理 3.8.1 的假设，那么

$$\begin{aligned}&\left\|F(x_1)-\sum_{k=0}^{n-1}\frac{1}{k!}F^{(k)}(x_0)(x_1-x_0)^k\right\|\\&\leqslant\sup_{\bar{x}\in L(x_0,x_1)}\|F^{(n)}(\bar{x})\|\frac{\|x_1-x_0\|^n}{n!},\end{aligned}\tag{3.8.10}$$

其中 $L(x_0,x_1)$ 表示连接 x_0 和 x_1 的线段.

证明 直接从 Taylor 定理得到. □

在适当的条件下，由 (3.8.2) 定义的牛顿序列 $\{x_m\}$ 的极限将是方程组 (3.8.1) 的解. 下面假定

$$x^*=\lim_{m\to\infty}x_m.\tag{3.8.11}$$

定理 3.8.3 如果 F' 在 $x=x^*$ 连续，那么

$$F(x^*)=0.\tag{3.8.12}$$

证明 牛顿序列 $\{x_m\}$ 满足

$$F'(x_m)(x_{m+1}-x_m)=-F(x_m).\tag{3.8.13}$$

由于 F' 在 x^* 处连续，故 F 在 x^* 处连续. 对上式取极限 $m\to\infty$，便得 (3.8.12). □

定理 3.8.4 如果在某个包含序列 $\{x_m\}$ 的闭球上，

$$\|F'(x)\|\leqslant M,\tag{3.8.14}$$

那么，序列 $\{x_m\}$ 的极限 x^* 是 (3.8.1) 的解.

证明 不等式 (3.8.14) 和 (3.8.10) 意味着

$$\lim_{m\to\infty}F(x_m)=F(x^*).\tag{3.8.15}$$

由 (3.8.10) 、 (3.8.13) 和 (3.8.14), 有

$$\|F(x_m)\|\leqslant M\|x_{m+1}-x_m\|,\tag{3.8.16}$$

于是，当 $m \to \infty$ 时，便有 $F(x^*)=0$. □

定理 3.8.5 如果在某个包含序列 $\{x_m\}$ 的闭球 $\overline{U}(x_0, r)$, $0<r<\infty$ 上,

$$\|F''(x)\| \leqslant K, \tag{3.8.17}$$

那么，序列 $\{x_m\}$ 的极限 x^* 是 (3.8.1) 的解.

证明 不等式 (3.8.17) 和 (3.8.10) 意味着

$$\|F'(x)-F'(x_0)\| \leqslant K\|x-x_0\| \leqslant Kr, \quad \forall x \in \overline{U}(x_0, r). \tag{3.8.18}$$

又

$$\|F'(x)\| \leqslant \|F'(x_0)\| + \|F'(x)-F'(x_0)\| \leqslant \|F'(x_0)\| + Kr, \tag{3.8.19}$$

从而定理 3.8.4 的条件满足，于是结论得到. □

下面，我们给出解非线性方程组 (3.8.1) 的牛顿法收敛的 Kantorovich 定理.

假定从某个点 x_0 开始，并假定 $[F(x_0)]^{-1}$ 存在，这样可以计算

$$x_1 = x_0 - F'(x_0)^{-1}F(x_0). \tag{3.8.20}$$

设存在常数 β_0, η_0, 使得

$$\|F'(x_0)^{-1}\| \leqslant \beta_0, \tag{3.8.21}$$

$$\|x_1 - x_0\| \leqslant \eta_0. \tag{3.8.22}$$

定理 3.8.6 (Kantorovich 定理) 如果在某个闭球 $\overline{U}(x_0, r)$ 中

$$\|F''(x)\| \leqslant K, \tag{3.8.23}$$

又

$$h_0 = \beta_0\eta_0 K \leqslant \frac{1}{2}, \tag{3.8.24}$$

那么，若

$$r \geqslant r_0 = \frac{1-\sqrt{1-2h_0}}{h_0}\eta_0, \tag{3.8.25}$$

则从初始点 x_0 开始的牛顿序列 (3.8.2) 将收敛到 (3.8.1) 的解 x^*, $x^* \in \overline{U}(x_0, r)$.

证明 用归纳法. 一般的归纳步等价于从 x_0 到 x_1 的情形. 因此, 我们从 x_0 出发, 由牛顿迭代产生 x_1.

从 (3.8.23) 和 Taylor 定理的推论 3.8.2, 有

$$\|F'(x_1) - F'(x_0)\| \leqslant K\|x_1 - x_0\| \leqslant K\eta_0. \tag{3.8.26}$$

再利用 (3.8.24), 上式可以写成

$$\|F'(x_1) - F'(x_0)\| \leqslant K\eta_0 \leqslant \frac{1}{2\beta_0} < \frac{1}{\|F'(x_0)^{-1}\|}. \tag{3.8.27}$$

由 von Neumann 定理 1.2.3 可知, $F'(x_1)^{-1}$ 存在, 且

$$\begin{aligned}\|F'(x_1)^{-1}\| &\leqslant \frac{\|F'(x_0)^{-1}\|}{1 - \|F'(x_0)^{-1}\|\|F'(x_1) - F'(x_0)\|} \\ &\leqslant \frac{\beta_0}{1 - \beta_0\eta_0 K} \\ &= \frac{\beta_0}{1 - h_0} \triangleq \beta_1,\end{aligned} \tag{3.8.28}$$

因此, 我们可以由牛顿迭代计算 x_2. 为了估计 $\|x_2 - x_1\|$, 注意到

$$\|x_2 - x_1\| = \|F'(x_1)^{-1}F(x_1)\|, \tag{3.8.29}$$

而由定理 1.2.3,

$$\begin{aligned}F'(x_1)^{-1} &= \left(\sum_{k=0}^{\infty}\left\{I - F'(x_0)^{-1}F'(x_1)\right\}^k\right)F'(x_0)^{-1} \\ &= \left(\sum_{k=0}^{\infty}\left\{F'(x_0)^{-1}[F'(x_0) - F'(x_1)]\right\}^k\right)F'(x_0)^{-1}.\end{aligned} \tag{3.8.30}$$

由 (3.8.21) 、 (3.8.27) 、 (3.8.29) 和 (3.8.30), 得到

$$\|x_2 - x_1\| \leqslant \frac{1}{1 - \beta_0\eta_0 K}\|F'(x_0)^{-1}F(x_1)\|$$

$$= \frac{1}{1-h_0}\|F'(x_0)^{-1}F(x_1)\|. \tag{3.8.31}$$

为了估计 $\|F'(x_0)^{-1}F(x_1)\|$, 考虑算子

$$H(x) = x - F'(x_0)^{-1}F(x). \tag{3.8.32}$$

显然,

$$H'(x_0) = I - F'(x_0)^{-1}F'(x_0) = 0. \tag{3.8.33}$$

从 (3.8.32)

$$F'(x_0)^{-1}F(x_1) = x_1 - H(x_1), \tag{3.8.34}$$

注意到 $x_1 = H(x_0)$ 和 (3.8.33), 于是 (3.8.34) 可以写成

$$F'(x_0)^{-1}F(x_1) = -[H(x_1) - H(x_0) - H'(x_0)(x_1 - x_0)]. \tag{3.8.35}$$

这样, 由推论 3.8.2,

$$\|F'(x_0)^{-1}F(x_1)\| \leqslant \sup_{\overline{x}\in L(x_0,x_1)} \|H''(\overline{x})\|\frac{\|x_1 - x_0\|^2}{2}. \tag{3.8.36}$$

由于 $x_1 \in \overline{U}(x_0, r)$, 如果 (3.8.33) 成立, 则在 $L(x_0, x_1)$ 上,

$$\|H''(x)\| \leqslant \beta_0 K, \tag{3.8.37}$$

于是, 由 (3.8.31) 和 (3.8.36) 得

$$\begin{aligned} \|x_2 - x_1\| &\leqslant \frac{1}{1-h_0}\cdot\frac{\beta_0 K\eta_0^2}{2} \\ &= \frac{1}{2}\,\frac{h_0}{1-h_0}\eta_0 \triangleq \eta_1. \end{aligned} \tag{3.8.38}$$

显然,

$$\eta_1 \leqslant \frac{1}{2}\eta_0, \tag{3.8.39}$$

于是,

$$h_1 = \beta_1\eta_1 K = \frac{\beta_0}{1-h_0}\cdot\frac{1}{2}\,\frac{h_0}{1-h_0}\eta_0 K$$

$$= \frac{1}{2}\frac{h_0^2}{(1-h_0)^2} \leqslant 2h_0^2 \leqslant \frac{1}{2}, \tag{3.8.40}$$

故用 x_1 代替 x_0 时，(3.8.24) 成立.

今若对于

$$r_1 = \frac{1-\sqrt{1-2h_1}}{h_1}\eta_1, \tag{3.8.41}$$

如能证明

$$\overline{U}(x_1, r_1) \subset \overline{U}(x_0, r_0), \tag{3.8.42}$$

则用 x_1 代替 x_0 时，条件 (3.8.23) 将成立. 由直接代入可知，

$$\sqrt{1-2h_1} = \left(1-\frac{h_0^2}{(1-h_0)^2}\right)^{1/2} = \frac{1}{1-h_0}\sqrt{1-2h_0},$$

$$\begin{aligned} r_1 &= \frac{1-(1-h_0)^{-1}\sqrt{1-2h_0}}{\frac{1}{2}\left[h_0^2/(1-h_0^2)\right]}\cdot\frac{1}{2}\frac{h_0}{1-h_0}\eta_0 \\ &= \left(\frac{1-\sqrt{1-2h_0}}{h_0}-1\right)\eta_0 \\ &= r_0 - \eta_0. \end{aligned} \tag{3.8.43}$$

因此，如果 $x \in \overline{U}(x_1, r_1)$, 那么

$$\|x - x_1\| \leqslant r_1 = r_0 - \eta_0,$$

从而

$$\|x - x_0\| \leqslant \|x - x_1\| + \|x_1 - x_0\| \leqslant r_0 - \eta_0 + \eta_0 = r_0.$$

这样 $x \in \overline{U}(x_0, r_0)$, 它建立了 (3.8.42).

由数学归纳法可知，从 x_0 开始，牛顿迭代 (3.8.2) 产生一个满足定理假设条件的序列 $\{x_m\}$. 剩下的是要证明这个序列收敛到 (3.8.2) 的解 x^*.

相应于序列 $\{x_m\}$, 我们定义序列 $\{\beta_m\}$ 、$\{\eta_m\}$ 和 $\{h_m\}$ 如下：

$$\beta_m = \frac{\beta_{m-1}}{1-h_{m-1}}, \tag{3.8.44}$$

$$\eta_m = \frac{1}{2}\frac{h_{m-1}\eta_{m-1}}{1-h_{m-1}}, \tag{3.8.45}$$

$$h_m = \frac{1}{2}\frac{h_{m-1}^2}{(1-h_{m-1})^2}. \tag{3.8.46}$$

我们有

$$h_m \leqslant 2h_{m-1}^2 \leqslant \frac{1}{2}(2h_{m-2})^4 \leqslant \cdots \leqslant \frac{1}{2}(2h_0)^{2^m}, \tag{3.8.47}$$

$$\begin{aligned}\eta_m &= \frac{1}{2}\frac{h_{m-1}\eta_{m-1}}{1-h_{m-1}} \leqslant h_{m-1}\eta_{m-1} \leqslant h_{m-1}h_{m-2}\eta_{m-2} \\ &\leqslant \cdots \\ &\leqslant \frac{1}{2^m}(2h_0)^{2^{m-1}}(2h_0)^{2^{m-2}}\cdots(2h_0)\eta_0 \\ &= \frac{1}{2^m}(2h_0)^{2^m-1}\eta_0.\end{aligned} \tag{3.8.48}$$

对任何正整数 p, $x_{m+p} \in \overline{U}(x_m, r_m)$, 使得

$$\|x_{m+p} - x_m\| \leqslant r_m = \frac{1-\sqrt{1-2h_m}}{h_m}\eta_m \leqslant 2\eta_m. \tag{3.8.49}$$

将 (3.8.48) 代入 (3.8.49), 得

$$\|x_{m+p} - x_m\| \leqslant \frac{1}{2^{m-1}}(2h_0)^{2^m-1}\eta_0. \tag{3.8.50}$$

这表明 $\{x_m\}$ 是 Cauchy 序列, 从而它有极限 $x^* \in \overline{U}(x_0, r_0)$. 从定理 3.8.5 可知, x^* 是 (3.8.1) 的解. 这完成了定理的证明. □

Ortega 和 Rheinboldt (1970) 利用强函数理论证明了解非线性方程组的牛顿法的收敛性. 这里我们仅列出两个定理, 对详细内容和证明感兴趣的读者请参阅 Ortega 和 Rheinboldt (1970).

定理 3.8.7 (简单牛顿迭代的收敛定理)　假定 $F: D \subset R^n \to R^n$ 在凸集 $D_0 \subset D$ 上 F- 可微,

$$\|F'(x) - F'(y)\| \leqslant \gamma\|x - y\|, \quad \forall x, y \in D_0, \tag{3.8.51}$$

假定存在 $x_0 \in D_0$ 使得 $\|F'(x_0)^{-1}\| \leqslant \beta$ 和 $\alpha = \beta\gamma\eta \leqslant \frac{1}{2}$, 其中 $\eta \geqslant \|F'(x_0)^{-1}F(x_0)\|$. 令

$$t^* = (\beta\gamma)^{-1}[1-(1-2\alpha)^{1/2}], \quad t^{**} = (\beta\gamma)^{-1}[1+(1-2\alpha)^{1/2}], \tag{3.8.52}$$

假定 $N(x_0,t^*) = \{x \mid \|x-x_0\| < t^*\}$, $\overline{N}(x_0,t^*) = \{x \mid \|x-x_0\| \leqslant t^*\} \subset D_0$, 那么简单牛顿迭代

$$x_{k+1} = x_k - F'(x_0)^{-1}F(x_k), \quad k = 0,1,\cdots \tag{3.8.53}$$

有意义，仍在 $\overline{N}(x_0,t^*)$ 中，且收敛到 $F(x) = 0$ 的解 x^*. 在 $N(x_0,t^{**}) \cap D_0$ 中这个解是唯一的.

证明 [证法一] 见 Ortega 和 Rheinboldt (1970) Th. 12.6.1. □

证法二] 我们将证明映射

$$\phi(x) = x - F'(x_0)^{-1}F(x) \tag{3.8.54}$$

在 $\overline{N}(x_0,t^*)$ 上是压缩映射.

由假设, 对所有 $x \in \overline{N}(x_0,t^*)$, 有

$$\begin{aligned} F'(x_0)^{-1}F(x) =& F'(x_0)^{-1}F(x_0) \\ &+ F'(x_0)^{-1}\int_0^1 F'(x_0+t(x-x_0))(x-x_0)dt \\ =& F'(x_0)^{-1}F(x_0) + x - x_0 + F'(x_0)^{-1} \\ &\cdot \int_0^1 (F'(x_0+t(x-x_0)) - F'(x_0))(x-x_0)dt \end{aligned} \tag{3.8.55}$$

和

$$\begin{aligned} \phi(x) - x_0 =& -F'(x_0)^{-1}F(x_0) \\ &- F'(x_0)^{-1}\int_0^1 (F'(x_0+t(x-x_0)) - F'(x_0))(x-x_0)dt. \end{aligned}$$

因此，

$$\|\phi(x)-x_0\| \leqslant \eta+\beta\gamma t^{*^2}/2=t^*.$$

这表明 ϕ 映射 $\overline{N}(x_0,t^*)$ 到本身.

由于对所有 $x\in\overline{N}(x_0,t^*)$,

$$\begin{aligned}\phi'(x)&=I-F'(x_0)^{-1}F'(x)\\&=F'(x_0)^{-1}(F'(x_0)-F'(x)),\end{aligned}$$

故

$$\|\phi'(x)\|\leqslant\beta\gamma\|x-x_0\|\leqslant\beta\gamma t^*<1.$$

因此，对所有 $x,y\in\overline{N}(x_0,t^*)$, 有

$$\begin{aligned}\|\phi(x)-\phi(y)\|&=\left\|\int_0^1\phi'(y+t(x-y))(x-y)dt\right\|\\&\leqslant\beta\gamma t^*\|x-y\|.\end{aligned}$$

注意到 $\beta\gamma t^*<1$, 这证明了 ϕ 在 $\overline{N}(x_0,t^*)$ 上是压缩映射. 由压缩映射定理，在 $\overline{N}(x_0,t^*)$ 上存在 ϕ 的唯一不动点 x^*, 并且 $\{x_k\}$ Q-线性收敛到 x^*.

现在我们再证明解 x^* 在 $N(x_0,t^{**})\cap D_0$ 中是唯一的. 如果 D_0 就是 $\overline{N}(x_0,t^*)$, 则结论已经得到. 如果 $D_0=N(x_0,\bar{t})$, $\bar{t}>t^*$, 我们必须证明：对于所有 x 满足

$$t^*<\|x-x_0\|<\min(\bar{t},t^{**})$$

时， $F(x)\neq 0$. 事实上，设 $\tau=\|x-x_0\|$, 由 (3.8.55), 并注意到 $t^*<\tau<t^{**}$, 有

$$\left\|F'(x)^{-1}F(x)\right\|\geqslant\tau-\eta-\beta\gamma\tau^2/2>0,$$

从而结论得到. 这样我们完成了定理的证明. □

定理 3.8.8 (Newton-Kantorovich 定理) 假定定理 3.8.7 的条件成立，那么牛顿迭代

$$x_{k+1}=x_k-F'(x_k)^{-1}F(x_k),\quad k=0,1,\cdots \tag{3.8.56}$$

有意义，保持在 $\overline{N}(x_0,t^*)$ 中，且收敛到 $F(x)=0$ 在 $N(x_0,t^{**})\cap D_0$ 内的唯一解 x^*. 此外，误差估计式

$$\|x_k-x^*\|\leqslant(\beta\gamma 2^k)^{-1}(2\alpha)^{2^k},\quad k=0,1,\cdots \tag{3.8.57}$$

成立.

证明 见 Ortega 和 Rheinboldt (1970) Th. 12.6.2. □

第四章　共轭梯度法

§4.1　共轭方向法

共轭方向法是介于最速下降法与牛顿法之间的一个方法. 它仅需利用一阶导数信息, 但克服了最速下降法收敛慢的缺点, 又避免了存贮和计算牛顿法所需要的二阶导数信息. 共轭方向法是从研究二次函数的极小化产生的, 但是它可以推广到处理非二次函数的极小化问题. 最典型的共轭方向法是本章研究的共轭梯度法. 下一章介绍的拟牛顿法也是共轭方向法.

定义 4.1.1　设 G 是 $n \times n$ 对称正定矩阵, d_1, d_2 是 n 维非零向量, 如果 $d_1^T G d_2 = 0$, 则称向量 d_1 和 d_2 是 G- 共轭的 (或 G-直交的).

类似地, 设 $d_1, d_2, \cdots, d_m$ 是 R^n 中任一组非零向量, 如果

$$d_i^T G d_j = 0, \quad (i \neq j),$$

则称 $d_1, d_2, \cdots, d_m$ 是 G- 共轭的.

显然, 如果 $d_1, \cdots, d_m$ 是 G- 共轭的, 则它们是线性无关的. 如果 $G = I$, 则共轭性等价于通常的直交性.

一般共轭方向法步骤如下:

算法 4.1.2 (一般共轭方向法)

给出 x^* 的初始点 x_0,

步 1　计算 $g_0 = g(x_0)$.

步 2　计算 d_0, 使 $d_0^T g_0 < 0$.

步 3　令 $k=0$.

步 4　计算 α_k 和 x_{k+1}, 使得

$$f(x_k+\alpha_k d_k)=\min_{\alpha} f(x_k+\alpha d_k),$$
$$x_{k+1}=x_k+\alpha_k d_k.$$

步 5　计算 d_{k+1} 使得 $d_{k+1}^T G d_j=0,\ j=0,1,\cdots,k$.

步 6　令 $k:=k+1$, 转步 4.　□

共轭方向法的一个基本性质是：只要执行精确线性搜索，就能得到二次终止性. 这就是下面的共轭方向法基本定理.

定理 4.1.3 (共轭方向法基本定理)　对于正定二次函数，共轭方向法至多经 n 步精确线性搜索终止；且每一 x_{i+1} 都是 $f(x)$ 在 x_0 和方向 $d_0,\cdots,d_i$ 所张成的线性流形 $\left\{x \,\middle|\, x=x_0+\sum_{j=0}^{i}\alpha_j d_j,\ \forall \alpha_j\right\}$ 中的极小点.

证明　因为 G 正定且共轭方向 $d_0,d_1,\cdots$ 线性无关，故只要证明对所有 $i\leqslant n-1$, 有

$$g_{i+1}^T d_j=0,\quad j=0,\cdots,i, \tag{4.1.1}$$

(即沿流形中的任何直线的斜率为零), 就可得出定理的两个结论. 事实上，由于

$$y_k=g_{k+1}-g_k=G(x_{k+1}-x_k)=\alpha_k G d_k, \tag{4.1.2}$$

故有当 $j<i$ 时,

$$\begin{aligned} g_{i+1}^T d_j &= g_{j+1}^T d_j+\sum_{k=j+1}^{i} y_k^T d_j \\ &= g_{j+1}^T d_j+\sum_{k=j+1}^{i} \alpha_k d_k^T G d_j \\ &= 0, \end{aligned} \tag{4.1.3}$$

在 (4.1.3) 中两项为零分别由精确线性搜索和共轭性得到. 当 $j=i$ 时，直接由线性搜索可知

$$g_{i+1}^T d_i = 0. \tag{4.1.4}$$

从而有 (4.1.1) 成立. □

这个定理是简单的，但相当重要，它是所有共轭方向法的理论基础. 这个定理表明，在精确线性搜索条件下，共轭方向法的梯度满足 (4.1.1).

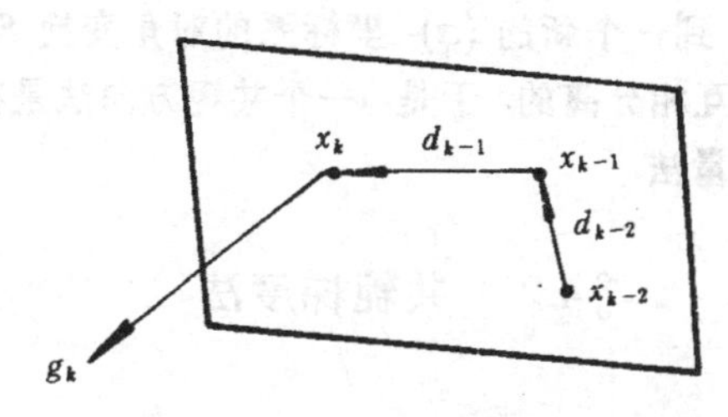

图 4.1.1 共轭方向法的梯度满足 (4.1.1)

最后，我们还应该指出下面的事实所包含的共轭性的基本含义. 设极小点可以写成

$$x^* = x_0 + \sum_{i=0}^{n-1} \alpha_i^* d_i,$$

一般点可以写成

$$x = x_0 + \sum_{i=0}^{n-1} \alpha_i d_i,$$

注意到二次函数可以写为

$$q(\alpha) = \frac{1}{2}(x-x^*)^T G(x-x^*) + c',$$

略去常数项 c', 有

$$q(\alpha) = \frac{1}{2}(x-x^*)^T G(x-x^*)$$

$$= \frac{1}{2}(\alpha - \alpha^*)^T S^T G S(\alpha - \alpha^*),$$

其中 $S = [d_0, \cdots, d_{n-1}]$, 由于 d_i 共轭，故

$$q(\alpha) = \frac{1}{2}\sum_{i=0}^{n-1}\left(\alpha_i - \alpha_i^*\right)^2 \lambda_{ii},$$

其中， $\lambda_{ii} = d_i^T G d_i$. 于是，通过选择 $\alpha_i = \alpha_i^*, i = 0, 1, \cdots, n-1$, 即可使 $q(\alpha)$ 极小化，这等价于在 x- 空间作精确线性搜索. 因此，共轭性意味着 G 到一个新的 (α)- 坐标系的对角变换 $S^T G S$, 在该坐标系中变量是互相分离的. 于是，一个共轭方向法是在新坐标系中的一个交替变量法.

§4.2 共轭梯度法

4.2.1 共轭梯度法

共轭梯度法是最著名的共轭方向法，它首先由 Hestenes 和 Stiefel (1952) 提出来作为解线性方程组的方法. 由于解线性方程组等价于极小化一个正定二次函数，故 1964 年 Fletcher 和 Reeves 提出了无约束极小化的共轭梯度法，它是直接从 Hestenes 和 Stiefel 解线性方程组的共轭梯度法发展而来的. 共轭方向法基本定理告诉我们，共轭性和精确线性搜索产生二次终止性. 共轭梯度法就是使得最速下降方向具有共轭性，从而提高算法的有效性和可靠性. 下面针对二次函数情形讨论共轭梯度法，我们先给出共轭梯度法的推导.

设

$$f(x) = \frac{1}{2}x^T G x + b^T x + c, \tag{4.2.1}$$

其中 G 是 $n \times n$ 对称正定矩阵， b 是 $n \times 1$ 向量， c 是实数. f 的梯度为

$$g(x) = Gx + b. \tag{4.2.2}$$

令

$$d_0 = -g_0, \tag{4.2.3}$$

则

$$x_1 = x_0 + \alpha_0 d_0, \tag{4.2.4}$$

由精确线性搜索性质,

$$g_1^T d_0 = 0. \tag{4.2.5}$$

令

$$d_1 = -g_1 + \beta_0 d_0, \tag{4.2.6}$$

选择 β_0, 使得

$$d_1^T G d_0 = 0. \tag{4.2.7}$$

对 (4.2.6) 两边同乘以 $d_0^T G$, 得

$$\beta_1 = \frac{g_1^T G d_0}{d_0^T G d_0} = \frac{g_1^T (g_1 - g_0)}{d_0^T (g_1 - g_0)} = \frac{g_1^T g_1}{g_0^T g_0}. \tag{4.2.8}$$

由共轭方向法基本定理, $g_2^T d_i = 0, i = 0, 1$. 利用 (4.2.3) 和 (4.2.6), 可知

$$g_2^T g_0 = 0, \quad g_2^T g_1 = 0. \tag{4.2.9}$$

又令

$$d_2 = -g_2 + \beta_0 d_0 + \beta_1 d_1, \tag{4.2.10}$$

选择 β_0 和 β_1, 使得 $d_2^T G d_i = 0, i = 0, 1$. 从而有

$$\begin{aligned} &\beta_0 = 0, \\ &\beta_1 = \frac{g_2^T (g_2 - g_1)}{d_1^T (g_2 - g_1)} = \frac{g_2^T g_2}{g_1^T g_1}. \end{aligned} \tag{4.2.11}$$

一般地, 在第 k 次迭代, 令

$$d_k = -g_k + \sum_{i=0}^{k-1} \beta_i d_i, \tag{4.2.12}$$

选择 β_i, 使得 $d_k^T G d_i = 0, i = 0, 1, \cdots, k-1$. 也假定

$$g_k^T d_i = 0, \quad g_k^T g_i = 0, \quad i = 0, 1, \cdots, k-1, \tag{4.2.13}$$

对 (4.2.12) 左乘 $d_j^T G, j = 0, 1, \cdots, k-1$, 则

$$\beta_j = \frac{g_k^T G d_j}{d_j^T G d_j} = \frac{g_k^T (g_{j+1} - g_j)}{d_j^T (g_{j+1} - g_j)}, \quad j = 0, 1, \cdots, k-1. \tag{4.2.14}$$

由 (4.2.13),

$$g_k^T g_{j+1} = 0, \quad j = 0, 1, \cdots, k-2,$$
$$g_k^T g_j = 0, \quad j = 0, 1, \cdots, k-1,$$

故得 $\beta_j = 0, j = 0, 1, \cdots, k-2$ 和

$$\beta_{k-1} = \frac{g_k^T (g_k - g_{k-1})}{d_{k-1}^T (g_k - g_{k-1})} = \frac{g_k^T g_k}{g_{k-1}^T g_{k-1}}. \tag{4.2.15}$$

因此，共轭梯度法的公式为

$$x_{k+1} = x_k + \alpha_k d_k, \tag{4.2.16}$$

其中，在二次函数情形，

$$\alpha_k = \frac{-g_k^T d_k}{d_k^T G d_k}. \tag{4.2.17}$$

一般地， α_k 由精确线性搜索得到，

$$d_{k+1} = -g_{k+1} + \beta_k d_k, \tag{4.2.18}$$

$$\beta_k = \frac{g_{k+1}^T (g_{k+1} - g_k)}{d_k^T (g_{k+1} - g_k)} \text{ (Crowder-Wolfe 公式)} \tag{4.2.19}$$

$$= \frac{g_{k+1}^T g_{k+1}}{g_k^T g_k}. \text{ (Fletcher-Reeves 公式)} \tag{4.2.20}$$

另两个常用的公式为

$$\beta_k = \frac{g_{k+1}^T(g_{k+1} - g_k)}{g_k^T g_k}, \text{ (Polak-Ribiere-Polyak 公式)} \tag{4.2.21}$$

$$\beta_k = -\frac{g_{k+1}^T g_{k+1}}{d_k^T g_k}. \text{ (Dixon 公式)} \tag{4.2.22}$$

由上面的公式可见，共轭梯度法仅比最速下降法稍微复杂一点，但却具有二次终止性 (即对于二次函数，算法在有限步终止)，所以共轭梯度法是一个很吸引人的方法.

下面的定理包含了共轭梯度法的主要性质：

定理 4.2.1 (共轭梯度法性质定理) 设目标函数由 (4.2.1) 定义，则采用精确线性搜索的共轭梯度法经 $m \leqslant n$ 步后终止，且对所有 $1 \leqslant i \leqslant m$ 成立下列关系式：

$$\left.\begin{aligned} d_i^T G d_j = 0, \\ g_i^T g_j = 0, \end{aligned}\right\} j = 0, 1, \cdots, i-1, \tag{4.2.23, 4.2.24}$$

$$d_i^T g_i = -g_i^T g_i, \tag{4.2.25}$$

$$[g_0, g_1, \cdots, g_i] = [g_0, G g_0, \cdots, G^i g_0], \tag{4.2.26}$$

$$[d_0, d_1, \cdots, d_i] = [g_0, G g_0, \cdots, G^i g_0]. \tag{4.2.27}$$

证明 我们先用归纳法证明 (4.2.23)—(4.2.25). 对于 $i = 0$, (4.2.23) 和 (4.2.24) 无意义，由于 $d_0 = -g_0$, 故 (4.2.25) 成立. 今设这些关系式对于某个 $i < m$ 成立，我们证明对于 $i + 1$, 这些关系式也成立.

对于二次函数 (4.2.1), 显然有

$$g_{i+1} = g_i + G(x_{i+1} - x_i) = g_i + \alpha_i G d_i, \tag{4.2.28}$$

对上式左乘 d_i^T, 并注意到 α_i 是精确线性搜索因子，得

$$\alpha_i = -\frac{g_i^T d_i}{d_i^T G d_i} = \frac{g_i^T g_i}{d_i^T G d_i} \neq 0. \tag{4.2.29}$$

利用 (4.2.28) 和 (4.2.16), 得

$$\begin{aligned} g_{i+1}^T g_j &= g_i^T g_j + \alpha_i d_i^T G g_j \\ &= g_i^T g_j - \alpha_i d_i^T G(d_j - \beta_{j-1} d_{j-1}). \end{aligned} \tag{4.2.30}$$

当 $j=i$ 时, (4.2.30) 成为

$$g_{i+1}^T g_j = g_i^T g_i - \frac{g_i^T g_i}{d_i^T G d_i} d_i^T G d_i = 0.$$

当 $j<i$ 时, (4.2.30) 式直接由归纳法假设可知为零. 这样, (4.2.24) 得证.

再由 (4.2.16) 和 (4.2.29), 有

$$\begin{aligned} d_{i+1}^T G d_j &= -g_{i+1}^T G d_j + \beta_i d_i^T G d_j \\ &= g_{i+1}^T (g_j - g_{j+1})/\alpha_j + \beta_i d_i^T G d_j. \end{aligned} \tag{4.2.31}$$

当 $j=i$ 时, 由 (4.2.24), (4.2.29) 和 (4.2.20), (4.2.31) 成为

$$d_{i+1}^T G d_i = -\frac{g_{i+1}^T g_{i+1}}{g_i^T g_i} d_i^T G d_i + \frac{g_{i+1}^T g_{i+1}}{g_i^T g_i} d_i^T G d_i = 0,$$

当 $j<i$ 时, 直接由归纳法假设可知 (4.2.31) 为零. 于是 (4.2.23) 证得.

由于

$$\begin{aligned} d_{i+1}^T g_{i+1} &= -g_{i+1}^T g_{i+1} + \beta_i d_i^T g_{i+1} \\ &= -g_{i+1}^T g_{i+1}, \end{aligned}$$

因此, (4.2.25) 得到.

最后, 我们用归纳法证明 (4.2.26) 和 (4.2.27) 成立. 当 $i=0$ 时, 结论显然成立, 今假定结论对 i 成立, 我们证明结论对 $i+1$ 也成立. 由于

$$g_{i+1} = g_i + \alpha_i G d_i,$$

而由归纳法假设可知， g_i 和 Gd_i 均属于子空间

$$[g_0, Gg_0, \cdots, G^i g_0, G^{i+1} g_0],$$

故 $g_{i+1} \in [g_0, Gg_0, \cdots, G^{i+1} g_0]$. 进一步，我们要证明

$$g_{i+1} \notin [g_0, Gg_0, \cdots, G^i g_0] = [d_0, \cdots, d_i].$$

由前面证明可知， $d_0, \cdots, d_i$ 是一组共轭方向，由共轭方向法基本定理有

$$g_{i+1} \perp \mathcal{B}_i = [d_0, \cdots, d_i].$$

若 $g_{i+1} \in [g_0, Gg_0, \cdots, G^i g_0] = [d_0, \cdots, d_i]$, 则必有 $g_{i+1} = 0$, 产生矛盾. 因此，我们得到

$$[g_0, g_1, \cdots, g_{i+1}] = [g_0, Gg_0, \cdots, G^{i+1} g_0].$$

利用 $d_{i+1} = -g_{i+1} + \beta_i d_i$ 和归纳法假设，可类似地得到 (4.2.27).
□

在这个定理中，(4.2.23) 表示搜索方向的共轭性，(4.2.24) 表示梯度的直交性，(4.2.25) 表示下降条件，(4.2.26) 和 (4.2.27) 表示方向向量和梯度向量之间的关系，这些子空间通常称为 Krylov 子空间.

对于二次函数，共轭梯度法中线性搜索因子 α_k 由 (4.2.17) 给出. 如定理 4.2.1 所述，这个方法 m $(m \leqslant n)$ 步迭代收敛，其中 m 是 G 的相异特征值的个数.

对于一般目标函数， α_k 由精确线性搜索过程给出，或者用较精确的 Armijo-Goldstein 准则， Wolfe-Powell 准则导出，例如 $\sigma = 0.2$. 由于对于一般非二次函数， n 步以后共轭梯度法产生的搜索方向 d_k 不再共轭，因此 n 步以后我们宜于周期性地采用最速下降方向作为搜索方向，即令

$$d_{cn} = -g_{cn}, \quad c = 1, 2, \cdots.$$

这种方法叫再开始共轭梯度法. 采用这种方法, 所产生的 x_{n-1} 总比 x_0 更靠近 x^*, 尤其当迭代从一个非二次区域进入 $f(x)$ 可由二次函数很好地近似的解的邻域时, 再开始方法能迅速收敛. 对于大型问题, 常常更经常地进行再开始, 例如每隔 k 次迭代再开始, 这里 $k < n$, 甚至 $k \ll n$.

再开始共轭梯度法允许采用近似线性搜索过程, 只是在采用近似线性搜索的同时, 要采取一定的检查措施, 以保证所得到的搜索方向是下降方向. 事实上, 由于

$$g_k^T d_k = -g_k^T g_k + \beta_{k-1} g_k^T d_{k-1}, \tag{4.2.32}$$

如果在前一次迭代中采用精确线性搜索, 则 $g_k^T d_{k-1} = 0$, 从而有 $g_k^T d_k = -g_k^T g_k < 0$, 这保证了 d_k 是一个下降方向. 如果在前一次迭代中采用的是近似线性搜索, 那么 $\beta_{k-1} g_k^T d_{k-1}$ 可能是正的, 并且 $-g_k^T g_k + \beta_{k-1} g_k^T d_{k-1}$ 可能大于零, 这时 d_k 将不是一个下降方向, 我们需要重置 d_k 为 $-g_k$. 但是, 如果频繁地利用最速下降方向作为搜索方向, 将大大削弱共轭梯度法的效率, 而使算法的性态变得更象最速下降法. 下面的检查措施可以克服这个困难.

设 $\overline{g}_{k+1}, \overline{d}_{k+1}, \overline{\beta}_k$ 分别表示 g_{k+1}, d_{k+1} 和 β_k 在点 $x_k + \alpha^j d_k$ 处的计算值, 其中 $\{\alpha^j\}$ 是由步长算法产生的试验步长序列. 如果

$$-\overline{g}_{k+1}^T \overline{d}_{k+1} \geqslant \sigma \|\overline{g}_{k+1}\|_2 \|\overline{d}_{k+1}\|_2, \tag{4.2.33}$$

其中 σ 是一个小正数, 则步长因子 α^j 作为 α_k. 如果在任何试验点, (4.2.33) 都不满足, 则需用精确线性搜索产生步长因子 α_k.

下面的算法给出了采用精确线性搜索的再开始共轭梯度法.

算法 4.2.2 (再开始 FR 共轭梯度法)

给出初始点 x_0, 容限 $\varepsilon > 0$.

步 1. 令 $k = 0$, 计算 $g_0 = g(x_0)$.

步 2. 若 $\|g_0\| \leqslant \varepsilon$, 停止迭代, 输出 $x^* = x_0$; 否则, 令 $d_0 = -g_0$.

步 3. 一维搜索求 α_k, 使得

$$f(x_k + \alpha_k d_k) = \min_{\alpha}\{f(x_k + \alpha d_k) \mid \alpha \geqslant 0\},$$

步 4. 令 $x_{k+1} = x_k + \alpha_k d_k$, $k := k + 1$.

步 5. 计算 $g_k = g(x_k)$.

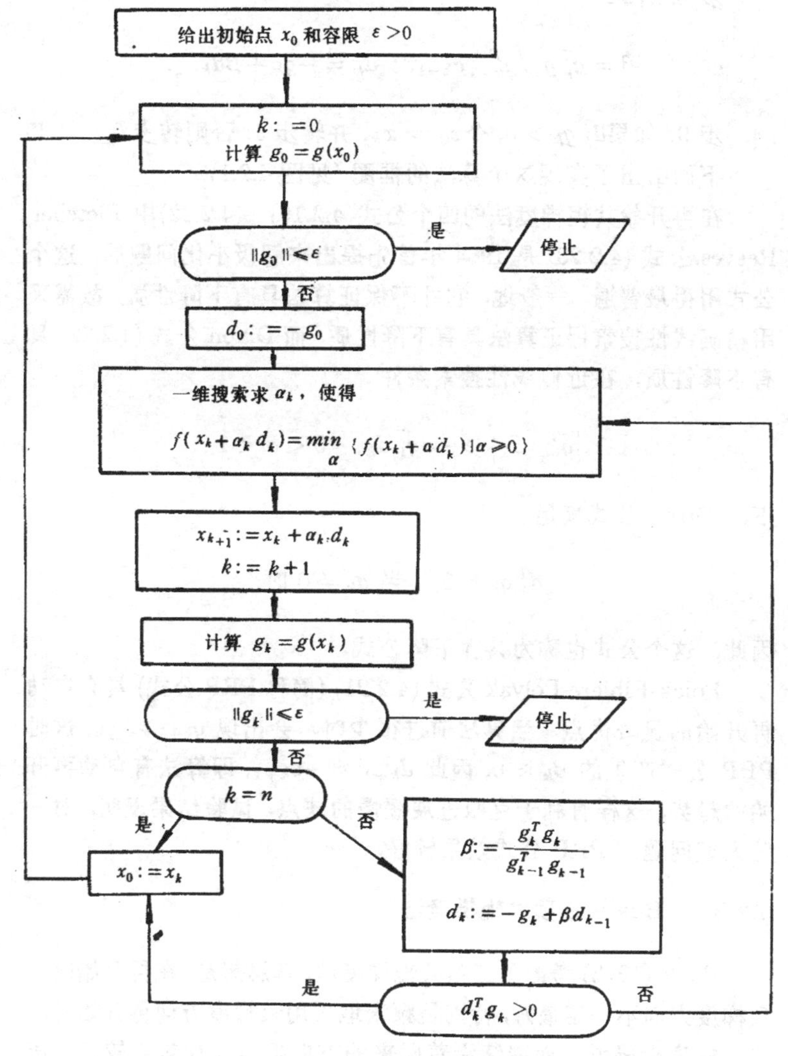

图 4.2.1 再开始 *FR* 共轭梯度法

步 6. 如果 $\|g_k\| \leqslant \varepsilon$, 停止迭代；否则转步 7.

步 7. 若 $k = n$, 令 $x_0 := x_k$, 并转步 1; 否则转步 8.

步 8. 计算

$$\beta = g_k^T g_k / g_{k-1}^T g_{k-1}, \quad d_k = -g_k + \beta d_{k-1}.$$

步 9. 如果$d_k^T g_k > 0$, 令$x_0 := x_k$, 并转步 1; 否则转步 3. □

下面给出了实现这个算法的框图 (见图 4.2.1).

在再开始共轭梯度法的四个公式(4.2.19)—(4.2.22)中,Fletcher-Reeves 公式 (4.2.20) 是 1964 年首先提出来解极小化问题的，这个公式用得最普遍. 一般地，它并不保证算法具有下降性质，故需采用精确线性搜索保证算法具有下降性质. 而 Dixon 公式 (4.2.22) 具有下降性质，在近似线性搜索条件

$$\left|g_{k+1}^T d_k\right| \geqslant -\sigma g_k^T d_k, \quad 0 < \sigma < 1$$

下， Dixon 公式满足

$$d_k^T g_k < 0, \quad 当\ g_k \neq 0\ 时,$$

因此，这个公式也称为共轭下降公式.

Polak-Ribiere-Polyak 公式 (4.2.21) (简称 PRP 公式) 具有自动再开始的显著优点. 当算法前进很少时，会出现 $g_{k+1} \approx g_k$, 这时 PRP 公式产生的 $\beta_k \approx 0$, 因此 $d_{k+1} \approx -g_{k+1}$, 即算法有自动再开始的趋势，这样有利于克服进展缓慢的缺点. 试验结果表明，对一些大型问题， PRP 公式效果较好.

4.2.2 Beale 三项共轭梯度法

Beale (1972) 考虑了三项共轭梯度法. 其思想是：在再开始时，负梯度方向不一定最好，特别是频繁地采用负梯度方向再开始时，算法效率会降低. 而继续沿着原来的方向搜索往往效果较好. 所以，当需要在 x_t 点再开始时， Beale 考虑继续以算法产生的方向

d_t 作为第一个搜索方向而开始下一个新的循环，并要求构造的方向序列满足共轭性质.

令

$$d_{t+1} = -g_{t+1} + \beta_t d_t, \tag{4.2.34}$$

$$d_k = -g_k + \gamma_{k-1} d_t + \beta_{t+1} d_{t+1} + \cdots + \beta_{k-2} d_{k-2} + \beta_{k-1} d_{k-1},$$
$$(n + t - 1 \geqslant k \geqslant t + 2), \tag{4.2.35}$$

与标准共轭梯度法的推导类似，从 d_{t+1} 与 d_t 共轭，d_k 与 $d_t, d_{t+1}, \cdots, d_{k-1}$ 共轭可以导出

$$\beta_{k-1} = \frac{g_k^T G d_{k-1}}{d_{k-1}^T G d_{k-1}}, \quad \gamma_{k-1} = \frac{g_k^T G d_t}{d_t^T G d_t},$$
$$\beta_j = 0, \quad j = t+1, \cdots, k-2.$$

于是，(4.2.35) 式简化为

$$d_k = -g_k + \beta_{k-1} d_{k-1} + \gamma_{k-1} d_t, \tag{4.2.36}$$

其中

$$\beta_{k-1} = \frac{g_k^T (g_k - g_{k-1})}{d_{k-1}^T (g_k - g_{k-1})}, \tag{4.2.37}$$

$$\gamma_{k-1} = \begin{cases} 0, & \text{当 } k = t+1 \text{ 时}, \\ \dfrac{g_k^T (g_{t+1} - g_t)}{d_t^T (g_{t+1} - g_t)}, & \text{当 } k > t+1 \text{ 时}. \end{cases} \tag{4.2.38}$$

注意到由 Beale 方法产生的迭代点 x_k 是线性流形

$$\begin{aligned} \mathcal{B}_{k-1} &= x_t + [d_t, d_{t+1}, \cdots, d_{k-1}] \\ &= x_t + [d_t, g_{t+1}, \cdots, g_{k-1}] \end{aligned}$$

上的极小点，于是有

$$g_k \perp [d_t, d_{t+1}, \cdots, d_{k-1}],$$

$$g_k \perp [d_t, g_{t+1}, \cdots, g_{k-1}].$$

下面给出利用公式 (4.2.36)—(4.2.38) 的 Beale 算法.

算法 4.2.3 (Beale-PRP 共轭梯度法)

步 1. 取初始点 x_0, 置 $k = 0, t = 0$, 计算 $g_0 = g(x_0)$. 若 $\|g_0\| \leqslant \varepsilon$, 则停止计算；否则令 $d_0 = -g_0$.

步 2. 用精确一维搜索求 α_k.

步 3. 置 $x_{k+1} = x_k + \alpha_k d_k$, 置 $k := k+1$, 计算 $g_k = g(x_k)$.

步 4. 如果 $\|g_k\| \leqslant \varepsilon$, 则停止计算；否则转步 5.

步 5. 检验下列条件是否成立：

$$|g_{k-1}^T g_k| \geqslant 0.2\|g_k\|^2,$$
$$k - t \geqslant n - 1.$$

若两个条件都不成立，则转步 7; 否则转步 6.

步 6　置 $t = k - 1$.

步 7　按公式 (4.2.36)—(4.2.38) 计算 d_k.

步 8　若 $k > t + 1$, 转步 9; 否则转步 2.

步 9　如果不等式

$$-1.2\|g_k\|^2 \leqslant d_k^T g_k \leqslant -0.8\|g_k\|^2$$

成立，则转步 2; 否则转步 6.　□

4.2.3　预条件共轭梯度法

在前面的讨论中我们已经知道，应用共轭梯度法极小化二次函数

$$f(x) = \frac{1}{2}x^T Gx + b^T x + c, \tag{4.2.39}$$

就是计算线性方程组

$$Gx = -b \tag{4.2.40}$$

的解，其中 G 是对称正定矩阵. 在精确运算的条件下，共轭梯度法在 m ($m \leqslant n$) 次迭代收敛，其中 m 等于矩阵 G 的相异特征值的个数.

今考虑变换

$$x = W^{-\frac{1}{2}} z, \tag{4.2.41}$$

其中 W 是对称正定矩阵，则 $Gx = -b$ 与方程组

$$W^{-\frac{1}{2}} G W^{-\frac{1}{2}} z = -W^{-\frac{1}{2}} b \tag{4.2.42}$$

等价. 如果我们适当地选择 W, 使得 $W^{-\frac{1}{2}}GW^{-\frac{1}{2}}$ 的条件数尽可能小, 则算法的收敛速度将会明显改善. 由于 $W^{-\frac{1}{2}}GW^{-\frac{1}{2}}$ 与 $W^{-1}G$ 相似，这粗略地等价于选择 W 使 $W^{-1}G$ 的条件数尽可能小.

在极小化二次函数 (或解线性方程组) 情形下，预条件共轭梯度法可写为：定义 $r_0 = Gx_0 + b$, $\beta_{-1} = 0$, $d_{-1} = 0$; 对于 $k = 0, 1, \cdots$,

$$\begin{aligned}
d_k &= -W^{-1} r_k + \beta_{k-1} d_{k-1}, \\
\alpha_k &= \frac{r_k^T W^{-1} r_k}{d_k^T G d_k}, \\
x_{k+1} &= x_k + \alpha_k d_k, \\
r_{k+1} &= r_k + \alpha_k G d_k, \\
\beta_k &= \frac{r_{k+1}^T W^{-1} r_{k+1}}{r_k^T W^{-1} r_k}.
\end{aligned} \tag{4.2.43}$$

一般地，预条件矩阵 W 可以由拟牛顿校正产生. 设对于 r 个向量对 $\{s_j, y_j\}$, M 满足拟牛顿条件， (见第五章 (5.1.4)),

$$s_j = M y_j, \quad j = 1, \cdots, r.$$

其中， $s_j = x_{j+1} - x_j$, $y_j = g_{j+1} - g_j$. 由于

$$G s_j = y_j,$$

故

$$s_j = M G s_j,$$

从而 MG 有 r 个单位特征值对应于特征向量 $\{s_j\}$, 因此, M 可以用来作为 W^{-1}.

对于非二次函数的极小化，考虑变换

$$x = W^{-\frac{1}{2}}\widetilde{x}, \tag{4.2.44}$$

目标函数变为

$$f(x) = f(W^{-\frac{1}{2}}\widetilde{x}) = \widetilde{f}(\widetilde{x}), \tag{4.2.45}$$

令

$$\widetilde{x}_k = W^{\frac{1}{2}}x_k, \quad \widetilde{g}_k = \nabla\widetilde{f}(\widetilde{x}_k) = W^{-\frac{1}{2}}\nabla f(x_k) = W^{-\frac{1}{2}}g_k,$$

于是,

$$\widetilde{d}_k = W^{\frac{1}{2}}d_k, \quad \widetilde{s}_k = W^{\frac{1}{2}}s_k, \quad \widetilde{y}_k = W^{-\frac{1}{2}}y_k. \tag{4.2.46}$$

这样，对目标函数 $\widetilde{f}(\widetilde{x})$ 应用共轭梯度法，譬如应用 (4.2.19), 可得搜索方向为

$$\begin{aligned}\widetilde{d}_{k+1} &= -\widetilde{g}_{k+1} + \frac{\widetilde{g}_{k+1}^T(\widetilde{g}_{k+1} - \widetilde{g}_k)}{\widetilde{d}_k^T(\widetilde{g}_{k+1} - \widetilde{g}_k)} \\ &= -\left(I - \frac{\widetilde{d}_k\widetilde{y}_k^T}{\widetilde{d}_k^T\widetilde{y}_k}\right)\widetilde{g}_{k+1},\end{aligned} \tag{4.2.47}$$

从而

$$\begin{aligned}d_{k+1} &= -\left(I - \frac{d_k y_k^T}{d_k^T y_k}\right)W^{-1}g_{k+1} \\ &\triangleq -P_{k+1}g_{k+1}.\end{aligned} \tag{4.2.48}$$

上式便是预条件共轭梯度法的公式. 类似地，我们还可以得到

$$d_{k+1} = -\left[I - \frac{1}{y_k^T s_k}\left(y_k s_k^T + s_k y_k^T\right) + \left(1 + \frac{y_k^T y_k}{y_k^T s_k}\right)\frac{s_k s_k^T}{y_k^T s_k}\right]W^{-1}g_{k+1}, \tag{4.2.49}$$

上式是无记忆 $BFGS$ 形式的预条件共轭梯度法的公式.

§4.3 共轭梯度法的收敛性

关于极小化一般非二次函数的共轭梯度法的收敛性已经有很多工作. 本节介绍 Zoutendijk (1970) 、 Polyak (1969) 和 Al-Baali (1985) 关于总体收敛性的结果以及 Cohen (1972) 和 McCormick and Ritter (1974) 关于局部收敛性的结果.

4.3.1 共轭梯度法的总体收敛性

我们首先讨论采用精确线性搜索的 Fletcher-Reeves 共轭梯度法的总体收敛性定理.

定理 4.3.1 (FR 共轭梯度法总体收敛性定理) 假定在有界水平集 $L=\{x\in R^n \mid f(x)\leqslant f(x_0)\}$ 上 $f:R^n\rightarrow R$ 连续可微, 那么采用 (4.2.20) 公式和精确线性搜索的 Fletcher-Reeves 共轭梯度法产生的序列 $\{x_k\}$ 至少有一个聚点是驻点, 即

(1) 当 $\{x_k\}$ 是有穷点列时, 其最后一个点 x^* 是 f 的驻点.

(2) 当 $\{x_k\}$ 是无穷点列时, 它必有极限点, 且其任一极限点是 f 的驻点.

证明 (1) 当 $\{x_k\}$ 是有穷点列时, 由算法的终止性条件可知, 其最后一点 x^* 满足 $\nabla f(x^*)=0$, 故 x^* 是 f 的驻点.

(2) 当 $\{x_k\}$ 是无穷点列时, 则有 $\nabla f(x_k)\neq 0$, 由于 $d_k=-g_k+\beta_{k-1}d_{k-1}$, 故

$$g_k^Td_k=-\|g_k\|^2+\beta_{k-1}g_k^Td_{k-1}=-\|g_k\|^2<0, \tag{4.3.1}$$

从而 d_k 是下降方向, $\{f(x_k)\}$ 是单调下降序列, $\{x_k\}\subset$ 水平集 L, 所以 $\{x_k\}$ 是有界点列, 必有极限点.

设 x^* 是 $\{x_k\}$ 的极限点, 则存在子列 $\{x_k\}_{K_1}$ 收敛到 x^*, 这里 K_1 是子序列的指标集. 由于 $\{x_k\}_{K_1}\subset\{x_k\}$, 故 $\{f(x_k)\}_{K_1}\subset\{f(x_k)\}$, 从而由 f 的连续性可知, 对于 $k\in K_1$, 有

$$f(x^*)=f\left(\lim_{k\rightarrow\infty}x_k\right)=\lim_{k\rightarrow\infty}f(x_k)=f^*. \tag{4.3.2}$$

类似地，$\{x_{k+1}\}$ 也是有界点列，故存在子列 $\{x_{k+1}\}_{K_2}$ 收敛到 x^*, 这里 K_2 是 $\{x_{k+1}\}$ 的子序列的指标集，并且

$$f(\overline{x}^*) = f\left(\lim_{k\to\infty} x_{k+1}\right) = \lim_{k\to\infty} f(x_{k+1}) = f^*. \tag{4.3.3}$$

于是，

$$f(\overline{x}^*) = f(x^*) = f^*. \tag{4.3.4}$$

现在用反证法证明 $\nabla f(x^*) = 0$. 假定 $\nabla f(x^*) \neq 0$, 则对于充分小的 α, 有

$$f(x^* + \alpha d^*) < f(x^*),$$

由于

$$f(x_{k+1}) = f(x_k + \alpha_k d_k) \leqslant f(x_k + \alpha d_k), \quad \forall \alpha > 0,$$

故对于 $k \in K_2$, 令 $k \to \infty$, 可得

$$f(\overline{x}^*) \leqslant f(x^* + \alpha d^*) < f(x^*), \tag{4.3.5}$$

这与(4.3.4) 矛盾. 这证明了$\nabla f(x^*) = 0$, 即x^* 是 f 的驻点. □

类似地, 采用精确线性搜索的 Crowder-Wolfe 再开始共轭梯度法的总体收敛性可叙述为

定理 4.3.2 (Crowder-Wolfe 共轭梯度法总体收敛性定理) 假定水平集 $L = \{x \in R^n \mid f(x) \leqslant f(x_0)\}$ 是有界集，$\nabla f(x)$ 是 Lipschitz 连续，则采用精确线性搜索的 Crowder-Wolfe 再开始共轭梯度法产生的点列 $\{x_k\}$ 至少有一个聚点存在，且是驻点.

证明 见 Polyak (1969). □

在较强的条件下，采用精确线性搜索的 Polak-Ribiere-Polyak 共轭梯度法 (PRP) 具有总体收敛性.

定理 4.3.3 设 $f(x)$ 二阶连续可微，水平集 $L = \{x \mid f(x) \leqslant f(x_0)\}$ 有界，又设存在常数 $m > 0$, 使得对 $x \in L$,

$$m\|y\|^2 \leqslant y^T \nabla^2 f(x) y, \quad \forall y \in R^n, \tag{4.3.6}$$

则采用精确线性搜索的 Polak-Ribiere-Polyak 共轭梯度法产生的点列 $\{x_k\}$ 收敛于 $f(x)$ 的唯一极小点 x^*.

证明 由定理 2.2.3 可知，只要证明 (2.2.10) 成立，即存在常数 $\rho > 0$, 使得

$$-g_k^T d_k \geqslant \rho \|g_k\| \|d_k\|, \tag{4.3.7}$$

便有 $g_k \to 0$, 从而 $g(x^*) = 0$. 由 (4.3.6) 可知， x^* 唯一，故 $\{x_k\} \to x^*$, 且 x^* 为极小点.

注意到在精确线性搜索条件下， $g_k^T d_{k-1} = 0$, 又由 (4.2.18) 和 (4.2.21), 有

$$g_k^T d_k = -\|g_k\|^2,$$

故 (4.3.7) 等价于

$$\frac{\|g_k\|}{\|d_k\|} \geqslant \rho. \tag{4.3.8}$$

由 (4.2.17) 可知

$$\alpha_{k-1} = -\frac{g_{k-1}^T d_{k-1}}{d_{k-1}^T G_{k-1} d_{k-1}} = \frac{\|g_{k-1}\|^2}{d_{k-1}^T G_{k-1} d_{k-1}}, \tag{4.3.9}$$

其中

$$G_{k-1} = \int_0^1 G(x_{k-1} - t\alpha_{k-1} d_{k-1}) dt. \tag{4.3.10}$$

于是， (4.2.21) 成为

$$\begin{aligned} \beta_{k-1} &= \frac{g_k^T (g_k - g_{k-1})}{g_{k-1}^T g_{k-1}} = \alpha_{k-1} \frac{g_k^T G_{k-1} g_{k-1}}{\|g_{k-1}\|^2} \\ &= \frac{g_k^T G_{k-1} d_{k-1}}{d_{k-1}^T G_{k-1} d_{k-1}}. \end{aligned} \tag{4.3.11}$$

由于水平集有界，故存在常数 $M > 0$, 使得

$$y^T G(x) y \leqslant M \|y\|^2, \quad x \in L, \ \forall y \in R^n. \tag{4.3.12}$$

于是，由 (4.3.11) 、(4.3.12) 和 (4.3.6), 有

$$|\beta_{k-1}| \leqslant \frac{\|g_k\|\|G_{k-1}d_{k-1}\|}{m\|d_{k-1}\|^2} \leqslant \frac{M}{m}\frac{\|g_k\|}{\|d_{k-1}\|},$$

这样，

$$\begin{aligned}\|d_k\| &\leqslant \|g_k\| + |\beta_{k-1}|\|d_{k-1}\| \\ &\leqslant \|g_k\| + \frac{M}{m}\|g_k\| \\ &= \left(1+\frac{M}{m}\right)\|g_k\|.\end{aligned} \tag{4.3.13}$$

从而，

$$\frac{\|g_k\|}{\|d_k\|} \geqslant \left(1+\frac{M}{m}\right)^{-1}, \tag{4.3.14}$$

这表明 (4.3.8) 成立. □

Al-Baali (1985) 研究了采用不精确线性搜索的 Fletcher-Reeves 共轭梯度法. 令假定不精确线性搜索采用 Wolfe-Powell 准则 (2.5.2) 和 (2.5.5), 可以证明，这时搜索方向 d_k 满足下降性质

$$g_k^T d_k < 0.$$

定理 4.3.4 如果 α_k 由不精确线性搜索的 Wolfe-Powell 准则产生，那么 Fletcher-Reeves 算法具有下降性质 $g_k^T d_k < 0$.

证明 定理的证明归结为用归纳法证明不等式

$$-\sum_{j=0}^{k}\sigma^j \leqslant \frac{g_k^T d_k}{\|g_k\|^2} \leqslant -2 + \sum_{j=0}^{k}\sigma^j \tag{4.3.15}$$

对于所有 k 成立，其中 $\sigma \in \left(0, \frac{1}{2}\right)$. 事实上，若 (4.3.15) 成立，由于

$$\sum_{j=0}^{k}\sigma^j < \sum_{j=0}^{\infty}\sigma^j = \frac{1}{1-\sigma}, \tag{4.3.16}$$

可知 (4.3.15) 式右边为负，从而

$$g_k^T d_k < 0, \tag{4.3.17}$$

下降性质成立.

显然，当 $k=0$ 时，(4.3.15) 成立. 今设对任何 $k \geqslant 0$, (4.3.15) 成立. 由 (4.2.18) 和 (4.2.20), 有

$$\frac{g_{k+1}^T d_{k+1}}{\|g_{k+1}\|^2} = -1 + \frac{g_{k+1}^T d_k}{\|g_k\|^2},$$

利用 (2.5.5) 和 (4.3.17), 有

$$-1 + \sigma \frac{g_k^T d_k}{\|g_k\|^2} \leqslant \frac{g_{k+1}^T d_{k+1}}{\|g_{k+1}\|^2} \leqslant -1 - \sigma \frac{g_k^T d_k}{\|g_k\|^2},$$

再由归纳法假设 (4.3.15), 有

$$\begin{aligned} -\sum_{j=0}^{k+1} \sigma^j = -1 - \sigma \sum_{j=0}^{k} \sigma^j &\leqslant \frac{g_{k+1}^T d_{k+1}}{\|g_{k+1}\|^2} \\ &\leqslant -1 + \sigma \sum_{j=0}^{k} \sigma^j = -2 + \sum_{j=0}^{k+1} \sigma^j. \end{aligned}$$

于是，对于 $k+1$, 不等式 (4.3.15) 成立. □

下面证明采用不精确线性搜索的 Fletcher-Reeves 算法的总体收敛性.

定理 4.3.5 设 $f(x)$ 二阶连续可微, 水平集 $L = \{x \in R^n \big| f(x) \leqslant f(x_0)\}$ 有界，步长 α_k 由 Wolfe-Powell 准则 (2.5.2) 和 (2.5.5) 确定，其中 $\rho < \sigma < \frac{1}{2}$. 那么，Fletcher-Reeves 方法产生的点列总体收敛，即有

$$\lim_{k\to\infty} \inf \|g_k\| = 0. \tag{4.3.18}$$

证明 由 (2.5.2), (2.5.5) 和 (4.3.7), 有

$$\left|g_k^T d_{k-1}\right| \leqslant -\sigma g_{k-1}^T d_{k-1} \leqslant \frac{\sigma}{1-\sigma} \|g_{k-1}\|^2, \tag{4.3.19}$$

再由 (4.2.18) 和 (4.2.20), 得

$$\begin{aligned}\|d_k\|^2 &= \|g_k\|^2 - 2\beta_{k-1}g_k^T d_{k-1} + \beta_{k-1}^2\|d_{k-1}\|^2 \\ &\leqslant \|g_k\|^2 + \frac{2\sigma}{1-\sigma}\|g_k\|^2 + \beta_{k-1}^2\|d_{k-1}\|^2 \\ &= \left(\frac{1+\sigma}{1-\sigma}\right)\|g_k\|^2 + \beta_{k-1}^2\|d_{k-1}\|^2. \end{aligned} \tag{4.3.20}$$

递推下去, 可得

$$\|d_k\|^2 \leqslant \left(\frac{1+\sigma}{1-\sigma}\right)\|g_k\|^4\left(\sum_{j=0}^{k}\|g_j\|^{-2}\right). \tag{4.3.21}$$

现在用反证法证明 (4.3.18) 成立. 假定 (4.3.18) 不成立, 则存在常数 $\varepsilon > 0$, 使得

$$\|g_k\| \geqslant \varepsilon > 0 \tag{4.3.22}$$

对所有 k 成立. 由于 g_k 在水平集 L 上有界, 故由 (4.3.21) 可得

$$\|d_k\| \leqslant c_1 k, \tag{4.3.23}$$

其中 c_1 为正常数. 由 (4.3.15) 和 (4.3.16),

$$\begin{aligned}\cos\theta_k = -\frac{g_k^T d_k}{\|g_k\|\|d_k\|} &\geqslant \left(2 - \sum_{j=0}^{k}\sigma^j\right)\frac{\|g_k\|}{\|d_k\|} \\ &\geqslant \left(\frac{1-2\sigma}{1-\sigma}\right)\frac{\|g_k\|}{\|d_k\|}, \end{aligned} \tag{4.3.24}$$

由于 $\sigma < \frac{1}{2}$, 故由 (4.3.23) 和 (4.3.22),

$$\sum_k \cos^2\theta_k \geqslant \left(\frac{1-2\sigma}{1-\sigma}\right)^2 \sum_k \frac{\|g_k\|^2}{\|d_k\|^2} \geqslant c_2 \sum_k \frac{1}{k}, \tag{4.3.25}$$

其中 c_2 是正常数. 因此, 级数 $\sum\limits_k \cos^2\theta_k$ 发散.

设 M 为 $\|G(x)\|$ 在水平集 L 上的上界，则

$$g_{k+1}^T d_k \leqslant g_k^T d_k + \alpha_k M \|d_k\|^2,$$

故由 (2.5.5),

$$\alpha_k \geqslant -\frac{1-\sigma}{M\|d_k\|^2} g_k^T d_k,$$

代入 (2.5.2) 有

$$\begin{aligned} f_{k+1} &\leqslant f_k - \frac{(1-\sigma)\rho}{M}\left(\frac{g_k^T d_k}{\|d_k\|}\right)^2 \\ &= f_k - c_3\|g_k\|^2\cos^2\theta_k, \end{aligned}$$

其中 $c_3 = \dfrac{(1-\sigma)\rho}{M} > 0$. 由于 $f(x)$ 下有界，故 $\sum\limits_k \|g_k\|^2\cos^2\theta_k$ 收敛. 由于 $\|g_k\|^2 \geqslant \varepsilon > 0$, 故 $\sum\limits_k \cos^2\theta_k$ 收敛，这与 (4.3.25) 矛盾. 从而结论 (4.3.18) 成立. □

利用一般下降算法的总体收敛性定理 2.5.5, 我们也可立即得到共轭梯度法的收敛性.

定理 4.3.6 设函数 $f(x)$ 连续可微， $\nabla f(x)$ 满足 Lipschitz 条件

$$\|\nabla f(x) - \nabla f(y)\| \leqslant M\|x-y\|,$$

若在共轭梯度法中步长 α_k 由 Wolfe-Powell 准则 (2.5.2) 和 (2.5.4) 确定，且下降方向 d_k 和 $-\nabla f(x_k)$ 之间的夹角 θ_k 满足 (2.5.11), 则对于共轭梯度法产生的点列 $\{x_k\}$, 或者存在某个 k, 使得 $\nabla f(x_k) = 0$, 或者 $f(x_k) \to -\infty$, 或者 $\nabla f(x_k) \to 0$.

证明 直接由定理 2.5.5 得到. □

4.3.2 共轭梯度法的收敛速度

前面已经讲过，共轭梯度法具有二次终止性，即对于二次函数，采用精确一维搜索的共轭梯度法在 n 次迭代后终止.

假定二次目标函数为

$$f(x)=\frac{1}{2}x^TGx,$$

可得

$$\begin{aligned}\frac{f(x_{k+1})-f(x^*)}{f(x_k)-f(x^*)}&=\frac{g_{k+1}^TG^{-1}g_{k+1}}{g_k^TG^{-1}g_k}\\&=1-\frac{\left(g_k^Td_k\right)^2}{\left(d_k^TGd_k\right)\left(g_k^TG^{-1}g_k\right)}\\&\leqslant 1-\frac{\lambda_n(G)}{\lambda_1(G)}\\&<1,\end{aligned}$$

其中，$\lambda_n(G)$ 和 $\lambda_1(G)$ 分别是 G 的最小和最大特征值. 这表明共轭梯度法的收敛速度至少是线性的.

由于采用精确线性搜索的共轭梯度法至多迭代 n 步可求得二次凸函数的极小点，相当于牛顿法执行一步. 因此，若将 n 次迭代看作一次大的迭代，则共轭梯度法就应该与牛顿法有类似的收敛速度. 下面的定理表明：在适当的条件下，共轭梯度法具有 n 步二阶收敛性.

假设条件 1. $f\in C^3(R^n,R)$, 即 $f:R^n\to R$ 三次连续可微.

假设条件 2. 设存在常数 $m>0$ 和 $M>0$, 使得

$$m\|y\|^2\leqslant y^T\nabla^2f(x)y\leqslant M\|y\|^2,\quad \forall y\in R^n,x\in L,$$

其中 $L=\left\{x\in R^n\middle|f(x)\leqslant f(x_0)\right\}$ 是有界水平集.

定理 4.3.7 假定假设条件 1 和 2 满足，那么，每 r 步再开始的 PRP 和 FR 共轭梯度法产生的迭代点列 $\{x_k\}$ n 步二阶收敛，即存在常数 $c>0$, 使得

$$\limsup_{k\to\infty}\frac{\left\|x_{kr+n}-x^*\right\|}{\left\|x_{kr}-x^*\right\|^2}\leqslant c<\infty. \tag{4.3.26}$$

这个定理的证明分两步完成，第一步证明定理 4.3.8, 第二步证明定理 4.3.17.

定理 4.3.8 设定理 4.3.7 的条件满足，并设在每一个点 x_{kr} 定义二次函数 $\widehat{f}_{kr}$ 为

$$\widehat{f}_{kr}(x)=f(x_{kr})+\nabla f(x_{kr})^T(x-x_{kr})+\frac{1}{2}(x-x_{kr})^T\nabla^2 f(x_{kr})(x-x_{kr}). \tag{4.3.27}$$

设 $\psi_{\widehat{f}_{kr}}$ 表示应用到 $\widehat{f}_{kr}$ 上的共轭梯度法，并且令 $d_{kr}^0=d_{kr}=-g_{kr}$. 又设

$$x_k^0=x_{kr},\quad x_{kr}^1=\psi_{\widehat{f}_{kr}}\left(x_{kr}^0\right),\cdots,x_{kr}^n=\psi_{\widehat{f}_{kr}}\left(x_{kr}^{n-1}\right).$$

那么，如果对于 $i=0,1,\cdots,j(k)-1$,

$$\|\alpha_{kr+i}d_{kr+i}-\alpha_{kr}^i d_{kr}^i\|=O\left(\left\|x_{kr}-x^*\right\|^2\right) \tag{4.3.28}$$

成立，其中 $j(k)$ 是小于等于 n 的整数，满足

$$x_{kr}^{j(k)}=\overline{x}(\widehat{f}_{kr}),\quad x_{kr}^{j(k)-1}\neq\overline{x}(\widehat{f}_{kr}),$$

$\overline{x}(\widehat{f}_{kr})$ 表示函数 $\widehat{f}_{kr}$ 的极小点，则再开始 PRP 和 FR 共轭梯度法产生的点列满足 (4.3.26).

证明 由于 $\widehat{f}_{kr}$ 是二次正定函数，根据定理 4.2.1, 共轭梯度法至多 n 步达到其极小点.

由算法可知，

$$f(x_{k+1})\leqslant f(x_k),\quad \forall k \tag{4.3.29}$$

故

$$f(x_{k+1})-f(x^*)\leqslant f(x_k)-f(x^*). \tag{4.3.30}$$

又由 Taylor 定理，

$$f(x_k)-f(x^*)=\nabla f(x^*)^T\left(x_k-x^*\right)+\left(x_k-x^*\right)^T\nabla^2 f(\eta)\left(x_k-x^*\right)$$

$$= \big(x_k - x^*\big)^T \nabla^2 f(\eta)\big(x_k - x^*\big), \tag{4.3.31}$$

其中 $\eta = x_k + \alpha\big(x^* - x_k\big)$, $\alpha \in (0,1)$. 再利用假设条件 2, 便有

$$m\big\|x_k - x^*\big\|^2 \leqslant f(x_k) - f(x^*) \leqslant M\big\|x_k - x^*\big\|^2. \tag{4.3.32}$$

综合 (4.3.30) 和 (4.3.32), 得

$$\begin{aligned} m\big\|x_{k+1} - x^*\big\|^2 &\leqslant \big|f(x_{k+1}) - f(x^*)\big| \\ &\leqslant \big|f(x_k) - f(x^*)\big| \leqslant M\big\|x_k - x^*\big\|^2, \end{aligned}$$

即有

$$\big\|x_{k+1} - x^*\big\| \leqslant \sqrt{M/m}\big\|x_k - x^*\big\|. \tag{4.3.33}$$

因此,

$$\begin{aligned} \big\|x_{kr+n} - x^*\big\| &\leqslant (M/m)^{(n-j(k))/2}\big\|x_{kr+j(k)} - x^*\big\| \\ &\leqslant (M/m)^{n/2}\big\|x_{kr+j(k)} - x^*\big\|. \end{aligned} \tag{4.3.34}$$

这表明, 为了证明结论 (4.3.26), 只要证明

$$\big\|x_{kr+j(k)} - x^*\big\| = O\big(\big\|x_{kr} - x^*\big\|^2\big). \tag{4.3.35}$$

令

$$\big\|x_{kr+j(k)} - x^*\big\| \leqslant \|x_{kr+j(k)} - \overline{x}(\widehat{f}_{kr})\| + \big\|\overline{x}(\widehat{f}_{kr}) - x^*\big\|, \tag{4.3.36}$$

其中 $\overline{x}(\widehat{f}_{kr})$ 是 $\widehat{f}_{kr}$ 的极小点, 可以表示为

$$\overline{x}(\widehat{f}_{kr}) = x_{kr} - \big[\nabla^2 f(x_{kr})\big]^{-1}\nabla f(x_{kr}),$$

但这恰恰是在 x_{kr} 点应用到 f 上的牛顿法, 这样

$$\big\|\overline{x}(\widehat{f}_{kr}) - x^*\big\| = \big\|\widehat{\phi}(x_{kr}) - x^*\big\|.$$

由于牛顿法二阶收敛，便有

$$\left\|\widehat{\phi}(x_{kr})-x^*\right\|=O\left(\left\|x_{kr}-x^*\right\|^2\right). \tag{4.3.37}$$

因此，从 (4.3.35), (4.3.36) 和 (4.3.37) 可知，我们需要证明

$$\begin{aligned}\|x_{kr+j(k)}-\overline{x}(\widehat{f}_{kr})\|&=\left\|x_{kr+j(k)}-x_{kr}^{j(k)}\right\|\\&=O\left(\left\|x_{kr}-x^*\right\|^2\right).\end{aligned} \tag{4.3.38}$$

令 $x_{kr}=x_{kr}^0$, 这样,

$$\begin{aligned}\left\|x_{kr+j(k)}-x_{kr}^{j(k)}\right\|&=\left\|\sum_{i=0}^{j(k)-1}\left[\left(x_{kr+i+1}-x_{kr+i}\right)-\left(x_{kr}^{i+1}-x_{kr}^{i}\right)\right]\right\|\\&=\left\|\sum_{i=0}^{j(k)-1}\left[\alpha_{kr+i}d_{kr+i}-\alpha_{kr}^{i}d_{kr}^{i}\right]\right\|\\&\leqslant\sum_{i=0}^{j(k)-1}\left\|\alpha_{kr+i}d_{kr+i}-\alpha_{kr}^{i}d_{kr}^{i}\right\|.\end{aligned} \tag{4.3.39}$$

从 (4.3.36)、(4.3.37)、(4.3.38) 和 (4.3.39) 可知，(4.3.28) 意味着 (4.3.26) 成立. □

第二部分要证明 (4.3.28) 对于共轭梯度法成立. 为此，我们先给出几个引理.

引理 4.3.9

$$\alpha_k=\frac{\|g_k\|^2}{d_k^T\widehat{B}_kd_k}, \tag{4.3.40}$$

其中

$$\widehat{B}_k=\int_0^1\nabla^2f(x_k+\xi\alpha_kd_k)d\xi. \tag{4.3.41}$$

证明 $g_{k+1}=g_k+\alpha_k\widehat{B}_kd_k$, 由于 $g_{k+1}^Td_k=0$, 故有 $g_k^Td_k+\alpha_kd_k^T\widehat{B}_kd_k=0$, 从而

$$\alpha_k=\frac{-g_k^Td_k}{d_k^T\widehat{B}_kd_k}=\frac{\|g_k\|^2}{d_k^T\widehat{B}_kd_k}.$$

引理 4.3.10

$$\|g_{k+1}\| \leqslant (1+M/m)\|d_k\|. \tag{4.3.42}$$

证明 由于 $d_{k+1} = -g_{k+1} + \beta_k d_k$ 和 $g_{k+1}^T d_k = 0$, 故

$$\|d_{k+1}\|^2 = \|g_{k+1}\|^2 + \beta_k^2 \|d_k\|^2. \tag{4.3.43}$$

这表明

$$\|g_{k+1}\| \leqslant \|d_{k+1}\|. \tag{4.3.44}$$

利用假设条件 1 、(4.3.40) 和 (4.3.44),

$$\alpha_k = \frac{\|g_k\|^2}{d_k^T \widehat{B}_k d_k} \leqslant \frac{\|g_k\|^2}{m\|d_k\|^2} \leqslant \frac{1}{m}. \tag{4.3.45}$$

于是可得

$$\begin{aligned}
\|g_{k+1}\| &\leqslant \|g_k\| + |\alpha_k| \|\widehat{B}_k d_k\| \\
&\leqslant \|d_k\| + \frac{M}{m}\|d_k\| \\
&= \left(1+\frac{M}{m}\right)\|d_k\|. \qquad \square
\end{aligned}$$

引理 4.3.11 对于 PRP 公式,

$$\beta_k = g_{k+1}^T \widehat{B}_k d_k / d_k^T \widehat{B}_k d_k, \tag{4.3.46}$$

$$|\beta_k| \leqslant \left(1+\frac{M}{m}\right)\frac{M}{m}. \tag{4.3.47}$$

对于 FR 公式,

$$\beta_k = 1 + \frac{(g_{k+1}+g_k)^T \widehat{B}_k d_k}{d_k^T \widehat{B}_k d_k}, \tag{4.3.48}$$

$$|\beta_k| \leqslant \left(1+\frac{M}{m}\right)^2. \tag{4.3.49}$$

证明 对于 PRP 公式,

$$\beta_k = \frac{g_{k+1}^T (g_{k+1} - g_k)}{\|g_k\|^2}$$

$$
\begin{aligned}
&= \frac{\alpha_k g_{k+1}^T \widehat{B}_k d_k}{\|g_k\|^2} \\
&= \frac{\|g_k\|^2}{d_k^T \widehat{B}_k d_k} \frac{g_{k+1}^T \widehat{B}_k d_k}{\|g_k\|^2} \\
&= \frac{g_{k+1}^T \widehat{B}_k d_k}{d_k^T \widehat{B}_k d_k}.
\end{aligned}
$$

于是，利用假设条件 1 和 (4.3.42),

$$
\begin{aligned}
|\beta_k| = \left| \frac{g_{k+1}^T \widehat{B}_k d_k}{d_k^T \widehat{B}_k d_k} \right| &\leqslant \frac{\|g_{k+1}\|}{\|d_k\|} \frac{M}{m} \\
&\leqslant \left(1 + \frac{M}{m}\right) \frac{M}{m}.
\end{aligned}
$$

对于 FR 公式，

$$
\begin{aligned}
\beta_k = \frac{\|g_{k+1}\|^2}{\|g_k\|^2} &= \frac{g_{k+1}^T (g_{k+1} - g_k) + g_{k+1}^T g_k}{\|g_k\|^2} \\
&= \frac{g_{k+1}^T \widehat{B}_k d_k}{d_k^T \widehat{B}_k d_k} + \frac{g_{k+1}^T g_k}{\|g_k\|^2}.
\end{aligned} \tag{4.3.50}
$$

由于

$$
\begin{aligned}
\frac{g_{k+1}^T g_k}{\|g_k\|^2} &= \frac{(g_k + \alpha_k \widehat{B}_k d_k)^T g_k}{\|g_k\|^2} \\
&= 1 + \alpha_k \frac{g_k^T \widehat{B}_k d_k}{\|g_k\|^2} \\
&= 1 + \frac{g_k^T \widehat{B}_k d_k}{d_k^T \widehat{B}_k d_k},
\end{aligned} \tag{4.3.51}
$$

于是由 (4.3.50) 和 (4.3.51) 得

$$
\beta_k = 1 + \frac{(g_{k+1} + g_k)^T \widehat{B}_k d_k}{d_k^T \widehat{B}_k d_k},
$$

此即 (4.3.48). 这样，利用 (4.3.48), (4.3.44) 和 (4.3.42), 有

$$\begin{aligned}
|\beta_k| &\leqslant 1+\left|\frac{(g_{k+1}+g_k)^T\widehat{B}_k d_k}{d_k^T\widehat{B}_k d_k}\right| \\
&\leqslant 1+\frac{(\|g_{k+1}\|+\|g_k\|)M\|d_k\|}{m\|d_k\|^2} \\
&\leqslant 1+\frac{M}{m}\left(\frac{\|g_{k+1}\|}{\|d_k\|}+\frac{\|g_k\|}{\|d_k\|}\right) \\
&\leqslant 1+\frac{M}{m}\left(1+\frac{M}{m}+1\right) \\
&\leqslant \left(1+\frac{M}{m}\right)^2. \qquad \square
\end{aligned}$$

引理 4.3.12

$$\|g_k\| \leqslant M\|x_k-x^*\| \tag{4.3.52}$$

$$\|d_{k+1}\| \leqslant (1+M/m)^2\|d_k\| \tag{4.3.53}$$

证明 $g_k=\nabla f(x^*)+\int_0^1 \nabla^2 f\big(x^*+\xi(x_k-x^*)\big)d\xi(x_k-x^*)$,

于是立得 (4.3.52). 又

$$d_{k+1}=-g_{k+1}+\beta_k d_k,$$

故

$$\|d_{k+1}\| \leqslant \|g_{k+1}\|+|\beta_k|\|d_k\|,$$

利用 (4.3.42), (4.3.47) 和 (4.3.49), 得

$$\|d_{k+1}\| \leqslant (1+M/m)^2\|d_k\|. \qquad \square$$

引理 4.3.13

$$\big\|\nabla^2 f(x_{k+i})-\nabla^2 f(x_k)\big\| = O(\|d_k\|), \tag{4.3.54}$$

$$\big\|\widehat{B}_{k+i}-\nabla^2 f(x_k)\big\| = O(\|d_k\|). \tag{4.3.55}$$

证明

$$\left\|\nabla^2 f(x_{k+i})-\nabla^2 f(x_k)\right\| \leqslant \sum_{l=0}^{i-1}\left\|\nabla^2 f(x_{k+l+1})-\nabla^2 f(x_{k+l})\right\|.$$

由于

$$\begin{aligned}
&\left\|\nabla^2 f(x_{k+l+1})-\nabla^2 f(x_{k+l})\right\| \\
=&\left\|\nabla^2 f(x_{k+l}+\alpha_{k+l}d_{k+l})-\nabla^2 f(x_{k+l})\right\| \\
=&\left\|\int_0^1 \nabla^3 f(x_{k+l}+\xi\alpha_{k+l}d_{k+l})\alpha_{k+l}d_{k+l}d\xi\right\| \\
\leqslant&\sup_{\xi\in(0,1)}\left\|\nabla^3 f(x_{k+l}+\xi\alpha_{k+l}d_{k+l})\right\|\left|\alpha_{k+l}\right|\|d_{k+l}\|.
\end{aligned} \tag{4.3.56}$$

由于 $x_k \to x^*$, $\nabla f(x^*)=0$, $f\in C^3$, 故存在 K_1 和 $\overline{M}$, 使得对于 $k\geqslant K_1$, $\left\|\nabla^3 f(x_k)\right\|\leqslant \overline{M}$. 又利用 (4.3.45) 和 (4.3.53), (4.3.56) 可以写成

$$\left\|\nabla^2 f(x_{k+l+1})-\nabla^2 f(x_{k+l})\right\| \leqslant \frac{\overline{M}}{m}\|d_{k+l}\| = O(\|d_k\|). \tag{4.3.57}$$

因此,

$$\left\|\nabla^2 f(x_{k+i})-\nabla^2 f(x_k)\right\| = O(\|d_k\|).$$

此即 (4.3.54).

下面证明 (4.3.55).

$$\begin{aligned}
\left\|\widehat{B}_{k+i}-\nabla^2 f(x_k)\right\| \leqslant& \left\|\widehat{B}_{k+i}-\nabla^2 f(x_{k+i})\right\| \\
&+\left\|\nabla^2 f(x_{k+i})-\nabla^2 f(x_k)\right\|
\end{aligned} \tag{4.3.58}$$

由于

$$\begin{aligned}
&\left\|\widehat{B}_{k+i}-\nabla^2 f(x_{k+i})\right\| \\
&=\left\|\int_0^1 \nabla^2 f(x_{k+i}+\xi\alpha_{k+i}d_{k+i})d\xi-\nabla^2 f(x_{k+i})\right\|
\end{aligned}$$

$$\leqslant \int_0^1 \left\|\nabla^2 f(x_{k+i}+\xi\alpha_{k+i}d_{k+i}) - \nabla^2 f(x_{k+i})\right\| d\xi, \tag{4.3.59}$$

$$\begin{aligned}
&\left\|\nabla^2 f(x_{k+i}+\xi\alpha_{k+i}d_{k+i}) - \nabla^2 f(x_{k+i})\right\| \\
=&\left\|\int_0^1 \nabla^3 f(x_{k+i}+\eta\xi\alpha_{k+i}d_{k+i})\xi\alpha_{k+i}d_{k+i}d\eta\right\| \\
\leqslant& \sup_{\eta\in(0,1)} \left\|\nabla^3 f(x_{k+i}+\eta\alpha_{k+i}d_{k+i})\right\| |\alpha_{k+i}| \|d_{k+i}\| \\
\leqslant& \frac{\overline{M}}{m}\|d_{k+i}\|,
\end{aligned} \tag{4.3.60}$$

因此，再利用 (4.3.53),

$$\left\|\widehat{B}_{k+i} - \nabla^2 f(x_k)\right\| \leqslant \frac{\overline{M}}{m}\|d_{k+i}\| = O(\|d_k\|). \tag{4.3.61}$$

于是，由 (4.3.58), (4.3.54) 和 (4.3.61) 便得 (4.3.55). □

引理 4.3.14 对于 PRP 公式，有

$$\begin{aligned}
\left\|d_{k+i+1} - d_k^{i+1}\right\| =& O_1\left(\left\|d_{k+i} - d_k^i\right\|\right) + O_2\left(\left\|g_{k+i+1} - g_k^{i+1}\right\|\right) \\
&+ O_3\left(\|d_k\|^2\right).
\end{aligned} \tag{4.3.62}$$

对于 FR 公式，有

$$\begin{aligned}
\left\|d_{k+i+1} - d_k^{i+1}\right\| =& O_1\left(\left\|d_{k+i} - d_k^i\right\|\right) + O_2\left(\left\|g_{k+i+1} - g_k^{i+1}\right\|\right) \\
&+ O_3\left(\left\|g_{k+i} - g_k^i\right\|\right) + O_4\left(\|d_k\|^2\right).
\end{aligned} \tag{4.3.63}$$

证明 我们仅证明 (4.3.62). (4.3.63) 的证明完全类似，留给读者练习. 我们有

$$\begin{aligned}
\left\|d_{k+i+1} - d_k^{i+1}\right\| =& \left\|-g_{k+i+1} + \beta_{k+i}d_{k+i} + g_k^{i+1} - \beta_k^i d_k^i\right\| \\
\leqslant& \left\|g_{k+i+1} - g_k^{i+1}\right\| + \left\|\beta_{k+i}d_{k+i} - \beta_k^i d_k^i\right\|.
\end{aligned}$$

今由 (4.3.46),

$$\left\|\beta_{k+i}d_{k+i} - \beta_k^i d_k^i\right\| = \left\|\frac{g_{k+i+1}^T \widehat{B}_{k+i} d_{k+i}}{d_{k+i}^T \widehat{B}_{k+i} d_{k+i}} d_{k+i}\right.$$

$$
- \frac{g_k^{i+1^T}\nabla^2 f(x_k)d_k^i}{d_k^{i^T}\nabla^2 f(x_k)d_k^i}d_k^i\Big\|. \tag{4.3.64}
$$

设

$$
c_{k+i} = \big(d_{k+i}^T \widehat{B}_{k+i} d_{k+i}\big)\big(d_k^{i^T}\nabla^2 f(x_k)d_k^i\big), \tag{4.3.65}
$$

于是，(4.3.64) 成为

$$
\begin{aligned}
\big\|\beta_{k+i}d_{k+i} - \beta_k^i d_k^i\big\| = & \frac{1}{c_{k+i}}\big\|\big(g_{k+i+1}^T \widehat{B}_{k+i}d_{k+i}\big)\big(d_k^{i^T}\nabla^2 f(x_k)d_k^i\big)d_{k+i} \\
& - \big(g_k^{i+1^T}\nabla^2 f(x_k)d_k^i\big)\big(d_{k+i}^T\widehat{B}_{k+i}d_{k+i}\big)d_k^i\big\| \\
\leqslant & \frac{1}{c_{k+i}}\big\{\big\|\big(g_{k+i+1}^T\widehat{B}_{k+i}\big(d_{k+i}-d_k^i\big)\big)\big(d_k^{i^T}\nabla^2 f(x_k)d_k^i\big)d_{k+i}\big\| \\
& + \big\|\big(g_{k+i+1}^T\widehat{B}_{k+i}d_k^i\big)\big(\big(d_k^i - d_{k+i}\big)^T\nabla^2 f(x_k)d_k^i\big)d_{k+i}\big\| \\
& + \big\|\big(\big(g_{k+i+1}-g_k^{i+1}\big)^T\widehat{B}_{k+i}d_k^i\big)\big(d_{k+i}^T\nabla^2 f(x_k)d_k^i\big)d_{k+i}\big\| \\
& + \big\|\big(g_k^{i+1^T}\widehat{B}_{k+i}d_k^i\big)\big(d_{k+i}^T\nabla^2 f(x_k)\big(d_k^i - d_{k+i}\big)\big)d_{k+i}\big\| \\
& + \big\|\big(g_k^{i+1^T}\big(\widehat{B}_{k+i}-\nabla^2 f(x_k)\big)d_k^i\big)\big(d_{k+i}^T\nabla^2 f(x_k)d_{k+i}\big)d_{k+i}\big\| \\
& + \big\|\big(g_k^{i+1^T}\nabla^2 f(x_k)d_k^i\big)\big(d_{k+i}^T\big(\nabla^2 f(x_k)-\widehat{B}_{k+i}\big)d_{k+i}\big)d_{k+i}\big\| \\
& + \big\|\big(g_k^{i+1^T}\nabla^2 f(x_k)d_k^i\big)\big(d_{k+i}^T\widehat{B}_{k+i}d_{k+i}\big)\big(d_{k+i}-d_k^i\big)\big\|\big\}.
\end{aligned} \tag{4.3.66}
$$

注意到

$$
\frac{1}{c_{k+i}} \leqslant \frac{1}{m^2\|d_{k+i}\|^2\big\|d_k^i\big\|^2},
$$

又由 (4.3.42) 和 (4.3.55) 有

$$
\begin{aligned}
&\|g_{k+i+1}\| = O(\|d_{k+i}\|), \quad \big\|g_k^{i+1}\big\| = O\big(\big\|d_k^{i+1}\big\|\big), \\
&\big\|\nabla^2 f(x_k) - \widehat{B}_{k+i}\big\| = O(\|d_k\|),
\end{aligned}
$$

这样，我们容易得到所要证的结果 (4.3.62). □

引理 4.3.15 我们有

$$
\big\|g_{k+i+1} - g_k^{i+1}\big\| \leqslant \big\|g_{k+i} - g_k^i\big\| + O\big(\|d_k\|^2\big)
$$

$$+ M\|\alpha_{k+i}d_{k+i} - \alpha_k^i d_k^i\|. \tag{4.3.67}$$

证明

$$\begin{aligned}
\|g_{k+i+1} - g_k^{i+1}\| &= \|g_{k+i} + \alpha_{k+i}\widehat{B}_{k+i}d_{k+i} - g_k^i - \alpha_k^i \nabla^2 f(x_k) d_k^i\| \\
&\leqslant \|g_{k+i} - g_k^i\| + \|(\nabla^2 f(x_k) - \widehat{B}_{k+i})\alpha_k^i d_k^i\| \\
&\quad + \|\widehat{B}_{k+i}(\alpha_k^i d_k^i - \alpha_{k+i}d_{k+i})\| \\
&\leqslant \|g_{k+i} - g_k^i\| + \frac{1}{m}\|\nabla^2 f(x_k) - \widehat{B}_{k+i}\|\|d_k^i\| \\
&\quad + M\|\alpha_k^i d_k^i - \alpha_{k+i}d_{k+i}\| \\
&\leqslant \|g_{k+i} - g_k^i\| + O(\|d_k\|^2) + M\|\alpha_k^i d_k^i - \alpha_{k+i}d_{k+i}\|. \qquad \square
\end{aligned}$$

引理 4.3.16 我们有

$$\begin{aligned}
\|\alpha_{k+i}d_{k+i} - \alpha_k^i d_k^i\| =& O_1(\|g_{k+i} - g_k^i\|) + O_2(\|d_{k+i} - d_k^i\|) \\
&+ O_3(\|d_k\|^2).
\end{aligned} \tag{4.3.68}$$

证明 由 (4.3.40) 和 (4.3.65),

$$\begin{aligned}
\|\alpha_{k+i}d_{k+i} - \alpha_k^i d_k^i\| &= \left\| \frac{\|g_{k+i}\|^2 d_{k+i}}{d_{k+i}^T \widehat{B}_{k+i} d_{k+i}} - \frac{\|g_k^i\|^2 d_k^i}{{d_k^i}^T \nabla^2 f(x_k) d_k^i} \right\| \\
&= \frac{1}{c_{k+i}} \| \|g_{k+i}\|^2 ({d_k^i}^T \nabla^2 f(x_k) d_k^i) d_{k+i} \\
&\quad - \|g_k^i\|^2 (d_{k+i}^T \widehat{B}_{k+i} d_{k+i}) d_k^i \| \\
&\leqslant \frac{1}{c_{k+i}} \{ \| (g_{k+i}^T (g_{k+i} - g_k^i)) (d_k^i \nabla^2 f(x_k) d_k^i) d_{k+i} \| \\
&\quad + \| (g_{k+i}^T g_k^i) ((d_k^i - d_{k+i})^T \nabla^2 f(x_k) d_k^i) d_{k+i} \| \\
&\quad + \| ((g_{k+i} - g_k^i)^T g_k^i) (d_{k+i}^T \nabla^2 f(x_k) d_k^i) d_{k+i} \| \\
&\quad + \| \|g_k^i\|^2 (d_{k+i}^T \nabla^2 f(x_k) (d_k^i - d_{k+i})) d_{k+i} \| \\
&\quad + \| \|g_k^i\|^2 (d_{k+i}^T \nabla^2 f(x_k) d_{k+i}) (d_{k+i} - d_k^i) \| \\
&\quad + \| \|g_k^i\|^2 (d_{k+i}^T (\nabla^2 f(x_k) - \widehat{B}_{k+i}) d_{k+i}) d_k^i \| \}.
\end{aligned} \tag{4.3.69}$$

注意到

$$\frac{1}{c_{k+i}} \leqslant \frac{1}{m^2\|d_{k+i}\|^2\|d_k^i\|^2},$$

利用 (4.3.44), (4.3.42) 和 (4.3.55), 便得所需要的结果 (4.3.68).

□

定理 4.3.17 设定理 4.3.7 的条件满足，那么，

$$d_k \to 0, \tag{4.3.70}$$

$$\|\alpha_{kr+i}d_{kr+i} - \alpha_{kr}^i d_{kr}^i\| = O(\|d_{kr}\|^2), \quad i = 0,1,\cdots,j(k)-1, \tag{4.3.71}$$

$$\|\alpha_{kr+i}d_{kr+i} - \alpha_{kr}^i d_{kr}^i\| = O(\|x_{kr} - x^*\|^2), \quad i = 0,1,\cdots,j(k)-1, \tag{4.3.72}$$

其中，对于所有 k 和 $r \geqslant n$, $d_{kr} = -g_{kr}$.

证明 由 (4.3.53), $\|d_{k+1}\| \leqslant (1+M/m)^2\|d_k\|$, 故

$$\|d_{kr+i}\| \leqslant [(1+M/m)^2]^i\|d_{kr}\|, \quad i = 0,1,\cdots,j(k)-1.$$

由于算法收敛，(4.3.52) 意味着 $g_k \to 0$, 因此，$d_{kr} \to 0$, 由 (4.3.53), 有 $d_k \to 0$, (4.3.70) 得到.

为了证明 (4.3.71), 我们用归纳法证明：对于 $i = 0,1,\cdots, j(k/r)-1$, 以及 k 是 r 的倍数，有

$$\|g_{k+i} - g_k^i\| = O(\|d_k\|^2), \tag{4.3.73}$$

$$\|d_{k+i} - d_k^i\| = O(\|d_k\|^2), \tag{4.3.74}$$

$$\|\alpha_{k+i}d_{k+i} - \alpha_k^i d_k^i\| = O(\|d_k\|^2). \tag{4.3.75}$$

首先，对于 $i = 0$, 由于 $g_k = g_k^0$, $d_k = d_k^0$ 和 (4.3.68), 可知 (4.3.73)—(4.3.75) 成立.

今假定 (4.3.73)—(4.3.75) 对于 i 成立，我们证明它们对于 $i+1$ 也成立. 由 (4.3.67) 和归纳法假设，

$$\|g_{k+i+1} - g_k^{i+1}\| \leqslant \|g_{k+i} - g_k^i\| + O(\|d_k\|^2)$$

$$
\begin{aligned}
&+M\left\|\alpha_{k+i}d_{k+i}-\alpha_k^i d_k^i\right\| \\
&=O\left(\|d_k\|^2\right).
\end{aligned} \tag{4.3.76}
$$

由 (4.3.62), 对于 PRP 公式,

$$
\begin{aligned}
\left\|d_{k+i+1}-d_k^{i+1}\right\| =&O_1\left(\left\|d_{k+i}-d_k^i\right\|\right)+O_2\left(\left\|g_{k+i+1}-g_k^{i+1}\right\|\right) \\
&+O_3\left(\|d_k\|^2\right),
\end{aligned}
$$

由 (4.3.63), 对于 FR 公式,

$$
\begin{aligned}
\left\|d_{k+i+1}-d_k^{i+1}\right\| =&O_1\left(\left\|d_{k+i}-d_k^i\right\|\right)+O_2\left(\left\|g_{k+i+1}-g_k^{i+1}\right\|\right) \\
&+O_3\left(\left\|g_{k+i}-g_k^i\right\|\right)+O_4\left(\|d_k\|^2\right).
\end{aligned}
$$

这样，由归纳法假设，我们有

$$
\left\|d_{k+i+1}-d_k^{i+1}\right\|=O\left(\|d_k\|^2\right). \tag{4.3.77}
$$

最后，利用 (4.3.68) 、(4.3.76) 和归纳法假设，有

$$
\begin{aligned}
&\left\|\alpha_{k+i+1}d_{k+i+1}-\alpha_k^{i+1}d_k^{i+1}\right\| \\
=&O_1\left(\left\|g_{k+i+1}-g_k^{i+1}\right\|\right)+O_2\left(\left\|d_{k+i+1}-d_k^{i+1}\right\|\right)+O_3\left(\|d_k\|^2\right) \\
=&O\left(\|d_k\|^2\right).
\end{aligned} \tag{4.3.78}
$$

这样 (4.3.73)—(4.3.75) 证得，从而， (4.3.71) 得到. 由 (4.3.71), 并注意到 $d_{kr}=-g_{kr}$ 和 $\|g_{kr}\|\leqslant M\left\|x_{kr}-x^*\right\|$, 即可得到 (4.3.72). 而这等价于 (4.3.28). □

综合定理 4.3.8 和定理 4.3.17, 我们便得到再开始共轭梯度法的 n 步二阶收敛定理 4.3.7.

第五章 拟 牛 顿 法

§5.1 拟牛顿法

牛顿法成功的关键是利用了 Hesse 矩阵提供的曲率信息. 而计算 Hesse 矩阵工作量大, 并且有的目标函数的 Hesse 矩阵很难计算, 甚至不好求出, 这就导致仅利用目标函数一阶导数的方法. 拟牛顿法就是利用目标函数值 f 和一阶导数 g 的信息, 构造出目标函数的曲率近似, 而不需要明显形成 Hesse 矩阵, 同时具有收敛速度快的优点.

5.1.1 拟牛顿条件

设 $f: R^n \to R$ 在开集 $\mathcal{D} \subset R^n$ 上二次连续可微, f 在 x_{k+1} 附近的二次近似为

$$\begin{aligned} f(x) \approx & f(x_{k+1}) + g_{k+1}^T(x - x_{k+1}) \\ & + \frac{1}{2}(x - x_{k+1})^T G_{k+1}(x - x_{k+1}), \end{aligned} \tag{5.1.1}$$

对上式两边求导, 有

$$g(x) \approx g_{k+1} + G_{k+1}(x - x_{k+1}). \tag{5.1.2}$$

令 $x = x_k$, $s_k = x_{k+1} - x_k$, $y_k = g_{k+1} - g_k$, 得

$$G_{k+1}^{-1} y_k \approx s_k. \tag{5.1.3}$$

显然，对于二次函数 f, 上述关系式 (5.1.3) 精确成立. 现在，我们要求在拟牛顿法中构造出的 Hesse 逆近似 H_{k+1} 满足这种关系，即

$$H_{k+1}y_k = s_k, \tag{5.1.4}$$

我们通常把上述关系式 (5.1.4) 称作拟牛顿条件或拟牛顿方程. 拟牛顿条件也可以按如下想法导出. 由于梯度 g 在 x_{k+1} 连续，故对于给出的 $\varepsilon > 0$, 存在 $\delta > 0$, 使得只要 $\|x - x_{k+1}\| < \delta$, 就有

$$\|g(x) - g(x_{k+1}) - G_{k+1}(x - x_{k+1})\| \leqslant \varepsilon\|x - x_{k+1}\|, \tag{5.1.5}$$

令 $x = x_k$, B_{k+1} 表示 G_{k+1} 的近似，我们要求

$$B_{k+1}s_k = y_k \tag{5.1.6}$$

是合理的，其中

$$s_k = x_{k+1} - x_k, \quad y_k = g_{k+1} - g_k. \tag{5.1.7}$$

(5.1.6) 与 (5.1.4) 是相同的，只是 (5.1.4) 是关于 Hesse 逆近似的拟牛顿条件, 而 (5.1.6) 是关于 Hesse 近似的拟牛顿条件, 这里 $B_{k+1}^{-1} = H_{k+1}$.

拟牛顿条件使二次模型具有如下插值性质: 如果 H_{k+1} 满足拟牛顿条件 (5.1.4), 那么二次模型

$$\begin{aligned} m_{k+1}(x) =& f(x_{k+1}) + g_{k+1}^T(x - x_{k+1}) \\ &+ \frac{1}{2}(x - x_{k+1})^T G_{k+1}(x - x_{k+1}) \end{aligned}$$

满足

$$\begin{aligned} &m_{k+1}(x_{k+1}) = f(x_{k+1}), \quad \nabla m_{k+1}(x_{k+1}) = g_{k+1}, \\ &\nabla m_{k+1}(x_k) = g_k. \end{aligned}$$

拟牛顿法的主要步骤为

(1) 令 $d_k = -H_k g_k$;

(2) 沿方向 d_k 作线性搜索，得到 $x_{k+1} = x_k + \alpha_k d_k$;

(3) 校正 H_k 产生 H_{k+1}.

一般的拟牛顿算法如下：

算法 5.1.1

步 1　给出 $x_0 \in R^n$, $H_0 \in R^{n\times n}$, $0 \leqslant \varepsilon < 1$, $k := 0$.

步 2　如果 $\|g_k\| \leqslant \varepsilon$, 则停止；否则，计算 $d_k = -H_k g_k$.

步 3　沿方向 d_k 作线性搜索求 $\alpha_k > 0$, 令

$$x_{k+1} = x_k + \alpha_k d_k. \tag{5.1.8}$$

步 4　校正 H_k 产生 H_{k+1}, 使得拟牛顿条件 (5.1.4) 成立.

步 5　$k := k+1$, 转步 2.

在上述拟牛顿算法中，初始 Hesse 逆近似 H_0 通常取为单位矩阵， $H_0 = I$, 这样，拟牛顿法的第一次迭代等价于一个最速下降迭代.

与牛顿法相比，拟牛顿法有下列优点：

(1) 仅需一阶导数．(牛顿法需二阶导数).

(2) H_k 保持正定，使得方法具有下降性质．(在牛顿法中，G_k 可能不定).

(3) 每次迭代需 $O(n^2)$ 次乘法．(牛顿法需 $O(n^3)$ 次乘法).

有时，拟牛顿法的迭代形式也采用 Hesse 近似：

(1) 解 $B_k d = -g_k$ 得 d_k;

(2) 沿方向 d_k 作线性搜索，得 $x_{k+1} = x_k + \alpha_k d_k$;

(3) 校正 B_k 产生 B_{k+1}.

正如牛顿法是在椭球范数 $\|\cdot\|_{G_k}$ 意义下的最速下降法一样，拟牛顿法是在椭球范数 $\|\cdot\|_{H_k^{-1}}$ 意义下的最速下降法. 事实上，由极小化问题

$$\begin{aligned} &\min g_k^T d, \\ &\text{s.t.} \|d\|_{B_k} = 1 \end{aligned} \tag{5.1.9}$$

可知

$$d_k = -B_k^{-1} g_k / \|g_k\|_{B_k} = -H_k g_k / \|g_k\|_{H_k^{-1}}, \tag{5.1.10}$$

其中 $B_k^{-1} = H_k$. 所以，在尺度矩阵 H_k^{-1} 的意义下，方向

$$d_k = -H_k g_k$$

是 f 从 x_k 点出发的最速下降方向. 由于在每一次迭代中尺度矩阵 H_k 总是变化的，故方法也叫变尺度方法.

5.1.2 对称秩一校正公式 (SR 1 校正)

设 H_k 是第 k 次迭代的 Hesse 逆近似，我们希望从 H_k 产生 H_{k+1}, 即

$$H_{k+1} = H_k + E_k, \tag{5.1.11}$$

其中 E_k 是一个低秩矩阵. 在秩一校正情形，有

$$H_{k+1} = H_k + uv^T, \tag{5.1.12}$$

由拟牛顿条件 (5.1.4),

$$H_{k+1} y_k = (H_k + uv^T) y_k = s_k,$$

即

$$(v^T y_k) u = s_k - H_k y_k, \tag{5.1.13}$$

故 u 必定在方向 $s_k - H_k y_k$ 上. 假定 $s_k - H_k y_k \neq 0$ (否则，H_k 已经满足拟牛顿条件), 向量 v 满足 $v^T y \neq 0$, 则

$$H_{k+1} = H_k + \frac{1}{v^T y_k}(s_k - H_k y_k) v^T. \tag{5.1.14}$$

由于 Hesse 矩阵是对称的，故要求 Hesse 逆近似也是对称的，从而取 $v = s_k - H_k y_k$, 得

$$H_{k+1} = H_k + \frac{(s_k - H_k y_k)(s_k - H_k y_k)^T}{(s_k - H_k y_k)^T y_k}. \tag{5.1.15}$$

公式 (5.1.15) 称为对称秩一校正 (SR1 校正).

注意，(5.1.14) 称为 Broyden 一般秩一校正公式，特别，当 $v = y_k$ 时，(5.1.14) 称为 Broyden 秩一校正公式.

对称秩一校正的突出性质是它天然具有二次终止性，即对于二次函数，它不需要进行一维搜索，而具有 n 步终止性质，$H_n = G^{-1}$，其中 G 是二次函数的 Hesse 矩阵. 这一点由下面的定理证明.

定理 5.1.2 (对称秩一校正性质定理) 设 $s_0, s_1, \cdots, s_{n-1}$ 线性无关，那么对于二次函数，对称秩一方法至多 $n+1$ 步终止，即 $H_n = G^{-1}$.

证明 设二次函数 f 的 Hesse 矩阵 G 是正定的，在所有二次终止性证明中我们都利用

$$y_k = G s_k. \tag{5.1.16}$$

首先，我们用归纳法证明遗传性质

$$H_i y_j = s_j, \quad j = 0, 1, \cdots, i-1. \tag{5.1.17}$$

对于 $i = 1$，直接由 SR1 公式 (5.1.15) 可知上式成立. 今假定上式对于 $i \geqslant 1$ 成立，我们证明它对于 $i+1$ 也成立. 我们有

$$H_{i+1} y_j = H_i y_j + \frac{(s_i - H_i y_i)(s_i - H_i y_i)^T y_j}{(s_i - H_i y_i)^T y_i},$$

当 $j < i$ 时，由归纳法假设和 (5.1.16) 有

$$\begin{aligned}
(s_i - H_i y_i)^T y_j &= s_i^T y_j - y_i^T H_i y_j \\
&= s_i^T y_j - y_i^T s_j \\
&= s_i^T G s_j - s_i^T G s_j \\
&= 0.
\end{aligned}$$

故

$$H_{i+1} y_j = H_i y_j = s_j, \quad j < i.$$

当 $j=i$ 时，直接由 SR1 公式 (5.1.15) 有

$$H_{i+1}y_i = s_i.$$

从而，遗传性质 (5.1.17) 得证. 于是

$$s_j = H_n y_j = H_n G s_j, \quad j = 0, 1, \cdots, n-1.$$

由于 s_j 线性无关，故 $H_n G = I$, 即 $H_n = G^{-1}$. □

从这个定理可知 SR1 校正的特点：

1. 不需作精确一维搜索，而具有二次终止性；

2. 具有遗传性质： $H_i y_j = s_j,\ j < i$;

3. 缺点：SR1 校正不保持迭代矩阵 H_k 的正定性. 仅当 $(s_k - H_k y_k)^T y_k > 0$ 时，SR1 校正才具有正定性. 而这个条件往往很难保证. 即使 $(s_k - H_k y_k)^T y_k > 0$ 满足，它也可能很小，从而导致数值困难. 这使得 SR1 校正在应用中受到限制.

5.1.3 DFP 校正

设对称秩二校正为

$$H_{k+1} = H_k + auu^T + bvv^T, \tag{5.1.18}$$

令拟牛顿条件 (5.1.4) 满足，则

$$H_k y_k + auu^T y_k + bvv^T y_k = s_k,$$

这里 u 和 v 并不唯一确定，但 u 和 v 的明显的选择是

$$u = s_k, \quad v = H_k y_k.$$

于是

$$au^T y_k = 1, \quad bv^T y_k = -1,$$

确定出

$$a = 1/u^T y_k = 1/s_k^T y_k,$$

$$b = -1/v^T y_k = -1/y_k^T H_k y_k.$$

因此

$$H_{k+1} = H_k + \frac{s_k s_k^T}{s_k^T y_k} - \frac{H_k y_k y_k^T H_k}{y_k^T H_k y_k}. \tag{5.1.19}$$

这个公式称为 DFP 公式，它是由 Davidon (1959) 提出，后来由 Fletcher 和 Powell (1963) 发展的.

DFP 校正公式是典型的拟牛顿校正公式,它有很多重要性质.

1. 对于二次函数 (采用精确线性搜索)

(1) 具有二次终止性质，即 $H_n = G^{-1}$.

(2) 具有遗传性质，即 $H_i y_j = s_j,\ j < i$.

(3) 当 $H_0 = I$ 时，产生共轭方向和共轭梯度.

2. 对于一般函数

(1) 校正保持正定性，因而下降性质成立.

(2) 每次迭代需要 $3n^2 + O(n)$ 次乘法运算.

(3) 方法具有超线性收敛速度.

(4) 当采用精确线性搜索时，对于凸函数，方法具有总体收敛性.

关于 DFP 方法的收敛性质，我们将在下一节讨论. 这里我们将介绍下面两个重要定理.

校正保持正定性是非常重要的. 如果 f 的 Hesse 矩阵在 x^* 处正定，则驻点 x^* 就是强局部极小点. 因此，我们希望 Hesse 近似 $\{B_k\}$ 或 Hesse 逆近似 $\{H_k\}$ 正定. 此外，如果 $\{B_k\}$ 或 $\{H_k\}$ 正定，则 f 的局部二次模型就有唯一的局部极小点，由 (5.1.7) 或 (5.1.8) 产生的搜索方向 d_k 就是下降方向. 因此，我们通常要求校正保持正定性，即若 H_k 正定，则 H_{k+1} 也正定. 对于下面这个典型定理，我们给出多种各具特色的不同证法，以拓展读者证明思路.

定理 5.1.3 (DFP 公式的正定性) 当且仅当 $s_k^T y_k > 0$ 时，DFP 校正公式 (5.1.19) 保持正定性.

证明 **[证法一]** 用归纳法证明

$$z^T H_k z > 0, \quad \forall z \neq 0.$$

由初始选择，H_0 显然正定. 今假定对于某个 $k \geqslant 0$, 结论成立，并记 $H_k = LL^T$ 为 H_k 的 Cholesky 分解. 设

$$a = L^T z, \quad b = L^T y_k,$$

则

$$\begin{aligned} z^T H_{k+1} z &= z^T \left(H_k - \frac{H_k y_k y_k^T H_k}{y_k^T H_k y_k} \right) z + z^T \frac{s_k s_k^T}{s_k^T y_k} z \\ &= \left[a^T a - \frac{(a^T b)^2}{b^T b} \right] + \frac{(z^T s_k)^2}{s_k^T y_k}, \end{aligned} \tag{5.1.20}$$

由 Cauchy 不等式知

$$a^T a - \frac{(a^T b)^2}{b^T b} \geqslant 0, \tag{5.1.21}$$

又由于题设 $s_k^T y_k > 0$, 故 (5.1.20) 中第二项非负，从而

$$z^T H_{k+1} z \geqslant 0.$$

由于 $z \neq 0$, 在 (5.1.21) 中等式成立当且仅当 a 与 b 平行，亦即当且仅当 z 与 y_k 平行. 而当 z 与 y_k 平行时，便有 $z = \beta y_k, \beta \neq 0$, 这时

$$\frac{(z^T s_k)^2}{s_k^T y_k} = \beta^2 s_k^T y_k > 0,$$

即，当 z 与 y_k 平行时，(5.1.20) 中第二项严格大于零. 于是对任何 $z \neq 0$, 总有

$$z^T H_{k+1} z > 0$$

成立.

必要性可以类似地证明. □

[证法二] 设 $H_k = LL^T, \overline{y} = L^T y_k, \overline{s} = L^{-1} s_k$, 于是

$$H_{k+1} = LWL^T, \tag{5.1.22}$$

其中

$$W=I-\frac{\overline{y}\,\overline{y}^T}{\overline{y}^T\overline{y}}+\frac{\overline{s}\,\overline{s}^T}{\overline{s}^T\overline{y}}. \tag{5.1.23}$$

由于 $(I-\overline{y}\,\overline{y}^T/\overline{y}^T\overline{y})\overline{y}=0$, 可知 $(I-\overline{y}\,\overline{y}^T/\overline{y}^T\overline{y})$ 有 $n-1$ 个单位特征值和一个零特征值，因为 $\overline{s}^T\overline{y}=s_k^Ty_k>0$, 故由联锁特征值定理可知 W 的特征值非负. 今设 $\Pi(H_{k+1})$ 表示 H_{k+1} 的特征值乘积，则

$$\Pi(H_{k+1})=\Pi(LWL^T)=[\Pi(L)]^2\Pi(W). \tag{5.1.24}$$

由于 W 是单位矩阵的秩二修改，如果 $n\geqslant 3$, 则 W 有 $(n-2)$ 个单位特征值，另两个特征值设为 λ_1 和 λ_2. 显然，对应于 λ_1 和 λ_2 的特征向量是 $\overline{s}$ 和 $\overline{y}$ 的线性组合. 由直接代入和代数计算可得

$$\lambda_1+\lambda_2=\frac{\overline{y}^T\overline{s}+\overline{y}^T\overline{y}}{\overline{y}^T\overline{y}}, \tag{5.1.25a}$$

$$\lambda_1\lambda_2=\frac{\overline{y}^T\overline{s}}{\overline{s}^T\overline{s}}. \tag{5.1.25b}$$

由于 H_k 正定，故 $\overline{s}^T\overline{s}=s_k^TH_ks_k>0$, 又由假设 $\overline{y}^T\overline{s}=y_k^Ts_k>0$, 因此 λ_1 和 λ_2 都是正的，从而 W 正定，以至于 H_{k+1} 正定.

必要性证明类似得到. □

[证法三] 应用线性代数基本关系式 (1.2.40),

$$\det\left(I+u_1u_2^T+u_3u_4^T\right)=\left(1+u_1^Tu_2\right)\left(1+u_3^Tu_4\right)-\left(u_1^Tu_4\right)\left(u_2^Tu_3\right),$$

这样，(5.1.23) 给出的 W 的行列式为

$$\det(W)=\frac{\overline{s}^T\overline{y}}{\overline{y}^T\overline{y}}=\frac{s_k^Ty_k}{y_k^TH_ky_k},$$

利用 (5.1.22), 有

$$\det(H_{k+1})=\det(H_k)\cdot\frac{s_k^Ty_k}{y_k^TH_ky_k}. \tag{5.1.26}$$

从而得到：如果 H_k 正定，那么当且仅当 $s_k^T y_k > 0$ 时，$\det(H_{k+1}) > 0$. 设

$$\begin{aligned}H_{k+1} &= H_k + \frac{s_k s_k^T}{s_k^T y_k} - \frac{H_k y_k y_k^T H_k}{y_k^T H_k y_k} \\ &= \overline{H} - \frac{H_k y_k y_k^T H_k}{y_k^T H_k y_k},\end{aligned}$$

其中 $\overline{H} = H_k + s_k s_k^T / s_k^T y_k$. 由于 H_k 正定，由联锁特征值定理 1.2.8 知 $\overline{H}$ 的特征值全正，因而 $\overline{H}$ 也正定. 继续由定理 1.2.8 可知，H_{k+1} 至多是最小的特征值非正，因而 $\det(H_{k+1})$ 与最小特征值同正或同负. 所以 $\det(H_{k+1}) > 0$ 是 H_{k+1} 正定的充要条件. 从而有

$$s_k^T y_k > 0 \Longleftrightarrow \det(H_{k+1}) > 0 \Longleftrightarrow H_{k+1} \text{ 正定}. \qquad \square$$

[证法四]　DFP 公式 (5.1.19) 满足拟牛顿条件 (5.1.4). 当且仅当对某个非奇异矩阵 J_{k+1}，有

$$H_{k+1} = J_{k+1} J_{k+1}^T$$

时，H_{k+1} 正定.

定理的必要性显然. 事实上，若 H_{k+1} 正定，则存在非奇异矩阵 J_{k+1}，使得 $J_{k+1} J_{k+1}^T y_k = s_k$. 定义 $w_k = J_{k+1}^T y_k$，则

$$s_k^T y_k = y_k^T J_{k+1} J_{k+1}^T y_k = w_k^T w_k > 0.$$

必要性得证.

下面证明定理的充分性. 设 $H_k = L_k L_k^T$ 是正定矩阵 H_k 的 Cholesky 分解，DFP 校正 (5.1.19) 可以写成

$$\begin{aligned}H_{k+1} =& H_k + \left(\frac{1}{\beta}\right)^{1/2} H_k y_k s_k^T - \frac{1}{y_k^T H_k y_k} H_k y_k y_k^T H_k \\ &+ \left(\frac{1}{\beta}\right)^{1/2} s_k y_k^T H_k - \frac{H_k y_k y_k^T H_k}{y_k^T H_k y_k} + \frac{1}{s_k^T y_k} s_k s_k^T\end{aligned}$$

$$-\left(\frac{1}{\beta}\right)^{1/2}s_ky_k^TH_k-\left(\frac{1}{\beta}\right)^{1/2}H_ky_ks_k^T+\frac{H_ky_ky_k^TH_k}{y_k^TH_ky_k}$$

$$=J_{k+1}J_{k+1}^T, \tag{5.1.27}$$

其中

$$J_{k+1}=L_k+\frac{(s_k-L_kw_k)w_k^T}{w_k^Tw_k}, \tag{5.1.28}$$

$$w_k=\left(\frac{s_k^Ty_k}{y_k^TH_ky_k}\right)^{1/2}L_k^Ty_k, \tag{5.1.29}$$

$$\beta=\left(s_k^Ty_k\right)\left(y_k^TH_ky_k\right). \tag{5.1.30}$$

对于 (5.1.28), 注意到

$$1+\frac{1}{w_k^Tw_k}w_k^TL_k^{-1}\cdot(s_k-L_kw_k)$$

$$=1+\frac{1}{s_k^Ty_k}\left(\frac{s_k^Ty_k}{y_k^TH_ky_k}\right)^{1/2}y_k^TL_k\cdot L_k^{-1}\cdot\left[s_k-\left(\frac{s_k^Ty_k}{y_k^TH_ky_k}\right)^{\frac{1}{2}}H_ky_k\right]$$

$$=\left(\frac{s_k^Ty_k}{y_k^TH_ky_k}\right)^{1/2},$$

以及 $s_k^Ty_k>0$, H_k 正定，故上式大于零. 从而根据 Sherman-Morrison 定理 1.2.6 可知 (5.1.28) 给出的秩一校正矩阵 J_{k+1} 可逆，从而由 (5.1.27) 可知 DFP 校正产生的 H_{k+1} 正定. □

这个定理给出了 DFP 校正保持正定性的充分必要条件. 四种证明方法分别从正定性的不同定义出发，是很典型的. 定理中保持正定性的条件 $s_k^Ty_k>0$ 是实际的，并且是可以满足的. 对于正定二次函数,

$$s_k^Ty_k=s_k^TGs_k>0.$$

对于一般函数,

$$s_k^Ty_k=g_{k+1}^Ts_k-g_k^Ts_k, \tag{5.1.31}$$

注意到 $g_k^Ts_k<0$. 当采用精确线性搜索时, $g_{k+1}^Ts_k=0$, 从而 $s_k^Ty_k>0$. 当采用近似线性搜索时，如果准则 (2.5.5) 满足，那么

$s_k^T y_k > 0$. 一般地，适当提高线性搜索的精度，就可以使得 $g_{k+1}^T s_k$ 在数量上小到所要求的程度.

下面，我们给出 DFP 方法具有二次终止性的定理. 定理表明：对于二次函数，DFP 方法产生的方向是共轭的，方法在 n 步终止，即有 $H_n = G^{-1}$.

定理 5.1.4 (DFP 方法二次终止性定理)　如果 f 是二次函数，G 是其正定 Hesse 矩阵，那么，当采用精确线性搜索时，DFP 方法具有遗传性质和方向共轭性质，即对于 $i = 0, 1, \cdots, m$, 有

$$H_{i+1} y_j = s_j, \quad j = 0, 1, \cdots, i \text{ (遗传性质)}, \tag{5.1.32}$$

$$s_i^T G s_j = 0, \quad j = 0, 1, \cdots, i-1 \text{ (方向共轭性)}. \tag{5.1.33}$$

方法在 $m + 1 \leqslant n$ 步迭代后终止. 如果 $m = n - 1$, 则 $H_n = G^{-1}$.

证明　用归纳法证明 (5.1.32) 和 (5.1.33).

显然，当 $i = 0$ 时，结论成立. 今假定结论对于 i 成立，我们要证明结论对于 $i + 1$ 也成立. 由于 $g_{i+1} \neq 0$, 由精确一维搜索和归纳法假设，对于 $j \leqslant i$, 有

$$\begin{aligned} g_{i+1}^T s_j &= g_{j+1}^T s_j + \sum_{k=j+1}^{i} (g_{k+1} - g_k)^T s_j \\ &\doteq g_{j+1}^T s_j + \sum_{k=j+1}^{i} y_k^T s_j \\ &= 0 + \sum_{k=j+1}^{i} s_k^T G s_j \\ &= 0, \end{aligned} \tag{5.1.34}$$

从而利用归纳法假设 (5.1.32) 和 (5.1.34), 得

$$\begin{aligned} s_{i+1}^T G s_j &= -\alpha_{i+1} g_{i+1}^T H_{i+1} y_j \\ &= -\alpha_{i+1} g_{i+1}^T s_j \end{aligned}$$

$$= 0, \tag{5.1.35}$$

这证明了对于 $i+1$, (5.1.33) 成立.

今设 (5.1.32) 成立, 我们要证 $H_{i+2}y_j = s_j$, $j = 0, 1, \cdots, i+1$. 由 DFP 公式立即有

$$H_{i+2}y_{i+1} = s_{i+1}, \tag{5.1.36}$$

对于 $j \leqslant i$, 由 (5.1.35) 和 (5.1.32), 有

$$s_{i+2}^T y_j = s_{i+1}^T G s_j = 0, \tag{5.1.37}$$

$$y_{i+1}^T H_{i+1} y_j = y_{i+1}^T s_j = s_{i+1}^T G s_j = 0. \tag{5.1.38}$$

故

$$\begin{aligned} H_{i+2}y_j &= H_{i+1}y_j + \frac{s_{i+1}s_{i+1}^T y_j}{s_{i+1}^T y_{i+1}} - \frac{H_{i+1}y_{i+1}y_{i+1}^T H_{i+1}y_j}{y_{i+1}^T H_{i+1} y_{i+1}} \\ &= H_{i+1}y_j \\ &= s_j. \end{aligned} \tag{5.1.39}$$

(5.1.36) 和 (5.1.39) 表明 $H_{i+2}y_j = s_j$, $j = 0, 1, \cdots, i+1$. 从而 (5.1.32) 也得证.

由于 s_i 共轭, $i = 0, 1, \cdots, m$, 故方法是共轭方向法. 根据共轭方向法基本定理 4.1.3, 对于二次函数, 方法至多 n 步终止. 即存在 $m \leqslant n-1$, 在 m 步后终止. 当 $m = n-1$ 时, 由于 s_i 线性无关, $i = 0, 1, \cdots, n-1$, 故

$$H_n y_j = s_j, \quad j = 0, 1, \cdots, n-1.$$

此即

$$H_n G s_j = s_j, \quad j = 0, 1, \cdots, n-1.$$

从而有 $H_n = G^{-1}$. □

由这个定理可知, DFP 拟牛顿法是共轭方向法. 如果初始近似 H_0 取作单位矩阵, 则方法变成共轭梯度法. 由遗传性质可知,

$H_{i+1}Gs_j = s_j,\ j = 0,1,\cdots,i$, 这表明 s_j 是矩阵 $H_{i+1}G$ 对应于特征值 1 的特征向量， $j=0,1,\cdots,i$. 它们是 G- 共轭的.

DFP 方法是一个实际上广为采用的方法，它在理论分析和实际应用中都起了很大作用. 但是，进一步的研究发现， DFP 方法具有数值不稳定性，有时产生数值上奇异的 Hesse 矩阵. 下面给出的 BFGS 校正克服了 DFP 校正的缺陷.

5.1.4 BFGS 校正和 PSB 校正

前面我们已经知道

$$H_{k+1}y_k = s_k \tag{5.1.4}$$

是关于逆 Hesse 近似的拟牛顿条件，而

$$B_{k+1}s_k = y_k \tag{5.1.6}$$

是关于 Hesse 近似的拟牛顿条件. 这两个拟牛顿条件中任一个可以通过交换 $H_{k+1} \longleftrightarrow B_{k+1}$, $s_k \longleftrightarrow y_k$ 从另一个得到. 类似于从 (5.1.4) 得到关于 H_k 的 DFP 校正公式

$$H_{k+1}^{(\mathrm{DFP})} = H_k + \frac{s_k s_k^T}{s_k^T y_k} - \frac{H_k y_k y_k^T H_k}{y_k^T H_k y_k}, \tag{5.1.19}$$

我们可以从 (5.1.6) 得到关于 B_k 的 BFGS 校正

$$B_{k+1}^{(\mathrm{BFGS})} = B_k + \frac{y_k y_k^T}{y_k^T s_k} - \frac{B_k s_k s_k^T B_k}{s_k^T B_k s_k}. \tag{5.1.40a}$$

由于 $B_k s_k = -\alpha_k g_k$, $B_k d_k = -g_k$, 故上式也可写成

$$B_{k+1}^{(\mathrm{BFGS})} = B_k + \frac{g_k g_k^T}{g_k^T d_k} + \frac{y_k y_k^T}{\alpha y_k^T d_k}. \tag{5.1.40b}$$

事实上，只要通过对 (5.1.19) 作简单的交换 $H \longleftrightarrow B$, $s \longleftrightarrow y$, 关于 B_k 的 BFGS 校正就可得到. 我们也把 (5.1.40) 称为互补 DFP

公式. 再对 (5.1.40) 两次应用逆的秩一校正的 Sherman-Morrison 公式 (1.2.37), 就得到关于 H_k 的 BFGS 校正:

$$
\begin{aligned}
H_{k+1}^{(\mathrm{BFGS})} =& H_k + \left(1+\frac{y_k^T H_k y_k}{s_k^T y_k}\right)\frac{s_k s_k^T}{s_k^T y_k} \\
&- \frac{s_k y_k^T H_k + H_k y_k s_k^T}{s_k^T y_k} \qquad (5.1.41a)\\
=& H_k + \frac{(s_k - H_k y_k)s_k^T + s_k(s_k - H_k y_k)^T}{s_k^T y_k} \\
&- \frac{(s_k - H_k y_k)^T y_k}{\left(s_k^T y_k\right)^2} s_k s_k^T \qquad (5.1.41b)\\
=& \left(I - \frac{s_k y_k^T}{s_k^T y_k}\right) H_k \left(I - \frac{y_k s_k^T}{s_k^T y_k}\right) \\
&+ \frac{s_k s_k^T}{s_k^T y_k}. \qquad (5.1.41c)
\end{aligned}
$$

进一步, 若将 (5.1.41) 中 $H \longleftrightarrow B$, $s \longleftrightarrow y$ 互换, 便得关于 B_k 的 DFP 校正:

$$
\begin{aligned}
B_{k+1}^{(\mathrm{DFP})} =& B_k + \left(1+\frac{s_k^T B_k s_k}{y_k^T s_k}\right)\frac{y_k y_k^T}{y_k^T s_k} \\
&- \frac{y_k s_k^T B_k + B_k s_k y_k^T}{y_k^T s_k} \qquad (5.1.42a)\\
=& B_k + \frac{(y_k - B_k s_k)y_k^T + y_k(y_k - B_k s_k)^T}{y_k^T s_k} \\
&- \frac{(y_k - B_k s_k)^T s_k}{\left(y_k^T s_k\right)^2} y_k y_k^T \qquad (5.1.42b)\\
=& \left(I - \frac{y_k s_k^T}{y_k^T s_k}\right) B_k \left(I - \frac{s_k y_k^T}{y_k^T s_k}\right) \\
&+ \frac{y^k y_k^T}{y_k^T s_k}. \qquad (5.1.42c)
\end{aligned}
$$

上面的讨论告诉我们求一个拟牛顿校正公式的对偶校正的方法. 给出任一个拟牛顿校正 H_{k+1}, 通过交换 $H \longleftrightarrow B$, $s \longleftrightarrow y$, 可

以得到其关于 B 的对偶校正 $B_{k+1}^{(D)}$. 再利用 Sherman-Morrison 公式，就可得到关于 H 的对偶校正 $H_{k+1}^{(D)}$. 当然，如果对 $H_{k+1}^{(D)}$ 施行上述对偶运算，仍可恢复原来 H_{k+1}. 另外，对偶运算保持拟牛顿条件成立. 上面的讨论告诉我们： $H_{k+1}^{(DFP)}$ 的对偶是 $H_{k+1}^{(BFGS)}$. 下图表示了这个对偶关系：

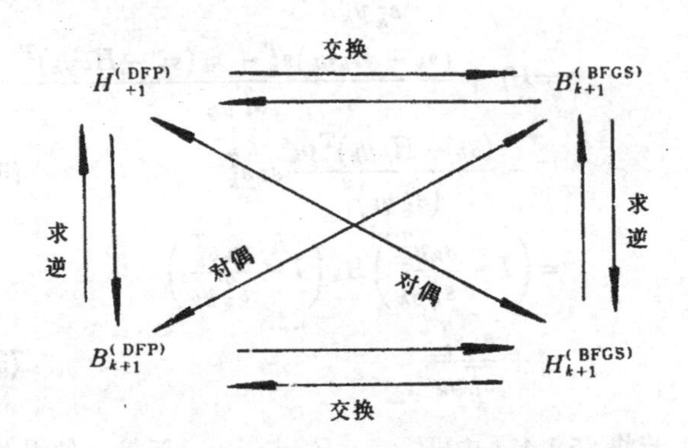

图 5.1.1 $H_{k+1}^{(DFP)}$ 与 $H_{k+1}^{(BFGS)}$ 互为对偶

对于 SR1 校正 $H_{k+1}^{(SR1)}$,

$$H_{k+1}^{(SR1)} = H_k + \frac{(s_k - H_k y_k)(s_k - H_k y_k)^T}{(s_k - H_k y_k)^T y_k}, \tag{5.1.15}$$

交换 $H \longleftrightarrow B$, $s \longleftrightarrow y$, 得

$$B_{k+1} = B_k + \frac{(y_k - B_k s_k)(y_k - B_k s_k)^T}{(y_k - B_k s_k)^T s_k}. \tag{5.1.43}$$

再用 Sherman-Morrison 公式 (1.2.37) 求逆得到的仍是 $H_{k+1}^{(SR1)}$ 校正本身. 这表明 SR1 校正是自对偶的，但它不保持校正的正定性. 另一个保持正定性的自对偶校正是 Hoshino 公式，它在 (5.2.2) 中给出.

BFGS 校正是迄今最好的拟牛顿公式. 它具有 DFP 校正所具有的各种性质. 此外，当采用不精确线性搜索 (2.5.2) 和 (2.5.4) 时，

BFGS 公式还具有总体收敛性质，这个性质对于 DFP 公式还未能证明成立. 在数值执行中，BFGS 公式也优于 DFP 公式，尤其是它常常能与低精度线性搜索方法一起连用.

PSB 校正公式就是 Powell 对称 Broyden 校正公式，它是对一般的秩一校正采用对称化技术得到的校正公式.

设 $B \in R^{n\times n}$ 是对称矩阵，

$$C_1 = B + \frac{(y - Bs)c^T}{c^T s}.$$

一般地，C_1 不是对称的，这样我们考虑

$$C_2 = \left(C_1 + C_1^T\right)/2.$$

但由于 C_2 不满足拟牛顿条件，我们可以重复这个过程，产生序列 $\{C_k\}$:

$$\begin{aligned} C_{2k+1} &= C_{2k} + \frac{(y - C_{2k}s)c^T}{c^T s}, \quad k = 0, 1, \cdots \\ C_{2k+2} &= \left(C_{2k+1} + C_{2k+2}^T\right)/2, \end{aligned} \tag{5.1.44}$$

其中，$C_0 = B$. 这里每一个 C_{2k+1} 是 $Q(y,s)$ 中最靠近 C_{2k} 的矩阵，每一个 C_{2k+2} 是最靠近 C_{2k+1} 的对称矩阵，其中，$Q(y,s)$ 是满足拟牛顿条件的矩阵集合，$Q(y,s) = \{C \in R^{n\times n} \mid Cs = y\}$，下图 5.1.2 是 $\{C_k\}$ 的产生图示，图中 S 表示对称矩阵的集合.

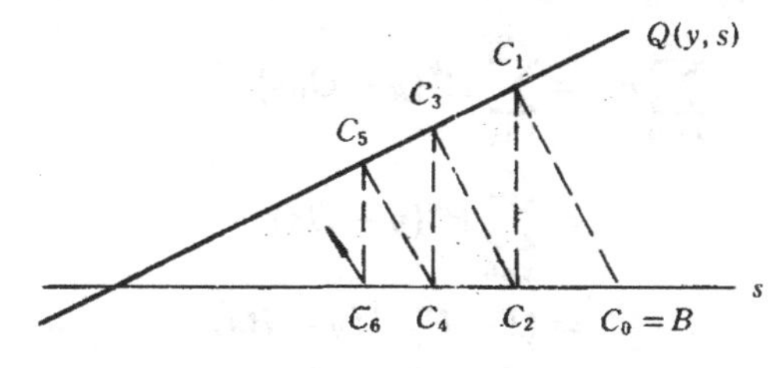

图 5.1.2　$\{C_k\}$ 序列的产生

下面，我们将证明 (5.1.44) 中序列 $\{C_k\}$ 的极限是

$$\overline{B} = B + \frac{(y-Bs)c^T + c(y-Bs)^T}{c^Ts} - \frac{(y-Bs)^Ts}{(c^Ts)^2}cc^T. \quad (5.1.45)$$

它显然满足对称性和拟牛顿条件.

定理 5.1.5 设 $B \in R^{n\times n}$ 是对称矩阵，$c, s, y \in R^n$, $c^Ts \neq 0$, 设序列 $\{C_k\}$ 由 (5.1.44) 定义，且 $C_0 = B$, 则 $\{C_k\}$ 收敛到 (5.1.45) 定义的 $\overline{B}$.

证明 我们仅需证明序列 $\{C_{2k}\}$ 收敛. 设 $G_k = C_{2k}$, 则 (5.1.44) 表明

$$G_{k+1} = G_k + \frac{1}{2}\frac{w_kc^T + cw_k^T}{c^Ts}, \quad (5.1.46)$$

其中，$w_k = y - G_ks$.

$$\begin{aligned} w_{k+1} &= y - G_{k+1}s \\ &= y - G_ks - \frac{1}{2}\frac{w_kc^Ts + cw_k^Ts}{c^Ts} \\ &= \frac{1}{2}\left(I - \frac{cs^T}{c^Tc}\right)w_k, \end{aligned}$$

即

$$w_{k+1} = Pw_k, \quad 其中\ P = \frac{1}{2}\left[I - \frac{cs^T}{c^Ts}\right]. \quad (5.1.47)$$

显然，P 有一个零特征值，且其他 $(n-1)$ 个特征值等于 $\frac{1}{2}$. 由 §1.2 矩阵求逆的 von Neumann 定理得

$$\begin{aligned} \sum_{k=0}^{\infty} w_k &= \sum_{k=0}^{\infty} P^k(y - G_0s) \\ &= \sum_{k=0}^{\infty} P^k(y - Bs) \\ &= (I-P)^{-1}(y - Bs) \\ &= 2\left[I - \frac{1}{2}\frac{cs^T}{c^Ts}\right](y - Bs) \end{aligned}$$

$$= 2(y - Bs) - \frac{cs^T}{c^T s}(y - Bs). \tag{5.1.48}$$

由于

$$\lim G_k = B + \sum_{k=0}^{\infty}(G_{k+1} - G_k), \tag{5.1.49}$$

于是，由 (5.1.46) 和 (5.1.48) 得到，序列 $\{G_k\}$ 收敛. 注意到

$$\begin{aligned}
\sum_{k=0}^{\infty}(G_{k+1} - G_k) &= \frac{1}{2}\sum_{k=0}^{\infty}\frac{w_k c^T + c w_k^T}{c^T s} \\
&= \frac{1}{c^T s}\left[(y - Bs)c^T - \frac{1}{2}\frac{s^T(y - Bs)}{c^T s}cc^T\right. \\
&\quad \left. + c(y - Bs)^T - \frac{1}{2}\frac{(y - Bs)^T s}{c^T s}cc^T\right] \\
&= \frac{1}{c^T s}[(y - Bs)c^T + c(y - Bs)^T] - \frac{(y - Bs)^T s}{(c^T s)^2}cc^T,
\end{aligned} \tag{5.1.50}$$

从而由 (5.1.49) 和 (5.1.50) 立即得到结论 (5.1.45). □

(5.1.45) 是一个由对称化技术导出的秩二校正类. 若加上下标，可以写成

$$\begin{aligned}
B_{k+1} = &B_k + \frac{(y_k - B_k s_k)c_k^T + c_k(y_k - B_k s_k)^T}{c_k^T s_k} \\
&- \frac{(y_k - B_k s_k)^T s_k}{\left(c_k^T s_k\right)^2}c_k c_k^T.
\end{aligned} \tag{5.1.51}$$

在 (5.1.51) 中，若令 $c_k = y_k - B_k s_k$, 则得到关于 B_k 的对称秩一校正 SR1 公式 (5.1.43). 若令 $c_k = y_k$, 则得关于 B_k 的 DFP 校正 (5.1.42b). 若令

$$c_k = \frac{1}{w_k + 1}y_k + \frac{w_k}{w_k + 1}B_k s_k, \tag{5.1.52}$$

其中， $w_k = \left(y_k^T s_k / s_k^T B_k s_k\right)^{1/2}$, 则得到关于 B_k 的 BFGS 校正 (5.1.40a). 若令 $c_k = s_k$, 则得到 PSB 校正：

$$B_{k+1} = B_k + \frac{(y_k - B_k s_k)s_k^T + s_k(y_k - B_k s_k)^T}{s_k^T s_k}$$

$$-\frac{(y_k - B_k s_k)^T s_k}{\left(s_k^T s_k\right)^2} s_k s_k^T. \tag{5.1.53}$$

这个校正在理论研究和实际计算中是重要的，我们在后面几节将继续讨论，但是它的主要缺点仍是不一定保持校正矩阵的正定性. 类似地，我们可以得到

$$H_{k+1} = H_k + \frac{(s_k - H_k y_k) y_k^T + y_k (s_k - H_k y_k)^T}{y_k^T y_k} - \frac{(s_k - H_k y_k)^T y_k}{\left(y_k^T y_k\right)^2} y_k y_k^T. \tag{5.1.54}$$

这个公式叫 Greenstadt 校正，不过，它不及 PSB 公式有效.

5.1.5　最小改变割线校正

许多拟牛顿校正还具有最小改变割线校正的性质. 所谓最小改变割线校正是指所得到的 H_{k+1} (或 B_{k+1}) 最靠近 H_k (或 B_k). 具有这个性质的拟牛顿校正有利于保持上一次迭代的信息. 利用这个性质和拟牛顿条件等也可以推导拟牛顿校正公式.

定理 5.1.6　设 $B \in R^{n\times n}$, $y \in R^n$, $s \neq 0$, $s \in R^n$, 则

$$\overline{B} = B + \frac{(y - Bs)s^T}{s^T s} \tag{5.1.55}$$

是极小化问题

$$\min\{\|\widehat{B} - B\|_F : \widehat{B}s = y\} \tag{5.1.56}$$

的唯一解.

证明　**[证法一]**　因为 $y = \widehat{B}s$, 故

$$\|\overline{B} - B\|_F = \left\|\frac{(y - Bs)s^T}{s^T s}\right\|_F = \left\|(\widehat{B} - B)\frac{ss^T}{s^T s}\right\|_F \leqslant \|\widehat{B} - B\|_F. \tag{5.1.57}$$

又由于 Frobenius 范数是严格凸的，满足拟牛顿条件 $\widehat{B}s = y$ 的 $\widehat{B}$ 的集合是凸的，故 (5.1.56) 的解是唯一的.　□

[证法二] 定义 $C=\widehat{B}-B$, 并设 c_i^T 为 C 的第 i 行, 则 (5.1.56) 可表示成

$$\min \sum_{i=1}^{n} \|c_i^T\|_2^2,$$
$$\text{s.t. } c_i^T s=(y-Bs)_i, \quad i=1,\cdots,n,$$

这里, $(y-Bs)_i$ 表示 $y-Bs$ 的第 i 个分量. 它可以分成 n 个问题

$$\min \|c_i^T\|_2^2,$$
$$\text{s.t. } c_i^T s=(y-Bs)_i.$$

显然, 这样的等式约束问题相当于求 s 的 Moore-Penrose 广义逆 s^+, 所以

$$c_i^T=(y-Bs)_i s^+=\frac{(y-Bs)_i s^T}{s^T s},$$

从而原问题的唯一解是 (5.1.55). □

这个定理表明 Broyden 秩一校正

$$B_{k+1}=B_k+\frac{(y_k-B_k s_k)s_k^T}{s_k^T s_k} \tag{5.1.58}$$

是极小化问题

$$\min\{\|\widehat{B}-B_k\|_F : \widehat{B}s_k=y_k\} \tag{5.1.59}$$

的唯一解, (5.1.58) 是 Broyden (1965) 解非线性方程组时引进的拟牛顿校正. 类似地,

$$H_{k+1}=H_k+\frac{(s_k-H_k y_k)y_k^T}{y_k^T y_k} \tag{5.1.60}$$

是极小化问题

$$\min\{\|\widehat{H}-H_k\|_F : \widehat{H}y_k=s_k\} \tag{5.1.61}$$

的唯一解.

定理 5.1.7 设 $B\in R^{n\times n}$ 是对称的，c、s、$y\in R^n$, 满足 $c^Ts>0$, 假定 $M\in R^{n\times n}$ 是非奇异对称矩阵，满足 $Mc=M^{-1}s$, 那么校正

$$\overline{B}=B+\frac{(y-Bs)c^T+c(y-Bs)^T}{c^Ts}-\frac{(y-Bs)^Ts}{(c^Ts)^2}cc^T \tag{5.1.62}$$

是极小化问题

$$\min\{\|\widehat{B}-B\|_{M,F}:\widehat{B}s=y,\widehat{B}^T=\widehat{B}\} \tag{5.1.63}$$

的唯一解，其中 $\|B\|_{M,F}=\|MBM\|_F$.

证明 设 $\widehat{B}$ 是满足 $y=\widehat{B}s$ 的对称矩阵，设 $Mc=M^{-1}s=z$, $E=M(\widehat{B}-B)M$, $\overline{E}=M(\overline{B}-B)M$, 用 M 左乘和右乘 (5.1.62), 得

$$\overline{E}=\frac{Ezz^T+zz^TE}{z^Tz}-\frac{z^TEz}{(z^Tz)^2}zz^T.$$

显然，$\|\overline{E}z\|_2=\|Ez\|_2$, 且若 v 直交于 z, 则 $\|\overline{E}v\|_2\leqslant\|Ev\|_2$, 从而 $\|\overline{E}\|_F\leqslant\|E\|_F$. 又因为 $f(\widehat{B})=\|\widehat{B}-B\|_{M,F}$ 所定义的映射 f 在满足

$$\widehat{B}s=y,\quad \widehat{B}^T=\widehat{B}$$

的凸集上是严格凸的，从而 (5.1.62) 给出的 $\overline{B}$ 是问题 (5.1.63) 的唯一解. □

特别，在 (5.1.62) 中选择 $c=s$, 则得 PSB 校正 (5.1.53). 上述定理意味着 $\overline{B}^{\mathrm{PSB}}$ 是问题

$$\min\left\{\|\widehat{B}-B\|_F:\widehat{B}^T=\widehat{B},\widehat{B}s=y\right\} \tag{5.1.64}$$

的唯一解.

特别，在 (5.1.62) 中选择 $c=y$, 则得 DFP 校正 (5.1.42). 上述定理意味着 $\overline{B}^{\mathrm{DFP}}$ 是问题

$$\min\left\{\|\widehat{B}-B\|_{M,F}:\widehat{B}^T=\widehat{B},\widehat{B}s=y\right\}$$

的唯一解，并且 M 是满足 $M^{-2}s=y$ 的非奇异对称矩阵. 应用对偶处理方法可知，(5.1.41) 给出的 $\overline{H}^{\mathrm{BFGS}}$ 是问题

$$\min\left\{\|\hat{H}-H\|_{M^{-1},F}:\hat{H}^T=\hat{H},\hat{H}y=s\right\}\tag{5.1.65}$$

的唯一解.

§5.2 Broyden 族

上节已经讲过，DFP 校正和 BFGS 校正都是对称秩二校正，都由 H_ky_k 和 s_k 构成，因此 DFP 校正和 BFGS 校正的加权组合也具有同样的类型. 考虑如下校正族

$$H_{k+1}^{\phi}=(1-\phi)H_{k+1}^{\mathrm{DFP}}+\phi H_{k+1}^{\mathrm{BFGS}},\tag{5.2.1a}$$

其中 ϕ 是一个参数. (5.2.1a) 称为 Broyden 族校正. 显然，Broyden 族 (5.2.1a) 满足拟牛顿条件 (5.1.4). 它也可以写成

$$\begin{aligned}H_{k+1}^{\phi}&=H_{k+1}^{\mathrm{DFP}}+\phi v_kv_k^T\\&=H_{k+1}^{\mathrm{BFGS}}+(\phi-1)v_kv_k^T\\&=H_k+\frac{s_ks_k^T}{s_k^Ty_k}-\frac{H_ky_ky_k^TH_k}{y_k^TH_ky_k}+\phi v_kv_k^T,\end{aligned}\tag{5.2.1b}$$

其中

$$v_k=\left(y_k^TH_ky_k\right)^{1/2}\left[\frac{s_k}{s_k^Ty_k}-\frac{H_ky_k}{y_k^TH_ky_k}\right].$$

在 (5.2.1) 中，

取 $\phi=0$, 得 DFP 校正 (5.1.19);

取 $\phi=1$, 得 BFGS 校正 (5.1.41);

取 $\phi=\dfrac{s_k^Ty_k}{(s_k-H_ky_k)^Ty_k}$, 得 SR 1 校正 (5.1.15);

取 $\phi=\dfrac{1}{1\mp\left(y_k^TH_ky_k/s_k^Ty_k\right)}$, 得 Hoshino 校正. (5.2.2)

Broyden 族校正 (5.2.1) 也可以利用拟牛顿条件 (5.1.4) 直接得到. 考虑由向量 s_k 和 $H_k y_k$ 构成的一般的秩二校正

$$
\begin{aligned}
H_{k+1} = & H_k + a s_k s_k^T + b\left(H_k y_k s_k^T + s_k y_k^T H_k\right) \\
& + c H_k y_k y_k^T H_k,
\end{aligned} \tag{5.2.3}
$$

其中 a, b, c 是数. 应用拟牛顿条件得

$$
\begin{aligned}
1 &= a s_k^T y_k + b y_k^T H_k y_k, \\
0 &= 1 + b s_k^T y_k + c y_k^T H_k y_k.
\end{aligned}
$$

这里二个方程, 三个未知数, 有一个自由度. 令

$$
b = -\phi / s_k^T y_k, \quad \phi \text{ 是一个参数}.
$$

解方程组, 代入 (5.2.3), 则 (5.2.3) 成为

$$
H_{k+1}^{\phi} = H_k + \frac{s_k s_k^T}{s_k^T y_k} - \frac{H_k y_k y_k^T H_k}{y_k^T H_k y_k} + \phi v_k v_k^T,
$$

其中

$$
v_k = \left(y_k^T H_k y_k\right)^{1/2}\left[\frac{s_k}{s_k^T y_k} - \frac{H_k y_k}{y_k^T H_k y_k}\right].
$$

此即 (5.2.1). 稍微整理一下, Broyden 族校正还能写成如下明显的秩二校正的形式:

$$
\begin{aligned}
H_{k+1}^{\phi} = & H_k + [s_k, H_k y_k] \\
& \cdot \begin{bmatrix} \dfrac{1 + \phi y_k^T H_k y_k / s_k^T y_k}{s_k^T y_k} & -\dfrac{\phi}{s_k^T y_k} \\ -\dfrac{\phi}{s_k^T y_k} & \dfrac{\phi - 1}{y_k^T H_k y_k} \end{bmatrix} [s_k, H_k y_k]^T.
\end{aligned} \tag{5.2.4}
$$

对应地, 我们容易产生关于 B_k 的 Broyden 族校正:

$$
B_{k+1}^{\theta} = \theta B_{k+1}^{\mathrm{DFP}} + (1-\theta) B_{k+1}^{\mathrm{BFGS}}
$$

$$
\begin{aligned}
&= B_{k+1}^{\mathrm{BFGS}} + \theta w_k w_k^T \\
&= B_{k+1}^{\mathrm{DFP}} + (\theta - 1) w_k w_k^T \\
&= B_k + \frac{y_k y_k^T}{s_k^T y_k} - \frac{B_k s_k s_k^T B_k}{s_k^T B_k s_k} + \theta w_k w_k^T,
\end{aligned} \tag{5.2.5}
$$

其中

$$
w_k = \left(s_k^T B_k s_k\right)^{1/2} \left[\frac{y_k}{s_k^T y_k} - \frac{B_k s_k}{s_k^T B_k s_k}\right].
$$

这里 θ 和 ϕ 的关系为

$$
\theta = (\phi - 1)/(\phi - 1 - \phi\mu), \tag{5.2.6}
$$

其中

$$
\mu = y_k^T H_k y_k s_k^T B_k s_k / \left(s_k^T y_k\right)^2. \tag{5.2.7}
$$

注意到 $v_k^T y_k = 0$ 和 $w_k^T s_k = 0$, 因此, (5.2.1) 和 (5.2.5) 给出的 Broyden 族校正对于任何参数 ϕ 和 θ 都分别满足拟牛顿条件 (5.1.4) 和 (5.1.6). 类似于证明定理 5.1.2 和 5.1.3, 可以证明 Broyden 族校正的正定性质和二次终止性质.

定理 5.2.1 (Broyden 族校正二次终止性定理) 设 f 是正定二次函数, G 是其 Hesse 矩阵, 那么当采用精确线性搜索时, Broyden 族校正具有遗传性质和方向共轭性质, 即对于 $i = 0, 1, \cdots, m$, 有

$$
\text{遗传性质：} \quad H_{i+1} y_j = s_j, \quad j = 0, 1, \cdots, i. \tag{5.2.8}
$$

$$
\text{方向共轭性：} \quad s_i^T G s_j = 0, \quad j = 0, 1, \cdots, i-1. \tag{5.2.9}
$$

方法在 $m \leqslant n$ 步迭代后终止. 如果 $m = n - 1$, 则 $H_n = G^{-1}$.

证明 类似于定理 5.1.3 的证明. □

定理 5.2.2 (Broyden 族校正的正定性) 设参数 $\phi \geqslant 0$, 当且仅当 $s_k^T y_k > 0$ 时, Broyden 族校正公式 (5.2.1) 保持正定性.

证明 由定理 5.1.2 知当且仅当 $s_k^T y_k > 0$ 时，DFP 校正保持正定. 又由于 $\phi \geqslant 0$, 由联锁特征值定理 1.2.8 知 H_{k+1}^{ϕ} 的最小特征值不小于 H_{k+1}^{DFP} 的最小特征值，所以 H_{k+1}^{ϕ} 正定. □

这个定理告诉我们，在 Broyden 族中，并不是所有成员都保持正定性. 显然，当 $\phi \geqslant 0$ 时，H_{k+1}^{ϕ} 保持正定；对于 $\phi < 0$ 时，校正可能产生奇异性. 事实上，只要对于 $\phi > \overline{\phi}$, H_{k+1}^{ϕ} 就保持正定，其中 $\overline{\phi}$ 是 Broyden 族的退化值，它使 $H_{k+1}^{\overline{\phi}}$ 奇异.

定理 5.2.3 Broyden 族校正的退化值为

$$\overline{\phi} = \frac{1}{1-\mu} = \frac{1}{1 - y_k^T H_k y_k s_k^T B_k s_k / \left(s_k^T y_k\right)^2}. \tag{5.2.10}$$

证明 设 $d_k = -H_k g_k$, $s_k = \alpha_k d_k$, 当精确线性搜索采用时，$g_{k+1}^T d_k = g_{k+1}^T s_k = 0$. 又注意到 $v_k^T y_k = 0$, 故有

$$\begin{aligned}
d_{k+1}^{\phi} =& - H_{k+1}^{\phi} g_{k+1} \\
=& -\left(H_k + \frac{s_k s_k^T}{s_k^T y_k} - \frac{H_k y_k y_k^T H_k}{y_k^T H_k y_k} + \phi v_k v_k^T\right) g_{k+1} \\
=& - H_k g_k - H_k y_k + \frac{y_k^T H_k (g_k + y_k)}{y_k^T H_k y_k} H_k y_k \\
& - \phi v_k^T g_k v_k \\
=& - H_k g_k + \frac{y_k^T H_k g_k}{y_k^T H_k y_k} H_k y_k - \phi v_k^T g_k v_k \\
=& d_k - \frac{y_k^T d_k}{y_k^T H_k y_k} H_k y_k - \phi v_k^T g_k v_k \\
=& \frac{d_k^T y_k}{\left(y_k^T H_k y_k\right)^{1/2}} \left[\left(y_k^T H_k y_k\right)^{1/2} \left(\frac{d_k}{d_k^T y_k} - \frac{H_k y_k}{y_k^T H_k y_k}\right)\right] \\
& - \phi v_k^T g_k v_k \\
=& \left(\frac{d_k^T y_k}{\left(y_k^T H_k y_k\right)^{1/2}} - \phi v_k^T g_k\right) v_k.
\end{aligned} \tag{5.2.11}$$

这表明，当采用精确线性搜索时，(5.2.11) 成立. 显然，当 $g_{k+1} \neq 0$

时，若 $d_{k+1}^0=0$, 则 ϕ 称为退化值. 由 $d_{k+1}^0=0$ 得

$$\begin{aligned}\phi &= \frac{y_k^T d_k}{(y_k^T H_k y_k)^{1/2} v_k^T g_k} \\ &= \frac{1}{-g_k^T H_k y_k + \left(s_k^T g_k\right)\left(y_k^T H_k y_k\right)/s_k^T y_k} \\ &= \frac{1}{1-\dfrac{\left(s_k^T B_k s_k\right)\left(y_k^T H_k g_k\right)}{\left(s_k^T y_k\right)^2}} \\ &= \frac{1}{1-\mu}.\end{aligned}$$

它称为 Broyden 族校正的退化值，记作 $\overline{\phi}$. □

(5.2.11) 表明 Broyden 族参数 ϕ_k 并不改变搜索方向，而仅改变其长度. 因此，可以预期， Broyden 族中任何校正的方法在某种程度上与参数 ϕ 无关. Dixon (1972) 证明了：在精确线性搜索的条件下，即使对非二次函数，所有 Broyden 族的校正公式都产生相同的迭代点列.

定理 5.2.4 设 $f: R^n \to R$ 是连续可微的，水平集 $L(x_0)=\{x \mid f(x) \leqslant f(x_0)\}$ 有界，$H_0 \in R^{n\times n}$ 对称正定. 又设 $\overline{\phi}$ 是 Broyden 族校正的退化值，$\phi_i > \widetilde{\phi}$. $\{H_k^\phi\}$ 是 Broyden 族校正产生的近似逆 Hesse 矩阵序列，$H_{k+1}^{\rm BFGS}$ 是对 H_k^ϕ 应用 BFGS 校正公式得到的结果. 则在精确线性搜索条件下， Broyden 族校正具有下面的性质：对于所有 $k \geqslant 0$, x_{k+1} 和 $H_{k+1}^{\rm BFGS}$ 与参数 $\phi_0, \phi_1, \cdots, \phi_{k-1}$ 无关.

证明 对于 $k=0$, 结论显然. 今设对于任何 $k \geqslant 0$, 结论正确. 由 (5.2.11),

$$d_{k+1}^\phi = \left[\frac{d_k^T y_k}{\left(y_k^T H_k y_k\right)^{1/2}} - \phi_k v_k^T g_k\right] v_k,$$

即 d_{k+1} 的方向不依赖于 ϕ_k. 又由于

$$d_{k+1} \propto -H_{k+1}^{\rm BFGS} g_{k+1},$$

因此，由归纳法假设知 d_{k+1} 的方向也不依赖于 $\phi_0,\phi_1,\cdots,\phi_{k-1}$. 因此，由精确线性搜索，$x_{k+2}=x_{k+1}+\alpha_{k+1}d_{k+1}$ 与 $\phi_0,\phi_1,\cdots,\phi_{k-1}$, ϕ_k 无关. 今

$$H_{k+2}^{\mathrm{BFGS}}=\left(I-\frac{s_{k+1}y_{k+1}^T}{s_{k+1}^Ty_{k+1}}\right)H_{k+1}^{\phi}\left(I-\frac{y_{k+1}s_{k+1}^T}{s_{k+1}^Ty_{k+1}}\right)+\frac{s_{k+1}s_{k+1}^T}{s_{k+1}^Ty_{k+1}}. \tag{5.2.12}$$

而

$$H_{k+1}^{\phi}=H_{k+1}^{\mathrm{BFGS}}+(\phi_k-1)v_kv_k^T, \tag{5.2.13}$$

由于

$$\left[I-\frac{s_{k+1}y_{k+1}^T}{s_{k+1}^Ty_{k+1}}\right]\cdot s_{k+1}=0,$$

由 (5.2.11),

$$\left[I-\frac{s_{k+1}y_{k+1}^T}{s_{k+1}^Ty_{k+1}}\right]\cdot v_k=0. \tag{5.2.14}$$

因此，将 (5.2.13) 代入 (5.2.12), 并利用 (5.2.14) 可知，H_{k+2}^{BFGS} 可以用 H_{k+1}^{BFGS}, s_{k+1} 和 y_{k+1} 定义. 这样，由归纳法假设，H_{k+2}^{BFGS} 与 $\phi_0,\phi_1,\cdots,\phi_k$ 无关. 这完成了归纳法证明. □

下面给出 Dixon 定理的另一种表述和证明.

定理 5.2.5 设 x_0 是初始点，H_0 是给出的初始对称正定矩阵. 设 $\{\widetilde{x}_k\}$ 是由 DFP 公式产生的点列，且 $\widetilde{x}_0=x_0$, $\widetilde{H}_0=H_0$, 对应于这个序列的所有其他量均用"~"表示. 设 $\{x_k\}$ 是由 Broyden 族校正产生的点列. 又设对于序列 $\{x_k\}$, 应用 DFP 公式得到的将加上上标"D". 假定退化值 $\overline{\phi}$ 避免使用，则在精确线性搜索条件下，对于所有 k, 有

$$x_k=\widetilde{x}_k,\quad H_k=\widetilde{H}_k+\phi_k^{(3)}\widetilde{s}_k\widetilde{s}_k^T, \tag{5.2.15}$$

其中 $\phi_k^{(3)}$ 是某个数.

证明 根据 (5.2.11), Broyden 族校正可以写成

$$
\begin{aligned}
H_{k+1} &= H_{k+1}^D + \phi^{(1)} v_k v_k^T \\
&= H_{k+1}^D + \phi^{(2)} s_{k+1}^D \left(s_{k+1}^D\right)^T.
\end{aligned} \tag{5.2.16}
$$

显然，对于 $k=1$, $\widetilde{x}_1 = x_1$. 类似于下面的一般步骤的证明可以得到

$$
H_1 = \tilde{\tilde{H}}_1 + \phi_1^{(3)} \widetilde{s}_1 \widetilde{s}_1^T.
$$

今假定结论 (5.2.15) 对于 k 成立. 于是，x_k 处的方向 d_k 为

$$
d_k = -H_k g_k = -\widetilde{H}_k g_k - \phi_k^{(3)} \widetilde{s}_k \widetilde{s}_k^T g_k = -\alpha_k \widetilde{H}_k g_k.
$$

因为二个算法都利用同样的一维搜索过程，故

$$
\widetilde{x}_{k+1} = x_{k+1}. \tag{5.2.17}
$$

因而

$$
\widetilde{y}_k = y_k, \quad \widetilde{s}_k = s_k. \tag{5.2.18}
$$

由 (5.2.16),

$$
\begin{aligned}
H_{k+1} =& H_{k+1}^D + \phi^{(2)} s_{k+1}^D \left(s_{k+1}^D\right)^T \\
=& H_k - \frac{H_k y_k y_k^T H_k}{y_k^T H_k y_k} + \frac{s_k s_k^T}{s_k^T y_k} \\
& + \phi^{(2)} s_{k+1}^D \left(s_{k+1}^D\right)^T \\
=& \widetilde{H}_k + \phi_k^{(3)} \widetilde{s}_k \widetilde{s}_k^T - \frac{H_k y_k y_k^T H_k}{y_k^T H_k y_k} \\
& + \frac{s_k s_k^T}{s_k^T y_k} + \phi^{(2)} s_{k+1}^D \left(s_{k+1}^D\right)^T \\
=& \widetilde{H}_{k+1} + \frac{\widetilde{H}_k \widetilde{y}_k \widetilde{y}_k^T \widetilde{H}_k}{\widetilde{y}_k^T \widetilde{H}_k \widetilde{y}_k} - \frac{\widetilde{s}_k \widetilde{s}_k^T}{\widetilde{s}_k^T \widetilde{y}_k} + \phi_k^{(3)} \widetilde{s}_k \widetilde{s}_k^T \\
& - \frac{H_k y_k y_k^T H_k}{y_k^T H_k y_k} + \frac{s_k s_k^T}{s_k^T y_k} + \phi^{(2)} s_{k+1}^D \left(s_{k+1}^D\right)^T.
\end{aligned} \tag{5.2.19}
$$

今由于 $H_k = \widetilde{H}_k + \phi_k^{(3)} \widetilde{s}_k \widetilde{s}_k^T$, 故 (5.2.19) 右边第二、第四、第五项相加，得

$$\frac{\widetilde{H}_k \widetilde{y}_k \widetilde{y}_k^T \widetilde{H}_k}{\widetilde{y}_k^T \widetilde{H}_k \widetilde{y}_k} + \phi_k^{(3)} \widetilde{s}_k \widetilde{s}_k^T - \frac{\left(\widetilde{H}_k + \phi_k^{(3)} \widetilde{s}_k \widetilde{s}_k^T\right) \widetilde{y}_k \widetilde{y}_k^T \left(\widetilde{H}_k + \phi_k^{(3)} \widetilde{s}_k \widetilde{s}_k^T\right)}{\widetilde{y}_k^T \left(\widetilde{H}_k + \phi^{(3)} \widetilde{s}_k \widetilde{s}_k^T\right) \widetilde{y}_k}$$

$$= \phi^{(4)} \widetilde{v}_k \widetilde{v}_k^T.$$

注意到 (5.2.18), 故 (5.2.19) 中右边第三项与第六项抵销，因此 (5.2.19) 成为

$$\begin{aligned} H_{k+1} &= \widetilde{H}_{k+1} + \phi^{(4)} \widetilde{v}_k \widetilde{v}_k^T + \phi^{(2)} s_{k+1}^D \left(s_{k+1}^D\right)^T \\ &= \widetilde{H}_{k+1} + \phi^{(5)} \widetilde{s}_{k+1} (\widetilde{s}_{k+1})^T + \phi^{(2)} s_{k+1}^D \left(s_{k+1}^D\right)^T. \end{aligned} \tag{5.2.20}$$

今

$$s_{k+1}^D \propto H_{k+1} g_{k+1},$$

又

$$\widetilde{H}_{k+1} g_{k+1} \propto \widetilde{s}_{k+1}.$$

用 g_{k+1} 右乘 (5.2.20) 两边，得

$$s_{k+1}^D \propto \widetilde{s}_{k+1}.$$

在 (5.2.20) 中利用上式，并合并，得

$$H_{k+1} = \widetilde{H}_{k+1} + \phi_{k+1}^{(3)} \widetilde{s}_{k+1} \widetilde{s}_{k+1}^T.$$

这完成了归纳法证明. □

这个定理是重要的，它允许我们把收敛性和收敛速度的结果推广到整个 Broyden 族.

§5.3 Huang 族

Huang (1970) 提出一类比 Broyden 族更广泛的校正公式. 在 Broyden 族中，矩阵 $\{H_k\}$ 是对称的，满足拟牛顿条件

$$H_{k+1} y_k = s_k. \tag{5.3.1}$$

而在 Huang 族中取消了对 H_k 的对称性的限制，并且产生的矩阵 $\{H_k\}$ 满足

$$H_{k+1}y_k = \rho s_k, \tag{5.3.2}$$

其中 ρ 是一个参数. Huang 族算法应用于正定二次函数时，产生共轭方向，具有二次终止性. 所有 Huang 族校正公式都产生相同的迭代点列. 对于非二次函数，Huang 族校正公式所生成的点列仅依赖于参数 ρ.

下面我们推导 Huang 族校正公式. 注意到

$$x_{k+1} - x_k = s_k = \alpha_k d_k = -\alpha_k H_k^T g_k,$$

$$g_{k+1} - g_k = y_k = Gs_k.$$

由共轭性，

$$s_k^T G s_j = 0, \quad j = 0, 1, \cdots, k-1, \tag{5.3.3}$$

则

$$g_k^T H_k G s_j = 0, \quad j = 0, 1, \cdots, k-1 \tag{5.3.4}$$

又由于共轭方向满足

$$g_k^T s_j = 0, \quad j = 0, 1, \cdots, k-1, \tag{5.3.5}$$

故将 (5.3.4) 和 (5.3.5) 比较，得

$$H_k G s_j = \rho s_j, \quad j = 0, 1, \cdots, k-1, \tag{5.3.6}$$

其中 ρ 是任意常数. 因此，若 H_k 满足 (5.3.6)，则共轭性条件 (5.3.3) 满足. 今设校正公式按照下列关系式修改：

$$H_{k+1} = H_k + \Delta H_k, \tag{5.3.7}$$

则由 (5.3.6) 有

$$H_{k+1} G s_j = \rho s_j, \quad j = 0, 1, \cdots, k-1, \tag{5.3.8}$$

$$H_{k+1}Gs_k = s_k. \tag{5.3.9}$$

对于 (5.3.8), 有

$$(H_{k+1} - H_k)Gs_j = 0, \quad j = 0, 1, \cdots, k-1,$$

即

$$\Delta H_k y_j = 0, \quad j = 0, 1, \cdots, k-1. \tag{5.3.10}$$

对于 (5.3.9), 有

$$\Delta H_k y_k = \rho s_k - H_k y_k, \tag{5.3.11}$$

即

$$H_{k+1} y_k = \rho s_k. \tag{5.3.12}$$

我们把它称为广义拟牛顿条件. 为了满足广义拟牛顿条件, Huang 族公式中 ΔH_k.可假定为 s_k 和 $H_k y_k$ 的线性组合. 一种简单的形式为

$$\Delta H_k = s_k u_k^T + H_k y_k v_k^T, \tag{5.3.13}$$

其中 u_k 和 v_k 是待定的 n 维向量. 为了满足 (5.3.10) 和 (5.3.11), 可以要求 u_k, v_k 满足下列条件:

$$u_k^T y_j = \begin{cases} 0, & j = 0, 1, \cdots, k-1; & (5.3.14a) \\ \rho, & j = k, & (5.3.14b) \end{cases}$$

$$v_k^T y_j = \begin{cases} 0, & j = 0, 1, \cdots, k-1; & (5.3.15a) \\ -1, & j = k. & (5.3.15b) \end{cases}$$

如何选择 u_k, v_k 满足上述条件呢? 因为我们假定搜索方向是 G 共轭的, 故

$$s_k^T G s_j = 0, \quad j = 0, 1, \cdots, k-1,$$

即

$$s_k^T y_j = 0, \quad j = 0, 1, \cdots, k-1. \tag{5.3.16}$$

由精确一维搜索有

$$y_k^T s_j = 0, \quad j = 0, 1, \cdots, k-1,$$

利用 (5.3.6), 有

$$y_k^T H_k G s_j = 0, \quad j = 0, 1, \cdots, k-1,$$

即

$$y_k^T H_k y_j = 0, \quad j = 0, 1, \cdots, k-1. \tag{5.3.17}$$

这样, 由 (5.3.16) 和 (5.3.17) 可知, 若选择 u_k 和 v_k 为 s_k 和 $H_k^T y_k$ 的线性组合,

$$u_k = a_{11} s_k + a_{12} H_k^T y_k, \tag{5.3.18a}$$

$$v_k = a_{21} s_k + a_{22} H_k^T y_k, \tag{5.3.18b}$$

则 (5.3.14a) 和 (5.3.15a) 满足. 由于 (5.3.18) 中 a_{il} 是待定参数, 适当选择 u_k 和 v_k 满足

$$u_k^T y_k = \rho, \tag{5.3.19a}$$

$$v_k^T y_k = -1, \tag{5.3.19b}$$

则 (5.3.14b) 和 (5.3.15b) 也满足, 因此, 我们得到 Huang 族校正公式为

$$H_{k+1} = H_k + s_k u_k^T + H_k y_k v_k^T, \tag{5.3.20}$$

其中 u_k 和 v_k 由 (5.3.18) 给出, 且满足 (5.3.19) 的要求, 在 Huang 族校正公式中有五个参数 a_{il} 和 ρ, 其中有三个自由参数, 因此, Huang 族校正公式依赖于三个参数.

若令 $\rho = 1$, 并要求 $\{H_k\}$ 对称, 则应有 $a_{12} = a_{21}$. 这时 Huang 族中只有一个自由参数了. 若取 a_{11} 为自由参数, 令

$$\varphi = \frac{a_{11}\left(s_k^T y_k\right)^2 - s_k^T y_k}{y_k^T H_k y_k},$$

即

$$a_{11} = \varphi \frac{y_k^T H_k y_k}{\left(s_k^T y_k\right)^2} - \frac{1}{s_k^T y_k}.$$

由 (5.3.18) 和 (5.3.19) 得

$$a_{12} = a_{21} = -\frac{\varphi}{s_k^T y_k},$$

$$a_{22} = \frac{\varphi - 1}{y_k^T H_k y_k},$$

代入 (5.3.20), 得

$$\begin{aligned} H_{k+1} =& H_k + \frac{s_k s_k^T}{s_k^T y_k} - \frac{H_k y_k y_k^T H_k}{y_k^T H_k y_k} \\ & + \varphi \bar{v}_k \bar{v}_k^T \end{aligned}$$

其中

$$\bar{v}_k = \left(y_k^T H_k y_k\right)^{1/2} \left[\frac{s_k}{s_k^T y_k} - \frac{H_k y_k}{y_k^T H_k y_k}\right].$$

这表明 Broyden 族拟牛顿校正公式是 Huang 族的子族. 特别,

令 $\rho = 1$, $a_{12} = a_{21} = 0$, 得 DFP 公式 (5.1.19).

令 $\rho = 1$, $a_{12} = a_{21}$, $a_{22} = 0$, 得 BFGS 公式 (5.1.41).

注意, Huang 族校正公式也可以写成

$$H_{k+1} = H_k + C_k A_k C_k^T, \tag{5.3.21}$$

其中, C_k 是 $n \times 2$ 矩阵, A_k 是 2×2 矩阵,

$$C_k = \begin{bmatrix} s_k & H_k y_k \end{bmatrix}, \quad A = \begin{bmatrix} a_{11} & a_{12} \\ a_{21} & a_{22} \end{bmatrix}.$$

从前面的讨论可知, Huang 族校正公式由 (5.3.20), (5.3.18) 和 (5.3.19) 确定, Huang 族变尺度方法应用于正定二次函数时, 产生的搜索方向是共轭的, 从而具有二次终止性.

定理 5.3.1 (Huang 族方法二次终止性定理)　如果 f 是二次函数, G 是其 Hesse 矩阵, 那么当采用精确线性搜索时, Huang 族方法具有下列性质: 对于 $i = 0, 1, \cdots, m$,

$$H_{i+1} y_j = s_j, \quad j = 0, 1, \cdots, i, \tag{5.3.22}$$

$$s_i^T G s_j = 0, \quad j = 0, 1, \cdots, i-1. \tag{5.3.23}$$

方法在 $m+1 \leqslant n$ 步迭代后终止. 如果 $m = n-1$, 则 $H_n = \rho G^{-1}$.

证明 类似于定理 5.1.3, 留给读者练习. □

关于 Huang 族变尺度方法的重要结果是：对于正定二次函数，所有 Huang 族变尺度方法都产生相同的迭代点列. 对于一般非二次函数，所生成的点列只依赖于参数 ρ.

引理 5.3.2 设 f 是 R^n 上的可微实函数，又设 x_k, x_{k+1} 和 H_k 给定，满足

$$g_k^T s_k \neq 0, \quad g_{k+1}^T s_k = 0. \tag{5.3.24}$$

那么，对所有 Huang 族校正公式，由

$$d_{k+1} = -H_{k+1}^T g_{k+1} \tag{5.3.25}$$

定义的方向 d_{k+1} 可表示为

$$d_{k+1} = -\left\{1 + a_{22} y_k^T H_k^T g_{k+1}\right\} \left[I - \frac{s_k y_k^T}{s_k^T y_k}\right] H_k^T g_{k+1}. \tag{5.3.26}$$

证明

$$\begin{aligned}
d_{k+1} &= -\, H_{k+1}^T g_{k+1} \\
&= -\, H_k^T g_{k+1} - u_k s_k^T g_{k+1} - v_k y_k^T H_k^T g_{k+1} \\
&= -\, H_k^T g_{k+1} - \left(a_{21} s_k + a_{22} H_k^T y_k\right) y_k^T H_k^T g_{k+1} \\
&= -\, H_k^T g_{k+1} - \left(a_{21} s_k + a_{22} H_k^T g_{k+1}\right. \\
&\quad \left. + \left(a_{22}/\alpha_k^*\right) s_k\right) y_k^T H_k^T g_{k+1} \\
&= -\, \left(1 + a_{22} y_k^T H_k^T g_{k+1}\right) H_k^T g_{k+1} \\
&\quad - \left(a_{21} + a_{22}/\alpha_k^*\right) s_k y_k^T H_k^T g_{k+1}.
\end{aligned} \tag{5.3.27}$$

由于

$$-\left(a_{21} + a_{22}/\alpha_k^*\right) s_k^T y_k = -\left(a_{21} s_k^T y_k - a_{22} y_k^T H_k^T g_k\right)$$

$$
\begin{aligned}
&= -\left(a_{21}s_k^T y_k + a_{22}y_k^T H_k^T y_k - a_{22}y_k^T H_k^T g_{k+1}\right)\\
&= -\left(v_k^T y_k - a_{22}y_k^T H_k^T g_{k+1}\right)\\
&= 1 + a_{22}y_k^T H_k^T g_{k+1},
\end{aligned}
\tag{5.3.28}
$$

从而 (5.3.27) 成为

$$
d_{k+1} = -\left(1 + a_{22}y_k^T H_k^T g_{k+1}\right)\left[I - \frac{s_k y_k^T}{s_k^T y_k}\right] H_k^T g_{k+1}. \quad \square
$$

这个引理表示搜索方向 d_{k+1} 不依赖于校正公式的参数，即所有 Huang 族校正公式所产生的搜索方向都是相同的. 利用这个引理，容易得到

定理 5.3.3 对于正定二次函数和给定的 x_0 与 H_0, 在精确一维搜索条件下， Huang 族所有算法产生相同的迭代点列.

证明 定义

$$
\begin{aligned}
\mu_{k+1} &= 1 + a_{22}y_k^T H_k g_{k+1},\\
q_{k+1} &= -\left[I - \frac{s_k y_k^T}{s_k^T y_k}\right] H_k^T g_{k+1}.
\end{aligned}
$$

由引理 5.3.2, d_{k+1} 可以写成

$$
d_{k+1} = \mu_{k+1} q_{k+1}, \tag{5.3.29}
$$

又

$$
s_{k+1} = \alpha_{k+1} d_{k+1} = (\alpha_{k+1}\mu_{k+1}) q_{k+1}. \tag{5.3.30}
$$

这表明 q_{k+1} 是 Huang 族校正公式给出的一个共同方向. 设

$$
q_0 = -H_0^T g_0, \tag{5.3.31}
$$

应用 Huang 族校正公式对 q_{k+1} 的表达式递推，可得

$$
q_{k+1} = -\left[I - \sum_{j=0}^{k} \frac{s_j y_j^T}{s_j^T y_j}\right] H_0^T g_{k+1}. \tag{5.3.32}
$$

对于给出的 x_0 和 H_0, q_0 由 (5.3.31) 给出，它对于所有 Huang 族算法都是相同的，因而位移 s_0, 点 x_1, 梯度 g_1 以及梯度差 y_0 对所有 Huang 族算法都是相同的. 根据 (5.3.32) 产生的

$$q_1 = -\left[I - \frac{s_0 y_0^T}{s_0^T y_0}\right] H_0^T g_1$$

对所有 Huang 族算法也是相同的，因而 s_1, x_2, g_2, y_1 对所有 Huang 族算法相同. 依此类推，我们就可以得到定理的结论. □

事实上，由于 q_{k+1} 是 Huang 族校正公式给出的一个共同方向，对于正定二次函数，在精确线性搜索条件下，由步长因子的显式表示 (4.2.17), 有

$$s_{k+1} = -\frac{q_{k+1}^T g_{k+1}}{q_{k+1}^T G q_{k+1}} q_{k+1}. \tag{5.3.33}$$

这样，下一点 x_{k+2} 不依赖于校正公式中的参数. 因而对所有 Huang 族算法，产生的点列是相同的.

进一步，上述定理可以推广到一般非二次函数.

定理 5.3.4 设 f 是 R^n 上的可微函数，又设 x_0 和 H_0 给定. 若对所有 k,

$$s_k^T y_k \neq 0, \quad a_{21} + a_{22}/a_k^* \neq 0, \tag{5.3.34}$$

其中 α_k^* 是唯一选定使得 $g_{k+1}^T s_k = 0$ 的数，那么，由 Huang 族变尺度方法产生的点列 $x_0, x_1, \cdots$ 将只依赖于参数 ρ 的选取.

证明 对给定的点 x_0 和矩阵 H_0, 方向 d_0 对所有 Huang 族变尺度方法是相同的，从而 x_1, s_0, y_0 也相同. 根据引理 5.3.1, d_1, x_2, s_1, y_1 也相同. 现假定对所有 Huang 族方法已存在相同点列 $x_0, x_1, \cdots, x_{k+1}$, 我们证明它们产生的 x_{k+2} 也是相同的.

根据引理 5.3.1,

$$d_{k+1} = -\left\{1 + a_{22} y_k^T H_k^T g_{k+1}\right\} R_k H_k^T g_{k+1} \tag{5.3.35}$$

其中

$$R_k = I - \frac{s_k y_k^T}{s_k^T y_k}. \tag{5.3.36}$$

注意，对所有 k,

$$R_k s_k = 0. \tag{5.3.37}$$

因此，

$$\begin{aligned} R_{k+1} s_{k+1} &= -\alpha_{k+1}^* \{1 + a_{22} y_k^T H_k^T g_{k+1}\} R_{k+1} R_k H_k^T g_{k+1} \\ &= 0. \end{aligned}$$

由 (5.3.28) 和假设条件 (5.3.34),

$$1 + a_{22} y_k^T H_k g_{k+1} = -(a_{21} + a_{22}/\alpha_k^*) s_k^T y_k \neq 0,$$

这样必有

$$R_{k+1} R_k H_k^T g_{k+1} = 0. \tag{5.3.38}$$

由 (5.3.37),

$$R_k H_k^T g_k = -\frac{1}{\alpha_k^*} R_k s_k = 0, \tag{5.3.39}$$

故由 (5.3.18), (5.3.19) 和 (5.3.39) 得

$$\begin{aligned} R_k u_k &= a_{11} R_k s_k + a_{12} R_k H_k^T y_k \\ &= a_{12} R_k H_k^T y_k \\ &= a_{12} R_k H_k^T g_{k+1}. \end{aligned} \tag{5.3.40}$$

类似地，有

$$\begin{aligned} R_k v_k &= a_{21} R_k s_k + a_{22} R_k H_k^T y_k \\ &= a_{22} R_k H_k^T g_{k+1}. \end{aligned} \tag{5.3.41}$$

又根据 (5.3.18) 和 (5.3.19),

$$R_k u_k = u_k - \frac{s_k y_k^T u_k}{s_k^T y_k}$$

$$= u_k - \rho \frac{s_k}{s_k^T y_k}, \tag{5.3.42}$$

即

$$u_k = R_k u_k - \rho \frac{s_k}{s_k^T y_k}. \tag{5.3.43}$$

将 (5.3.40) 代入上式，并利用 (5.3.38), 得

$$\begin{aligned} R_{k+1} u_k &= a_{12} R_{k+1} R_k H_k^T g_{k+1} + \rho \frac{R_{k+1} s_k}{s_k^T y_k} \\ &= \rho \frac{R_{k+1} s_k}{s_k^T y_k}. \end{aligned} \tag{5.3.44}$$

类似地，有

$$R_{k+1} v_k = -\frac{R_{k+1} s_k}{s_k^T y_k}. \tag{5.3.45}$$

于是

$$\begin{aligned} R_{k+1} H_{k+1}^T =& R_{k+1} H_k^T + R_{k+1} u_k s_k^T + R_{k+1} v_k y_k^T H_k^T \\ &= R_{k+1} H_k^T + \rho \frac{R_{k+1} s_k s_k^T}{s_k^T y_k} - \frac{R_{k+1} s_k y_k^T H_k^T}{s_k^T y_k} \\ &= R_{k+1} \left[I - \frac{s_k y_k^T}{s_k^T y_k} \right] H_k^T + \rho R_{k+1} \frac{s_k s_k^T}{s_k^T y_k} \\ &= R_{k+1} R_k H_k^T + \rho R_{k+1} \frac{s_k s_k^T}{s_k^T y_k}. \end{aligned} \tag{5.3.46}$$

上式对任何 k 成立，故有

$$R_k H_k^T = R_k R_{k-1} H_{k-1}^T + \rho R_k \frac{s_{k-1} s_{k-1}^T}{s_{k-1}^T y_{k-1}}. \tag{5.3.47}$$

对上式反复递推，可得

$$R_k H_k^T = \left(\prod_{j=0}^{k} R_j \right) H_0^T + \rho \sum_{j=0}^{k-1} \left(\prod_{i=j+1}^{k} R_i \right) \frac{s_j s_j^T}{s_j^T y_j}. \tag{5.3.48}$$

将上式代入 (5.3.35), 可以断定搜索方向 d_{k+1} 仅依赖于 ρ, 因此 x_{k+2} 也仅依赖于 ρ. □

最后，我们指出，当极小化正定二次函数时，若取 $H_0 = I$, 则 Huang 族校正公式产生的搜索方向与 Fletcher-Reeves 共轭梯度法相同.

事实上，我们可将 Huang 族变尺度方法的公共方向 (5.3.31) 和 (5.3.32) 重写如下：

$$q_0 = -H_0^T g_0, \tag{5.3.49}$$

$$q_{k+1} = -\left[I - \sum_{j=0}^{k} \frac{s_j y_j^T}{s_j^T y_j}\right] H_0^T g_{k+1}. \tag{5.3.50}$$

它们又可以写成

$$q_{k+1} = -H_{k+1} g_{k+1}, \tag{5.3.51}$$

其中

$$H_{k+1} = H_k - \frac{H_0 y_k s_k^T}{s_k^T y_k}, \quad k = 0, 1, \cdots \tag{5.3.52}$$

由于这个方向是共轭的，故根据共轭方向法基本定理 4.1.3, 有

$$g_{k+1}^T q_j = 0, \quad j = 0, 1, \cdots, k. \tag{5.3.53}$$

将 (5.3.50) 代入 (5.3.53), 有

$$g_j^T H_0 g_{k+1} - \sum_{i=0}^{j-1} \frac{g_j^T H_0 y_i s_i^T g_{i+1}}{s_i^T y_i} = 0, \quad j = 0, 1, \cdots, k. \tag{5.3.54}$$

但是，对于 $i = 0, 1, \cdots, j-1$, 有 $s_i^T g_{k+1} = 0$. 因此

$$g_j^T H_0 g_{k+1} = 0, \quad j = 0, 1, \cdots, k. \tag{5.3.55}$$

现在假定 H_0 对称，则 (5.3.50) 可简化为

$$q_{k+1} = -\left[I - \frac{q_k g_{k+1}^T}{q_k^T y_k}\right] H_0 g_{k+1}, \tag{5.3.56}$$

令 $H_0 = I$, 有

$$q_{k+1} = -g_{k+1} + \frac{g_{k+1}^T g_{k+1}}{q_k^T y_k} q_k. \tag{5.3.57}$$

利用 (5.3.53) 和 (5.3.57), 有

$$\begin{aligned} q_k^T y_k &= q_k^T g_{k+1} - q_k^T g_k \\ &= g_k^T g_k - \frac{g_k^T g_k}{q_{k-1}^T y_{k-1}} q_{k-1}^T g_k \\ &= g_k^T g_k, \end{aligned} \tag{5.3.58}$$

故 (5.3.57) 可写成

$$q_{k+1} = -g_{k+1} + \frac{g_{k+1}^T g_{k+1}}{g_k^T g_k} q_k. \tag{5.3.59}$$

从而，这个搜索方向与 Fletcher-Reeves 算法的情形相同.

§5.4 算法的不变性

不变性对于算法来说是一个重要性质，即经过变量线性变换后，算法保持不变.

对于牛顿型算法，考虑作一个一般线性变换

$$y = Ax + a, \tag{5.4.1}$$

其中 $A \in R^{n\times n}$ 非奇异. 于是

$$x = A^{-1}(y - a). \tag{5.4.2}$$

函数 $f(x)$ 可以看作或者从 x 计算 (譬如 $f_x(x)$), 或者从 y 计算 (譬如 $f_y(y)$), 我们有

$$f_x(x) = f_x(A^{-1}(y - a)) = f_y(y).$$

由链式法则可知

$$\frac{\partial}{\partial x_i}=\sum_k \frac{\partial y_k}{\partial x_i}\frac{\partial}{\partial y_k}=\sum_k A_{ik}^T\frac{\partial}{\partial y_k}, \tag{5.4.3}$$

即

$$\nabla_x = A^T\nabla_y. \tag{5.4.4}$$

于是，$\nabla_x f = A^T\nabla_y f$, 即

$$g_x = A^T g_y. \tag{5.4.5}$$

类似地，对 g_x 求导，得 $\nabla_x g_x^T = A^T\nabla_y g_y^T A$, 即

$$Gx = A^T G_y A. \tag{5.4.6}$$

(5.4.5) 和 (5.4.6) 给出了在 x 和 y 坐标系中导数的关系.

所谓算法的不变性，是指将算法应用于 f, 若从 $y_k = Ax_k + a$ 可得到 $y_{k+1} = Ax_{k+1} + a$, 则称算法在线性变换 (5.4.1) 下是不变的.

今考虑用矩阵 H 等于或近似 Hesse 逆 G^{-1}, 于是可得下面的关于牛顿型方法的不变性定理.

定理 5.4.1 如果

$$(H_k)_x = A^{-1}(H_k)_y A^{-T}, \quad \forall k \tag{5.4.7}$$

那么，在变换 (5.4.1) 下，带固定步长 α_k 的牛顿型方法是不变的.

证明 用归纳法证明. 对于 $k=0$, 结论显然. 假定对某个 $k\geqslant 0$, $y_k = Ax_k + a$, 将牛顿型方法应用到 x_k 和 y_k 上，则

$$\begin{aligned}
x_{k+1} &= x_k - \alpha_k (H_k)_x (g_k)_x,\\
y_{k+1} &= y_k - \alpha_k (H_k)_y (g_k)_y\\
&= Ax_k + a - \alpha_k A(H_k)_x A^T A^{-T}(g_k)_x\\
&= Ax_{k+1} + a.
\end{aligned}$$

这完成了归纳法证明. □

上述定理表明，只要关系式 (5.4.7) 成立，只要步长因子 α_k 不受线性变换的影响，则经过线性变换的牛顿型方法和原来的方法产生相同的方向.

推论 5.4.2 如果步长因子 α_k 由 f_k, $g_k^T d_k$ 或其他不变数试验确定，则方法也是不变的.

证明 由定义可知 f 是不变的，即 $f_x = f_y$. 又

$$
\begin{aligned}
g_x^T d_x &= -g_x^T H_x g_x = -g_y^T A A^{-1} H_y A^{-T} A^T g_y \\
&= g_y^T d_y,
\end{aligned}
$$

因而 $g_k^T d_k$ 也是不变的. 这样步长因子 α_k 是固定的，由定理 5.4.1 立得结论. □

但是，最速下降法不具有不变性. 事实上，在最速下降法中，$H_k = I$, $x_{k+1} = x_k - \alpha_k (g_k)_x$. 在变换 $y_k = Ax_k + a$ 下，

$$
\begin{aligned}
y_{k+1} &= y_k - \alpha_k (g_k)_y = Ax_k + a - \alpha_k A^{-T} (g_k)_x \\
&\neq Ax_{k+1} + a.
\end{aligned}
$$

显然，如果 $A^{-T} = A$, 即在直交变换下，最速下降法保持不变性. 同样地，修改牛顿也不具有不变性，这是因为当 $\nu > 0$ 时矩阵 $G + \nu I$ 不能恰当地变换.

为了证明拟牛顿法的不变性，有必要证明校正公式保持变换性质 (5.4.7). 考虑 x 坐标系中的 DFP 公式. 为方便起见，这里省去下标 k.

$$
\overline{H}_x = H_x + \frac{s_x s_x^T}{s_x^T y_x} - \frac{H_x y_x y_x^T H_x}{y_x^T H_x y_x}, \tag{5.4.8}
$$

这里 $y_x = (g_{k+1})_x - (g_k)_x$, $y_y = (g_{k+1})_y - (g_k)_y$. 由 (5.4.1) 和 (5.4.5) 有 $As_x = s_y$, $y_x = A^T y_y$. 对 (5.4.8) 两边左乘 A 和右乘 A^T, 立即得到 $AH_x A^T = H_y$ 意味着 $A\overline{H}_x A^T = \overline{H}_y$. 因此 DFP 公式保持变换性质 (5.4.7). 类似的结果对 BFGS 公式也成立. 进一步，对于任

何公式 (只要其中校正是由不变数乘以向量 s 和 Hy 构成的秩一项的和), 上述变换性质 (5.4.7) 成立，从而不变性质都成立.

不变性算法的重要性在于它不易受到坏条件矩阵的干扰. 因此在处理坏条件问题时它比非不变性算法有明显的优越性. 例如，当 G 是坏条件的时候，对于不变性算法，我们可以作一个变换把它变换成 $G=I$, 而不改变算法. 对于非不变性算法，例如最速下降法，如果 G 是坏条件，则执行就很差.

有些方法虽然在一般线性变换 (5.4.1) 下不是不变的，但采用某种调比策略后它可以是不变的，而且还可以改善问题的条件. 关于调比拟牛顿法我们将在 §5.7 介绍.

与算法不变性有关的还有尺度不变性问题. 例如，欧几里德距离在一般线性变换之下不是不变的，即在一般线性变换 (5.4.1) 下，

$$\|y''-y'\|_2=\|x''-x'\|_2$$

不成立. 但是，由椭球范数

$$\|h\|_G=(h^TGh)^{1/2}$$

度量的距离却保持不变性，即有

$$\|y''-y'\|_{G_y}=\|x''-x'\|_{G_x}.$$

事实上，

$$\begin{aligned}\|y''-y'\|_{G_y}^2&=(y''-y')^TG_y(y''-y')\\&=(x''-x')^TA^TG_yA(x''-x')\\&=(x''-x')^TG_x(x''-x')\\&=\|x''-x'\|_{G_x}^2.\end{aligned}$$

§5.5　拟牛顿法的局部收敛性

5.5.1　一般拟牛顿法的超线性收敛特征

设 $F: R^n \to R^n$ 是一个映射，在收敛性分析中常常需要下列假设条件：

(a) $F: R^n \to R^n$ 在开凸集 $D \subset R^n$ 中连续可微；

(b) 存在 $x^* \in D$, 且 $F(x^*) = 0$, $F'(x^*)$ 非奇异.　　(5.5.0a)

(c) F' 在 x^* 处满足 Lipschitz 条件，即存在常数 γ, 使得

$$\|F'(x) - F'(x^*)\| \leqslant \gamma \|x - x^*\|, \quad x \in D.$$

在最优化问题

$$\min f(x), \quad x \in R^n$$

中，(5.5.0a) 中的 $F(x)$ 取为 $\nabla f(x)$ 或 $g(x)$, $F'(x)$ 取为 $\nabla^2 f(x)$ 或 $G(x)$, 假设条件 (5.5.0a) 成为

(a) $f: R^n \to R^1$ 在开凸集 $D \subset R^n$ 中二阶连续可微；

(b) 存在 f 的一个强局部极小点 $x^* \in D$, $\nabla^2 f(x^*)$ 正定；　　(5.5.0b)

(c) 存在 x^* 的一个邻域 $N(x^*, \varepsilon)$, 使得

$$\|\nabla^2 f(\overline{x}) - \nabla^2 f(x)\| \leqslant \gamma \|\overline{x} - x\|, \quad \forall x, \overline{x} \in N(x^*, \varepsilon).$$

下面，我们首先给出关于超线性收敛的充要条件定理.

定理 5.5.1　设 $F: R^n \to R^n$ 满足 (5.5.0a) 中的假设条件 (a), (b), 又设 $\{B_k\}$ 为一非奇异矩阵序列. 假定对某 $x_0 \in D$, 迭代序列

$$x_{k+1} = x_k - B_k^{-1} F(x_k) \tag{5.5.1}$$

恒在 D 中且 $x_k \neq x^*$ $(\forall k \geqslant 0)$, 又设该序列收敛于 x^*. 则当且仅当

$$\lim_{k \to +\infty} \frac{\|[B_k - F'(x^*)](x_{k+1} - x_k)\|}{\|x_{k+1} - x_k\|} = 0 \tag{5.5.2}$$

时，序列 $\{x_k\}$ 超线性收敛到 x^*.

证明 首先假定 (5.5.2) 成立．由于

$$\begin{aligned}\big[B_k - F'(x^*)\big](x_{k+1}-x_k) &= -F(x_k) - F'(x^*)(x_{k+1}-x_k)\\ &= \big[F(x_{k+1}) - F(x_k) - F'(x^*)(x_{k+1}-x_k)\big] - F(x_{k+1})\end{aligned} \tag{5.5.3}$$

于是，由定理 1.2.14, 有

$$\begin{aligned}\frac{\|F(x_{k+1})\|}{\|s_k\|} &\leqslant \frac{\big\|(B_k - F'(x^*))s_k\big\|}{\|s_k\|}\\ &\quad + \frac{\big\|F(x_{k+1}) - F(x_k) - F'(x^*)s_k\big\|}{\|s_k\|}\\ &\leqslant \frac{\big\|(B_k - F'(x^*)s_k\big\|}{\|s_k\|}\\ &\quad + \frac{\gamma}{2}\big(\|x_k - x^*\| + \|x_{k+1} - x^*\|\big).\end{aligned} \tag{5.5.4}$$

由于 $\lim\limits_{k\to+\infty} x_k = x^*$, 故

$$\lim_{k\to+\infty} \frac{\|F(x_{k+1})\|}{\|s_k\|} = 0. \tag{5.5.5}$$

因为 $\lim\limits_{k\to+\infty} \|s_k\| = 0$, 故

$$F(x^*) = \lim_{k\to+\infty} F(x_k) = 0.$$

又由于 $F'(x^*)$ 非奇异，则由定理 1.2.15 知存在 $\beta > 0$, $k_0 \geqslant 0$, 使得 $\forall k \geqslant k_0$, 有

$$\|F(x_{k+1})\| + \big\|F(x_{k+1}) - F(x^*)\big\| \geqslant \beta\big\|x_{k+1} - x^*\big\|.$$

因此,

$$\frac{\|F(x_{k+1})\|}{\|x_{k+1} - x_k\|} \geqslant \frac{\beta\big\|x_{k+1} - x^*\big\|}{\big\|x_{k+1} - x^*\big\| + \big\|x_k - x^*\big\|} = \beta\frac{r_k}{1+r_k},$$

其中，$r_k=\|x_{k+1}-x^*\|/\|x_k-x^*\|$. (5.5.5) 意味着 $r_k/(1+r_k)$ 收敛于零，从而

$$\lim_{k\to+\infty} r_k=0. \tag{5.5.6}$$

这意味着序列 $\{x_k\}$ 超线性收敛到 x^*.

反之，假定 $\{x_k\}$ 超线性收敛到 x^*，且 $F(x^*)=0$. 由定理 1.2.15，知存在 $\overline{\beta}>0$, $k_0\geqslant 0$，使得 $\forall k\geqslant k_0$，有

$$\|F(x_{k+1})\|\leqslant \overline{\beta}\|x_{k+1}-x^*\|,$$

由于 $\{x_k\}$ 超线性收敛，故

$$\begin{aligned}0=\lim_{k\to+\infty}\frac{\|x_{k+1}-x^*\|}{\|x_k-x^*\|}&\geqslant \lim_{k\to+\infty}\frac{\|F(x_{k+1})\|}{\overline{\beta}\|x_k-x^*\|}\\&=\lim_{k\to+\infty}\frac{1}{\beta}\frac{\|F(x_{k+1})\|}{\|x_{k+1}-x_k\|}\cdot\frac{\|x_{k+1}-x_k\|}{\|x_k-x^*\|}.\end{aligned}$$

由定理 1.5.1 有 $\lim\limits_{k\to+\infty}\|x_{k+1}-x_k\|/\|x_k-x^*\|=1$，从而

$$\lim_{k\to+\infty}\frac{\|F(x_{k+1})\|}{\|x_{k+1}-x_k\|}=0.$$

再由 (5.5.3) 可推知 (5.5.2) 成立. □

定理 5.5.1 表明，如果 $\{B_k\}$ 收敛到 $F'(x^*)$，则 (5.5.2) 成立，从而超线性收敛性成立. 下面我们将指出，对很多拟牛顿法，即使 $\{B_k\}$ 不一定收敛到 $F'(x^*)$，(5.5.2) 仍然成立. 下一个定理证明了：当且仅当步长因子序列 $\{\alpha_k\}$ 收敛到 1 时，方法具有超线性收敛性.

定理 5.5.2 设 $F:R^n\to R^n$ 满足定理 5.5.1 的假设，设 $\{B_k\}$ 是非奇异矩阵序列. 假定对某个 $x_0\in D$，由

$$x_{k+1}=x_k-\alpha_k B_k^{-1}F(x_k) \tag{5.5.7}$$

产生的序列 $\{x_k\}$ 都在 D 中且收敛到 x^*. 如果 (5.5.2) 成立，那么 $\{x_k\}$ 超线性收敛到 x^* 且 $F(x^*)=0$ 的充要条件是 $\{\alpha_k\}$ 收敛到 1.

证明 先假定 $\{x_k\}$ 超线性收敛到 x^* 且 $F(x^*)=0$. 由定理 5.5.1, 必有

$$\lim_{k\to+\infty}\frac{\left\|\left[\alpha_k^{-1}B_k-F'(x^*)\right](x_{k+1}-x_k)\right\|}{\|x_{k+1}-x_k\|}=0. \tag{5.5.8}$$

因而 (5.5.2) 意味着

$$\lim_{k\to+\infty}\left\|(\alpha_k^{-1}-1)B_k(x_{k+1}-x_k)\right\|/\|x_{k+1}-x_k\|=0.$$

由于 $B_k(x_{k+1}-x_k)=-\alpha_k F(x_k)$, 故上式可以写成

$$\lim_{k\to+\infty}\|(\alpha_k-1)F(x_k)\|/\|x_{k+1}-x_k\|=0. \tag{5.5.9}$$

由于 $F'(x^*)$ 非奇异, 故由定理 1.2.15 知存在 $\beta>0$, 使得 $\|F(x_k)\|\geqslant\beta\|x_k-x^*\|$, 又因 $\{x_k\}$ 超线性收敛, 由定理 1.5.1 有 $\lim\limits_{k\to+\infty}\|x_{k+1}-x_k\|/\|x_k-x^*\|=1$, 从而由 (5.5.9) 立得 $\{\alpha_k\}$ 收敛到 1.

反之, 假定 $\{\alpha_k\}$ 收敛到 1. 从 (5.5.2) 可知 (5.5.8) 成立. 因此, 定理 5.5.1 保证了 $\{x_k\}$ 超线性收敛到 x^* 并且 $F(x^*)=0$.

□

定理 5.5.2 也解释了当要使方法超线性收敛时, 为什么求步长因子 α_k 的方法必须最终产生靠近 1 的值.

下面, 我们进一步来阐述拟牛顿法超线性收敛的几何意义, 即 (5.5.2) 等价的和几何的表示.

设 $s_k=x_{k+1}-x_k$, 又设该序列的牛顿校正为 $s_k^N=-F'(x_k)\cdot F(x_k)$. 由于 $F(x_k)=-B_k s_k$, 则

$$s_k-s_k^N=s_k+F'(x_k)^{-1}F(x_k)=F'(x_k)^{-1}[F'(x_k)-B_k]s_k,$$

因此 (5.5.2) 等价于

$$\lim_{k\to+\infty}\frac{\left\|s_k-s_k^N\right\|}{\|s_k\|}=0. \tag{5.5.10}$$

上式表明当 $\{x_k\}$ 超线性收敛时，s_k 作为 s_k^N 的近似向量，其相对误差应趋于零. 容易证明这等价于要求 s_k 无论在长度上还是在方向上都趋向于 s_k^N. 为此，我们建立以下引理.

引理 5.5.3 设 $u,v \in R^n$, $u,v \neq 0$ 且 $\alpha \in (0,1)$. 如果 $\|u-v\| \leqslant \alpha\|u\|$, 则 $\langle u,v\rangle$ 为正且

$$\left|1-\frac{\|v\|}{\|u\|}\right| \leqslant \alpha, \quad 1-\left(\frac{\langle u,v\rangle}{\|u\|\|v\|}\right)^2 \leqslant \alpha^2. \tag{5.5.11}$$

反之，如果 $\langle u,v\rangle$ 为正且 (5.5.11) 成立，则

$$\|u-v\| \leqslant 3\alpha\|u\|. \tag{5.5.12}$$

证明 首先假定 $\|u-v\| \leqslant \alpha\|u\|$, 则

$$\left|\frac{\|u\|-\|v\|}{\|u\|}\right| \leqslant \frac{\|u-v\|}{\|u\|} \leqslant \alpha,$$

于是 (5.5.11) 中第一个不等式成立. 记 $\omega = \langle u,v\rangle/(\|u\|\|v\|)$, 注意到

$$\|u-v\|^2 = \|u\|^2 - 2\|u\|\|v\|\omega + \|v\|^2 \geqslant \|u\|^2(1-\omega^2),$$

这证明了 (5.5.11) 中第二个不等式. 此外，若 $\omega < 0$, 则由上面的等式部分可知 $\|u-v\| \geqslant \|u\|$, 从而 $\alpha \geqslant 1$. 因此，若 $\alpha < 1$, 则必有 $\langle u,v\rangle$ 为正.

反之，若 $\langle u,v\rangle$ 为正且 (5.5.11) 成立，则

$$\begin{aligned}\|u-v\|^2 &= (\|u\|-\|v\|)^2 + 2(1-\omega)\|u\|\|v\| \\ &\leqslant \alpha^2\|u\|^2[1+2(1+\alpha)].\end{aligned}$$

由于 $\alpha < 1$, 故得 (5.5.12). □

由这个引理可知，若 (5.5.10) 成立，即对任意给定的 $\varepsilon \in (0,1)$, 当 $k \geqslant k_0$ 时，

$$\left\|s_k - s_k^N\right\| \leqslant \varepsilon\|s_k\|.$$

根据引理 5.5.3, 应有 $\left\langle s_k, s_k^N \right\rangle > 0$ 且当 $k \geqslant k_0$ 时有

$$\left| 1 - \frac{\left\| s_k^N \right\|}{\left\| s_k \right\|} \right| \leqslant \varepsilon$$

和

$$1 - \left(\frac{\left\langle s_k, s_k^N \right\rangle}{\left\| s_k \right\| \left\| s_k^N \right\|} \right)^2 \leqslant \varepsilon^2.$$

这表明 (5.5.10) 等价于

$$\lim_{k \to \infty} \frac{\left\| s_k^N \right\|}{\left\| s_k \right\|} = \lim_{k \to \infty} \left\langle \frac{s_k}{\left\| s_k \right\|}, \frac{s_k^N}{\left\| s_k^N \right\|} \right\rangle = 1. \tag{5.5.13}$$

从而我们有结论：拟牛顿法超线性收敛的充分必要条件是其位移 s_k 在长度和方向上都渐近地趋向于牛顿方向 s_k^N.

现在我们考虑在精确线性搜索与非精确线性搜索条件下的超线性收敛性.

定理 5.5.4 设 $f: R^n \to R$ 满足假设条件 (5.5.0b) 中的 (a) 和 (b), 又设 $\{B_k\}$ 为一非奇异矩阵序列. 假定对某个 $x_0 \in D$, 迭代序列

$$x_{k+1} = x_k - \alpha_k B_k^{-1} g_k \tag{5.5.14}$$

产生的 $\{x_k\}$ 都在 D 中且 $x_k \neq x^*$ $(\forall k \geqslant 0)$. 又设该序列收敛于 x^*. α_k 由精确线性搜索产生，则当

$$\lim_{k \to \infty} \frac{\left\| \left[B_k - \nabla^2 f(x^*) \right] s_k \right\|}{\left\| s_k \right\|} = 0. \tag{5.5.15}$$

成立时，就有 $\alpha_k \to 1$ 和 $g(x^*) = 0$, 从而序列 $\{x_k\}$ 超线性收敛到 x^*.

证明 只要证明在 (5.5.15) 成立时有 $\alpha_k \to 1$. 其余结论可直接从定理 5.5.2 得到.

由于 $\nabla^2 f(x^*)$ 正定，故 $s_k^T \nabla^2 f(x^*) s_k \geqslant \|s_k\|^2 / \|\nabla^2 f(x^*)^{-1}\|$, 所以只须证明

$$(\alpha_k - 1) s_k^T \nabla^2 f(x^*) s_k = o\left(\|s_k\|^2 \right). \tag{5.5.16}$$

由 (1.2.79) 有

$$\left\|g_{k+1}-g_k-\nabla^2 f(x^*)s_k\right\| \leqslant \max_{0\leqslant t\leqslant 1}\left\|\nabla^2 f(x_k+ts_k)-\nabla^2 f(x^*)\right\|\|s_k\|,$$

故由 $x_k \to x^*$ 和 $\nabla^2 f(x)$ 的连续性，有

$$\left\|g_{k+1}-g_k-\nabla^2 f(x^*)s_k\right\| = o(\|s_k\|).$$

于是，

$$g_{k+1}^T s_k - g_k^T s_k - s_k^T \nabla^2 f(x^*)s_k = o\big(\|s_k\|^2\big). \tag{5.5.17}$$

由于 α_k 是精确线性搜索的步长因子，故 $g_{k+1}^T s_k = 0$, 又 $B_k s_k = \alpha_k B_k d_k = -\alpha_k g_k$, 故 (5.5.17) 可写为

$$\begin{aligned} s_k^T \nabla^2 f(x^*)s_k &= -g_k^T s_k + o\big(\|s_k\|^2\big) \\ &= \frac{1}{\alpha_k} s_k^T B_k s_k + o\big(\|s_k\|^2\big), \end{aligned} \tag{5.5.18}$$

而由 (5.5.15) 知

$$s_k^T\big[B_k - \nabla^2 f(x^*)\big]s_k = o\big(\|s_k\|^2\big),$$

这样，由 (5.5.18) 有

$$\begin{aligned} (\alpha_k - 1)s_k^T \nabla^2 f(x^*)s_k &= s_k^T\big[B_k - \nabla^2 f(x^*)\big]s_k + o\big(\|s_k\|^2\big) \\ &= o\big(\|s_k\|^2\big). \end{aligned}$$

这证明了 (5.5.16). □

关于不精确线性搜索，我们考虑 Wolfe-Powell 准则 (2.5.2) 和 (2.5.4). 注意到 $d_k = -B_k g_k$, 我们采用下列形式：若

$$\begin{aligned} & f\big(x_k - B_k^{-1}g_k\big) \leqslant f(x_k) - \rho g_k^T B_k^{-1} g_k, \\ & g\big(x_k - B_k^{-1}g_k\big)^T B_k^{-1} g_k \leqslant \sigma g_k^T B_k^{-1} g_k, \end{aligned} \tag{5.5.19}$$

则取 $\alpha_k = 1$; 否则，取 $\alpha_k > 0$, 使得

$$
\begin{aligned}
&f\big(x_k - \alpha_k B_k^{-1} g_k\big) \leqslant f(x_k) - \rho \alpha_k g_k^T B_k^{-1} g_k, \\
&g\big(x_k - \alpha_k B_k^{-1} g_k\big)^T B_k^{-1} g_k \leqslant \sigma g_k^T B_k^{-1} g_k
\end{aligned}
\tag{5.5.20}
$$

成立. 这里 $g(\cdot) = \nabla f(\cdot)$.

定理 5.5.5 设 $f: R^n \to R$ 满足假设条件 (5.5.0b) 中的 (a) 和 (b), 又设 $\{B_k\}$ 为一非奇异矩阵序列. 假定对某 $x_0 \in D$, 迭代序列 (5.5.14) 产生的 $\{x_k\}$ 都在 D 中且 $x_k \neq x^*$ $(\forall k \geqslant 0)$. 又设该序列收敛到 x^*. α_k 由不精确线性搜索 Wolfe-Powell 准则 (5.5.19) 和 (5.5.20) 产生，若 (5.5.15) 成立，则当 k 充分大时，$\alpha_k = 1$, 从而序列 $\{x_k\}$ 超线性收敛到 x^*.

证明 本定理只要证明对于一切充分大的 k, (5.5.19) 成立, 从而 $\alpha_k = 1$, 余下的结果直接从定理 5.5.2 得到. 由于 $B_k s_k = -\alpha_k g_k$, 故由 (5.5.15),

$$
\begin{aligned}
0 &= \lim_{k\to\infty} \frac{\big\|\big[B_k - \nabla^2 f(x^*)\big] s_k\big\|}{\|s_k\|} \\
&= \lim_{k\to\infty} \frac{\big\|g_k - \nabla^2 f(x^*) B_k^{-1} g_k\big\|}{\big\|B_k^{-1} g_k\big\|},
\end{aligned}
$$

所以

$$
\begin{aligned}
&g_k^T B_k^{-1} g_k - \big(B_k^{-1} g_k\big)^T \nabla^2 f(x^*) \big(B_k^{-1} g_k\big) \\
=&\big(g_k - \nabla^2 f(x^*) B_k^{-1} g_k\big)^T \big(B_k^{-1} g_k\big) \\
=&o\big(\big\|B_k^{-1} g_k\big\|^2\big),
\end{aligned}
$$

即

$$
g_k^T B_k^{-1} g_k = \big(B_k^{-1} g_k\big)^T \nabla^2 f(x^*) \big(B_k^{-1} g_k\big) + o\big(\big\|B_k^{-1} g_k\big\|^2\big). \tag{5.5.21}
$$

由于 $\nabla^2 f(x^*)$ 正定，故存在 $\eta > 0$, 使得对于充分大的 k,

$$
g_k^T B_k^{-1} g_k \geqslant \eta \big\|B_k^{-1} g_k\big\|^2
$$

成立，从而由泰勒展式 (1.2.71) 和 (5.5.21) 有

$$
\begin{aligned}
f\left(x_k - B_k^{-1} g_k\right) - f(x_k) &= -g_k^T B_k^{-1} g_k + \frac{1}{2}\left(B_k^{-1} g_k\right)^T G(\xi_k)\left(B_k^{-1} g_k\right) \\
&= -\frac{1}{2} g_k^T B_k^{-1} g_k + o\left(\left\|B_k^{-1} g_k\right\|^2\right) \\
&\leqslant -\rho g_k^T B_k^{-1} g_k,
\end{aligned} \tag{5.5.22}
$$

其中 ξ_k 位于 x_k 与 $x_k - B_k^{-1} g_k$ 之间. 又由 (1.2.79), 类似于 (5.5.17) 的证明可得

$$
\begin{aligned}
&g\left(x_k - B_k^{-1} g_k\right)^T B_k^{-1} g_k - g_k^T B_k^{-1} g_k + \left(B_k^{-1} g_k\right)^T \nabla^2 f(x^*)\left(B_k^{-1} g_k\right) \\
=&o\left(\left\|B_k^{-1} g_k\right\|^2\right).
\end{aligned}
$$

利用 (5.5.21), 有

$$
g\left(x_k - B_k^{-1} g_k\right)^T B_k^{-1} g_k = o\left(\left\|B_k^{-1} g_k\right\|^2\right) \leqslant \sigma g_k^T B_k^{-1} g_k, \tag{5.5.23}
$$

由 (5.5.22) 和 (5.5.23) 可知 (5.5.19) 成立，从而对于充分大的 k, $\alpha_k = 1$. □

5.5.2 一般拟牛顿法的线性收敛性

下面，我们讨论一般拟牛顿法的局部线性收敛性结果. 设迭代形式为

$$
\begin{aligned}
x_{k+1} &= x_k - B_k^{-1} F(x_k), \\
B_{k+1} &\in U(x_k, B_k),
\end{aligned} \tag{5.5.24}
$$

其中 $U(x_k, B_k)$ 表示非空的校正集合， $(x_k, B_k) \in \mathrm{dom}\, U$, $\mathrm{dom}\, U$ 表示 U 的定义域.

定理 5.5.6 设 $F: R^n \to R^n$ 满足 (5.5.0a) 中的假设条件 (a), (b), (c), U 是校正函数，使得对于所有 $(x_k, B_k) \in \mathrm{dom}\, U$ 和 $B_{k+1} \in U(x_k, B_k)$, 有

$$
\begin{aligned}
\left\|B_{k+1} - F'(x^*)\right\| \leqslant \left\|B_k - F'(x^*)\right\| + \frac{\gamma}{2}\left(\left\|x_{k+1} - x^*\right\|\right. \\
\left. + \left\|x_k - x^*\right\|\right),
\end{aligned} \tag{5.5.25a}
$$

其中 γ 是某个常数，或有

$$\|B_{k+1}-F'(x^*)\| \leqslant [1+\alpha_1\sigma(x_k,x_{k+1})]\|B_k-F'(x^*)\| + \alpha_2\sigma(x_k,x_{k+1}), \tag{5.5.25b}$$

其中 α_1,α_2 是某个常数，

$$\sigma(x_k,x_{k+1})=\max\{\|x_k-x^*\|,\|x_{k+1}-x^*\|\}. \tag{5.5.26}$$

于是，存在正的常数 ε 和 δ，对于 $\|x_0-x^*\|<\varepsilon$ 和 $\|B_0-F'(x^*)\|<\delta$，迭代 (5.5.24) 有定义，并线性收敛到 x^*.

证明 我们首先对 (5.5.25a) 给出的不等式条件证明结论. 设 $\|F'(x^*)^{-1}\|\leqslant\beta$，选择 ε 和 δ 满足

$$6\beta\delta<1, \tag{5.5.27}$$

$$3\gamma\varepsilon\leqslant 2\delta. \tag{5.5.28}$$

要证明局部线性收敛性就是要归纳地证明

$$\|B_k-F'(x^*)\|\leqslant(2-2^{-k})\delta, \tag{5.5.29}$$

$$\|x_{k+1}-x^*\|\leqslant\frac{1}{2}\|x_k-x^*\|. \tag{5.5.30}$$

对于 $k=0$，(5.5.29) 显然成立， (5.5.30) 的证明与下面一般情形的证明相同，故从略. 今假定对于 $k=0,1,\cdots,i-1$，(5.5.29) 和 (5.5.30) 成立. 对于 $k=i$，由归纳法假设和 (5.5.25)，有

$$\begin{aligned}\|B_i-F'(x^*)\| &\leqslant \|B_{i-1}-F'(x^*)\|+\frac{\gamma}{2}(\|x_i-x^*\|+\|x_{i-1}-x^*\|)\\ &\leqslant(2-2^{-(i-1)})\delta+\frac{3}{4}\gamma\|x_{i-1}-x^*\|.\end{aligned} \tag{5.5.31}$$

从 (5.5.30) 和 $\|x_0-x^*\|<\varepsilon$，可得

$$\|x_{i-1}-x^*\|\leqslant 2^{-(i-1)}\|x_0-x^*\|\leqslant 2^{-(i-1)}\varepsilon.$$

将上式代入 (5.5.31), 并利用 (5.5.28), 有

$$
\begin{aligned}
\left\|B_i - F'(x^*)\right\| &\leqslant (2-2^{-(i-1)})\delta + \frac{3}{4}\gamma \cdot 2^{-(i-1)}\varepsilon \\
&\leqslant (2-2^{-(i-1)}+2^{-i})\delta = (2-2^{-i})\delta.
\end{aligned}
$$

这证明了 (5.5.29).

为了证明 (5.5.30), 我们先指出 B_i 可逆. 事实上, 因为 $\|F'(x^*)^{-1}\| \leqslant \beta$, 利用 (5.5.29) 和 (5.5.27), 得

$$
\begin{aligned}
&\left\|F'(x^*)^{-1}\left[B_i - F'(x^*)\right]\right\| \leqslant \|F'(x^*)^{-1}\|\left\|B_i - F'(x^*)\right\| \\
&\qquad \leqslant \beta(2-2^{-i})\delta \leqslant 2\beta\delta \leqslant \frac{1}{3},
\end{aligned}
$$

于是, 由 von Neumann 定理 1.2.3 知 B_i 可逆, 且

$$
\begin{aligned}
\left\|E_i^{-1}\right\| &\leqslant \frac{\|F'(x^*)^{-1}\|}{1-\left\|F'(x^*)\left(B_i - F'(x^*)\right)\right\|} \\
&\leqslant \frac{\beta}{1-\dfrac{1}{3}} = \frac{3\beta}{2}.
\end{aligned} \tag{5.5.32}
$$

因此 x_{i+1} 有定义, 又

$$
\begin{aligned}
B_i\left(x_{i+1}-x^*\right) =& B_i\left(x_i - x^*\right) - F(x_i) + F(x^*) \\
=& \left[-F(x_i) + F(x^*) + F'(x^*)\left(x_i - x^*\right)\right] \\
&+ \left[B_i - F'(x^*)\right]\left(x_i - x^*\right),
\end{aligned} \tag{5.5.33}
$$

于是,

$$
\begin{aligned}
\left\|x_{i+1} - x^*\right\| \leqslant& \left\|B_i^{-1}\right\|\left[\left\|-F(x_i) + F(x^*) + F'(x^*)\left(x_i - x^*\right)\right\|\right. \\
&\left. + \left\|B_i - F'(x^*)\right\|\left\|x_i - x^*\right\|\right].
\end{aligned} \tag{5.5.34}
$$

由引理 1.2.12,

$$
\left\|-F(x_i) + F(x^*) + F'(x^*)\left(x_i - x^*\right)\right\| \leqslant \frac{\gamma}{2}\left\|x_i - x^*\right\|^2, \tag{5.5.35}
$$

这样，

$$\left\|x_{i+1}-x^*\right\| \leqslant \frac{3}{2}\beta\left[\frac{\gamma}{2}\left\|x_i-x^*\right\|+(2-2^{-i})\delta\right]\left\|x_i-x^*\right\|. \quad (5.5.36)$$

又由 (5.5.30) 和 (5.5.28), 有

$$\frac{\gamma}{2}\left\|x_i-x^*\right\| \leqslant 2^{-(i+1)}\gamma\varepsilon \leqslant \frac{2^{-i}}{3}\delta,$$

代入 (5.5.36),

$$\begin{aligned}\left\|x_{i+1}-x^*\right\| &\leqslant \frac{3}{2}\beta\left[\frac{1}{3}2^{-i}+2-2^{-i}\right]\delta\left\|x_i-x^*\right\| \\ &\leqslant 3\beta\delta\left\|x_i-x^*\right\| \\ &\leqslant \frac{1}{2}\left\|x_i-x^*\right\|.\end{aligned}$$

从而 (5.5.30) 得证. 于是定理证毕.

类似地，对于 (5.5.25b) 给出的不等式条件，也可证明结论成立.

设 $\|F'(x^*)\| \leqslant \beta$, 设 $r \in (0,1)$, 选择 $\varepsilon(r)=\varepsilon$, $\delta(r)=\delta$, 满足

$$(2\alpha_1\delta+\alpha_2)\frac{\varepsilon}{1-r} \leqslant \delta \quad (5.5.37)$$

$$\beta(1+r)(\gamma\varepsilon+2\delta) \leqslant r. \quad (5.5.38)$$

要证明局部线性收敛性，我们仍然归纳地证明

$$\left\|B_k-F'(x^*)\right\| \leqslant 2\delta \quad (5.5.39)$$

$$\left\|x_{k+1}-x^*\right\| \leqslant r\left\|x_k-x^*\right\| \quad (5.5.40)$$

成立. 对于 $k=0$, 结论成立. 假设对于 $k=0,1,\cdots,i-1$, 结论成立. 由 (5.5.25b),

$$\left\|B_{k+1}-F'(x^*)\right\|-\left\|B_k-F'(x^*)\right\| \leqslant 2\alpha_1\delta\varepsilon r^k+\alpha_2\varepsilon r^k,$$

对于 $k=0$ 到 $i-1$, 对上式两边求和，得

$$\left\|B_i-F'(x^*)\right\| \leqslant \left\|B_0-F'(x^*)\right\|+(2\alpha_1\delta+\alpha_2)\frac{\varepsilon}{1-r}.$$

利用 (5.5.37) 和 $\|B_0 - F'(x^*)\| \leqslant \delta$, 有

$$\|B_i - F'(x^*)\| \leqslant 2\delta. \tag{5.5.41}$$

这证明了 (5.5.39).

为了证明 (5.5.40), 首先注意到由 (5.5.41), von Neumann 定理 1.2.3 可知 $\|B_i^{-1}\| \leqslant (1+r)\beta$. 于是由定理 1.2.14,

$$\begin{aligned}\|x_{i+1} - x^*\| \leqslant & \|B_i^{-1}\| [\|F(x_i) - F(x^*) - F'(x^*)(x_i - x^*)\| \\ & + \|B_i - F'(x^*)\| \|x_i - x^*\|] \\ \leqslant & \beta(1+r)(\gamma\epsilon + 2\delta)\|x_i - x^*\|,\end{aligned}$$

利用 (5.5.38) 立得

$$\|x_{i+1} - x^*\| \leqslant r\|x_i - x^*\|.$$

从而 (5.5.40) 得证. 这完成了归纳法证明. □

类似地, 我们可以得到关于 Hesse 逆近似校正的局部线性收敛定理.

定理 5.5.7 设 $F : R^n \to R^n$ 满足 (5.5.0a) 中假设条件 (a), (b), (c), U 是校正函数, 使得对所有 $(x_k, H_k) \in \operatorname{dom} U$ 和 $H_{k+1} \in U(x_k, H_k)$, 有

$$\begin{aligned}\|H_{k+1} - F'(x^*)^{-1}\| \leqslant & \|H_k - F'(x^*)^{-1}\| \\ & + \frac{\gamma}{2}(\|x_{k+1} - x^*\| + \|x_k - x^*\|),\end{aligned} \tag{5.5.42a}$$

其中 γ 是某个常数, 或有

$$\begin{aligned}\|H_{k+1} - F'(x^*)^{-1}\| \leqslant & [1 + \alpha_1\sigma(x_k, x_{k+1})]\|H_k - F'(x^*)^{-1}\| \\ & + \alpha_2\sigma(x_k, x_{k+1}),\end{aligned} \tag{5.5.42b}$$

其中 α_1, α_2 是某个常数,

$$\sigma(x_k, x_{k+1}) = \max\{\|x_k - x^*\|, \|x_{k+1} - x^*\|\}.$$

于是存在正的常数 ε 和 δ, 对于 $\|x_0-x^*\|<\varepsilon$ 和 $\|H_0-F'(x^*)^{-1}\|<\delta$, 迭代

$$x_{k+1}=x_k-H_kF(x_k), \quad H_{k+1}\in U(x_k,H_k) \tag{5.5.43}$$

有定义，并线性收敛到 x^*.

作为上面两个定理的推论，我们给出一般迭代的超线性收敛性.

推论 5.5.8 假定定理 5.5.6 的假设条件成立，如果 $\{\|B_k-F'(x^*)\|\}$ 的某个子序列收敛到零，则 $\{x_k\}$ 超线性收敛到 x^*.

证明 我们希望证明

$$\lim_{k\to+\infty}\frac{\|x_{k+1}-x^*\|}{\|x_k-x^*\|}=0.$$

设 $r\in(0,1)$. 由定理 5.5.6 知存在 $\varepsilon(r)$ 和 $\delta(r)$ 使得 $\|B_0-F'(x^*)\|<\delta(r)$ 和 $\|x_0-x^*\|<\varepsilon(r)$ 意味着 $\|x_{k+1}-x^*\|\leqslant r\|x_k-x^*\|, \forall k\geqslant 0$. 由题设，我们可以选择 $m>0$ 使得 $\|B_m-F'(x^*)\|<\delta(r)$ 和 $\|x_m-x^*\|<\varepsilon(r)$, 因而有 $\|x_{k+1}-x^*\|\leqslant r\|x_k-x^*\|, \forall k\geqslant m$, 由于 $r\in(0,1)$ 任意，故结论得到. □

类似地，我们有

推论 5.5.9 假定定理 5.5.7 的假设条件成立，如果 $\{\|H_k-F'(x^*)^{-1}\|\}$ 的某个子序列收敛到零，则 $\{x_k\}$ 超线性收敛到 x^*.

5.5.3 Broyden 秩一校正方法的局部收敛性

下面我们给出 Broyden 秩一校正

$$\begin{aligned} x_{k+1}&=x_k-B_k^{-1}F(x_k),\\ B_{k+1}&=B_k+\frac{(y_k-B_ks_k)s_k^T}{s_k^Ts_k} \end{aligned} \tag{5.5.44}$$

的超线性收敛定理，其他校正 (如 DFP, BFGS, PSB) 的超线性收敛性可以类似地证明.

定理 5.5.10 设 $F: R^n \to R^n$ 满足 (5.5.0a) 中假设条件 (a), (b), (c), 又设存在正常数 ε, δ, 使得 $\|x_0 - x^*\| < \varepsilon$ 和 $\|B_0 - F'(x^*)\| < \delta$, 则 Broyden 秩一方法 (5.5.44) 产生的序列 $\{x_k\}$ 是有定义的，且超线性收敛到 x^*.

证明 我们先证 Broyden 秩一校正 (5.5.44) 产生的 B_{k+1} 满足 (5.5.25).

$$\begin{aligned}
B_{k+1} - F'(x^*) &= B_k - F'(x^*) + \frac{(y_k - B_k s_k)s_k^T}{s_k^T s_k} \\
&= B_k - F'(x^*) + \frac{\left(F'(x^*)s_k - B_k s_k\right)s_k^T}{s_k^T s_k} + \frac{\left(y_k - F'(x^*)s_k\right)s_k^T}{s_k^T s_k} \\
&= \left(B_k - F'(x^*)\right)\left[I - \frac{s_k s_k^T}{s_k^T s_k}\right] + \frac{\left(y_k - F'(x^*)s_k\right)s_k^T}{s_k^T s_k}.
\end{aligned} \tag{5.5.45}$$

于是,

$$\begin{aligned}
\left\|B_{k+1} - F'(x^*)\right\| \leqslant &\left\|B_k - F'(x^*)\right\|\left\|I - \frac{s_k s_k^T}{s_k^T s_k}\right\| \\
&+ \frac{\left\|y_k - F'(x^*)s_k\right\|}{\|s_k\|}.
\end{aligned} \tag{5.5.46}$$

注意到

$$\left\|I - \frac{s_k s_k^T}{s_k^T s_k}\right\| = 1, \tag{5.5.47}$$

又由定理 1.2.14,

$$\left\|y_k - F'(x^*)s_k\right\| \leqslant \frac{\gamma}{2}\left(\left\|x_{k+1} - x^*\right\| + \left\|x_k - x^*\right\|\right)\|s_k\|, \tag{5.5.48}$$

故

$$\left\|B_{k+1} - F'(x^*)\right\| \leqslant \left\|B_k - F'(x^*)\right\| + \frac{\gamma}{2}\left(\left\|x_{k+1} - x^*\right\| + \left\|x_k - x^*\right\|\right),$$

此为 (5.5.25). 这证明了 Broyden 秩一方法的线性收敛性.

下面，我们利用定理 5.5.1 证明 Broyden 秩一方法的超线性收敛性，即要证明 (5.5.2) 成立.

设 $E_k = B_k - F'(x^*)$. 由 (5.5.45),

$$\|E_{k+1}\|_F \leqslant \left\|E_k\left(I - \frac{s_k s_k^T}{s_k^T s_k}\right)\right\|_F + \frac{\left\|\left(y_k - F'(x^*)s_k\right)s_k^T\right\|_F}{s_k^T s_k}. \tag{5.5.49}$$

由于

$$\begin{aligned}\|E_k\|_F^2 &= \left\|E_k \frac{s_k s_k^T}{s_k^T s_k}\right\|_F^2 + \left\|E_k\left(I - \frac{s_k s_k^T}{s_k^T s_k}\right)\right\|_F^2 \\ &= \frac{\|E_k s_k\|^2}{\|s_k\|^2} + \left\|E_k\left(I - \frac{s_k s_k^T}{s_k^T s_k}\right)\right\|_F^2,\end{aligned}$$

故

$$\left\|E_k\left(I - \frac{s_k s_k^T}{s_k^T s_k}\right)\right\|_F = \left(\|E_k\|_F^2 - \frac{\|E_k s_k\|^2}{\|s_k\|^2}\right)^{1/2}. \tag{5.5.50}$$

注意到对任何 $\alpha \geqslant |\beta| \geqslant 0$, $(\alpha^2 - \beta^2)^{1/2} \leqslant \alpha - \beta^2/2\alpha$, 故 (5.5.50) 意味着

$$\left\|E_k\left(I - \frac{s_k s_k^T}{s_k^T s_k}\right)\right\|_F \leqslant \|E_k\|_F - \frac{1}{2\|E_k\|_F}\left(\frac{\|E_k s_k\|}{\|s_k\|}\right)^2. \tag{5.5.51}$$

又由定理 1.2.14,

$$\left\|y_k - F'(x^*)s_k\right\|_F \leqslant \frac{\gamma}{2}\left(\left\|x_{k+1} - x^*\right\| + \left\|x_k - x^*\right\|\right)\|s_k\|, \tag{5.5.52}$$

这样, 利用 (5.5.51), (5.5.52) 和 (5.5.30), (5.5.49) 可写成

$$\|E_{k+1}\|_F \leqslant \|E_k\|_F - \frac{\|E_k s_k\|^2}{2\|E_k\|_F\|s_k\|^2} + \frac{3}{4}\gamma\left\|x_k - x^*\right\|,$$

或

$$\frac{\|E_k s_k\|^2}{\|s_k\|^2} \leqslant 2\|E_k\|_F\left[\|E_k\|_F - \|E_{k+1}\|_F + \frac{3}{4}\gamma\left\|x_k - x^*\right\|\right]. \tag{5.5.53}$$

从 (5.5.29) 和 (5.5.30) 可知， $\|E_k\|_F \leqslant 2\delta, \forall k \geqslant 0$, 且

$$\sum_{k=0}^{\infty}\left(x_k - x^*\right) \leqslant 2\varepsilon,$$

因此， (5.5.53) 又可写成

$$\frac{\|E_k s_k\|^2}{\|s_k\|^2} \leqslant 4\delta\left[\|E_k\|_F - \|E_{k+1}\|_F + \frac{3}{4}\gamma\|x_k - x^*\|\right]. \tag{5.5.54}$$

对上式两边求和，有

$$\begin{aligned}\sum_{k=0}^{i}\frac{\|E_k s_k\|^2}{\|s_k\|^2} &\leqslant 4\delta\left[\|E_0\|_F - \|E_{i+1}\|_F + \frac{3}{4}\gamma\sum_{k=0}^{i}\|x_k - x^*\|\right]\\ &\leqslant 4\delta\left[\|E_0\|_F + \frac{3}{2}\gamma\varepsilon\right]\\ &\leqslant 4\delta\left[\delta + \frac{3}{2}\gamma\varepsilon\right],\end{aligned} \tag{5.5.55}$$

注意到 (5.5.55) 对任何 $i \geqslant 0$ 都成立，故

$$\sum_{k=0}^{\infty}\frac{\|E_k s_k\|^2}{\|s_k\|^2}$$

是有限的，从而有

$$\lim_{k\to\infty}\frac{\|E_k s_k\|}{\|s_k\|} = 0, \tag{5.5.56}$$

此即 (5.5.2), 从而由定理 5.5.1 知 Broyden 秩一方法的超线性收敛性成立. □

类似地，对于 Hesse 逆近似形式的 Broyden 秩一校正

$$\begin{aligned}x_{k+1} &= x_k - H_k F(x_k),\\ H_{k+1} &= H_k + \frac{(s_k - H_k y_k)y_k^T}{y_k^T y_k},\end{aligned} \tag{5.5.57}$$

有

定理 5.5.11 设 $F: R^n \to R^n$ 满足 (5.5.0a) 中假设条件 (a), (b), (c), 又设存在常数 ε, δ, 使得 $\|x_0 - x^*\| < \varepsilon$ 和 $\|H_0 - F'(x^*)^{-1}\| < \delta$, 则 Broyden 秩一方法 (5.5.57) 产生的序列 $\{x_k\}$ 是有意义的，且超线性收敛到 x^*.

5.5.4 DFP 方法的局部收敛性

下面我们讨论秩二校正方法的收敛性. 我们考虑 DFP 校正公式. 类似于对 Broyden 秩一校正方法的研究，我们只要用 $\nabla f(x)$ 代替 $F(x)$, 用 $\nabla^2 f(x)$ 代替 $F'(x)$, 就可以进行类似的论证，并得到类似的结果.

在最优化方法中，类似于迭代 (5.5.1) 和 (5.5.7), 我们取迭代为

$$x_{k+1} = x_k - B_k^{-1} g_k, \quad B_{k+1} \in U(x_k, B_k) \tag{5.5.58}$$

或

$$x_{k+1} = x_k - \alpha_k B_k^{-1} g_k, \quad B_k \in U(x_k, B_k), \tag{5.5.59}$$

其中 α_k 为步长因子.

为了研究 DFP 方法的局部收敛性，我们需要估计 $\|B_{k+1} - \nabla^2 f(x^*)\|$. 如下面的定理证明中所指出的， $B_{k+1} - \nabla^2 f(x^*)$ 中含有矩阵 $P = I - \frac{s_k y_k^T}{s_k^T y_k}$. 由于

$$\|P\|_2 = \|s_k\| \|y_k\| / s_k^T y_k, \tag{5.5.60}$$

可知 $\|P\|_2$ 是 y_k 和 s_k 夹角的正割. 一般来说，y_k 和 s_k 并不平行，因此 $\|P\|_2$ 可能相当大，这样，利用 l_2 范数来估计 $\|B_{k+1} - \nabla^2 f(x^*)\|$ 似乎不适合. 但考虑到在 x^* 附近，$f(x)$ 接近二次函数，故 $A^{-1/2} y_k$ 和 $A^{1/2} s_k$ 接近平行，这里 $A = \nabla^2 f(x^*)$. 这启示我们利用加权范数来合适地估计 $\|B_{k+1} - \nabla^2 f(x^*)\|$. 对于 DFP 方法，适当的加权范数可采用.

$$\|E\|_{\mathrm{DFP}} = \|E\|_{A^{-1/2}, F} = \|A^{-1/2} E A^{-1/2}\|_F. \tag{5.5.61}$$

下面，我们先给出 DFP 方法的线性收敛性.

定理 5.5.12 设 $f: R^n \to R$ 满足假设条件 (5.5.0b), 又设在 x^* 的一个邻域内,

$$\mu\gamma\sigma(x_k, x_{k+1}) \leqslant \frac{1}{3}, \tag{5.5.62}$$

其中， $\mu = \|\nabla^2 f(x^*)^{-1}\|$, $\sigma(x_k, x_{k+1}) = \max\left\{\|x_k - x^*\|, \|x_{k+1} - x^*\|\right\}$. 于是，存在 $\varepsilon > 0$ 和 $\delta > 0$. 使得对于 $\|x_0 - x^*\| < \varepsilon$ 和 $\|B_0 - \nabla^2 f(x^*)\|_{\text{DFP}} < \delta$, DFP 方法

$$\begin{aligned} x_{k+1} =& x_k - B_k^{-1}\nabla f(x_k), \\ B_{k+1} =& B_k + \frac{(y_k - B_k s_k)y_k^T + y_k(y_k - B_k s_k)^T}{\left(y_k^T s_k\right)^2} \\ & - \frac{(y_k - B_k s_k)^T s_k}{\left(y_k^T s_k\right)^2} y_k y_k^T \end{aligned} \tag{5.5.63}$$

有定义，产生的 $\{x_k\}$ 线性收敛到 x^*.

证明 按照定理 5.5.6, 证明 DFP 方法的线性收敛性，只要证明

$$\begin{aligned} \left\|B_{k+1} - \nabla^2 f(x^*)\right\|_{\text{DFP}} <& [1 + \alpha_1\sigma(x_k, x_{k+1})]\left\|B_k - \nabla^2 f(x^*)\right\|_{\text{DFP}} \\ & + \alpha_2\sigma(x_k, x_{k+1}), \end{aligned} \tag{5.5.64}$$

其中 α_1, α_2 是与 x_k, x_{k+1} 无关的正常数，$\sigma(x_k, x_{k+1}) = \max\left\{\|x_k - x^*\|, \|x_{k+1} - x^*\|\right\}$.

设 $A = \nabla^2 f(x^*)$, 由 DFP 校正 (5.5.63), 得

$$B_{k+1} - A = P^T(B_k - A)P + \frac{(y_k - As_k)y_k^T + y_k(y_k - As_k)^T P}{y_k^T s_k}, \tag{5.5.65}$$

其中

$$P = I - \frac{s_k y_k^T}{s_k^T y_k}. \tag{5.5.66}$$

注意到 $\|P\|_2=\|s_k\|\|y_k\|/s_k^T y_k$, 故

$$\begin{aligned}\left\|P^T(B_k-A)P\right\|_{\mathrm{DFP}} \leqslant & \|A^{1/2}PA^{-1/2}\|_2^2\|B_k-A\|_{\mathrm{DFP}} \\ = & \frac{1}{\omega^2}\|B_k-A\|_{\mathrm{DFP}},\end{aligned} \tag{5.5.67}$$

$$\left\|\frac{y_k(y_k-As_k)^T P}{y_k^T s_k}\right\|_{\mathrm{DFP}} \leqslant \frac{1}{\omega^2}\,\frac{\left\|A^{-1/2}y_k-A^{1/2}s_k\right\|}{\left\|A^{1/2}s_k\right\|}, \tag{5.5.68}$$

$$\left\|\frac{(y_k-As_k)y_k^T}{y_k^T s_k}\right\|_{\mathrm{DFP}} \leqslant \frac{1}{\omega}\,\frac{\left\|A^{-1/2}y_k-A^{1/2}s_k\right\|}{\left\|A^{1/2}s_k\right\|}, \tag{5.5.69}$$

其中

$$\begin{aligned}\omega = & \frac{y_k^T s_k}{\left\|A^{-1/2}y_k\right\|\left\|A^{1/2}s_k\right\|} \\ = & \frac{\left\langle A^{-1/2}y_k, A^{1/2}s_k\right\rangle}{\left\|A^{-1/2}y_k\right\|\left\|A^{1/2}s_k\right\|}.\end{aligned} \tag{5.5.70}$$

利用 (5.5.67), (5.5.68) 和 (5.5.69) 来估计 $\|B_{k+1}-A\|_{\mathrm{DFP}}$, 有

$$\begin{aligned}\|B_{k+1}-A\|_{\mathrm{DFP}} \leqslant & \frac{1}{\omega^2}\|B_k-A\|_{\mathrm{DFP}} \\ & + \frac{2}{\omega^2}\,\frac{\left\|A^{-1/2}y_k-A^{1/2}s_k\right\|}{\left\|A^{1/2}s_k\right\|}\end{aligned} \tag{5.5.71}$$

又

$$\begin{aligned}\frac{\left\|A^{-1/2}y_k-A^{1/2}s_k\right\|}{\left\|A^{1/2}s_k\right\|} \leqslant & \frac{\left\|A^{-1/2}\right\|\left\|y_k-As_k\right\|}{\|s_k\|/\left\|A^{-1/2}\right\|} \\ = & \mu\frac{\|y_k-As_k\|}{\|s_k\|} \\ \leqslant & \mu\gamma\sigma(x_k,x_{k+1}) \leqslant \frac{1}{3}\end{aligned} \tag{5.5.72}$$

再由引理 5.5.3 可得

$$1-\omega^2 \leqslant \left[\mu\frac{\|y_k-As_k\|}{\|s_k\|}\right]^2 \leqslant [\mu\gamma\sigma(x_k,x_{k+1})]^2.$$

于是，如果 x_k 和 x_{k+1} 在 x^* 的邻域内，则

$$1-\omega^2 \leqslant [\mu\gamma\sigma(x_k,x_{k+1})]^2 < \frac{1}{2},$$

$$\omega^2 > \frac{1}{2} > \mu\gamma\sigma(x_k,x_{k+1}).$$

故

$$\begin{aligned}\frac{1}{\omega^2} &= 1+\frac{1-\omega^2}{\omega^2} < 1+\frac{[\mu\gamma\sigma(x_k,x_{k+1})]^2}{\mu\gamma\sigma(x_k,x_{k+1})} \\ &= 1+\mu\gamma\sigma(x_k,x_{k+1}).\end{aligned}$$

因此，

$$\frac{1}{\omega^2}\|B_k-A\|_{\rm DFP} < (1+\mu\gamma\sigma(x_k,x_{k+1}))\|B_k-A\|_{\rm DFP}, \tag{5.5.73}$$

$$\begin{aligned}\frac{2}{\omega^2}\frac{\left\|A^{-1/2}y_k-A^{1/2}s_k\right\|}{\|A^{1/2}s_k\|} &< 2[1+\mu\gamma\sigma(x_k,x_{k+1})]\mu\gamma\sigma(x_k,x_{k+1}) \\ &< 3\mu\gamma\sigma(x_k,x_{k+1}).\end{aligned} \tag{5.5.74}$$

将 (5.5.73) 和 (5.5.74) 代入 (5.5.71) 可得 (5.5.64), 其中 $\alpha_1=\mu\gamma$, $\alpha_2=3\mu\gamma$. □

下面研究 DFP 方法的超线性收敛定理. 为此，我们先给出几个引理.

引理 5.5.13 设 $M\in R^{n\times n}$ 是非奇异对称矩阵，若对于 $\beta\in\left[0,\frac{1}{3}\right]$, 有

$$\left\|My_k-M^{-1}s_k\right\| \leqslant \beta\left\|M^{-1}s_k\right\|, \tag{5.5.75}$$

则对任何非零矩阵 $E\in R^{n\times n}$, 成立

(a)

$$(1-\beta)\left\|M^{-1}s_k\right\|^2 \leqslant y_k^Ts_k \leqslant (1+\beta)\left\|M^{-1}s_k\right\|^2, \tag{5.5.76}$$

(b)

$$\left\|E\left[I-\frac{(M^{-1}s_k)(M^{-1}s_k)^T}{y_k^Ts_k}\right]\right\|_F \leqslant \sqrt{1-\alpha\theta^2}\|E\|_F, \tag{5.5.77}$$

(c)

$$\left\|E\left[I-\frac{M^{-1}s_k(My_k)^T}{y_k^Ts_k}\right]\right\|_F$$

$$\leqslant\left[\sqrt{1-\alpha\theta^2}+(1-\beta)^{-1}\frac{\|My_k-M^{-1}s_k\|}{\|M^{-1}s_k\|}\right]\|E\|_F, \tag{5.5.78}$$

其中

$$\alpha=\frac{1-2\beta}{1-\beta^2}\in\left[\frac{3}{8},1\right],$$
$$\theta=\frac{\|EM^{-1}s_k\|}{\|E\|_F\|M^{-1}s_k\|}\in[0,1]. \tag{5.5.79}$$

证明 $y_k^Ts_k=(My_k)^T(M^{-1}s_k)=(My_k-M^{-1}s_k)^TM^{-1}s_k+\|M^{-1}s_k\|^2$, 利用 Cauchy-Schwartz 不等式和 (5.5.75), 得

$$\left|(My_k-M^{-1}s_k)^TM^{-1}s_k\right|\leqslant\beta\|M^{-1}s_k\|^2,$$

从而 (a) 得到.

现在证明 (b). 利用 §1.2 关于秩一校正矩阵的 Frobenius 范数的性质 (1.2.41), 有

$$\|E(I-uv^T)\|_F^2=\|E\|_F^2-2v^TE^TEu+\|Eu\|^2\|v\|^2,$$

特别

$$\left\|E\left[I-\frac{(M^{-1}s_k)(M^{-1}s_k)^T}{y_k^Ts_k}\right]\right\|_F^2$$
$$=\|E\|_F^2+\left(-2y_k^Ts_k+\|M^{-1}s_k\|^2\right)\frac{\|EM^{-1}s_k\|}{(y_k^Ts_k)^2}.$$

利用 (a) 和 (5.5.79), 得

$$\left\|E\left[I-\frac{(M^{-1}s_k)(M^{-1}s_k)^T}{y_k^Ts_k}\right]\right\|_F^2$$

$$
\begin{aligned}
&\leqslant\|E\|_F^2-\left(\frac{1-2\beta}{1-\beta}\right)\frac{\left\|EM^{-1}s_k\right\|^2}{y_k^Ts_k}\\
&\leqslant\|E\|_F^2-\alpha\left(\frac{\left\|EM^{-1}s_k\right\|}{\left\|M^{-1}s_k\right\|}\right)^2\\
&=\|E\|_F^2(1-\alpha\theta^2).
\end{aligned}
$$

这样 (b) 得证.

最后，利用 (b) 来证明 (c). 我们只要证明

$$
\begin{aligned}
&\left\|E\frac{M^{-1}s_k\left(M^{-1}s_k-My_k\right)^T}{y_k^Ts_k}\right\|_F\\
&\leqslant(1-\beta)^{-1}\left(\frac{\left\|My_k-M^{-1}s_k\right\|}{\left\|M^{-1}s_k\right\|}\right)\|E\|_F.
\end{aligned}
\tag{5.5.80}
$$

显然,

$$
\left\|\frac{M^{-1}s_k\left(M^{-1}s_k-My_k\right)^T}{y_k^Ts_k}\right\|_F=\frac{\left\|M^{-1}s_k\right\|\left\|M^{-1}s_k-My_k\right\|}{y_k^Ts_k},
$$

利用 (a), 便得到 (5.5.80). □

引理 5.5.14 设 $\{\phi_k\}$ 和 $\{\delta_k\}$ 是非负数序列，满足

$$
\phi_{k+1}\leqslant(1+\delta_k)\phi_k+\delta_k \tag{5.5.81}
$$

和

$$
\sum_{k=1}^{\infty}\delta_k<+\infty, \tag{5.5.82}
$$

则 $\{\phi_k\}$ 收敛.

证明 我们首先证明 ϕ_k 上有界. 设

$$
\mu_k=\prod_{j=1}^{k-1}(1+\delta_j).
$$

于是， $\mu_k\geqslant1$, (5.5.82) 表明存在某个常数 μ, 使得 $\mu_k\leqslant\mu$. 但利用 (5.5.81), 有

$$
\phi_{k+1}/\mu_{k+1}\leqslant\phi_k/\mu_k+\delta_k/\mu_{k+1}\leqslant\phi_k/\mu_k+\delta_k,
$$

因此有

$$\phi_{m+1}/\mu_{m+1} \leqslant \phi_1/\mu_1 + \sum_{k=1}^{m} \delta_k.$$

利用 (5.5.82) 和 $\{\mu_k\}$ 的有界性，便知 $\{\phi_k\}$ 是有界的.

由于 $\{\phi_k\}$ 有界，肯定至少有一个极限点. 假定存在子序列 $\{\phi_{k_n}\}$ 和 $\{\phi_{k_m}\}$, 它们分别收敛到极限点 ϕ' 和 ϕ''. 可以证明 $\phi' \leqslant \phi''$, 利用对称性又可证明 $\phi'' \leqslant \phi'$. 从而 $\phi' = \phi''$. 因此 $\{\phi_k\}$ 收敛.

事实上，设 ϕ 是 $\{\phi_k\}$ 的界，又不妨设 $k_n \geqslant k_m$, 由 (5.5.81), 有

$$\phi_{k_n} - \phi_{k_m} \leqslant (1+\phi) \sum_{j=k_m}^{\infty} \delta_j,$$

由 k_n 的选择，有

$$\phi' - \phi_{k_m} \leqslant (1+\phi) \sum_{j=k_m}^{\infty} \delta_j,$$

由 k_m 的选择，有

$$\phi' - \phi'' \leqslant 0.$$

从而 $\phi' \leqslant \phi''$. 证明完成. □

若 $f: R^n \to R$ 满足假设条件 (5.5.0b), 则 (5.5.64) 成立. 设 $\|B_k - A\|_{\text{DFP}} = \phi_k$, $\max\{\alpha_1\sigma(x_k, x_{k+1}), \alpha_2\sigma(x_k, x_{k+1})\} = \delta_k$, 则 (5.5.82) 成立，从而由引理 5.5.14 立得

$$\lim_{k\to+\infty} \|B_k - A\|_{\text{DFP}} \tag{5.5.83}$$

存在.

引理 5.5.15 设定理 5.5.12 的假设条件成立，则存在正常数 $\beta_1, \beta_2, \beta_3$, 使得 $\forall x_k, x_{k+1} \in N(x^*, \varepsilon)$, 有

$$\begin{aligned}\|B_{k+1} - \nabla^2 f(x^*)\|_{\text{DFP}} \leqslant & \left[\sqrt{1-\beta_1\theta_k^2} + \beta_2\sigma(x_k, x_{k+1})\right] \|B_k \\ & - \nabla^2 f(x^*)\|_{\text{DFP}} + \beta_3\sigma(x_k, x_{k+1}),\end{aligned} \tag{5.5.84}$$

其中

$$\sigma(x_k,x_{k+1})=\max\left\{\left\|x_k-x^*\right\|,\left\|x_{k+1}-x^*\right\|\right\},$$
$$\theta_k=\frac{\left\|\nabla^2 f(x^*)^{-1/2}\left[B_k-\nabla^2 f(x^*)^{1/2}\right]s_k\right\|}{\left\|B_k-\nabla^2 f(x^*)\right\|_{\mathrm{DFP}}\left\|\nabla^2 f(x^*)^{1/2}s_k\right\|}. \tag{5.5.85}$$

证明 记 $A=\nabla^2 f(x^*)$. 由 (5.5.65) 得

$$\begin{aligned}\|B_{k+1}-A\|_{\mathrm{DFP}}\leqslant&\left\|P^T(B_k-A)P\right\|_{\mathrm{DFP}}+\left\|\frac{(y_k-As_k)y_k^T}{y_k^Ts_k}\right\|_{\mathrm{DFP}}\\&+\left\|\frac{y_k(y_k-As_k)^TP}{y_k^Ts_k}\right\|_{\mathrm{DFP}}\end{aligned} \tag{5.5.86}$$

设

$$\begin{aligned}Q&=I-\frac{A^{1/2}s_ky_k^TA^{-1/2}}{y_k^Ts_k},\\E_k&=A^{-1/2}(B_k-A)A^{-1/2},\end{aligned} \tag{5.5.87}$$

则

$$\left\|P^T(B_k-A)P\right\|_{\mathrm{DFP}}=\|Q^TEQ\|_F.$$

类似于定理 5.5.12 的证明，可知存在 $\alpha_3,\alpha_4>0$, 有

$$\begin{aligned}\left\|\frac{(y_k-As_k)y_k^T}{y_k^Ts_k}\right\|_{\mathrm{DFP}}&\leqslant\frac{1}{\omega}\frac{\left\|A^{-1/2}y_k-A^{1/2}s_k\right\|}{\left\|A^{1/2}s_k\right\|}\\&\leqslant\alpha_3\sigma(x_k,x_{k+1}),\\\left\|\frac{y_k(y_k-As_k)^TP}{y_k^Ts_k}\right\|_{\mathrm{DFP}}&\leqslant\frac{1}{\omega^2}\frac{\left\|A^{-1/2}y_k-A^{1/2}s_k\right\|}{\left\|A^{1/2}s_k\right\|}\\&\leqslant\alpha_4\sigma(x_k,x_{k+1}).\end{aligned}$$

若记 $\beta_3=\alpha_3+\alpha_4$, 则 (5.5.86) 可写成

$$\|B_{k+1}-A\|_{\mathrm{DFP}}\leqslant\|Q^TEQ\|_F+\beta_3\sigma(x_k,x_{k+1}). \tag{5.5.88}$$

由于

$$\frac{\left\|A^{-1/2}y_k-A^{1/2}s_k\right\|}{\left\|A^{1/2}s_k\right\|}\leqslant\mu\gamma\sigma(x_k,x_{k+1})\leqslant\frac{1}{3},$$

故利用引理 5.5.13, 得

$$\|Q^T E Q\|_F \leqslant \left[1+(1-\beta)^{-1}\frac{\|A^{-1/2}y_k - A^{1/2}s_k\|}{\|A^{1/2}s_k\|}\right]\|Q^T E\|_F.$$

但 $\|Q^T E\|_F = \|E^T Q\|_F = \|EQ\|_F$, 故再利用引理 5.5.13, 得

$$\|EQ\|_F \leqslant \left[\sqrt{1-\alpha\theta_k^2}+(1-\beta)^{-1}\frac{\|A^{-1/2}y_k - A^{1/2}s_k\|}{\|A^{1/2}s_k\|}\right]\|E\|_F,$$

其中 θ_k 由 (5.5.85) 定义. 于是,

$$\begin{aligned}\|Q^T E Q\|_F &\leqslant \left[\sqrt{1-\alpha\theta_k^2}+\frac{5}{2}(1-\beta)^{-1}\frac{\|A^{-1/2}y_k - A^{1/2}s_k\|}{\|A^{1/2}s_k\|}\right]\|E\|_F \\ &\leqslant \left[\sqrt{1-\beta_1\theta_k^2}+\beta_2\sigma(x_k, x_{k+1})\right]\|E\|_F,\end{aligned} \tag{5.5.89}$$

其中 $\beta_1 = \alpha$, $\beta_2 = \dfrac{5}{2}(1-\beta)^{-1}\mu\gamma$. 将 (5.5.89) 代入 (5.5.88) 即得结果 (5.5.84). □

利用上面三个引理, 我们给出 DFP 方法的超线性收敛定理.

定理 5.5.16 设定理 5.5.12 的假设条件成立, 则 (5.5.83) 定义的 DFP 方法超线性收敛.

证明 因为 $\left(1-\beta_1\theta_k^2\right)^{1/2} \leqslant 1-(\beta_1/2)\theta_k^2$, 故 (5.5.84) 可以写成

$$\begin{aligned}(\beta_1\theta_k^2/2)\|B_k - A\|_{\mathrm{DFP}} \leqslant &\|B_k - A\|_{\mathrm{DEP}} - \|B_{k+1} - A\|_{\mathrm{DFP}} \\ &+[\beta_2\|B_k - A\|_{\mathrm{DFP}} + \beta_3]\sigma(x_k, x_{k+1}),\end{aligned}$$

对两边求和, 得

$$\begin{aligned}\frac{1}{2}\beta_1\sum_{k=1}^{\infty}\theta_k^2\|B_k - A\|_{\mathrm{DFP}} \leqslant &\|B_1 - A\|_{\mathrm{DFP}} + \beta_2\sum_{k=1}^{\infty}\sigma(x_k, x_{k+1})\|B_k \\ &- A\|_{\mathrm{DFP}} + \beta_3\sum_{k=1}^{\infty}\sigma(x_k, x_{k+1}).\end{aligned}$$

由于 $\{x_k\}$ 线性收敛，故 $\sum_{k=1}^{\infty}\sigma(x_k,x_{k+1})<\infty$. 又因为 $\{\|B_k-A\|_{\mathrm{DFP}}\}$ 有界，因此

$$(\beta_1/2)\sum_{k=1}^{\infty}\theta_k^2\|B_k-A\|_{\mathrm{DFP}}<\infty.$$

由 (5.5.83) 知 $\lim\limits_{k\to\infty}\|B_k-A\|_{\mathrm{DFP}}$ 存在，故若 $\{\|B_k-A\|_{\mathrm{DFP}}\}$ 的某个子序列收敛到 0, 则整个序列收敛到零，从而

$$\lim_{k\to\infty}\frac{\|(B_k-A)s_k\|}{\|s_k\|}=0,$$

结论就得证. 否则, 若 $\|B_k-A\|_{\mathrm{DFP}}\geqslant\omega>0,\ \forall k\geqslant k_0$, 则有 $\theta_k\to 0$. 由于

$$\begin{aligned}\frac{\|(B_k-A)s_k\|}{\|s_k\|}&\leqslant\frac{\|A^{1/2}\|\|A^{-1/2}(B_k-A)s_k\|}{\|A^{1/2}\|^{-1}\|A^{1/2}s_k\|}\\&=\|A\|\|B_k-A\|_{\mathrm{DFP}}\frac{\|A^{-1/2}(B_k-A)s_k\|}{\|B_k-A\|_{\mathrm{DFP}}\|A^{1/2}s_k\|}\\&=\|A\|\|B_k-A\|_{\mathrm{DFP}}\theta_k,\end{aligned}$$

由 $\theta_k\to 0$ 立即推得

$$\lim_{k\to\infty}\frac{\|(B_k-A)s_k\|}{\|s_k\|}=0.$$

故 $\{x_k\}$ 超线性收敛. □

完全类似于对 Hesse 近似形式 B_k 的 DFP 方法的研究，我们可以建立对 Hesse 逆近似形式 H_k 的 BFGS 方法的局部收敛性定理. 重记 H_k 形式的 BFGS 公式 (5.1.41) 为

$$\begin{aligned}x_{k+1}&=x_k-H_kg_k,\\H_{k+1}&=H_k+\frac{(s_k-H_ky_k)s_k^T+s_k(s_k-H_ky_k)^T}{s_k^Ty_k}\end{aligned}$$

$$
-\frac{(s_k - H_k y_k)^T y_k}{\left(s_k^T y_k\right)^2} s_k s_k^T, \tag{5.5.90}
$$

并对 BFGS 方法采用如下加权范数

$$
\|E\|_{\text{BFGS}} = \|E\|_{A^{1/2},F} = \|A^{1/2} E A^{1/2}\|_F, \tag{5.5.91}
$$

其中 $A = \nabla^2 f(x^*)$.

定理 5.5.17 设 $f : R^n \to R$ 满足假设条件 (5.5.0b), 又设在 x^* 的一个邻域内,

$$
\mu\gamma\sigma(x_k, x_{k+1}) \leqslant \frac{1}{3}, \tag{5.5.92}
$$

其中 $\mu = \|\nabla f(x^*)^{-1}\|$, $\sigma(x_k, x_{k+1}) = \max\left\{\left\|x_k - x^*\right\|, \left\|x_{k+1} - x^*\right\|\right\}$. 于是, 存在 $\varepsilon > 0$ 和 $\delta > 0$, 使得对于 $\left\|x_0 - x^*\right\| < \varepsilon$ 和 $\left\|H_0 - \nabla^2 f(x^*)\right\|_{\text{BFGS}} < \delta$, BFGS 方法 (5.5.90) 有定义, 产生的 $\{x_k\}$ 线性收敛. 如果 $\sum\limits_{k=0}^{\infty}\left\|x_k - x^*\right\| < +\infty$, 那么序列 $\{x_k\}$ 超线性收敛到 x^*.

对于采用精确线性搜索和不精确线性搜索的 DFP 方法和 BFGS 方法, 利用定理 5.5.4 和 5.5.5, 我们有如下定理:

定理 5.5.18 设 $f : R^n \to R$ 满足定理 5.5.12 (定理 5.5.17) 的假设条件, 对于步长因子 α_k, 由于

$$
\lim_{k\to\infty} \frac{\|(B_k - A)s_k\|}{\|s_k\|} = 0, \tag{5.5.93}
$$

$$
\left(\lim_{k\to\infty} \frac{\left\|\left(H_k - A^{-1}\right)y_k\right\|}{\|y_k\|} = 0\right) \tag{5.5.94}
$$

这意味着, α_k 由收敛到 1 的任何线性搜索确定. 若由 $x_{k+1} = x_k - \alpha_k B_k^{-1} g_k$ 定义的 DFP 方法 (由 $x_{k+1} = x_k - \alpha_k H_k g_k$ 定义的 BFGS 方法) 产生的序列 $\{x_k\}$ 满足

$$
\sum_{k=0}^{\infty}\left\|x_k - x^*\right\| < +\infty, \tag{5.5.95}
$$

则 $\{x_k\}$ 超线性收敛到 x^*.

进一步，Byrd, Nocedal 和 Yuan (1987) 证明了 Broyden 族方法的超线性收敛性，我们仅列出定理，对证明感兴趣的读者可参考原文献.

定理 5.5.19 设 $f: R^n \to R$ 在开凸集 D 上二阶连续可微，$f(x)$ 一致凸，即存在 $m>0$, 使得对任何 $x \in R^n$ 和 $u \in R^n$,

$$u^T \nabla^2 f(x) u \geqslant m\|u\|^2,$$

又存在 x^* 的一个邻域 $N(x^*, \varepsilon)$, 使得

$$\|\nabla^2 f(\overline{x}) - \nabla^2 f(x)\| \leqslant \gamma \|\overline{x} - x\|, \quad \forall x, \overline{x} \in N(x^*, \varepsilon),$$

成立. 则对于任何正定矩阵 B_0, 当线性搜索满足 Wolfe-Powell 准则 (5.5.19) 和 (5.5.20) 时，由 (5.2.5) 定义的 $\theta \in [0,1)$ 的 Broyden 族算法 (即不包括 DFP 算法) 所产生的极小化序列 $\{x_k\}$ 超线性收敛到 x^*.

类似地，有

定理 5.5.20 设定理 5.5.19 的假设条件成立，当采用精确线性搜索准则时，Broyden 族方法 (5.2.5) 所产生的序列 $\{x_k\}$ 超线性收敛到 x_0^*.

最近，Byrd, Liu 和 Nocedal (1990) 将超线性收敛的特征条件 (5.5.15) 换成了一个等价条件，给出了如下超线性收敛定理.

定理 5.5.21 设迭代公式

$$x_{k+1} = x_k - \alpha_k B_k^{-1} g_k$$

产生的点列收敛于 x^*, $\nabla f(x^*) = 0$, $\nabla^2 f(x^*)$ 正定，则

$$\lim_{k\to\infty} \frac{\|x_{k+1} - x^*\|}{\|x_k - x^*\|} = 0 \tag{5.5.96}$$

成立的充分必要条件是

$$\lim_{k\to\infty} \cos^2 \langle B_k^{-1} g_k, -\nabla^2 f(x^*)^{-1} g_k \rangle = 1 \tag{5.5.97}$$

和

$$\lim_{k\to\infty}\frac{s_k^TB_ks_k}{\alpha_ks_k^Ty_k}=1. \tag{5.5.98}$$

证明 假定 (5.5.96) 成立，我们有

$$\lim_{k\to\infty}\cos^2\left\langle B_k^{-1}g_k, x_k-x^*\right\rangle=1, \tag{5.5.99}$$

又

$$\lim_{k\to\infty}\cos^2\left\langle x_k-x^*, -\nabla^2f(x^*)^{-1}g_k\right\rangle=1, \tag{5.5.100}$$

故 (5.5.97) 成立. 从 (5.5.96) 和 $\nabla^2f(x^*)$ 正定还可知,

$$\lim_{k\to\infty}\frac{\|g_k+y_k\|}{\|g_k\|}=0,$$

于是,

$$\lim_{k\to\infty}\frac{s_k^Tg_k+s_k^Ty_k}{\|s_k\|\|g_k\|}=0,$$

从而可知

$$\lim_{k\to\infty}\frac{-s_k^Tg_k}{s_k^Ty_k}=1, \tag{5.5.101}$$

这样, (5.5.98) 成立.

现假定 (5.5.97) 和 (5.5.98) 成立. 由 (5.5.97) 和 (5.5.100) 可知 (5.5.99) 成立, 从 (5.5.98) 可知 (5.5.101) 成立. 于是

$$\lim_{k\to\infty}\frac{s_k^Tg_k+s_k^T\nabla^2f(x^*)s_k}{s_k^Ty_k}=0,$$

所以,

$$\lim_{k\to\infty}\frac{s_k^T\nabla^2f(x^*)\left[s_k+\nabla^2f(x^*)^{-1}g_k\right]}{s_k^T\nabla^2f(x^*)s_k}=0. \tag{5.5.102}$$

由 (5.5.102) 和 (5.5.97) 可知

$$\lim_{k\to\infty}\frac{\left\|s_k+\nabla^2f(x^*)^{-1}g_k\right\|}{\|s_k\|}=0. \tag{5.5.103}$$

上式等价于 (5.5.96). 所以定理成立. □

§5.6 拟牛顿法的总体收敛性

在 §5.1 我们介绍了拟牛顿法具有二次终止性，即对于二次凸函数，在精确线性搜索的条件下，拟牛顿法具有 n 步收敛的性质. 在本节，我们介绍对于一般非线性函数拟牛顿法的总体收敛性质. 这些性质是 Powell 分别在 1971 年和 1976 年给出的. 对于精确线性搜索，他证明了当 f 是一致凸的二阶连续可微函数时， DFP 方法总体收敛. 对于不精确线性搜索的 Wolfe-Powell 准则，他证明了当 f 是凸的二阶连续可微函数，且 $f(x)$ 下有界时， BFGS 方法总体收敛. Byrd, Nocedal 和 Yuan (1985) 进一步将 Powell 的结果推广到不包括 DFP 方法的 Broyden 族，证明了对于凸的二阶连续可微函数，采用 Wolfe-Powell 不精确线性搜索准则的 Broyden 族方法都是总体收敛的. 本节将介绍这些工作.

5.6.1 精确线性搜索条件下的总体收敛性

我们首先讨论精确线性搜索条件下拟牛顿法的总体收敛性.

在本节讨论中，我们总是假定：

(a) $f: R^n \to R$ 在开凸集 D 中二阶连续可微；

(b) $f(x)$ 一致凸，即存在 $m, M > 0$, 使得对于 $x \in L(x) = \{x \mid f(x) \leqslant f(x_0)\}$,

$$m\|u\|^2 \leqslant u^T \nabla^2 f(x) u \leqslant M\|u\|^2, \quad \forall u \in R^n. \tag{5.6.1}$$

引理 5.6.1 设 $f: R^n \to R$ 满足假设条件 (a), (b), 则

$$\frac{\|s_k\|}{\|y_k\|}, \frac{\|y_k\|}{\|s_k\|}, \frac{s_k^T y_k}{\|s_k\|^2}, \frac{s_k^T y_k}{\|y_k\|^2}, \frac{\|y_k\|^2}{s_k^T y_k}$$

都是有界的.

证明 由 Cauchy-Schwarz 不等式， $s_k^T y_k \leqslant \|s_k\|\|y_k\|$, 故只须证明 $\|y_k\|/\|s_k\|$ 和 $\|s_k\|^2/s_k^T y_k$ 是有限的即可.

设 $g(x)=\nabla f(x)$, $G(x)=\nabla^2 f(x)$, 由于

$$\frac{d}{d\tau}[g(x_k+\tau s_k)]=G(x_k+\tau s_k)s_k,$$

故

$$y_k=\int_0^1 G(x_k+\tau s_k)s_k d\tau. \tag{5.6.2}$$

于是,

$$\begin{aligned}\|y_k\| &\leqslant \int_0^1 \|G(x_k+\tau s_k)s_k\|d\tau \\ &\leqslant \|s_k\|\int_0^1 \|G(x_k+\tau s_k)\|d\tau \\ &\leqslant \|s_k\|\max_{0\leqslant\tau\leqslant 1}\|G(x_k+\tau s_k)\|.\end{aligned}$$

注意到水平集 $\{x \mid f(x)\leqslant f(x_0)\}$ 是有界闭凸集, $G(x)$ 连续, 故

$$\beta=\max_x \|G(x)\|$$

有限, 因此,

$$\|y_k\|\leqslant\beta\|s_k\|, \quad 即\ \|y_k\|/\|s_k\|\leqslant\beta. \tag{5.6.3}$$

下面再求 $\|s_k\|^2/s_k^T y_k$ 的界. 由

$$\frac{d}{d\tau}\left[s_k^T g(x_k+\tau s_k)\right]=s_k^T G(x_k+\tau s_k)s_k,$$

得

$$\int_0^1 s_k^T G(x_k+\tau s_k)s_k d\tau=s_k^T y_k.$$

利用假设条件 (b), 得

$$s_k^T y_k\geqslant m\|s_k\|^2, \quad 即\ \|s_k\|^2/s_k^T y_k\leqslant\frac{1}{m}. \qquad \square \tag{5.6.4}$$

引理 5.6.2 在精确线性搜索条件下, $\sum\|s_k\|^2$ 和 $\sum\|y_k\|^2$ 是收敛的.

证明 设 $\psi(\tau)=f(x_{k+1}-\tau s_k)$, 由假设条件 (5.6.1), $\psi''(\tau)\geqslant m\|s_k\|^2$. 而精确线性搜索意味着 $\psi'(0)=0$, 故得

$$\psi(\tau)\geqslant\psi(0)+\frac{1}{2}m\|s_k\|^2\tau^2.$$

取 $\tau=1$ 得

$$f(x_k)-f(x_{k+1})\geqslant\frac{1}{2}m\|s_k\|^2,$$

对上式两边关于 k 求和，得

$$\sum_{k=0}^{\infty}\|s_k\|^2\leqslant 2\{f(x_0)-f(x^*)\}/m,$$

其中 $f(x^*)$ 是 $f(x)$ 的极小值. 于是，$\sum\|s_k\|^2$ 收敛.

利用引理 5.6.1, 又可得 $\sum\|y_k\|^2$ 也收敛. □

引理 5.6.3 对所有向量 x, 不等式

$$\|g(x)\|^2\geqslant m[f(x)-f(x^*)] \tag{5.6.5}$$

成立，其中 $f(x^*)$ 是 $f(x)$ 的极小值.

证明 因为函数

$$\psi(\tau)=f(x+\tau(x^*-x))$$

是凸函数，故有

$$f(x+\tau(x^*-x))\geqslant f(x)+\tau(x^*-x)^Tg(x).$$

特别，令 $\tau=1$, 有

$$\begin{aligned}f(x)-f(x^*)&\leqslant-(x^*-x)^Tg(x)\\&\leqslant\|g(x)\|\|x^*-x\|.\end{aligned} \tag{5.6.6}$$

由引理 5.6.1 和 Cauchy-Schwarz 不等式,

$$\|x^*-x\|^2\leqslant(x^*-x)^T(g(x^*)-g(x))/m$$

$$\leqslant \|x^*-x\|\|g(x^*)-g(x)\|/m,$$

故

$$\|x^*-x\| \leqslant \|g(x^*)-g(x)\|/m = \|g(x)\|/m. \tag{5.6.7}$$

将 (5.6.7) 代入 (5.6.6) 便得 (5.6.5). □

定理 5.6.4 设 $f(x)$ 在水平集 $L(x)=\{x \mid f(x)\leqslant f(x_0)\}$ 上满足假设条件 (a), (b), 则在精确线性搜索的条件下, DFP 方法产生的点列 $\{x_k\}$ 收敛到极小点 x^*.

证明 考虑关于 Hesse 逆近似形式的 DFP 公式

$$H_{k+1}=H_k-\frac{H_k y_k y_k^T H_k}{y_k^T H_k y_k}+\frac{s_k s_k^T}{s_k^T y_k} \tag{5.6.8}$$

和关于 Hesse 近似形式的 DFP 公式

$$B_{k+1}=\left(I-\frac{y_k s_k^T}{s_k^T y_k}\right)B_k\left(I-\frac{s_k y_k^T}{s_k^T y_k}\right)+\frac{y_k y_k^T}{s_k^T y_k}. \tag{5.6.9}$$

显然, $B_{k+1}H_{k+1}=I$. 对上式两边求迹, 有

$$\begin{aligned}\mathrm{Tr}\,(B_{k+1}) = & \mathrm{Tr}\,(B_k)-2\frac{s_k^T B_k y_k}{s_k^T y_k}+\frac{\left(s_k^T B_k s_k\right)\left(y_k^T y_k\right)}{\left(s_k^T y_k\right)^2} \\ & +\frac{y_k^T y_k}{s_k^T y_k}.\end{aligned} \tag{5.6.10}$$

上式右端的中间两项可以写成

$$\begin{aligned}-2\frac{s_k^T B_k y_k}{s_k^T y_k}+\frac{\left(s_k^T B_k s_k\right)\left(y_k^T y_k\right)}{\left(s_k^T y_k\right)^2} & \\ = & \alpha_k\left[\frac{2g_k^T y_k}{s_k^T y_k}+\frac{\left(-g_k^T s_k\right)\left(y_k^T y_k\right)}{\left(s_k^T y_k\right)^2}\right] \\ = & \alpha_k\cdot\frac{2g_k^T y_k+y_k^T y_k}{s_k^T y_k} \\ = & \frac{\|g_{k+1}\|^2-\|g_k\|^2}{g_k^T H_k g_k}.\end{aligned} \tag{5.6.11}$$

由于 $g_{k+1}^T s_k = 0$, 则

$$
\begin{aligned}
g_{k+1}^T H_{k+1} g_{k+1} &= g_{k+1}^T \left[H_k - \frac{H_k y_k y_k^T H_k}{y_k^T H_k y_k} \right] g_{k+1} \\
&= g_k^T \left[H_k - \frac{H_k y_k y_k^T H_k}{y_k^T H_k y_k} \right] g_k \\
&= g_k^T \left[H_k - \frac{H_k g_k g_k^T H_k}{y_k^T H_k y_k} \right] g_k \\
&= \frac{(g_k^T H_k g_k)(g_{k+1}^T H_k g_{k+1})}{g_k^T H_k g_k + g_{k+1}^T H_k g_{k+1}}.
\end{aligned}
$$

对上式求倒数，得

$$
\frac{1}{g_{k+1}^T H_{k+1} g_{k+1}} = \frac{1}{g_{k+1}^T H_k g_{k+1}} + \frac{1}{g_k^T H_k g_k}. \tag{5.6.12}
$$

利用 (5.6.11) 和 (5.6.12), 可将 (5.6.10) 写成

$$
\begin{aligned}
\mathrm{Tr}(B_{k+1}) = &\mathrm{Tr}(B_k) + \frac{\|g_{k+1}\|^2}{g_{k+1}^T H_{k+1} g_{k+1}} - \frac{\|g_k\|^2}{g_k^T H_k g_k} \\
&- \frac{\|g_{k+1}\|^2}{g_{k+1}^T H_k g_{k+1}} + \frac{\|y_k\|^2}{s_k^T y_k}.
\end{aligned} \tag{5.6.13}
$$

由递推关系可得

$$
\begin{aligned}
\mathrm{Tr}(B_{k+1}) = &\mathrm{Tr}(B_0) + \frac{\|g_{k+1}\|^2}{g_{k+1}^T H_{k+1} g_{k+1}} - \frac{\|g_0\|^2}{g_0^T H_0 g_0} \\
&- \sum_{j=0}^{k} \frac{\|g_{j+1}\|^2}{g_{j+1}^T H_j g_{j+1}} + \sum_{j=0}^{k} \frac{\|y_j\|^2}{s_j^T y_j}.
\end{aligned} \tag{5.6.14}
$$

因此，根据引理 5.6.1, 存在与 x_0 有关，但与 k 无关的数 M, 使得

$$
\mathrm{Tr}(B_{k+1}) \leqslant \frac{\|g_{k+1}\|^2}{g_{k+1}^T H_{k+1} g_{k+1}} - \sum_{j=0}^{k} \frac{\|g_{j+1}\|^2}{g_{j+1}^T H_j g_{j+1}} + Mk \tag{5.6.15}
$$

成立.

剩下的部分我们将要证明:如果定理不成立,那么不等式(5.6.15)中后二项的和是负的，因为序列 $\left\{g_{j+1}^T H_j g_{j+1} : j=0,1,2,\cdots\right\}$ 中大部分数趋向于零.

为了证明序列 $\left\{g_{j+1}^T H_j g_{j+1} : j=0,1,2,\cdots\right\}$ 中大部分数很小，我们考虑 H_{k+1} 的迹. 由(5.6.8),

$$\operatorname{Tr}(H_{k+1})=\operatorname{Tr}(H_0)-\sum_{j=0}^{k}\frac{\|H_j y_j\|^2}{y_j^T H_j y_j}+\sum_{j=0}^{k}\frac{\|s_j\|^2}{s_j^T y_j}. \tag{5.6.16}$$

因为 H_{k+1} 正定，故上式右边为正，因而根据引理 5.6.1 可知，存在与 k 无关的数 M, 使得不等式

$$\sum_{j=0}^{k}\frac{\|H_j y_j\|^2}{y_j^T H_j y_j}<Mk \tag{5.6.17}$$

成立. 注意到

$$\left(y_j^T H_j y_j\right)^2\leqslant\|H_j y_j\|^2\|y_j\|^2, \tag{5.6.18}$$

又

$$\begin{aligned}y_j^T H_j y_j&=g_{j+1}^T H_j g_{j+1}+g_j^T H_j g_j+2g_{j+1}^T d_j\\&=g_{j+1}^T H_j g_{j+1}+g_j^T H_j g_j\\&>g_{j+1}^T H_j g_{j+1},\end{aligned} \tag{5.6.19}$$

因此由(5.6.17), (5.6.18)和(5.6.19)得到

$$\sum_{j=0}^{k}\frac{g_{j+1}^T H_j g_{j+1}}{\|y_j\|^2}\leqslant\sum_{j=0}^{k}\frac{y_j^T H_j y_j}{\|y_j\|^2}\leqslant\sum_{j=0}^{k}\frac{\|H_j y_j\|^2}{y_j^T H_j y_j}\leqslant Mk. \tag{5.6.20}$$

利用 Cauchy-Schwarz 不等式，有

$$\sum_{j=0}^{k}\frac{\|g_{j+1}\|^2}{g_{j+1}^T H_j g_{j+1}}\geqslant\left(\sum_{j=0}^{k}\frac{\|g_{j+1}\|}{\|y_j\|}\right)^2\Big/\sum_{j=0}^{k}\frac{g_{j+1}^T H_j g_{j+1}}{\|y_j\|^2}$$

$$\geqslant \frac{1}{Mk}\left(\sum_{j=0}^{k}\frac{\|g_{j+1}\|}{\|y_j\|}\right)^2. \tag{5.6.21}$$

若序列 $\{x_k\}$ 不收敛于 $f(x)$ 的唯一极小点 x^*, 则必存在 $\delta>0$, 使得对于一切 k, 有

$$\|g_k\| \geqslant \delta. \tag{5.6.22}$$

又由定理 2.2.9 知存在常数 $\eta>0$, 使得

$$f(x_k)-f(x_{k+1}) \geqslant \frac{1}{2}\eta\|s_k\|^2.$$

从上面不等式即知 $\|s_k\|\to 0$, 故必有 $\|y_k\|\to 0$. 于是从 (5.6.21) 和 (5.6.22) 知

$$\sum_{j=0}^{k}\frac{\|g_{j+1}\|^2}{g_{j+1}^T H_j g_{j+1}} > Mk$$

对充分大的 k 都成立. 由上式和 (5.6.15) 可得

$$\mathrm{Tr}\,(B_{k+1}) < \frac{\|g_{k+1}\|^2}{g_{k+1}^T H_{k+1} g_{k+1}}. \tag{5.6.23}$$

注意到对于对称正定矩阵, 迹的逆是矩阵逆的最小特征值的下界. 而由(5.6.23) 可知, H_{k+1} 的所有特征值超过$g_{k+1}^T H_{k+1} g_{k+1}/\|g_{k+1}\|^2$, 但由 Rayleigh 商的性质定理 1.2.5 可知, 这个量是 H_{k+1} 的最小特征值的上界. 这样, (5.6.23) 是不可能的. 这个矛盾说明了 $\{x_k\}$ 必收敛于 x^*. 从而本定理成立. □

5.6.2 不精确线性搜索条件下的总体收敛性

现在, 我们研究不精确线性搜索条件下, $\theta\in[0,1]$ 的 Broyden 族校正 (5.2.5) 的总体收敛性.

重记 Broyden 族方法如下:

$$x_{k+1}=x_k+s_k=x_k+\alpha_k d_k=x_k-\alpha_k B_k^{-1}g_k, \tag{5.6.24}$$

$$B_{k+1} = B_k - \frac{B_k s_k s_k^T B_k}{s_k^T B_k s_k} + \frac{y_k y_k^T}{s_k^T y_k} + \theta w_k w_k^T \tag{5.6.25}$$

其中

$$w_k = \left(s_k^T B_k s_k\right)^{1/2} \left[\frac{y_k}{s_k^T y_k} - \frac{B_k s_k}{s_k^T B_k s_k}\right].$$

并假定 $0 \leqslant \theta < 1$. 为证明总体收敛性定理，先给出以下几个引理.

引理 5.6.5 设 α_k 是满足 Wolfe-Powell 准则 (2.5.2) 和 (2.5.4) 的步长因子，则当假设条件 (a), (b) 成立时，有

$$c_1 \|g_k\| \cos \xi_k \leqslant \|s_k\| \leqslant c_2 \|g_k\| \cos \xi_k \tag{5.6.26}$$

和

$$f_{k+1} - f_k \leqslant -\rho c_1 m \cos^2 \xi_k \big(f_k - f(x^*)\big), \tag{5.6.27}$$

其中，$c_1 = (1-\sigma)/M$, $c_2 = 2(1-\rho)/m$, ξ_k 是 $-g_k$ 与 s_k 的夹角，即

$$-g_k^T s_k = \|g_k\| \|s_k\| \cos \xi_k. \tag{5.6.28}$$

证明 由 (5.6.2) 和假设条件 (b), 有

$$m\|s_k\|^2 \leqslant y_k^T s_k \leqslant M \|s_k\|^2. \tag{5.6.29}$$

由 Wolfe-Powell 准则 (2.5.4),

$$y_k^T s_k = g_{k+1}^T s_k - g_k^T s_k \geqslant -(1-\sigma) g_k^T s_k, \tag{5.6.30}$$

于是

$$\begin{aligned} \|s_k\|^2 &\geqslant y_k^T s_k / M \geqslant -\frac{1-\sigma}{M} g_k^T s_k \\ &= \frac{1-\sigma}{M} \|g_k\| \|s_k\| \cos \xi_k, \end{aligned} \tag{5.6.31}$$

即得 (5.6.26) 的左边不等式

$$\|s_k\| \geqslant c_1 \|g_k\| \cos \xi_k, \tag{5.6.32}$$

其中 $c_1=(1-\sigma)/M$.

由 (2.5.2),

$$\begin{aligned} f_{k+1}-f_k &\leqslant \rho g_k^T s_k = -\rho\|g_k\|\|s_k\|\cos\xi_k \\ &= -\rho c_1\|g_k\|^2\cos^2\xi_k. \end{aligned} \tag{5.6.33}$$

由于 f 在水平集上是凸函数，故

$$f_k-f(x^*)\leqslant g_k^T(x_k-x^*)\leqslant\|g_k\|\|x_k-x^*\|. \tag{5.6.34}$$

定义

$$\widetilde{G}=\int_0^1 G(x_k+\tau(x^*-x_k))d\tau,$$

则 $g_k=\widetilde{G}(x_k-x^*)$, 利用假设条件 (b), 有

$$m\|x_k-x^*\|^2\leqslant(x_k-x^*)^T g_k,$$

从而

$$\|x_k-x^*\|\leqslant\frac{1}{m}\|g_k\|,$$

将上式代入 (5.6.29), 得

$$\|g_k\|^2\geqslant m(f_k-f(x^*)). \tag{5.6.35}$$

将 (5.6.35) 代入 (5.6.33), 得

$$f_{k+1}-f_k\leqslant-\rho c_1 m\cos^2\xi_k(f_k-f(x^*)), \tag{5.6.36}$$

此即 (5.6.27).

最后证 (5.6.26) 中右边不等式. 由 Taylor 展式,

$$f_{k+1}-f_k=g_k^T s_k+\frac{1}{2}s_k^T G(\omega_k)s_k,$$

其中 ω_k 为 x_k 与 x_{k+1} 之间的某点. 由 (2.5.2) 和上式，得

$$\rho g_k^T s_k\geqslant g_k^T s_k+\frac{1}{2}s_k^T G(\omega_k)s_k, \tag{5.6.37}$$

利用假设条件 (a), (b), 有

$$(1-\rho)\|g_k\|\|s_k\|\cos\xi_k \geqslant \frac{1}{2}m\|s_k\|^2,$$

从而

$$\|s_k\| \leqslant c_2\|g_k\|\cos\xi_k,$$

其中 $c_2 = 2(1-\rho)/m$. □

引理 5.6.6 设 α_k 是满足 Wolfe-Powell 准则 (2.5.2) 和 (2.5.4) 的步长因子，则当假设条件 (a), (b) 成立时，有

$$c_1\frac{s_k^T B_k s_k}{\|s_k\|^2} \leqslant \alpha_k \leqslant c_2\frac{s_k^T B_k s_k}{\|s_k\|^2}. \tag{5.6.38}$$

证明 利用 $s_k = -\alpha_k B_k^{-1} g_k$, (5.6.30) 和 (5.6.2), 有

$$\begin{aligned}(1-\sigma)s_k^T B_k s_k &= -(1-\sigma)\alpha_k s_k^T g_k\\ &\leqslant \alpha_k s_k^T y_k\\ &= \alpha_k s_k^T\left[\int_0^1 G(x_k+\tau s_k)d\tau\right]s_k,\end{aligned}$$

故

$$\alpha_k \geqslant (1-\sigma)\frac{s_k^T B_k s_k}{s_k^T \widehat{G}_k s_k}, \tag{5.6.39}$$

其中

$$\widehat{G}_k = \int_0^1 G(x_k+\tau s_k)d\tau. \tag{5.6.40}$$

又由 (5.6.37),

$$\frac{1}{2}s_k^T G(\omega_k)s_k \leqslant -(1-\rho)g_k^T s_k = (1-\rho)\frac{s_k^T B_k s_k}{\alpha_k},$$

故

$$\alpha_k \leqslant 2(1-\rho)\frac{s_k^T B_k s_k}{s_k^T G(\omega_k)s_k}. \tag{5.6.41}$$

在 (5.6.39) 和 (5.6.41) 中利用假设条件 (b), 即得 (5.6.38). □

引理 5.6.7 设假设条件 (a), (b) 成立, α_k 由 Wolfe-Powell 准则 (2.5.2) 和 (2.5.4) 确定, 则下述不等式成立:

$$\|y_k\|^2/s_k^T y_k \leqslant M, \tag{5.6.42}$$

$$s_k^T B_k s_k/s_k^T y_k \leqslant \frac{\alpha_k}{1-\sigma}, \tag{5.6.43}$$

$$\|B_k s_k\|^2/s_k^T B_k s_k \geqslant \frac{\alpha_k}{c_2 \cos^2 \xi_k}, \tag{5.6.44}$$

$$|y_k^T B_k s_k|/s_k^T y_k \leqslant \frac{\alpha_k M}{m c_1 \cos \xi_k}. \tag{5.6.45}$$

证明 令 $z_k = \widehat{G}_k^{1/2} s_k$, 其中 $\widehat{G}_k$ 由 (5.6.40) 定义, 则

$$\frac{y_k^T y_k}{s_k^T y_k} = \frac{s_k^T \widehat{G}_k^2 s_k}{s_k^T \widehat{G}_k s_k} = \frac{z_k^T \widehat{G}_k z_k}{z_k^T z_k} \leqslant M,$$

此即 (5.6.42), 利用 (5.6.30), 得

$$\frac{s_k^T B_k s_k}{s_k^T y_k} \leqslant \frac{s_k^T B_k s_k}{(1-\sigma)\big(-g_k^T s_k\big)} = \frac{\alpha_k}{1-\sigma},$$

此即 (5.6.43), 由 (5.6.26), 得

$$\begin{aligned}\frac{\|B_k s_k\|^2}{s_k^T B_k s_k} &= \frac{\alpha_k^2 \|g_k\|^2}{\alpha_k \|s_k\| \|g_k\| \cos \xi_k} \\ &= \frac{\alpha_k \|g_k\|}{\|s_k\| \cos \xi_k} \\ &\geqslant \frac{\alpha_k}{c_2 \cos^2 \xi_k},\end{aligned}$$

此即 (5.6.44). 最后, 注意到

$$y_k = g_{k+1} - g_k = \widehat{G}_k s_k, \tag{5.6.46}$$

利用 (5.6.30) 可得

$$\frac{y_k^T B_k s_k}{s_k^T y_k} \leqslant \frac{\alpha_k \|y_k\| \|g_k\|}{m \|s_k\|^2} \leqslant \frac{\alpha_k M \|g_k\|}{m c_1 \|g_k\| \cos \xi_k}.$$

此即 (5.6.45). □

引理 5.6.8 设假设条件 (a), (b) 成立, α_k 由 Wolfe-Powell 准则 (2.5.2) 和 (2.5.4) 确定, 又设 Broyden 族校正的参数 $\theta \in [0,1]$, 则存在一常数 $c_4 > 0$, 使得对所有 $k \geqslant 0$, 不等式

$$\prod_{j=0}^{k} \alpha_j \geqslant c_4^k \tag{5.6.47}$$

成立.

证明 对 (5.6.25) 求迹,

$$\operatorname{Tr}(B_{k+1}) = \operatorname{Tr}(B_k) - \frac{\|B_k s_k\|^2}{s_k^T B_k s_k} + \frac{\|y_k\|^2}{s_k^T y_k} + \theta \|w_k\|^2,$$

其中

$$\|w_k\|^2 = \left(s_k^T B_k s_k\right)\left[\frac{\|y_k\|^2}{\left(s_k^T y_k\right)^2} - 2\frac{y_k^T B_k s_k}{\left(s_k^T y_k\right)\left(s_k^T B_k s_k\right)} + \frac{\|B_k s_k\|^2}{\left(s_k^T B_k s_k\right)^2}\right].$$

于是, 有

$$\begin{aligned}\operatorname{Tr}(B_{k+1}) =& \operatorname{Tr}(B_k) + \frac{\|y_k\|^2}{s_k^T y_k} + \theta \frac{\|y_k\|^2}{s_k^T y_k} \cdot \frac{s_k^T B_k s_k}{s_k^T y_k} \\ & - (1-\theta)\frac{\|B_k s_k\|^2}{s_k^T B_k s_k} - 2\theta \frac{y_k^T B_k s_k}{s_k^T y_k},\end{aligned}$$

由引理 5.6.7,

$$\begin{aligned}\operatorname{Tr}(B_{k+1}) \leqslant& \operatorname{Tr}(B_k) + M + \theta M \frac{\alpha_k}{1-\sigma} - (1-\theta)\frac{\alpha_k}{c_2 \cos^2 \xi_k} \\ & + 2\theta \frac{\alpha_k M}{m c_1 \cos \xi_k}.\end{aligned} \tag{5.6.48}$$

注意到

$$\cos \xi_k = -\frac{g_k^T s_k}{\|g_k\| \|s_k\|} = \frac{\|s_k\|}{\|B_k s_k\|} \cdot \frac{s_k^T B_k s_k}{\|s_k\|^2}, \tag{5.6.49}$$

再利用 (5.6.38), 有

$$\frac{\alpha_k}{\cos\xi_k} \leqslant c_2 \frac{\|B_k s_k\|}{\|s_k\|}. \tag{5.6.50}$$

注意到 (5.6.48) 右边第四项恒为负，且 $\cos\xi_k \leqslant 1$, 故

$$\mathrm{Tr}\,(B_{k+1}) \leqslant \mathrm{Tr}\,(B_k) + M + \left(\frac{1}{1-\sigma} + \frac{2}{mc_1}\right)\theta M c_2 \frac{\|B_k s_k\|}{\|s_k\|}.$$

又

$$\|B_k s_k\|/\|s_k\| \leqslant \|B_k\| \leqslant \mathrm{Tr}\,(B_k),$$

故有

$$\mathrm{Tr}\,(B_{k+1}) \leqslant M + \left[1 + \left(\frac{1}{1-\sigma} + \frac{2}{mc_1}\right)\theta M c_2\right]\mathrm{Tr}\,(B_k),$$

故存在常数 $c_3 > 0$, 使得

$$\mathrm{Tr}\,(B_{k+1}) \leqslant c_3^k. \tag{5.6.51}$$

对 (5.6.25) 应用 (1.2.40), 有

$$\begin{aligned} \det(B_{k+1}) &\geqslant \det(B_k)\frac{s_k^T y_k}{s_k^T B_k s_k} \\ &\geqslant \det(B_k)\frac{1-\sigma}{\alpha_k}. \end{aligned} \tag{5.6.52}$$

反复应用上式，有

$$\det(B_{k+1}) \geqslant \det(B_0)\prod_{j=0}^{k}\frac{1-\sigma}{\alpha_j}. \tag{5.6.53}$$

注意到正定矩阵行列式的值小于等于对角元素之积，故由算术平均与几何平均不等式，有

$$\det(B_{k+1}) \leqslant \left[\frac{\mathrm{Tr}\,(B_{k+1})}{n}\right]^n. \tag{5.6.54}$$

于是由

$$\prod_{j=0}^{k}\frac{1-\sigma}{\alpha_j}\leqslant\frac{\det(B_{k+1})}{\det(B_0)}\leqslant\frac{1}{\det(B_0)}\left[\frac{\mathrm{Tr}(B_{k+1})}{n}\right]^n$$
$$\leqslant\frac{1}{\det(B_0)\cdot n^n}\left(c_3^n\right)^k \tag{5.6.55}$$

可知，存在常数 $c_4>0$, 使得对所有 $k\geqslant 0$,

$$\prod_{j=0}^{k}\alpha_j\geqslant (c_4)^k.$$

结论得证. □

下面，我们给出不精确线性搜索的总体收敛性定理.

定理 5.6.9 设 x_0 和 B_0 为任意给定的初始点和初始正定矩阵，又设 $f(x)$ 在水平集 $L(x)=\{x\mid f(x)\leqslant f(x_0)\}$ 上满足假设条件 (a), (b), 在不精确线性搜索的 Wolfe-Powell 准则 (2.5.2) 和 (2.5.4) 下，$\theta\in[0,1)$ 的 Broyden 族方法 (5.6.24) 和 (5.6.25) 产生的迭代点列收敛到最优解 x^*.

证明 将 (5.6.48) 写成

$$\mathrm{Tr}(B_{k+1})\leqslant\mathrm{Tr}(B_k)+M+\eta_k\alpha_k, \tag{5.6.56}$$

其中

$$\eta_k=\frac{\theta M}{1-\sigma}-\frac{1-\theta}{c_2\cos^2\xi_k}+\frac{2\theta M}{mc_1\cos\xi_k} \tag{5.6.57}$$

假定 $\cos\xi_k\to 0$, 则由 (5.6.57), $\eta_k\to-\infty$. 故存在下标 k_0, 使当 $k\geqslant k_0$ 时，$\eta_k<-2M/c_4$. 于是,

$$0<\mathrm{Tr}(B_{k+1})\leqslant\mathrm{Tr}(B_{k_0})+M(k+1-k_0)+\sum_{j=k_0}^{k}\eta_j\alpha_j$$
$$<\mathrm{Tr}(B_{k_0})+M(k+1-k_0)-\frac{2M}{c_4}\prod_{j=k_0}^{k}\alpha_j. \tag{5.6.58}$$

对 (5.6.46) 应用算术与几何不等式，有

$$\sum_{j=0}^{k} \alpha_j \geqslant kc_4.$$

因此

$$\sum_{j=k_0}^{k} \alpha_j > kc_4 - \sum_{j=0}^{k_0-1} \alpha_j.$$

将上式代入 (5.6.58), 得

$$0 < \mathrm{Tr}\,(B_{k_0}) + M(k+1-k_0) - \frac{2M}{c_4} kc_4 + \frac{2M}{c_4} \sum_{j=0}^{k_0-1} \alpha_j,$$

因此，

$$0 < \mathrm{Tr}\,(B_{k_0}) + M(1-k) - Mk_0 + \frac{2M}{c_4} \sum_{j=0}^{k_0-1} \alpha_j,$$

对充分大的 k, 上式右端是负的，这形成矛盾.

因此，存在子序列 $\cos \xi_{k_i} \geqslant \eta > 0$. 由 (5.6.27) 可知，

$$f_{k+1} - f(x^*) \leqslant \left(1 - \rho c_1 m \cos^2 \xi_k\right)\left(f_k - f(x^*)\right),$$

于是，由 $\{f(x_k)\}$ 的单调性，有

$$f_{k_{i+1}} - f(x^*) \leqslant f_{k_i+1} - f(x^*) \leqslant c_5\left(f_{k_i} - f(x^*)\right),$$

其中 $c_5 = 1 - \rho m c_1 \eta^2 < 1$, 故 $f_{k_i} \to f(x^*)$, 从而 $f_k \to f(x^*)$. 由于 f 是严格凸的，故有 $x_k \to x^*$. □

§5.7 自调比变尺度方法

5.7.1 自调比变尺度方法的动机

前面我们介绍过，DFP 方法是典型的秩二拟牛顿方法. 但数值试验表明 DFP 方法执行较差. 原因何在呢？下面我们进行一些分析.

首先，我们指出，最速下降法的单步收敛速度定理 3.1.4 对于各种牛顿型方法成立．即，若设

$$f(x)=\frac{1}{2}x^TGx+b^Tx, \tag{5.7.1}$$

其中 G 是 $n\times n$ 对称正定矩阵，并设牛顿型算法由

$$x_{k+1}=x_k-\alpha_kH_kg_k \tag{5.7.2}$$

定义，其中

$$g_k=Gx_k-b, \tag{5.7.3}$$

$$\alpha_k=g_k^TH_kg_k/g_k^TH_kGH_kg_k, \tag{5.7.4}$$

则下述定理成立．

定理 5.7.1　设 x^* 是二次函数 (5.7.1) 的极小点，牛顿型算法由 (5.7.2) 定义，那么，单步收敛速度满足下面的界：

$$\frac{f(x_{k+1})-f(x^*)}{f(x_k)-f(x^*)}\leqslant\frac{(\lambda_1-\lambda_n)^2}{(\lambda+\lambda_n)^2}, \tag{5.7.5}$$

$$E(x_{k+1})\leqslant\frac{(\lambda_1-\lambda_n)^2}{(\lambda_1+\lambda_n)^2}E(x_k), \tag{5.7.6}$$

其中，$E(x_k)=\frac{1}{2}(x_k-x^*)^TG(x_k-x^*)$, λ_1 和 λ_n 分别为矩阵 H_kG 的最大和最小特征值．

证明　由于

$$x^*=x_k-G^{-1}g_k \tag{5.7.7}$$

和

$$f(x_k)-f(x^*)=\frac{1}{2}g_k^TG^{-1}g_k, \tag{5.7.8}$$

又，在精确线性搜索条件下，α_k 由 (5.7.4) 表示，

$$f(x_{k+1})=f(x_k)-\frac{1}{2}\alpha_k^2g_k^TH_kGH_kg_k,$$

故

$$f(x_{k+1})-f(x^*)=\frac{1}{2}g_k^TG^{-1}g_k-\frac{1}{2}\alpha_k^2g_k^TH_kGH_kg_k,$$

从而有

$$\begin{aligned}\frac{f(x_{k+1})-f(x^*)}{f(x_k)-f(x^*)}&=1-\frac{\left(g_k^TH_kg_k\right)^2}{\left(g_k^TG^{-1}g_k\right)\left(g_k^TH_kGH_kg_k\right)}\\&=1-\frac{\left(z_k^Tz_k\right)^2}{\left(z_k^T\left(H_k^{-\frac{1}{2}}\right)^TG^{-1}H_k^{-\frac{1}{2}}z_k\right)\left(z_k^TH_k^{\frac{1}{2}}G\left(H_k^{\frac{1}{2}}\right)^Tz_k\right)},\end{aligned}\tag{5.7.9}$$

其中， $z_k=H_k^{\frac{1}{2}}g_k$. 利用 Kantorovich 定理 3.1.8, 即得结论 (5.7.5).

完全类似地

$$\frac{E(x_k)-E(x_{k+1})}{E(x_k)}=\frac{\left(z_k^Tz_k\right)^2}{\left(z_k^TT_kz_k\right)\left(z_k^TT_k^{-1}z_k\right)},$$

其中 $T_k=H_k^{1/2}GH_k^{1/2}$. 利用 Kantorovich 定理 3.1.8, 并注意到 H_kG 和 T_k 相似，便得结论 (5.7.6). □

从这个定理可以看出，为了保证每一步有好的收敛速度，应该使

$$\left(\frac{\lambda_1-\lambda_n}{\lambda_1+\lambda_n}\right)^2 \text{ 或 } \left[\frac{\kappa(T_k)-1}{\kappa(T_k)+1}\right]^2\tag{5.7.10}$$

尽可能小，其中 $\kappa(T_k)=\lambda_1/\lambda_n$.(5.7.10) 通常称为单步收敛速度. 因此，如果 T_k 的条件数 $\kappa(T_k)$ 很大，则单步收敛速度将是差的. 为了改善算法的单步收敛速度，我们应该使条件数 $\kappa(T_k)$ 尽可能小.

另外，我们观察一下 DFP 方法. 不难发现，H_0G 的特征值都大于 1, 而 DFP 方法以及其他 Broyden 族方法在本质上是每次迭代把一个特征值变成 1, 因此，在迭代过程中 $\{H_kG\}$ 产生了不理想的特征比，注意到 H_kG 与 T_k 相似，这表明在迭代过程中 $\{T_k\}$ 的特征比是不理想的.

事实上，若设

$$R_k = G^{1/2} H_k G^{1/2}, \quad r_k = G^{1/2} s_k, \tag{5.7.11}$$

显然，R_k 与 H_kG 相似，因而也与 T_k 相似. 利用 $y_k = G^{1/2} r_k$, 于是 DFP 公式 (5.1.9) 等价于

$$R_{k+1} = R_k - \frac{R_k r_k r_k^T R_k}{r_k^T R_k r_k} + \frac{r_k r_k^T}{r_k^T r_k}, \tag{5.7.12}$$

设 R_k 的特征值满足 $\lambda_1 \geqslant \lambda_2 \geqslant \cdots \geqslant \lambda_n > 0$, 设

$$P = R_k - \frac{R_k r_k r_k^T R_k}{r_k^T R_k r_k}, \tag{5.7.13}$$

P 的特征值为 $\mu_1 \geqslant \mu_2 \geqslant \cdots \geqslant \mu_n$. 显然 $Pr_k = 0$, 于是有

$$\lambda_1 \geqslant \mu_1 \geqslant \lambda_2 \geqslant \mu_2 \geqslant \cdots \geqslant \lambda_n \geqslant \mu_n = 0. \tag{5.7.14}$$

由 (5.7.12),

$$R_{k+1} = P + \frac{r_k r_k^T}{r_k^T r_k}, \tag{5.7.15}$$

而 $R_{k+1} r_k = r_k$. 由于 r_k 是 P 的特征向量，又由于 P 对称，故 P 的所有其他特征向量都直交于 r_k, 从而可知 R_{k+1} 与 P 唯一不同的特征值是对应于 r_k 的特征值，它是 1. 这表明了 DFP 方法每次迭代把一个特征值变成 1. 注意到 R_k 相似于 H_kG, 因此，如果 H_0G 的特征值都大于 1, 则 H_kG 的特征比将恶化.

但是，如果 $1 \in [\lambda_n, \lambda_1]$, 那么，由上面的讨论可知，$R_{k+1}$ 的特征值 $\mu_1, \mu_2, \cdots, \mu_{n-1}$ 和 1 都包含在 $[\lambda_n, \lambda_1]$, 从而在这种情况下 DFP 校正将不会使 H_kG 的特征比恶化. 这个结论对于 $0 \leqslant \phi \leqslant 1$ 的 Broyden 族校正都成立.

定理 5.7.2 设 H_kG 的几个特征值为 $\lambda_1, \lambda_2, \cdots, \lambda_n$, 满足 $\lambda_1 \geqslant \lambda_2 \geqslant \cdots \geqslant \lambda_n > 0$, 假定 $1 \in [\lambda_n, \lambda_1]$, 那么，对任何 ϕ, $0 \leqslant \phi \leqslant 1$, $H_{k+1}^{\phi} G$ 的特征值都包含在 $[\lambda_n, \lambda_1]$ 中，其中 H_{k+1}^{ϕ} 是由 (5.2.1b) 定义的 Broyden 族校正.

证明 $\phi=0$ 的情形前面已经证明.

现在考虑 $\phi=1$ 时的 BFGS 公式. 注意到关于 Hesse 近似的 BFGS 公式 (5.1.40a),

$$H_{k+1}^{-1}=H_k^{-1}+\frac{y_k y_k^T}{s_k^T y_k}-\frac{H_k^{-1}s_k s_k^T H_k^{-1}}{s_k^T H_k^{-1}s_k},$$

这等价于

$$R_{k+1}^{-1}=R_k^{-1}-\frac{R_k^{-1}r_k r_k^T R_k^{-1}}{r_k^T R_k^{-1}r_k}+\frac{r_k r_k^T}{r_k^T r_k}. \tag{5.7.16}$$

R_k^{-1} 的特征值为 $1/\lambda_1\leqslant 1/\lambda_2\leqslant\cdots\leqslant 1/\lambda_n$, 显然, $1\in[1/\lambda_1,1/\lambda_n]$. 由前面的讨论可知, 若 R_{k+1}^{-1} 的特征值为 $1/\mu_1\leqslant 1/\mu_2\leqslant\cdots\leqslant 1/\mu_n$, 它们都包含在 $[1/\lambda_1,1/\lambda_n]$, 因此, $1/\lambda_1\leqslant 1/\mu_1, 1/\lambda_n\geqslant 1/\mu_n$, 即 $\mu_n\geqslant\lambda_n, \mu_1\leqslant\lambda_1$. 这表明 R_{k+1} 的特征值都包含在 $[\lambda_n,\lambda_1]$ 中. 从而对于 $\phi=1$, 结论成立.

容易看出, Broyden 族校正 (5.2.1b) 等价于

$$R_{k+1}^{\phi}=R_k-\frac{R_k r_k r_k^T R_k}{r_k^T R_k r_k}+\frac{r_k r_k^T}{r_k^T r_k}+\phi u_k u_k^T, \tag{5.7.17a}$$

其中

$$u_k=G^{1/2}v_k=\left(r_k^T R_k r_k\right)^{1/2}\left[\frac{r_k}{r_k^T r_k}-\frac{R_k r_k}{r_k^T R_k r_k}\right]. \tag{5.7.17b}$$

对于 (5.7.17) 定义的 R_{k+1}^{ϕ}, R_{k+1}^{ϕ} 的特征值随着 ϕ 单调增加, 由于对于 $\phi=0$ 和 $\phi=1$, 它们的特征值都包含在 $[\lambda_n,\lambda_1]$ 中, 故对于 $0\leqslant\phi\leqslant 1$, 它们的特征值也都包含在 $[\lambda_n,\lambda_1]$ 中. 注意到 R_{k+1}^{ϕ} 与 $H_{k+1}^{\phi}G$ 相似, 从而结论得到. □

从上面的讨论可知, DFP 方法和一些 Broyden 族方法执行差的一个原因是特征比不理想. 如果我们调比矩阵 H_k, 使得 H_kG 的特征值分布在 1 的上下, 那么 R_k 的特征值结构将得到改善. 显然, 对于二次函数, 在精确线性搜索的条件下, 只需调比初始矩阵 H_0. 但是, 一般来说, 调比每一个 H_k 还是有用的.

5.7.2 自调比变尺度方法

我们用调比因子 γ_k 乘以矩阵 H_k, 然后在通常的 Broyden 族校正公式 (5.2.1b) 中用 $\gamma_k H_k$ 代替 H_k, 得到

$$H_{k+1} = \left(H_k - \frac{H_k y_k y_k^T H_k}{y_k^T H_k y_k} + \phi v_k v_k^T\right)\gamma_k + \frac{s_k s_k^T}{s_k^T y_k}, \tag{5.7.18}$$

$$v_k = \left(y_k^T H_k y_k\right)^{1/2}\left[s_k/s_k^T y_k - H_k y_k/y_k^T H_k y_k\right],$$

其中, ϕ 是 Broyden 族参数, γ_k 是自调比参数. (5.7.18) 称为自调比变尺度校正公式 (SSVM). 当 $\gamma_k = 1$ 时, 它就是 Broyden 族校正公式.

算法 5.7.3 (SSVM 算法)

给出初始正定矩阵 H_0, 初始点 x_0, $k=0$.

步 1　令 $d_k = -H_k g_k$;

步 2　作精确一维搜索, 求步长因子α_k, 并令$x_{k+1} = x_k + \alpha_k d_k$, 计算 g_{k+1}, 令 $y_k = g_{k+1} - g_k$;

步 3　选择 Broyden 族参数 $\phi \geqslant 0$ 和自调比参数 $\gamma_k > 0$, 由 (5.7.18) 计算 H_{k+1};

步 4　$k := k+1$, 转步 1.　□

类似于 §5.1 中对 DFP 方法的讨论, 可以证明上述 SSVM 方法具有如下性质, 其证明略去.

定理 5.7.4 (自调比变尺度方法的性质)

1. 如果 H_k 正定, $s_k^T y_k > 0$, 则当 $\phi \geqslant 0$, $\gamma_k > 0$ 时由 (5.7.18) 产生的 H_{k+1} 正定;

2. 如果 $f(x)$ 是二次函数, Hesse 矩阵为 G, 则 SSVM 方法产生的向量 $s_0, s_1, \cdots, s_{n-1}$ 是 G- 共轭的, 即满足

$$s_i^T G s_j = 0, \quad i \neq j;\ i,j = 0,1,\cdots,n-1. \tag{5.7.19}$$

且对于每一个 k, $s_0, s_1, \cdots, s_k$ 是 $H_{k+1}G$ 的特征向量, 即满足

$$H_{k+1} G s_i = \overline{\gamma}_{i,k} s_i, \quad 0 < i < k, \tag{5.7.20}$$

其中，$\overline{\gamma}_{i,k}=\prod_{j=i+1}^{k}\gamma_j, \overline{\gamma}_{ii}=1.$

由上面的性质定理可知，虽然 SSVM 方法在二次函数情形不保持性质 $H_n=G^{-1}$，但它仍然保持共轭方向性质，从而它对于二次函数至多 n 步收敛到极小点.

5.7.3 调比因子的选择

现在的问题是如何选择适当的调比因子. 设 H_kG 的特征值为 $\lambda_1\geqslant\lambda_2\geqslant\cdots\geqslant\lambda_n>0$，显然，它们也是 R_k 的特征值. 我们希望用选择的调比因子乘以 H_k 以后，改善特征结构，使 1 包含在新的特征值区间中，使得影响单步收敛速度的条件得到改善，即要求 $\kappa(R_{k+1}^{\phi})\leqslant\kappa(R_k)$. 下面的定理是定理 5.7.2 的推论.

定理 5.7.5 设 $\phi\in[0,1]$, $\gamma_k>0$, R_k, R_{k+1}^{ϕ} 分别由 (5.7.11) 和 (5.7.22) 定义. 设 R_k 的特征值为 $\lambda_1\geqslant\lambda_2\geqslant\cdots\geqslant\lambda_n$, R_{k+1}^{ϕ} 的特征值为 $\mu_1^{\phi}\geqslant\mu_2^{\phi}\geqslant\cdots\geqslant\mu_n^{\phi}$，那么，

(1) 如果 $\gamma_k\lambda_n\geqslant1$，则 $\mu_n^{\phi}=1$，且 $1\leqslant\gamma_k\lambda_{i+1}\leqslant\mu_i^{\phi}\leqslant\gamma_k\lambda_i$, $i=1,2,\cdots,n-1$.

(2) 如果 $\gamma_k\lambda_1\leqslant1$，则 $\mu_1^{\phi}=1$，且 $\gamma_k\lambda_i\leqslant\mu_i^{\phi}\leqslant\gamma_k\lambda_{i-1}\leqslant1$, $i=2,3,\cdots,n$.

(3) 如果 $\gamma_k\lambda_n\leqslant1\leqslant\gamma_k\lambda_1$, i_0 是一个指标，使得 $\gamma_k\lambda_{i_0+1}\leqslant1\leqslant\gamma_k\lambda_{i_0}$，则

$$\begin{aligned}\gamma_k\lambda_1&\geqslant\mu_1^{\phi}\geqslant\gamma_k\lambda_2\geqslant\mu_2^{\phi}\geqslant\cdots\geqslant\gamma_k\lambda_{i_0}\geqslant\mu_{i_0}\geqslant1\geqslant\mu_{i_0+1}\\&\geqslant\gamma_k\lambda_{i_0+1}\geqslant\cdots\geqslant\gamma_k\lambda_n,\end{aligned}\tag{5.7.21}$$

且两个特征值 $\mu_{i_0}^{0}$ 和 $\mu_{i_0+1}^{\phi}$ 中至少有一个等于 1.

证明 这个定理是定理 5.7.2 的直接推论. 由于自调比变尺度方法等价于

$$R_{k+1}^{\phi}=\left(R_k-\frac{R_kr_kr_k^TR_k}{r_k^TR_kr_k}+\phi u_ku_k^T\right)\gamma_k+\frac{r_kr_k^T}{r_k^Tr_k},\tag{5.7.22}$$

其中 r_k 和 u_k 分别由 (5.7.11) 和 (5.7.17) 定义. 上式相当于在 (5.7.17) 中用 $\gamma_k R_k$ 代替 R_k 得到. 因此, 由定理 5.7.2, 用 $\gamma_k\lambda_1,\cdots,\gamma_k\lambda_n$ 代替 $\lambda_1,\cdots,\lambda_n$, 我们就得到所需要的结论. □

推论 5.7.6 设 $\phi\in[0,1]$, $\gamma_k=1$, 则

$$\left|\mu_k^\phi-1\right|\leqslant|\lambda_k-1| \tag{5.7.23}$$

证明 由定理 5.7.5, 对于 $\gamma_k=1$, 我们至少有下面的一种情况成立.

(a) $\lambda_i\geqslant\mu_i^\phi\geqslant1$,

(b) $\lambda_i\leqslant\mu_i^\phi\leqslant1$.

由此立得结论 (5.7.23). □

显然, 如果我们选择 γ_k, 使得

$$\lambda_n\leqslant\frac{1}{\gamma_k}\leqslant\lambda_1 \tag{5.7.24}$$

便有

$$\gamma_k\lambda_n\leqslant1\leqslant\gamma_k\lambda_1, \tag{5.7.25}$$

即 1 包含在调比后的特征值区间中. 此外, 我们还有

推论 5.7.7 设 $\phi\in[0,1]$, $\gamma_k>0$, $\kappa(\bullet)$ 表示条件数. 如果 $\lambda_n\leqslant1/\gamma_k\leqslant\lambda_1$, 则对于 (5.7.22), 有

$$\kappa\left(R_{k+1}^\phi\right)\leqslant\kappa(R_k). \tag{5.7.26}$$

证明 由定理 5.7.5 中的 (3), 有

$$\gamma_k\lambda_1\geqslant\mu_1^\phi\geqslant1\geqslant\mu_n^\phi\geqslant\gamma_k\lambda_n, \tag{5.7.27}$$

从而得到

$$\frac{\mu_1^\phi}{\mu_n^\phi}\leqslant\frac{\lambda_1}{\lambda_n},$$

即得 (5.7.26). □

在上面讨论 γ_k 的条件时，我们一直限制 Broyden 族参数 $\phi \in [0.1]$. 事实上，这个限制对于 γ_k 的条件成立来说，不仅是充分的，也是必要的.

定理 5.7.8 当且仅当 $\phi \in [0,1]$ 时，

$$\lambda_n \leqslant 1/\gamma_k \leqslant \lambda_1 \tag{5.7.28}$$

是 $\kappa\left(R_{k+1}^{\phi}\right) \leqslant \kappa(R_k)$ 和 H_{k+1} 正定的充分条件.

证明 充分性在推论 (5.7.7) 中已经给出. 必要性将通过举出反例来证明.

假定 $\phi \leqslant -\varepsilon$ 和 $\phi \geqslant 1+\varepsilon$ 两种情况，其中 $0 < \varepsilon \ll 1$, 对这两种情况，我们指出满足 (5.7.28) 的 γ_k 会引起 H_{k+1} 不定或者 (5.7.26) 不成立.

考虑例子

$$R_k = \begin{bmatrix} 1+\varepsilon & \varepsilon^{1/2} \\ \varepsilon^{1/2} & \varepsilon \end{bmatrix} \text{ 和 } r_k = \begin{pmatrix} 0 \\ 1 \end{pmatrix}.$$

对于这种情形，可得

$$\lambda_1 = 1 + 2\varepsilon - \eta, \quad \lambda_2 = \eta,$$

其中

$$\eta = \frac{1}{2}[(1+2\varepsilon) - (1+4\varepsilon)^{1/2}].$$

先设 $\gamma_k = 1$. 由于 η 是 ε^2 阶的正数，故有

$$\eta < 1 < 1 + 2\varepsilon - \eta,$$

这表明 γ_k 满足 (5.7.28). 这样，由 (5.7.22) 得

$$R_{k+1}^{\phi} = \begin{bmatrix} \varepsilon + \varphi & 0 \\ 0 & 1 \end{bmatrix}.$$

当 $\phi \leqslant -\varepsilon$ 时，上面给出的 R_{k+1}^{ϕ} 或者奇异，或者有负特征值.

再设 $\gamma_k = 1/\eta$, 它显然满足 (5.7.28). 这时由 (5.7.22) 得

$$R_{k+1}^{\phi} = \begin{bmatrix} (\varepsilon+\varphi)/\eta & 0 \\ 0 & 1 \end{bmatrix}.$$

当 $\varphi \geqslant 1+\varepsilon$ 时，我们有

$$\kappa\left(R_{k+1}^{\phi}\right) \geqslant \frac{1+2\varepsilon}{\eta} > \frac{1+2\varepsilon-\eta}{\eta} = \kappa(R_k).$$

这表明这时 (5.7.26) 不成立. □

(5.7.25) 和 (5.7.26) 告诉我们， $\lambda_n \leqslant 1/\gamma_k \leqslant \lambda_1$ 是选择调比因子 γ_k 的一个合适要求. 注意到

$$\frac{r_k^T R_k r_k}{r_k^T r_k} = \frac{y_k^T H_k y_k}{s_k^T y_k}$$

和

$$\lambda_n \leqslant \frac{r_k^T R_k r_k}{r_k^T r_k} \leqslant \lambda_1,$$

可知

$$\gamma_k = \frac{s_k^T y_k}{y_k^T H_k y_k} \tag{5.7.29}$$

是一个合适的调比因子. 类似地，由于

$$\frac{r_k^T R_k^{-1} r_k}{r_k^T r_k} = \frac{s_k^T H_k^{-1} s_k}{s_k^T y_k}$$

和

$$\frac{1}{\lambda_1} \leqslant \frac{r_k^T R_k^{-1} r_k}{r_k^T r_k} \leqslant \frac{1}{\lambda_n},$$

故

$$\gamma_k = \frac{s_k^T H_k^{-1} s_k}{s_k^T y_k} = -\frac{\alpha_k s_k^T g_k}{s_k^T y_k} = \frac{s_k^T g_k}{g_k^T H_k y_k} \tag{5.7.30}$$

也是一个合适的调比因子. 注意到当 α_k 是最优步长因子时，$s_k^T y_k = -s_k^T g_k$, 从而这时有

$$\gamma_k = \alpha_k. \tag{5.7.31}$$

这表明也可直接选取一个精确线性搜索的步长因子为调比因子.

由于对任何 $\omega \in [0,1]$,

$$\gamma_k = (1-\omega)\frac{s_k^T y_k}{y_k^T H_k y_k} + \omega \frac{s_k^T H_k^{-1} s_k}{s_k^T y_k} \tag{5.7.32}$$

是 (5.7.29) 和 (5.7.30) 的凸组合, 故 (5.7.32) 给出一个合适的调比因子凸类. 对于这个调比因子凸类, Oren (1974) 给出了一个选择参数 φ 和 ω 的开关准则:

如果 $\dfrac{s_k^T y_k}{y_k^T H_k y_k} > 1$, 选择 $\varphi = 1$, $\omega = 0$,

(即 $\varphi = 1$, $\gamma_k = s_k^T y_k / y_k^T H_k y_k$)

如果 $\dfrac{s_k^T H_k^{-1} s_k}{s_k^T y_k} < 1$, 选择 $\varphi = 0$, $\omega = 1$.

(即 $\varphi = 0$, $\gamma_k = \dfrac{s_k^T H_k^{-1} s_k}{s_k^T y_k}$)

如果 $\dfrac{s_k^T y_k}{y_k^T H_k y_k} \leqslant 1 \leqslant \dfrac{s_k^T H_k^{-1} s_k}{s_k^T y_k}$, 选择

$$\omega = \varphi = \frac{s_k^T y_k \left(y_k^T H_k y_k - s_k^T y_k\right)}{s_k^T H_k^{-1} s_k \cdot y_k^T H_k y_k - \left(s_k^T y_k\right)^2}, \text{(即 } \gamma_k = 1).$$

另一个选择调比因子的方法是 Shanno 和 Phua (1978) 提出的初始调比方法. 开始时令 $H_0 = I$, 确定 x_1, 步长因子 α_0 由某种步长准则确定, 以保证目标函数充分下降. 一旦 x_1 确定了, 在计算 H_1 之前, 用

$$\widehat{H}_0 = \alpha_0 H_0 \tag{5.7.33}$$

调比 H_0, 然后由 $\widehat{H}_0$ 计算 H_1. 这里 α_0 是步长因子, 也可由下式确定:

$$\alpha_0 := \gamma_0 = \frac{s_0^T y_0}{y_0^T H_0 y_0}. \tag{5.7.34}$$

初始调比方法与 SSVM 方法的区别在于 SSVM 方法每次迭代都进行调比, 而初始调比方法仅仅在第一次迭代调比 H_0, 以后各

次迭代并不进行调比. 数值结果表明：对于曲率变化比较平稳的问题，初始调比方法既简单且相当有效.

还有一个特殊的自调比 BFGS 公式

$$B_{k+1}=\frac{s_k^T y_k}{s_k^T B_k s_k}\left(B_k-\frac{B_k s_k s_k^T B_k}{s_k^T B_k s_k}\right)+\frac{y_k y_k^T}{s_k^T y_k},$$

它有广泛的实用意义.

5.7.4 最优条件自调比校正

选择调比因子的另一个策略是极小化自调比变尺度校正 $\{H_k\}$ 的条件数，因为从数值观点来看，小的条件数将改善算法的数值稳定性. 我们把这样得到的自调比校正称为最优条件自调比校正.

今设

$$\sigma=s_k^T y_k,\quad \tau=y_k^T H_k y_k,\quad \varepsilon=s_k^T H_k^{-1} s_k, \tag{5.7.35}$$

将自调比变尺度校正 (5.7.18) 改写为

$$\begin{aligned}H_{k+1}=&\gamma_k H_k+\frac{\sigma+\gamma_k\varphi\tau}{\sigma^2}s_k s_k^T+\frac{\gamma_k(\varphi-1)}{\tau}H_k y_k y_k^T H_k\\&-\frac{\gamma_k\varphi}{\sigma}\left(s_k y_k^T H_k+H_k y_k s_k^T\right),\end{aligned} \tag{5.7.36}$$

其中要求 $0\leqslant\varphi\leqslant 1, \sigma/\tau\leqslant\gamma_k\leqslant\varepsilon/\sigma$.

下面，我们首先推导条件数 $\kappa(H_{k+1})$ 的界，然后极小化这个界，从而得到最佳调比参数 γ_k 和 Broyden 族参数 φ.

定理 5.7.9 设自调比变尺度校正由 (5.7.36) 定义，如果 H_k 和 H_{k+1} 正定，则不等式

$$\kappa(H_{k+1})\leqslant\kappa(H_k)\frac{\max\left[\rho+(\rho^2-\mu)^{1/2},\gamma_k\right]}{\min\left[\rho-(\rho^2-\mu)^{1/2},\gamma_k\right]} \tag{5.7.37}$$

成立，其中

$$\rho=(\varepsilon+\mu\tau)/2\sigma, \tag{5.7.37a}$$

$$\mu = \gamma_k[\sigma^2 + \varphi(\varepsilon\tau - \sigma^2)]/2\sigma. \tag{5.7.37b}$$

进一步，如果 $H = I$, 或者如果 $H_k y_k = s_k$, 则 (5.7.37) 成为等式.

证明 由 (5.7.36), $\forall x \in R^n$, 有

$$x^T H_{k+1} x = x^T H_k x \cdot \mathcal{N}(\gamma_k, \varphi, x), \tag{5.7.38}$$

其中

$$\begin{aligned}\mathcal{N}(\gamma_k, \varphi, x) = \Bigg[&\gamma_k + \frac{\sigma + \gamma_k\varphi\tau}{\sigma^2}\frac{(s_k^T x)^2}{x^T H_k x} + \frac{\gamma_k(\varphi - 1)}{\tau}\frac{(x^T H_k y_k)^2}{x^T H_k x} \\ &- 2\frac{\gamma_k\varphi}{\sigma}\frac{(x^T s_k)(x^T H_k y_k)}{x^T H_k x}\Bigg].\end{aligned} \tag{5.7.39}$$

定义

$$\Phi(\gamma_k, \varphi) = \frac{\max\limits_x \mathcal{N}(\gamma_k, \varphi, x)}{\min\limits_x \mathcal{N}(\gamma_k, \varphi, x)}. \tag{5.7.40}$$

于是，由于 H_k, H_{k+1} 正定,

$$\begin{aligned}\kappa(H_{k+1}) &= \|H_{k+1}\|\|H_{k+1}^{-1}\| \\ &= \frac{\max\limits_x \left[(x^T H_k x)\cdot\mathcal{N}(\gamma_k, \varphi, x)/x^T x\right]}{\max\limits_x \left[(x^T H_k x)\cdot\mathcal{N}(\gamma_k, \varphi, x)/x^T x\right]} \\ &\leqslant \frac{\max\limits_x (x^T H_k x/x^T x)}{\min\limits_x (x^T H_k x/x^T x)}\Phi(\gamma_k, \varphi) \\ &= \kappa(H_k)\Phi(\gamma_k, \varphi).\end{aligned} \tag{5.7.41}$$

下面需要求 $\Phi(\gamma_k, \varphi)$. 为简化运算，引进以下符号：

$$L = H_k^{1/2}, \tag{5.7.42a}$$

$$z = Lx/(x^T H_k x)^{1/2}, \tag{5.7.42b}$$

$$w = L^{-1}s_k, \tag{5.7.42c}$$

$$t = Ly_k. \tag{5.7.42d}$$

于是

$$\sigma = w^T t; \quad \tau = \|t\|^2, \quad \varepsilon = \|w\|^2, \quad \|z\| = 1. \tag{5.7.43}$$

将 (5.7.43) 代入 (5.7.39), 得

$$\begin{aligned}\mathcal{N}(\gamma_k, \varphi, x) =& \gamma_k + \frac{\sigma + \gamma_k \varphi \tau}{\sigma^2}(w^T z)^2 + \frac{\gamma_k(\varphi - 1)}{\tau}(t^T z)^2 \\ & - \frac{2\gamma_k \varphi}{\sigma}(t^T z)(w^T z) \\ & \triangleq \mathcal{M}(\gamma_k, \varphi, z).\end{aligned} \tag{5.7.44}$$

因而

$$\Phi(\gamma_k, \varphi) = \frac{\max\limits_{\|z\|=1} \mathcal{M}(\gamma_k, \varphi, z)}{\min\limits_{\|z\|=1} \mathcal{M}(\gamma_k, \varphi, z)}. \tag{5.7.45}$$

这表明, 为了求 $\Phi(\gamma_k, \varphi)$, 必须计算 $\mathcal{M}(\gamma_k, \varphi, z)$ 的极大值和极小值. $\mathcal{M}(\gamma_k, \varphi, z)$ 在超球 $\|z\| = 1$ 上的极值的必要条件是

$$\nabla_z \mathcal{M}(\gamma_k, \varphi, z) + 2\eta z = 0 \tag{5.7.46a}$$

$$z^T z = 1 \tag{5.7.46b}$$

其中 η 是 Lagrange 乘子. 从 (5.7.44) 计算出 $\nabla_z \mathcal{M}(\gamma_k, \varphi, z)$, 并代入 (5.7.46a), 得

$$\begin{aligned}& \frac{\sigma + \gamma_k \varphi \tau}{\sigma^2}(w^T z)w + \frac{\gamma_k(\varphi - 1)}{\tau}(t^T z)t - \frac{\gamma_k \varphi}{\sigma}(w^T z)t \\ & - \frac{\gamma_k \varphi}{\sigma}(t^T z)w + \eta z = 0\end{aligned} \tag{5.7.47}$$

将上式分别与 w, t 和 z 构造内积, 并利用 (5.7.46b) 消去 $z^T z$, 得到下面 $w^T z$, $t^T z$ 和 η 为未知量的三个方程:

$$\begin{aligned}& \left[\frac{(\sigma + \gamma_k \varphi \tau)\varepsilon}{\sigma^2} - \gamma_k \varphi\right](w^T z) + \left[\frac{\gamma_k \sigma(\varphi - 1)}{\tau} - \frac{\gamma_k \varphi \varepsilon}{\sigma}\right](t^T z) \\ & \qquad + \eta(w^T z) = 0,\end{aligned} \tag{5.7.48}$$

$$(w^T z) - \gamma_k(t^T z) + \eta(t^T z) = 0, \tag{5.7.49}$$

$$\frac{\sigma+\gamma_k\varphi\tau}{\sigma^2}(w^Tz)^2+\frac{\gamma_k(\varphi-1)}{\tau}(t^Tz)^2 \\ -2\frac{\gamma_k\varphi}{\sigma}(w^Tz)(t^Tz)+\eta=0. \tag{5.7.50}$$

将 (5.7.50) 代入 (5.7.44), 得

$$\mathcal{M}(\gamma_k,\varphi,z)=\gamma_k-\eta. \tag{5.7.51}$$

对于一个极值点 z_0, 对应的 Lagrange 乘子 η_0, 由上式可知相应的极值为

$$\mathcal{M}(\gamma_k,\varphi,z_0)=\gamma_k-\eta_0. \tag{5.7.52}$$

这样, 为了求 $\mathcal{M}(\gamma_k,\varphi,z)$ 的极值, 我们只需对 η 求解方程组 (5.7.48)—(5.7.50). 若 $t^Tz=0$, 则由 (5.7.49) 有 $w^Tz=0$, 因而 $\eta=0$. 若 $t^Tz\neq 0$, 令

$$a=w^Tz/t^Tz, \tag{5.7.53}$$

于是由 (5.7.49) 有

$$\eta=\gamma_k-a. \tag{5.7.54}$$

因此，我们有

$$\begin{aligned}\mathcal{M}(\gamma_k,\varphi,z_0)&=\gamma_k-\eta_0\\&=\begin{cases}\gamma_k, & \text{当 } \eta_0=0 \text{ 时},\\ a, & \text{当 } \eta_0=\gamma_k-a \text{ 时}.\end{cases}\end{aligned} \tag{5.7.55}$$

对 (5.7.48) 两边同除以 t^Tz, 并利用 (5.7.53) 和 (5.7.54), 得

$$a^2-\frac{\sigma\varepsilon+\gamma_k\varphi(\tau\varepsilon-\sigma^2)+\gamma_k\sigma^2}{\sigma^2}a \\ +\frac{\gamma_k\sigma^2+\gamma_k\varphi(\varepsilon\tau-\sigma^2)}{\tau\sigma}=0, \tag{5.7.56}$$

利用 (5.7.37a) 和 (5.7.37b), 上式可简化为

$$a^2-2\rho a+\mu=0, \tag{5.7.57}$$

其解为

$$a=\rho\pm(\rho^2-\mu)^{1/2}. \tag{5.7.58}$$

注意到当 $\mu\leqslant 0$ 时， $\rho^2-\mu\geqslant 0$ 成立；当 $\mu>0$ 时，由 Cauchy-Schwarz 不等式 $\varepsilon\tau-\sigma^2\geqslant 0$, 有

$$\begin{aligned}\rho^2-\mu&=\left[\frac{\varepsilon+\mu\tau}{2\sigma}\right]^2-\mu\\&=\left[\frac{\varepsilon-\mu\tau}{2\sigma}\right]^2+\mu\left[\frac{\varepsilon\tau}{\sigma^2}-1\right]\\&\geqslant 0,\end{aligned}$$

从而 $\rho^2-\mu\geqslant 0$ 总成立．因此，(5.7.58) 给出的两个解是实的．将它们代入 (5.7.54) 中，便得到满足必要条件 (5.7.48)—(5.7.50) 的 η 的两个实值．

由 Weierstrass 定理， $\mathcal{M}(\gamma_k,\varphi,z)$ 在超球 $\|z\|=1$ 上必定有极小值和极大值．由于 H_k 和 H_{k+1} 正定，故在超球 $\|z\|=1$ 上 $\mathcal{M}(\gamma_k,\varphi,z)>0$. 因此，由 (5.7.52), (5.7.54) 和 (5.7.58) 得到 $\rho>0$, $\gamma_k>0$, 因而

$$\max_{\|z\|=1}\mathcal{M}(\gamma_k,\varphi,z)=\max\left[\rho+(\rho^2-\mu)^{1/2},\gamma_k\right], \tag{5.7.59}$$

$$\min_{\|z\|=1}\mathcal{M}(\gamma_k,\varphi,z)=\min\left[\rho-(\rho^2-\mu)^{1/2},\gamma_k\right], \tag{5.7.60}$$

从而 (5.7.37) 直接从 (5.7.41), (5.7.45), (5.7.59) 和 (5.7.60) 得到．

当 $H_k=I$ 时，(5.7.41) 显然是等式, 因而 (5.7.37) 也是等式．

当 $H_ky_k=s_k$ 时，我们有 $\tau=\varepsilon=\sigma$, 因而 $\gamma_k=1$. 由 (5.7.37a) 和 (5.7.37b), $\mu=1$, $\rho=1$. 于是由 (5.7.37) 有 $\kappa(H_{k+1})\leqslant\kappa(H_k)$, 但由 (5.7.36), $H_{k+1}=H_k$, 故有 $\kappa(H_{k+1})=\kappa(H_k)$. □

推论 5.7.10 设 H_k 正定， H_{k+1} 由 (5.7.36) 定义，则当且仅当 $\gamma>0$, $\sigma>0$ 和 $\varphi(\varepsilon\tau-\sigma^2)>-\sigma^2$ 时， H_{k+1} 正定．

证明 根据 (5.7.38), H_{k+1} 正定当且仅当 $\mathcal{N}(\gamma_k,\varphi,x)>0,\forall x$, 或等价地， $\mathcal{M}(\gamma_k,\varphi,z)>0,\forall z,\|z\|=1$. 由 (5.7.60), 当且仅当

$\gamma_k > 0$, $\rho > 0$ 和 $\mu > 0$ 时， $\mathcal{M}(\gamma_k, \varphi, z) > 0$. 由于 H_k 正定，故 $\varepsilon > 0$, $\tau > 0$, $\mu > 0$, 于是当且仅当 $\sigma > 0$ 时， $\rho > 0$. 于是 $\varphi(\varepsilon\tau - \sigma^2) > -\sigma^2$ 成立. □

推论 5.7.11 设 H_k 正定，H_{k+1} 由 (5.7.36) 定义. 若 $\sigma > 0$, $\gamma_k > 0$ 和 $\varphi > 0$, 则 H_{k+1} 正定.

证明 利用 Cauchy-Schwarz 不等式 $\varepsilon\tau - \sigma^2 \geqslant 0$ 和推论 5.7.10 即可. □

定理 5.7.12 设 H_k 正定， H_{k+1} 由 (5.7.36) 定义. 又设 $s_k^T y_k > 0$, $\sigma/\tau \leqslant \gamma_k \leqslant \varepsilon/\sigma$,

$$\varphi > -\frac{\sigma^2}{\varepsilon\tau - \sigma^2}.$$

那么，不等式

$$\kappa(H_{k+1}) \leqslant \kappa(H_k)[\xi + (\xi^2 - 1)^{1/2}]^2 \tag{5.7.61}$$

成立，其中 $\xi = \rho/\mu^{1/2}$, ρ 和 μ 分别由 (5.7.37a) 和 (5.7.37b) 定义. 进一步，若 $H_k = I$ 或 $H_k y_k = s_k$, 则不等式 (5.7.61) 变成等式.

证明 由于 H_k 正定，故 $\tau > 0$, 因而 $\gamma_k > \sigma/\tau > 0$. 由推论 5.7.10 知 $\mu > 0$ 和 H_{k+1} 正定. 于是，定理 5.7.9 成立.

由 Cauchy-Schwarz 不等式， $\varepsilon\tau - \sigma^2 \geqslant 0$, 因此利用 (5.7.37a) 和 (5.7.37b), 有

$$\begin{aligned}
\rho + (\rho^2 - \mu)^{1/2} &= \frac{1}{2}\left\{\frac{\varepsilon + \mu\tau}{\sigma} + \left[\left(\frac{\varepsilon - \mu\tau}{\sigma}\right)^2 + 4\mu\left(\frac{\varepsilon\tau}{\sigma^2} - 1\right)\right]^{1/2}\right\} \\
&\geqslant \frac{1}{2}\left\{\frac{\varepsilon + \mu\tau}{\sigma} + \left|\frac{\varepsilon - \mu\tau}{\sigma}\right|\right\} \\
&\geqslant \frac{\varepsilon}{\sigma} \geqslant \gamma_k.
\end{aligned} \tag{5.7.62}$$

又

$$\begin{aligned}
\rho - (\rho^2 - \mu)^{1/2} &= \rho - \{\rho^2 - (2\sigma\rho - \varepsilon)/\tau\}^{1/2} \\
&= \rho - \{(\rho - \sigma/2)^2 + (\varepsilon\tau - \sigma^2)/\tau^2\}^{1/2}
\end{aligned}$$

$$
\begin{aligned}
&\leqslant \rho - |\rho - \sigma/\tau| \\
&\leqslant \sigma/\tau \\
&\leqslant \gamma_k. \qquad (5.7.63)
\end{aligned}
$$

将 (5.7.62) 和 (5.7.63) 应用于定理 5.7.9, (5.7.37) 简化为

$$\kappa(H_{k+1}) \leqslant \kappa(H_k)\frac{\rho + (\rho^2 - \mu)^{1/2}}{\rho - (\rho^2 - \mu)^{1/2}}. \qquad (5.7.64)$$

上式右边的分母有理化, 并利用 ξ 便得 (5.7.61). (5.7.61) 中等式成立的条件直接从定理 5.7.9 得到. □

现在, 我们想通过选择 γ_k 和 φ 来极小化条件数 $\kappa(H_{k+1})$ 的上界.

定义 5.7.13 设 H_k 正定, $s_k^T y_k > 0$, 如果 γ_k 和 φ 使得 H_{k+1} 正定和 (5.7.37) 的右边极小化, 则 (5.7.36) 定义的校正称为最优条件校正.

定理 5.7.14 设定理 5.7.12 的条件满足, 当且仅当

$$\varepsilon\tau = \sigma^2 \qquad (5.7.65)$$

或

$$\varphi = \sigma(\varepsilon - \gamma_k\sigma)/\gamma_k(\varepsilon\tau - \sigma^2) \triangleq \widehat{\varphi} \qquad (5.7.66)$$

时, (5.7.36) 定义的校正 H_{k+1} 为最优条件校正. 进一步, 若 H_{k+1} 是最优条件校正, 那么

$$\kappa(H_{k+1}) \leqslant \kappa(H_k)[\omega + (\omega^2 - 1)^{1/2}]^2, \qquad (5.7.67)$$

其中

$$\omega = (\varepsilon\tau/\sigma^2)^{1/2}. \qquad (5.7.68)$$

证明 根据 (5.7.61), H_{k+1} 是最优条件校正, 当且仅当 φ 和 γ_k 极小化 $\varPhi(\gamma_k, \varphi)$, 其中

$$\varPhi(\gamma_k, \varphi) = [\xi + (\xi^2 - 1)^{1/2}]^2. \qquad (5.7.69)$$

如果 $s_k = H_k y_k$, 则 $\varepsilon = \tau = \sigma$, 因而有 $\Phi(\gamma_k, \varphi) = 1$, 于是, 对任何 γ_k 和 φ, (5.7.67) 成立.

如果 $s_k \neq H_k y_k$, 则由 Cauchy-Schwarz 不等式, $\sigma^2 < \varepsilon\tau$. 对于任何给出的 γ_k, 仅当

$$\frac{\mathrm{d}\Phi}{\mathrm{d}\varphi} = \frac{\mathrm{d}\Phi}{\mathrm{d}\xi} \cdot \frac{\mathrm{d}\xi}{\mathrm{d}\mu} \cdot \frac{\mathrm{d}\mu}{\mathrm{d}\varphi} = 0 \tag{5.7.70}$$

时, $\Phi(\gamma_k, \varphi)$ 有驻点. 由 (5.7.69),

$$\frac{\mathrm{d}\Phi}{\mathrm{d}\xi} = 2\Phi^{1/2} \cdot (1 + \xi/(\xi^2 - 1)^{1/2}) > 0. \tag{5.7.71}$$

又由 (5.7.37b),

$$\frac{\mathrm{d}\mu}{\mathrm{d}\varphi} = \gamma_k(\varepsilon\tau - \sigma^2)/\tau\sigma > 0. \tag{5.7.72}$$

另外, 由于

$$\xi = (\varepsilon + \mu\tau)/2\sigma\mu^{1/2}, \tag{5.7.73}$$

我们得到

$$\frac{\mathrm{d}\xi}{\mathrm{d}\mu} = (\tau\mu - \varepsilon)/2\mu^{3/2}. \tag{5.7.74}$$

注意到关于 γ_k, φ 和 σ 的假设意味着 $\mu > 0$. 因此, 将 (5.7.71), (5.7.72) 和 (5.7.74) 代入 (5.7.70), 得到

$$\mu = \varepsilon/\tau, \tag{5.7.75}$$

将 (5.7.75) 代入 (5.7.37b) 便得到 (5.7.66). 由 $\Phi(\gamma_k, \varphi)$ 关于 φ 的二阶导数可知 (5.7.66) 给出的 φ 是 $\Phi(\gamma_k, \varphi)$ 的一个极小点.

此外, 将 $\mu = \varepsilon/\tau$, (5.7.73) 和 (5.7.68) 代入 (5.7.69), 得

$$\begin{aligned}\Phi(\gamma_k, \widehat{\varphi}) &= [\omega + (\omega^2 - 1)^{1/2}]^2 \\ &= \min_{\varphi, \gamma_k} \Phi(\gamma_k, \varphi).\end{aligned} \tag{5.7.76}$$

于是, 由 (5.7.61) 、(5.7.69) 和 (5.7.76) 便得 (5.7.67). □

推论 5.7.15 定理 5.7.14 中定义的最优参数 $\widehat{\varphi}$ 满足：

$$\begin{aligned}0 \leqslant \widehat{\varphi} \leqslant 1 \quad & 对于\ \sigma/\tau \leqslant \gamma_k \leqslant \varepsilon/\sigma, \\ \widehat{\varphi} = 0 \quad & 对于\ \gamma_k = \varepsilon/\sigma, \\ \widehat{\varphi} = 1 \quad & 对于\ \gamma_k = \sigma/\tau.\end{aligned}$$

证明 结论直接从 (5.7.66) 和 Cauchy-Schwarz 不等式得到.

□

将 (5.7.66) 给出的最优参数 $\widehat{\varphi}$ 代入自调比校正公式 (5.7.36) 可得如下最优条件自调比 (OCSS) 校正公式的一般形式

$$\begin{aligned}H_{k+1}^{\widehat{\varphi}} =& \gamma_k H_k + \frac{1}{\varepsilon\tau - \sigma^2}\left\{\frac{2\varepsilon\tau - \gamma_k\tau\sigma - \sigma^2}{\sigma} s_k s_k^T - \frac{\varepsilon(\sigma - \gamma_k\tau)}{\tau}\right. \\ & \left. H_k y_k y_k^T H_k - (\varepsilon - \gamma_k\sigma)\left[s_k y_k^T H_k + H_k y_k s_k^T\right]\right\}\end{aligned} \tag{5.7.77}$$

其中， $\gamma_k \in [\sigma/\tau, \varepsilon/\sigma]$.

按照定理 5.7.14 和 (5.7.77), 前面给出的开关准则以及下面给出的参数也是最优条件参数.

准则 1:

如果 $\dfrac{\varepsilon}{\sigma} \leqslant 1$, 选择 $\gamma_k = \dfrac{\varepsilon}{\sigma}$, $\varphi = 0$;

如果 $\dfrac{\sigma}{\tau} \geqslant 1$, 选择 $\gamma_k = \dfrac{\sigma}{\tau}$, $\varphi = 1$;

如果 $\dfrac{\sigma}{\tau} \leqslant 1 \leqslant \dfrac{\varepsilon}{\sigma}$, 选择 $\gamma_k = 1$, $\varphi = \dfrac{\sigma(\varepsilon - \sigma)}{\varepsilon\tau - \sigma^2}$. (5.7.78)

准则 2:

$$\gamma_k = \left(\frac{\varepsilon}{\tau}\right)^{1/2}, \quad \varphi = 1\bigg/\left[1 + \left(\frac{\varepsilon\tau}{\sigma^2}\right)^{1/2}\right]. \tag{5.7.79}$$

类似于上面最优条件校正的处理, Davidon (1975) 考虑了 Broyden 族校正，极小化 $H_k^{-1}H_{k+1}$ 的条件数，得到了 Broyden 族参数 φ 的最优选择为

$$\varphi = \begin{cases}\dfrac{\sigma(\varepsilon - \sigma)}{\varepsilon\tau - \sigma^2}, & 当\ \sigma \leqslant 2\varepsilon\tau/(\varepsilon + \tau) \\ \dfrac{\sigma}{\sigma - \tau}, & 当\ \sigma > 2\varepsilon\tau/(\varepsilon + \tau).\end{cases}$$

5.7.5 非线性调比

在自调比变尺度算法的基础上，Spedicato (1976) 引进了更一般的调比 —— 非线性调比，使得算法对目标函数的非二次性态有更好的适应.

定义 5.7.16 如果

$$Z = Z(f(x)), \quad \mathrm{d}Z/\mathrm{d}f > 0, \quad 对于\ x \neq x^*, \tag{5.7.80}$$

则称函数 Z 是 f 的非线性 (正则) 调比.

从上述定义可知，这样的非线性调比使得 f 和 Z 有相同的等高线，Z 的驻点数不多于 f 的驻点数，并且若 x^* 是 f 的极小点，则 x^* 也是 Z 的极小点.

定义 5.7.17 如果从初始点 x_0 和初始矩阵 H_0 开始，对于 f 和 f 的非线性调比函数 Z, 方法产生的极小化序列 $\{x_k\}$ 和 $\{\widetilde{x}_k\}$ 相同，则称方法具有调比不变性.

定义 5.7.18 如果步长因子 α 由精确线性搜索过程产生，则迭代称为完全的；如果方法有一定的准则处理非单峰情形，则方法称为安全的.

设 $\{x_k\},\{g_k\},\{y_k\},\{H_k\}$ 是极小化 f 得到的序列，又设 $\{\widetilde{x}_k\}$, $\{\widetilde{g}_k\},\{\widetilde{y}_k\},\{\widetilde{H}_k\}$ 是极小化 Z 得到的序列，我们有

定理 5.7.19 采用完全和安全迭代的 Broyden 族校正的变尺度方法具有非线性调比不变性的充分条件是

$$y_k = \widehat{y}_k = \frac{\widetilde{g}_{k+1}}{(\mathrm{d}Z/\mathrm{d}f)_{k+1}} - \frac{\widetilde{g}_k}{(\mathrm{d}Z/\mathrm{d}f)_k}. \tag{5.7.81}$$

证明 假定在开始时有 $x_0 = \widetilde{x}_0$, $H_0 = \widetilde{H}_0$, 由归纳法，假定

$$x_j = \widetilde{x}_j, \quad H_j = \widetilde{H}_j, \quad j = 0, 1, \cdots, k,$$

于是，由调比函数 $Z = Z(f(x))$, 有

$$g_k = \widetilde{g}_k/(\mathrm{d}Z/\mathrm{d}f)_k.$$

由于迭代是完全和安全的，故

$$x_{k+1}=\widetilde{x}_{k+1},$$

从而有

$$y_k=g_{k+1}-g_k=\frac{\widetilde{g}_{k+1}}{(\mathrm{d}Z/\mathrm{d}f)_{k+1}}-\frac{\widetilde{g}_k}{(\mathrm{d}Z/\mathrm{d}f)_k}=\widehat{y}_k.$$

于是，

$$\begin{aligned}H_{k+1}&=H_{k+1}(H_k,x_{k+1}-x_k,y_k)\\&=H_{k+1}(\widetilde{H}_k,\widetilde{x}_{k+1}-\widetilde{x}_k,\widehat{y}_k)=\widetilde{H}_{k+1},\end{aligned}$$

从而定理得证. □

按照上述定理，对方法作相应修改，使其具有非线性调比不变性，则立即得到

推论 5.7.20 如果采用完全和安全迭代的 Broyden 族变尺度方法在有限步迭代极小化函数 f，那么，相应的修改方法在有限步迭代极小化 f 的每一非线性调比函数.

作为上述非线性调比的特殊情形，考虑调比凸二次函数，

$$Z=\rho f,\quad (\rho>0) \tag{5.7.82}$$

于是，$\mathrm{d}Z/\mathrm{d}f=\rho$. 用 $y_k=(g_{k+1}-g_k)/\rho$ 代入 Broyden 族公式

$$\begin{aligned}H_{k+1}=&H_k+\frac{\sigma+\varphi\tau}{\sigma^2}s_ks_k^T+\frac{\varphi-1}{\tau}H_ky_ky_k^TH_k\\&-\frac{\varphi}{\sigma}\left(s_ky_k^TH_k+H_ky_ks_k^T\right),\end{aligned} \tag{5.7.83}$$

得到

$$\begin{aligned}H_{k+1}=&H_k+\frac{\rho\sigma+\varphi\tau}{\sigma^2}s_ks_k^T+\frac{\varphi-1}{\tau}H_ky_ky_k^TH_k\\&-\frac{\varphi}{\sigma}\left(s_ky_k^TH_k+H_ky_ks_k^T\right),\end{aligned} \tag{5.7.84}$$

它等价于 Huang 族对称校正公式，并满足

$$H_{k+1}(g_{k+1}-g_k)=\rho s_k. \tag{5.7.85}$$

如果 (5.7.84) 的右边用 $\gamma=1/\rho$ 相乘，则得 (5.7.36) 形式的自调比校正.

一般地，我们可以将 (5.7.36) 形式的双参数自调比校正推广为如下三参数校正公式：

$$\begin{aligned}H_{k+1}=&\gamma_k H_k+\frac{\sigma+\gamma_k\varphi\tau}{\sigma^2}s_k s_k^T+\frac{\gamma_k(\varphi-1)}{\tau}H_k y_k y_k^T H_k\\&-\frac{\gamma_k\varphi}{\sigma}\left(s_k y_k^T H_k+H_k y_k s_k^T\right),\end{aligned} \tag{5.7.86a}$$

其中

$$y_k=g_{k+1}-\psi_k g_k. \tag{5.7.86b}$$

三个参数为 φ,γ_k,ψ_k. 其中 φ 是 Broyden 族参数， γ_k 是线性调比参数， ψ_k 称为非线性调比参数. 当调比不变性满足时， γ_k 和 ψ_k 之间的关系为

$$\gamma_k=\frac{1}{(\mathrm{d}Z/\mathrm{d}f)_{k+1}},\quad \psi_k=\frac{(\mathrm{d}Z/\mathrm{d}f)_{k+1}}{(\mathrm{d}Z/\mathrm{d}f)_k}. \tag{5.7.87}$$

可见，对于线性调比， $\psi_k=1$, 这时三参数校正 (5.7.86) 成为双参数自调比校正 (5.7.36), γ_k 由 SSVM 中参数选择方法确定. 一般地， γ_k 给出了调比的线性部分，而 ψ_k 给出了线性调比参数的变化率，具体地，

$$\psi_k=-\frac{s_k^T G_{k+1}s_k}{s_k^T g_k}, \tag{5.7.88}$$

或

$$\psi_k=\lim_{\widehat{x}\to x_{k+1}}\frac{\alpha_k\widehat{g}^T d_{k+1}}{\widehat{\alpha}g_k^T d_k}. \tag{5.7.89}$$

其中， $x_{k+1}=x_k+s_k=x_k-\alpha_k d_k$, $\widehat{x}$ 是线段 $[x_k,x_{k+1}]$ 上满足 $\widehat{x}\neq x_{k+1}$ 和 $g(\widehat{x})^T d_k\neq 0$ 的任一点， $x_{k+1}=\widehat{x}-\widehat{\alpha}d_k$, $\widehat{\alpha}=\omega\alpha$,

$0 < \omega < 1$. Spedicato (1976) 指出，若用 $\overline{\sigma}, \overline{\varepsilon}, \overline{\tau}$ 表示令 $\psi_k = 1$ 时对应的 $\sigma, \varepsilon, \tau$, 则新参数 ψ_k 的一个最优选择方案为

$$\psi_k = \max\left[\left(\frac{\overline{\varepsilon}\,\overline{\tau}}{\overline{\sigma}^2}\right)^{1/2}, \frac{\overline{\varepsilon} - 2\alpha_k\overline{\sigma}}{\overline{\varepsilon}}\right]. \tag{5.7.90}$$

一旦 ψ_k 利用上式确定，我们就可以由 (5.7.86b) 确定 y_k, 并利用 γ_k 和 φ 的选择方法 (例如 (5.7.78)) 计算 γ_k 和 φ, 从而根据 (5.7.86a) 校正矩阵 H_k.

§5.8 稀疏拟牛顿法

Schubert (1970) 首先把拟牛顿校正推广到不对称稀疏矩阵上，提出了解非线性方程组的稀疏拟牛顿法. Powell (1976), Toint (1977), Shanno (1980) 先后推导了稀疏拟牛顿校正公式，Steihaug (1984) 给出了一个采用预处理策略的稀疏拟牛顿法，并给出了收敛性证明.

稀疏拟牛顿法要求产生稀疏拟牛顿校正，它满足拟牛顿条件

$$B_{k+1}s_k = y_k, \tag{5.8.1}$$

并保持对称性和稀疏性. 省去下标，我们要求一个矩阵 $\overline{B}$,

$$\overline{B} = B + E, \tag{5.8.2}$$

E 满足

$$Es = y - Bs, \tag{5.8.3}$$

$$E = E^T, \tag{5.8.4}$$

$$E_{ij} = 0, \quad (i,j) \in I, \tag{5.8.5}$$

其中 I 是一个整数对集合，它指出了稀疏性要求，即当 $(i,j) \in I$ 时，$B_{ij} = 0$. 又设 J 是一个不属于 I 的整数对集合，它是 I 的补集，且设对角元不受稀疏性条件约束，即 $(i,i) \in J, \forall i$. 又设

$$r = y - Bs. \tag{5.8.6}$$

显然，关系式 (5.8.3)—(5.8.5) 并不完全确定修改矩阵 E. 为了确定 E, 我们要求 $\overline{B}$ 按照某种范数尽可能靠近 B. 因此，我们采用 Frobenius 范数，考虑如下极小化问题：

$$\min \frac{1}{2}\|E\|_F^2 \tag{5.8.7a}$$

$$\text{s.t.}\ Es = r \tag{5.8.7b}$$

$$E = E^T \tag{5.8.7c}$$

$$E_{ij} = 0, \quad (i,j) \in I. \tag{5.8.7d}$$

在本节剩下的部分，我们用 s_j 表示向量 s 的第 j 个分量，定义向量 $s(i)$ 的分量为

$$s(i)_j = \begin{cases} s_j, & (i,j) \in J \\ 0, & (i,j) \in I. \end{cases} \tag{5.8.8}$$

则条件 (5.8.7b) 成为

$$\sum_{j=1}^{n} E_{ij} s(i)_j = r_i, \quad i = 1, \cdots, n. \tag{5.8.9}$$

取

$$E = \frac{1}{2}(A + A^T), \tag{5.8.10}$$

其中 A 不一定满足对称性. 于是问题 (5.8.7) 成为：求矩阵 A, 使得

$$\min \frac{1}{8}\|A + A^T\|_F \tag{5.8.11a}$$

$$\text{s.t.} \sum_{j=1}^{n} (A_{ij} + A_{ji}) s(i)_j = 2r_i, \quad i = 1, \cdots, n. \tag{5.8.11b}$$

这里注意到，条件 (5.8.7d) 可以丢掉，因为 (5.8.11a) 使得所有不明显出现在约束中的元素变成零.

对于上述极小化问题 (5.8.11), 其 Lagrange 函数为

$$\begin{aligned}\Phi(A,\lambda) =& \frac{1}{8}\sum_{i=1}^{n}\sum_{j=1}^{n}\left(A_{ij}^2 + A_{ji}^2 + 2A_{ij}A_{ji}\right) \\ & - \sum_{i=1}^{n}\lambda_i\left[\sum_{j=1}^{n}(A_{ij} + A_{ji})s(i)_j - 2r_i\right],\end{aligned} \tag{5.8.12}$$

令其导数为零,

$$\begin{aligned}\frac{\partial\Phi(A,\lambda)}{\partial A_{ij}} =& \frac{1}{2}(A_{ij} + A_{ji}) - \lambda_i s(i)_j - \lambda_j s(j)_i = 0, \\ & i,j = 1,\cdots,n.\end{aligned} \tag{5.8.13}$$

利用 (5.8.10), 可将上式写为

$$E_{ij} = \lambda_i s(i)_j + \lambda_j s(j)_i, \quad i,j = 1,\cdots,n. \tag{5.8.14}$$

注意到 (5.8.11b) 可用 (5.8.9) 代替, 并将上式代入, 则 (5.8.9) 成为

$$\begin{aligned}&\sum_{j=1}^{n}[\lambda_i s(i)_j + \lambda_j s(j)_i]s(i)_j = r_i, \\ &\qquad i = 1,\cdots,n.\end{aligned} \tag{5.8.15}$$

此即

$$\begin{aligned}&\lambda_i\sum_{j=1}^{n}[s(i)_j]^2 + \sum_{j=1}^{n}\lambda_j s(j)_i s(i)_j = r_i, \\ &\qquad i = 1,\cdots,n.\end{aligned} \tag{5.8.16}$$

这样我们导出了校正公式:

$$\overline{B} = B + E, \tag{5.8.17}$$

其中 E 的元素由 (5.8.14) 定义, 即

$$\overline{B} = B + \sum_{i=1}^{n}\lambda_i\left[e_i s(i)^T + s(i)e_i^T\right], \tag{5.8.18}$$

其中 e_i 表示第 i 列单位向量，λ 是 Lagrange 乘子，它满足

$$Q\lambda = r, \tag{5.8.19}$$

其中，

$$Q = \sum_{i=1}^{n} \left(s(i)^T se_i + e_i^T ss(i)\right)e_i^T. \tag{5.8.20}$$

事实上，只要注意到

$$\begin{aligned} Q\lambda = r = Es &= \sum_{i=1}^{n} \lambda_i \left[e_i s(i)^T s + s(i)e_i^T s\right] \\ &= \sum_{i=1}^{n} \left[s(i)^T se_i + e_i^T ss(i)\right]e_i^T\lambda, \end{aligned}$$

即可得到 (5.8.20).

上面定义的矩阵 Q 是满足对称性条件、稀疏性条件和正定性的矩阵. 对称性和稀疏性可以从 (5.7.20) 直接看出. 关于 Q 的正定性，我们给出以下定理.

定理 5.8.1 如果向量 $s(i), (i = 1, \cdots, n)$ 中没有一个为零，那么矩阵 Q 是正定的，即

$$z^T Qz > 0, \quad \forall z \in R^n, \quad z \neq 0. \tag{5.8.21}$$

证明 取 $z \neq 0, z \in R^n$, z_i 表示 z 的分量. 由 (5.7.20),

$$\begin{aligned} z^T Qz &= \sum_{i=1}^{n}\sum_{j=1}^{n} z_i^T Q_{ij} z_j \\ &= \sum_{i=1}^{n}\sum_{j=1}^{n} z_i s(i)_j s(j)_i z_j + \sum_{i=1}^{n}\sum_{k=1}^{n} [s(i)_k]^2 z_i^2 \\ &= \sum_{(i,j)\in J} \left[z_i s_i s_j z_j + z_i^2 s_j^2\right] \\ &= \frac{1}{2}\sum_{(i,j)\in J} [s_j z_j + s_j z_i]^2 \end{aligned}$$

$$= 2\sum_{i=1}^{n} z_i^2 s_i^2 + \frac{1}{2}\sum_{\substack{(i,j)\in J\\ i\neq j}} (z_i s_j + z_j s_i)^2$$

$$\geqslant 0 \tag{5.8.22}$$

假定 $z^TQz = 0$, 由于 $z \neq 0$, 故存在 z 的分量，譬如说 $z_k \neq 0$, 使得由 (5.8.22) 有

$$z_k s_k = 0, \tag{5.8.23}$$

$$z_k s_j + z_j s_k = 0, \quad (k,j) \in J,\ j \neq k. \tag{5.8.24}$$

因此，有 $s_k = 0$, 进而， $s_j = 0$, $j \neq k$, $(k,j) \in J$. 这等价于 $s(k) = 0$. 这与已知条件矛盾. 从而定理得证. □

由于 Q 正定，故由 (5.8.14) 和 (5.8.19) 可知

$$E_{ij} = (Q^{-1}r)_i s(i)_j + (Q^{-1}r)_j s(j)_i, \tag{5.8.25}$$

上式可以写成

$$E_{ij} = \begin{cases} 0, & (i,j) \in I \\ \lambda_i s_j + \lambda_j s_i, & (i,j) \in J. \end{cases} \tag{5.8.26}$$

以上给出了稀疏拟牛顿校正公式的推导.

对于解稀疏非线性方程组 $F(x) = 0$, $F: R^n \to R^n$ 的情形，Schubert (1970) 首先指出， Broyden 秩一校正

$$\overline{B} = B + \frac{(y - Bs)s^T}{s^T s}. \tag{5.8.27}$$

可以写成按行校正的形式：

$$\overline{B} = B + \sum_{i=1}^{n} e_i e_i^T \frac{(y - Bs)s^T}{s^T s}, \tag{5.8.28}$$

其中 e_i 是第 i 个单位向量. 利用稀疏向量的表示 $s(i)$, 可知校正

$$\overline{B} = B + \sum_{i=1}^{n} e_i e_i^T \frac{(y - Bs)s(i)^T}{s(i)^T s} \tag{5.8.29}$$

满足拟牛顿条件 $\overline{B}s=y$, 并具有所需要的稀疏性.

Schubert 稀疏校正的一般形式可以写成

$$\overline{B}=B+\sum_{i=1}^{n}\alpha_i e_i z(i)^T, \tag{5.8.30}$$

其中

$$\alpha_i=\frac{e_i^T(y-Bs)}{s(i)^Ts},\quad z(i)_j=\begin{cases}z_j, & (i,j)\in J\\ 0, & (i,j)\in I.\end{cases} \tag{5.8.31}$$

对 (5.8.30) 采用对称化技术，得

$$\overline{B}=B+\sum_{i=1}^{n}\alpha_i\big(e_i z(i)^T+z(i)e_i^T\big), \tag{5.8.32}$$

选择 α_i 使得 $\overline{B}$ 满足拟牛顿条件. 显然， $\overline{B}$ 对称且满足稀疏性要求. 类似于前面的讨论可得 α 满足

$$T\alpha=r, \tag{5.8.33}$$

其中

$$T=\sum_{i=1}^{n}\left[z(i)^Tse_i+e_i^Tsz(i)\right]e_i^T. \tag{5.8.34}$$

令 $z(i)=s(i)$, 便得 (5.8.18)—(5.8.20), 它是稀疏 PSB 公式.

下面我们再讨论稀疏 BFGS 校正.

考虑 (5.1.40) 给出的 BFGS 校正

$$\overline{B}=B+\frac{yy^T}{s^Ty}-\frac{Bss^TB}{s^TBs}, \tag{5.8.35}$$

这里假设 B 具有某种稀疏性结构. 由上式定义的 $\overline{B}$ 不具有这种稀疏性结构，为了修改 $\overline{B}$ 使其具有这种稀疏性结构，我们定义

$$\widehat{B}=\overline{B}+E. \tag{5.8.36}$$

考虑极小化问题

$$\min\|E\|_F = \frac{1}{2}\mathrm{Tr}\,(E^TE) \tag{5.8.37a}$$

$$\text{s.t. } Es = 0 \tag{5.8.37b}$$

$$E_{ij} = -\overline{B}_{ij}, \quad (i,j) \in I \tag{5.8.37c}$$

$$E = E^T. \tag{5.8.37d}$$

显然，(5.8.37) 的解具有所需要的稀疏性结构，并且在 Frobenius 范数意义上是最靠近 BFGS 校正的稀疏矩阵. 为了求解 (5.8.37), 定义 Lagrange 函数 Φ 为

$$\begin{aligned}\Phi(E,\mu,\Lambda,\lambda) =& \frac{1}{2}\mathrm{Tr}\,(E^TE) - \mathrm{Tr}\,(Es\mu^T) - \mathrm{Tr}\,(\Lambda(E-E^T)) \\ & - \sum_{(i,j)\in I} \lambda_{ij}\mathrm{Tr}\,(E+\overline{B})e_je_i^T \\ =& \frac{1}{2}\mathrm{Tr}\,(E^TE) - \mathrm{Tr}\,(Es\mu^T) - \mathrm{Tr}\,(\Lambda(E-E^T)) \\ & - \mathrm{Tr}\,(\Delta^T(E+\overline{B})),\end{aligned} \tag{5.8.38}$$

其中 Δ 是一个矩阵，当 $(i,j)\in I$ 时，它的元素为 λ_{ij}, 当 $(i,j)\in J$ 时，它的元素为 0.

微分 (5.8.38), 得

$$\frac{\partial \Phi}{\partial E} = E - s\mu^T - \Lambda^T + \Lambda - \Delta = 0, \tag{5.8.39}$$

即

$$E = s\mu^T + \Delta - \Lambda + \Lambda^T, \tag{5.8.40}$$

$$E^T = \mu s^T + \Delta^T - \Lambda^T + \Lambda. \tag{5.8.41}$$

利用 (5.8.37d)

$$E - E^T = s\mu^T - \mu s^T + \Delta - \Delta^T + 2(\Lambda^T - \Lambda) = 0, \tag{5.8.42}$$

即

$$\Lambda - \Lambda^T = \frac{1}{2}(s\mu^T - \mu s^T + \Delta - \Delta^T). \tag{5.8.43}$$

利用 (5.8.40) 和 (5.8.43),

$$E = \frac{1}{2}(s\mu^T + \mu s^T + \Delta + \Delta^T). \tag{5.8.44}$$

又利用 (5.8.37c), 得

$$\begin{aligned} e_i^T E e_j &= \frac{1}{2}\left(e_i^T \mu s^T e_j + e_i^T s\mu^T e_j + \lambda_{ij} + \lambda_{ji}\right) \\ &= -\overline{B}_{ij}, \end{aligned}$$

即

$$\lambda_{ij} + \lambda_{ji} = -2\overline{B}_{ij} - e_i^T \mu s^T e_j - e_i^T s\mu^T e_j, \quad (i,j) \in I \tag{5.8.45}$$

上式可以写成

$$\Delta + \Delta^T = -2\overline{B}_{ij}^{(I)} - \sum_{i=1}^{n} e_i e_i^T (\mu\widehat{s}(i)^T + s\widehat{\mu}(i)^T), \tag{5.8.46}$$

其中

$$\overline{B}_{ij}^{(I)} = \begin{cases} \overline{B}_{ij}, & (i,j) \in I \\ 0, & (i,j) \in J \end{cases} \tag{5.8.47}$$

$$\widehat{s}(i)_j = \begin{cases} s_j, & (i,j) \in I, \\ 0, & (i,j) \in J, \end{cases} \quad \widehat{\mu}(i)_j = \begin{cases} \mu_j, & (i,j) \in I, \\ 0, & (i,j) \in J. \end{cases} \tag{5.8.48}$$

利用 (5.8.44) 和 (5.8.46), 得

$$\begin{aligned} E =& \frac{1}{2}\left[\sum_{i=1}^{n} e_i e_i^T (\mu s^T + s\mu^T) - 2\overline{B}^{(I)} \right. \\ & \left. - \sum_{i=1}^{n} e_i e_i^T (\mu\widehat{s}(i)^T + s\widehat{\mu}(i)^T)\right] \\ =& \frac{1}{2}\left[\sum_{i=1}^{n} e_i e_i^T (\mu s(i)^T + s\mu(i)^T) - 2\overline{B}^{(I)}\right], \end{aligned} \tag{5.8.49}$$

其中

$$\mu(i)_j = \begin{cases} \mu_i, & (i,j) \in J, \\ 0, & (i,j) \in I. \end{cases} \tag{5.8.50}$$

再由 (5.8.37b),

$$Es = \frac{1}{2}\left[\sum_{i=1}^{n} e_i e_i^T(\mu s(i)^T + s\mu(i)^T) - 2\overline{B}^{(I)}\right]s = 0, \tag{5.8.51}$$

即

$$\sum_{i=1}^{n} e_i e_i^T(\mu s(i)^T s + s\mu(i)^T s) = 2\overline{B}^{(I)}s, \tag{5.8.52}$$

上式也可写成

$$\sum_{i=1}^{n} \mu_i\big(e_i s(i)^T + s(i)e_i^T\big)s = t, \tag{5.8.53}$$

其中,

$$t = 2\overline{B}^{(I)}s. \tag{5.8.54}$$

这样，一旦我们对 (5.8.53) 解出 μ_i, 便得到

$$\widehat{B} = \overline{B}^{(I)} + \sum_{i=1}^{n} \mu_i\big(e_i s(i)^T + s(i)e_i^T\big), \tag{5.8.55}$$

其中 $\overline{B}^{(I)}$ 由 (5.8.35) 定义，并满足稀疏性 (5.8.47). 这个校正公式称为稀疏 BFGS 公式. 类似地，对其他拟牛顿校正也可以得到相应的稀疏情形的校正公式.

注意，上面的公式 (5.8.55) 是在极小化问题 (5.8.37) 中利用无权 Frobenius 范数得到的. 完全类似地，如果我们代之以加权 W 的 Frobenius 范数，即考虑

$$\begin{aligned} \min \|E\|_{W,F} &= \frac{1}{2}\mathrm{Tr}\,(WE^TWE) \\ \text{s.t.}\ \ Es &= 0 \\ E_{ij} &= -\overline{B}_{ij}, \quad (i,j) \in I \\ E &= E^T, \end{aligned} \tag{5.8.56}$$

那么，相应于 (5.8.44), 我们有

$$E=\frac{1}{2}[z(s^TM)+(Ms)z^T+M(\Delta+\Delta^T)M], \tag{5.8.57}$$

其中， $M=W^{-1}$, $z=M\mu$. 再令 $p=Ms$, 这样，相应于 (5.8.55), 我们得到，当且仅当 $M(\Delta+\Delta^T)M$ 与 $\Delta+\Delta^T$ 有相同的稀疏性结构时， (5.8.56) 的解是

$$\widehat{B}=\overline{B}^{(I)}+\sum_{i=1}^{n}z_i\big(e_ip(i)^T+p(i)e_i^T\big), \tag{5.8.58}$$

其中

$$p(i)_j=\begin{cases}p_j, & (i,j)\in J,\\ 0, & (i,j)\in I,\end{cases} \tag{5.8.59}$$

z_i 是方程组

$$\sum_{i=1}^{n}z_i\big(e_ip(i)^T+p(i)e_i^T\big)s=2\overline{B}^{(I)}s \tag{5.8.60}$$

的解. 显然，当 W 是一个正定对角加权矩阵时， $M(\Delta+\Delta^T)M$ 与 $\Delta+\Delta^T$ 有相同的稀疏性结构.

Toint (1981) 考虑了在含有非对角加权矩阵情形下的稀疏拟牛顿校正. Steihaug (1984) 提出用预处理共轭梯度法近似求解附加的稀疏线性方程组 (例如 (5.8.19)), 以提高稀疏拟牛顿法的效率.

一般地，稀疏拟牛顿法失去了稠密情形拟牛顿法的一些优点：

第一，由于稀疏结构方面的情况的复杂性，修改矩阵 E 不是秩二，而是秩 n 矩阵.

第二，为了计算校正，必须计算附加的稀疏线性系统 (例如 (5.8.19)).

第三，校正矩阵 $\{B_k\}$ 的继承正定性不能保证.

类似于 §5.5 和 §5.6 讨论拟牛顿法的收敛性， Toint (1979) 和 Steihaug (1984) 给出了稀疏拟牛顿法的收敛定理，感兴趣的读者可以参考这些文献或者自己练习证明.

第六章　非二次模型最优化方法

最优化数值方法通常基于二次函数模型，这是因为二次函数模型在极小化计算中最简单，而且一般函数在极小点附近的等高线近似于一族共心椭球. 但是，对于一些非二次性态强、曲率变化剧烈的函数，用二次函数模型去逼近效果就差. 另外，以二次函数作为插值模型在插值过程中未能充分利用以前迭代中的函数值信息. 为此，从 70 年代起人们开始研究各种非二次模型方法，期望这些方法能够在迭代过程中搜集到更丰富的信息，以改善最优化方法的性能. 本章我们将讨论齐次函数模型、张量模型和锥模型，信赖域模型 (或叫约束模型) 已经在 §3-6 讨论，并将继续在第十三章研究，我们希望这些讨论能引起读者对非二次模型方法研究的兴趣和注意.

§6.1　齐次函数模型的最优化方法

一般地，函数极小化方法是根据目标函数的二次模型，它可以写成如下形式：

$$f(x)=\frac{1}{2}(x-\hat{x})^TQ(x-\hat{x})+\hat{f}, \tag{6.1.1}$$

其中 Q 是 $n\times n$ 正定矩阵，$\hat{x}$ 是 $f(x)$ 的极小点，$\hat{f}$ 是极小值.

现在，我们考虑齐次函数模型

$$f(x)=\frac{1}{\gamma}(x-\hat{x})^T\nabla f(x)+\hat{f}, \tag{6.1.2}$$

其中 γ 是齐次度， $\hat{x}$ 是极小点， $\hat{f}$ 是极小值. 显然，二次函数模型 (6.1.1) 是齐次函数模型 (6.1.2) 的特殊情形. (6.1.2) 包含一大类函数，例如，

$$f(x)=\left[\frac{1}{2}(x-\hat{x})^TQ(x-\hat{x})\right]^p, \tag{6.1.3}$$

其中 $p\geqslant 1$. 对齐次函数模型 (6.1.2) 两边求导，得

$$g(x)=\frac{1}{\gamma}G(x)(x-\hat{x})+\frac{1}{\gamma}g(x), \tag{6.1.4}$$

这里 $g(x)=\nabla f(x), G(x)=\nabla^2 f(x)$. 假定 $G(x)$ 可逆，则得

$$\hat{x}=x-(\gamma-1)G(x)^{-1}g(x). \tag{6.1.5}$$

当 $\gamma=2$ 时，得到标准的牛顿步. 当 $\gamma>2$ 时， $(\gamma-1)$ 成为牛顿步的一个调比因子. 这表明，对于非二次函数，牛顿步的调比因子是需要的.

下面我们推导齐次函数模型的算法公式. 由 (6.1.2) 得

$$\gamma f(x)=(x-\hat{x})^Tg(x)+\gamma\hat{f},$$

令 $\widetilde{f}=\gamma\hat{f}$, 上式成为

$$\hat{x}^Tg(x)+\gamma f(x)-\widetilde{f}=x^Tg(x). \tag{6.1.6}$$

定义

$$\begin{aligned}
y_i^T&=\left([g(x_i)]^T,f(x_i),-1\right),\\
\alpha^T&=(\hat{x}^T,\gamma,\widetilde{f}),\\
v_i&=x_i^Tg(x_i),
\end{aligned} \tag{6.1.7}$$

则 (6.1.6) 成为

$$y_i^T\alpha=v_i,\quad i=1,\cdots,n+2.$$

即

$$Y\alpha = v, \tag{6.1.8}$$

其中

$$Y = \begin{bmatrix} y_1^T \\ \vdots \\ y_{n+2}^T \end{bmatrix}, \quad v = \begin{bmatrix} v_1 \\ \vdots \\ v_{n+2} \end{bmatrix}.$$

当 y_i 线性无关，即 Y 可逆时，从而得到

$$\alpha = Y^{-1}v. \tag{6.1.9}$$

显然，在 α 中包含了我们所需要的解 $\hat{x}$. 上述过程告诉我们，当 $\{y_i\}$ 线性无关时，上述方法在 $n+2$ 步可以求出齐次函数的极小点 $\hat{x}$. 对于一般函数，这个方法通常不会在 $n+2$ 步结束，仍需要继续迭代.

对于逐次产生的 y_i 和 v_i, (6.1.9) 可以采用校正方法计算.

设 $P_0^{-1} = I$ 是一个 $(n+2)\times(n+2)$ 矩阵，$v^{(0)} = \alpha_0$ 是 $(n+2)$ 维向量，其中 α_0 是给出的初始点. 在每一次迭代中，我们用新的 y_i 和 v_i 逐次代替 P_0^{-1} 中的对应行和 $v^{(0)}$ 中的对应元素，即

$$P_{i+1}^{-1} = P_i^{-1} + e_j\left(y_{i+1}^T - e_j^T P_i^{-1}\right), \tag{6.1.10}$$

$$v^{(i+1)} = v^{(i)} + e_j\left(v_{i+1} - e_j^T v^{(i)}\right), \tag{6.1.11}$$

其中 e_j 是第 j 个单位向量， $j = i+1$, $v^{(i)}$ 和 $v^{(i+1)}$ 分别是第 i 次和第 $i+1$ 次迭代产生的向量. 利用 Householder 公式，得

$$P_{i+1} = P_i - \frac{P_i e_j\left(y_{i+1}^T P_i - e_j^T\right)}{y_{i+1}^T P_i e_j}. \tag{6.1.12}$$

向量 α 的逐次估计为

$$\alpha_{i+1} = \alpha_i + \frac{P_i e_j\left(v_{i+1} - y_{i+1}^T \alpha_i\right)}{y_{i+1}^T P_i e_j}. \tag{6.1.13}$$

下面我们将证明

$$P_{n+2}=Y^{-1},\quad \alpha_{n+2}=\alpha.$$

即对于齐次函数，方法在 $(n+2)$ 步得到极小点、齐次度和极小值.

引理 6.1.1 如果 $(n+2)$ 个最新的 y_i 线性无关，则存在一个指标 j, $1\leqslant j\leqslant n+2$, 满足 $y_{i+1}^TP_ie_j\neq 0$.

证明 由于 $n+2$ 个 y_i 线性无关，P_i 非奇异，故 $y_{i+1}^TP_i$ 至少有一个非零元. 对于这个非零元，选择对应的 j, 则 $y_{i+1}^TP_ie_j\neq 0$. □

定理 6.1.2 设 $f(x)$ 是 (6.1.2) 定义的齐次函数，$y_1,\cdots,y_i$, $e_{i+1},\cdots,e_{n+2}$ 线性无关，$i\leqslant n+2$, 则

$$\alpha_{i+1}^Ty_k=v_k,\quad \forall k\leqslant i+1. \tag{6.1.14}$$

因此，$\alpha_{n+2}=\alpha$, $P_{n+2}=Y^{-1}$.

证明 利用 (6.1.13),

$$\alpha_{i+1}^Ty_{i+1}=y_{i+1}^T\alpha_i+\frac{y_{i+1}^TP_ie_j}{y_{i+1}^TP_ie_j}\left(v_{i+1}-y_{i+1}^T\alpha_i\right),\quad j=i+1. \tag{6.1.15}$$

由题设和引理 6.1.1, $y_{i+1}^TP_ie_{i+1}\neq 0$, 因此上式表明

$$\alpha_{i+1}^Ty_{i+1}=v_{i+1}. \tag{6.1.16}$$

又,

$$\alpha_{i+1}^Ty_i=y_i^T\alpha_i+\frac{y_i^TP_ie_j\left(v_{i+1}-y_{i+1}^T\alpha_i\right)}{y_{i+1}^TP_ie_j},\quad j=i+1. \tag{6.1.17}$$

今 $e_i^TP_i^{-1}=y_i^T$, 故 $y_i^TP_i=e_i^T$, 又 $j=i+1$, 从而

$$y_i^TP_ie_j=e_i^Te_{i+1}=0, \tag{6.1.18}$$

于是由 (6.1.17) 和 (6.1.18) 得

$$\alpha_{i+1}^Ty_i=y_i^T\alpha_i=v_i.$$

按照类似的方法处理，我们有

$$\alpha_{i+1}^T y_k = \alpha_i^T y_k = \cdots = \alpha_k^T y_k = v_k. \tag{6.1.19}$$

由于

$$\alpha_{n+2}^T y_k = v_k, \quad k = 1, \cdots, n+2,$$

从而得到 $\alpha_{n+2} = \alpha$. 又由于

$$P_{n+2}^{-1} = \begin{bmatrix} y_1^T \\ \vdots \\ y_{n+2}^T \end{bmatrix}, \quad v = \begin{bmatrix} v_1 \\ \vdots \\ v_{n+2} \end{bmatrix},$$

$$P_{n+2}^{-1}\alpha = v,$$

从而得到 $P_{n+2} = Y^{-1}$. □

上述齐次函数模型算法对于齐次函数在 $n+2$ 步收敛，Jacobson 与 Pels (1974) 证明了在近似线性搜索 (Armijo 准则) 的条件下，方法对于一般非线性函数具有超线性收敛性. Charalambous (1973) 利用广义逆给出了方程 (6.1.8) 的通解，Kowalik 等 (1976) 提出了解 LU 分解的校正方案. 孙文瑜和常晓文 (1989a, b) 给出了解 (6.1.8) 的 Greville 递推方法和直交分解校正方法，并且利用近似线性搜索代替精确线性搜索.

总之，二次函数模型是齐次函数模型当 $\gamma = 2$ 时的特殊情形. 对于一般非线性函数的极小化，齐次函数模型是比二次函数模型优越的函数模型. 对于这种极小化模型，进一步深入的研究仍是必要的.

§6.2 张 量 方 法

张量方法也是二次模型方法的推广. 这种方法由扩充目标函数的 Taylor 展式到三阶项或四阶项产生. 对于 Hesse 矩阵奇异的问题，张量方法有明显的优越性. 张量方法是由 Schnabel 和 Frank (1984), Schnabel 和 Chow (1990) 提出的. 在本节中，我们将分别讨论解非线性方程组的张量方法和解无约束最优化问题的张量方法.

6.2.1 解非线性方程组的张量方法

设 $F: R^n \to R^n$, 考虑解非线性方程组

$$F(x) = 0, \tag{6.2.1}$$

即求 $x^* \in R^n$, 使得 $F(x^*) = 0$. 解 (6.2.1) 的牛顿法是根据 $F(x)$ 在当前点 x_c 处的线性模型

$$M(x_c + d) = F(x_c) + F'(x_c)d. \tag{6.2.2}$$

当 $F'(x_c)$ 非奇异时，下一个迭代点 x_+ 为

$$x_+ = x_c - F'(x_c)^{-1}F(x_c). \tag{6.2.3}$$

牛顿法的显著特点是：如果 $F'(x_c)$ 在 x^* 的邻域内 Lipschitz 连续, $F'(x^*)$ 非奇异, 则由 (6.2.3) 产生的牛顿序列局部和二次收敛到 x^*. 这意味着存在 $\delta > 0$ 和 $c \geqslant 0$, 使得当 $\|x_0 - x^*\| \leqslant \delta$ 时，牛顿法产生的迭代序列 $\{x_k\}$ 满足

$$\|x_{k+1} - x^*\| \nleqslant c\|x_k - x^*\|^2. \tag{6.2.4}$$

但是，如果 $F'(x^*)$ 奇异，则牛顿法的快速收敛性质将失去. 本节考虑的张量方法弥补了这个缺陷. 当 $F'(x^*)$ 奇异时，张量方法仍然具有快的局部收敛性.

解非线性方程组的张量方法考虑在当前点 x_c 处的二次模型

$$M_T(x_c + d) = F(x_c) + F'(x_c)d + \frac{1}{2}T_c dd, \tag{6.2.5}$$

其中， $T_c \in R^{n\times n\times n}$ 是一个三维张量. (6.2.5) 称为 $F(x)$ 的张量模型，根据 (6.2.5) 的方法称为张量方法.

下面我们给出一个定义.

定义 6.2.1 设 $T\in R^{n\times n\times n}$, 则 T 由 n 个水平面 (horizontal faces) $H_i\in R^{n\times n}$ 组成， $i=1,\cdots,n$, 其中 $H_i[j,k]=T[i,j,k]$. 对于 $v,w\in R^n$, 有 $Tvw\in R^n$, 其第 i 个分量为

$$\begin{aligned}Tvw[i]&=v^TH_iw\\&=\sum_{j=1}^{n}\sum_{k=1}^{n}T[i,j,k]v[j]w[k].\end{aligned}\tag{6.2.6}$$

因此， (6.2.5) 给出的张量模型实际上是一个 n 维向量，其每一个分量是 $F(x)$ 的分量函数的二次模型，即

$$\begin{aligned}(M_T(x_c+d))[i]=&f_i+g_i^Td+\frac{1}{2}d^TH_id,\\&i=1,\cdots,n.\end{aligned}\tag{6.2.7}$$

其中 $f_i=F(x_c)[i]$, g_i^T 是 $F'(x_c)$ 的第 i 行， H_i 是 $F(x)$ 的第 i 个分量函数的 Hesse 矩阵.

在张量模型 (6.2.5) 中 T_c 的明显选择是 $F''(x_c)$. 但是，惊人的计算量告诉我们这样做对于算法是不可接受的，因为它需要在每次迭代中计算 $F''(x_c)$ 的 n^3 个二阶偏导数，存贮单元超过 $n^3/2$, 每次迭代要解含 n 个未知数的 n 个二次方程的方程组. 为了克服这些缺点，张量方法利用现有的函数值信息和一阶导数信息构造 T_c, 整个方法与标准方法相比增加的工作量很小.

为了构造 T_c, 我们选择前面的不一定相邻的 p 个迭代点 $x_{-1},\cdots,x_{-p}$, 要求张量模型 (6.2.5) 在这些点插值函数值 $F(x_{-k})$, 即

$$\begin{aligned}F(x_{-k})=&F(x_c)+F'(x_c)s_k+\frac{1}{2}T_cs_ks_k,\\&k=1,\cdots,p\end{aligned}\tag{6.2.8a}$$

其中

$$s_k=x_{-k}-x_c,\quad k=1,\cdots,p.\tag{6.2.8b}$$

我们要求方向 $\{s_k\}$ 是强线性无关的, 即每一个方向 s_k 与由其他方向张成的子空间的夹角至少有 θ 度, 实际经验指出 θ 取在 20°—45°

的范围内最适宜. 选择 s_k 的过程可以利用修改的 Gram-Schmidt 算法完成. 由于 $\{s_k\}$ 必须线性无关, 故 $p \leqslant n$. 实际上, 我们取

$$p \leqslant \sqrt{n}.$$

今将 (6.2.8) 写成

$$T_c s_k s_k = z_k, \quad k = 1, \cdots, p, \tag{6.2.9a}$$

其中

$$z_k = 2(F(x_{-k}) - F(x_c) - F'(x_c)s_k). \tag{6.2.9b}$$

这是一个 $np \leqslant n^{3/2}$ 个方程的线性方程组, 含有 n^3 个未知量 $T_c[i,j,k]$, $1 \leqslant i,j,k \leqslant n$. 下面, 我们按照第五章拟牛顿法中求最小改变割线校正的技巧来选择 T_c.

定义 6.2.2 设 $u, v, w \in R^n$, 由

$$T[i,j,k] = u[i] \cdot v[j] \cdot w[k]$$

表示的张量 $T \in R^{n \times n \times n}$ 叫做秩一张量, 用

$$T = u \otimes v \otimes w$$

表示, 其中 $1 \leqslant i,j,k \leqslant n$.

显然, 秩一张量 $u \otimes v \otimes w$ 的第 i 个水平面是秩一矩阵 $u[i](vw^T)$.

定理 6.2.3 设 $p \leqslant n$. 假定 $s_k \in R^n$, $k = 1, \cdots, p$, $\{s_k\}$ 线性无关. 设 $z_k \in R^n$, $k = 1, \cdots, p$. 定义 $M \in R^{p \times p}$, $M[i,j] = \left(s_i^T s_j\right)^2$, $1 \leqslant i,j \leqslant p$. $Z \in R^{n \times p}$, Z 的第 k 列为 z_k, $k = 1, \cdots, p$. 那么, M 是正定的, 且

$$\begin{aligned} &\min_{T_c \in R^{n \times n \times n}} \|T_c\|_F \\ &\text{s.t. } T_c s_k s_k = z_k, \quad k = 1, \cdots, p \end{aligned} \tag{6.2.10}$$

的解为

$$T_c = \sum_{k=1}^{p} (a_k \otimes s_k \otimes s_k), \tag{6.2.11}$$

其中 a_k 是 $A\in R^{n\times p}$ 的第 k 列，$A=ZM^{-1}$.

证明 因为 (6.2.10) 中目标函数和约束可以分解成 n 个分开的目标函数和约束，故问题 (6.2.10) 等价于解如下 n 个分开的极小化问题：

$$\begin{aligned}&\min_{H_i\in R^{n\times n}} \|H_i\|_F\\ &\text{s.t. } s_k^T H_i s_k = z_k[i],\quad k=1,\cdots,p\end{aligned}\tag{6.2.12}$$

其中 H_i 是 T_c 的水平面，$i=1,\cdots,n$. 问题 (6.2.12) 是含 p 个方程组、n^2 个未知量的亚定系统. 设 $h_i\in R^{n^2}$,

$$\begin{aligned}h_i =&(H_i[1,1],H_i[1,2],\cdots,H_i[1,n],H_i[2,1],\cdots,\\ &H_i[2,n],\cdots,H_i[n,1],\cdots,H_i[n,n])^T.\end{aligned}\tag{6.2.13}$$

又设 $\overline{S}\in R^{p\times n^2}$, $\overline{S}$ 的第 k 行为

$$\overline{s}_k=\left(s_k[1]s_k^T,s_k[2]s_k^T,\cdots,s_k[n]s_k^T\right).\tag{6.2.14}$$

再设 $Z\in R^{n\times p}$ 的第 i 行为 $\overline{z}_i$, 即

$$\overline{z}_i\in R^p,\quad \overline{z}_i[k]=z_k[i],\quad 1\leqslant i\leqslant n,\ 1\leqslant k\leqslant p.$$

于是，(6.2.12) 等价于

$$\begin{aligned}&\min_{h_i\in R^{n^2}} \|h_i\|_2\\ &\text{s.t. } \overline{S}h_i=z_i.\end{aligned}\tag{6.2.15}$$

由于 $\{s_k\}$ 线性无关，则 $\overline{S}$ 行满秩，从而 (6.2.15) 的解为

$$h_i=\overline{S}^T(\overline{S}\,\overline{S}^T)^{-1}\overline{z}_i.\tag{6.2.16}$$

由于 $M=\overline{S}\,\overline{S}^T$, 故 M 正定. 又 $A=ZM^{-1}$, 故有

$$h_i=\overline{S}^T\overline{a}_i,\tag{6.2.17}$$

其中，$\overline{a}_i$ 是 A 的第 i 行，$\overline{a}_i=(\overline{S}\,\overline{S}^T)^{-1}\overline{z}_i$, 并且

$$\overline{a}_i[k]=a_k[i],\quad 1\leqslant i\leqslant n,\ 1\leqslant k\leqslant p.$$

于是,

$$h_i = \sum_{k=1}^{p} \overline{a}_i[k]\overline{s}_k = \sum_{k=1}^{p} a_i[i]\overline{s}_k, \tag{6.2.18}$$

其中 $\overline{s}_k$ 是 (6.2.14) 定义的 $\overline{S}$ 的第 k 行. 把 (6.2.18) 变回到用 $n\times n$ 矩阵 H_i 表示, 得

$$H_i = \sum_{k=1}^{p} a_k[i] s_k s_k^T. \tag{6.2.19}$$

最后, 组合 n 个 H_i 就形成 (6.2.11) 给出的 T_c. □

将 (6.2.11) 代入张量模型 (6.2.5), 得到

$$M_T(x_c+d) = F(x_c) + F'(x_c)d + \frac{1}{2}\sum_{k=1}^{p} a_k \left(d^T s_k\right)^2. \tag{6.2.20}$$

在上述模型中, 所得到的二阶项的简单形式是能够有效地形成、存贮、求解张量模型的关键. 在张量方法中, 额外的存贮量是为了存贮 $\{a_k\}$ 、$\{s_k\}$ 、$\{x_{-k}\}$ 、$\{F(x_{-k})\}$ 所需要的 $4pn$ 个存贮单元. 额外的计算量是形成 T_c 所需要的 $n^2p+O(np^2)$ 次运算和解 $A=ZM^{-1}$ 所需要的 $O(np^2)$ 次运算. 由于 $p\leqslant\sqrt{n}$, 故总的额外计算量至多是 $O(n^{2.5})$, 这与标准方法在每次迭代中需要 $n^3/3$ 次运算相比, 增加的工作量并不大.

6.2.2 解无约束最优化的张量方法

现在, 我们把张量方法用于解无约束最优化问题

$$\min_{x\in R^n} f(x), \quad f: R^n \to R. \tag{6.2.21}$$

我们考虑张量模型

$$\begin{aligned} m_T(x_c+d) =& f(x_c) + \nabla f(x_c)\cdot d + \frac{1}{2}\nabla^2 f(x_c)\cdot d^2 \\ &+ \frac{1}{6}T_c\cdot d^3 + \frac{1}{24}V_c\cdot d^4, \end{aligned} \tag{6.2.22}$$

这里 $T_c \in R^{n\times n\times n}$ 和 $V_c \in R^{n\times n\times n\times n}$ 是三阶和四阶张量，它们都是对称的. (6.2.22) 称为无约束优化的张量模型，根据这个模型的方法叫解最优化问题的张量方法.

为了选择 T_c 和 V_c, 我们选择 p 个不一定连续的点 $x_{-1},\cdots,x_{-p}$, 并要求模型 (6.2.22) 在这些点满足下列插值条件：

$$\begin{aligned}f(x_{-k}) =& f(x_c)+\nabla f(x_c)\cdot s_k+\frac{1}{2}\nabla f(x_c)\cdot s_k^2\\&+\frac{1}{6}T_c\cdot s_k^3+\frac{1}{24}V_c\cdot s_k^4,\end{aligned} \tag{6.2.23a}$$

$$\begin{aligned}\nabla f(x_{-k}) =& \nabla f(x_c)+\nabla^2 f(x_c)\cdot s_k+\frac{1}{2}T_c\cdot s_k^2\\&+\frac{1}{6}V_c\cdot s_k^3,\end{aligned} \tag{6.2.23b}$$

其中， $s_k=x_{-k}-x_c, k=1,\cdots,p$. 与前面的讨论一样，方向 $\{s_k\}$ 是强线性无关的. $p\leqslant n^{1/3}$.

对 (6.2.23b) 两边乘以 s_k, 得

$$\begin{aligned}\nabla f(x_{-k})\cdot s_k =& \nabla f(x_c)\cdot s_k+\nabla^2 f(x_c)\cdot s_k^2\\&+\frac{1}{2}T_c\cdot s_k^3+\frac{1}{6}V_c\cdot s_k^4,\end{aligned} \tag{6.2.24}$$

定义 $\alpha,\beta\in R^p$ 分别为

$$\alpha[k]=T_c\cdot s_k^3, \tag{6.2.25a}$$

$$\beta[k]=V_c\cdot s_k^4, \tag{6.2.25b}$$

其中， $k=1,\cdots,p$. 于是 (6.2.23a) 和 (6.2.24) 可以写成

$$\frac{1}{2}\alpha[k]+\frac{1}{6}\beta[k]=q_1[k], \tag{6.2.26a}$$

$$\frac{1}{6}\alpha[k]+\frac{1}{24}\beta[k]=q_2[k], \tag{6.2.26b}$$

其中

$$q_1[k]=\nabla f(x_{-k})\cdot s_k-\nabla f(x_c)\cdot s_k-\nabla^2 f(x_c)\cdot s_k^2, \tag{6.2.27a}$$

$$q_2[k]=f(x_{-k})-f(x_c)-\nabla f(x_c)\cdot s_k-\frac{1}{2}\nabla^2 f(x_c)\cdot s_k^2, \tag{6.2.27b}$$

$k=1,\cdots,p$. 方程组 (6.2.26) 是非奇异的，每一个 $\alpha[k]$ 和 $\beta[k]$ 可以唯一确定. 这样，我们可以由

$$\begin{aligned}&\min_{V_c\in R^{n\times n\times n\times n}}\|V_c\|_F\\&\text{s.t.}V_c\cdot s_k^4=\beta[k],\quad k=1,\cdots,p.\\&V_c\text{对称.}\end{aligned} \tag{6.2.28}$$

确定 V_c, 再由 (6.2.23b), 有

$$T_c\cdot s_k^2=a_k,\quad k=1,\cdots,p, \tag{6.2.29}$$

其中

$$a_k=2\Big(\nabla f(x_{-k})-\nabla f(x_c)-\nabla^2 f(x_c)\cdot s_k-\frac{1}{6}V\cdot s_k^3\Big).$$

方程组 (6.2.29) 有 $np<n^{4/3}$ 个方程，含有 n^3 个未知数 $T_c[i,j,k]$, $1\leqslant i,j,k\leqslant n$. 我们再由

$$\begin{aligned}&\min_{T_c\in R^{n\times n\times n}}\|T_c\|_F\\&\text{s.t. }T_c\cdot s_i^2=a_i,\quad i=1,\cdots,p\\&T_c\text{对称,}\end{aligned} \tag{6.2.30}$$

确定 T_c.

下面两个定理确定 (6.2.28) 和 (6.2.30) 的解.

定理 6.2.4 设 $p \leqslant n$. 假定 $s_k \in R^n$, $k=1,\cdots,p$, $\{s_k\}$ 线性无关，$\beta \in R^p$. 定义 $M \in R^{p\times p}$, $M[i,j]=\left(s_i^T s_j\right)^4$, $1 \leqslant i,j \leqslant p$. 定义 $\gamma \in R^p$, $\gamma = M^{-1}\beta$. 那么，问题 (6.2.28) 的解为

$$V_c=\sum_{k=1}^{p}\gamma[k](s_k\otimes s_k\otimes s_k\otimes s_k). \tag{6.2.31}$$

证明 定义 $\hat{v} \in R^{n^4}$ 为

$$\begin{aligned}\hat{v}^T=&(V_c[1,1,1,1],V_c[1,1,1,2],\cdots,V_c[1,1,1,n],\\&V_c[1,1,2,1],\cdots,V_c[1,1,2,n],\cdots,V_c[n,n,n,n]).\end{aligned}$$

又设矩阵 $\hat{S} \in R^{p\times n^4}$, 其第 k 行为

$$(s_k[1])^4,(s_k[1])^3(s_k[2]),\cdots,(s_k[1])^3(s_k[n]),\cdots,(s_k[n])^4.$$

于是，(6.2.28) 等价于

$$\begin{aligned}&\min_{\hat{v}}\|\hat{v}\|_2\\&\text{s.t. }\hat{S}\hat{v}=\beta,\quad V_c\text{ 对称}.\end{aligned} \tag{6.2.32}$$

这里 V_c 是 $\hat{v}$ 的原始形式. 由于 $\{s_k\}$ 线性无关，故 $\hat{S}$ 行满秩，从而

$$\begin{aligned}&\min_{\hat{v}}\|\hat{v}\|_2\\&\text{s.t. }\hat{S}\hat{v}=\beta\end{aligned} \tag{6.2.33}$$

的解是

$$\hat{v}=\hat{S}^T(\hat{S}\hat{S}^T)^{-1}\beta. \tag{6.2.34}$$

由矩阵运算，有 $\hat{S}\hat{S}^T=M$, 因此，

$$\hat{v}=\hat{S}^T\gamma.$$

将 $\hat{v}$ 变换回 V_c, 便得到 (6.2.31). 由于 V_c 对称，故 (6.2.31) 是 (6.2.28) 的解. □

定理 6.2.5 设 $p \leqslant n$. 假定 $s_k \in R^n$, $k=1,\cdots,p$, $\{s_k\}$ 线性无关， $a_k \in R^n$, $k=1,\cdots,p$. 则问题 (6.2.30) 的解为

$$T_c = \sum_{k=1}^{p}(b_k \otimes s_k \otimes s_k + s_k \otimes b_k \otimes s_k + s_k \otimes s_k \otimes b_k), \tag{6.2.35}$$

其中 $b_k \in R^n$, $k=1,\cdots,p$. $\{b_k\}$ 是使得 (6.2.35) 满足

$$T_c s_i^2 = a_i, \quad i=1,\cdots,p$$

的唯一的向量集合.

证明 首先我们证明 (6.2.30) 中约束集是可行的. 设 $t_i \in R^n$, $i=1,\cdots,p$, 满足

$$e_i^T s_j = \begin{cases} 1, & i=j, \\ 0, & i \neq j, \end{cases} \quad 对于\ j=1,\cdots,p.$$

由于 $\{s_i\}$ 线性无关，故这样的向量 t_i 可通过列为 s_i 的矩阵的 QR 分解得到. 于是,

$$\begin{aligned} T = \sum_{i=1}^{p} \big(& t_i \otimes t_i \otimes a_i + t_i \otimes a_i \otimes t_i + a_i \otimes t_i \otimes t_i \\ & - 2\big(a_i^T s_i\big)\big(t_i \otimes t_i \otimes t_i\big)\big) \end{aligned}$$

是 (6.2.30) 的可行解.

Dennis 与 Schnabel (1979) 证明了：如果张量 $T_j \in R^{n\times n\times n}$, 其序列由下述过程产生：

$$T_0 = 0, \quad 对于\ j=0,1,2,\cdots,$$

T_{2j+1} 是

$$\begin{aligned} & \min \|T_{2j+1} - T_{2j}\|_F \\ & \text{s.t. } T_{2j+1} \cdot s_i^2 = a_i, \quad i=1,\cdots,p, \end{aligned} \tag{6.2.36}$$

的解，T_{2j+2} 是

$$\min \|T_{2j+2} - T_{2j+1}\|_F$$

$$\text{s.t. } T_{2j+2} \text{ 对称}$$

的解，那么，序列 $\{T_j\}$ 有极限，这个极限是 (6.2.30) 的唯一解.(参见 §5.1 中 Powell 对称 Broyden 校正的推导和定理 5.1.4).

下面，我们证明：对于某个向量集合 $\{b_k\}$, 这个极限有形式 (6.2.35). 我们将通过证明每一个 T_{2j} 具有形式 (6.2.35) 来证明这个结论. 显然，T_0 具有这个形式. 今假定对于某个 j, 结论成立，即对于某个向量序列 $\{u_k\}$,

$$T_{2j} = \sum_{k=1}^{p}(u_k \otimes s_k \otimes s_k + s_k \otimes u_k \otimes s_k + s_k \otimes s_k \otimes u_k) \tag{6.2.37}$$

成立，由定理 6.2.3, (6.2.30) 的解是

$$T_{2j+1} = T_{2j} + \sum_{k=1}^{p}(v_k \otimes s_k \otimes s_k),$$

其中 $\{v_k\}$ 是某个向量序列. 因此，

$$\begin{aligned} T_{2j+2} =& T_{2j} + \frac{1}{3}\sum_{k=1}^{p}(v_k \otimes s_k \otimes s_k + s_k \otimes v_k \otimes s_k + s_k \otimes s_k \otimes v_k) \\ =& \sum_{k=1}^{p}\left(\left(u_k + \frac{v_k}{3}\right) \otimes s_k \otimes s_k + s_k \otimes \left(u_k + \frac{v_k}{3}\right) \otimes s_k \right. \\ & \left. + s_k \otimes s_k \otimes \left(u_k + \frac{v_k}{3}\right)\right), \end{aligned}$$

它表明 T_{2j+2} 具有 (6.2.37) 的形式. 从而由归纳法可知，对于某个向量序列 $\{b_k\}$, (6.2.30) 的解 T_c 必定具有形式 (6.2.35).

最后，我们证明：使得 T_c 满足

$$T_c s_i^2 = a_i, \quad i = 1, \cdots, p \tag{6.2.38}$$

的某个向量序列 $\{b_k\}$ 是唯一的. 将 (6.2.35) 代入 (6.2.38), 得到 np 个线性方程组成的方程组, 它含有 np 个未知量. 这里, 矩阵是 $\{s_k\}$ 的函数, 未知量是 $\{b_k\}$ 的元素, 右端项由 $\{a_k\}$ 的元素组成. 由于我们上面证明了对于任何 $\{a_k\}$, (6.2.30) 是可行的, 故上面的推导和 Dennis-Schnabel (1979) 的理论意味着对于任何右端项, 方程至少有一个解. 因此, 该方程组必定是非奇异的, 因而有唯一解. 这表明序列 $\{b_k\}$ 被唯一确定. □

上面两个定理证明了由极小范数问题 (6.2.28) 和 (6.2.30) 确定的 T_c 和 V_c 分别有秩 $2p$ 和 p, 这使得张量模型能够有效地存贮和求解. 但定理 6.2.5 并未给出一个有效地产生 T_c 的方法. 下面, 我们提出一个形成 T_c 的有效方法.

将 (6.2.35) 代入 (6.2.38), 得到

$$\begin{aligned} a_i &= \sum_{k=1}^{p}(b_k \otimes s_k \otimes s_k + s_k \otimes b_k \otimes s_k + s_k \otimes s_k \otimes b_k) \cdot s_i^2 \\ &= \sum_{k=1}^{p} b_k\left(s_k^T s_i\right)^2 + 2\sum_{k=1}^{p} s_k\left(s_k^T s_i\right)\left(b_k^T s_i\right), \quad i=1,\cdots,p. \end{aligned}$$

上述方程可以写成矩阵形式

$$A = BN + 2SM, \tag{6.2.39}$$

其中, $A, B, S \in R^{n\times p}$, 它们的第 k 列分别为 a_k, b_k, s_k. $N, M \in R^{p\times p}$, $N_{ij}=\left(s_i^T s_j\right)^2$, $M_{ij}=\left(s_i^T s_j\right)\left(b_i^T s_j\right)$, $1 \leqslant i,j \leqslant p$. 注意, B 含有未知量, M 是这些未知量的线性函数, A, N, S 是已知的. 对 (6.2.39) 两边左乘 S^T, 得

$$[S^T A] = [S^T B]N + 2[S^T S]M. \tag{6.2.40}$$

定义 $x_{ij} = b_j^T s_i$, $1 \leqslant i,j \leqslant p$, 则 (6.2.40) 可以写成如下含有 p^2 个

线性方程组、p^2 个未知数 x_{ij} 的方程组：

$$\begin{bmatrix} s_1^T a_1 \\ s_1^T a_2 \\ \vdots \\ s_1^T a_p \\ \vdots \\ s_p^T a_p \end{bmatrix} = \begin{bmatrix} N & & \\ & \ddots & \\ & & N \end{bmatrix} \begin{bmatrix} x_{11} \\ x_{12} \\ \vdots \\ x_{1p} \\ \vdots \\ x_{pp} \end{bmatrix}$$

$$+ 2 \begin{bmatrix} w_{11} & & & \\ & w_{12} & & \\ & & \ddots & \\ & & & w_{1p} \\ \cdots & \cdots & \cdots & \cdots \\ w_{p1} & & & \\ & w_{p2} & & \\ & & \ddots & \\ & & & w_{pp} \end{bmatrix} \begin{bmatrix} x_{11} \\ x_{12} \\ \vdots \\ x_{1p} \\ \vdots \\ x_{pp} \end{bmatrix}, \qquad (6.2.41)$$

其中 w_{ij} 是 p 元向量，即

$$w_{ij} = \left[\left(s_i^T s_1\right)\left(s_1^T s_j\right), \left(s_i^T s_2\right)\left(s_2^T s_j\right), \cdots, \left(s_i^T s_p\right)\left(s_p^T s_j\right) \right].$$

在 (6.2.41) 中，唯一的未知数是 x_{ij}，于是可以求解 (6.2.41) 得到 x_{ij}，然后由

$$M_{ij} = \left(s_i^T s_j\right)\left(b_i^T s_j\right) = \left(s_i^T s_j\right) x_{ji}$$

计算 M. 最后，由

$$B = (A - 2SM)N^{-1} \qquad (6.2.42)$$

计算 B. 这里 N 是可逆的，因为 $\{s_k\}$ 线性无关. 这样，我们得到了 b_k，从而得到 T_c.

现在，我们来求解张量模型 (6.2.22). 将 (6.2.35) 和 (6.2.31) 中 T_c 和 V_c 的值代入张量模型 (6.2.22)，得

$$m_T(x_c + d) = f(x_c) + \nabla f(x_c) \cdot d + \frac{1}{2} \nabla^2 f(x_c) \cdot d^2$$

$$+\frac{1}{2}\sum_{k=1}^{p}\left(b_k^T d\right)\left(s_k^T d\right)^2+\frac{1}{24}\sum_{k=1}^{p}\gamma[k]\left(s_k^T d\right)^4$$

$$=f(x_c)+g^T d+\frac{1}{2}d^T H d$$

$$+\frac{1}{2}\sum_{k=1}^{p}\left(b_k^T d\right)\left(s_k^T d\right)^2+\frac{1}{24}\sum_{k=1}^{p}\gamma[k]\left(s_k^T d\right)^4, \tag{6.2.43}$$

其中， $g=\nabla f(x_c), H=\nabla^2 f(x_c)$.

设 $S\in R^{n\times p}$, 其第 k 列为 s_k. 又设 $Z\in R^{n\times(n-p)}$ 和 $W\in R^{n\times p}$ 是列满秩矩阵，分别满足

$$Z^T S=0 \text{ 和 } W^T S=I. \tag{6.2.44}$$

记

$$d=Wu+Zt, \tag{6.2.45}$$

其中 $u\in R^p, t\in R^{n-p}$. 将 (6.2.45) 代入 (6.2.43), 得

$$m_T(x_c+Wu+Zt)=f(x_c)+g^T Wu+g^T Zt+\frac{1}{2}u^T W^T HWu$$

$$+u^T W^T HZt+\frac{1}{2}t^T Z^T HZt$$

$$+\frac{1}{2}\sum_{k=1}^{p}u[k]^2\left(b_k^T Wu+b_k^T Zt\right)+\frac{1}{24}\sum_{k=1}^{p}\gamma[k]u[k]^4. \tag{6.2.46}$$

(6.2.46) 关于 t 是二次的，因此，对于有极小点的张量模型来说，$Z^T HZ$ 必须正定，该模型关于 t 的导数必须等于 0, 即

$$Z^T g+Z^T HZt+Z^T HW^T u+\frac{1}{2}Z^T\sum_{i=1}^{p}b_i u[i]^2=0, \tag{6.2.47}$$

从而得到

$$t=-(Z^T HZ)^{-1}Z^T\left(g+HWu+\frac{1}{2}\sum_{i=1}^{p}b_i u[i]^2\right). \tag{6.2.48}$$

如果 Z^THZ 正定，则模型的极小值为

$$\begin{aligned}\hat{m}_T(u)=&f+g^TWu+\frac{1}{2}u^TWHWu+\frac{1}{2}\sum_{i=1}^{p}u[i]^2(b_i^TWu)\\&+\frac{1}{24}\sum_{i=1}^{p}\gamma[i]u[i]^4-\frac{1}{2}\left(g+HWu+\frac{1}{2}\sum_{i=1}^{p}b_iu[i]^2\right)^T\\&\cdot Z(Z^THZ)^{-1}Z^T\left(g+HWu+\frac{1}{2}\sum_{i=1}^{p}b_iu[i]^2\right).\end{aligned}\tag{6.2.49}$$

这是关于 u 的四次多项式. 如果 (6.2.49) 有极小点 u^*, 则代入 (6.2.48) 得 t^*, 从而得到

$$d^*=Wu^*+Zt^*.\tag{6.2.50}$$

在具体执行中，我们采用线性搜索或信赖域方法. 如果得到的 d^* 是下降方向，但 x_c+d^* 不是可接受的，则由标准的线性搜索策略求步长因子 λ, 并令

$$x_+=x_c+\lambda d^*,\quad \lambda\in(0,1].$$

如果 (6.2.49) 没有极小点，或者所产生的 d^* 不是下降方向，则采用二次模型方法 (带有线性搜索) 求下一个迭代点.

类似地，也可以采用信赖域策略

$$\begin{aligned}&\min_{d\in R^n} m_T(x_c+d)\\&\text{s.t. } \|d\|_2\leqslant h_c\end{aligned}\tag{6.2.51}$$

其中 $h_c\in R$ 是信赖域半径，求解 (6.2.51) 可以通过下述序列无约束极小化问题

$$\min_{d\in R^n} m_T(x_c+d)+\sigma\left(d^Td-h_c^2\right)^2,\tag{6.2.52}$$

这里，σ 是罚因子.

另外，在实际执行中，我们分别根据张量模型和二次模型计算两个可能利用的新迭代点 $x_c + d_T$ 和 $x_c + d_N$，然后选择具有较小函数值的一个作为新迭代点.

张量方法的算法如下：

算法 6.2.6 给出当前迭代点 x_c, $f(x_c)$ 和 h_c:

步 1 计算 $\nabla f(x_c)$, 并决定是否停止. 如果不停止，转步 2.

步 2 计算 $\nabla^2 f(x_c)$.

步 3 选择 p 个过去的点.

步 4 计算 T_c 和 V_c.

步 5 根据张量模型和信赖域策略，求可能接受的新点 x_c+d_T 和新的信赖域半径 h_T.

步 6 根据二次模型和信赖域策略，求可能接受的新点 x_c+d_N 和新的信赖域半径 h_N.

步 7 如果 $f(x_c + d_T) \leqslant f(x_c + d_N)$, 令

$$x_+ = x_c + d_T, \quad h_+ = h_T,$$

否则，令

$$x_+ = x_c + d_N, \quad h_+ = h_N.$$

步 8 令 $x_c = x_+$, $f(x_c) = f(x_+)$, $h_c = h_+$, 转步 1. □

最后我们指出，上述张量方法中 Hesse 矩阵也可以用有限差分 Hesse 近似或拟牛顿校正代替.

§6.3 锥模型与共线调比

6.3.1 锥模型

通常考虑的二次函数模型是

$$q(d) = f(x_k) + g_k^T d + \frac{1}{2} d^T B_k d, \tag{6.3.1}$$

它满足

$$q(x_k) = f(x_k), \quad \nabla q(x_k) = \nabla f(x_k). \tag{6.3.2}$$

在拟牛顿法中，校正满足拟牛顿条件

$$B_k(x_k - x_{k-1}) = \nabla f(x_k) - \nabla f(x_{k-1}), \tag{6.3.3}$$

它相当于插值条件

$$\nabla q(x_{k-1}) = \nabla f(x_{k-1}). \tag{6.3.4}$$

从而可知，根据二次模型的割线方法满足 (6.3.2) 和 (6.3.4) 中的三个插值条件. 对于一些非二次性态强、曲率变化剧烈的函数，用二次函数模型去逼近效果就较差. 另外，在以前迭代中的函数值信息在插值过程中未能充分利用. 为此， Davidon (1980) 提出了无约束极小化的锥模型方法，它可以插值较多的函数和梯度信息，其模型函数比二次模型更加一般.

今设所考虑的锥模型函数为

$$c(x_k + d) = f(x_k) + \frac{g_k^T d}{1 + b^T d} + \frac{1}{2}\frac{d^T A_k d}{(1 + b^T d)^2}, \tag{6.3.5}$$

其水平集是圆锥曲线.

$$\begin{aligned}\nabla c(d) =& \frac{(1 + b^T d) g_k - g_k^T d b}{(1 + b^T d)^2} + \frac{(1 + b^T d)^2 A_k d - (1 + b^T d) d^T A_k d b}{(1 + b^T d)^4} \\ =& \frac{(1 + b^T d) I - b d^T}{1 + b^T d} \cdot \frac{(1 + b^T d) g_k + A_k d}{(1 + b^T d)^2} \\ =& \frac{1}{1 + b^T d}\left[I - \frac{b d^T}{1 + b^T d}\right]\left[g_k + \frac{A_k d}{1 + b^T d}\right].\end{aligned} \tag{6.3.6}$$

从而当 d 满足

$$g_k + \frac{A_k d}{1 + b^T d} = 0 \tag{6.3.7}$$

时， $\nabla c(d) = 0$, 锥模型 $c(d)$ 有极小点. 由 (6.3.7),

$$d = \frac{-A_k^{-1} g_k}{1 + b^T A_k^{-1} g_k}. \tag{6.3.8}$$

因此，如果 $1+b^TA_k^{-1}g_k\neq 0$，所求的极小点为

$$x_{k+1}=x_k-\frac{A_k^{-1}g_k}{1+b^TA_k^{-1}g_k}. \tag{6.3.9}$$

锥模型 (6.3.5) 也可以看作为在 $\widetilde{d}$- 空间的二次模型，其中新变量 $\widetilde{d}$ 和 d 的关系为

$$\widetilde{d}=\frac{d}{1+b^Td} \tag{6.3.10}$$

或

$$d=\frac{\widetilde{d}}{1-b^T\widetilde{d}}. \tag{6.3.11}$$

在新变量 $\widetilde{d}$- 空间，锥模型 (6.3.5) 变成

$$c(x_k+\widetilde{d})=f(x_k)+g_k^T\widetilde{d}+\frac{1}{2}\widetilde{d}^TA_k\widetilde{d}. \tag{6.3.12}$$

6.3.2 广义拟牛顿方程

Sorensen (1980) 从共线调比的角度导出了锥模型方法满足的广义拟牛顿方程.

今设 φ,x,w,B,h 为校正前的量，$\overline{\varphi},\overline{x},\overline{w},\overline{B},\overline{h}$ 为校正后的量. 设变量的共线调比为：

$$\overline{x}(w)=\overline{x}+\overline{J}w(1+\overline{h}^Tw), \tag{6.3.13}$$

调比函数为

$$\overline{\varphi}(w)=f(\overline{x}(w)), \tag{6.3.14}$$

其对应的二次模型为

$$\overline{\psi}(w)=\overline{\varphi}(0)+\overline{\varphi}'(0)w+\frac{1}{2}w^T\overline{B}w \tag{6.3.15a}$$

$$=f(\overline{x})+\frac{\nabla f(\overline{x})^T\overline{s}}{1-\overline{h}^T\overline{J}^{-1}\overline{s}}+\frac{1}{2}\frac{\overline{s}^T\overline{J}^{-T}\overline{B}\,\overline{J}^{-1}\overline{s}}{(1-\overline{h}^T\overline{J}^{-1}\overline{s})^2}$$

$$= f(\overline{x}) + f'(\overline{x})\overline{J}w + \frac{1}{2}w^T\overline{B}w, \tag{6.3.15b}$$

其中

$$\begin{aligned} \overline{s} &= \overline{J}w/(1+\overline{h}^T w), \\ w &= \overline{J}^{-1}\overline{s}/(1-\overline{h}^T\overline{J}^{-1}\overline{s}). \end{aligned}$$

为了校正 J, h, B, 并得到 $\overline{J}, \overline{h}, \overline{B}$, 我们引进下面的相容性条件和插值条件.

相容性条件：

$$\overline{x}(0) = \overline{x}, \quad \overline{x}(-v) = x. \tag{6.3.16}$$

插值条件：

$$\overline{\psi}(0) = \overline{\varphi}(0), \quad \overline{\psi}'(0) = \overline{\varphi}'(0), \tag{6.3.17a}$$

$$\overline{\psi}(-v) = \overline{\varphi}(-v), \quad \overline{\psi}'(-v) = \overline{\varphi}'(-v). \tag{6.3.17b}$$

相容性条件和插值条件可以图示如下：

w 空间：

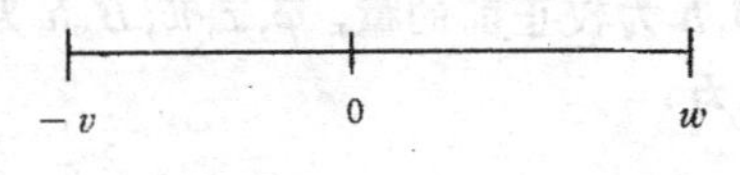

s 空间：

$s = \bar{x} - x$

x $\quad$ $\bar{x}$ $\quad$ $\bar{x}(w)$

|| $\quad$ || $\quad$ ||

$\bar{x}(-v)$ $\quad$ $\bar{x}(o)$ $\quad$ $\bar{x}(w)$

$$\overline{\psi}(-v) = \overline{\varphi}(-v), \quad \overline{\psi}(0) = \overline{\varphi}(0),$$
$$\overline{\psi}'(-v) = \overline{\varphi}'(-v), \quad \overline{\psi}'(0) = \overline{\varphi}'(0).$$

图 6.3.1 相容性条件与插值条件

下面，我们从相容性条件 (6.3.16) 和插值条件 (6.3.17) 导出 $\overline{J},\overline{h},\overline{B}$ 应满足的关系式．为方便起见，我们把导数列出如下：

$$\overline{x}'(w)=\frac{(1+\overline{h}^T w)\overline{J}-\overline{J}w\overline{h}^T}{(1+\overline{h}^T w)^2}, \tag{6.3.18a}$$

$$\overline{x}'(0)=\overline{J}, \tag{6.3.18b}$$

$$\overline{x}'(-v)=\frac{(1-\overline{h}^T v)\overline{J}+\overline{J}v\overline{h}^T}{(1-\overline{h}^T v)^2}, \tag{6.3.18c}$$

$$\overline{\varphi}'(w)=f'(\overline{x}(w))\overline{x}'(w), \tag{6.3.19a}$$

$$\overline{\varphi}'(0)=f'(\overline{x}(0))\overline{x}'(0)=f'(\overline{x})\overline{J}, \tag{6.3.19b}$$

$$\overline{\varphi}'(-v)=f'(\overline{x}(-v))\overline{x}'(-v)=f'(x)(\overline{J}+s\overline{h}^T)/\gamma, \tag{6.3.19c}$$

$$\overline{\psi}'(w)=\overline{\varphi}'(0)+w^T\overline{B}, \tag{6.3.20a}$$

$$\overline{\psi}'(0)=\overline{\varphi}'(0)=f'(\overline{x})\overline{J}, \tag{6.3.20b}$$

$$\overline{\psi}'(-v)=\overline{\varphi}'(0)-v^T\overline{B}=f'(\overline{x})\overline{J}-v^T\overline{B}. \tag{6.3.20c}$$

令

$$\gamma=1-\overline{h}^T v, \tag{6.3.21}$$

则由相容性条件 $\overline{x}(-v)=x$ 立即得到

$$x=\overline{x}(-v)=\overline{x}-\overline{J}v/\gamma,$$

即

$$\overline{J}v=\gamma s, \tag{6.3.22}$$

其中 $s=\overline{x}-x$. 显然，插值条件 (6.3.17a) 直接为调比函数的二次模型 (6.3.15) 所满足．另一方面，考虑插值条件 (6.3.17b)

$$\begin{aligned}\overline{\psi}(-v)&=\overline{\varphi}(0)-\overline{\varphi}'(0)v+\frac{1}{2}v^T\overline{B}v\\&=f(\overline{x})-f'(\overline{x})\overline{J}v+\frac{1}{2}v^T\overline{B}v\end{aligned}$$

$$= f(\overline{x}) - \gamma f'(\overline{x})s + \frac{1}{2}v^T\overline{B}v,$$

又

$$\overline{\varphi}(-v) = f(x),$$

所以，(6.3.17b) 的第一式变成

$$f(x) = f(\overline{x}) - \gamma f'(\overline{x})s + \frac{1}{2}v^T\overline{B}v. \tag{6.3.23}$$

类似地，从 (6.3.20c) 和 (6.3.19c) 可知，(6.3.17b) 的第二式变成

$$f'(x)(\overline{J} + s\overline{h}^T)/\gamma = f'(\overline{x})\overline{J} - v^T\overline{B}, \tag{6.3.24}$$

上式可以写成

$$\overline{B}v = r \tag{6.3.25}$$

其中

$$r^T = \overline{\varphi}'(0) - \overline{\varphi}'(-v) = f'(\overline{x})\overline{J} - f'(x)(\overline{J} + s\overline{h}^T)/\gamma. \tag{6.3.26}$$

这样，我们得到了 $\overline{J}, \overline{h}, \overline{B}$ 应满足的条件

$$\overline{B}v = r, \quad \overline{J}v = \gamma s, \quad \overline{h}^T v = 1 - \gamma, \tag{6.3.27}$$

其中 r 由 (6.3.26) 定义. (6.3.27) 称为广义拟牛顿方程. 特别，当 $\overline{J} = I, \overline{h} = 0, \gamma = 1$ 时，广义拟牛顿方程就是通常的拟牛顿方程

$$\overline{B}v = r,$$

这时，$v = s = \overline{x} - x, r = f'(\overline{x}) - f'(x).$

由 (6.3.27) (ii) 和 (iii) 式，有

$$(\overline{J} + s\overline{h}^T)v = s,$$

使得

$$v^T\overline{B}v = r^T v = (\gamma f'(\overline{x}) - f'(x)/\gamma)s \triangleq y^T s,$$

其中

$$y = \gamma f'(\overline{x})^T - f'(x)^T/\gamma.$$

将上式代入 (6.3.23), 得

$$\gamma^2 f'(\overline{x})s + 2\gamma[f(x) - f(\overline{x})] + f'(x)s = 0, \tag{6.3.28}$$

这是 γ 的二次三项方程. 为使 γ 是实的, γ 必须满足

$$\rho^2 \triangleq (f(\overline{x}) - f(x))^2 - (f'(\overline{x})s)(f'(x)s) \geqslant 0.$$

由于 $\overline{B}$ 正定,

$$v^T\overline{B}v = r^Tv = \left(\gamma f'(\overline{x}) - \frac{1}{\gamma}f'(x)\right)s = \pm 2\rho,$$

因此取 γ 为 (6.3.28) 的最小正根,

$$\gamma = \frac{-f'(x)s}{f(x) - f(\overline{x}) + \rho} \tag{6.3.29a}$$

$$= \frac{f(x) - f(\overline{x}) + \rho}{-f'(\overline{x})s}. \tag{6.3.29b}$$

对于一维情形, 相应的锥模型方法的迭代算法如下:

算法 6.3.1

1) 给出 x_1, s_1, 计算 f_1, f_1'.

2) 对于 $k = 1, 2, \cdots$

(1) 令 $x_{k+1} = x_k + s_k$;

(2) 求 f_{k+1}, f_{k+1}';

(3) 令 $\rho_k = \left((f_k - f_{k+1})^2 - (f_k' s_k)(f_{k+1}' s_k)\right)^{1/2}$,

$$\gamma_k = -f_k' s_k/(f_k - f_{k+1} + \rho_k);$$

(4) $s_{k+1} = s_k/\left[\left(1/\gamma_k^3\right)\left(f_k'/f_{k+1}'\right) - 1\right]$. □

6.3.3 校正关系式

根据广义拟牛顿方程 (6.3.27) 以及所希望的其它准则，可以得到 J, h, B 的校正关系式. 设 $\mathcal{W}$ 是以前的调比搜索方向的线性张成，$\overline{\mathcal{W}} = \text{span}\{\mathcal{W}, v\}$. 一个自然的要求是在子空间 $\mathcal{W}$ 上新的调比函数与旧的调比函数一致，即

$$\overline{\varphi}(w - v) = \varphi(w), \quad \forall w \in N_0 \subset \mathcal{W}, \tag{6.3.30}$$

其中，$N_0 = \{w \in \mathcal{W} : 1 + h^T w > 0\}$. 条件 (6.3.30) 立即导致

$$\overline{x}(w - v) = x(w), \quad \forall w \in N_0 \subset \mathcal{W}. \tag{6.3.31}$$

由于 $\overline{x}(-v) = x$, $\overline{x}(0) = \overline{x}$, 故

$$\begin{aligned}
\overline{x}(w - v) =& \overline{x}(0) + \frac{\overline{J}(w - v)}{\overline{h}^T(w - v) + 1} \\
=& x + \frac{\overline{J}v}{\gamma} + \frac{\overline{J}(w - v)}{\overline{h}^T w + \gamma} \text{ (由 (6.3.27) (iii) 式)} \\
=& x + \frac{\overline{J}v(\overline{h}^T w/\gamma) + \overline{J}w}{\overline{h}^T w + \gamma} \\
=& x + \frac{(\overline{J} + s\overline{h}^T)w}{\overline{h}^T w + \gamma}. \text{ (由 (6.3.27) (ii) 式)}
\end{aligned} \tag{6.3.32}$$

由 (6.3.31) 和 (6.3.32), 有

$$x + \frac{(\overline{J} + s\overline{h}^T)w}{\overline{h}^T w + \gamma} = x + \frac{Jw}{h^T w + 1}. \tag{6.3.33}$$

令 $w = \alpha p$, $p \in N_0 \subset \mathcal{W}$, $\alpha \in [0, 1]$, 比较上式中左右两边关于 α 的系数，立得

$$(\overline{J} + s\overline{h}^T)p = \gamma J p, \quad \overline{h}^T p = \gamma h^T p,$$

因此得到

$$(\overline{J} + s\overline{h}^T)w = \gamma J w \tag{6.3.34a}$$

和

$$\overline{h}^T w = \gamma h^T w, \quad \forall w \in \mathcal{W}. \tag{6.3.34b}$$

由于

$$s = \frac{Jv}{h^T v + 1},$$

故一旦 $\overline{h}$ 满足 (6.3.34b), 则 (6.3.34a) 成为

$$(\overline{J} + \gamma s h^T) w = \gamma J w,$$

从而有

$$\overline{J} = \gamma (J - s h^T). \tag{6.3.35}$$

显然，它满足 $\overline{J}v = \gamma s$ 和 (6.3.34a). (6.3.35) 是关于 J 的校正关系式.

下面考虑求 h 的校正关系式. 由于 $\overline{h}$ 满足

$$\overline{h}^T w = \gamma h^T w, \quad \overline{h}^T v = 1 - \gamma, \tag{6.3.36}$$

现令 Q 是 $\mathcal{W}$ 上的直交投影算子， $P = I - Q$. 设

$$\overline{h} = Qc + Pd, \quad c, d \text{为任意向量}, \tag{6.3.37}$$

用 w^T 左乘上式，有

$$\gamma h^T w = \overline{h}^T w = w^T Q c = c^T w,$$

故取 $c = \gamma h$. 再用 v^T 左乘 (6.3.37),

$$1 - \gamma = \overline{h}^T v = \gamma v^T Q h + v^T P d.$$

于是,

$$\overline{h}^T v = 1 - \gamma = \gamma v^T Q h + \frac{1 - \gamma - \gamma v^T Q h}{v^T P d} v^T P d.$$

因此，取

$$\overline{h} = \gamma Q h + \frac{1 - \gamma - \gamma v^T Q h}{v^T P d} P d. \tag{6.3.38}$$

当 $v^TPd \neq 0$ 时，它满足 (6.3.36) 中的两式．这样我们得到了关于 h 的校正关系式．

利用 (6.3.19b) 和 (6.3.19c), 由 (6.3.34a) 可得

$$\begin{aligned}
\overline{\varphi}'(-v)w &= \frac{f'(x)}{\gamma}(\overline{J} + s\overline{h}^T)w \\
&= \frac{f'(x)}{\gamma} \cdot \gamma J w \\
&= f'(x)Jw \\
&= \varphi'(0)w. \qquad (6.3.39)
\end{aligned}$$

为了校正调比函数的二次模型的 Hesse 矩阵，我们加上下面的要求：

$$\overline{\psi}(w-v) = \psi(w), \qquad (6.3.40a)$$

$$\overline{\psi}'(w-v)q = \psi'(w)q, \qquad (6.3.40b)$$

$\forall w, q \in \mathcal{W}$. 条件 (6.3.40a) 意味着

$$\begin{aligned}
&\overline{\varphi}(0) + \overline{\varphi}'(0)(w-v) + \frac{1}{2}(w-v)^T\overline{B}(w-v) \\
&= \varphi(0) + \varphi'(0)w + \frac{1}{2}w^TBw, \quad \forall w \in \mathcal{W}.
\end{aligned}$$

整理一下，上式即为

$$\begin{aligned}
&\left[\overline{\varphi}(0) - \overline{\varphi}'(0)v + \frac{1}{2}v^TBv - \varphi(0)\right] + [\overline{\varphi}'(0) - \varphi'(0) - v^T\overline{B}]w \\
&\quad + \frac{1}{2}w^T(\overline{B} - B)w = 0, \quad \forall w \in \mathcal{W}.
\end{aligned}$$

由 (6.3.23) 知，上式左边第一个括号为零，由 (6.3.34a) 和 (6.3.24) 知，上式左边第二个括号为零，因而，

$$w^T(\overline{B} - B)w = 0, \quad \forall w \in \mathcal{W}.$$

类似地，条件 (6.3.40b) 意味着

$$[\overline{\varphi}'(0)+(w-v)^T\overline{B}]q=[\varphi'(0)+w^TB]q,$$

即

$$[\overline{\varphi}'(0)-\varphi'(0)-v^TB]q+w^T(\overline{B}-B)q=0,\quad \forall w,q\in\mathcal{W}.$$

由 (6.3.34a) 和 (6.3.24) 知，上式左边第一个括号为零. 上述讨论表明：当且仅当

$$w^T(\overline{B}-B)q=0,\quad \forall w,q\in\mathcal{W} \tag{6.3.41}$$

时，(6.3.40a) 和 (6.3.40b) 都满足. 因此，所要求的 B 的校正满足

$$\overline{B}v=r,\quad w^T(\overline{B}-B)q=0,\quad \forall w,q\in\mathcal{W}. \tag{6.3.42}$$

上式也可写成

$$\begin{aligned}\overline{B}&=\mathcal{U}_Q(B,v,r)\\&=\left\{\overline{B}\,\middle|\,\begin{array}{l}\overline{B}v=r,\ Q^T(\overline{B}-B)Q=0,\ \overline{B}\text{对称},\\ Q\text{是 }\mathcal{W}\text{ 上的直交投影矩阵}.\end{array}\right\}\end{aligned} \tag{6.3.43}$$

这里，增加的要求 (6.3.40) 产生了 B 的校正类 (6.3.42), 它大于 Schnabel (1977) 研究的校正公式类：

$$\{\overline{B}\mid\overline{B}v=r,(\overline{B}-B)w=0,\forall w\in\mathcal{W};\overline{B}\text{对称}\},$$

也包括 Davidon (1975) 提出的最优条件投影校正.

综上所述，关于 J,h,B 的一类校正公式为

$$\overline{J}=\gamma(J-sh^T), \tag{6.3.35}$$

$$\overline{h}=\gamma Qh+\frac{1-\gamma-\gamma v^TQh}{v^TPd}Pd, \tag{6.3.38}$$

$$w^T(\overline{B}-B)q=0,\quad \forall w,q\in\mathcal{W}. \tag{6.3.41}$$

6.3.4 共线调比 BFGS 算法

Sorensen (1980) 给出了共线调比 BFGS 算法. 在 (6.3.35)、(6.3.38) 和 (6.3.41) 中, 令 $Q=0$, $P=I$, $d=\overline{J}^T g$, $s=\overline{x}-x$, $y=\gamma\overline{g}-g/\gamma$, 则具体的校正公式成为

$$\overline{J}=\gamma(J-sh^T), \tag{6.3.44a}$$

$$\overline{h}=\left(\frac{1-\gamma}{\gamma g^T s}\right)\overline{J}^T g, \tag{6.3.44b}$$

$$\begin{aligned}\overline{H}=&H+\frac{v(v-Hr)^T}{v^T r}+\frac{(v-Hr)v^T}{v^T r}\\&-\frac{r^T(v-Hr)}{(v^T r)^2}vv^T.\end{aligned} \tag{6.3.44c}$$

它称为共线调比 BFGS 公式. 类似地, 可以得到若干其他共线调比拟牛顿公式. Davidon (1980) 指出, 整个 Broyden 族都可以按照共线调比的方式构成共线调比 Broyden 族.

进一步, 令

$$\overline{C}=\overline{J}H\overline{J}^T,\quad C=JHJ^T,\quad y=\gamma\overline{g}-g/\gamma, \tag{6.3.45}$$

容易得到

$$\overline{C}=\gamma^2[(I-sy^T/s^Ty)C(I-ys^T/s^Ty)+ss^T/s^Ty]. \tag{6.3.46}$$

这样, 我们只需将 C 校正为 $\overline{C}$, 而不一定要分别将 J 、H 校正为 $\overline{J}$ 、$\overline{H}$ 了.

由 (6.3.13), 调比方向为

$$\begin{aligned}s_{k+1}=&\frac{1}{1+h_{k+1}^T v_{k+1}}J_{k+1}v_{k+1}(\text{注意 } v_{k+1}=-H_{k+1}J_{k+1}^T g_{k+1})\\=&\frac{-J_{k+1}H_{k+1}J_{k+1}^T g_{k+1}}{1-(1-\gamma_k)g_k^T J_{k+1}H_{k+1}J_{k+1}^T g_{k+1}/\gamma_k g_k^T s_k}\\\triangleq&\frac{-J_{k+1}H_{k+1}J_{k+1}^T g_{k+1}}{1+\delta_{k+1}}\end{aligned}$$

$$\triangleq -\theta_{k+1} C_{k+1} g_{k+1}. \tag{6.3.47}$$

因此得到如下迭代格式：

$$\begin{aligned} x_{k+1} &= x_k - \theta_k C_k g_k, \\ \theta_k &= 1/(1+\delta_{k+1}), \\ \delta_{k+1} &= -(1-\gamma_k) g_k^T C_{k+1} g_{k+1} / \gamma_k g_k^T s_k. \end{aligned} \tag{6.3.48}$$

下面我们给出共线调比 BFGS 算法.

算法 6.3.2

步 1　给出初始数据：x_0, δ_0, C_0 (正定), $\alpha_{\max} > 0$, 计算 f_0, g_0, 令 $k = 0$.

步 2　如果 $\delta_k < 0$, 令 $\overline{\alpha} = \min(\alpha_{\max}, -1/\delta_k)$; 否则，令 $\overline{\alpha} = \alpha_{\max}$.

对函数

$$\varphi(\alpha) \triangleq f\left(x_k - \alpha \cdot \frac{1}{1+\alpha\delta_k} C_k g_k\right)$$

进行线性搜索，求出 $\alpha_k \in (0, \overline{\alpha})$. 令

$$\begin{aligned} s_k &= -\alpha_k \frac{1}{1+\alpha\delta_k} C_k g_k, \\ x_{k+1} &= x_k + s_k, \\ f_{k+1} &= f(x_{k+1}), \quad g_{k+1}^T = f'(x_{k+1}), \\ \rho^2 &= (f_k - f_{k+1})^2 - \left(g_{k+1}^T s_k\right)\left(g_k^T s_k\right), \end{aligned}$$

使得 $\rho^2 > 0$, $f_{k+1} < f_k$.

步 3　如果满足某个收敛准则，则停止.

步 4　计算

$$\gamma_k = -g_k^T s_k / (f_k - f_{k+1} + \rho), \quad y_k = \gamma_k g_{k+1} - g_k / \gamma_k,$$

$$C_{k+1} = \gamma_k^2 \left[\left(I - s_k y_k^T / s_k^T y_k\right) C_k \left(I - y_k s_k^T / s_k^T y_k\right) + s_k s_k^T / s_k^T y_k\right],$$

$$\delta_{k+1} = -(1-\gamma_k)g_k^T C_{k+1} g_{k+1} / \gamma_k g_k^T s_k.$$

令 $k = k+1$, 转步 2. □

按照 Dennis 和 Moré (1974) 关于 BFGS 方法的收敛性分析可以证明共线调比 BFGS 方法产生的序列 $\{x_k\}$ Q- 超线性收敛到 x^*, 即满足

$$\lim_{k\to\infty} \|x_{k+1} - x^*\| / \|x_k - x^*\| = 0.$$

进一步， Di 和 Sun (1993) 提出了锥模型的信赖域方法.

设 x 表示极小点的当前近似，并设

$$f = f(x), \quad g = g(x) = \nabla f(x). \tag{6.3.49}$$

于是， $f(x+s)$ 的二次模型表示为

$$\varphi(s) = f + g^T s + \frac{1}{2} s^T A s, \tag{6.3.50}$$

其中， $A \in R^{n\times n}$ 是 Hesse 近似. $f(x+s)$ 的锥模型表示为

$$\psi(s) = f + \frac{g^T s}{1 - a^T s} + \frac{1}{2} \frac{s^T A s}{(1 - a^T s)^2}, \tag{6.3.51}$$

其中， $a \in R^n$ 是水平向量使得 $1 - a^T s > 0$.

锥模型的信赖域子问题是

$$\min\{\psi(s) \mid \|Ds\| \leqslant \Delta\}, \tag{6.3.52}$$

其中 D 是调比矩阵， Δ 是信赖域半径. 上述子问题也可以写成

$$\begin{aligned} &\min f + g^T J w + \frac{1}{2} w^T B w \\ &\text{s.t.} \quad s = Jw/(1 + h^T w), \quad \|Ds\| \leqslant \Delta. \end{aligned} \tag{6.3.53}$$

对于问题 (6.3.52) 和 (6.3.53), Di 和 Sun (1993) 讨论了解的充分必要条件，给出了锥模型的信赖域算法，并建立了算法的收敛性和 Q- 超线性收敛速度.

第七章　非线性最小二乘问题

§7.1　非线性最小二乘问题

这一章我们研究解如下形式的非线性最小二乘问题：

$$\min_{x\in R^n} f(x)=\frac{1}{2}r(x)^Tr(x)=\frac{1}{2}\sum_{i=1}^{m}[r_i(x)]^2,\quad m\geqslant n, \tag{7.1.1}$$

其中 $r: R^n\to R^m$ 是 x 的非线性函数. 如果 $r(x)$ 是线性函数，则问题 (7.1.1) 是线性最小二乘问题.

非线性最小二乘问题可以看作为无约束极小化的特殊情形，又可以看作为解方程组

$$r_i(x)=0,\quad i=1,\cdots,m, \tag{7.1.2}$$

$r_i(x)$ 称为残量函数. 当 $m>n$ 时，方程组 (7.1.2) 称为超定方程组；当 $m=n$ 时，方程组 (7.1.2) 称为确定方程组.

非线性最小二乘问题在数据拟合，参数估计和函数逼近等方面有广泛应用. 例如，我们要拟合数据 (t_i,y_i), $i=1,\cdots,m$, 拟合函数为 $\phi(t,x)$, 它是 x 的非线性函数. 我们要求选择 x 使得拟合函数 $\phi(t,x)$ 在残量平方和意义上尽可能好地拟合数据，其中残量为

$$r_i(x)=\phi(t_i,x)-y_i,\quad i=1,\cdots,m, \tag{7.1.3}$$

通常 $m\gg n$. 这样，我们得到非线性最小二乘问题 (7.1.1).

由于目标函数 (7.1.1) 有特殊结构，因此，可以对一般的无约束最优化方法进行改造，得到一些更有效的特殊方法.

设 $J(x)$ 是 $r(x)$ 的 Jacobi 矩阵，

$$J=\begin{pmatrix}\dfrac{\partial r_1}{\partial x_1} & \cdots & \dfrac{\partial r_1}{\partial x_n}\\ \vdots & \ddots & \vdots\\ \dfrac{\partial r_m}{\partial x_1} & \cdots & \dfrac{\partial r_m}{\partial x_n}\end{pmatrix}, \tag{7.1.4}$$

则 $f(x)$ 的梯度为

$$g(x)=\sum_{i=1}^{m} r_i(x)\nabla r_i(x)=J(x)^T r(x), \tag{7.1.5}$$

$f(x)$ 的 Hesse 矩阵为

$$\begin{aligned}G(x)&=\sum_{i=1}^{m}(\nabla r_i(x)\nabla r_i(x)^T+r_i(x)\nabla^2 r_i(x))\\&=J(x)^T J(x)+S(x),\end{aligned} \tag{7.1.6}$$

其中

$$S(x)=\sum_{i=1}^{m} r_i(x)\nabla^2 r_i(x). \tag{7.1.7}$$

因此，目标函数 $f(x)$ 的二次模型为

$$\begin{aligned}m_k(x)&=f(x_k)+g(x_k)^T(x-x_k)+\frac{1}{2}(x-x_k)^T G(x_k)(x-x_k)\\&=\frac{1}{2}r(x_k)^T r(x_k)+(J(x_k)^T r(x_k))^T(x-x_k)\\&\quad+\frac{1}{2}(x-x_k)^T(J(x_k)^T J(x_k)+S(x_k))(x-x_k),\end{aligned} \tag{7.1.8}$$

从而，解问题 (7.1.1) 的牛顿法为

$$x_{k+1} = x_k - (J(x_k)^T J(x_k) + S(x_k))^{-1} J(x_k) r(x_k). \tag{7.1.9}$$

从第三章可以知道，在标准假设下，(7.1.9) 具有局部二阶收敛速度．但是，上述牛顿法的主要问题是 Hesse 矩阵 $G(x)$ 中的二阶信息项 $S(x)$ 通常难以计算或者花费的工作量很大．而利用整个 $G(x)$ 的割线近似也不可取，因为在计算梯度 $g(x)$ 时已经得到 $J(x)$，这样，$G(x)$ 中的一阶信息项 $J(x)^T J(x)$ 几乎是现成的．鉴于此，为了简化计算，获得有效的算法，我们或者忽略 $S(x)$，或者用一阶导数信息逼近 $S(x)$．由 (7.1.7) 可知，当 $r_i(x)$ 接近于零或者 $r_i(x)$ 接近线性函数从而 $\nabla^2 r_i(x)$ 接近于零时，$S(x)$ 才可以忽略．对于这类问题，通常称为小残量问题，否则，便称为大残量问题．

§7.2　Gauss-Newton 法

在这一节，我们介绍 Gauss-Newton 法，它相当于在目标函数的二次模型 (7.1.8) 中忽略 $G(x)$ 中的二阶信息项 $S(x)$．这样，(7.1.8) 成为

$$\bar{m}_k(x) = \frac{1}{2} r(x_k)^T r(x_k) + (J(x_k)^T r(x_k))^T (x - x_k) + \frac{1}{2}(x - x_k)^T (J(x_k)^T J(x_k))(x - x_k), \tag{7.2.0}$$

从而 (7.1.9) 成为

$$\begin{aligned} x_{k+1} &= x_k - (J(x_k)^T J(x_k))^{-1} J(x_k) r(x_k) \\ &= x_k + s_k, \end{aligned} \tag{7.2.1}$$

这里 $s_k = -(J(x_k)^T J(x_k))^{-1} J(x_k) r(x_k)$．因此，Gauss-Newton 法的第 k 次迭代为

算法 7.2.1 (Gauss-Newton 法)

第 k 次迭代:

(a) 解 $J(x_k)^T J(x_k) S = -J(x_k) r(x_k)$ 得 s_k;

(b) 令 $x_{k+1} = x_k + s_k$. □

模型 (7.2.0) 相当于考虑 $r(x)$ 在 x_k 附近的仿射模型

$$\bar{M}_k(x) = r(x_k) + J(x_k)(x - x_k), \tag{7.2.2}$$

从而求线性最小二乘问题

$$\min \frac{1}{2} \|\bar{M}_k(x)\|^2 \tag{7.2.3}$$

的解. 从迭代 (7.2.1) 可以看出, Gauss-Newton 法仅需残量函数 $r(x)$ 的一阶导数信息, 并且 $J(x)^T J(x)$ 至少是正半定的.

由于牛顿法在标准假设下是局部二阶收敛的, 因此, Gauss-Newton 法的成功将依赖于所忽略的 $G(x)$ 中的二阶信息项 $S(x)$ 在 $G(x)$ 中的重要性. 下面的定理证明了, 如果 $S(x^*) = 0$, 则 Gauss-Newton 法也是二阶收敛的; 如果 $S(x^*)$ 相对于 $J(x^*)^T J(x^*)$ 是小的, 则 Gauss-Newton 法是局部 Q 线性收敛. 但是, 如果 $S(x^*)$ 太大, 则 Gauss-Newton 法可能不收敛.

下面定理的证明方法类似于牛顿法的收敛定理 3.2.1. 正象在牛顿法中我们给出了几种典型的证明方法一样, 关于 Gauss-Newton 法的收敛性, 我们也将给出两种典型的证明方法. 仔细搞清这些方法的证明思路和技巧, 对研究各种迭代法的收敛性理论是十分有益的.

定理 7.2.2 设 $f \in C^2$, x^* 为非线性最小二乘问题 (7.1.1) 的局部极小点, $J(x^*)^T J(x^*)$ 正定. 假设 Gauss-Newton 法 (7.2.1) 产生的点列收敛于 x^*, 则当 $G(x)$ 与 $(J(x)^T J(x))^{-1}$ 在 x^* 的邻域内 Lipschitz 连续时, 有

$$\|x_{k+1} - x^*\| \leqslant \|(J(x^*)^T J(x^*))^{-1}\| \cdot \|S(x^*)\| \cdot \|x_k - x^*\|$$

$$+ O(\|x_k - x^*\|^2). \tag{7.2.4}$$

证明 由于 $G(x)$ 是 Lipschitz 连续，故 $J(x)^T J(x)$ 与 $S(x)$ 也是 Lipschitz 连续，故存在 $\alpha, \beta, \gamma > 0$，使得对于 x^* 的邻域内的任意两点 x，y，有

$$\begin{aligned}
&\|J(x)^T J(x) - J(y)^T J(y)\| \leqslant \alpha \|x - y\|, \\
&\|S(x) - S(y)\| \leqslant \beta \|x - y\|, \\
&\|(J(x)^T J(x))^{-1} - (J(y)^T J(y))^{-1}\| \leqslant \gamma \|x - y\|.
\end{aligned} \tag{7.2.5}$$

由于 $f \in C^2$，且 $G(x)$Lipschitz 连续，故

$$g(x_k + s) = g(x_k) + G(x_k)s + O(\|s\|^2). \tag{7.2.6}$$

事实上，由 Taylor 展开，

$$g_i(x_k + s) = g_i(x_k) + \sum_{j=1}^{n} G_{ij}(x_k + \theta_i s) s_j, \quad \theta_i \in (0, 1).$$

于是，

$$g_i(x_k + s) - g_i(x_k) - \sum_{j=1}^{n} G_{ij}(x_k) s_j$$

$$= \sum_{j=1}^{n} [G_{ij}(x_k + \theta_i s) - G_{ij}(x_k)] s_j.$$

由于 $G(x)$ 是 Lipschitz 连续，故对任何 i, j，有

$$|G_{ij}(x) - G_{ij}(y)| \leqslant \alpha \|x - y\|,$$

从而

$$\left| g_i(x_k + s) - g_i(x_k) - \sum_{j=1}^{n} G_{ij}(x_k) s_j \right| \leqslant \alpha n \|s\|^2,$$

这表明 (7.2.6) 成立.

设 $h_k = x_k - x^*$, 令 $s = -h_k$, 得

$$0 = g(x^*) = g(x_k) - G(x_k)h_k + O(\|h_k\|^2), \tag{7.2.7}$$

将 (7.1.5) 和 (7.1.6) 代入上式, 得

$$J(x_k)^T r(x_k) - (J(x_k)^T J(x_k) + S(x_k))h_k + O(\|h_k\|^2) = 0. \tag{7.2.8}$$

设 x_k 在 x^* 的邻域内, 由摄动定理 1.2.3, 对于充分大的 k, $J(x_k)^T J(x_k)$ 正定, 当 x_k 充分靠近 x^* 时, $(J(x_k)^T J(x_k))^{-1}$ 上有界, 且有

$$\|(J(x_k)^T J(x_k))^{-1}\| \leqslant 2\|(J(x^*)^T J(x^*))^{-1}\|, \tag{7.2.9}$$

于是, 用 $(J(x_k)^T J(x_k))^{-1}$ 乘以 (7.2.8) 的两边, 得

$$-s_k - h_k - (J(x_k)^T J(x_k))^{-1} S(x_k)h_k + O(\|h_k\|^2) = 0, \tag{7.2.10}$$

注意到 $s_k + h_k = (x_{k+1} - x_k) + (x_k - x^*) = x_{k+1} - x^*$, 则得

$$\|x_{k+1} - x^*\| \leqslant \|(J(x_k)^T J(x_k))^{-1} S(x_k)\|\|x_k - x^*\| + O(\|x_k - x^*\|^2). \tag{7.2.11}$$

今由 (7.2.5), 并利用 (7.2.9), 得

$$\begin{aligned}
&\|(J(x_k)^T J(x_k))^{-1} S(x_k) - (J(x^*)^T J(x^*))^{-1} S(x^*)\| \\
\leqslant &\|(J(x_k)^T J(x_k))^{-1} S(x_k) - (J(x_k)^T J(x_k))^{-1} S(x^*)\| \\
&+ \|(J(x_k)^T J(x_k))^{-1} S(x^*) - (J(x^*)^T J(x^*))^{-1} S(x^*)\| \\
\leqslant &\beta\|(J(x_k)^T J(x_k))^{-1}\|\|x_k - x^*\| + \gamma\|S(x^*)\|\|x_k - x^*\| \\
\leqslant &[2\beta\|(J(x^*)^T J(x^*))^{-1}\| + \gamma\|S(x^*)\|]\|x_k - x^*\|.
\end{aligned} \tag{7.2.12}$$

于是,

$$\|(J(x_k)^TJ(x_k))^{-1}S(x_k)\|\|x_k-x^*\|$$

$$\leqslant\|(J(x^*)^TJ(x^*))^{-1}S(x^*)\|\|x_k-x^*\|+O(\|x_k-x^*\|^2).\tag{7.2.13}$$

将 (7.2.13) 代入 (7.2.11) 便得结果 (7.2.4). □

定理 7.2.3 设 $f:D\subset R^n\to R$, $f\in C^2$, D 是开凸集. 设 $J(x)$ 在 D 上 Lipschitz 连续,

$$\|J(x)-J(y)\|\leqslant\gamma\|x-y\|,\quad\forall x,y\in D.$$

又 $\|J(x)\|_2\leqslant\alpha$, $\forall x\in D$. 假定存在 $x^*\in D$ 和 $\lambda,\sigma\geqslant 0$, 使得 $J(x^*)^Tr(x^*)=0$, λ 是 $J(x^*)^TJ(x^*)$ 的最小特征值,

$$\|(J(x)-J(x^*))^Tr(x^*)\|_2\leqslant\sigma\|x-x^*\|_2,\quad\forall x\in D.\tag{7.2.14}$$

如果 $\sigma<\lambda$, 那么对任何 $c\in(1,\lambda/\sigma)$, 存在 $\varepsilon>0$, 使得对任何 $x_0\in N(x^*,\varepsilon)$, 由 Gauss-Newton 法 (7.2.1) 产生的序列有定义, 并收敛到 x^*, 且满足

$$\|x_k-x^*\|\leqslant\frac{c\sigma}{\lambda}\|x_k-x^*\|+\frac{c\alpha\gamma}{2\lambda}\|x_k-x^*\|^2\tag{7.2.15}$$

和

$$\|x_k-x^*\|\leqslant\frac{c\sigma+\lambda}{2\lambda}\|x_k-x^*\|<\|x_k-x^*\|.\tag{7.2.16}$$

证明 证明用归纳法. 由定理条件, 假定 $\lambda>\sigma\geqslant 0$, $c\in(1,\lambda/\sigma)$ 是一个常数. 为方便起见, 用 J_0,r_0,r^* 分别表示 $J(x_0)$, $r(x_0)$, $r(x^*)$. 由摄动定理 1.2.3 可知, 存在 $\varepsilon_1>0$, 使得 $J_0^TJ_0$ 非奇异, 并满足

$$\|(J_0^TJ_0)^{-1}\|\leqslant c/\lambda,\quad 对于\ x_0\in N(x^*,\varepsilon_1).\tag{7.2.17}$$

设

$$\varepsilon=\min\left\{\varepsilon_1,\frac{\lambda-c\sigma}{c\alpha\gamma}\right\},\tag{7.2.18}$$

其中 γ 是 Lipschitz 常数. 于是, 在第一步迭代, x_1 有定义, 且

$$\begin{aligned}x_1-x^* &= x_0-x^*-(J_0^TJ_0)^{-1}J_0^Tr_0\\&=-(J_0^TJ_0)^{-1}[J_0^Tr_0+J_0^TJ_0(x^*-x_0)]\\&=-(J_0^TJ_0)^{-1}[J_0^Tr^*-J_0^T(r^*-r_0-J_0(x^*-x_0))].\end{aligned}\tag{7.2.19}$$

由定理 1.2.12,

$$\|r^*-r_0-J_0(x^*-x_0)\|\leqslant\frac{\gamma}{2}\|x_0-x^*\|^2,\tag{7.2.20}$$

利用条件 $J(x^*)^Tr(x^*)=0$ 和 (7.2.14), 有

$$\|J_0^Tr^*\|=\|(J_0-J(x^*))^Tr^*\|\leqslant\sigma\|x-x^*\|.\tag{7.2.21}$$

利用 (7.2.17), (7.2.21), (7.2.20) 和 $\|J_0\|\leqslant\alpha$, 我们从 (7.2.19) 得到

$$\begin{aligned}\|x_1-x^*\|&\leqslant\|(J_0^TJ_0)^{-1}\|(\|J_0^Tr^*\|+\|J_0\|\|r^*-r_0-J_0(x^*-x_0)\|)\\&\leqslant\frac{c}{\lambda}\Big(\sigma\|x_0-x^*\|+\frac{\alpha\gamma}{2}\|x_0-x^*\|^2\Big).\end{aligned}\tag{7.2.22}$$

它证明了 (7.2.15) 在 $k=0$ 时成立. 从 (7.2.22) 和 (7.2.18), 有

$$\begin{aligned}\|x_1-x^*\|&\leqslant\|x_0-x^*\|\Big(\frac{c\sigma}{\lambda}+\frac{c\alpha\gamma}{2\lambda}\|x_0-x^*\|\Big)\\&\leqslant\|x_0-x^*\|\Big(\frac{c\sigma}{\lambda}+\frac{\lambda-c\sigma}{2\lambda}\Big)\\&=\frac{c\sigma+\lambda}{2\lambda}\|x_0-x^*\|<\|x_0-x^*\|,\end{aligned}\tag{7.2.23}$$

它证明了 (7.2.16) 在 $k=0$ 时成立. 利用归纳法对一般的证明与上面完全相同. 从而结论成立. □

定理 7.2.4 设定理 7.2.2 或定理 7.2.3 的假设条件成立, 如果 $r(x^*)=0$, 则存在 $\varepsilon>0$, 使得对于任何 $x_0\in N(x^*,\varepsilon)$, 由 Gauss-Newton 法产生的序列 $\{x_k\}$ 收敛到 x^*, 且收敛速度是二阶.

证明 对于定理 7.2.2, 如果 $r(x^*)=0$, 则 $S(x^*)=0$, 从而由 (7.2.4) 立即得到二阶收敛性. 同样地, 对于定理 7.2.3, 如果 $r(x^*)=0$, 则 (7.2.14) 中 σ 可取为 0, 因而由 (7.2.16) 知序列 $\{x_k\}$ 收敛到 x^*, 从 (7.2.15) 立即得到二阶收敛速度. □

Gauss-Newton 法是解非线性最小二乘问题的最基本的方法. 下面的例子清楚地表明, 它能很好地处理一般小残量问题.

例 7.2.5

$$\min f(x)=(x+1)^2+(\lambda x^2+x-1)^2.$$

这里 $n=1, m=2, x^*=0$. 如果 $\lambda=0.1$, 则由 Gauss-Newton 迭代得到下面的迭代结果:

表 7.2.1 解例 7.2.5 的 Gauss-Newton 法

k	1	2	3	4	5	6
x_k	1	0.131148	0.013635	0.001369	0.000137	0.000014

上述结果表明, 当 $\lambda=0.1$ 时, $r(x)$ 中的非线性程度很小, Gauss-Newton 法工作得很好. 这时的 Gauss-Newton 迭代是

$$x_{k+1}=\frac{2\lambda^2x_k^3+\lambda x_k^2+2\lambda x_k}{1+(2\lambda x_k+1)^2}.$$

当 $\lambda=0$ 时, 则 $x_{k+1}=0$, 这时所给出的问题是线性最小二乘问题, Gauss-Newton 法一步即可达到极小点. 当 $\lambda\neq0$ 时, 若 x_k 充分小, 则有

$$x_{k+1}=\lambda x_k+O(\|x_k\|^2).$$

因此, 收敛速度是线性的. 当 $|\lambda|>1$ 时, Gauss-Newton 法不再收敛. □

这个例子告诉我们: Gauss-Newton 法仅当初始点 x_0 接近 x^* 和矩阵 $S(x^*)$ 是小的情况下, 才是有价值的.

下面, 我们给出 Gauss-Newton 法的优缺点:

优点:

(1) 对于零残量问题 (即 $r(x^*)=0$), 有局部二阶收敛速度.

(2) 对于小残量问题 (即残量 $r(x)$ 较小，或 $r(x)$ 接近线性), 有快的局部收敛速度.

(3) 对于线性最小二乘问题，一步达到极小点.

缺点：

(1) 对于不是很严重的大残量问题，有较慢的局部收敛速度.

(2) 对于残量很大的问题或 $r(x)$ 的非线性程度很大的问题，不收敛.

(3) 如果 $J(x_k)$ 不满秩，方法没有定义.

(4) 不一定总体收敛.

在实际上，我们采用的 Gauss-Newton 法往往加上线性搜索策略，即

$$x_{k+1} = x_k - \alpha_k (J(x_k)^T J(x_k))^{-1} J(x_k)^T r(x_k), \tag{7.2.24}$$

其中 α_k 是一维搜索因子. 这种方法称为阻尼 Gauss-Newton 法. 如前所述，阻尼 Gauss-Newton 法由于采用了线性搜索，因而它保证目标函数每一步下降，对于几乎所有非线性最小二乘问题，它都具有局部收敛性. 事实上，从一维搜索理论我们已经知道，阻尼 Gauss-Newton 法是总体收敛的方法. 尽管如此，对于某些问题，它仍然可能收敛很慢.

§7.3 Levenberg-Marquardt 方法

在 Gauss-Newton 法中，我们要求 $J(x^*)$ 是满秩的. 遗憾的是，$J(x^*)$ 奇异的情形常常发生，使得算法常常收敛到一个非驻点. 一旦 $J(x^*)$ 奇异，则在距离解点的某处，s_k 与 g_k 便数值上直交. 这样，由线性搜索便得不到进一步下降，而只能得到极小点的一个差的估计.

为了克服这些困难，考虑采用信赖域策略. 其理由是：通常 $r(x)$ 是非线性函数，而 Gauss-Newton 法用线性化模型 (7.2.2) 代替 $r(x)$, 得到线性最小二乘问题 (7.2.3), 这种线性化并不对所有

$(x-x_k)$ 都成立，因此，我们考虑约束线性最小二乘问题，即考虑信赖域模型：

$$\min \|r(x_k)+J(x_k)(x-x_k)\|_2,$$

$$\text{s.t. } \|x-x_k\|_2 \leqslant h_k. \tag{7.3.1}$$

由 §3.6.3 的讨论我们已经知道，这个模型的解可以由解方程组

$$(J(x_k)^T J(x_k)+\mu_k I)s = -J(x_k)^T r(x_k) \tag{7.3.2}$$

来表征．从而

$$x_{k+1} = x_k - (J(x_k)^T J(x_k)+\mu_k I)^{-1} J(x_k)^T r(x_k). \tag{7.3.3}$$

如果 $\|(J(x_k)^T J(x_k))^{-1} J(x_k)^T r(x_k)\| \leqslant h_k$, 则 $\mu_k=0$; 否则 $\mu_k>0$. 由于 $(J(x_k)^T J(x_k)+\mu_k I)$ 正定，故 (7.3.2) 产生的方向 s 是下降方向．这种方法是 Levenberg (1944) 和 Marqurdt (1963) 提出的，称为 Levenberg-Marqurdt 方法 (简称 L-M 方法). 我们在 §3.6.3 已经对 L-M 方法作了讨论． L-M 型方法有很多不同的算法．在算法 3.6.4 中，我们利用 μ_k 来控制迭代；在算法 3.6.1 中，我们利用 h_k 来控制迭代．在下一节我们将详细描述目前在 L-M 型方法中最成功的 Moré 算法 (其程序收入 MINPACK 程序包中). 在本节我们将侧重讨论 L-M 方法的一些性质和收敛性定理．

设 $s=s(\mu)$ 是

$$(J^T J+\mu I)s = -J^T r = -g \tag{7.3.4}$$

的解，这里 $J=J(x)$, $r=r(x)$, $g=g(x)$.

定理 7.3.1 当 μ 从 0 单调增加时， $\|s(\mu)\|$ 严格单调下降．

证明

$$\frac{\mathrm{d}}{\mathrm{d}\,\mu}\|s\| = \frac{\mathrm{d}}{\mathrm{d}\,\mu}(s^T s)^{1/2} = \frac{s^T \dfrac{\mathrm{d}\,s}{\mathrm{d}\,\mu}}{\|s\|}. \tag{7.3.5}$$

微分 (7.3.4), 得

$$(J^TJ+\mu I)\frac{\mathrm{d}\,s}{\mathrm{d}\,\mu}=-s, \tag{7.3.6}$$

这样由 (7.3.6) 和 (7.3.4), 有

$$\frac{\mathrm{d}\,s}{\mathrm{d}\,\mu}=(J^TJ+\mu I)^{-2}g. \tag{7.3.7}$$

将上式代入 (7.3.5), 得

$$\frac{\mathrm{d}}{\mathrm{d}\,\mu}\|s\|=-\frac{g^T(J^TJ+\mu I)^{-3}g}{\|s\|}. \tag{7.3.8}$$

当 $\mu\geqslant 0$, $J^TJ+\mu I$ 正定时，上式表明 $\|s(\mu)\|$ 严格单调下降. □

定理 7.3.2 s 和 $-g$ 的夹角 ψ 随着 μ 增加而单调非增.

证明 由夹角 ψ 的定义

$$\cos\psi=-\frac{g^Ts}{\|g\|\|s\|}, \tag{7.3.9}$$

于是, 我们只要证明 $(\mathrm{d}/\mathrm{d}\,\mu)(\cos\psi)\geqslant 0$ 即可. 利用 (7.3.4)—(7.3.8),

$$\begin{aligned}\frac{\mathrm{d}}{\mathrm{d}\,\mu}(\cos\psi)&=\frac{-g^T\dfrac{\mathrm{d}\,s}{\mathrm{d}\,\mu}}{\|g\|\|s\|}+\frac{g^Ts}{\|g\|\|s\|}\cdot\frac{\dfrac{\mathrm{d}\,\|s\|}{\mathrm{d}\,\mu}}{\|s\|}\\&=\frac{1}{\|g\|\|s\|^3}\{-(g^T(J^TJ+\mu I)^{-2}g)^2\\&\quad+(g^T(J^TJ+\mu I)^{-1}g)(g^T(J^TJ+\mu I)^{-3}g)\}.\end{aligned} \tag{7.3.10}$$

这样, 我们只要证明 (7.3.10) 右边花括号内的部分是大于等于 0 就行了.

因为 J^TJ 是对称矩阵，故存在直交矩阵 Q, 使得

$$J^TJ=Q^TDQ,$$

这里，$D=\operatorname{diag}(\lambda_1,\cdots,\lambda_n)$. 令 $v=Qg$, 则 (7.3.10) 右边花括号内的部分可以写成

$$\sum_{j=1}^{n}\sum_{k=1}^{n}\left\{-\frac{v_j^2v_k^2}{(\lambda_j+\mu)^2(\lambda_k+\mu)^2}+\frac{v_j^2v_k^2}{(\lambda_j+\mu)(\lambda_k+\mu)^3}\right\}$$

$$=\sum_{j=1}^{n}\sum_{k>j}\frac{v_j^2v_k^2}{(\lambda_j+\mu)(\lambda_k+\mu)}$$

$$\cdot\left\{\frac{-2}{(\lambda_j+\mu)(\lambda_k+\mu)}+\frac{1}{(\lambda_j+\mu)^2}+\frac{1}{(\lambda_k+\mu)^2}\right\}$$

$$=\sum_{j=1}^{n}\sum_{k>j}\frac{v_j^2v_k^2}{(\lambda_j+\mu)(\lambda_k+\mu)}\left\{\frac{1}{\lambda_j+\mu}-\frac{1}{\lambda_k+\mu}\right\}^2\geqslant 0.$$

结果得证. □

定理 7.3.3 当 $x=s(\mu)$ 时，二次型 $\frac{1}{2}(Jx-r)^T(Jx-r)$ 在球面 $\|x\|=\|s(\mu)\|$ 上达到极小.

证明 因为 $s(\mu)$ 是 (7.3.4) 的解， $x=s(\mu)$, 由 Lagrange 方法 (见 §3.6) 可知， (7.3.4) 可以由极小化问题

$$\min q(x)=\frac{1}{2}(Jx-r)^T(Jx-r)$$

$$\text{s.t. } \|x\|=\|s(\mu)\|$$

来表征. 从而结论得到. □

L-M 方法常常用下述方程组表征,

$$(J(x_k)^TJ(x_k)+\mu_kD_k(x_k))s=-J(x_k)^Tr(x_k), \qquad (7.3.11)$$

这里 D_k 是一个正定矩阵. 步长因子由 Armijo 准则 (2.5.2) 确定, 即

$$f(x_k+\alpha_ks_k)\leqslant f(x_k)+\sigma\alpha_kg_k^Ts_k, \quad \sigma\in\left(0,\frac{1}{2}\right). \qquad (7.3.12)$$

定理 7.3.4 对于 (7.3.11), $J(x)^TJ(x)+\mu D$ 的条件数是 μ 的非增函数.

证明 设 β_1 和 β_n 分别是 D 的最大和最小特征值，λ_1 和 λ_n 分别是 $J^TJ+\mu D$ 的最大和最小特征值. 设 $\mu_1>\mu_2\geqslant 0$, 由于正规矩阵的值域是其谱的凸包，故我们有

$$\begin{aligned}\frac{\lambda_1(\mu_1)}{\lambda_n(\mu_1)}&\leqslant\frac{\lambda_1(\mu_2)+(\mu_1-\mu_2)\beta_1}{\lambda_n(\mu_2)+(\mu_1-\mu_2)\beta_n}\\&\leqslant\frac{\lambda_1(\mu_2)+(\mu_1-\mu_2)(1+\mu_2)^{-1}\lambda_1(\mu_2)}{\lambda_n(\mu_2)+(\mu_1-\mu_2)(1+\mu_2)^{-1}\lambda_n(\mu_2)}=\frac{\lambda_1(\mu_2)}{\lambda_n(\mu_2)}.\end{aligned}$$

从而结论得到. □

这个性质定理表明了 L-M 方法改善了所要求解的方程组的条件.

下面，我们研究 L-M 方法的收敛性.

定理 7.3.5 设 $\{x_k\}$ 是由 L-M 方法 (7.3.11) 产生的迭代序列，步长因子由 Armijo 准则 (2.5.2) 确定. 如果存在一个子序列 $\{x_{k_i}\}$ 收敛到 x^*, 且对应的子序列 $\{J_{k_i}^TJ_{k_i}+\mu_{k_i}D_{k_i}\}$ 收敛到某个正定矩阵 P, 其中，$J_{k_i}=J(x_{k_i}), D_{k_i}=D(x_{k_i})$ 表示正定对角矩阵，那么，$g(x^*)=0$.

证明 (反证法) 假定 $g(x^*)\neq 0$, 设

$$s_{k_i}=-(J_{k_i}^TJ_{k_i}+\mu_{k_i}D_{k_i})^{-1}J_{k_i}^Tr_{k_i},$$

$$s^*=\lim s_{k_i}=-P^{-1}J(x^*)^Tr(x^*),$$

其中 $r_{k_i}=r(x_{k_i})$. 显然，$g(x^*)^Ts^*<0$. 设 $\beta\in(0,1), \sigma\in\left(0,\frac{1}{2}\right)$, 设 m^* 是使得

$$f(x^*+\beta^ms^*)<f(x^*)+\sigma\beta^mg(x^*)^Ts(x^*)$$

成立的最小非负整数 m. 由连续性有，对于充分大的 k_i,

$$f(x_{k_i}+\beta^{m^*}s_{k_i})\leqslant f(x_{k_i})+\sigma\beta^{m^*}g(x_{k_i})^Ts_{k_i},$$

由此有

$$f(x_{k_i+1}) = f(x_{k_i} + \beta^{m_{k_i}} s_{k_i}) \leqslant f(x_{k_i}) + \sigma\beta^{m^*} g(x_{k_i})^T s_{k_i}. \quad (7.3.13)$$

由方法的单调下降性，有

$$\lim f(x_{k_i+1}) = \lim f(x_{k_i}) = f(x^*).$$

因此，在 (7.3.13) 两边取极限，得到

$$f(x^*) \leqslant f(x^*) + \sigma\beta^{m^*} g(x^*)^T s^* < 0.$$

这是不可能的，因为 $\sigma\beta^{m^*} g(x^*)^T s^* < 0$. 结论得证. □

上面的定理叙述了子序列的收敛性，下面的定理将给出整个序列的收敛性.

定理 7.3.6 假设 (a) 对任意 $\bar{x} \in R^n$, 水平集

$$L(\bar{x}) = \{x | f(x) \leqslant f(\bar{x})\}$$

是有界闭集；(b) $f(x)$ 在 $L(\bar{x})$ 上取相同函数值的驻点个数是有限的；(c) $J(x)^T J(x)$ 正定，$\forall x$; (d) $\mu_k \leqslant M < \infty, \forall k$, 即 M 是 μ_k 的上界. 那么，对任意初始点 x_0, 由 L-M 方法产生的序列 $\{x_k\}$ 收敛到 $f(x)$ 的驻点.

证明 由 (a) 和迭代函数的单调性可知，序列 $\{x_k\}$ 在紧集 $L(\bar{x})$ 中，这表明 $\{x_k\}$ 必有聚点. 为证明定理，只要证明聚点唯一.

由 (c), (d) 和定理 7.3.5 可知，$\{x_k\}$ 的每一个聚点唯一. 由于 $\{f(x_k)\}$ 是单调下降序列，可知 $f(x)$ 在 $\{x_k\}$ 的聚点处取相同的函数值，而由 (b) 知，$f(x)$ 在 $L(\bar{x})$ 上取相同函数值的驻点个数是有限的. 这些意味着仅有有限个聚点.

由于对某个子列 $\{x_{k_i}\}$, 有 $x_{k_i} \to \hat{x}_{k_i}$,

$$\lim_{i\to\infty} g(x_{k_i}) = g(\hat{x}_k) = 0.$$

这时,

$$s(\mu_{k_i}) = -(J(x_{k_i})^T J(x_{k_i}) + \mu_{k_i} D(x_{k_i}))^{-1} g(x_{k_i}),$$

利用条件 (c) 和 (d), 得到

$$s(\mu_{k_i}) \to 0,$$

从而对序列 $\{s(\mu_k)\}$, 也有

$$s(\mu_k) \to 0.$$

今假定 $\{x_k\}$ 的聚点不止一个，并设 ε^* 是任意两个聚点之间的最小距离. 由于 $\{x_k\}$ 在一个紧集中，故存在正整数 N, 使得对于所有 $k \geqslant N$ 时， x_k 属于以某个聚点为球心，以 $\varepsilon^*/4$ 为半径的闭球中. 另一方面，存在一个整数 $N' \geqslant N$, 使得

$$\|s(\mu_k)\| < \varepsilon^*/4, \quad \forall k \geqslant N'.$$

因此，当 $k \geqslant N'$ 时，所有 x_k 必定位于上述那个聚点为球心，以 $\varepsilon^*/4$ 为半径的闭球中. 这与聚点不止一个的假设矛盾. □

这个定理给出了 L-M 方法的总体收敛性.

本节最后，我们讨论 L-M 方法的收敛速度.

定理 7.3.7 设 L-M 方法产生的迭代点列 $\{x_k\}$ 收敛到驻点 x^*. 设 l 是 $J(x^*)^T J(x^*)$ 的最小特征值，M 是 $S(x^*) = \sum_{i=1}^{m} r_i(x^*)\nabla^2 \cdot r_i(x^*)$ 的特征值的绝对值最大者. 如果

$$\tau = M/l < 1, \quad 0 < \beta < (1-\tau)/2, \quad \mu_k \to 0, \tag{7.3.14}$$

那么，对所有充分大的 k, 步长因子 $\alpha_k = 1$,

$$\limsup \frac{\|x_{k+1} - x^*\|}{\|x_k - x^*\|} \leqslant \tau. \tag{7.3.15}$$

并且， x^* 是 $f(x)$ 的严格局部极小点.

证明

$$f(x_k+s_k)-f(x_k)=g_k^Ts_k+\frac{1}{2}s_k^TG(x_k+\theta s_k)s_k, \tag{7.3.16}$$

其中， $\theta\in(0,1)$, 为了得到步长因子 $\alpha_k=1$, 根据 Armijo 准则 (2.5.2), 需要

$$\beta g_k^Ts_k-[f(x_k+s_k)-f(x_k)]\geqslant 0. \tag{7.3.17}$$

利用 $g_k=-(J_k^TJ_k+\mu_kD_k)s_k$ 和 (7.3.16), 上式左边可以写成

$$\begin{aligned}&(1-\beta)s_k^T(J_k^TJ_k+\mu_kD_k)s_k-\frac{1}{2}s_k^TG(x_k+\theta s_k)s_k\\=&s_k^T\Big[(1-\beta)J_k^TJ_k-\frac{1}{2}G(x_k)+(1-\beta)\mu_kD_k\\&-\frac{1}{2}(G(x_k+\theta s_k)-G(x_k))\Big]s_k\\=&s_k^T\Big[\Big(\frac{1}{2}-\beta\Big)J_k^TJ_k-\frac{1}{2}S(x_k)+V_k\Big]s_k,\end{aligned}$$

这里， $V_k=(1-\beta)\mu_kD_k-\frac{1}{2}(G(x_k+\theta s_k)-G(x_k))$. 由于 $V_k\to 0$, 为了证明 (7.3.17) 对于充分大的 k 成立，只要证明 $\Big(\frac{1}{2}-\beta\Big)J_k^TJ_k-\frac{1}{2}s(x_k)$ 收敛到一个正定矩阵. 注意到

$$\Big(\frac{1}{2}-\beta\Big)J(x^*)^TJ(x^*)-\frac{1}{2}S(x^*)$$

的最小特征值是下有界的，其下界为

$$\Big(\frac{1}{2}-\beta\Big)l-\frac{1}{2}M=l\Big[\frac{1}{2}-\beta-\frac{1}{2}\tau\Big]>0,$$

这是因为 β 满足 (7.3.14) 中的第二式. 这样，对于充分大的 k, $\alpha_k=1$ 得到.

下面证明 (7.3.15).

$$\begin{aligned}x_{k+1}-x^* &= x_k - x^* - (J_k^T J_k + \mu_k D_k)^{-1} g_k \\ &= x_k - x^* - (J_k^T J_k + \mu_k D_k)^{-1}[G_k(x_k - x^*) \\ &\quad + g_k + G_k(x^* - x_k)] \\ &= -(J_k^T J_k + \mu_k D_k)^{-1}[S(x_k)(x_k - x^*) \\ &\quad - \mu_k D_k(x_k - x^*) + g_k + G_k(x^* - x_k)]\end{aligned} \tag{7.3.18}$$

两边取范数，得

$$\begin{aligned}\|x_{k+1}-x^*\| \leqslant & \|(J_k^T J_k)^{-1}\|[\|S(x_k)\|\|x_k - x^*\| \\ & + \mu_k\|D_k\|\|x_k - x^*\| + \|g_k + G_k(x^* - x_k)\|].\end{aligned} \tag{7.3.19}$$

由于

$$\begin{aligned}\|g_k + G_k(x^* - x_k)\| &= \|g_k - g(x^*) - G_k(x_k - x^*)\| \\ &\leqslant \varepsilon_k\|x_k - x^*\|,\end{aligned} \tag{7.3.20}$$

这里 $\varepsilon_k \to 0$. 这样， (7.3.19) 两边同除以 $\|x_k - x^*\|$, 得

$$\frac{\|x_{k+1}-x^*\|}{\|x_k - x^*\|} \leqslant \|(J_k^T J_k)^{-1}\|[\|S(x_k)\| + \mu_k\|D_k\| + \varepsilon_k]. \tag{7.3.21}$$

注意到 $\mu_k \to 0$, $\varepsilon_k \to 0$, 于是，我们立即得到

$$\limsup \frac{\|x_{k+1}-x^*\|}{\|x_k - x^*\|} \leqslant \frac{M}{l} = \tau,$$

这表明 (7.3.15) 成立.

最后，由于 $g(x^*)=0$,

$$G(x^*)=J(x^*)^TJ(x^*)+S(x^*),$$

其最小特征值的下界 $l-M>0$, 故 $G(x^*)$ 是正定矩阵，于是 x^* 是 $f(x)$ 的严格局部极小点. □

§7.4 Levenberg-Marquardt 方法的 Moré 形式

L-M 型方法有很多不同的实现形式， Moré (1978) 给出了 L-M 方法的一个可靠和有效的执行形式. Moré 算法已经包含在 MINPACK 程序包里，这是一个很成功的算法软件. 为了便于读者了解和掌握这个算法软件，这里我们详细介绍一下 Moré 算法的一些实现技巧.

Moré (1978) 考虑的 L-M 方法是通过以下方程组求出 s, 即

$$s(\mu)=-(J_k^TJ_k+\mu_kD_k^TD_k)^{-1}J_k^Tr_k, \tag{7.4.1}$$

它对应于约束线性最小二乘问题

$$\begin{aligned}&\min\|r_k+J_ks_k\|\\&\text{s.t. } \|D_ks\|\leqslant h_k.\end{aligned} \tag{7.4.2}$$

如果 J_k 奇异， $\mu_k=0$, 则 (7.4.1) 由以下极限过程

$$D_ks(0)=\lim_{\mu_k\to0^+}D_ks(\mu_k)=-(J_kD_k^{-1})^+r_k \tag{7.4.3}$$

定义. 这里有两种可能性：或者 $\mu_k=0$ 且 $\|D_ks(0)\|\leqslant h_k$, 这时 $s(0)$ 是 (7.4.2) 的解；或者 $\mu_k>0$ 且 $\|D_ks(\mu_k)\|=h_k$, 这时 $s(\mu_k)$ 是 (7.4.2) 的唯一解. 由此，我们给出下面的算法.

算法 7.4.1

(a) 给出 $h_k>0$, 求 $\mu_k\geqslant0$ 使得如果

$$(J_k^TJ_k+\mu_kD_k)s_k=-J_k^Tr_k,$$

则或者 $\mu_k = 0, \|D_k s_k\| \leqslant h_k$; 或者 $\mu_k > 0, \|D_k s_k\| = h_k$.

(b) 如果 $\|r(x_k + s_k)\| \leqslant \|r(x_k)\|$, 令 $x_{k+1} = x_k + s_k$, 并计算 J_{k+1}; 否则令 $x_{k+1} = x_k$, $J_{k+1} = J_k$.

(c) 选择 h_{k+1} 和 D_{k+1}.

下面，我们具体讨论一下如何可靠而有效地实现上述算法.

(1) 如何解线性最小二乘问题.

对于方程组

$$(J_k^T J_k + \mu_k D_k^T D_k)s = -J_k^T r_k, \tag{7.4.4}$$

最简单的方法是利用 Cholesky 分解. 这种方法的优点是快速，但当 $\mu_k = 0$, J_k 几乎奇异时，这种方法就不可靠. 因为法方程的系数矩阵的条件数很大. 另外，形成 $J_k^T J_k$ 和 $D_k^T D_k$ 可能引起不必要的下溢和上溢.

另一种处理方法是把 (7.4.4) 看成是下述最小二乘问题

$$\begin{bmatrix} J_k \\ \mu_k^{1/2} D_k \end{bmatrix} s \cong -\begin{bmatrix} r \\ 0 \end{bmatrix} \tag{7.4.5}$$

的法方程. 对于 (7.4.5), 我们可以用列主元的 QR 分解求解，这种处理方法可以避免上面提到的缺陷.

现在，我们用两步 QR 分解方法求 (7.4.5) 的最小二乘解.

第一步：对 J_k 作列主元 QR 分解，得到

$$QJ_k\pi = \begin{bmatrix} T & W \\ 0 & 0 \end{bmatrix}, \tag{7.4.6}$$

其中 T 是非奇异上三角矩阵， rank (T) = rank(J_k), π 是排列矩阵. 如果 $\mu_k = 0$, 则 (7.4.5) 的解为

$$s = \pi \begin{bmatrix} T^{-1} & 0 \\ 0 & 0 \end{bmatrix} Qr_k \equiv J_k^- r_k, \tag{7.4.7}$$

其中 J_k^- 表示 J_k 的 {1,3} 广义逆，满足 $J_k J_k^- J_k = J_k$, $(J_k J_k^-) = (J_k J_k^-)^T$ (见何旭初、孙文瑜 (1991)). 如果 $\mu_k > 0$, 注意到 (7.4.6)

相当于

$$\begin{bmatrix} Q & 0 \\ 0 & \pi^T \end{bmatrix} \begin{bmatrix} J_k \\ \mu_k^{1/2} D_k \end{bmatrix} \pi = \begin{bmatrix} R \\ 0 \\ D_\mu \end{bmatrix}, \tag{7.4.8}$$

其中， $D_\mu = \mu_k^{1/2} \pi^T D_k \pi$, R 是一个上梯形矩阵. 这时，(7.4.5) 成为

$$\begin{bmatrix} R \\ 0 \\ D_\mu \end{bmatrix} \pi^T s = - \begin{bmatrix} Qr \\ \\ 0 \end{bmatrix} \tag{7.4.9}$$

第二步：对 (7.4.9) 中系数矩阵再作 QR 分解. 这可以利用 $n(n+1)/2$ 个 Givens 旋转实现，得到

$$W \begin{bmatrix} R \\ 0 \\ D_\mu \end{bmatrix} = \begin{bmatrix} R_\mu \\ \\ 0 \end{bmatrix}, \tag{7.4.10}$$

其中 R_μ 是非奇异上三角矩阵， W 是一系列 Givens 旋转矩阵的乘积. 于是，(7.4.9) 成为

$$\begin{bmatrix} R_\mu \\ 0 \end{bmatrix} \pi^T s = -W \begin{bmatrix} Qr \\ 0 \end{bmatrix} \triangleq \begin{bmatrix} u \\ v \end{bmatrix}, \tag{7.4.11}$$

从而

$$s = -\pi^T R_\mu^{-1} u. \tag{7.4.12}$$

(2) 如何校正信赖域半径 h_k.

正如在 §3.6 中所述，信赖域半径 h_k 的选择依赖于目标函数的实际减少和预测减少的比. 在非线性最小二乘情形，这个比为

$$\rho = \frac{\|r(x_k)\|^2 - \|r(x_k + s_k)\|^2}{\|r(x_k)\|^2 - \|r(x_k) + J(x_k)s_k\|^2}. \tag{7.4.13}$$

因此， (7.4.13) 度量了线性化模型与非线性函数的一致程度. 例如，如果 $r(x)$ 是线性的，则 $\rho = 1$. 如果 $J(x_k)^T r(x_k) \neq 0$, 那么当 $\|s_k\| \to 0$ 时，$\rho \to 1$. 此外，如果 $\|r(x_k + s_k)\| \geqslant \|r(x_k)\|$, 则 $\rho \leqslant 0$.

由于舍入误差的影响，利用 (7.4.13) 计算 ρ 时会产生溢出. 我们可以将 (7.4.13) 写成一个保险的形式. 在 (7.4.4) 式两边同乘以 $2s^T$, 得

$$-2r_k^T J_k^T s = 2s^T J_k^T J_k s + 2\mu_k s D_k^T D_k s,$$

即

$$r_k^T r_k - r_k^T r_k - 2r_k^T J_k^T s - s^T J_k^T J_k s = s^T J_k^T J_k s + 2\mu_k s^T D_k^T D_k s.$$

我们得到

$$\|r_k\|^2 - \|r_k + J_k s\|^2 = \|J_k s\|^2 + 2\mu_k \|D_k s\|^2. \tag{7.4.14}$$

将上式代入 (7.4.13), 得

$$\rho = \frac{1 - \left[\frac{\|r(x_k + s_k)\|}{\|r(x_k)\|}\right]^2}{\left[\frac{\|J_k s\|}{\|r(x_k)\|}\right]^2 + 2\left[\frac{\mu_k^{1/2}\|D_k s\|}{\|r(x_k)\|}\right]^2}. \tag{7.4.15}$$

从 (7.4.14) 可以看出

$$\|J_k s\| \leqslant \|r(x_k)\|, \quad \mu_k^{1/2}\|D_k s\| \leqslant \|r(x_k)\|,$$

因此，在计算 (7.4.15) 中分母时将不产生上溢，而且不管舍入误差如何，这个分母总是非负的. 应该指出，当 $\|r(x_k + s_k)\| \gg \|r(x_k)\|$ 时， (7.4.15) 中分子可能产生上溢. 但由于我们仅对 $\rho \geqslant 0$ 感兴趣，因此，如果 $\|r(x_k + s_k)\| > \|r(x_k)\|$, 便令 $\rho = 0$, 而不需利用 (7.4.15) 计算 ρ.

一般地，校正 h_k 的方法是：当 ρ 靠近 1 (譬如 $\rho \geqslant 3/4$) 时，用一个不小于 1 的常数因子乘以 ρ 以增加 h_k; 当 ρ 不靠近 1(譬如 $\rho \leqslant 1/4$) 时，用一个小于 1 的常数因子乘以 ρ 以减少 h_k. 在减少 h_k 的情形， Moré 算法采用两点二次插值产生一个因子 τ. 考虑

$$\delta(\theta) = \frac{1}{2}\|r(x_k + \theta s)\|^2, \tag{7.4.16}$$

对于 $\delta(0),\delta(1)$ 和 $\delta'(0)$ 构造二次插值函数 $q(\tau)$, 插值条件满足

$$q(0)=\delta(0),\quad q(1)=\delta(1),\quad q'(0)=\delta'(0).$$

这样，若 τ 是二次插值函数的极小点，则 τh_k 使 h_k 减少. 但如果 $\tau\notin\left[\frac{1}{10},\frac{1}{2}\right]$, 则用上述区间靠近 τ 的端点代替 τ. 为了使得 τ 的计算稳定，由 (7.4.4), 有

$$\omega=\frac{s^TJ_k^Tr_k}{\|r_k\|^2}=-\left[\left(\frac{\|J_ks\|}{\|r_k\|}\right)^2+\left(\mu_k^{1/2}\frac{\|D_ks\|}{\|r_k\|}\right)^2\right],\tag{7.4.17}$$

并且 $\omega\in[-1,0]$. 由二点二次插值法可得

$$\tau=\frac{\frac{1}{2}\omega}{\omega+\frac{1}{2}\left[1-\left(\frac{\|r(x_k+s)\|}{\|r_k\|}\right)^2\right]}.\tag{7.4.18}$$

因此，如果 $\|r(x_k+s)\|\leqslant\|r_k\|$, 令 $\tau=\frac{1}{2}$; 如果

$$\|r(x_k+s)\|\leqslant 10\|r_k\|,$$

利用 (7.4.18) 计算 τ; 否则，令 $\tau\leqslant\frac{1}{10}$.

(3) 如何求 Lenvenberg-Marquardt 参数.

在 Moré 算法中，如果

$$|\phi(\mu)|\leqslant\sigma h,\quad \sigma\in(0,1),\tag{7.4.19}$$

其中

$$\phi(\mu)=\|D(J^TJ+\mu D^TD)^{-1}J^Tr\|-h,\tag{7.4.20}$$

则 $\mu>0$ 被接受为 Levenberg-Marquardt 参数，这里 σ 指出了 $\|D_ks(\mu)\|$ 中所要求的相对误差，如果 $\phi(0)\leqslant 0$, 则 $\mu=0$ 是所要求的参数. 于是，我们仅需讨论 $\phi(0)>0$ 的情形. 由于 ϕ 在 $[0,+\infty)$ 上是连续的、严格下降的函数，当 $\mu\to\infty$ 时， $\varphi(\mu)\to -h$. 因

此，存在唯一的 $\mu^*>0$, 使得 $\varphi(\mu^*)=0$. 为了确定 L-M 参数，我们从初始 $\mu_0>0$ 出发，产生一个序列 $\{\mu_k\}\to\mu^*$.

由 (7.4.20),

$$\phi(\mu)=\|(\tilde{J}^T\tilde{J}+\mu I)^{-1}\tilde{J}^T r\|-h, \tag{7.4.21}$$

其中 $\tilde{J}=JD^{-1}$. 设 $\tilde{J}=U\Sigma V^T$ 是 $\tilde{J}$ 的奇异值分解，于是，

$$\phi(\mu)=\sum_{i=1}^{n}\left[\frac{\sigma_i^2 z_i^2}{(\sigma_i^2+\mu)^2}\right]^{1/2}-h \tag{7.4.22}$$

其中 $z=U^T r, \sigma_1,\cdots,\sigma_n$ 是 $\tilde{J}$ 的奇异值. 因此，我们假定

$$\varphi(\mu)\doteq\frac{a}{b+\mu}\equiv\tilde{\varphi}(\mu), \tag{7.4.23}$$

选择 a 和 b 使得 $\tilde{\varphi}(\mu_k)=\varphi(\mu_k), \tilde{\varphi}'(\mu_k)=\varphi'(\mu_k)$. 于是，如果

$$\mu_{k+1}=\mu_k-\left[\frac{\varphi(\mu_k)+h}{h}\right]\left[\frac{\varphi(\mu_k)}{\varphi'(\mu_k)}\right], \tag{7.4.24}$$

则 $\tilde{\varphi}(\mu_{k+1})=0$. 为了保证上式计算的 μ_{k+1} 安全可靠，Moré 算法中给出了计算 μ_{k+1} 的如下算法：

设

$$u_0=\frac{\|(JD^{-1})^T r\|}{h},$$

$$l_0=\begin{cases}-\dfrac{\varphi(0)}{\varphi'(0)}, & \text{如果 } J \text{ 非奇异}.\\ 0, & \text{否则}.\end{cases}$$

(a) 如果 $\mu_k\notin(l_k,u_k)$, 令

$$\mu_k=\max\{0.001u_k,(l_k u_k)^{1/2}\}.$$

(b) 计算 $\varphi(\mu_k)$ 和 $\varphi'(\mu_k)$. 校正 u_k:

$$u_{k+1}=\begin{cases}\mu_k, & \text{如果 } \varphi(\mu_k)<0,\\ u_k, & \text{否则}.\end{cases}$$

校正 l_k:

$$l_{k+1} = \max\left\{l_k, \mu_k - \frac{\varphi(\mu_k)}{\varphi'(\mu_k)}\right\}.$$

(c) 由 (7.4.24) 计算 μ_{k+1}.

在上述算法中，给出了 μ_k 的上下界. (a) 表明如果 μ_k 不在 (l_k, u_k) 中，则用 (l_k, u_k) 中的一个点代替 μ_k, 这个点倾向于 l_k. 在 (b) 中，φ 的凸性保证了牛顿迭代可以用来校正 l_k. 由上述算法产生的序列 $\{\mu_k\}$ 将收敛到 μ^*. 实际上，当取 $\sigma = 0.1$ 时，平均不超过二步迭代就满足 (7.4.19).

这里再提一下算法中用到的 $\varphi'(\mu)$ 的计算. 从 (7.4.20), 有

$$\varphi'(\mu) = -\frac{(D^T q(\mu))^T (J^T J + \mu D^T D)^{-1} (D^T q(\mu))}{\|q(\mu)\|}, \tag{7.4.25}$$

其中 $q(\mu) = Ds(\mu)$. 从 (7.4.8) 和 (7.4.10) 得到

$$\pi^T (J^T J + \mu D^T D)\pi = R_\mu^T R_\mu,$$

因此,

$$\varphi'(\mu) = -\|q(\mu)\| \left\| R_\mu^{-T} \left(\frac{\pi^T D^T q(\mu)}{\|q(\mu)\|} \right) \right\|^2. \tag{7.4.26}$$

(4) 如何校正调比矩阵

在 L–M 方法中，D_k 是一个调比矩阵，它使得问题的比例适当. 在这个算法中，我们选择

$$D_k = \operatorname{diag}(d_1^{(k)}, \cdots, d_n^{(k)}), \tag{7.4.27}$$

其中

$$\begin{aligned} d_i^{(0)} &= \|\partial_i r(x_0)\|, \\ d_i^{(k)} &= \max\{d_i^{(k-1)}, \|\partial_i r(x_k)\|\}, \quad k \geqslant 1. \end{aligned} \tag{7.4.28}$$

应该指出，上述调比使 L-M 方法具有调比不变性．也就是说，如果 D 是一个对角正定矩阵，则对于以 x_0 为初始点的函数 $r(x)$ 和以 $\tilde{x}_0 = Dx_0$ 为初始点的函数 $\tilde{r}(x) = r(D^{-1}x)$, 算法 7.4.1 产生相同的迭代点列．

最后，我们给出 L–M 方法的 Moré 形式及其收敛性定理．

算法 7.4.2

(a) 设 $\sigma \in (0,1)$, 如果 $\|D_k J_k^- r_k\| \leqslant (1+\sigma)h_k$, 令 $\mu_k = 0$ 和 $s_k = -J_k^- r_k$; 否则，确定 $\mu_k > 0$ 使得若

$$\begin{bmatrix} J_k \\ \mu_k^{1/2} D_k \end{bmatrix} s_k \cong -\begin{bmatrix} r_k \\ 0 \end{bmatrix},$$

则

$$(1-\sigma)h_k \leqslant \|D_k s_k\| \leqslant (1+\sigma)h_k.$$

(b) 计算目标函数的实际下降与预测下降的比 ρ_k.

(c) 如果 $\rho_k \leqslant 0.0001$, 令 $x_{k+1} = x_k$ 和 $J_{k+1} = J_k$.

如果 $\rho_k > 0.0001$, 令 $x_{k+1} = x_k + s_k$, 并计算 J_{k+1}.

(d) 如果 $\rho_k \leqslant 1/4$, 令 $h_{k+1} \in \left[\frac{1}{10}h_k, \frac{1}{2}h_k\right]$. 如果 $\rho_k \in \left[\frac{1}{4}, \frac{1}{3}\right]$ 和 $\mu_k = 0$, 或者如果 $\rho_k \geqslant 3/4$, 令 $h_{k+1} = 2\|D_k s_k\|$.

(e) 由 (7.4.27) 和 (7.4.28) 校正 D_{k+1}.

对于上述算法所建立的收敛性定理如下：

定理 7.4.3 设 $r: R^n \to R^m$ 连续可微，设 $\{x_k\}$ 是由算法 7.4.2 产生的序列，则

$$\liminf_{k\to+\infty} \|(J_k D_k^{-1})^T r_k\| = 0. \tag{7.4.29}$$

这个结果保证了调比梯度将最终是充分小的．如果 $\{J_k\}$ 有界，则 (7.4.29) 意味着更标准的结果

$$\liminf_{k\to+\infty} \|J_k^T r_k\| = 0. \tag{7.4.30}$$

进一步，如果 $\nabla r(x)$ 一致连续，则有

$$\lim_{k\to+\infty}\|J_k^T r_k\| = 0. \tag{7.4.31}$$

对于上述结果感兴趣的读者可以参看 Moré (1978).

§7.5 拟 牛 顿 法

从前面两节介绍的方法可知，对于大残量问题 (即 $r(x^*)$ 很大或 $r(x)$ 非线性程度很高), 阻尼 Gauss-Newton 法和 Levenberg-Marquardt 方法可能收敛很慢，这主要是因为在这些方法中我们没有利用 Hesse 矩阵 $G(x)$ 中的二阶信息项 $S(x)$. 但是 §7.1 已经指出，在实际上， $S(x)$ 通常难以计算或者花费工作量很大，而利用整个 $G(x)$ 的割线近似也不可取，这就启示我们构造 $S(x)$ 的割线近似.

设 B_k 是 $S(x_k)$ 的割线近似，则迭代 (7.1.9) 成为

$$(J(x_k)^T J(x_k) + B_k)d_k = -J(x_k)^T r(x_k). \tag{7.5.1}$$

我们要求 B_k 满足某种拟牛顿条件. 由于

$$S(x_{k+1}) = \sum_{i=1}^m r_i(x_{k+1})\nabla^2 r_i(x_{k+1}), \tag{7.5.2}$$

故我们用

$$B_{k+1} = \sum_{i=1}^m r_i(x_{k+1})(H_i)_{k+1}$$

去近似 $S(x_{k+1})$. 这里 $(H_i)_{k+1}$ 是 $\nabla^2 r_i(x_{k+1})$ 的拟牛顿近似，故有

$$(H_i)_{k+1}(x_{k+1} - x_k) = \nabla r_i(x_{k+1}) - \nabla r_i(x_k).$$

于是

$$B_{k+1}(x_{k+1} - x_k) = \sum_{i=1}^m r_i(x_{k+1})(H_i)_{k+1}(x_{k+1} - x_k)$$

$$= \sum_{i=1}^{m} r_i(x_{k+1})(\nabla r_i(x_{k+1}) - \nabla r_i(x_k))$$

$$= (J(x_{k+1}) - J(x_k))^T r(x_{k+1}) \triangleq y_k, \tag{7.5.3}$$

这就是 B_k 满足的拟牛顿条件.

类似地，如果要求

$$(J(x_{k+1})^T J(x_{k+1}) + B_{k+1}) s_k$$
$$= J(x_{k+1})^T r(x_{k+1}) - J(x_k)^T r(x_k) \tag{7.5.4}$$

成立，则 B_{k+1} 应满足

$$B_{k+1} s_k = \tilde{y}_k, \tag{7.5.5}$$

这里

$$\tilde{y}_k = J(x_{k+1})^T r(x_{k+1}) - J(x_k)^T r(x_k)$$
$$- J(x_{k+1})^T J(x_{k+1}) s_k. \tag{7.5.6}$$

现在，我们利用加权 Frobenius 范数给出 B_k 应满足的校正公式. 下面的定理是第五章中定理 5.1.6 的重新叙述.

定理 7.5.1 设 $v_k^T s_k > 0$, $T \in R^{n \times n}$ 是对称正定的加权矩阵，满足

$$TT^T s_k = v_k, \tag{7.5.7}$$

其中

$$v_k \triangleq \nabla f(x_{k+1}) - \nabla f(x_k)$$
$$= J(x_{k+1})^T r(x_{k+1}) - J(x_k)^T r(x_k), \tag{7.5.8}$$

那么，校正

$$B_{k+1} = B_k + \frac{(y_k - B_k s_k)v_k^T + v_k(y_k - B_k s_k)^T}{s_k^T v_k} - \frac{s_k^T(y_k - B_k s_k)}{(s_k^T v_k)^2} v_k v_k^T \tag{7.5.9}$$

是极小化问题

$$\begin{aligned} &\min \|T^{-T}(B_{k+1} - B_k)T^{-1}\|_F \\ &\text{s.t. } (B_{k+1} - B_k) \text{ 对称}, \ B_{k+1}s_k = y_k \end{aligned} \tag{7.5.10}$$

的唯一解.

Dennis, Gay 和 Welsch (1981) 给出了解非线性最小二乘问题的拟牛顿算法和程序 NL2SOL. 这个算法利用拟牛顿条件 (7.5.3) 和 (7.5.9). 为了使算法具有总体收敛性，信赖域策略采用了，即在每一步求解信赖域模型问题

$$\begin{aligned} \min \ &\frac{1}{2}r(x_k)^T r(x_k) + (x - x_k)^T J(x_k)^T r(x_k) \\ &+ \frac{1}{2}(x - x_k)^T (J(x_k)^T J(x_k) + B_k)(x - x_k) \end{aligned} \tag{7.5.11}$$

$$\text{s.t. } \|x - x_k\| \leqslant h_k,$$

从而得到

$$x_{k+1} = x_k - (J(x_k)^T J(x_k) + B_k + \mu_k I)^{-1} J(x_k)^T r(x_k). \tag{7.5.12}$$

算法 NL2SOL 还采用了 §5.7 中的调比策略. 这是因为在

$$S(x) = \sum_{i=1}^{m} r_i(x)\nabla^2 r_i(x)$$

中，分量 $r_i(x)$ 有时比二阶导数分量 $\nabla^2 r_i(x)$ 变化得更快，而校正公式 (7.5.9) 并没有反映出这种变化．这种情形对于零残量和小残量问题尤其明显，故在每次迭代中选取一个调比因子

$$\gamma_k = \min\left\{\frac{s_k^T y_k}{s_k^T B_k s_k}, 1\right\} \tag{7.5.13}$$

乘以迭代矩阵 B_k, 然后利用公式 (7.5.9) 进行校正．

数值试验表明，对于大残量问题，拟牛顿法 NL2SOL 有明显的优越性；对于小残量问题，NL2SOL 与 Moré 的 L–M 算法差不多，但 Moré 算法更简单．因此，本章介绍的三种方法：Gauss-Newton 法，Levenberg-Marquardt 方法与拟牛顿法对于解非线性最小二乘问题是十分有用的．其中，L-M 方法的 Moré 算法、拟牛顿法 NL2SOL 算法是目前最流行的算法．

类似于上面的讨论，Biggs (1977) 利用拟牛顿条件 (7.5.3) 和如下秩一校正公式

$$B_{k+1} = B_k + \frac{(y_k - B_k s_k)(y_k - B_k s_k)^T}{(y_k - B_k s_k)^T s_k} \tag{7.5.14}$$

给出了解非线性最小二乘问题的拟牛顿法．Biggs 方法也采用了调比策略，其调比因子为

$$\gamma_k = r_{k+1}^T r_{k+1} / r_k^T r_k. \tag{7.5.15}$$

Fletcher 和 Xu (徐成贤) (1986) 提出了解非线性最小二乘问题的综合方法，它根据每次迭代的试验结果而决定或者采用 Gauss-Newton 法，或者采用拟牛顿法．简单的试验准则为

$$f(x_k) - f(x_{k+1}) \geqslant \tau f(x_k), \quad \tau \in (0,1). \tag{7.5.16}$$

如果上述不等式满足，则采用 Gauss-Newton 步，否则采用拟牛顿步．通常 $\tau = 0.2$.

最后，我们指出一些特殊类型的课题. 一类问题是求解混合线性 - 非线性最小二乘问题. 在这类问题中，一部分变量是线性的，另一部分变量是非线性的. 例如，

$$f(x)=\frac{1}{2}\sum_{i=1}^{m}r_i(x)^2,$$

$$r_i(x)=x_1e^{t_ix_3}+x_2e^{t_ix_4}-y_i,\quad i=1,\cdots,m.$$

这里 x_1 和 x_2 是线性变量， x_3 和 x_4 是非线性变量. Kaufman (1975) 给出了解这类可分变量的非线性最小二乘问题的投影方法和 VARPRO 算法.

在非线性最小二乘问题中，我们考虑的是极小化非线性函数的平方和. 在实际上，有时要求考虑其它尺度. 一般地，

$$\min f(x)=\rho(r(x)),\quad r:R^n\to R^m,\quad \rho:R^m\to R.$$

当 $\rho(z)=\frac{1}{2}z^Tz$ 时，就是本章研究的非线性最小二乘问题. 其它常常要考虑的情形包括：

$$\rho(z)=\|z\|_1\quad 和\quad \rho(z)=\|z\|_\infty,$$

它们分别称为 l_1 和 l_∞ 数据拟合. Bartels 与 Conn (1982), Murray 与 Overton (1980, 1981) 以及 Watson (1987) 研究了上述问题.

第八章　约束优化最优性条件

§8.1　约束优化问题

约束非线性优化问题是指

$$\min_{x\in\mathbb{R}^n} f(x) \tag{8.1.1}$$

$$\text{s.t.}\quad c_i(x)=0,\quad i=1,\cdots,m_e; \tag{8.1.2}$$

$$c_i(x)\geqslant 0,\quad i=m_e+1,\cdots,m. \tag{8.1.3}$$

其中， $f(x)$ 及 $c_i(x)$ $(i=1,\cdots,m)$ 都是定义在 $\mathbb{R}^n$ 上的实值连续函数，且至少有一个是非线性的． m 是一正整数， m_e 是介于 0 和 m 之间的整数． $f(x)$ 被称为目标函数， $c_i(x)$ $(i=1,\cdots,m)$ 被称为约束函数． s.t. 是英文 subject to(满足于) 的缩写．如果 $m_e=m$, 则问题 (8.1.1)—(8.1.3) 被称为等式约束优化问题．如果 $c_i(x)$ $(i=1,\cdots,m)$ 都是线性函数，我们称问题 (8.1.1)—(8.1.3) 是一个线性约束优化问题．一个线性约束优化问题，如果目标函数 $f(x)$ 是二次函数，则被称为二次规划问题．

定义 8.1.1　　$x\in\mathbb{R}^n$ 被称为问题 (8.1.1)—(8.1.3) 的可行点当且仅当 (8.1.2)—(8.1.3) 成立．所有可行点所组成的集合被称为可行域．

我们称 (8.1.2) 和 (8.1.3) 为约束条件．根据定义可知，可行点

就是满足所有约束条件的点. 我们记可行域为 X:

$$X = \{x | c_i(x) = 0, \quad i = 1, \cdots, m_e;$$
$$c_i(x) \geqslant 0, \qquad i = m_e + 1, \cdots, m\}. \tag{8.1.4}$$

从可行域的定义可知, 求解约束优化问题 (8.1.1)—(8.1.3) 就是在可行域 X 上寻求一点 x 使得目标函数 $f(x)$ 达到最小. 我们给出解的精确定义如下:

定义 8.1.2 设 $x^* \in X$, 如果

$$f(x) \geqslant f(x^*), \quad \forall x \in X \tag{8.1.5}$$

成立, 则称 x^* 是问题 (8.1.1)—(8.1.3) 的全局极小点, 如果对一切 $x \in X$ 且 $x \neq x^*$ 有

$$f(x) > f(x^*) \tag{8.1.6}$$

成立, 则称 x^* 是全局严格极小点.

定义 8.1.3 设 $x^* \in X$, 如果对某一 $\delta > 0$ 有

$$f(x) \geqslant f(x^*), \quad \forall x \in X \cap B(x^*, \delta) \tag{8.1.7}$$

成立, 则称 x^* 是问题 (8.1.1)—(8.1.3) 的局部极小点, 其中 $B(x^*, \delta)$ 是以 x^* 为中心以 δ 为半径的广义球:

$$B(x^*, \delta) = \{x | \ \|x - x^*\|_2 \leqslant \delta\}. \tag{8.1.8}$$

如果对一切 $x \in X \cap B(x^*, \delta)$ 且 $x \neq x^*$ 不等式 (8.1.6) 成立, 则称 x^* 是局部严格极小点.

全局极小点也常称为总体极小点. 很显然, 全局 (严格) 极小点也是局部极小点.

假定 x^* 是问题 (8.1.1)—(8.1.3) 的一个局部极小点, 如果有 $i_0 \in [m_e + 1, m]$ 使得

$$c_{i_0}(x^*) > 0, \tag{8.1.9}$$

则我们可将第 i_0 个约束条件去掉，且 x^* 仍是去掉第 i_0 个约束条件所得到的问题之局部极小点. 由于这一性质，我们称第 i_0 个约束在 x^* 处是非积极的. 下面的定义将积极与非积极的概念推广到任何点处. 首先，我们引入记号

$$E = \{1, 2, \cdots, m_e\}, \tag{8.1.10}$$

$$I = \{m_e + 1, \cdots, m\}, \tag{8.1.11}$$

$$I(x) = \{i | c_i(x) \leqslant 0, \ i \in I\}. \tag{8.1.12}$$

定义 8.1.4 对任何 $x \in \mathbb{R}^n$, 我们称集合

$$\mathcal{A}(x) = E \cup I(x) \tag{8.1.13}$$

是在 x 点的积极集合 (或有效集合), $c_i(x)$ $(i \in \mathcal{A}(x))$ 是在 x 点的积极约束 (或有效约束), $c_i(x)$ $(i \notin \mathcal{A}(x))$ 是在 x 点的非积极约束 (或非有效约束).

假定我们已知问题 (8.1.1)—(8.1.3) 在解处的积极约束 $\mathcal{A}(x^*)$, 我们只需求解如下的等式约束优化问题

$$\min_{x \in \mathbb{R}^n} f(x), \tag{8.1.14}$$

$$\text{s.t. } c_i(x) = 0 \quad i \in \mathcal{A}(x^*), \tag{8.1.15}$$

即可以了. 一般说来, 等式约束问题 (8.1.14)—(8.1.15) 要比原问题 (8.1.1)—(8.1.3) 容易求解.

§8.2 一阶最优性条件

一般情况下，直接利用定义 8.1.3 去判别一给定点 x^* 是否为局部解是办不到的. 一个显然的困难是 $X \cap B(x^*, \delta)$ 通常是有无穷多个点，从而直接验证 (8.1.7) 是不可能的. 因此，有必要给出只依赖在 x^* 点处目标函数和约束函数信息的、且与 (8.1.7) 等价的条件. 这样的条件我们称其为最优性条件.

可行域上一个点是否为局部极小点取决于目标函数在该点以及附近其它可行点上的值. 所以, 可行方向在推导最优性条件起十分重要的作用. 下面, 我们给出各种可行方向的定义.

定义 8.2.1 设 $x^* \in X, 0 \neq d \in \mathbb{R}^n$, 如果存在 $\delta > 0$ 使得

$$x^* + td \in X, \quad \forall t \in [0, \delta], \tag{8.2.1}$$

则称 d 是 X 在 x^* 处的可行方向. X 在 x^* 处的所有可行方向的集合记为 FD (x^*, X).

定义 8.2.2 设 $x^* \in X, d \in \mathbb{R}^n$, 如果

$$d^T \nabla c_i(x^*) = 0, \quad i \in E; \tag{8.2.2}$$

$$d^T \nabla c_i(x^*) \geqslant 0, \quad i \in I(x^*), \tag{8.2.3}$$

则称 d 是 X 在 x^* 处的线性化可行方向. X 在 x^* 处的所有线性化可行方向的集合记为 LFD (x^*, X).

定义 8.2.3 设 $x^* \in X$, $d \in \mathbb{R}^n$, 如果存在序列 $d_k(k = 1, 2, \cdots)$ 和 $\delta_k > 0$ $(k = 1, 2, \cdots)$ 使得

$$x^* + \delta_k d_k \in X, \quad \forall k, \tag{8.2.4}$$

且有 $d_k \to d$ 和 $\delta_k \to 0$, 则称 d 是 X 在 x^* 处的序列可行方向. X 在 x^* 处的所有序列可行方向的集合记为 SFD (x^*, X).

根据定义, 下面引理显然成立.

引理 8.2.4 设 $x^* \in X$, 如果所有的约束函数都在 x^* 处可微, 则有

$$\text{FD}\,(x^*, X) \subseteq \text{SFD}\,(x^*, X) \subseteq \text{LFD}\,(x^*, X). \tag{8.2.5}$$

证明 对任何 $d \in$ FD (x^*, X), 由定义 8.2.1 可知存在 $\delta > 0$ 使得 (8.2.1) 成立. 令 $d_k = d$ 和 $\delta_k = \delta/2^k$ $(k = 1, 2, \cdots)$, 则知 (8.2.4) 成立且显然有 $d_k \to d$ 和 $\delta_k \to 0$. 所以 $d \in \text{SFD}(x^*, X)$. 由于 d 的任意性, 即知

$$\text{FD}\,(x^*, X) \subseteq \text{SFD}(x^*, X). \tag{8.2.6}$$

对任何 $d \in \mathrm{SFD}(x^*, X)$, 如果 $d=0$, 则显然 $d \in \mathrm{LFD}\ (x^*, X)$. 假定 $d \neq 0$, 由定义 8.2.3, 存在序列 $d_k(k=1,2,\cdots)$ 和 $\delta_k > 0$ $(k=1,2,\cdots)$ 使得 (8.2.4) 成立且 $d_k \to d \neq 0$ 和 $\delta_k \to 0$. 从 (8.2.4) 可知

$$0 = c_i(x^* + \delta_k d_k) = \delta_k d_k^T \nabla c_i(x^*) + o(\|\delta_k d_k\|), \quad i \in E; \tag{8.2.7}$$

$$0 \leqslant c_i(x^* + \delta_k d_k) = \delta_k d_k^T \nabla c_i(x^*) + o(\|\delta_k d_k\|), \quad i \in I(x^*), \tag{8.2.8}$$

在上两式的左右两端除以 δ_k, 然后令 k 趋于无穷，就得到 (8.2.2) 和 (8.2.3). 所以我们有

$$\mathrm{SFD}\ (x^*, X) \subseteq \mathrm{LFD}\ (x^*, X). \tag{8.2.9}$$

(8.2.6) 和 (8.2.9) 表明引理成立. □

引理 8.2.5 设 $x^* \in X$ 是问题 (8.1.1)—(8.1.3) 的局部极小点，如果 $f(x)$ 和 $c_i(x)$ $(i=1,\cdots,m)$ 都在 x^* 处可微，则必有

$$d^T \nabla f(x^*) \geqslant 0, \quad \forall d \in \mathrm{SFD}(x^*, X). \tag{8.2.10}$$

证明 对任何 $d \in \mathrm{SFD}\ (x^*, X)$, 存在 $\delta_k > 0 (k=1,\cdots)$ 和 $d_k(k=1,2,\cdots)$ 使得 $x^* + \delta_k d_k \in X$ 且 $\delta_k \to 0$ 和 $d_k \to d$. 由于 $x^* + \delta_k d_k \to x^*$, 而且 x^* 是局部极小点，对充分大的 k 必有

$$f(x^*) \leqslant f(x^* + \delta_k d_k) = f(x^*) + \delta_k d_k^T \nabla f(x^*) + o(\delta_k). \tag{8.2.11}$$

从上式可得

$$d^T \nabla f(x^*) \geqslant 0. \tag{8.2.12}$$

由于 d 的任意性，即知 (8.2.10) 成立. □

下面的引理是由 Farkas (1902) 给出，故称为 Farkas 引理.

引理 8.2.6 设 l, l' 是两个非负整数， $a_0, a_i(i=1,\cdots,l)$ 和 $b_i(i=1,\cdots,l')$ 是 $\mathbb{R}^n$ 中的向量，则线性方程组和不等式组：

$$d^T a_i = 0, \quad i=1,2,\cdots,l, \tag{8.2.13}$$

$$d^T b_i \geqslant 0, \quad i = 1, 2, \cdots, l', \tag{8.2.14}$$

$$d^T a_0 < 0, \tag{8.2.15}$$

无解当且仅当存在实数 $\lambda_i (i = 1, \cdots, l)$ 和非负实数 $\mu_i (i = 1, \cdots, l')$ 使得

$$a_0 = \sum_{i=1}^{l} \lambda_i a_i + \sum_{i=1}^{l'} \mu_i b_i. \tag{8.2.16}$$

证明 假定 (8.2.16) 成立且 $\mu_i \geqslant 0$ $(i = 1, \cdots, l')$. 则对任何 d 满足 (8.2.13)—(8.2.14) 都有

$$d^T a_0 = \sum_{i=1}^{l} \lambda_i d^T a_i + \sum_{i=1}^{l'} \mu_i d^T b_i \geqslant 0, \tag{8.2.17}$$

从而 (8.2.15) 不成立. 所以 (8.2.13)—(8.2.15) 无解.

假定不存在实数 $\lambda_i (i = 1, \cdots, l)$ 和非负实数 $\mu_i (i = 1, \cdots, l')$ 使得 (8.2.16) 成立. 定义集合

$$S = \left\{ a \middle| a = \sum_{i=1}^{l} \lambda_i a_i + \sum_{i=1}^{l'} \mu_i b_i, \quad \lambda_i \in \mathbb{R}, \mu_i \geqslant 0 \right\}. \tag{8.2.18}$$

显然 S 是 $\mathbb{R}^n$ 中的一个闭凸锥. 由于 $a_0 \notin S$, 根据泛函分析中的凸集分离定理, 必存在 $d \in \mathbb{R}^n$ 使得

$$d^T a_0 < \alpha < d^T a, \quad \forall a \in S, \tag{8.2.19}$$

其中 α 是某一常数. 由于 $0 \in S$, 所以

$$d^T a_0 < 0. \tag{8.2.20}$$

对任何 $\lambda > 0$, 均有 $\lambda b_i \in S$. 从而

$$\lambda d^T b_i > \alpha, \quad \forall \lambda > 0. \tag{8.2.21}$$

在上面不等式两边同除以 λ, 然后令 $\lambda \to +\infty$, 即得到 $d^T b_i \geqslant 0$. 所以我们有

$$d^T b_i \geqslant 0, \quad i = 1, 2, \cdots l'. \tag{8.2.22}$$

同样地, 对任何 $\lambda > 0$ 均有 $\lambda a_i \in S$ 和 $-\lambda a_i \in S$, 所以可证 $d^T a_i \geqslant 0$ 和 $d^T(-a_i) \geqslant 0$. 故知

$$d^T a_i = 0, \quad i = 1, 2, \cdots, l. \tag{8.2.23}$$

所以, 向量 d 是 (8.2.13)—(8.2.15) 的一个解. □

上面的引理在形式上是线性系统 (8.2.13)—(8.2.15) 和线性表达式 (8.2.16), 这两者必有一个且只有一个成立, 所以该引理也被称为择一性引理. 利用 Farkas 引理和引理 8.2.5, 我们可得到如下一阶优化条件.

定理 8.2.7 设 x^* 是问题 (8.1.1)—(8.1.3) 的一个局部极小点, 如果

$$\text{SFD}\,(x^*, X) = \text{LFD}\,(x^*, X), \tag{8.2.24}$$

则必存在 $\lambda_i^* (i = 1, 2, \cdots, m)$ 使得

$$\nabla f(x^*) = \sum_{i=1}^{m} \lambda_i^* \nabla c_i(x^*), \tag{8.2.25}$$

$$\lambda_i^* \geqslant 0, \quad \lambda_i^* c_i(x^*) = 0, \quad i \in I. \tag{8.2.26}$$

证明 由引理 8.2.5 和关系式 (8.2.24) 可知如下线性系统

$$d_i^T \nabla c_i(x^*) = 0, \quad i \in E; \tag{8.2.27}$$

$$d^T \nabla c_i(x^*) \geqslant 0, \quad i \in I(x^*); \tag{8.2.28}$$

$$d^T \nabla f(x^*) < 0 \tag{8.2.29}$$

无解. 利用 Farkas 引理即知存在 $\lambda_i^* \in \mathbb{R} (i \in E)$ 和 $\lambda_i^* \geqslant 0$ $(i \in I(x^*))$ 使得

$$\nabla f(x^*) = \sum_{i \in E} \lambda_i^* \nabla c_i(x^*) + \sum_{i \in I(x^*)} \lambda_i^* \nabla c_i(x^*), \tag{8.2.30}$$

令 $\lambda_i^*=0\ (i\in I\backslash I(x^*))$, 即知 (8.2.25)—(8.2.26) 成立. □

定理 8.2.7 是由 Kuhn 和 Tucker (1951) 给出，故它常被称为 Kuhn-Tucker 定理. 与式 (8.2.25) 有着密切联系的一个函数是

$$L(x,\lambda)=f(x)-\lambda^T c(x)=f(x)-\sum_{i=1}^{m}\lambda_i c_i(x). \tag{8.2.31}$$

其中 $\lambda=(\lambda_1,\cdots,\lambda_m)^T\in\mathbb{R}^m$, 以及 $c(x)=(c_1(x),\cdots,c_m(x))^T$. 由这一函数的思想可追溯到 Lagrange (1760–1761), 故它被称为 Lagrange 函数， $\lambda_i(i=1,\cdots,m)$ 被称为 Lagrange 乘子.

定义 8.2.8 如果 $x^*\in X$ 且存在 $\lambda^*=(\lambda_1^*,\cdots,\lambda_m^*)\in\mathbb{R}^m$ 使得 (8.2.25)—(8.2.26) 成立，则称 x^* 是问题 (8.1.1)—(8.1.3) 的 Kuhn-Tucker 点 (简称 K–T 点), 称 λ^* 是在 x^* 处的 Lagrange 乘子.

因为 Karush (1939) 也类似地考虑了约束优化的最优性条件，所以也有人把定理 8.2.7 称为 Karush-Kuhn-Tucker 定理，把 K–T 点称为 K–K–T 点.

定理 8.2.7 中的条件 (8.2.24) 被称为约束规范条件. 下面的例子由 Fletcher(1987) 所给出. 它表明，如果约束规范条件 (8.2.24) 不成立，则问题 (8.1.1)—(8.1.3) 的局部极小点并不一定是一 K–T 点.

我们举一例子：

$$\min_{(x_1,x_2)\in\mathbb{R}^2} x_1, \tag{8.2.32}$$

$$\text{s.t. } x_1^3-x_2\geqslant 0, \tag{8.2.33}$$

$$x_2\geqslant 0. \tag{8.2.34}$$

不难看出 $x^*=(0,0)^T$ 是问题 (8.2.32)—(8.2.34) 的全局极小点. 在 x^* 处，我们可得到,

$$\text{SFD }(x^*,X)=\left\{d\,\middle|\,d=\begin{pmatrix}\alpha\\0\end{pmatrix},\quad \alpha\geqslant 0\right\}, \tag{8.2.35}$$

以及

$$\text{LFD}\,(x^*, X) = \left\{ d \middle| d = \begin{pmatrix} \alpha \\ 0 \end{pmatrix},\quad \alpha \in \mathbb{R}^1 \right\}. \tag{8.2.36}$$

所以， (8.2.24) 不成立. 直接计算可知

$$\nabla f(x^*) = \begin{pmatrix} 1 \\ 0 \end{pmatrix}, \tag{8.2.37}$$

$$\nabla c_1(x^*) = \begin{pmatrix} 0 \\ -1 \end{pmatrix}, \tag{8.2.38}$$

$$\nabla c_2(x^*) = \begin{pmatrix} 0 \\ 1 \end{pmatrix}, \tag{8.2.39}$$

因而不可能存在 λ_1^* 和 λ_2^* 使得

$$\nabla f(x^*) = \lambda_1^* \nabla c_1(x^*) + \lambda_2^* \nabla c_2(x^*) \tag{8.2.40}$$

成立. 这一简单例子说明约束规范条件的重要性. 由于条件 (8.2.24) 不容易直接验证, 人们给出一些更强的, 但容易验证的约束规范条件. 首先，我们给出一个最明显的约束规范条件：

条件 8.2.9　所有的 $c_i(x)$ $(i \in E \cup I(x^*))$ 都是线性函数.

根据定义，只要条件 8.2.9 满足，则必有 (8.2.24) 式成立. 于是我们有如下推论.

推论 8.2.10　设 x^* 是问题 (8.1.1)—(8.1.3) 的一个局部极小点，如果条件 8.2.9 成立，则 x^* 必定是一个 K–T 点.

下面的约束规范条件是由 Mangasarian 和 Fromowitz (1967) 给出.

条件 8.2.11　1) $\nabla c_i(x^*)$ $(i \in E)$ 线性无关；

2) 集合：

$$S^* \{d | d^T \nabla c_i(x^*) = 0,\quad i \in E; d^T \nabla c_i(x^*) > 0,\ i \in I(x^*)\} \tag{8.2.41}$$

非空.

引理 8.2.12　设 $x^* \in X$, 如果条件 8.2.11 满足，则关系式 (8.2.24) 成立.

证明 对任给非零向量 $d \in S^*$, 必存在 d_i $(i = 1, \cdots, n - m_e - 1)$ 组成 span $\{\nabla c_1(x^*), \cdots, \nabla c_{m_e}(x^*), d\}$ 的法空间的一组正交基. 考虑带参数的非线性代数方程组：

$$c_i(x) = 0, \quad i = 1, \cdots, m_e, \tag{8.2.42}$$

$$d_i^T(x - x^*) = 0, \quad i = 1, \cdots, n - m_e - 1, \tag{8.2.43}$$

$$d^T(x - x^*) - \theta = 0, \tag{8.2.44}$$

由于该方程组在 $x = x^*$ 处的 Jacobi 矩阵非奇异，根据隐函数定理，对充分小的 θ, 必存在解 $x = x(\theta)$ 且满足

$$x'(\theta)|_{\theta=0} = d/\|d\|_2^2. \tag{8.2.45}$$

对任何 $i \in I(x^*)$ 都有 $d^T \nabla c_i(x^*) > 0$, 故当 $\theta > 0$ 充分小时必有 $c_i(x(\theta)) > 0$. 所以，当 $\theta > 0$ 充分小时， $x(\theta) \in X$. 取 $\theta_k > 0$, $\theta_k \to 0$ $(k \to \infty$ 时), 且 $x(\theta_k) \in X$. 由于 $(x(\theta_k) - x^*)/\theta_k \to d/\|d\|_2^2$, 从定义 8.2.3 即知

$$d \in \mathrm{SFD}(x^*, X). \tag{8.2.46}$$

由于 $d \in S^*$ 的任意性以及 $0 \in \mathrm{SFD}(x^*, X)$, 我们有

$$S^* \subseteq \mathrm{SFD}(x^*, X). \tag{8.2.47}$$

因为 SFD (x^*, X) 是闭集，从上式可得

$$cl(S^*) \subseteq \mathrm{SFD}\ (x^*, X), \tag{8.2.48}$$

其中 $cl(S^*)$ 表示 S^* 的闭包. 由于 S^* 非空，根据 Rockafellar (1970) 中的定理 6.5 可知

$$\begin{aligned} cl(S^*) &= \{d | d^T \nabla c_i(x^*) = 0,\ i \in E;\ d^T \nabla c_i(x^*) \geqslant 0,\ i \in I(x^*)\} \\ &= \mathrm{LFD}\ (x^*, X). \end{aligned} \tag{8.2.49}$$

利用 (8.2.48), (8.2.49) 和 (8.2.5) 即知等式 (8.2.24) 成立. □

一个比条件 8.2.11 更强的约束规范条件是条件 8.2.13.

条件 8.2.13 $\nabla c_i(x^*)$ $(i \in E \cup I(x^*))$ 线性无关.

引理 8.2.14 如果条件 8.2.13 成立，则条件 8.2.11 必定成立.

证明 如果 $I(x^*)$ 是空集, 则条件 8.2.13 和条件 8.2.11 是等价的. 假定 $I(x^*)$ 非空, 对任何 $j \in I(x^*)$, 由于 $\nabla c_i(x^*)$ $(i \in E \cup I(x^*))$ 线性无关，必存在 d_j 使得

$$d_j^T \nabla c_i(x^*) = 0, \quad \forall i \in E \cup I(x^*), \ i \neq j; \tag{8.2.50}$$

$$d_j^T \nabla c_j(x^*) = 1. \tag{8.2.51}$$

令 $d = \sum\limits_{j \in I(x^*)} d_j$, 由 S^* 的定义 [见 (8.2.41) 式], 即知 $d \in S^*$. 所以 S^* 非空. □

利用上述结果，我们可得到以下定理.

定理 8.2.15 设 x^* 是问题 (8.1.1)—(8.1.3) 的一个局部极小点，如果 $\nabla c_i(x^*)$ $(i \in E \cup I(x^*))$ 线性无关，则必存在 $\lambda_i^* (i = 1, 2, \cdots, m)$ 使得 (8.2.25)—(8.2.26) 成立.

因为约束规范条件 8.2.13 易于检验，所以定理 8.2.15 是一个最常见的也是最有用的关于一阶最优性条件的结果. 上面所讨论的都是关于必要性，下面我们讨论充分性条件.

定理 8.2.16 设 $x^* \in X$. 如果 $f(x)$ 和 $c_i(x)$ $(i = 1, \cdots, m)$ 都在 x^* 处可微且

$$d^T \nabla f(x^*) > 0, \quad \forall 0 \neq d \in \mathrm{SFD}\ (x^*, X), \tag{8.2.52}$$

则 x^* 是问题 (8.1.1)—(8.1.3) 的局部严格极小点.

证明 假定 (8.2.52) 成立，如果 x^* 不是局部严格极小点，则存在 $x_k \in X$ 使得

$$f(x_k) \leqslant f(x^*), \tag{8.2.53}$$

且有 $x_k \to x^*$, $x_k \neq x^*$ $(k=1,2,\cdots)$. 不失一般性. 我们可假定

$$\frac{x_k - x^*}{\|x_k - x^*\|_2} \to d. \tag{8.2.54}$$

令 $d_k = (x_k - x^*)/\|x_k - x^*\|_2$, $\delta_k = \|x_k - x^*\|_2$. 根据定义 8.2.3 即知

$$d \in \mathrm{SFD}\ (x^*, X). \tag{8.2.55}$$

从 (8.2.53) 和 (8.2.54) 可证

$$d^T \nabla f(x^*) \leqslant 0, \tag{8.2.56}$$

从而 (8.2.55)—(8.2.56) 与 (8.2.52) 相矛盾. □

利用引理 8.2.4 和定理 8.2.16 可得如下推论.

推论 8.2.17 设 $x^* \in X$, 如果 $f(x)$ 和 $c_i(x)$ $(i=1,\cdots,m)$ 都在 x^* 处可微，且

$$d^T \nabla f(x^*) > 0, \quad \forall 0 \neq d \in \mathrm{LFD}\ (x^*, X), \tag{8.2.57}$$

则 x^* 是问题 (8.1.1)—(8.1.3) 的局部严格极小点.

在式 (8.2.26) 中的条件

$$\lambda_i^* c_2(x^*) = 0, \quad i \in I \tag{8.2.58}$$

称为互补条件，它要求 λ_i^* 和 $c_i(x^*)$ 至少有一个为零. 如果

$$(\lambda_i^*)^2 + [c_i(x^*)]^2 > 0, \quad \forall i \in I, \tag{8.2.59}$$

我们则称严格互补条件成立.

在不作任何约束规范的假定下，John (1948) 给出如下的必要性条件：

定理 8.2.18 设 $f(x)$, $c_i(x)(i=1,\cdots,m)$ 在包含可行域 X 的某一开集上连续可微，如果 x^* 是约束优化问题 (8.1.1)—(8.1.3) 的局部极小点，则必存在 $\lambda_0^* \geqslant 0$, $\lambda^* \in \mathbb{R}^m$ 使得

$$\lambda_0^* \nabla f(x^*) - \sum_{i=1}^{m} \lambda_i^* \nabla c_i(x^*) = 0, \tag{8.2.60}$$

$$\lambda_i^* \geqslant 0, \quad \lambda_i^* c_i(x^*) = 0, \quad i \in I, \tag{8.2.61}$$

$$\sum_{i=0}^{m} (\lambda_i^*)^2 > 0. \tag{8.2.62}$$

证明 如果 $\nabla c_i(x^*)$ $(i \in E)$ 线性相关，则显然定理为真．故假定 $\nabla c_i(x^*)(i \in E)$ 线性无关．如果

$$S^* = \{d \big| d^T \nabla c_i(x^*) = 0,\ i \in E,\ d^T \nabla c_i(x^*) > 0, \quad i \in I(x^*)\} \tag{8.2.63}$$

是一非空集合，则利用引理 8.2.12 和定理 8.2.6 可知 x^* 是一 K-T 点，从而 (8.2.60)—(8.2.62) 成立．下面假定 S^* 是空集，与引理 8.2.5 类似，如果 S^* 是空集，则必存在 $\lambda_i^*(i \in E \cup I(x^*))$，使得 $\sum\limits_{i \in E \cup I(x^*)} (\lambda_i^*)^2 \neq 0$, $\lambda_i^* \geqslant 0 (i \in I(x^*))$, 且有

$$\sum_{i \in E \cup I(x^*)} \lambda_i^* \nabla c_i(x^*) = 0. \tag{8.2.64}$$

令 $\lambda_0^* = 0$, $\lambda_i^* = 0 (i \notin E \cup I(x^*))$, 则从上式可知 (8.2.60)—(8.2.62) 成立．故知定理为真． □

满足 (8.2.60)—(8.2.62) 的点称为 Fritz John 点．我们称下面的加权的 Lagrange 函数

$$\tilde{L}(x, \lambda_0, \lambda) = \lambda_0 f(x) - \sum_{i=1}^{m} \lambda_i c_i(x) \tag{8.2.65}$$

为 Fritz John 函数．显然， Fritz John 点是 Fritz John 函数的稳定点．注意到 $\lambda_0 \geqslant 0$．如果 $\lambda_0 > 0$, 则 Fritz John 函数可看成是 Lagrange 函数的 λ_0 倍．但当 $\lambda_0 = 0$ 时， Fritz John 函数和目标函数无关，这时这函数仅仅描述了约束函数．并不能真正显示原约束优化问题的最优性．这就是 Fritz John 点并不受到重视的主要原因．

§8.3 二阶最优性条件

设 $x^* \in X$, 如果 (8.2.52) 成立，则由定理 8.2.16 知 x^* 必是问题 (8.1.1)—(8.1.3) 的一个局部严格极小点. 如果

$$d^T \nabla f(x^*) < 0, \quad \exists\, d \in \mathrm{SFD}\,(x^*, X), \tag{8.3.1}$$

则由引理 8.2.4 可知 x^* 必不是问题 (8.1.1)—(8.1.3) 的局部极小点. 也就是说，(8.2.52) 与 (8.3.1) 只要有一个成立，则可用一阶最优性条件来判别 x^* 是否为局部极小点. 下面我们假定 (8.2.52) 和 (8.3.1) 都不成立，即

$$d^T \nabla f(x^*) \geqslant 0, \quad \forall d \in \mathrm{SFD}\,(x^*, X); \tag{8.3.2}$$

$$d^T \nabla f(x^*) = 0, \quad \exists 0 \neq d \in \mathrm{SFD}\,(x^*, X). \tag{8.3.3}$$

我们也假定约束规范条件 (8.2.24) 成立. 由 (8.3.2), (8.2.24) 和 Farkas 引理知 x^* 是一 K–T 点，我们记 λ^* 是相应的 Lagrange 乘子. 由 (8.3.3) 和 Lagrange 乘子的定义可知，存在 $0 \neq d \in \mathrm{SFD}\,(x^*, X)$ 使得

$$d^T \nabla f(x^*) = \sum_{i=1}^{m} \lambda_i^* d^T \nabla c_i(x^*) = 0. \tag{8.3.4}$$

因为 $\mathrm{SFD}\,(x^*, X) \subseteq \mathrm{LFD}\,(x^*, X)$, 所以 (8.3.4) 式等价于

$$\lambda_i^* d^T \nabla c_i(x^*) = 0, \quad \forall i \in I(x^*). \tag{8.3.5}$$

据此，我们给出如下定义：

定义 8.3.1 设 x^* 是 K–T 点，λ^* 是一相应的 Lagrange 乘子. 如果 d 是 X 在 x^* 处的线性化可行方向而且 (8.3.5) 式成立，则称 d 是在 x^* 处的线性化零约束方向. 在 x^* 处的所有线性化零约束方向的集合记为 $G(x^*, \lambda^*)$. 如果在 x^* 处的 Lagrange 乘子是唯一的，我们用 $G(x^*)$ 来表示 $G(x^*, \lambda^*)$.

定义 8.3.2 设 x^* 是 K–T 点，λ^* 是一相应的 Lagrange 乘子．如果存在序列 $d_k(k=1,2,\cdots)$ 和 $\delta_k>0(k=1,2,\cdots)$ 使得

$$x^*+\delta_k d_k\in X, \tag{8.3.6}$$

$$\sum_{i=1}^{m}\lambda_i^* c_i(x^*+\delta_k d_k)=0, \tag{8.3.7}$$

且有 $d_k\to d$ 和 $\delta_k\to 0$, 则称 d 是在 x^* 处的序列零约束方向．在 x^* 处的所有序列零约束方向的集合记为 $S(x^*,\lambda^*)$.

根据定义，我们有

$$S(x^*,\lambda^*)\subseteq \mathrm{SFD}\ (x^*,X), \tag{8.3.8}$$

$$G(x^*,\lambda^*)\subseteq \mathrm{LFD}\ (x^*,X). \tag{8.3.9}$$

与 (8.2.9) 类似，我们可证

$$S(x^*,\lambda^*)\subseteq G(x^*,\lambda^*). \tag{8.3.10}$$

利用定义，我们有如下必要性结果：

定理 8.3.3 设 x^* 是问题 (8.1.1)—(8.1.3) 的一个局部极小点，λ^* 是相应的 Lagrange 乘子，则必有

$$d^T\nabla_{xx}^2 L(x^*,\lambda^*)d\geqslant 0,\quad \forall d\in S(x^*,\lambda^*), \tag{8.3.11}$$

其中 $L(x,\lambda)$ 是由 (8.2.26) 定义的 Lagrange 函数．

证明 对任何 $d\in S(x^*,\lambda^*)$, 如果 $d=0$ 则显然有 $d^T\nabla_{xx}L(x^*,\lambda^*)d=0$. 下面我们假定 $d\neq 0$. 由 $S(x^*,\lambda^*)$ 的定义，必存在序列 $\{d_k\}$ 和 $\{\delta_k\}$ 使得 (8.3.6)—(8.3.7) 成立．因此，

$$\begin{aligned}f(x^*+\delta_k d_k)&=L(x^*+\delta_k d_k,\lambda^*)\\&=L(x^*,\lambda^*)+\frac{1}{2}\delta_k^2 d_k^T\nabla^2 L_{xx}L(x^*,\lambda^*)d_k+o(\delta_k^2)\end{aligned}$$

$$= f(x^*) + \frac{1}{2}\delta_k^2 d_k^T \nabla L_{xx}(x^*, \lambda^*) d_k + o(\delta_k^2). \tag{8.3.12}$$

由于 x^* 是局部极小点，对充分大的 k 有

$$f(x_k + \delta_k d_k) \geqslant f(x^*). \tag{8.3.13}$$

利用 (8.3.12)—(8.3.13), $\delta_k \to 0$, $d_k \to d$ 即可得到

$$d^T \nabla_{xx}^2 L(x^*, \lambda^*) d \geqslant 0. \tag{8.3.14}$$

由于 $d \in S(x^*, \lambda^*)$ 的任意性. 所以 (8.3.11) 成立. □

上面定理的一个直接推论是推论 8.3.4.

推论 8.3.4 设 x^* 是问题 (8.1.1)—(8.1.3) 的局部极小点，λ^* 是相应的 Lagrange 乘子，如果

$$S(x^*, \lambda^*) = G(x^*, \lambda^*), \tag{8.3.15}$$

则必有

$$d^T \nabla_{xx}^2 L(x^*, \lambda^*) d \geqslant 0, \quad \forall d \in G(x^*, \lambda^*). \tag{8.3.16}$$

将 (8.3.11) 稍微加强就可得到二阶充分性条件.

定理 8.3.5 设 x^* 是一个 K—T 点，λ^* 是相应的 Lagrange 乘子. 如果

$$d^T \nabla_{xx}^2 L(x^*, \lambda^*) d > 0, \quad \forall 0 \neq d \in G(x^*, \lambda^*), \tag{8.3.17}$$

则 x^* 是局部严格极小点.

证明 假定 x^* 不是局部严格极小点，则存在 $x_k \in X$ 使得

$$f(x_k) \leqslant f(x^*), \tag{8.3.18}$$

且有 $x_k \to x^*$, $x_k \neq x^*(k = 1, 2, \cdots)$. 不失一般性，我们可假定

$$(x_k - x^*)/\|x_k - x^*\|_2 \to d \tag{8.3.19}$$

与 (8.2.49)—(8.2.51) 一样，我们有

$$d^T\nabla f(x^*) \leqslant 0, \tag{8.3.20}$$

$$d \in \text{SFD}\ (x^*, X). \tag{8.3.21}$$

由 (8.3.21) 和 (8.2.5) 可知

$$d^T\nabla f(x^*) = \sum_{i=1}^{m} \lambda_i^* d^T\nabla c_i(x^*) \geqslant 0. \tag{8.3.22}$$

从 (8.3.20) 和 (8.3.22) 可明显看出

$$d^T\nabla f(x^*) = 0, \tag{8.3.23}$$

$$\lambda_i^* d^T\nabla c_i(x^*) = 0, \quad \forall i \in I(x^*). \tag{8.3.24}$$

由 (8.3.21) 和 (8.3.24) 知

$$d \in G(x^*, \lambda^*), \tag{8.3.25}$$

由 (8.3.18) 可知

$$\begin{aligned} L(x^*, \lambda^*) &\geqslant L(x_k, \lambda^*) \\ &= L(x^*, \lambda^*) + \frac{1}{2}\delta_k^2 d_k^T \nabla_{xx}^2 L(x^*, \lambda^*) d_k + o(\delta_k^2). \end{aligned} \tag{8.3.26}$$

其中 $\delta_k = \|x_k - x^*\|_2$. 于是，我们有

$$d^T\nabla_{xx}^2 L(x^*, \lambda^*) d \leqslant 0. \tag{8.3.27}$$

(8.3.27) 和 (8.3.25) 说明 (8.3.17) 不可能成立．所以定理成立． □

与 Fletcher (1987) 一样，我们定义强积极约束如下．

定义 8.3.6 设 $x^* \in X$ 是一个 K–T 点，λ^* 是一个相应的 Lagrange 乘子．如果 $i \in E = \{1, \cdots, m_e\}$ 或者 $\lambda_i^* > 0$ 则称 $c_i(x)$ 是在 x^* 处 (相对于 λ^*) 是强积极的．我们称

$$\mathcal{A}_+(x^*, \lambda^*) = E \cup \{i | i \in I(x^*), \lambda_i^* > 0\} \tag{8.3.28}$$

是在 x^* 处的强积极集合.

根据定义，不难发觉

$$G(x^*,\lambda^*)=\text{LFD }(x^*,X)\cup\{d|d^T\nabla c_i(x^*)=0,\ i\in\mathcal{A}_+(x^*,\lambda^*)\}.\tag{8.3.29}$$

从上式和定理 8.3.5 可得到以下推论.

推论 8.3.6 设 x^* 是一个 K–T 点， λ^* 是相应的 Lagrange 乘子，如果对一切满足

$$d^T\nabla c_i(x^*)=0\quad i\in\mathcal{A}_+(x^*,\lambda^*)\tag{8.3.30}$$

的非零向量 d 都有

$$d^T\nabla^2_{xx}L(x^*,\lambda^*)d>0,\tag{8.3.31}$$

则 x^* 是一个局部严格极小点.

如果二阶必要性条件满足而二阶充分性条件不满足，则需要借助更高阶的优化条件来判断一个 K–T 点是否为局部极小点.

第九章 二 次 规 划

§9.1 二次规划问题

二次规划是最简单的约束非线性规划问题，它是问题 (8.1.1)—(8.1.2) 在 $f(x)$ 是二次函数， $c_i(x)$ $(i=1,2,\cdots,m)$ 都是线性函数时的特殊情形，即可写成

$$\min_{x\in\mathbb{R}^n} Q(x)=\frac{1}{2}x^THx+g^Tx. \tag{9.1.1}$$

$$\text{s.t. } a_i^Tx=b_i, \quad i=1,\cdots,m_e; \tag{9.1.2}$$

$$a_i^Tx\geqslant b_i, \quad i=m_e+1,\cdots,m. \tag{9.1.3}$$

利用第八章的结果，我们可得到如下定理.

定理 9.1.1 设 x^* 是二次规划问题 (9.1.1)—(9.1.3) 的局部极小点，则必存在乘子 $\lambda_i^*(i=1,\cdots,m)$ 使得

$$g+Hx^*=\sum_{i=1}^{m}\lambda_i^*a_i, \tag{9.1.4}$$

$$\lambda_i^*[a_i^Tx^*-b_i]=0, \quad i=m_e+1,\cdots,m, \tag{9.1.5}$$

$$\lambda_i^*\geqslant 0, \quad i=m_e+1,\cdots,m, \tag{9.1.6}$$

且对一切满足于

$$d^Ta_i=0, \quad i\in E\cup I(x^*), \tag{9.1.7}$$

的 $d\in\mathbb{R}^n$ 都有

$$d^THd\geqslant 0, \tag{9.1.8}$$

其中 $E=\{1,\cdots,m_e\}$, 以及

$$I(x^*)=\{i|a_i^Tx^*=b_i,\quad i=m_e+1,\cdots,m\}. \tag{9.1.9}$$

定理 9.1.2 设 x^* 是一个 K-T 点, λ^* 是相应的 Lagrange 乘子, 如果对一切满足于

$$d^Ta_i=0,\quad i\in E; \tag{9.1.10}$$

$$d^Ta_i\geqslant 0,\quad i\in I(x^*); \tag{9.1.11}$$

$$d^Ta_i=0,\quad i\in I(x^*)\text{且 }\lambda_i^*>0, \tag{9.1.12}$$

的非零向量 d 都有

$$d^THd>0, \tag{9.1.13}$$

则 x^* 必是问题 (9.1.1)—(9.1.3) 的局部严格极小点.

下面, 我们给出一个既充分也必要的最优性条件.

定理 9.1.3 设 x^* 是二次规划问题 (9.1.1)—(9.1.3) 的可行点, 则 x^* 是一局部极小点当且仅当存在乘子 $\lambda^*=(\lambda_1^*,\cdots,\lambda_m^*)$ 使得 (9.1.4)—(9.1.6) 成立而且对一切满足 (9.1.10)—(9.1.12) 的向量 d 都有

$$d^THd\geqslant 0. \tag{9.1.14}$$

证明 设 x^* 是一局部极小点, 由定理 9.1.1 知存在乘子 λ^* 使得 (9.1.4)—(9.1.6) 成立. 设 d 是任何一个满足 (9.1.10)—(9.1.12) 的非零向量. 显然, 对充分小的 $t>0$ 有

$$x^*+td\in X. \tag{9.1.15}$$

于是, 由 d 的定义,

$$Q(x^*)\leqslant Q(x^*+td)=Q(x^*)+td^T[Hx^*+g]+\frac{1}{2}t^2d^THd$$

$$= Q(x^*) + t\sum_{i=1}^{m}\lambda_i^* a_i^T d + \frac{1}{2}t^2 d^T H d$$

$$= Q(x^*) + \frac{1}{2}t^2 d^T H d \tag{9.1.16}$$

对所有充分小的 $t > 0$ 成立，故知 (9.1.14) 式成立. 由于 d 的任意性，所以对一切满足于 (9.1.10)—(9.1.12) 的向量 d 都有 (9.1.14).

反之，设存在 $\lambda^* = (\lambda_1^*, \cdots, \lambda_m^*)$ 使得 (9.1.4)—(9.1.6) 成立，而且对一切满足于 (9.1.10)—(9.1.12) 的向量 d 都有 (9.1.14) 式成立. 如果 x^* 不是一局部极小点，则必存在 $\delta_k > 0$, d_k 使得

$$x^* + \delta_k d_k \in X, \tag{9.1.17}$$

$$Q(x^* + \delta_k d_k) < Q(x^*). \tag{9.1.18}$$

而且 $\delta_k \to 0$, $d_k \to \bar{d}$. 考虑 Lagrange 函数

$$L(x, \lambda^*) = Q(x) - \sum_{i=1}^{m}\lambda_i^*(a_i x - b_i). \tag{9.1.19}$$

由于 $L(x, \lambda^*)$ 是关于 x 的二次函数且有

$$\nabla_x L(x^*, \lambda^*) = 0, \tag{9.1.20}$$

$$\nabla_{xx} L(x^*, \lambda^*) = H, \tag{9.1.21}$$

$$\begin{aligned} L(x^* + \delta_k d_k, \lambda^*) &= Q(x^* + \delta_k d_k) - \sum_{i\in I}\lambda_i^* \delta_k a_i^T d_k \\ &\leqslant Q(x^*) - \sum_{i\in I}\lambda_i^* \delta_k a_i^T d_k. \end{aligned} \tag{9.1.22}$$

由 (9.1.20) 和 (9.1.22) 可知 $\bar{d}$ 满足 (9.1.10)—(9.1.12). 令矩阵 $\bar{A}$ 是由 a_i ($i \in E$, $\lambda_i^* > 0$, $i \in I$) 组成的. 定义

$$\bar{d}_k = -(\bar{A}^T)^+ \bar{A}^T d_k, \tag{9.1.23}$$

$$\hat{d}_k = d_k + \bar{d}_k. \tag{9.1.24}$$

由 (9.1.22) 可知

$$\|\bar{d}_k\| \to 0. \tag{9.1.25}$$

由 (9.1.20) 和 (9.1.21) 可知

$$\begin{aligned} L(x^* + \delta_k d_k, \lambda^*) &= L(x^*, \lambda^*) + \frac{1}{2}\delta_k^2[(\hat{d}_k - \bar{d}_k)^T H(\hat{d}_k - \bar{d}_k)] \\ &\geqslant L(x^*, \lambda^*) + O(\|\bar{d}_k\|_2 \delta_k^2) \\ &= Q(x^*) + O\big(\delta_k^2 \|\bar{A}^T d_k\|_2\big). \end{aligned} \tag{9.1.26}$$

从 (9.1.22) 和 (9.1.26) 可得到

$$\Big(\min_{\substack{i\in I \\ \lambda_i^*>0}} \lambda_i^*\Big)\delta_k \|\bar{A}^T d_k\|_2 \leqslant O(\delta_k^2 \|\bar{A}^T d_k\|_2). \tag{9.1.27}$$

这与 $\delta_k \to 0$ 相矛盾. 矛盾说明 x^* 必是一局部极小点. □

由于问题的特殊形式, 求解二次规划的 K–T 点等价于寻求 $x^* \in \mathbb{R}^n$, $\lambda^* \in \mathbb{R}^m$ 使得线性系统 (9.1.2)—(9.1.3), (9.1.4), (9.1.6) 满足而且线性互补条件 (9.1.5) 也成立.

如果 H 是 (正定) 半正定矩阵, (9.1.1) 中的目标函数是 (严格) 凸函数, 这时问题 (9.1.1)—(9.1.3) 被称为 (严格) 凸的二次规划问题. 对于二次规划, 可行域只要不空就必定是凸集, 所以当目标函数是凸函数时, 任何 K–T 点必为二次规划的全局极小点.

定理 9.1.4 设 H 为半正定矩阵, 则 x^* 是二次规划问题 (9.1.1)—(9.1.3) 的全局极小点当且仅当它是一个局部极小点, 也当且仅当它是一个 K–T 点.

所以, 当 H 是半正定时, 求解 (9.1.1)—(9.1.3) 等价于求解 $(x, \lambda) \in \mathbb{R}^{n+m}$ 使得

$$g + Hx = A\lambda, \tag{9.1.28}$$

$$a_i^T x = b_i, \quad i \in E, \tag{9.1.29}$$

$$a_i^T x \geqslant b_i, \quad i \in I, \tag{9.1.30}$$

$$\lambda_i [a_i^T x - b_i] = 0, \quad i \in I, \tag{9.1.31}$$

$$\lambda_i \geqslant 0, \quad i \in I \tag{9.1.32}$$

成立，其中 $I = \{m_e+1, \cdots, m\}$, $\lambda = \{\lambda_1, \cdots, \lambda_m\}$ 以及

$$A = [a_1, \cdots, a_m]. \tag{9.1.33}$$

这一等价关系对推导凸二次规划的对偶规划问题是十分重要的.

§9.2 对 偶 性 质

假定 H 是正定矩阵，由 9.1 节的结果可知二次规划 (9.1.1)—(9.1.3) 等价于 (9.1.28)—(9.1.32). 记

$$y = A\lambda - g, \tag{9.2.1}$$

$$t_i = a_i^T x - b_i, \quad i \in I. \tag{9.2.2}$$

则 (9.1.28)—(9.1.32) 可写成下列形式

$$\begin{pmatrix} -b \\ H^{-1} y \end{pmatrix} = \begin{pmatrix} -A^T \\ I \end{pmatrix} x + \begin{pmatrix} 0 \\ \vdots \\ 0 \\ t_{m_e+1} \\ \vdots \\ t_m \\ 0 \\ \vdots \\ 0 \end{pmatrix}, \tag{9.2.3}$$

$$A\lambda - y = g, \tag{9.2.4}$$

$$\lambda_i \geqslant 0, \quad i \in I, \tag{9.2.5}$$

$$t_i\lambda_i = 0, \quad i \in I, \tag{9.2.6}$$

$$t_i \geqslant 0, \quad i \in I. \tag{9.2.7}$$

由定理 9.1.3 可知 (9.2.3)—(9.2.7) 等价于

$$\max b^T\lambda - \frac{1}{2}y^T H^{-1} y = \bar{Q}(\lambda, y), \tag{9.2.8}$$

$$\text{s.t. } A\lambda - y = g, \tag{9.2.9}$$

$$\lambda_i \geqslant 0, \quad i \in I. \tag{9.2.10}$$

由于问题 (9.2.8)—(9.2.10) 与问题 (9.1.1)—(9.1.3) 等价，我们称 (9.2.8)—(9.2.10) 为 (9.1.1)—(9.1.3) 的对偶问题，称 (9.1.1)—(9.1.3) 为原始问题．利用 (9.2.1)，我们可将问题 (9.2.8)—(9.2.10) 简化成如下形式

$$\min_{\lambda \in \mathbb{R}^m} -(b + A^T H^{-1} g)^T \lambda + \frac{1}{2}\lambda^T (A^T H^{-1} A)\lambda, \tag{9.2.11}$$

$$\text{s.t.} \quad \lambda_i \geqslant 0, \quad i \in I. \tag{9.2.12}$$

假定 (λ, y) 是对偶问题 (9.2.8)—(9.2.10) 的可行点，x 是原始问题 (9.1.1)—(9.1.3) 的可行点，我们有

$$\begin{aligned} Q(x) - \bar{Q}(\lambda, y) &= x^T[A\lambda - y] + \frac{1}{2}x^T H x \\ &\quad - \left[\lambda^T A x - \sum_{i \in I} \lambda_i t_i - \frac{1}{2}y^T H^{-1} y\right] \\ &= \sum_{i \in I} \lambda_i t_i + \frac{1}{2}[x^T H x + y^T H^{-1} y - 2x^T y] \end{aligned} \tag{9.2.13}$$

其中 t_i 由 (9.2.2) 定义. 由于 H 正定, 显然有

$$Q(x) \geqslant \bar{Q}(\lambda, y). \tag{9.2.14}$$

从 (9.2.13) 式还可看出, (9.2.14) 式两边相等当且仅当

$$\sum_{i \in I} \lambda_i (a_i^T x - b_i) = 0, \tag{9.2.15}$$

$$x = H^{-1} y. \tag{9.2.16}$$

(9.2.16) 等价于 (9.1.28), 因为 x 是可行点, (9.2.15) 与 (9.1.31) 等价. 于是我们已经证明了下面的定理.

定理 9.2.1 设 H 正定, 如果原始问题有可行点, 则 $x^* \in X$ 是问题 (9.1.1)—(9.1.3) 的解当且仅当存在 (λ^*, y^*) 是对偶问题 (9.2.8)—(9.2.10) 之解且 $x^* = H^{-1} y^*$ 以及 λ^* 是原问题在 x^* 处的 Lagrange 乘子.

对于原始问题无可行点的情形, 我们有下列结果.

定理 9.2.2 设 H 正定, 则原始问题无可行点当且仅当对偶问题无界.

证明 如果原始问题有可行点, 由 (9.2.14) 式可知对偶问题的目标函数在满足 (9.2.9)—(9.2.10) 的集合上一致有上界.

现假定原始问题无可行点, 于是

$$(a_i^T, b_i)\tilde{x} = 0, \quad i \in E, \tag{9.2.17}$$

$$(a_i^T, b_i)\tilde{x} \geqslant 0, \quad i \in I, \tag{9.2.18}$$

$$(0 \cdots 0, 1)\tilde{x} < 0. \tag{9.2.19}$$

在 $\tilde{x} \in \mathbb{R}^{n+1}$ 上无解. 由 Farkas 引理 (引理 8.2.5) 即知存在 $\bar{\lambda}_i (i = 1, \cdots, m)$ 使得

$$\sum_{i=1}^{m} \bar{\lambda}_i a_i = 0, \tag{9.2.20}$$

$$\sum_{i=1}^{m} \bar{\lambda}_i b_i = 1, \tag{9.2.21}$$

$$\bar{\lambda}_i \geqslant 0, \quad i \in I. \tag{9.2.22}$$

令 $\lambda_i = t\bar{\lambda}_i$, $y = -g$, 当 $t \to +\infty$ 时有

$$\bar{Q}(\lambda, y) = t \to +\infty.$$

而且对一切 $t > 0$, $\lambda = (t\bar{\lambda}_1, \cdots t\bar{\lambda}_m)$ 和 $y = -g$ 满足约束条件 (9.2.9)—(9.2.10). 所以对偶问题无解. □

原始问题的 Lagrange 函数

$$L(x, \lambda) = Q(x) - \sum_{i=1}^{m} \lambda_i (a_i^T x - b_i) \tag{9.2.23}$$

与对偶理论也是有着密切联系的. 不难看出, 求解 (9.1.28)—(9.1.32) 等价于求函数 $L(x, \lambda)$ 在区域 $\{(x, \lambda) | \lambda_i \geqslant 0,\ i \in I\}$ 上的稳定点. 由于 $L(x, \lambda)$ 的 Hesse 阵为

$$\nabla^2 L(x, \lambda) = \begin{bmatrix} H & -A \\ -A^T & 0 \end{bmatrix}, \tag{9.2.24}$$

利用恒等式

$$\begin{bmatrix} I & 0 \\ A^T H^{-1} & I \end{bmatrix} \nabla^2 L(x, \lambda) \begin{bmatrix} I & H^{-1}A \\ 0 & I \end{bmatrix} = \begin{bmatrix} H & 0 \\ 0 & -A^T H^{-1} A \end{bmatrix} \tag{9.2.25}$$

可知 $\nabla^2 L$ 恰恰有 n 个正特征值, 而且它的负特征值的个数正好为 A 的秩. 所以, $L(x, \lambda)$ 的稳定点一般是一个鞍点.

事实上, 对任何 $x \in X$ 我们有

$$\max_{\lambda \in \Lambda} L(x, \lambda) = Q(x), \tag{9.2.26}$$

这里 Λ 是对偶问题 (9.2.11)—(9.2.12) 的可行域, 即

$$\Lambda = \{\lambda \in \mathbb{R}^m | \lambda_i \geqslant 0, \quad i \in I\}. \tag{9.2.27}$$

对任何 $\lambda \in \Lambda$, 我们令

$$y = A\lambda - g, \tag{9.2.28}$$

则 (λ, y) 是对偶问题 (9.2.8)—(9.2.10) 的可行点，而且有

$$\min_{x\in\mathbb{R}^n} L(x,\lambda) = b^T\lambda - \frac{1}{2}y^T H^{-1} y = \bar{Q}(\lambda, y). \tag{9.2.29}$$

设 (x^*, λ^*) 是 (9.1.28)—(9.1.32) 的解, 令 $y^* = A\lambda^* - g$, 则知 (λ^*, y^*) 是问题 (9.2.8)—(9.2.10) 的可行点，于是对任何 $x^* \in \mathbb{R}^n$ 和任何 $\lambda \in \Lambda$ 都有

$$\begin{aligned} L(x,\lambda^*) &\geqslant \bar{Q}(\lambda^*, y^*) \\ &= L(x^*,\lambda^*) = Q(x^*) \geqslant L(x^*,\lambda), \end{aligned} \tag{9.2.30}$$

故知 (x^*, λ^*) 是 $L(x,\lambda)$ 的鞍点. 反之，如果

$$L(x,\lambda^*) \geqslant L(x^*,\lambda^*) \geqslant L(x^*,\lambda) \tag{9.2.31}$$

对一切 $x \in X$ 和一切 $\lambda \in \Lambda$ 都成立，则知

$$-(\lambda - \lambda^*)^T (A^T x^* - b) > 0 \tag{9.2.32}$$

$$\lambda_i \geqslant 0, \quad i \in I \tag{9.2.33}$$

无解. 利用 Farkas 引理即知 x^* 必是原始问题的可行解. 由 (9.2.31) 有 $L(x^*,\lambda^*) \geqslant L(x^*,0)$, 故知

$$\sum_{i=1}^{m} \lambda_i^* (a_i^T x^* - b_i) \leqslant 0. \tag{9.2.34}$$

如果 $\lambda^* \in \Lambda$, 我们从 (9.2.31) 和 (9.2.34) 可证

$$Q(x) = L(x,\lambda^*) + \sum_{i=1}^{m} \lambda_i^* (a_i^T x - b_i)$$

$$\geqslant L(x,\lambda^*) \geqslant L(x^*,\lambda^*)$$

$$= Q(x^*) - \sum_{i=1}^{m} \lambda_i^*(a_i^T x^* - b_i) \geqslant Q(x^*) \tag{9.2.35}$$

对一切 $x \in X$ 都成立. 于是 x^* 是原始问题的极小点. 因此, 我们得到了如下结果.

定理 9.2.2 设 H 正定, 则 $x^* \in X$ 是原始问题的极小点当且仅当存在 $\lambda^* \in \Lambda$ 使得对一切 $x \in X$ 和一切 $\lambda \in \Lambda$ 都有 (9.2.31) 成立.

§9.3 等式约束问题

等式约束的二次规划问题可写成

$$\min_{x\in\mathbb{R}^n} Q(x) = g^T x + \frac{1}{2}x^T Hx, \tag{9.3.1}$$

$$\text{s.t.} \quad A^T x = b, \tag{9.3.2}$$

其中 $g \in \mathbb{R}^n, b \in \mathbb{R}^m, A \in \mathbb{R}^{n\times m}, H \in \mathbb{R}^{n\times n}$ 且 H 是对称的. 不失一般性, 我们假定秩 $(A) = m$.

首先, 我们介绍变量消去法. 假定我们已找到变量 x 的一分解 $x = (x_B \quad x_N)^T$. 其中 $x_B \in \mathbb{R}^m$, $x_N \in \mathbb{R}^{n-m}$; 且对应的分解 $A = \begin{bmatrix} A_B \\ A_N \end{bmatrix}$ 使得 A_B 可逆. 利用这一分解, 约束条件 (9.3.2) 可写成

$$A_B^T x_B + A_N^T x_N = b. \tag{9.3.3}$$

由于 A_B^{-1} 存在, 故知

$$x_B = (A_B^{-1})^T(b - A_N^T x_N). \tag{9.3.4}$$

将 (9.3.4) 代入 (9.3.1) 就得到 (9.3.1)—(9.3.2) 的一个等价形式,

$$\min_{x_N\in\mathbb{R}^{n-m}} \hat{g}_N^T x_N + \frac{1}{2}x_N^T \hat{H}_N x_N, \tag{9.3.5}$$

其中

$$\hat{g}_N = g_N - A_N A_B^{-1} g_B + [H_{NB} - A_N A_B^{-1} H_{BB}](A_B^{-1})^T b, \tag{9.3.6}$$

$$\hat{H}_N = H_{NN} - H_{NB}(A_B^{-1})^T A_N^T - A_N A_B^{-1} H_{BN} + A_N A_B^{-1} H_{BB}(A_B^{-1})^T A_N^T, \tag{9.3.7}$$

以及

$$g = \begin{bmatrix} g_B \\ g_N \end{bmatrix}, \tag{9.3.8}$$

$$H = \begin{bmatrix} H_{BB} & H_{BN} \\ H_{NB} & H_{NN} \end{bmatrix} \tag{9.3.9}$$

是与 $x = (x_B x_N)^T$ 相应的分解.

如果 $\hat{H}_N$ 正定，则显然 (9.3.5) 的解由

$$x_N^* = -\hat{H}_N^{-1} \hat{g}_N \tag{9.3.10}$$

唯一地给出．这时，问题 (9.3.1)—(9.3.2) 的解为

$$x^* = \begin{bmatrix} x_B^* \\ x_N^* \end{bmatrix} = \begin{bmatrix} -(A_B^{-1})^T b \\ 0 \end{bmatrix} + \begin{bmatrix} (A_B^{-1})^T A_N \\ -I \end{bmatrix} \hat{H}_N^{-1} \hat{g}_N. \tag{9.3.11}$$

设在解 x^* 处的 Lagrange 乘子为 λ^*, 则有

$$g + Hx^* = A\lambda^*. \tag{9.3.12}$$

从而可知

$$\lambda^* = A_B^{-1}[g_B + H_{BB} x_B^* + H_{BN} x_N^*]. \tag{9.3.13}$$

例 9.3.1

$$\min Q(x) = x_1^2 - x_2^2 - x_3^2, \tag{9.3.14}$$

$$\text{s.t.} \quad x_1 + x_2 + x_3 = 1, \tag{9.3.15}$$

$$x_2 - x_3 = 1. \tag{9.3.16}$$

由 (9.3.16), 可得 x_2 表示为

$$x_2 = x_3 + 1. \tag{9.3.17}$$

将上式代入 (9.3.15), 得到

$$x_1 = -2x_3. \tag{9.3.18}$$

式 (9.3.17)—(9.3.18) 实质上就是在变量分解 $x_B = (x_1 x_2), x_N = x_3$ 下所得到的 (9.3.4). 将 (9.3.17)—(9.3.18) 代入 (9.3.14) 就得到

$$\min_{x_3 \in \mathbb{R}} 4x_3^2 - (x_3+1)^2 - x_3^2. \tag{9.3.19}$$

从上式可得 $x_3 = \dfrac{1}{2}$, 将其代入 (9.3.17)—(9.3.18) 就得到了 (9.3.14)—(9.3.16) 之解 $\left(-1, \dfrac{3}{2}, \dfrac{1}{2}\right)$. 利用 $g^* = A\lambda^*$ 就可得到

$$\begin{pmatrix} -2 \\ -3 \\ -1 \end{pmatrix} = \begin{pmatrix} 1 & 0 \\ 1 & 1 \\ 1 & -1 \end{pmatrix} \begin{pmatrix} \lambda_1^* \\ \lambda_2^* \end{pmatrix}. \tag{9.3.20}$$

从上式可求得 Lagrange 乘子 $\lambda_1^* = -2, \lambda_2^* = -1$.

如果在经过变量消去后的问题 (9.3.5) 中 $\hat{H}_N$ 是半正定, 则在

$$(I - \hat{H}_N \hat{H}_N^+)\hat{g}_N = 0 \tag{9.3.21}$$

时, 问题 (9.3.5) 有界, 且它的解可表示为

$$x_N^* = -\hat{H}_N^+ \hat{g}_N + (I - \hat{H}_N^+ \hat{H}_N)\tilde{x}. \tag{9.3.22}$$

其中 $\tilde{x} \in \mathbb{R}^{n-m}$ 是任何向量, H^+ 表示 H 的广义逆矩阵. 在这种情形下, 原问题 (9.3.1)—(9.3.2) 的解可用 (9.3.22) 和 (9.3.4) 给

出. 如果 (9.3.21) 不成立，不难发现问题 (9.3.5) 无下界，从而原问题 (9.3.1)—(9.3.3) 也无下界.

如果 $\hat{H}_N$ 有负特征值，则很显然 (9.3.5) 无下界，故知此时问题 (9.3.1)—(9.3.2) 不存在有限解.

消去法思想简单明了，但它的不足之处是 A_B 可能接近一奇异阵，从而利用 (9.3.11) 求解 x^* 可能导致数值不稳定.

消去法的一个直接推广是广义消去法. 设 $y_1, \cdots y_m$ 是域空间 Range (A) 中的一组线性无关的向量， $z_1, \cdots z_{n-m}$ 是零空间 Null (A^T) 中的一组线性无关向量. 记

$$Y = [y_1, \cdots y_m], \tag{9.3.23}$$

$$Z = [z_1, \cdots z_{n-m}]. \tag{9.3.24}$$

则不难看出， $A^T Y$ 非奇异， $A^T Z = 0$. 令

$$x = Y\bar{x} + Z\hat{x}, \tag{9.3.25}$$

则从约束条件 (9.3.2) 即知

$$b = A^T x = A^T Y \bar{x}. \tag{9.3.26}$$

所以问题 (9.3.1)—(9.3.2) 的可行点可表示为

$$x = Y(A^T Y)^{-1} b + Z\hat{x}, \tag{9.3.27}$$

其中 $\hat{x} \in \mathbb{R}^{n-m}$ 是自由变量. 将 (9.3.27) 代入 (9.3.1) 就得到

$$\min_{\hat{x} \in \mathbb{R}^{n-m}} (g + HY(A^T Y)^{-1} b)^T Z\hat{x} + \frac{1}{2}\hat{x}^T Z^T H Z\hat{x}. \tag{9.3.28}$$

假定 $Z^T H Z$ 正定，则从上式可求得解

$$\hat{x}^* = -(Z^T H Z)^{-1} Z^T (g + HY(A^T Y)^{-1} b). \tag{9.3.29}$$

利用 (9.3.29) 和 (9.3.27) 就可得到原问题 (9.3.1)—(9.3.2) 之解

$$x^* = Y(A^T Y)^{-1} b - Z(Z^T H Z)^{-1} Z^T (g + HY(A^T Y)^{-1} b)$$

$$= (I - Z(Z^T HZ)^{-1} Z^T H)Y(A^T Y)^{-1} b - Z(Z^T HZ)^{-1} Z^T g. \tag{9.3.30}$$

于是，相应的 Lagrange 乘子可表示为

$$\begin{aligned}\lambda^* &= (A^T Y)^{-T} Y^T [g + Hx^*] \\ &= (A^T Y)^{-T} Y^T [Pg + HP^T Y(A^T Y)^{-1} b],\end{aligned} \tag{9.3.31}$$

其中

$$P = I - HZ(Z^T HZ)^{-1} Z^T \tag{9.3.32}$$

是一个从 $\mathbb{R}^n$ 到 Range (A) 的仿射映照．如果 Y 适当选取，我们可使

$$A^T Y = I. \tag{9.3.33}$$

此时，(9.3.30)—(9.3.31) 变成

$$x^* = P^T Yb - Z(Z^T HZ)^{-1} Z^T g, \tag{9.3.34}$$

$$\lambda^* = Y^T [Pg + HP^T Yb]. \tag{9.3.35}$$

从 (9.3.27) 可知，(9.3.1)—(9.3.2) 的可行域是一个与 Null (A^T) 平行的子空间．广义消去法正是利用 Z 中的列向量 $Z_i(i = 1, \cdots, n-m)$ 作为基向量，将二次函数 $Q(x)$ 在子空间求极小转化成在子空间上的一个无约束二次函数极小问题 (9.3.28)．所以，我们称矩阵 $Z^T HZ$ 为既约 Hesse 阵．称向量 $Z^T(g + HY(A^T Y)^{-1} b)$ 为既约梯度．

显然消去法是广义消去法在

$$Y = \begin{bmatrix} A_B^{-1} \\ 0 \end{bmatrix}, \tag{9.3.36}$$

$$Z = \begin{bmatrix} -A_B^{-T} A_N^T \\ I \end{bmatrix}. \tag{9.3.37}$$

时的特殊情形．

另一种特殊情形是基于 A 的 QR 分解. 设

$$A = Q\begin{bmatrix} R \\ 0 \end{bmatrix} = [Q_1 \quad Q_2]\begin{bmatrix} R \\ 0 \end{bmatrix}, \tag{9.3.38}$$

其中 Q 是正交阵, $R \in \mathbb{R}^{m\times m}$ 是非奇异的上三角阵. 我们可取

$$Y = (A^+)^T = Q_1 R^{-T}, \tag{9.3.39}$$

$$Z = Q_2. \tag{9.3.40}$$

对于任何满足 (9.3.33) 以及 $A^TZ = 0$ 的 Y 和 Z, 我们有

$$A^T[Y\ Z] = [I\ O], \tag{9.3.41}$$

只要 Z 是非奇异的, 则显然 $[Y\ Z]$ 也非奇异, 而且存在 $V \in \mathbb{R}^{n\times(n-m)}$ 使得

$$[Y\ \ Z] = \begin{bmatrix} A^T \\ V^T \end{bmatrix}^{-1} \tag{9.3.42}$$

反过来, 只要 $[A\ V]$ 可逆, 则由 (9.3.42) 定义的 Y 和 Z 满足 $A^TZ = 0$, $A^TY = I$.

解等式约束二次规划问题的 Lagrange 方法是基于求解可行域内的 K–T 点, 即 Lagrange 函数的稳定点. 对于问题 (9.3.1)—(9.3.2), 求解 Lagrange 函数稳定点就是求解线性方程组

$$g + Hx = A\lambda, \tag{9.3.43}$$

$$A^Tx = b. \tag{9.3.44}$$

我们可得上两式写成如下矩阵形式:

$$\begin{bmatrix} H & -A \\ -A^T & O \end{bmatrix}\begin{bmatrix} x \\ \lambda \end{bmatrix} = -\begin{bmatrix} g \\ b \end{bmatrix}. \tag{9.3.45}$$

设矩阵

$$\begin{bmatrix} H & -A \\ -A^T & O \end{bmatrix} \tag{9.3.46}$$

可逆，则存在矩阵 $U \in \mathbb{R}^{n\times n}, W \in \mathbb{R}^{n\times m}, T \in \mathbb{R}^{m\times m}$ 使得

$$\begin{bmatrix} U & W \\ W^T & T \end{bmatrix} = \begin{bmatrix} H & -A \\ -A^T & O \end{bmatrix}^{-1}, \tag{9.3.47}$$

从而可求得 (9.3.45) 的唯一解

$$x^* = -Ug - Wb, \tag{9.3.48}$$

$$\lambda^* = -W^T g - Tb. \tag{9.3.49}$$

只要矩阵 (9.3.46) 可逆，则 (9.3.47) 唯一确定，因而 Lagrange 函数的稳定点也由 (9.3.48)—(9.3.49) 唯一地确定. 但 U, W, T 的表达形式有不少方式，所以可导出不同形式的计算公式 (9.3.48)—(9.3.49).

当 H 可逆，A 列满秩时，则 $(A^T H^{-1} A)^{-1}$ 存在，不难验证

$$U = H^{-1} - H^{-1}A(A^T H^{-1} A)^{-1} A^T H^{-1}, \tag{9.3.50}$$

$$W = -H^{-1}A(A^T H^{-1} A)^{-1}, \tag{9.3.51}$$

$$T = -(A^T H^{-1} A)^{-1}. \tag{9.3.52}$$

于是我们得到求解等式二次规划的公式：

$$x^* = -H^{-1}g + H^{-1}A(A^T H^{-1} A)^{-1}[A^T H^{-1} g + b], \tag{9.3.53}$$

$$\lambda^* = (A^T H^{-1} A)^{-1}[A^T H^{-1} g + b]. \tag{9.3.54}$$

如果 Y, Z 由 (9.3.42) 定义，且 $Z^T H Z$ 可逆，则可证矩阵 (9.3.46) 可逆而且有

$$U = Z(Z^T H Z)^{-1} Z^T, \tag{9.3.55}$$

$$W = -P^T Y, \tag{9.3.56}$$

$$T = -Y^T H P^T Y, \tag{9.3.57}$$

其中 P 由 (9.3.32) 定义. 将 (9.3.55)—(9.3.57) 代入 (9.3.48)—(9.3.49) 就得到了求解公式 (9.3.34)—(9.3.35). 从而我们看出 Lagrange 方法和广义消去法的等价性.

§9.4 积 极 集 法

积极集法是通过求解有限个等式约束二次规划问题来解决一般约束下的二次规划问题. 直观上, 不积极的不等式约束在解的附近不起任何作用, 可以去掉不考虑; 而积极的不等式约束, 由于它在解处等于零, 故我们可以用等式约束来代替不等式约束. 积极集法的理论基础是下面的引理.

引理 9.4.1 设 x^* 是二次规划问题 (9.1.1)—(9.1.3) 的局部极小点, 则 x^* 也必是问题

$$\min_{x\in\mathbb{R}^n} g^T x + \frac{1}{2} x^T H x, \tag{9.4.1}$$

$$\text{s.t.} \quad a_i^T x = b_i, \quad i \in E \cup I(x^*) \tag{9.4.2}$$

的局部极小点. 反之, 如果 x^* 是 (9.1.1)—(9.1.3) 的可行点, 且是问题 (9.4.1)—(9.4.2) 的 K–T 点, 而且相应的 Lagrange 乘子 λ^* 满足

$$\lambda_i^* \geqslant 0, \quad i \in I(x^*), \tag{9.4.3}$$

则 x^* 也是原问题 (9.1.1)—(9.1.3) 的 K–T 点.

证明 由于在 x^* 点附近, (9.4.2) 的可行点也必是 (9.1.1)—(9.1.3) 的可行点, 所以显然当 x^* 是问题 (9.1.1)—(9.1.3) 的局部极小点时, 它也是问题 (9.4.1)—(9.4.2) 的局部极小点.

设 x^* 是 (9.1.1)—(9.1.3) 的可行点且是 (9.4.1)—(9.4.2) 的 K–T 点以及存在 $\lambda_i^* (i \in I(x^*) \cup E)$ 使得

$$Hx^* + g = \sum_{i\in I(x^*)\cup E} a_i \lambda_i^*, \tag{9.4.4}$$

$$\lambda_i^*(a_ix^* - b_i) = 0, \quad \lambda_i^* \geqslant 0 \quad i \in I(x^*). \tag{9.4.5}$$

定义

$$\lambda_i^* = 0, \quad i \in I, \quad i \notin I(x^*), \tag{9.4.6}$$

则从 (9.4.4)—(9.4.6) 可知

$$Hx^* + g = \sum_{i=1}^{m} \lambda_i^* a_i, \tag{9.4.7}$$

$$\lambda_i^* \geqslant 0,\ \lambda_i^*[a_ix^* - b_i] = 0, \quad i \in I. \tag{9.4.8}$$

从 (9.4.7)—(9.4.8) 以及 x^* 的可行性知 x^* 也是问题 (9.1.1)—(9.1.3) 的 K–T 点. □

积极集法是一个可行点方法, 即每个迭代点都要求是可行点. 它每次迭代求解一个等式约束的二次规划. 如果等式二次规划之解是原约束问题的可行点则判别 (9.4.3) 是否满足, 如果 (9.4.3) 得到满足则停止计算, 否则可去掉一约束重新求解约束问题. 当等式二次规划之解不是原问题的可行点, 则需要增加约束然后重新求解等式约束问题.

在第 k 次迭代, 我们有可行点 x_k 以及一个下标集合 $S_k \subset E \cup I$, 其中 $E = \{1, \cdots, m_e\}$, $I = \{m_e + 1, \cdots, m\}$. 设 d_k 是问题

$$\min_{d \in \mathbb{R}^n} g^T(x_k + d) + \frac{1}{2}(x_k + d)^T H(x_k + d), \tag{9.4.9}$$

$$\text{s.t.} \quad a_i^T d = 0, \quad i \in S_k \tag{9.4.10}$$

的 K–T 点, $\lambda_i^{(k)}(i \in S_k)$ 是相应的 Lagrange 乘子. 如果 $d_k = 0$, 则知 x_k 是问题

$$\min_{x \in \mathbb{R}^n} g^T x + \frac{1}{2} x^T H x, \tag{9.4.11}$$

$$\text{s.t.}\ a_i^T x = b_i, \quad i \in S_k \tag{9.4.12}$$

的 K–T 点. 此时, 如果 $\lambda_i^{(k)} \geqslant 0$ 对一切 $i \in S_k \cap I$ 都成立则知 x_k 也是原问题 (9.1.1)—(9.1.3) 的 K–T 点. 否则, 我们可令 $i_k \in S_k \cap I$ 使得

$$\lambda_{i_k}^{(k)} = \min_{i \in S_k \cap I} \lambda_i^{(k)} < 0, \tag{9.4.13}$$

且令 $S_k := S_k \backslash \{i_k\}$, 然后重新求解 (9.4.9)—(9.4.10).

设 (9.4.9)—(9.4.10) 的解 $d_k \neq 0$. 这时 $x_k + d_k$ 有可能不是原问题 (9.1.1)—(9.1.3) 的可行点. 我们在 x_k 和 $x_k + d_k$ 之间的线段上取靠 $x_k + d_k$ 最近的可行点作为下次迭代的迭代点 x_{k+1}. 也就是说

$$x_{k+1} = x_k + \alpha_k d_k, \tag{9.4.14}$$

其中

$$\alpha_k = \min\left\{1, \min_{\substack{i \notin S_k \\ a_i^T d_k < 0}} \frac{b_i - a_i x_k}{a_i^T d_k}\right\}. \tag{9.4.15}$$

下面, 我们给出积极集法的主要步骤.

算法 9.4.2

步 1　给出可行点 x_1, 令 $S_1 = E \cup I(x_1)$ $k := 1$.

步 2　求解 (9.4.9)—(9.4.10) 得出 d_k;

如果 $d_k \neq 0$ 则转步 3;

如果 $\lambda_i^{(k)} \geqslant 0$ $(i \in S_k \cap I)$ 则停;

由 (9.4.13) 求得 i_k;

$S_k := S_k \backslash \{i_k\}$, $x_{k+1} = x_k$, 转步 4.

步 3　由 (9.4.15) 计算 α_k;

$$x_{k+1} = x_k + \alpha_k d_k; \tag{9.4.16}$$

如果 $\alpha_k = 1$ 则转步 4, 找到 $j \notin S_k$ 使得

$$a_j^T (x_k + \alpha_k d_k) = b_j;$$

令 $S_k := S_k \cup \{j\}$.

步 4　　$S_{k+1} := S_k$; $k := k+1$; 转步 2.　　□

从算法可知

$$x_k \in X, \tag{9.4.17}$$

$$Q(x_{k+1}) \leqslant Q(x_k) \tag{9.4.18}$$

对一切 k 都成立. 且只要 $d_k \neq 0$ (x_k 不是 (9.4.11)—(9.4.12) 的 K–T 点) 而且 $\alpha_k > 0$, 则有

$$Q(x_{k+1}) < Q(x_k). \tag{9.4.19}$$

如果算法有限终止, 则所求的点必为原问题 (9.1.1)—(9.1.3) 的 K–T 点.

假定算法不有限终止，由于只有有限多个约束，所以 S_k 中的元素个数不可能无穷次增加而不减少，故必有无穷多个 k 使得 $d_k = 0$. 于是有无穷多个 k 使得 x_k 是 (9.4.11)—(9.4.12) 的 K–T 点. 由于只有有限多个约束， S_k 只可能有有限个不同的集合. 于是必存在 k_0 使得

$$Q(x_{k+1}) = Q(x_k) \tag{9.4.20}$$

对一切 $k \geqslant k_0$ 都成立. 所以对任一 $k \geqslant k_0$

$$\alpha_k = 0 \tag{9.4.21}$$

与

$$d_k = 0 \tag{9.4.22}$$

两者必有一个成立. 由于约束个数的有限性, 算法不可能只增加约束而不减少约束，也不可能只减少约束而不增加约束. 所以, 必定有无穷多个 k 使得

$$d_k \neq 0 \tag{9.4.23}$$

成立，也有无穷多个 k 使得 (9.4.22) 成立. 所以存在 $k_2 > k_1 > k_0$ 使得

$$d_{k_1} = 0, \tag{9.4.24}$$

$$d_{k_2} = 0, \tag{9.4.25}$$

$$d_k \neq 0, \quad k_1 < k < k_2, \tag{9.4.26}$$

且 $k_2 > k_1 + 1$. 由 (9.4.28) 知存在 $\lambda_i^{(k_1)}$ 使得

$$g + H\bar{x} = \sum_{i \in S_{k_1}} a_i \lambda_i^{(k_1)}, \tag{9.4.27}$$

其中 $\bar{x} = x_{k_0}$, 由 (9.4.21)—(9.4.22) 知对一切 $k \geqslant k_0$ 都有 $x_k = \bar{x}$. 由于 $d_{k_1+1} \neq 0$, $\alpha_{k_1+1} = 0$, 必存在

$$j \notin S_{k_1+1}, \tag{9.4.28}$$

使得 $j \in S_{k_1+2}$, 且有

$$j \in I(\bar{x}), \tag{9.4.29}$$

$$a_j^T d_{k_1+1} < 0. \tag{9.4.30}$$

由于 d_k 是通过求解 (9.4.9)—(9.4.10) 得到的, 我们有

$$(g + H\bar{x})^T d_{k_1+1} \leqslant 0. \tag{9.4.31}$$

利用 (9.4.27), (9.4.31) 以及 $S_{k_1+1} = S_{k_1} \backslash \{i_{k_1}\}$ 可得

$$\lambda_{i_{k_1}}^{(k_1)} a_{i_{k_1}}^T d_{k_1+1} \leqslant 0. \tag{9.4.32}$$

由 $\{i_k\}$ 的定义知 $\lambda_{i_{k_1}}^{(k_1)} < 0$, 所以

$$a_{i_{k_1}}^T d_{k_1+1} \geqslant 0. \tag{9.4.33}$$

比较 (9.4.30) 和 (9.4.33) 即知 $j \neq i_{k_1}$. 因此, 从 (9.4.28) 可得 $j \notin S_{k_1}$.

另一方面, 显然有 $j \in S_{k_1+2} \subseteq S_{k_2}$. 故我们有 $S_{k_2} \neq S_{k_1}$, 从而可知, $\bar{x}$ 是两个不同的等式约束优化的 K–T 点, 但在这两种情

形下，(9.4.3) 式不满足. 这种情况，我们称之为退化，它可能导致算法无穷循环. 这种退化情形与线性规划的退化情形相似.

从上面的分析可知，如果退化发生，则在 $\bar{x}$ 处，$a_i(i\in E\cup I(\bar{x}))$ 必线性相关. 于是我们有以下定理.

定理 9.4.3 设点列 x_k 由算法 9.4.2 产生，如果对任何 k 都有

$$a_i \quad (i\in E\cup I(x_k)) \tag{9.4.34}$$

线性无关，则算法必有限终止于问题 (9.1.1)—(9.1.3) 的 K–T 点或者原问题无下界.

证明 设原问题有界，故 $\{x_k\}$ 必有界. 假定算法 9.4.2 不有限终止，从上面的分析知存在 k_0 使得 $x_k=\bar{x}$ $(\forall k\geqslant k_0)$. 记 $k_0\leqslant k_1<k_2<\cdots$ 是所有使 $d_k=0$ 的下标集合. 如果存在

$$k_{j+1}=k_j+1. \tag{9.4.35}$$

则由 $i_{\{k_j\}}\in S_{k_j}$ 但 $i_{\{k_j\}}\notin S_{k_j+1}$ 可知

$$a_i \quad (i\in S_{k_j})$$

是线性相关的，这与 (9.4.34) 线性无关相矛盾. 所以我们有

$$k_{j+1}>k_j+1 \tag{9.4.36}$$

对一切 j 都成立. 根据 S_k 的构造，(9.4.36) 表明 $S_{k_{j+1}}$ 中元素个数不少于 S_{k_j} 中的个数. 由于约束个数有限，所以对一切充分大的 j 有

$$k_{j+1}=k_j+2. \tag{9.4.37}$$

从 (9.4.37) 式可证

$$i_{\{k_j\}}\notin S_{\{k_{j+1}\}}. \tag{9.4.38}$$

于是可得

$$a_i \quad (i\in S_{\{k_j\}}\cup S_{\{k_{j+1}\}}) \tag{9.4.39}$$

必线性相关. 这与 (9.4.34) 相矛盾. □

从 9.3 节的结果可知, 如果 H 在 S_k 上不正定, 则问题 (9.4.9)—(9.4.10) 可能无下界, 即可求得方向 d_k 使得 $a_i^T d_k = 0$ ($\forall i \in S_k$) 且有

$$d_k^T H d_k < 0, \tag{9.4.40}$$

或者

$$(g + Hx_k)^T d_k < 0, \quad d_k^T H d_k = 0. \tag{9.4.41}$$

如果对一切 $i \notin S_k$ 均有 $a_i^T d_k \geqslant 0$, 则可看出原问题 (9.1.1)—(9.1.3) 也无下界. 否则, 我们可找到 $i \notin S_k$ 且 $a_i^T d_k < 0$. 于是当 $\alpha > 0$ 充分大时 $x_k + \alpha d_k$ 必不是 (9.1.1)—(9.1.3) 的可行点. 在这种情形下, 我们可取 α_k 尽可能大且 $x_k + \alpha_k d_k$ 是可行点.

算法 9.4.2 需要一个可行的初始点, 这等价于求解线性系统

$$A_1^T x = b_1, \tag{9.4.42}$$

$$A_2^T x \geqslant b_2. \tag{9.4.43}$$

§9.5 对 偶 方 法

对于凸的二次规划问题:

$$\min_{x \in \mathbb{R}^n} g^T x + \frac{1}{2} x^T H x = Q(x) \tag{9.5.1}$$

$$\text{s.t. } a_i^T x = b_i, \quad i \in E; \tag{9.5.2}$$

$$a_i^T x \geqslant b_i, \quad i \in I. \tag{9.5.3}$$

其中 H 对称正定, 从 9.2 节我们知它的对偶问题为

$$\min_{\lambda \in \mathbb{R}^m} -(b + AH^{-1}g)^T \lambda + \frac{1}{2} \lambda^T (A^T H^{-1} A) \lambda \tag{9.5.4}$$

$$\text{s.t.} \quad \lambda_i \geqslant 0, \quad i \in I. \tag{9.5.5}$$

考虑对 (9.5.4)—(9.5.5) 应用积极集法，每次迭代我们求解 λ_k 它是

$$\min_{\lambda \in \mathbb{R}^m} -(b + A^T H^{-1} g)^T \lambda + \frac{1}{2} \lambda^T (A^T H^{-1} A) \lambda \tag{9.5.6}$$

$$\text{s.t.} \quad \lambda_i = 0, \quad i \in \bar{S}_k, \tag{9.5.7}$$

是 K–T 点，其中 $\bar{S}_k \subseteq I$ 是对偶问题的积极集的一个猜测．令

$$x_k = -H^{-1}(g - A\lambda_k), \tag{9.5.8}$$

则知

$$Hx_k + g = A\lambda_k, \tag{9.5.9}$$

而且由

$$(b + A^T H^{-1} g - A^T H^{-1} A \lambda_k)_i = 0, \quad \forall i \notin \bar{S}_k, \tag{9.5.10}$$

知

$$(A^T x_k - b)_i = 0, \quad \forall i \notin \bar{S}_k. \tag{9.5.11}$$

所以，x_k 是问题

$$\min_{x \in \mathbb{R}^n} g^T x + \frac{1}{2} x^T H x \tag{9.5.12}$$

$$\text{s.t.} \quad a_i^T x = b_i, \quad i \notin \bar{S}_k \tag{9.5.13}$$

的 K–T 点. 记 $S_k = \{I \cup E\} \backslash \bar{S}_k$, 则知 (9.5.12)—(9.5.13) 与 (9.4.11)—(9.4.12) 是一样的. 不难看出, 对偶问题 (9.5.6)—(9.5.7) 的 Lagrange 乘子是

$$\begin{aligned} &(A^T H^{-1} A \lambda_k - b - A^T H^{-1} g)_i \\ &\qquad = (A^T x_k - b)_i = a_i^T x_k - b_i, \quad i \in \bar{S}_k. \end{aligned} \tag{9.5.14}$$

我们要求 λ_k 是 (9.5.4)—(9.5.5) 的可行点，如果对偶问题 (9.5.6)—(9.5.7) 的 Lagrange 乘子 (9.5.14) 非负，则 x_k 是原问题 (9.5.1)—(9.5.3) 的 K–T 点. 记 A_k 为向量 $a_i(i\in S_k)$ 组成的矩阵，$\bar{\lambda}_k$ 为由 λ_k 中对应于 $i\in S_k$ 的分量所组成的向量. 由 (9.5.10) 可知

$$b_i + a_i^T H^{-1} g - a_i^T H^{-1} A_k \bar{\lambda}_k = 0, \quad i \in S_k. \tag{9.5.15}$$

即

$$b^{(k)} + A_k^T H^{-1} g - A_k^T H^{-1} A_k \bar{\lambda}_k = 0, \tag{9.5.16}$$

其中 $b^{(k)}$ 由 b 中对应于 $i\in S_k$ 的分量所组成. 从 (9.5.16) 可知

$$\bar{\lambda}_k = (A_k^T H^{-1} A_k)^{-1}[b^{(k)} + A_k^T H^{-1} g]. \tag{9.5.17}$$

当 Lagrange 乘子 (9.5.14) 不全非负时，由积极集方法可知，我们应在 $\bar{S}_k$ 去掉一个下标 i_k，也就是在 S_k 中增加一下标 i_k. 为了记号简单，我们记 i_k 为 P. 于是有 $S_{k+1}=S_k\cup\{P\}$. 记

$$\bar{\lambda}_{k+1} = \begin{pmatrix} \bar{\lambda}_k \\ 0 \end{pmatrix} + \begin{pmatrix} \delta\lambda_k \\ \beta_k \end{pmatrix}. \tag{9.5.18}$$

由 (9.5.17) 可知

$$\begin{pmatrix} A_k^T H^{-1} A_k & A_k^T H^{-1} a_p \\ a_p^T H^{-1} A_k & a_p^T H^{-1} a_p \end{pmatrix} \begin{pmatrix} \delta\lambda_k \\ \beta_k \end{pmatrix} = \begin{pmatrix} 0 \\ b_p - a_p^T x_k \end{pmatrix}, \tag{9.5.19}$$

所以有

$$\bar{\lambda}_{k+1} = \begin{pmatrix} \bar{\lambda}_k \\ 0 \end{pmatrix} + \beta_k \begin{pmatrix} -(A_k^T H^{-1} A_k)^{-1} A_k^T H^{-1} a_p \\ 1 \end{pmatrix}. \tag{9.5.20}$$

对应地

$$\begin{aligned} x_{k+1} &= x_k + H^{-1} A_{k+1} \left(\bar{\lambda}_{k+1} - \begin{bmatrix} \bar{\lambda}_k \\ 0 \end{bmatrix} \right) \\ &= x_k + \beta_k H^{-1} (I - A_k (A_k^T H^{-1} A_k)^{-1} A_k^T H^{-1}) a_p. \end{aligned} \tag{9.5.21}$$

记

$$A_k^* = (A_k^T H^{-1} A_k)^{-1} A_k^T H^{-1}, \tag{9.5.22}$$

$$y_k = A_k^* a_p. \tag{9.5.23}$$

由于 $\bar{\lambda}_{k+1}$ 应满足 $\bar{\lambda}_{k+1} \geqslant 0$. 从 (9.5.20) 和 (9.5.23) 知

$$0 \leqslant \beta_k \leqslant \min_{\substack{j \in S_k \\ (y_k)_j > 0}} \frac{(\bar{\lambda}_k)j}{(y_k)j}. \tag{9.5.24}$$

如果

$$H^{-1}(I - A_k A_k^*) a_p = 0, \tag{9.5.25}$$

而且 $y_k \leqslant 0$, 则知

$$(-y_k, 1)^T (A_{k+1}^T H^{-1} A_{k+1}) \begin{pmatrix} -y_k \\ 1 \end{pmatrix} = 0, \tag{9.5.26}$$

$$(-y_k, 1)^T (b^{(k+1)} + A_{k+1}^T H^{-1} g) = b_p - a_p^T x_k > 0. \tag{9.5.27}$$

从上两式即知问题 (9.5.4)—(9.5.5) 无下界. 由对偶理论可知原问题 (9.5.1)—(9.5.3) 无可行点.

利用上述分析, 我们可将 Goldfarb 和 Idnani (1983) 的对偶方法叙述如下 ($m_e = 0$ 的情形)

算法 9.5.1

步 1　$x_1 = -H^{-1}g, f_1 = \frac{1}{2}g^T x_1, S_1 = \Phi; k := 1, \bar{\lambda}_1 = \Phi,$ $q = 0.$

步 2　计算 $r_i = b_i - a_i^T x_k, i = 1, \cdots, m;$

如果 $r_i \leqslant 0$ 则停;

令 P 使得 $r_p = \max\limits_{1 \leqslant i \leqslant m} r_i;$

$\bar{\lambda}_k := \begin{pmatrix} \bar{\lambda}_k \\ 0 \end{pmatrix}.$

步 3　$d_k := \hat{H}_k a_p = H^{-1}(I - A_k A_k^*) a_p;\ y_k := A_k^* a_p;$

如果 $\{j|(y_k)_j > 0, j \in S_k\}$ 非空则令

$$\alpha_k = \min_{\substack{(y_k)_j>0 \\ j\in S_k}} \frac{(\bar{\lambda}_k)_j}{(y_k)_j} = \frac{(\bar{\lambda}_k)_l}{(y_k)_l}, \tag{9.5.28}$$

否则令 $\alpha_k = \infty$.

步 4　如果 $d_k \neq 0$ 则转步 5;

如果 $\alpha_k = \infty$ 则停 (原问题无可行点);

$S_k := S_k \backslash \{l\}$; $q := q-1$;

$\bar{\lambda}_k := \bar{\lambda}_k + \alpha_k \begin{pmatrix} -y_k \\ 1 \end{pmatrix}$;

修改 A_k^* 和 $\hat{H}_k$; 转步 3.

步 5　$\hat{\alpha} = -(b_p - a_p^T x_k)/a_p^T d_k$,

$\alpha_k := \min\{\alpha_k, \hat{\alpha}\}$;

$x_{k+1} := x_k + \alpha_k d_k$;

$f_{k+1} := f_k + \alpha_k a_p^T d_k \left(\frac{1}{2}\alpha_k + (\bar{\lambda}_k)_{q+1}\right)$;

$\bar{\lambda}_{k+1} = \bar{\lambda}_k + \alpha_k \begin{pmatrix} -y_k \\ 1 \end{pmatrix}$.

步 6　如果 $\alpha_k < \hat{\alpha}$ 则转步 7;

$S_{k+1} = S_k \cup \{p\}$;　$q := q+1$;

计算 $\hat{H}_{k+1}$ 和 A_{k+1}^*, $k := k+1$; 转步 2.

步 7　$S_k := S_k \backslash \{l\}$; $q := q-1$;

从 $\bar{\lambda}_k$ 中去掉第 l 个分量，得到新的 $\bar{\lambda}_k$;

重新计算 $\hat{H}_k$ 和 A_k^*; 转步 3.　□

下面我们给出一个利用对偶算法 9.5.1 的简单例子.

例 9.5.2

$$\min \frac{1}{2}x_1^2 + \frac{1}{2}x_2^2 + \frac{1}{2}x_3^2 - 3x_2 - x_3, \tag{9.5.29}$$

$$\text{s.t.} \ -x_1 - x_2 - x_3 \geqslant -1, \tag{9.5.30}$$

$$x_3 - x_2 \geqslant -1. \tag{9.5.31}$$

这个例子是问题 (9.3.14)—(9.3.16) 的修改. 它的唯一解仍然是 $\left(-1,\frac{3}{2},\frac{1}{2}\right)$. 利用算法 9.5.1, 我们有

$$x_1 = -H^{-1}g = \begin{pmatrix} 0 \\ 3 \\ 1 \end{pmatrix}, \tag{9.5.32}$$

$$r_1 = -3 < 0, \tag{9.5.33}$$

$$r_2 = -1 < 0. \tag{9.5.34}$$

于是我们有 $p=1$, 而且

$$d_1 = H^{-1}a_p = \begin{pmatrix} -1 \\ -1 \\ -1 \end{pmatrix}. \tag{9.5.35}$$

因为 S_1 是空集, α_1 在第 3 步中为 ∞. 在第 5 步中我们有

$$\hat{\alpha} = -r_1/a_p^T d_1 = 1. \tag{9.5.36}$$

于是 α_1 被置为 $\hat{\alpha}=1$ 且有

$$x_2 = x_1 + \alpha_1 d_k = \begin{pmatrix} -1 \\ 2 \\ 0 \end{pmatrix}, \tag{9.5.37}$$

$$\bar{\lambda}_2 = (1), \tag{9.5.38}$$

$$S_2 = \{1\}. \tag{9.5.39}$$

所以, 经过一次迭代后得到的 x_2 就是问题

$$\min \frac{1}{2}x_1^2 + \frac{1}{2}x_2^2 + \frac{1}{2}x_3^2 - 3x_2 - x_3, \tag{9.5.40}$$

$$\text{s.t.} \qquad -x_1 - x_2 - x_3 = -1 \tag{9.5.41}$$

的解. 在第二次迭代, 我们有

$$r_1 = 0, \tag{9.5.42}$$

$$r_2 = -1 < 0. \tag{9.5.43}$$

于是 $p = 2$ 且

$$d_2 = H^{-1}\left(I - \begin{pmatrix}1\\1\\1\end{pmatrix}\frac{1}{3}(1\ 1\ 1)\right)\begin{pmatrix}0\\-1\\1\end{pmatrix} = \begin{pmatrix}0\\-1\\1\end{pmatrix}. \tag{9.5.44}$$

由于 $y_2 = a_2^T a_1 = 0$, 故在步 3 中有 $\alpha_2 = \infty$. 在步 5 中我们有

$$\hat{\alpha} = -r_2/a_2^T d_2 = \frac{1}{2}. \tag{9.5.45}$$

于是 $\alpha_2 := \hat{\alpha} = \frac{1}{2}$ 且有

$$x_3 = x_2 + \alpha_2 d_2 = \begin{pmatrix}-1\\-1\\-1\end{pmatrix} + \frac{1}{2}\begin{pmatrix}0\\-1\\1\end{pmatrix} = \begin{pmatrix}-1\\-\frac{3}{2}\\-\frac{1}{2}\end{pmatrix}, \tag{9.5.46}$$

$$\bar{\lambda}_3 = \begin{pmatrix}1\\\frac{1}{2}\end{pmatrix}. \tag{9.5.47}$$

x_3 就是原问题 (9.5.29) 的解, $\bar{\lambda}_3$ 是相应的 Lagrange 乘子.

在具体计算中, Goldfarb 和 Idnani 建议用 H 的 Cholesky 分解

$$H = LL^T, \tag{9.5.48}$$

以及对矩阵 $L^{-1}A_k$ 进行 QR 分解, 即

$$L^{-1}A_k = Q_k\begin{bmatrix}R_k\\0\end{bmatrix}. \tag{9.5.49}$$

这样做比直接利用 H^{-1} 数值稳定性要好的多.

Powell 发现分解技巧 (9.5.48)—(9.5.49) 仍可能出现数值不稳定, 于是他建议采用

$$A_k = Q_k\begin{bmatrix}R_k\\0\end{bmatrix} = [Q_k^{(1)}Q_k^{(2)}]\begin{bmatrix}R_k\\0\end{bmatrix}, \tag{9.5.50}$$

然后考虑既约 Hesse 阵 $[Q_k^{(2)}]^T H Q_k^{(2)}$ 的反 Cholesky 分解，即

$$U_k U_k^T = [Q_k^{(2)}]^T H Q_k^{(2)}, \tag{9.5.51}$$

其中 U_k 是上三角阵， Powell 给出的算法每次迭代修正 $Q_k^{(1)}, R_k$ 和 U_k.

§9.6 内 点 算 法

内点算法是指每个迭代点都是可行域的内点的算法． Karmarkar (1984) 提出一个求解线性规划问题的内点算法. Karmarkar 算法不仅具有较好的理论性质，即它是多项式时间算法，而且大量的数值例子已表明它是一个十分有效的实用方法. 目前，内点方法是线性规划研究的热点. 也有人研究用内点法求解非线性规划.

在此，我们仅对 Ye 和 Tse 1989 年的二次规划内点法作简单介绍.

考虑凸的二次规划问题

$$\min_{x\in\mathbb{R}^n} g^T x + \frac{1}{2} x^T H x = Q(x), \tag{9.6.1}$$

$$\text{s.t. } A^T x = b, \tag{9.6.2}$$

$$x \geqslant 0. \tag{9.6.3}$$

设已有 x_k 是一内点，即

$$A^T x_k = b, \tag{9.6.4}$$

$$x_k > 0. \tag{9.6.5}$$

定义矩阵

$$D_k = \begin{bmatrix} (x_k)_1 & & 0 \\ & \ddots & \\ 0 & & (x_k)_n \end{bmatrix}. \tag{9.6.6}$$

作变量代换 $\hat{x} := T_k x$ 如下,

$$\hat{x}_i = \frac{(n+1)(D_k^{-1}x)_i}{e^T D_k^{-1}x+1}, \quad i=1,\cdots,n; \tag{9.6.7}$$

$$\hat{x}_{n+1} = (n+1)/[e^T D_k^{-1}x+1], \tag{9.6.8}$$

则将问题 (9.6.1)–(9.6.3) 化成

$$\min_{\hat{x}\in\mathbb{R}^{n+1}} \hat{x}_{n+1} Q(T_k^{-1}\hat{x}), \tag{9.6.9}$$

$$\text{s.t.} \quad A^T D_k \hat{x}[n] - \hat{x}_{n+1} b = 0, \tag{9.6.10}$$

$$e^T \hat{x} = n+1, \tag{9.6.11}$$

$$\hat{x}[n] \geqslant 0, \quad \hat{x}_{n+1} > 0. \tag{9.6.12}$$

其中 $e = (1,\cdots 1)^T$; $\hat{x}[n] = (\hat{x}_1,\cdots,\hat{x}_n)^T$.

从 (9.6.7)–(9.6.8) 可得到关系式

$$x = T_k^{-1}\hat{x} = D_k \hat{x}[n]/\hat{x}_{n+1}, \tag{9.6.13}$$

将上式代入 (9.6.9) 就得到 (9.6.9)—(9.6.12) 的等价形式:

$$\min \hat{g}_k \hat{x}[n] + \frac{1}{2}\hat{x}[n]^T \hat{H}_k \hat{x}[n]/\hat{x}_{n+1} \tag{9.6.14}$$

$$\text{s.t. } \hat{A}_k^T \hat{x} = \hat{b}, \tag{9.6.15}$$

$$\hat{x}[n] \geqslant 0, \quad \hat{x}_{n+1} > 0. \tag{9.6.16}$$

其中

$$\hat{H}_k = D_k H D_k, \tag{9.6.17}$$

$$\hat{g}_k = D_k g, \tag{9.6.18}$$

$$\hat{A}_k = \begin{bmatrix} D_k A_k & \\ & e \\ -b^T & \end{bmatrix}, \tag{9.6.19}$$

$$\hat{b} = \begin{pmatrix} 0 \\ \vdots \\ 0 \\ n+1 \end{pmatrix}. \tag{9.6.20}$$

对应所给的已知迭代点 x_k 有 $\hat{x} = e$. 所以我们有理由考虑在 $\hat{x} = e$ 附近求解 (9.6.14)—(9.6.16). 于是，把条件 (9.6.16) 加强成

$$\|\hat{x} - e\|_2 \leqslant \beta < 1. \tag{9.6.21}$$

显然，只要 (9.6.21) 成立则条件 (9.6.16) 必得到满足. 因此，考虑子问题

$$\min \hat{g}_k \hat{x}[n] + \frac{1}{2} \hat{x}[n] \hat{H}_k \hat{x}[n] / \hat{x}_{n+1}, \tag{9.6.22}$$

$$\text{s.t. } \hat{A}_k^T \hat{x} = \hat{b}, \tag{9.6.23}$$

$$\|\hat{x} - e\|_2 \leqslant \beta < 1, \tag{9.6.24}$$

$\beta < 1$ 是一与 k 无关的正常数. 利用 Kuhn-Tucker 定理，我们知求解 (9.6.22)—(9.6.24) 等价于

$$\hat{g}_k + \hat{x}_{n+1}^{-1} \hat{H}_k \hat{x}[n] = \hat{A}_k[n] \lambda + \mu(\hat{x}[n] - e), \tag{9.6.25}$$

$$-\frac{1}{2} \frac{1}{\hat{x}_{n+1}^2} \hat{x}[n]^T \hat{H}_k \hat{x}[n] = \left(\hat{a}_{n+1}^{(k)}\right)^T \lambda + \mu(\hat{x}_{n+1} - 1) = 0, \tag{9.6.26}$$

$$\hat{A}_k^T \hat{x} = \hat{b}, \tag{9.6.27}$$

$$\|\hat{x} - e\|_2 \leqslant \beta; \tag{9.6.28}$$

$$\mu[\|\hat{x} - e\|_2 - \beta] = 0, \quad \mu \leqslant 0. \tag{9.6.29}$$

其中 $\hat{A}_k[n]$ 是 $\hat{A}_k$ 的前 n 行组成的矩阵， $\hat{a}_{n+1}^{(k)}$ 是 $\hat{A}_k$ 的第 $n+1$ 行. 将 (9.6.25) 和 (9.6.27) 写成矩阵形式：

$$P_k \begin{bmatrix} \hat{x}[n] \\ \hat{\lambda} \end{bmatrix} = \hat{x}_{n+1} \bar{b} + \tilde{b}, \tag{9.6.30}$$

其中

$$P_k = \begin{bmatrix} \hat{H}_k + \hat{\mu} I & -\hat{A}[n] \\ \hat{A}[n] & 0 \end{bmatrix}, \tag{9.6.31}$$

$$\bar{b} = \begin{bmatrix} -\hat{g}_k \\ b \\ -1 \end{bmatrix}, \quad \tilde{b} = \begin{bmatrix} \hat{\mu} e \\ 0 \\ n+1 \end{bmatrix}, \tag{9.6.32}$$

以及

$$\hat{\lambda} = \hat{x}_{n+1}\lambda, \quad \hat{\mu} = -\hat{x}_{n+1}\mu. \tag{9.6.33}$$

于是，对任何给定 $\hat{\mu} \geqslant 0$, 我们可由 (9.6.30) 求得 $\hat{\lambda}$ 和 $\hat{x}[n]$. 然后将求得的 $\hat{\lambda}$ 和 $\hat{x}[n]$ 代入 (9.6.26) 式即可得到 $\hat{x}_{n+1}$. 于是，对任何 $\hat{\mu} \geqslant 0$, 都可求得 $\hat{x}(\hat{\mu})$. 定义函数

$$h(\hat{\mu}) = \|\hat{x}(\hat{\mu}) - e\|_2 - \beta. \tag{9.6.34}$$

如果 $h(0) \leqslant 0$ 则知 $\hat{x}(0)$ 是问题 (9.6.9)—(9.6.12) 之解，在这种情形下 $x = D_k\hat{x}(0)[n]/\hat{x}(0)_{n+1}$ 是原问题的解.

如果 $h(0) > 0$, 由于 $\lim\limits_{\mu \to \infty} h(\mu) = -\beta < 0$, 可用对分法求解 $\hat{\mu}_k$ 使得 $h(\hat{\mu}_k) = 0$. 从而可得到问题 (9.6.22)—(9.6.24) 的解 $\hat{x}(u_k)$. 将 $\hat{x}(\hat{\mu}_k)$ 变换回去就得到下一次迭代点 x_{k+1}, 即

$$x_{k+1} = T_k^{-1}\hat{x}(\hat{\mu}_k) = \frac{D_k\hat{x}(\mu_k)[n]}{\hat{x}(u_k)_{n+1}}, \tag{9.6.35}$$

其中 $\hat{x}(\hat{\mu}_k)[n] = (\hat{x}(\mu_k)_1, \cdots, \hat{x}(\mu_k)_n)^T$.

现在，我们可给出一个求解凸的二次规划的内点算法如下：

算法 9.6.1

步 1　给出 (9.6.1)—(9.6.3) 的严格内点 x_1; $k := 1$.

步 2　求解 (9.6.22)—(9.6.24) 给出 $\hat{x}(u_k)$; 利用 (9.6.35) 计算 x_{k+1};

步 3　如果 x_{k+1} 是 K–T 点则停；
$k := k + 1$; 转步 2.　□

第十章 罚函数法

§10.1 罚 函 数

对于约束规划问题 (8.1.1)—(8.1.3) 的罚函数是指利用目标函数 $f(x)$ 和约束函数 $c(x)$ 所构造的且具有“罚性质”的函数

$$P(x) = \bar{P}(f(x), c(x)). \tag{10.1.1}$$

所谓“罚性质”, 即要求对所有 (8.1.1)—(8.1.3) 的可行点 $x \in X$ 均有 $P(x) = f(x)$; 而且当约束条件破坏很大时有 $P(x)$ 远大于 $f(x)$. 为了精确地描述约束条件被破坏的程度，我们定义约束违反度函数 $C^{(-)}(x) = (c_1^{(-)}(x), \cdots c_m^{(-)}(x))^T$ 如下

$$c_i^{(-)}(x) = c_i(x), \quad i = 1, \cdots, m_e; \tag{10.1.2}$$

$$c_i^{(-)}(x) = \min\{0, c_i(x)\}, \quad i = m_e + 1, \cdots, m. \tag{10.1.3}$$

我们定义集合

$$C = \{c | c \in \mathbb{R}^m, \quad c_i = 0, i \in E; c_i \geqslant 0, i \in I\}, \tag{10.1.4}$$

由定义，x 是可行点当且仅当 $c(x) \in C$. 不难看出，对任何 $x \in \mathbb{R}^n$ 都有

$$\|c^{(-)}(x)\|_2 = \text{dist}\ (c(x), C). \tag{10.1.5}$$

式 (10.1.5) 右端的从点到集合的矩离的定义如下

$$\text{dist}\ (x,Y)=\min\{\|x-y\|_2\ |y\in Y\}. \tag{10.1.6}$$

正由于关系式 (10.1.5), 我们称 $c^{(-)}(x)$ 是约束违反度函数.

罚函数一般可表示为目标函数与一项与 $c(x)$ 有关的"罚项"之和，即

$$P(x)=f(x)+h(c^{(-)}(x)). \tag{10.1.7}$$

罚项 $h(c^{(-)}(x))$ 是定义在 $\mathbb{R}^m$ 上的函数. 它满足

$$h(0)=0, \tag{10.1.8}$$

$$\lim_{\|c\|\to+\infty} h(c)=+\infty. \tag{10.1.9}$$

最早的罚函数是 Courant 罚函数，它定义如下

$$P(x)=f(x)+\sigma\|c^{(-)}(x)\|_2^2. \tag{10.1.10}$$

其中 $\sigma>0$ 是一正常数，它被称为罚因子. 显然， (10.1.10) 是 (10.1.7) 取 $h(c)=\sigma\|c\|_2^2$ 的特殊情形. 事实上对 $\mathbb{R}^m$ 中任何范数 $\|\cdot\|$ 以及任何 $\alpha>0$, 函数 $h(c)=\sigma\|c\|^\alpha$ 都满足 (10.1.8) 和 (10.1.9). 于是一类罚函数可由下式定义：

$$P(x)=f(x)+\sigma\|c^{(-)}(x)\|^\alpha. \tag{10.1.11}$$

其中 $\sigma>0$ 是罚因子， $\alpha>0$ 以及 $\|\cdot\|$ 是 $\mathbb{R}^m$ 中的某一范数. 除 (10.1.10) 外，罚函数 (10.1.11) 的另两个特殊形式是

$$P_1(x)=f(x)+\sigma\|C^{(-)}(x)\|_1, \tag{10.1.12}$$

$$P_\infty(x)=f(x)+\sigma\|C^{(-)}(x)\|_\infty; \tag{10.1.13}$$

它们分别被称为 L_1 罚函数和 L_∞ 罚函数.

如果罚函数在可行域的边界上取值为无穷，则称为内点罚函数. 内点罚函数仅适合于不等式约束问题，即 $m_e=0$ 的情形. 两个常见的内点罚函数是倒数罚函数

$$P(x)=f(x)+\sigma^{-1}\sum_{i=1}^{m}\frac{1}{c_i(x)}. \tag{10.1.14}$$

和对数罚函数

$$P(x)=f(x)-\sigma^{-1}\sum_{i=1}^{m}\log c_i(x). \tag{10.1.15}$$

因为内点罚函数在可行域的边界上无界，如果给定一初始点在可行域内部，则利用求罚函数极小所产生的点列全都是内点. 从几何上看，内点罚函数在可行域的边界上形成一堵无穷高的“障碍墙”. 所以内点罚函数也常称为障碍罚函数.

设 x^* 是约束优化问题 (8.1.1)—(8.1.3) 的 K–T 点，则从 (10.1.10) 可知 $\nabla P(x^*)=\nabla f(x^*)$. 所以 x^* 一般不是 Courant 罚函数的稳定点. 为了克服这一不好的性质，我们引入参数 $\theta_i\ (i=1,\cdots,m)$, $\theta_i\geqslant 0(i=m_e+1,\cdots,m)$. 记 $\theta=(\theta_1,\cdots\theta_m)^T$. 修改 (10.1.10) 可得

$$\begin{aligned}P(x)&=f(x)+\sum_{i=1}^{m}\frac{\sigma_i}{2}\left(\left[(c(x)-\theta)_i^{(-)}\right]^2-\theta_i^2\right)\\&=f(x)+\sum_{i=1}^{m_e}\left[-\lambda_i c_i(x)+\frac{1}{2}\sigma_i(c_i(x))^2\right]\\&\quad+\sum_{i=m_e+1}^{m}\begin{cases}-\lambda_i c_i(x)+\frac{1}{2}\sigma_i(c_i(x))^2, & \text{如果 } c_i(x)<\frac{\lambda_i}{\sigma_i};\\ -\frac{1}{2}\lambda_i^2/\sigma_i, & \text{否则}.\end{cases}\end{aligned} \tag{10.1.16}$$

其中

$$\lambda_i=\sigma_i\theta_i,\quad i=1,\cdots,m. \tag{10.1.17}$$

罚函数 (10.1.16) 形式上可看成是 Lagrange 函数 (8.2.26) 加上一项具有罚性质的项，故它被称为增广 Lagrange 函数. 设 x^* 是约束优化的 K–T 点， $\lambda_i^*(i=1,\cdots m)$ 是相应的 Lagrange 乘子. 则对于用 $\lambda_i^*(i=1,\cdots m)$ 构造的增广 Lagrange 函数满足 $\nabla P(x^*)=0$. 但在约束规划问题求解之前， Lagrange 乘子并不知道，故基于增广 Lagrange 函数的罚函数方法需要逐步修正乘子 $\lambda_i(i=1,\cdots m)$.

对于等式约束问题 $(m_e=m)$, 可定义

$$\lambda(x)=(A(x))^+g(x), \tag{10.1.18}$$

其中 $A(x)=\nabla c(x)^T$, $g(x)=\nabla f(x)$. A^+ 表示矩阵 A 的广义逆矩阵. 乘子 $\lambda(x)$ 是问题

$$\min_{\lambda\in\mathbb{R}^m}\left\|\nabla f(x)-\sum_{i=1}^m\lambda_i\nabla c_i(x)\right\|_2^2 \tag{10.1.19}$$

的最小二范数解. 利用乘子 (10.1.18), 我们可给出 Fletcher 光滑精确罚函数如下：

$$P(x)=f(x)-\lambda(x)^Tc(x)+\frac{1}{2}\sum_{i=1}^m\sigma_i(c_i(x))^2, \tag{10.1.20}$$

$\sigma_i>0\ (i=1,\cdots m)$ 是罚因子. 设 x^* 是等式约束问题之解且 $A(x^*)$ 列满秩,

$$\begin{aligned}\nabla_xP(x^*)=&g(x^*)-A(x^*)\lambda^*=0,\\ \nabla_{xx}^2P(x^*)=&W^*+A(x^*)A(x^*)^+W^*\\ &+W^*A(x^*)A(x^*)^++A(x^*)DA(x^*)^T.\end{aligned} \tag{10.1.21}$$

其中 $D=\mathrm{diag}\ (\sigma_1,\cdots,\sigma_m)$ 以及

$$W^*=\nabla^2f(x^*)-\sum_{i=1}^m\lambda_i^*\nabla^2c_i(x^*)$$

$$= \nabla_{xx}^2 L(x^*, \lambda^*). \tag{10.1.22}$$

引理 10.1.1 设 $H \in \mathbb{R}^{n\times n}$ 对称, $A \in \mathbb{R}^{n\times m}$. 如果对任何满足于 $A^T d = 0$ 的非零向量都有

$$d^T H d > 0, \tag{10.1.23}$$

则必存在 $\sigma \geqslant 0$ 使得

$$H + \sigma A A^T \tag{10.1.24}$$

是一正定矩阵.

证明 根据假设, 存在 $\delta > 0$, 如果 $\|A^T d\|_2 \leqslant \delta$ 且 $\|d\|_2 = 1$ 则必有 (10.1.23) 成立. 考虑

$$\min_{\substack{\|A^T d\|_2 \geqslant \delta \\ \|d\|_2 = 1}} \frac{d^T H d}{\|A^T d\|_2^2}. \tag{10.1.25}$$

由于集合 $\{d|\ \|d\|_2 = 1, \|A^T d\|_2 \geqslant \delta\}$ 是有限闭集. 故问题 (10.1.25) 的极小值必可达到. 故存在 η 使得对一切 $d \in \{d|\ \|d\|_2 = 1, \|A^T d\|_2 \geqslant \delta\}$ 都有

$$\frac{d^T H d}{\|A^T d\|_2^2} > \eta. \tag{10.1.26}$$

令 $\sigma = \max\{-\eta, 0\}$. 对任何 d 满足 $\|d\|_2 = 1$ 我们都有

$$d^T (H + \sigma A A^T) d > 0. \tag{10.1.27}$$

所以引理成立. □

在二阶充分条件

$$d^T W^* d > 0, \quad \forall 0 \neq d,\ A^{*T} d = 0 \tag{10.1.28}$$

的假设下, 从上面引理可知存在 $\bar{\sigma} \geqslant 0$ 使得当所有 $\sigma_i \geqslant \bar{\sigma}$ 时由 (10.1.21) 定义的矩阵

$$\nabla_{xx}^2 P(x^*) \tag{10.1.29}$$

是正定阵. 从而我们可证 x^* 也是罚函数 $P(x^*)$ 的局部严格极小点. 正因为这一性质, 罚函数 (10.1.20) 被称为精确罚函数.

如果增广 Lagrange 函数中的乘子 λ_i 正好是在解 x^* 处的 Lagrange 乘子 λ_i^*, 则在条件 (10.1.28) 的假设下可证 x^* 也是增 广 Lagrange 函数 (10.1.16) 在 σ_i 足够大时的极小点. 也就是说, 在乘子选取适当的假定下, 增广 Lagrange 函数也是一个精确罚函数.

对于 L_1 罚函数, 如果

$$\sigma > \|\lambda^*\|_\infty, \tag{10.1.30}$$

则在二阶充分条件 (10.1.28) 的假定下可证 x^* 是 L_1 罚函数 (10.1.12) 的局部严格极小点. 所以 L_1 罚函数也常称为 L_1 精确罚函数. 类似地可证 L_∞ 罚函数也是精确罚函数.

由于约束优化问题的 K–T 点一般不是 Courant 罚函数 (10.1.10) 的稳定点, 所以 Courant 罚函数是非精确罚函数.

§10.2 简单罚函数法

罚函数法就是通过求解若干个罚函数之极小来得到约束优化问题的极小点的方法. 考虑简单罚函数

$$P_\sigma(x) = f(x) + \sigma\|c^{(-)}(x)\|^\alpha, \tag{10.2.1}$$

其中 $\sigma > 0$ 是罚因子, $\alpha > 0$ 是一正常数, 以及 $\|\cdot\|$ 是 $\mathbb{R}^m$ 中一给定范数. 我们记 $x(\sigma)$ 是问题

$$\min_{x\in\mathbb{R}^n} P_\sigma(x) \tag{10.2.2}$$

的解. 首先我们有如下引理

引理 10.2.1 设 $\sigma_2 > \sigma_1 > 0$, 则必有

$$f(x(\sigma_2)) \geqslant f(x(\sigma_1)), \tag{10.2.3}$$

$$\|c^{(-)}(x(\sigma_2))\| \leqslant \|c^{(-)}(x(\sigma_1))\|. \tag{10.2.4}$$

证明 由 $x(\sigma)$ 的定义，我们有

$$P_{\sigma_1}(x(\sigma_2)) \geqslant P_{\sigma_1}(x(\sigma_1)), \tag{10.2.5}$$

$$P_{\sigma_2}(x(\sigma_1)) \geqslant P_{\sigma_2}(x(\sigma_2)). \tag{10.2.6}$$

从上两式和定义 (10.2.1) 可知

$$\begin{aligned}0 &\leqslant P_{\sigma_1}(x(\sigma_2)) - P_{\sigma_2}(x(\sigma_2)) - [P_{\sigma_1}(x(\sigma_1)) - P_{\sigma_2}(x(\sigma_1))] \\ &= (\sigma_1 - \sigma_2)[\|c^{(-)}(x(\sigma_2))\|^\alpha - \|c^{(-)}(x(\sigma_1))\|^\alpha].\end{aligned} \tag{10.2.7}$$

所以 (10.2.4) 式成立. 利用 (10.2.5) 和 (10.2.4), 我们有

$$\begin{aligned}f(x(\sigma_1)) &\leqslant f(x(\sigma_2)) + \sigma_1[\|c^{(-)}(x(\sigma_2))\|^\alpha - \|c^{(-)}(x(\sigma_1))\|^\alpha] \\ &\leqslant f(x(\sigma_2)).\end{aligned} \tag{10.2.8}$$

故知 (10.2.3) 成立. □

引理 10.2.2 令 $\delta = \|c^{(-)}(x(\sigma))\|$, 则 $x(\sigma)$ 也是约束问题

$$\min_{x\in\mathbb{R}^n} f(x), \tag{10.2.9}$$

$$\text{s.t. } \|c^{(-)}(x)\| \leqslant \delta \tag{10.2.10}$$

的解.

证明 对任何满足于 (10.2.10) 的 x, 我们有

$$\begin{aligned}0 &\leqslant \sigma[\|c^{(-)}(x(\sigma))\|^\alpha - \|c^{(-)}(x)\|^\alpha] \\ &= P_\sigma(x(\sigma)) - f(x(\sigma)) - P_\sigma(x) + f(x) \\ &= [P_\sigma(x(\sigma)) - P_\sigma(x)] + f(x) - f(x(\sigma))\end{aligned}$$

$$\leqslant f(x) - f(x(\sigma)). \tag{10.2.11}$$

所以对任何满足于 (10.2.10) 的 x 都有

$$f(x) \geqslant f(x(\sigma)), \tag{10.2.12}$$

故知 $x(\sigma)$ 也是 (10.2.9), (10.2.10) 的解.

根据约束违反度函数 $c^{(-)}(x)$ 的定义, 原约束优化问题 (8.1.1)—(8.1.3) 可等价地写成

$$\min_{x \in \mathbb{R}^n} f(x), \tag{10.2.13}$$

$$\text{s.t. } \|c^{(-)}(x)\| = 0. \tag{10.2.14}$$

所以，当 δ 充分小时，问题 (10.2.9)—(10.2.10) 可看成 (10.2.13)—(10.2.14) 的一个近似. 从而可把 $x(\sigma)$ 看成原问题的近似解. 事实上，从引理 10.2.2 可知，当 $c^{(-)}(x(\sigma)) = 0$ 时， $x(\sigma)$ 正好也是原问题 (8.1.1)—(8.1.3) 之解.

罚函数法的基本点就是每次迭代增加罚因子 σ, 直到使 $\|c^{(-)}(x(\sigma))\|$ 缩小到给定的误差范围. 下面给出的是利用简单罚函数 (10.2.1) 的罚函数法.

算法 10.2.3

步 1　给出 $x_1 \in \mathbb{R}^n$, $\sigma_1 > 0$, $\varepsilon \geqslant 0$, $k = 1$.

步 2　利用初始值 x_k 求解

$$\min_{x \in \mathbb{R}^n} P_{\sigma_k}(x), \tag{10.2.15}$$

得到解 $x(\sigma_k)$.

步 3　如果 $\|c^{(-)}(x(\sigma_k))\| \leqslant \varepsilon$ 则停；

$x_{k+1} = x(\sigma_k)$;　$\sigma_{k+1} = 10\sigma_k$;

$k := k + 1$; 转步 2.　□

关于算法 10.2.3 的收敛性，我们有如下结果.

定理 10.2.4 设算法 10.2.3 中的 ε 满足

$$\varepsilon > \min_{x\in\mathbb{R}^n} \|c^{(-)}(x)\|, \tag{10.2.16}$$

则算法必有限终止.

证明 假设定理非真，则必有 $\sigma_k \to +\infty$ 且对一切 k 都有

$$\|c^{(-)}(x(\sigma_k))\| > \varepsilon. \tag{10.2.17}$$

由 (10.2.16), 存在 $\hat{x} \in \mathbb{R}^n$ 使得

$$\|c^{(-)}(\hat{x})\| < \varepsilon. \tag{10.2.18}$$

利用 $x(\sigma)$ 的定义，我们有

$$\begin{aligned} f(\hat{x}) + \sigma_k\|c^{(-)}(\hat{x})\|^\alpha &\geqslant f(x(\sigma_k)) + \sigma_k\|c^{(-)}(x(\sigma_k))\|^\alpha \\ &\geqslant f(x(\sigma_1)) + \sigma_k\|c^{(-)}(x(\sigma_k))\|^\alpha. \end{aligned} \tag{10.2.19}$$

其中 $f(x(\sigma_k)) \geqslant f(x(\sigma_1))$ 是根据 (10.2.3) 得到的. 于是，令 $\sigma_k \to +\infty$, 我们有

$$\begin{aligned} &\|c^{(-)}(\hat{x})\|^\alpha - \|c^{(-)}(x(\sigma_k))\|^\alpha \\ &\qquad \geqslant \frac{1}{\sigma_k}[f(x(\sigma_1)) - f(\hat{x})] \to 0. \end{aligned} \tag{10.2.20}$$

这与 (10.2.17)—(10.2.18) 相矛盾. 所以定理为真. □

从上面定理可知，如果原问题有可行点，则对任何给定的 $\varepsilon > 0$, 算法 10.2.3 都有限终止于问题 (10.2.9)—(10.2.10) 的解且 $\delta \leqslant \varepsilon$.

定理 10.2.5 如果算法 10.2.3 不有限终止，则必有

$$\min_{x\in\mathbb{R}^n} \|c^{(-)}(x)\| \geqslant \varepsilon \tag{10.2.21}$$

且

$$\lim_{k\to\infty} \|c^{(-)}(x(\sigma_k))\| = \min_{x\in\mathbb{R}^n} \|c^{(-)}(x)\|, \tag{10.2.22}$$

$\{x(\sigma_k)\}$ 的任何聚点 x^* 都是问题

$$\min_{x\in\mathbb{R}^n} f(x), \tag{10.2.23}$$

$$\text{s.t. } \|c^{(-)}(x)\| = \min_{y\in\mathbb{R}^n} \|c^{(-)}(y)\| \tag{10.2.24}$$

的解.

证明 假定算法不有限终止. 由定理 10.2.4 即知 (10.2.21) 成立. 由于 $\sigma_k \to +\infty$, 利用 (10.2.20) 知, 对任何给定的 $\hat{x} \in \mathbb{R}^n$ 都有

$$\lim_{k\to\infty} \inf[\|c^{(-)}(\hat{x})\|^{\alpha} - \|c^{(-)}(x(\sigma_k))\|^{\alpha}] \geqslant 0, \tag{10.2.25}$$

由上式即可知 (10.2.22) 成立.

设 x^* 是 $\{x(\sigma_k)\}$ 的任一聚点. 由 (10.2.22) 知 x^* 必是 (10.2.24) 的可行点. 如果 x^* 不是问题 (10.2.23)—(10.2.24) 之解, 则存在 $\bar{x}$ 使得

$$f(\bar{x}) < f(x^*), \tag{10.2.26}$$

且

$$\|c^{(-)}(\bar{x})\| = \min_{y\in\mathbb{R}^n} \|c^{(-)}(y)\|. \tag{10.2.27}$$

由引理 10.2.1 知 $f(x(\sigma_k))$ 单调趋于 $f(x^*)$, 故从 (10.2.26) 可知不等式

$$f(\bar{x}) < f(x(\sigma_k)) \tag{10.2.28}$$

对充分大的 k 都成立. 而 (10.2.28) 和 (10.2.27) 表明

$$P_{\sigma_k}(\bar{x}) < P_{\sigma_k}(x(\sigma_k)). \tag{10.2.29}$$

这与 $x(\sigma_k)$ 的定义相矛盾. 矛盾说明定理成立. □

从上面两个定理可直接导出下面推论.

推论 10.2.6 设问题 (8.1.1)—(8.1.3) 有可行点, 则算法 10.2.3 必有限终止于 (10.2.9)—(10.2.10) 的解, 或产生点列 $\{x_k\}$ 使其任何聚点都是原问题的解.

对于 Courant 罚函数，即 $\|\cdot\| = \|\cdot\|_2$, $\alpha = 2$, 我们有

$$\nabla f(x(\sigma_k)) + 2\sigma_k \sum_{i=1}^{m} c_i^{(-)}(x(\sigma_k))\nabla c_i^{(-)}(x(\sigma_k)) = 0. \tag{10.2.30}$$

假定算法 10.2.3 产生的无穷点列 $\{x_k\}$ 收敛于 x^*, 我们有

$$\nabla f(x_{k+1}) = \sum_{i=1}^{m} \lambda_i^{(k+1)} \nabla c_i(x_{k+1}), \tag{10.2.31}$$

其中

$$\lambda_i^{(k+1)} = -2\sigma_k c_i^{(-)}(x_{k+1}). \tag{10.2.32}$$

所以，由 (10.2.32) 式定义的乘子 $\lambda^{(k+1)}$ 是在 x^* 处 Lagrange 乘子的一个近似. 不难看出，如果 $x_k \to x^*$, $c^{(-)}(x^*) = 0$ 且 $\nabla c_i(x^*)$ ($i \in E \cup I(x^*)$) 线性无关，则有 $\lambda^{(k)} \to \lambda^*$. 由于一般情况下 $\|\lambda^*\|_2 \neq 0$, 从 (10.2.32) 式可得

$$\frac{1}{\sigma_k} = O(\|c^{(-)}(x_{k+1})\|_2) = O(\|x_{k+1} - x^*\|_2). \tag{10.2.33}$$

另一方面，从 (10.2.31), $c^{(-)}(x^*) = 0$, $\|\lambda^{(k+1)} - \lambda^*\| = O(\|x_{k+1} - x^*\|)$ 可得到

$$\begin{bmatrix} W^* & -A^* \\ -A^{*T} & 0 \end{bmatrix} \begin{pmatrix} x_{k+1} - x^* \\ \hat{\lambda}^{(k+1)} - \hat{\lambda}^* \end{pmatrix} = \begin{pmatrix} 0 \\ \hat{c}(x_{k+1}) \end{pmatrix} + O(\|x_{k+1} - x^*\|), \tag{10.2.34}$$

其中

$$W^* = \nabla_{xx}^* L(x^*, \lambda^*), \tag{10.2.35}$$

A^* 是由列向量 $\nabla c_i(x^*)$ ($i \in E$ 或者 $\lambda_i^* > 0$) 组成的矩阵. $\hat{\lambda}^*$ 是向量 λ^* 中对应 $i \in E$ 或 $\lambda_i^* > 0$ 的分量所组成的向量. $\hat{\lambda}^{(k+1)}$ 和 $\hat{c}(x_{k+1})$ 的定义同 $\hat{\lambda}^*$. 由 (10.2.32) 知

$$\|\hat{c}(x_{k+1})\| = O\left(\frac{1}{\sigma_k}\right). \tag{10.2.36}$$

如果二阶充分条件 (8.3.30)—(8.3.31) 满足则矩阵

$$\begin{bmatrix} W^* & -A^* \\ -A^{*T} & 0 \end{bmatrix} \tag{10.2.37}$$

是非奇异的. 利用 (10.2.34) 和 (10.2.36) 即知

$$\|x_{k+1}-x^*\| = O\left(\frac{1}{\sigma_k}\right). \tag{10.2.38}$$

于是, 从上式和 (10.2.33) 式我们可以看出 $\|x_{k+1}-x^*\|$ 收敛于 0 的速度是与 $\dfrac{1}{\sigma_k}$ 收敛于 0 是一样的. 这一现象可从下例中看出.

例 10.2.7

$$\min_{(x_1,x_2)\in\mathbb{R}^2} \quad x_1+x_2, \tag{10.2.39}$$

$$\text{s.t.} \quad x_2 - x_1^2 = 0. \tag{10.2.40}$$

对于 Courant 罚函数, 我们有

$$x(\sigma) = \begin{bmatrix} -\dfrac{1}{2} \\ \dfrac{1}{4}-\dfrac{1}{2\sigma} \end{bmatrix} = x^* - \begin{bmatrix} 0 \\ \dfrac{1}{2} \end{bmatrix}\frac{1}{\sigma}. \tag{10.2.41}$$

其中 $x^*=\left(-\dfrac{1}{2},\dfrac{1}{4}\right)$ 是 (10.2.39), (10.2.40) 的唯一解. 所以, 利用 Courant 罚函数的算法 10.2.3 将会产生点列 $\{x_k\}$ 满足

$$x_{k+1}-x^* = \begin{bmatrix} 0 \\ -\dfrac{1}{2} \end{bmatrix}\frac{1}{\sigma_k}. \tag{10.2.42}$$

由此可知, 利用 Courant 罚函数求解约束优化问题往往需要很大的罚因子, 从而使求解罚函数极小时可能出现数值困难.

如果利用 L_1 精确罚函数或 L_∞ 精确罚函数, 则算法 10.2.3 一般经过有限次迭代后得到原问题的精确解. 事实上, 设 x^* 是原约束规划问题之解, λ^* 是相应的 Lagrange 乘子, 则只要 $\sigma_1 > \|\lambda^*\|_\infty$,

x^* 就是 L_1 精确罚函数的一个极小点. 美中不足的是，求 L_1 精确罚函数的极小是一个非光滑优化问题. 关于非光滑精确罚函数将在第 10.6 节中详细讨论.

§10.3 内 点 罚 函 数

内点罚函数法是利用内点罚函数求解不等式约束问题

$$\min_{x\in\mathbb{R}^n} f(x), \tag{10.3.1}$$

$$\text{s.t.} \quad c_i(x) \geqslant 0, \quad i=1,\cdots,m \tag{10.3.2}$$

的方法. 由于它利用内点罚函数，它产生的点列都在可行域的内部.

内点罚函数一般可表示成如下形式

$$P_\sigma(x) = f(x) + \sigma^{-1}\sum_{i=1}^{m} h(c_i(x)), \tag{10.3.3}$$

其中 $\sigma > 0$ 是罚因子， $h(c)$ 是定义在 $(0,+\infty)$ 上的实值函数，它满足

$$\lim_{c\to 0_+} h(c) = +\infty, \tag{10.3.4}$$

$$h(c_1) \geqslant h(c_2), \quad \forall c_1 < c_2. \tag{10.3.5}$$

有的内点罚函数还满足

$$h(c) > 0, \quad \forall c > 0. \tag{10.3.6}$$

我们在 10.1 节中给出的倒数罚函数 (10.1.14) 和对数罚函数 (10.1.15) 显然是 (10.3.3) 的特殊情形. 对于倒数罚函数，(10.3.6) 式也成立.

我们记 $x(\sigma)$ 是问题

$$\min_{x\in\mathbb{R}^n} P_\sigma(x) \tag{10.3.7}$$

的解. 假定我们求解 (10.3.7) 之前就给出一严格内点作为初始点. 由于 $P_\sigma(x)$ 在可行域的边界上无穷，所以 $x(\sigma)$ 必然是一个内点.

与引理 10.2.1 和引理 10.2.2 类似，我们可证下面结果：

引理 10.3.1 设 $\sigma_2 > \sigma_1 > 0$, 则必有

$$f(x(\sigma_2)) \leqslant f(x(\sigma_1)), \tag{10.3.8}$$

$$\sum_{i=1}^{m} h(c_i(x(\sigma_2))) \geqslant \sum_{i=1}^{m} h(c_i(x(\sigma_1))). \tag{10.3.9}$$

引理 10.3.2 令 $\delta = \sum_{i=1}^{m} h(c_i(x(\sigma)))$, 则 $x(\sigma)$ 也是问题

$$\min_{x\in\mathbb{R}^n} f(x), \tag{10.3.10}$$

$$\text{s.t.} \quad \sum_{i=1}^{m} h(c_i(x)) \leqslant \delta \tag{10.3.11}$$

的解.

当 δ 充分大时，问题 (10.3.10)—(10.3.11) 可看成是下面问题

$$\min_{x\in\mathbb{R}^n} f(x), \tag{10.3.12}$$

$$\text{s.t.} \quad \sum_{i=1}^{m} h(c_i(x)) < +\infty \tag{10.3.13}$$

的一种近似. 而由 $h(c)$ 的定义， (10.3.13) 等价于

$$c_i(x) > 0, \quad i = 1, 2, \cdots, m. \tag{10.3.14}$$

(10.3.14) 与 (10.3.2) 之差别只是可行域的边界是否为可行点. 如果 $\sigma > 0$ 非常大且引理 10.3.2 中所定义的 δ 也非常大时， $x(\sigma)$ 十分靠近 (10.3.2) 的可行域的边界. 于是 (10.3.11) 的可行域也靠近原问题的可行域. 从而我们有理由认为 $x(\sigma)$ 也靠近原问题之解. 如果 $\sigma > 0$ 非常大但 δ 有界时，由内点罚函数 (10.3.3) 的定义知在

$x(\sigma)$ 附近罚函数与 $f(x)$ 十分靠近，于是我们可把 $x(\sigma)$ 近似地看成 $f(x)$ 的局部极小点. 基于这些分析，我们给出利用内点罚函数的算法如下. 在下面算法中，我们假定 $h(\cdot)$ 满足 (10.3.6).

算法 10.3.3

步 1　给出 x_1 满足 (10.3.14), $\sigma_1 > 0$, $\varepsilon \geqslant 0$, $k := 1$.

步 2　利用初始值 x_k 求解 (10.3.7) 得到 $x(\sigma_k)$, 令 $x_{k+1} = x(\sigma_k)$.

步 3　如果

$$\sigma_k^{-1} \sum_{i=1}^{m} h(c_i(x_{k+1})) \leqslant \varepsilon, \tag{10.3.15}$$

则停；否则，

$\sigma_{k+1} := 10\sigma_k$; $k := k+1$; 转步 2. □

关于算法 10.3.3, 我们有如下收敛性定理.

定理 10.3.4　设函数 $f(x)$ 在可行域 X 上有下界，则算法 10.3.3 时在 $\varepsilon > 0$ 必有限终止，且当不有限终止时，

$$\lim_{k\to\infty} \frac{1}{\sigma_k} \sum_{i=1}^{m} h(c_i(x_{k+1})) = 0, \tag{10.3.16}$$

$$\lim_{k\to\infty} f(x_k) = \inf_{x\in \mathrm{int}(X)} f(x) \tag{10.3.17}$$

成立，其中 $\mathrm{int}\,(X) = \{x | c_i(x) > 0,\ i = 1, \cdots, m\}$; 且 $\{x_k\}$ 的任何聚点都是问题 (10.3.1)—(10.3.2) 的解.

证明　显然，我们已需证明在算法不有限终止时有 (10.3.16)—(10.3.17) 成立.

对任何 $\eta > 0$, 存在 $x_\eta \in \mathrm{int}\,(X)$ 使得

$$f(x_\eta) < \inf_{x\in \mathrm{int}(X)} f(x) + \eta/2, \tag{10.3.18}$$

由于算法不有限终止，有 $\sigma_k \to +\infty$, 故存在 $\bar{k}$ 使得

$$\sigma_k > \frac{2}{\eta} \sum_{i=1}^{m} h(c_i(x_\eta)), \quad \forall k \geqslant \bar{k}. \tag{10.3.19}$$

于是，由 x_{k+1} 的定义，不等式

$$\sigma_k^{-1}\sum_{i=1}^{m}h(c_i(x_{k+1}))\leqslant f(x_\eta)+\sigma_k^{-1}\sum_{i=1}^{m}h(c_i(x_\eta))-f(x_{k+1})$$

$$\leqslant \inf_{x\in \text{int }(X)} f(x)+\frac{1}{2}\eta+\frac{1}{2}\eta-f(x_{k+1})\leqslant \eta \tag{10.3.20}$$

对一切 $k\geqslant \bar{k}$ 都成立. 由于 $\eta>0$ 的任意性, 从 (10.3.20) 知 (10.3.16) 为真.

从不等式 (10.3.20) 的第一行还知,

$$f(x_{k+1})\leqslant f(x_\eta)+\sigma_k^{-1}\sum_{i=1}^{m}h(c_i(x_\eta))$$

$$\leqslant \inf_{x\in \text{int }(X)} f(x)+\eta \tag{10.3.21}$$

对一切 $k\geqslant \bar{k}$ 都成立. 所以 (10.3.17) 成立. □

假定算法 10.3.3 产生的点列 $\{x_k\}$ 收敛于 x^*. 如果 x^* 是一严格内点，则从

$$\nabla f(x_{k+1})+\frac{1}{\sigma_k}\sum_{i=1}^{m}h'(c_i(x_{k+1}))\nabla c_i(x_{k+1})=0 \tag{10.3.22}$$

知

$$\|\nabla f(x_{k+1})\|=O\left(\frac{1}{\sigma_k}\right). \tag{10.3.23}$$

在二阶充分条件 (即 $\nabla^2 f(x^*)$ 正定) 满足时， (10.3.23) 等价于

$$\|x_{k+1}-x^*\|=O\left(\frac{1}{\sigma_k}\right). \tag{10.3.24}$$

从 (10.3.22) 还可看出 $\|x_{k+1}-x^*\|$ 收敛于 0 的速度一般不可能快于 $1/\sigma_k$.

现考虑 $x_k\to x^*$ 且 x^* 是 (10.3.2) 的可行域之边界点. 即存在 i 使得 $c_i(x^*)=0$. 设 $\nabla c_i(x^*)(i\in I(x^*))$ 线性无关，记 λ_i^* 是在 x^*

的 Lagrange 乘子. 由 (10.3.22) 即知

$$\lim_{k\to\infty} -h'(c_i(x_{k+1}))/\sigma_k = \lambda_i^*. \tag{10.3.25}$$

记 $\lambda_{k+1} = (-h'(c_1(x_{k+1})),\cdots,-h'(c_m(x_{k+1})))^T/\sigma_k$. 定义 A^* 是列向量 $\nabla c_i(x^*)$ $(i \in I(x^*))$ 组成的矩阵, $\hat{\lambda}^*$ 是向量 λ^* 中对应 $i\in I(x^*)$ 的分量所组成的向量, $\hat{\lambda}_{k+1}$ 和 $\hat{c}(x_{k+1})$ 的定义同 $\hat{\lambda}^*$. 由 (10.3.25) 知

$$|(\lambda_{k+1})_i| = O\Big(\frac{1}{\sigma_k}\Big), \quad \forall i \notin I(x^*). \tag{10.3.26}$$

因为 A^* 线性无关, 从上式我们有

$$\|\hat{\lambda}_{k+1} - \hat{\lambda}^*\| = O\Big(\|x_{k+1} - x^*\| + \frac{1}{\sigma_k}\Big). \tag{10.3.27}$$

由 (10.3.22) 知

$$W^*(x_{k+1} - x^*) - A^*(\hat{\lambda}_{k+1} - \hat{\lambda}^*) = o(\|x_{k+1} - x^*\|) + O\Big(\frac{1}{\sigma_k}\Big). \tag{10.3.28}$$

而

$$-A^{*T}(x_{k+1} - x^*) = -\hat{c}(x_{k+1}) + o(\|x_{k+1} - x^*\|). \tag{10.3.29}$$

利用 (10.3.28)—(10.3.29) 即得

$$\begin{bmatrix} W^* & -A^* \\ -A^{*T} & 0 \end{bmatrix} \begin{bmatrix} x_{k+1} - x^* \\ \hat{\lambda}_{k+1} - \hat{\lambda}^* \end{bmatrix} = \begin{bmatrix} 0 \\ -\hat{c}(x_{k+1}) \end{bmatrix} + o(\|x_{k+1} - x^*\|) + O\Big(\frac{1}{\sigma_k}\Big). \tag{10.3.30}$$

假定 $\lambda_i^* > 0$ $(i \in I(x^*))$, 则对于倒数罚函数和对数罚函数, 利用 (10.3.25) 可分别得到:

$$c_i(x_{k+1}) = O\Big(\frac{1}{\sqrt{\sigma_k}}\Big), \quad i \in I(x^*) \tag{10.3.31}$$

和

$$c_i(x_{k+1}) = O\left(\frac{1}{\sigma_k}\right), \quad i \in I(x^*). \tag{10.3.32}$$

于是，假定二阶充分条件满足，从 (10.3.31)—(10.3.32) 可知对于倒数罚函数和对数罚函数我们分别有

$$\|x_{k+1} - x^*\| = O\left(\frac{1}{\sqrt{\sigma_k}}\right) \tag{10.3.33}$$

和

$$\|x_{k+1} - x^*\| = O\left(\frac{1}{\sigma_k}\right). \tag{10.3.34}$$

从 (10.3.33) 和 (10.3.34) 可看出，在一般情况下，对数罚函数法比倒数罚函数法收敛得快.

我们现在考虑只需非精确求解 (10.3.7) 的罚函数法. 假设 $f(x)$ 和 $h(c_i(x))$ 都是 x 的凸函数，则 $P_\sigma(x)$ 也是关于 x 的凸函数. 给定初始值 x_k, 则对问题

$$\min P_{\sigma_k}(x) \tag{10.3.35}$$

的牛顿步为

$$d_k = -[\nabla^2 P_{\sigma_k}(x_k)]^{-1} \nabla P_{\sigma_k}(x_k). \tag{10.3.36}$$

为了避免精确地求解子问题 (10.3.35)，我们可将 $x_k + d_k$ 看作 (10.3.35) 的一个近似解. 为了分析简单起见，下面我们假设 $h(c) = -\lg c$. 令 $x_{k+1} = x_k + d_k$, 从 (10.3.36) 有

$$\nabla^2 P_{\sigma_k}(x_k)[x_{k+1} - x_k] = -\nabla P_{\sigma_k}(x_k). \tag{10.3.37}$$

记 $(\lambda_k)_i = 1/\sigma_k (c_k)_i$, 则 (10.3.37) 可写成

$$\nabla^2 P_{\sigma_k}(x_k)(x_{k+1} - x_k) = -\left[\nabla f(x_k) - \sum_{i=1}^{m} (\lambda_k)_i \nabla c_i(x_k)\right]. \tag{10.3.38}$$

如果由上式定义的 x_{k+1} 是在可行域内部，则它可以作为下次迭代的初始点. 不然，存在 $\bar{\alpha}_k > 0$ 使得点

$$x_k + \bar{\alpha}_k d_k \tag{10.3.39}$$

在可行域边界上，在这种情形下，我们可令

$$x_{k+1}=x_k+0.9\bar{\alpha}_k d_k. \tag{10.3.40}$$

这样 x_{k+1} 仍是可行域之内点. 于是，我们可给出一个不必精确求解子问题的内点罚函数法.

算法 10.3.5

步 1　给出 x_1 满足 (10.3.14), $\sigma_1>0,\varepsilon\geqslant 0$, $k:=1$.

步 2　计算 $(\lambda_k)_i=1/(\sigma_k c_i(x_k))$ $(i=1,\cdots,m)$;

$$\begin{aligned}d_k=-\Big[\nabla^2 f(x_k)-\sum_{i=1}^m(\lambda_k)_i\nabla^2 c_i(x_k)\\+\sum_{i=1}^m(\lambda_k)_i\frac{\nabla c_i(x_k)\nabla c_i^T(x_k)}{c_i}\Big]^{-1}\\\times\Big(\nabla f(x_k)-\sum_{i=1}^m(\lambda_k)_i\nabla c_i(x_k)\Big);\end{aligned} \tag{10.3.41}$$

如果 $d_k\neq 0$ 则转步 3;

如果 $\|\nabla f(x_k)\|\leqslant\varepsilon$ 则停;

否则，$\sigma_k:=10\sigma_k$; 转步 2.

步 3　$\alpha_k=1$;

如果 x_k+d_k 是内点则转步 4;

求 $1\geqslant\bar{\alpha}_k>0$ 使得 $x_k+\bar{\alpha}_k d_k$ 在可行域边界上;

$\alpha_k:=0.9\bar{\alpha}_k$;

步 4　$x_{k+1}:=x_k+\alpha_k d_k$; 如果

$$\sigma_k^{-1}\sum_{i=1}^m\log\left(\frac{1}{c_i(x_k)}\right)\leqslant\varepsilon, \tag{10.3.42}$$

则停;

$\sigma_{k+1}:=10\sigma_k$; $k:=k+1$; 转步 2. □

§10.4 乘子罚函数

本节我们讨论利用增广 Lagrange 函数 (10.1.16) 的罚函数方法. 我们把增广 Lagrange 函数记为 $P(x,\lambda,\sigma)$, 即

$$P(x,\lambda,\sigma)=f(x)+\sum_{i=1}^{m_e}\left[-\lambda_i c_i(x)+\frac{1}{2}\sigma_i c_i^2(x)\right]$$

$$+\sum_{i=m_e+1}^{m}\begin{cases}\left[-\lambda_i c_i(x)+\frac{1}{2}\sigma_i c_i^2(x)\right], & \text{如果 } c_i(x)<\dfrac{\lambda_i}{\sigma_i};\\ -\dfrac{1}{2}\lambda_i^2/\sigma_i, & \text{否则}.\end{cases} \tag{10.4.1}$$

$\lambda_i(i=1,\cdots,m)$ 是乘子, $\sigma_i(i=1,\cdots m)$ 是罚因子且满足 $\lambda_i\geqslant 0$ $(i>m_e)$ 和 $\sigma_i>0$ $(i=1,\cdots,m)$.

设在第 k 次迭代, 我们有乘子 $\lambda_i^{(k)}$, 以及罚因子 $\sigma_i^{(k)}$. 令 x_{k+1} 是子问题

$$\min_{x\in\mathbb{R}^n} P(x,\lambda^{(k)},\sigma^{(k)}) \tag{10.4.2}$$

的解. 于是, 我们有

$$\nabla f(x_{k+1})=\sum_{i=1}^{m_e}[\lambda_i^{(k)}-\sigma_i^{(k)}c_i(x_{k+1})]\nabla c_i(x_{k+1})$$

$$+\sum_{i=m_e+1}^{m}\max\{\lambda_i^{(k)}-\sigma_i^{(k)}c_i(x_{k+1}),0\}\nabla c_i(x_{k+1}), \tag{10.4.3}$$

因此, 我们取

$$\lambda_i^{(k+1)}=\lambda_i^{(k)}-\sigma_i^{(k)}c_i(x_{k+1}),\quad i=1,\cdots,m_e; \tag{10.4.4}$$

$$\lambda_i^{(k+1)}=\max\left\{\lambda_i^{(k)}-\sigma_i^{(k)}c_i(x_{k+1}),0\right\},\quad i=m_e+1,\cdots,m. \tag{10.4.5}$$

作为下一次迭代的 Lagrange 乘子, 从 (10.4.3)—(10.4.5) 即知

$$\nabla f(x_{k+1})-\sum_{i=1}^{m}\lambda_i^{(k+1)}\nabla c_i(x_{k+1})=0. \tag{10.4.6}$$

上式说明对任何 $k \geqslant 2$, $(x_k, \lambda^{(k)})$ 的 K–T 条件之误差为

$$\|\nabla_x L(x_k, \lambda^{(k)})\| + \|c^{(-)}(x_k)\| = \|c^{(-)}(x_k)\|, \tag{10.4.7}$$

其中 $L(x, \lambda)$ 是 Lagrange 函数 (8.2.26), $c^-(x)$ 是约束违反度函数 (10.1.2)—(10.1.3). 所以，当 $k \geqslant 2$ 时，只要

$$|c_i^{(-)}(x_{k+1})| \leqslant \frac{1}{4}|c_i^{(-)}(x_k)| \tag{10.4.8}$$

不满足，我们就扩大相应的罚因子，即令

$$\sigma_i^{(k+1)} = 10\ \sigma_i^{(k)}. \tag{10.4.9}$$

下面给出的是基于增广 Lagrange 函数的罚函数方法.

算法 10.4.1

步 1　给出初始值 $x_1 \in \mathbb{R}^n$, $\lambda^{(1)} \in \mathbb{R}^m$ 且 $\lambda_i^{(1)} \geqslant 0\ (i \in I)$;
$\sigma_i^{(1)} > 0\ (i = 1, \cdots, m)$; $\varepsilon \geqslant 0$, $k := 1$.

步 2　求解 (10.4.2) 给出 x_{k+1};
如果 $\|c^{(-)}(x_{k+1})\|_\infty \leqslant \varepsilon$ 则停.

步 3　对 $i = 1, \cdots, m$, 令

$$\sigma_i^{(k+1)} = \begin{cases} \sigma_i^{(k)}, & \text{如果 (10.4.8) 成立;} \\ \max[10\ \sigma_i^{(k)}, k^2], & \text{否则.} \end{cases} \tag{10.4.10}$$

步 4　由 (10.4.4)—(10.4.5) 计算 $\lambda^{(k+1)}$;
$k := k + 1$; 转步 2. □

算法 10.4.1 的有限终止性不难建立.

定理 10.4.2　设问题 (8.1.1)—(8.1.3) 的可行域 X 非空. 则对任何 $\varepsilon > 0$, 算法 10.4.1 必有限终止或者产生的点列 x_k 满足

$$\lim_{k\to\infty} \inf f(x_k) = -\infty. \tag{10.4.11}$$

证明　设定理不成立，则对某一 $\varepsilon > 0$ 算法 10.4.1 不有限终止且 $\{f(x_k)\}$ 下方有界. 定义集合 J:

$$J = \left\{ i \,\middle|\, \lim_{k\to\infty} |c_i^{(-)}(x_k)| = 0, \quad 1 \leqslant i \leqslant m \right\}. \tag{10.4.12}$$

由于算法不有限终止. 集合

$$\hat{J}=\{1,2,\cdots,m\}\backslash J \tag{10.4.13}$$

非空. 由算法的构造可知，对任何 $i\in\hat{J}$ 都有

$$\lim_{k\to\infty}\sigma_i^{(k)}=+\infty. \tag{10.4.14}$$

定义

$$\mu_i^{(k)}=\lambda_i^{(k)}\Big/\sqrt{\sigma_i^{(k)}}, \tag{10.4.15}$$

则不难证明：

$$\begin{aligned}\|\mu^{(k+1)}\|_2^2&\leqslant\sum_{i=1}^{m}[\lambda_i^{(k+1)}]^2/\sigma_i^{(k)}\\&\leqslant\|\mu^{(k)}\|_2^2+2[P(x_{k+1},\lambda^{(k)},\sigma^{(k)})-f(x_{k+1})]\\&\quad-2[P(\bar{x},\lambda^{(k)},\sigma^{(k)})-f(\bar{x})]\\&\leqslant\|\mu^{(k)}\|_2^2+2[f(\bar{x})-f(x_{k+1})],\end{aligned} \tag{10.4.16}$$

其中 $\bar{x}$ 是问题 (8.1.1)—(8.1.3) 的任一可行点. 由于 $\{f(x_k)\}$ 有下界，从 (10.4.16) 可知，存在正常数 $\delta>0$ 使得

$$\|\mu^{(k)}\|_2^2\leqslant\delta k \tag{10.4.17}$$

对一切 k 都成立. 令集合

$$\tilde{J}=\left\{i\,\Big|\,\lim_{k\to\infty}\sigma_i^{(k)}=+\infty\right\}. \tag{10.4.18}$$

由 (10.4.14) 可证 $\hat{J}\subseteq\tilde{J}$. 利用 x_{k+1} 的定义，我们有

$$f(\bar{x})+\sum_{i>m_e}\frac{1}{2}\sigma_i^{(k)}\left[\left(c_i(\bar{x})-\frac{\lambda_i^{(k)}}{\sigma_i^{(k)}}\right)_-^2-\left(\frac{\lambda_i^{(k)}}{\sigma_i^{(k)}}\right)^2\right]$$

$$\geqslant f(x_{k+1}) + \sum_{i \leqslant m_e} \frac{1}{2}\sigma_i^{(k)} \left[\left(c_i(x_{k+1}) - \frac{\lambda_i^{(k)}}{\sigma_i^{(k)}} \right)^2 - \left(\frac{\lambda_i^{(k)}}{\sigma_i^{(k)}} \right)^2 \right]$$

$$+ \sum_{i > m_e} \frac{1}{2}\sigma_i^{(k)} \left[\left(c(x_{k+1}) - \frac{\lambda_i^{(k)}}{\sigma_i^{(k)}} \right)_-^2 - \left(\frac{\lambda_i^{(k)}}{\sigma_i^{(k)}} \right)^2 \right], \tag{10.4.19}$$

其中 $\bar{x}$ 是 (8.1.1)—(8.1.3) 的任一可行点，以及 α_- 表示 $\min\{0, \alpha\}$. 利用 (10.4.17)—(10.4.19), 我们可得到

$$f(\bar{x}) - f(x_{k+1}) \geqslant O(k)$$

$$+ \sum_{\substack{i \leqslant m_e \\ i \in \tilde{J}}} \frac{1}{2}\sigma_i^{(k)} \left[\left(c_i(x_{k+1}) - \frac{\lambda_i^{(k)}}{\sigma_i^{(k)}} \right)^2 - \left(\frac{\lambda_i^{(k)}}{\sigma_i^{(k)}} \right)^2 \right]$$

$$+ \sum_{\substack{i > m_e \\ i \in \tilde{J}}} \frac{1}{2}\sigma_i^{(k)} \left[\left(c_i(x_{k+1}) - \frac{\lambda_i^{(k)}}{\sigma_i^{(k)}} \right)_-^2 - \left(\frac{\lambda_i^{(k)}}{\sigma_i^{(k)}} \right)^2 \right]. \tag{10.4.20}$$

由于算法不有限终止，对任何 k, 存在 $\bar{k} > k$ 使得某个 $i \in \tilde{J}$ 有 $\sigma_i^{(\bar{k}+1)} > \sigma_i^{(\bar{k})}$ 且 $|c_i(x_{\bar{k}+1})| > \varepsilon$ (如果 $i \leqslant m_e$) 或者 $|(c_i(x_{\bar{k}+1}))_-| > \varepsilon$ (如果 $i > m_e$). 于是从 (10.4.20) 式可推出

$$\begin{aligned} f(\bar{x}) - f(x_{\bar{k}+1}) &\geqslant O(\bar{k}) + \frac{1}{2}\sigma_i^{(\bar{k})}\varepsilon^2 + o(\sigma_i^{(\bar{k})}) \\ &\geqslant O(\bar{k}) + \frac{1}{4}\bar{k}^2\varepsilon \geqslant \frac{1}{8}\bar{k}^2\varepsilon, \end{aligned} \tag{10.4.21}$$

这与 $\{f(x_k)\}$ 下方有界相矛盾. 矛盾说明定理为真. □

定理 10.4.3 设问题 (8.1.1)—(8.1.3) 的可行域 X 非空. 则算法 10.4.1 在 $\varepsilon = 0$ 时产生的点列 $\{x_k\}$ 之任何聚点 x^* 都是可行点，如果 $\{\lambda^{(k)}\}$ 有界则 x^* 必是原问题 (8.1.1)—(8.1.3) 的解.

证明 从定理 10.4.2 即知

$$\lim_{k \to \infty} \|c^-(x_k)\| = 0. \tag{10.4.22}$$

所以 $\{x_k\}$ 的任一聚点必是问题 (8.1.1)—(8.1.3) 的可行点. 假定 $\{\lambda^{(k)}\}$ 对一切 k 有界, 从 (10.4.19) 式和 (10.4.22) 式可知

$$\begin{aligned} f(\bar{x}) \geqslant & f(x_{k+1}) + \sum_{i \leqslant m_e} \frac{1}{2}\sigma_i^{(k)} c_i^2(x_{k+1}) \\ & + \sum_{i > m_e} \frac{1}{2}\sigma_i^{(k)} \left[\left(c(x_{k+1}) - \frac{\lambda_i^{(k)}}{\sigma_i^{(k)}} \right)_-^2 - \left(- \frac{\lambda_i^{(k)}}{\sigma_i^{(k)}} \right)_-^2 \right] + o(1) \\ & \geqslant f(x_{k+1}) + o(1). \end{aligned} \tag{10.4.23}$$

由于 $\bar{x} \in X$ 的任意性, 我们有

$$\lim_{k\to\infty} f(x_k) = \inf_{x\in X} f(x). \tag{10.4.24}$$

所以 $\{x_k\}$ 的任何聚点必是原问题之解. □

我们现在考虑算法 10.4.1 的收敛速度. 为了叙述简单, 不妨设仅有等式约束. 我们假定

$$x_k \to x^*. \tag{10.4.25}$$

由定理 10.4.3 知 x^* 是问题 (8.1.1)—(8.1.3) 的解. 我们还假定 $A(x^*) = \nabla c(x^*)^T$ 是列满秩. 由于我们考查算法的局部收敛性, 可假定 $A(x_k) = \nabla c(x_k)^T$ 对一切 k 都是列满秩的. 因为 $A(x_{k+1})$ 的列满秩性, 算法 10.4.1 产生的 $\lambda^{(k+1)}$ 和由下式

$$A(x_{k+1})\lambda(x_{k+1}) = g(x_{k+1}) \tag{10.4.26}$$

所定义的 $\lambda(x_{k+1})$ 是完全等价的, 其中 $g(x) = \nabla f(x)$. 考虑函数

$$\lambda(x) = [A(x)]^+ g(x). \tag{10.4.27}$$

不难求得

$$[\nabla\lambda(x)^T]^T = [A(x)]^+ W(x), \tag{10.4.28}$$

其中

$$W(x)=\nabla^2 f(x)-\sum_{i=1}^{m}[\lambda(x)]_i\nabla^2 c_i(x). \tag{10.4.29}$$

由算法可知

$$\lambda(x_{k+1})+D_k c(x_{k+1})=\lambda(x_k), \tag{10.4.30}$$

其中

$$D_k=\begin{bmatrix}\sigma_1^{(k)} & & 0\\ & \ddots & \\ 0 & & \sigma_m^{(k)}\end{bmatrix}. \tag{10.4.31}$$

于是，从 (10.4.30) 可得

$$\begin{aligned}&[D_k A(x^*)^T+A(x^*)^+W(x^*)](x_{k+1}-x^*)\\ &\qquad\approx A(x^*)^+W(x^*)(x_k-x^*).\end{aligned} \tag{10.4.32}$$

从上式可知，除非 $\sigma^{(k)}\to+\infty$, 算法 10.4.1 产生的点列一般是线性收敛的.

增广 Lagrange 函数 (10.4.1) 的一个美中不足之处是它仅是一次连续可微的，所以在求解 (10.4.2) 时有可能有数值困难.

§10.5 光滑精确罚函数

对于等式约束优化问题

$$\min_{x\in\mathbb{R}^n} f(x), \tag{10.5.1}$$

$$\text{s.t.}\quad c(x)=0, \tag{10.5.2}$$

Fletcher (1973) 给出第一个光滑精确罚函数.

$$P(x,\sigma)=f(x)-\lambda(x)^T c(x)+\frac{1}{2}c(x)^T Dc(x), \tag{10.5.3}$$

其中 $\lambda(x)$ 由 (10.1.18) 给出， $D = \text{diag}\,(\sigma_1, \cdots, \sigma_m)$. 显然，罚函数 (10.5.3) 是 (10.1.20) 的稍不同之表现形式. 从 10.1 节中的讨论可知，在二阶充分条件满足以及 σ_i 充分大的假定下， (10.5.1)—(10.5.2) 的极小点必是罚函数 (10.5.3) 的局部严格极小点. 反过来，如果 $\bar{x}$ 是 (10.5.3) 的极小点且 $c(\bar{x}) = 0$, 则 $\bar{x}$ 也是问题 (10.5.1)—(10.5.2) 的极小点.

在 (10.5.3) 中令所有的 σ_i 相等，则得到简单形式的 Fletcher 光滑精确罚函数

$$P(x, \sigma) = f(x) - \lambda(x)^T c(x) + \frac{1}{2}\sigma \|c(x)\|_2^2. \tag{10.5.4}$$

令 $x(\sigma)$ 是无约束问题

$$\min_{x \in \mathbb{R}^n} P(x, \sigma) \tag{10.5.5}$$

的解. 与 (10.2.4) 类似，我们可证

$$\|c(x(\sigma_2))\|_2 \leqslant \|c(x(\sigma_1))\|_2, \quad \forall \sigma_2 \geqslant \sigma_1 > 0. \tag{10.5.6}$$

同样地，我们可与算法 10.2.3 类似地通过逐步求解 (10.5.5) 来求解 (10.5.1)—(10.5.2). 与简单罚函数法相比，利用求解 (10.5.5) 不需要 $\sigma \to +\infty$ 就可得到原问题 (10.5.1)—(10.5.2) 的精确解. 另外，精确罚函数 (10.5.3) 是光滑的. 这样，无约束优化问题 (10.5.5) 的求解方法的收敛速度可以达到很快 (如拟牛顿法). 罚函数 (10.5.3) 的一个缺点是计算 $\nabla_x P(x, \sigma)$ 时需要计算 $\nabla \lambda(x)^T$. 由 (10.4.28)—(10.4.29) 可知我们需要计算 $\nabla^2 f(x)$ 和 $\nabla^2 c_i(x)$ $(i = 1, \cdots, m)$. 所以我们在调用利用导数的无约束优化方法求解 (10.5.5) 时必需计算 $\nabla^2 f(x)$ 和 $\nabla^2 c_i(x)$ $(i = 1, \cdots, m)$. 从而不仅要求 $\nabla^2 f(x)$ 和 $\nabla^2 c_i(x)(i = 1, \cdots, m)$ 可计算且使算法的计算量非常大. 正因为如此，通过求解 (10.5.5) 来得到原问题 (10.5.1)—(10.5.2) 之解在实际计算中很少见到.

光滑精确罚函数 (10.5.3) 在一定意义下等价地描述了原约束优化问题. 它在不少约束优化的计算方法中有着直接应用. 一个很

重要的例子是，它可作为一"价值"函数来判别算法给出的试探点是否可被接受.

如果我们在 (10.5.3) 中稍作变化，将 D 用一对称阵

$$2\sigma A^+(A^+)^T \tag{10.5.7}$$

代替，其中 $A = \nabla c(x)$. 于是 (10.5.3) 变成

$$P(x) = f(x) - \pi(x)^T c(x), \tag{10.5.8}$$

其中

$$\pi(x) = A^+(g(x) - \sigma(A^+)^T c(x)). \tag{10.5.9}$$

不难发现 $\pi(x)$ 是问题

$$\min_{d\in\mathbb{R}^n} \frac{1}{2}\sigma d^T d + g(x)^T d \tag{10.5.10}$$

$$\text{s.t. } A^T(x)d + c(x) = 0 \tag{10.5.11}$$

的 Lagrange 乘子.

于是对于有不等式约束的问题 (8.1.1)—(8.1.3), 我们可定义 $\pi(x)$ 为子问题

$$\min_{d\in\mathbb{R}^n} g(x)^T d + \frac{1}{2}\sigma\|d\|_2^2, \tag{10.5.12}$$

$$\text{s.t.} \quad c_i(x) + d^T\nabla c_i(x) = 0, \quad i \in E, \tag{10.5.13}$$

$$c_i(x) + d^T\nabla c_i(x) \geqslant 0, \quad i \in I \tag{10.5.14}$$

的 Lagrange 乘子，然后构造罚函数

$$P(x) = f(x) - \pi(x)^T c(x). \tag{10.5.15}$$

乘子 $\pi(x)$ 也可通过解 (10.5.12)—(10.5.14) 的对偶问题得到,

$$\min_{\pi_i\geqslant 0, i\in I} \frac{1}{2}\left\|g(x) - \sum_{i=1}^{m} \pi_i \nabla c_i(x)\right\|_2^2 + \sigma\pi^T c(x). \tag{10.5.16}$$

Di Pillo 和 Grippo (1979) 还提出如下光滑精确罚函数

$$P(x,\lambda) = f(x) - c(x)^T\lambda + \frac{1}{2}\sigma\|c(x)\|_2^2 + \frac{1}{2}\rho\|M(x)[g(x) - A(x)\lambda]\|_2^2. \tag{10.5.17}$$

这个罚函数把 λ 也当成一 $\mathbb{R}^m$ 空间的独立变量. $M(x)$ 是一矩阵，例如它可为 $A(x)^T$, $A(x)^+$ 或者是单位矩阵. 罚函数 (10.5.17) 和 (10.5.3) 类似，仅局限于等式约束问题. (10.5.17) 可以推广到带不等式约束问题，但得到的罚函数形式十分复杂. 感兴趣的读者可参阅 Di Pillo, Grippo 和 Lampariell (1981) 或者 Fletcher (1983).

§10.6 非光滑精确罚函数

设 $h(c)$ 是一定义在 $\mathbb{R}^m$ 上的凸函数, $h(0) = 0$, 且存在正常数 $\delta > 0$ 使得

$$h(c) \geqslant \delta\|c\|_1 \tag{10.6.1}$$

对一切 $c \in \mathbb{R}^m$ 都成立，则称 $h(c)$ 是一强距离函数. 对任一强距离函数 $h(c)$, 称罚函数

$$P_{\sigma,h}(x) = f(x) + \sigma h(c^{(-)}(x)) \tag{10.6.2}$$

为非光滑精确罚函数，其中 $\sigma > 0$ 是罚因子， $c^{(-)}(x)$ 是约束违反度函数，它由 (10.1.2)—(10.1.3) 定义. 对于非光滑精确罚函数 (10.6.2) 我们有如下必要性定理.

定理 10.6.1 设 x^* 是约束优化问题 (8.1.1)—(8.1.3) 的局部极小点， λ^* 是相应的 Lagrange 乘子，如果二阶充分条件

$$d^T\nabla_{xx}^2 L(x^*,\lambda^*)d > 0, \quad \forall 0 \neq d \in \text{LFD}\,(x^*, X) \tag{10.6.3}$$

满足，则当

$$\sigma\delta > \|\lambda^*\|_\infty \tag{10.6.4}$$

时 x^* 是罚函数 (10.6.2) 的局部严格极小点.

证明 设 (10.6.4) 成立. 如果定理非真, 则必存在 $x_k(k=1,2,\cdots)$ 使得 $x_k \neq x^*$, $x_k \to x^*$ 且有

$$P_{\sigma,h}(x_k) \leqslant P(x^*), \quad \forall k. \tag{10.6.5}$$

从上式可得到

$$f(x_k) + \sigma\delta\|c^{(-)}(x_k)\|_1 \leqslant f(x^*). \tag{10.6.6}$$

不失一般性, 可假定

$$(x_k - x^*)/\|x_k - x^*\| \to d. \tag{10.6.7}$$

由 (10.6.6) 和 Lagrange 乘子的定义可得到

$$\begin{aligned}
&(\sigma\delta - \|\lambda^*\|_\infty)\|c^{(-)}(x_k)\|_1 \\
&\quad = (g(x^*) - A(x^*)\lambda^*)^T(x_k - x^*) + (\sigma\delta - \|\lambda^*\|_\infty)\|c^{(-)}(x_k)\|_1 \\
&\quad = f(x_k) - \sum_{i=1}^m \lambda_i^* c_i(x_k) - f(x^*) \\
&\qquad - \frac{1}{2}(x_k - x^*)^T \nabla_{xx}^2 L(x^*, \lambda^*)(x_k - x^*) \\
&\qquad + (\sigma\delta - \|\lambda^*\|_\infty)\|c^{(-)}(x_k)\|_1 + o(\|x_k - x^*\|^2) \\
&\quad = f(x_k) + \sigma\delta\|c^{(-)}(x_k)\|_1 - f(x^*) \\
&\qquad - \sum_{i=1}^m \left(\|\lambda^*\|_\infty |c_i^-(x_k)| + \lambda_i^* c_i(x_k)\right) \\
&\qquad - \frac{1}{2}d^T \nabla_{xx}^2 L(x^*, \lambda^*) d\|x_k - x^*\|_2^2 + o(\|x_k - x^*\|_2^2) \\
&\quad \leqslant -\frac{1}{2}d^T \nabla_{xx}^2 L(x^*, \lambda^*) d\|x_k - x^*\|_2^2 + o(\|x_k - x^*\|_2^2).
\end{aligned} \tag{10.6.8}$$

利用上式可得

$$\lim_{k\to\infty}\frac{\|c^{(-)}(x_k)\|_1}{\|x_k-x^*\|}=0, \tag{10.6.9}$$

即知

$$d\in \mathrm{LFD}\,(x^*,X), \tag{10.6.10}$$

从二阶充分性条件可看出

$$d^T\nabla_{xx}^2 L(x^*,\lambda^*)d>0, \tag{10.6.11}$$

这说明不等式 (10.6.8) 的最后一行在 k 充分大时是负的. 这就导致了矛盾. 故知定理为真. □

常用的非光滑精确罚函数是 L_1 精确罚函数

$$P_1(x)=f(x)+\sigma\|c^{(-)}(x)\|_1 \tag{10.6.12}$$

和 L_∞ 精确罚函数

$$P_\infty(x)=f(x)+\sigma\|c^{(-)}(x)\|_\infty. \tag{10.6.13}$$

对于非光滑精确罚函数 (10.6.2), 我们记 $x(\sigma)$ 是问题

$$\min_{x\in\mathbb{R}^n} P_{\sigma,h}(x) \tag{10.6.14}$$

的最小点. 与引理 10.2.1,10.2.2 类似, 可证明以下引理.

引理 10.6.2 设 $\sigma_2>\sigma_1>0$, 则必有

$$f(x(\sigma_2))\geqslant f(x(\sigma_1)), \tag{10.6.15}$$

$$h(c^{(-)}(x(\sigma_2)))'\leqslant h(c^{(-)}(x(\sigma_1))). \tag{10.6.16}$$

引理 10.6.3 令 $\eta=h(c^{(-)}(x(\sigma)))$, 则 $x(\sigma)$ 也是约束问题

$$\min_{x\in\mathbb{R}^n} f(x), \tag{10.6.17}$$

$$\text{s.t.} \quad h(c^{(-)}(x)) \leqslant \eta \tag{10.6.18}$$

的解.

精确罚函数的好处之一是可通过求解有限个无约束问题来精确求解一约束优化问题. 基于非光滑精确罚函数 (10.6.2) 的罚函数法可写成如下形式:

算法 10.6.4

步 1　给出 $x_1 \in \mathbb{R}^n$, $\sigma_1 > 0$, $k = 1$.

步 2　利用初值 x_k 求解

$$\min_{x \in \mathbb{R}^n} P_{\sigma_k, h}(x), \tag{10.6.19}$$

得到解 $x(\sigma_k)$.

步 3　如果 $c^{(-)}(x(\sigma_k)) = 0$ 则停;

$x_{k+1} = x(\sigma_k)$;　　$\sigma_{k+1} := 10\,\sigma_k$;

$k := k+1$;　　转步 2.　　□

该算法显然与利用简单罚函数的算法 10.2.3 类似. 不同的是, 由于 $P_{\sigma,h}(x)$ 是精确罚函数, 只要 σ 足够大就可得到精确解. 下面是算法 10.6.4 的收敛性结果.

定理 10.6.5　设函数 $f(x)$, $c_i(x)$ $(i = 1, \cdots, m)$ 二次连续可微, 约束优化问题 (8.1.1)—(8.1.3) 的可行域非空, 如果在 (8.1.1)—(8.1.3) 所有的局部极小点上二阶充分条件 (10.6.3) 满足, 则算法 10.6.4 必经有限次迭代后终止于问题 (8.1.1)—(8.1.3) 的局部严格极小点或者产生的点列满足 $\|x_k\| \to \infty$.

证明　如果算法有限终止于 $x(\sigma_k)$, 则 $x(\sigma_k)$ 必是罚函数 $P_{\sigma_k,h}(x)$ 的局部极小点, 由下面要证的引理 10.6.6 可知 $x(\sigma_k)$ 也必是原问题 (8.1.1)—(8.1.3) 的局部极小点, 根据假设二阶充分条件在 $x(\sigma_k)$ 处满足. 因此 $x(\sigma_k)$ 必是一局部严格极小点.

如果定理非真, 则对任何 k, $c^{(-)}(x_k) \neq 0$, $\{\|x_k\|\}$ 有有界子列, 且有 $\sigma_k \to \infty$. 设 $\bar{x}$ 是 (8.1.1)—(8.1.3) 的任一局部极小点, 由 $x(\sigma_k)$ 的定义,

$$f(x_{k+1}) + \sigma_k h(c^{(-)}(x_{k+1})) \leqslant f(\bar{x}) + \sigma_k h(c^{(-)}(\bar{x})) = f(\bar{x}). \tag{10.6.20}$$

利用上式和 (10.6.15) 可知

$$\sigma_k h(c^{(-)}(x_{k+1})) \leqslant f(\bar{x}) - f(x_2),$$

故知

$$\lim_{k\to\infty} h(c^{(-)}(x_{k+1})) = 0. \tag{10.6.21}$$

从 (10.6.21) 和 (10.6.1) 可推出

$$\lim_{k\to\infty} \|c^{(-)}(x_k)\| = 0. \tag{10.6.22}$$

因为 $\{\|x_k\|\}$ 有有界子列, 则可设 $\hat{x}$ 是 $\{x_k\}$ 的一聚点. 从 (10.6.22) 即知

$$c^{(-)}(\hat{x}) = 0, \tag{10.6.23}$$

设 $x_{k_j} \to \hat{x}$. 如果 $\hat{x}$ 不是 (8.1.1)—(8.1.3) 的局部极小点. 则必存在 $\bar{\bar{x}}$ 充分靠近 $\hat{x}$ 且有

$$f(\bar{\bar{x}}) < f(\hat{x}), \tag{10.6.24}$$

$$c^{(-)}(\bar{\bar{x}}) = 0. \tag{10.6.25}$$

从 (10.6.24) 和 $x_{k_j} \to \hat{x}$ 可知，当 j 充分大时有

$$f(x_{k_j}) > f(\bar{\bar{x}}), \tag{10.6.26}$$

因而可推出

$$P_{\sigma_{k_j-1},h}(x_{k_j}) > P_{\sigma_{k_j-1},h}(\bar{\bar{x}}). \tag{10.6.27}$$

这与 x_{k_j} 的定义相矛盾, 故知 $\hat{x}$ 是 (8.1.1)—(8.1.3) 的局部极小点. 由定理 10.6.1 可知存在 $\bar{\delta} > 0$ 和 $\bar{\sigma} > 0$ 使得

$$P_{\bar{\sigma},h}(x) > P_{\bar{\sigma},h}(\hat{x}), \quad \forall \|x - \hat{x}\| \leqslant \delta, \quad x \neq \hat{x}. \tag{10.6.28}$$

从上式显然有

$$P_{\sigma,h}(x) > P_{\sigma,h}(\hat{x}), \quad \forall x \neq \hat{x}, \|x - \hat{x}\| \leqslant \delta, \ \sigma > \bar{\sigma}. \tag{10.6.29}$$

由于 $\sigma_{k_j}\to\infty$, $x_{k_j}\to\hat{x}$ 且 $x_{k_j}\neq\hat{x}$, 则必存在 j 使得 $\|x_{k_j}-\hat{x}\|<\delta$, $\sigma_{k_j-1}>\bar{\sigma}$. 于是

$$P_{\sigma_{k_j-1},h}(x_{k_j})>P_{\sigma_{k_j-1},h}(\hat{x}). \tag{10.6.30}$$

这与 x_{k_j} 的定义相矛盾. 矛盾说明定理为真. □

如果算法 10.6.4 有限终止, 则必终止于原问题之局部极小点. 这是基于下面的引理.

引理 10.6.6 对任何 $\sigma>0$ 和 $\bar{x}\in\mathbb{R}^n$, 如果 $h(c^{(-)}(\bar{x}))=0$ 且 $\bar{x}$ 是非光滑精确罚函数 $P_{\sigma,h}(x)$ 的局部极小点, 则 $\bar{x}$ 也必是约束优化问题 (8.1.1)—(8.1.3) 的局部极小点.

证明 设 $\bar{x}$ 满足 $h(c^{(-)}(\bar{x}))=0$ 且是 $P_{\sigma,h}(x)$ 的局部极小点. 如果引理不成立, 则存在 $x_k(k=1,2,\cdots)$ 使得 $x_k\to\bar{x}$, $x_k\neq\bar{x}$ 且

$$f(x_k)<f(\bar{x}), \tag{10.6.31}$$

$$c^{(-)}(x_k)=0. \tag{10.6.32}$$

于是, 我们有

$$P_{\sigma,h}(x_k)<P_{\sigma}(\bar{x}), \tag{10.6.33}$$

这与 $\bar{x}$ 是 $P_{\sigma,h}(x)$ 的局部极小点相矛盾. 所以引理为真. □

在个别情况下, 算法 10.6.5 可能出现 $\|x_k\|\to\infty$. 例如, 对于问题

$$\min_{x\in\mathbb{R}^1} 100e^{-x}-\frac{1}{x^2+1}, \tag{10.6.34}$$

$$\text{s.t.}\quad xe^{-x}=0. \tag{10.6.35}$$

取 $h(c)=|c|$, 即知罚函数 $P_{\sigma,h}(x)$ 为

$$P_{\sigma}(x)=100e^{-x}-\frac{1}{x^2+1}+\sigma|xe^{-x}|. \tag{10.6.36}$$

对充分大的 $\sigma>0$, $P_{\sigma}(x)$ 的最小点 $x(\sigma)$ 满足方程

$$-100+\frac{2xe^{x}}{(x^2+1)^2}=\sigma(x-1), \tag{10.6.37}$$

且 $x(\sigma)>1$. 所以

$$\lim_{\sigma\to\infty}\frac{2e^{x(\sigma)}}{(x(\sigma)^2+1)^2\sigma}=1. \tag{10.6.38}$$

故知

$$\lim_{\sigma\to\infty}x(\sigma)=+\infty. \tag{10.6.39}$$

所以当算法 10.6.5 用来求解 (10.6.34)—(10.6.35) 时将产生 $x_k\to+\infty$.

当约束函数的梯度线性相关时，原问题 (8.1.1)—(8.1.3) 的极小点可能不是精确罚函数 (10.6.2) 的稳定点. 例如，对于问题

$$\min_{x\in\mathbb{R}^1} x, \tag{10.6.40}$$

$$\text{s.t. } c(x)=x^2=0, \tag{10.6.41}$$

取 $h(c)=c$, 则对任何给定的 $\sigma>0$, (10.6.40)—(10.6.41) 的解 $x^*=0$ 不是精确罚函数

$$P_{\sigma,h}(x)=x+\sigma x^2 \tag{10.6.42}$$

的稳定点.

如果约束函数的梯度线性无关，则可证原问题 (8.1.1)—(8.1.3) 的极小点也是精确罚函数的极小点.

定理 10.6.7 设 x^* 是约束优化问题 (8.1.1)—(8.1.3) 的局部极小点， λ^* 是相应的 Lagrange 乘子，如果

$$\nabla c_i(x^*)\quad(i\in E\cup I(x^*)) \tag{10.6.43}$$

线性无关，则当 (10.6.4) 成立时 x^* 必是罚函数 (10.6.2) 的局部极小点.

证明 如果定理非真，则存在 $x_k(k=1,2,\cdots)$ 使得 $x_k\neq x^*$, $x_k\to x^*$ 且有

$$P_{\sigma,h}(x_k)<P(x^*),\quad\forall k. \tag{10.6.44}$$

于是

$$f(x_k)+\sigma\delta\|c^{(-)}(x_k)\|_1 < f(x^*). \tag{10.6.45}$$

与定理 10.6.1 的证明一样，我们可假定 (10.6.7) 成立. 而且，利用 (10.6.8) 即知

$$d \in \text{LFD}\ (x^*, X). \tag{10.6.46}$$

由二阶必要条件即知

$$d^T \nabla_{xx}^2 L(x^*, \lambda^*) d \geqslant 0. \tag{10.6.47}$$

从上式和 (10.6.8) 可推出

$$d^T \nabla_{xx}^2 L(x^*, \lambda^*) d = 0. \tag{10.6.48}$$

故知

$$\|c^{(-)}(x_k)\|_1 = o(\|x_k - x^*\|^2). \tag{10.6.49}$$

由于 x^* 是约束优化问题 (8.1.1)—(8.1.3) 的极小点，从 (10.6.45) 可知对一切充分大的 k 都有

$$\|c^{(-)}(x_k)\|_1 > 0. \tag{10.6.50}$$

由于所有积极约束的梯度是一组线性无关向量，必存在 $-y_k$ 使得

$$c^{(-)}(y_k) = 0, \tag{10.6.51}$$

而且

$$\|y_k - x_k\| = O(\|c^{(-)}(x_k)\|). \tag{10.6.52}$$

由于 x^* 的最优性和 (10.6.51), 我们有

$$f(y_k) \geqslant f(x^*). \tag{10.6.53}$$

另一方面，从 K–T 条件， (10.6.4) 和 (10.6.45) 可得到

$$f(y_k) = f(x_k) + \nabla f(x^*)^T (y_k - x_k) + o(\|y_k - x_k\|)$$

$$= f(x_k) + \sum_{i=1}^{m} \lambda_i^*(y_k - x_k)^T \nabla c_i(x^*) + o(\|y_k - x_k\|)$$

$$\leqslant f(x_k) + \|\lambda^*\|_\infty \|c^{(-)}(x_k)\|_1 + o(\|c^{(-)}(x_k)\|_1)$$

$$< f(x_k) + \sigma\delta\|c^{(-)}(x_k)\|_1 < f(x^*). \tag{10.6.54}$$

这与 (10.6.53) 矛盾. 矛盾说明定理为真. □

不难看出, 非光滑精确罚函数 (10.6.2) 和约束优化问题等价关系建立在条件 (10.6.4) 上. 事实上, 如果不等式 (10.6.4) 不满足, 则 (8.1.1)—(8.1.3) 的局部极小点不一定是罚函数 (10.6.2) 的稳定点.

定理 10.6.8 设 x^* 是约束优化 (8.1.1)—(8.1.3) 的局部极小点且 $\nabla f(x^*) \neq 0$, 记

$$T = \max_{v \in \partial h(0)} \|v\|, \tag{10.6.55}$$

则当

$$\sigma\|\nabla c^{(-)}(x^*)\| < \|\nabla f(x^*)\|/T \tag{10.6.56}$$

时, x^* 不是罚函数 (10.6.2) 的稳定点.

证明 不难看出, 在 x^* 处函数 (10.6.2) 的次梯度为

$$\partial P_{\sigma,h}(x^*) = \nabla f(x^*) + \sigma \cdot \nabla c^{(-)}(x^*)^T \partial h(0). \tag{10.6.57}$$

利用 (10.6.56)—(10.6.57) 即知

$$0 \notin \partial P_{\sigma,h}(x^*). \tag{10.6.58}$$

从而 x^* 不是 $P_{\sigma,h}(x)$ 的稳定点. [证毕]

第十一章　可 行 方 向 法

§11.1　可 行 点 法

可行点法即是要求每次迭代产生的点 x_k 都是约束优化问题的可行点. 对于一般约束优化问题 (8.1.1)—(8.1.3), 给定一初始变量 $x_k \in X$, 如果我们能找到一个下降方向 d 而且 d 也是在 x_k 处的可行方向，即

$$d^T \nabla f(x_k) < 0, \tag{11.1.1}$$

$$d \in \mathrm{FD}\,(x_k, X). \tag{11.1.2}$$

则一定可找到一具有 $x_k + \alpha d$ 形式的新的可行点且 $f(x_k + \alpha d) < f(x_k)$. 这里 FD (x_k, X) 由定义 8.2.1 给出. 我们称满足 (11.1.1)—(11.1.2) 的 d 为在 x_k 处的可行下降方向.

设 $c_1 \in (0,1)$ 是预先给定的正常数， x_k 是可行域 X 中的任一点， d 是满足 (11.1.1)—(11.1.2) 的向量，如果 $\alpha > 0$ 使得

$$f(x_k + \alpha d) \leqslant f(x_k) + \alpha c_1 d^T \nabla f(x_k) \tag{11.1.3}$$

而且在 $x_k + 2\alpha d$ 可行时有

$$f(x_k + 2\alpha d) > f(x_k) + 2\alpha c_1 d^T \nabla f(x_k), \tag{11.1.4}$$

则称 α 是在 x_k 处沿 d 方向上的可行点 Armijo 步长.

引理 11.1.1 设 $x_k \in X$. d 满足 (11.1.1)—(11.1.2). α 是在 x_k 处沿 d 方向上的一可行点 Armijo 步长，则在 $x_k + 2\alpha d \in X$ 时有

$$f(x_k + \alpha d) \leqslant f(x_k) - \frac{c_1(1-c_1)}{M}\left[\frac{d^T \nabla f(x_k)}{\|d\|_2}\right]^2, \tag{11.1.5}$$

其中 $M = \max\limits_{0 \leqslant t \leqslant 2} \|\nabla^2 f(x + td)\|_2$; 在 $x_k + 2\alpha d \notin X$ 时有

$$f(x_k + \alpha d) \leqslant f(x_k) + \frac{\Gamma(x_k)}{2\|d\|_2} d^T \nabla f(x_k), \tag{11.1.6}$$

其中 $\Gamma(\bar{x})$ 是 $\bar{x}$ 到不可行点组成之集合的距离，即

$$\Gamma(\bar{x}) = \inf_{y \notin X} \|\bar{x} - y\|. \tag{11.1.7}$$

证明 设 $x_k + 2\alpha d \in X$, 由 (11.1.4) 和 Taylor 公式可知

$$\begin{aligned} 2\alpha c_1 d^T \nabla f(x_k) &< 2\alpha d^T \nabla f(x_k) + \frac{1}{2}(2\alpha d)^T \nabla^2 f(x_k + \eta_k 2\alpha d)(2\alpha d) \\ &\leqslant 2\alpha d^T \nabla f(x_k) + 2\alpha^2 M \|d\|_2^2, \end{aligned} \tag{11.1.8}$$

其中 $\eta_k \in (0,1)$. 从上式可得

$$\alpha > -\frac{(1-c_1)}{M\|d\|_2^2} d^T \nabla f(x_k), \tag{11.1.9}$$

将其代入 (11.1.3) 即知 (11.1.5) 成立.

如果 $x_k + 2\alpha d \notin X$, 则从 $\Gamma(x)$ 的定义可知

$$2\alpha \|d\|_2 > \Gamma(x_k), \tag{11.1.10}$$

故知 $\alpha > \dfrac{\Gamma(x_k)}{2\|d\|_2}$. 利用这一不等式和条件 (11.1.3) 可知 (11.1.6) 成立. □

下面算法是一个计算可行点 Armijo 步的简单算法，它利用逐步将试探步长缩短一半或扩大一倍来寻找一可接受的步长.

算法 11.1.2

步 1 给出 $x \in X, d \in DF(x,X)$ 且 $d^T\nabla f(x) < 0$; 给出 $c_1 \in (0,1)$;

令 $\alpha_{\max} = +\infty, \alpha = 1$.

步 2 如果

$$f(x+\alpha d) > f(x) + c_1\alpha d^T\nabla f(x),$$

或者 $x + \alpha d \notin X$ 则转步 3;

如果 $\alpha_{\max} < +\infty$ 则停;

$\alpha := 2\alpha$; 转步 2.

步 3 $\alpha_{\max} := \alpha$; $\alpha := \alpha/2$; 转步 2. □

不难看出, 除非对一切 $k, x + 2^k d \in X$ 且 $f(x + 2^k d) \to -\infty$ 外, 算法 11.1.2 都会有限终止且找到的 α 是一可行点 Armijo 步长. 在算法 11.1.2 中也可利用二次或三次插值来选择下次迭代的试探步长, 这样可提高算法的收敛速度.

对于任何 $x \in X$ 和 $d \in \mathrm{FD}\,(x,X)$, 我们称满足

$$\alpha^*: \min_{\substack{\alpha>0 \\ x+\alpha d \in X}} f(x+\alpha d) \tag{11.1.11}$$

的 $\alpha^* > 0$ 为可行点精确搜索步长.

引理 11.1.3 设 $x \in X, d \in \mathrm{FD}\,(x,X), \alpha^*$ 满足 (11.1.11), 则有

$$f(x) - f(x+\alpha^* d) \geqslant \frac{1}{2M}\left[\frac{d^T\nabla f(x)}{\|d\|_2}\right]^2, \tag{11.1.12}$$

其中 $M = \max\limits_{t\geqslant 0}\|\nabla^2 f(x+td)\|_2$; 或者

$$f(x) - f(x+\alpha^* d) \geqslant -\frac{\Gamma(x)}{2\|d\|_2}d^T\nabla f(x). \tag{11.1.13}$$

其中 $\Gamma(x)$ 由 (11.1.7) 式定义.

证明 由 Taylor 展开即知

$$f(x+\alpha d) \leqslant f(x) + \alpha d^T\nabla f(x) + \frac{M}{2}\|d\|_2^2\alpha^2 = \varphi(\alpha). \tag{11.1.14}$$

令 $\alpha_0 = -d^T\nabla f(x)/M\|d\|_2^2$. 如果 $x+\alpha_0 d \in X$, 则有

$$f(x+\alpha^* d) \leqslant f(x+\alpha_0 d) \leqslant \varphi(\alpha_0)$$

$$= f(x) - \frac{1}{2M}\left[\frac{d^T\nabla f(x)}{\|d\|_2}\right]^2. \tag{11.1.15}$$

如果 $x+\alpha_0 d \in X$, 则 $\alpha_0 \geqslant \Gamma(x)/\|d\|$; 于是利用 $\varphi(\alpha)$ 的凸性，我们有

$$\begin{aligned}
f(x) - f(x+\alpha^* d) &\geqslant \sup_{0<\alpha<\Gamma(x)/\|d\|_2} [f(x) - f(x+\alpha d)] \\
&\geqslant \sup_{0<\alpha<\Gamma(x)/\|d\|_2} [f(x) - \varphi(\alpha)] \\
&= f(x) - \varphi[\Gamma(x)/\|d\|_2] \\
&\geqslant \frac{\Gamma(x)}{\|d\|_2\alpha_0}[f(x) - \varphi(\alpha_0)] \\
&= \frac{-\Gamma(x)}{2\|d\|_2} d^T\nabla f(x).
\end{aligned} \tag{11.1.16}$$

从上两式即知引理成立. □

有了这些在可行域上沿可行方向进行“可行”线性搜索的技巧，只要每次迭代我们能找到一可行下降方向，就可以逐步迭代来求解约束优化问题. 但是，并不是在任何情况下都可以找到可行下降方向. 例如，对于约束条件

$$c(x,y) = y - x^2 = 0, \quad \begin{pmatrix} x \\ y \end{pmatrix} \in \mathbb{R}^2. \tag{11.1.17}$$

在任何可行点处，$\mathrm{FD}((x,y),X) = \Phi$. 因而在任一可行点处都找不到可行下降方向. 幸运的是，在可行域 X 是凸的时候，只要 $x\in X$ 不是 K–T 点则在 x 处必有可行下降方向. 我们将它写成引理形式.

引理 11.1.4 设 $x \in X$, X 是凸集，$f(x)$ 在 X 上是凸函数．则在 x 存在可行下降方向当且仅当 x 不是约束优化问题 (8.1.1)—(8.1.3) 的极小点．

证明 显然，当 x 是极小点时不存在可行下降方向．

现假设 x 不是极小点，则存在 $\hat{x} \in X$ 使得

$$f(\hat{x}) < f(x). \tag{11.1.18}$$

由于 $f(x)$ 是凸函数，从 (11.1.8) 可知

$$d^T \nabla f(x) < 0,$$

其中 $d = \hat{x} - x$. 因为 X 是凸集，$d \in \mathrm{FD}\,(x, X)$. 故知 d 是一可行下降方向． □

下面给出的是一个利用可行下降方向的一般算法．

算法 11.1.5

步 1 给出初值 $x_1 \in X$, $k := 1$;

步 2 如果不存在满足 (11.1.1)—(11.1.2) 的 d 则停；

找出 d_k 满足 (11.1.1)—(11.1.2);

步 3 进行某种可行点搜索，得到 $\alpha_k > 0$.

步 4 $x_{k+1} = x_k + \alpha_k d_k$; $k := k + 1$; 转步 2. □

在上面算法的步 3 中，我们可用可行点精确搜索或可行点 Armijo 搜索来得到 α_k.

从例子 (11.1.17) 可知，算法 11.1.5 即使终止也不一定终止于稳定点．当优化问题是一凸规划问题时，从引理 11.1.4 可知算法 11.1.5 如果在第 k 次迭代终止，则 x_k 必是优化问题的最优解．

另一个重要的问题是满足 (11.1.1)—(11.1.2) 的 d_k 的选择．考虑最特殊的情形：$X = \mathbb{R}^n$. $f(x)$ 是定义在 $\mathbb{R}^n$ 上的一致凸函数．设 d_k 是每次迭代的搜索方向．

$$d_k^T \nabla f(x_k) < 0. \tag{11.1.19}$$

记 θ_k 为 d_k 和负梯度方向 $-\nabla f(x_k)$ 之间的夹角，即有

$$\cos\theta_k = -\frac{d_k^T \nabla f(x_k)}{\|d_k\|_2 \|\nabla f(x_k)\|}. \tag{11.1.20}$$

引理 11.1.6 对于无约束优化问题，如果线搜索算法有 $x_{k+1} = x_k + \alpha_k d_k$, $\|\nabla f(x_k)\| \neq 0$ 对一切 k 都成立，如果由 (11.1.20) 定义的 $\cos\theta_k$ 满足

$$\sum_{k=1}^{\infty} \cos^2\theta_k < +\infty. \tag{11.1.21}$$

则在 $f(x)$ 是二次连续可微且一致凸的假定下，必定有

$$\lim_{k\to\infty} \inf \|\nabla f(x_k)\| > 0. \tag{11.1.22}$$

证明 由于 $f(x)$ 一致凸，故必存在 x^* 使得

$$f(x^*) = \min_{x\in\mathbb{R}^n} f(x). \tag{11.1.23}$$

显然， (11.1.22) 等价于

$$\lim_{k\to\infty} f(x_k) > f(x^*), \tag{11.1.24}$$

记集合 $X_1 = \{x | f(x) \leqslant f(x_1)\}$. 令

$$m_1 = \min_{x\in X_1} \min_{\|d\|_2=1} d^T \nabla^2 f(x) d, \tag{11.1.25}$$

$$M_1 = \max_{x\in X_1} \max_{\|d\|_2=1} d^T \nabla^2 f(x) d. \tag{11.1.26}$$

由于 $f(x)$ 是一致凸的， $0 < m_1 \leqslant M_1 < +\infty$. 于是,

$$\begin{aligned} f(x_k) - f(x_{k+1}) &\leqslant f(x_k) - \min_{t>0} f(x_k + t d_k) \\ &\leqslant \frac{1}{2m_1} \|\nabla f(x_k)\|_2^2 \cos^2\theta_k \end{aligned}$$

$$\leqslant \frac{\cos^2\theta_k}{2m_1}(M_1\|x_k - x^*\|_2)^2$$

$$\leqslant \frac{\cos^2\theta_k}{2}\left(\frac{M_1}{m_1}\right)^2[f(x_k) - f(x^*)]. \tag{11.1.27}$$

故知，对一切 k 都有

$$f(x_{k+1}) - f(x^*) \geqslant \left(1 - \frac{M_1^2}{2m_1^2}\cos^2\theta_k\right)[f(x_k) - f(x^*)]. \tag{11.1.28}$$

由于 (11.1.21) 成立，故存在 k_0 使得

$$\frac{M_1^2}{2m_1^2}\cos^2\theta_k < 1, \quad \forall k \geqslant k_0. \tag{11.1.29}$$

由于 $\|\nabla f(x_{k_0})\| \neq 0$, 故 $f(x_{k_0}) - f(x^*) = \delta > 0$. 从 (11.1.21) 可知存在 $\eta > 0$ 使得

$$\prod_{j=k_0}^{\infty}\left(1 - \frac{M_1^2}{2m_1^2}\cos^2\theta_k\right) \geqslant \eta > 0. \tag{11.1.30}$$

于是，从 (11.1.28) 和 (11.1.30) 可证，

$$f(x_k) - f(x^*) \geqslant \eta\delta > 0$$

对一切 $k \geqslant k_0$ 都成立. 所以 (11.1.24) 成立. □

上面引理说明，为使算法收敛到稳定点，我们需要

$$\sum_{k=1}^{\infty}\cos^2\theta_k = +\infty, \tag{11.1.31}$$

与无约束优化的最速下降方向类似，我们可定义可行最速下降方向如下：

定义 11.1.7 设 $x \in X$, 则称

$$\min_{\substack{d\in \mathrm{FD}\ (x,X)\\ d\neq 0}} \frac{d^T\nabla f(x)}{\|d\|_2} \tag{11.1.32}$$

在 FD (x,X) 的闭包上的解称为可行最速下降方向.

由于 FD (x,X) 不一定是闭集，故 (11.1.32) 的极值可能对任何 $d\in$ FD (x,X) 都不能达到. 故知可行最速下降方向不一定是属于 FD (x,X). 也就是说，简单地将最速下降法“可行化”推广到约束优化问题是有困难的.

考虑不等式约束问题

$$\min f(x), \tag{11.1.33}$$

$$\text{s.t. } c_i(x)\geqslant 0 \quad i=1,\cdots,m. \tag{11.1.34}$$

设 $x_k\in X$. 显然 $I(x_k)=\{i|c_i(x_k)=0\}$. 为了寻找第 k 次迭代的可行下降方向，可考虑逼近问题：

$$\min\ \alpha d^T\nabla f(x_k), \tag{11.1.35}$$

$$\text{s.t. } x_k+\alpha d\in X. \tag{11.1.36}$$

我们构造这一子问题主要的目的是寻求一方向 d, 故可假定 $\|\alpha d\|$ 很小. 在 $\|\alpha d\|$ 很小时， (11.1.36) 实质上等价于

$$c_j(x_k+\alpha d)\geqslant 0, \quad j\in I(x_k) \tag{11.1.37}$$

为了便于求解，我们将 (11.1.37) 用一稍强的条件来代替，即：

$$\alpha d^T\nabla c_j(x_k)-\frac{1}{2}M\alpha^2\|d\|_2^2\geqslant 0, \quad j\in I(x_k), \tag{11.1.38}$$

其中 $M>0$ 是

$$\max_{x\in X}\max_{j\in I(x_k)}\|\nabla^2 c_j(x)\|_2 \tag{11.1.39}$$

的一个上界. 于是我们得到子问题 (用 d 代替 αd):

$$\min d^T\nabla f(x_k), \tag{11.1.40}$$

$$\text{s.t. } d^T\nabla c_i(x_k)-\frac{M}{2}\|d\|_2^2\geqslant 0, \quad i\in I(x_k). \tag{11.1.41}$$

进一步令 d 替换 Md, 则上面问题可再简化为

$$\min d^T \nabla f(x_k), \tag{11.1.42}$$

$$\text{s.t. } d^T \nabla c_i(x_k) - \frac{1}{2}\|d\|_2^2 \geqslant 0, \quad i \in I(x_k). \tag{11.1.43}$$

(11.1.42)—(11.1.43) 的对偶问题为

$$\max_{\lambda} \min_{d \in \mathbb{R}^n} \left[d^T \nabla f(x_k) - \sum_{i \in I(x_k)} \lambda_i \left[d^T \nabla c_i(x_k) - \frac{1}{2}\|d\|_2^2\right]\right] \tag{11.1.44}$$

$$\text{s.t. } \lambda_i \geqslant 0, \quad i \in I(x_k). \tag{11.1.45}$$

上面问题可写成等价形式

$$\min_{\lambda} \frac{\left\|\nabla f(x_k) - \sum\limits_{i \in I(x_k)} \lambda_i \nabla c_i(x)\right\|_2^2}{\sum\limits_{i \in I(x_k)} \lambda_i}, \tag{11.1.46}$$

$$\text{s.t. } \lambda_i \geqslant 0, \quad i \in I(x_k). \tag{11.1.47}$$

对任何 $\lambda_i \geqslant 0\ i \in I(x_k)$, λ_i 不全为零. 我们定义

$$d(\lambda) = -\frac{1}{\sum\limits_{i \in I(x_k)} \lambda_i}\left(\nabla f(x_k) - \sum_{i \in I(x_k)} \lambda_i \nabla c_i(x_k)\right), \tag{11.1.48}$$

则从 (11.1.46) 的目标函数

$$\varphi(\lambda) = \sum_{i \in I(x_k)} \lambda_i \|d(\lambda)\|_2^2 \tag{11.1.49}$$

直接计算可得

$$\nabla \varphi(\lambda) = \begin{bmatrix} 2d(\lambda)^T \nabla c_{k_1}(x_k) - \|d(\lambda)\|_2^2 \\ \vdots \\ 2d(\lambda)^T \nabla c_{k_I}(x_k) - \|d(\lambda)\|_2^2 \end{bmatrix}, \tag{11.1.50}$$

其中 $\{k_1,k_2,\cdots,k_I\}$ 是集合 $I(x_k)$ 的所有元素. 而且有

$$\nabla^2\varphi(\lambda)=\frac{2}{\sum\limits_{i\in I(x_k)}\lambda_i}T(\lambda)^T T(\lambda). \tag{11.1.51}$$

这里

$$T(\lambda)=(d(\lambda)-\nabla c_{k_1}(x_k),d(\lambda)-\nabla c_{k_2}(x_k),\cdots,d(\lambda)-\nabla c_{k_I}(x_k)). \tag{11.1.52}$$

故知 $\varphi(\lambda)$ 是一凸函数. 设 $\lambda^{(k)}$ 是 (11.1.46)—(11.1.47) 的解, 则 $d(\lambda^{(k)})$ 是 (11.1.40)—(11.1.41) 的解. 这时如果 $d(\lambda^{(k)})=0$ 则 x_k 是问题 (11.1.33)—(11.1.34) 的 K–T 点; 如果 $d(\lambda^{(k)})\neq 0$ 则 $d(\lambda^{(k)})$ 是在 x_k 处的可行下降方向且有

$$d(\lambda^{(k)})^T\nabla f(x_k)=\frac{\|d(\lambda^{(k)})\|_2^2}{\sum\limits_{i\in I(x_k)}\lambda_i^{(k)}}<0. \tag{11.1.53}$$

不难证明, 子问题 (11.1.40), (11.1.41) 有非零极小值当且仅当

$$d^T\nabla f(x_k)<0, \tag{11.1.54}$$

$$d^T\nabla c_i(x_k)>0,\quad i\in I(x_k) \tag{11.1.55}$$

有解. 也就是说, 只要 (11.1.54)—(11.1.55) 有解, 则必可利用求解子问题 (11.1.40)—(11.1.41) 得到一个可行下降方向. 如果 (11.1.54)—(11.1.55) 无解, 与引理 8.2.5 类似可证存在 $\lambda_i^*(i\in I(x_k))\geqslant 0$, $\lambda_0^*\geqslant 0$, 使得

$$\lambda_0^*\nabla f(x_k)-\sum_{i\in I(x_k)}\lambda_i^*\nabla c_i(x^*)=0, \tag{11.1.56}$$

而且 $\sum\limits_{i\in I(x_k)}\lambda_i^{*2}+\lambda_0^*\neq 0$. 故知 x_k 是原优化问题 (11.1.33)—(11.1.34) 的 Fritz John 点.

另一个求可行下降方向的子问题是直接基于 (11.1.54)—(11.1.55), 它是

$$\min\ \sigma \tag{11.1.57}$$

$$\text{s.t. } d^T\nabla f(x_k) \leqslant +\sigma, \tag{11.1.58}$$

$$d^T\nabla c_i(x_k) \geqslant -\sigma, \quad i \in I(x_k), \tag{11.1.59}$$

$$\|d\| \leqslant 1. \tag{11.1.60}$$

不难证明, (11.1.57)—(11.1.60) 的解 $\sigma^* = 0$ 当且仅当 (11.1.54), (11.1.55) 无解.

§11.2 广义消去法

考虑等式约束问题:

$$\min\ f(x) \tag{11.2.1}$$

$$\text{s.t. } c(x) = 0. \tag{11.2.2}$$

其中 $c(x) = (c_1(x), \cdots, c_m(x))^T$. 设我们有变量 x 的某一分解:

$$x = \begin{bmatrix} x_B \\ x_N \end{bmatrix}, \tag{11.2.3}$$

其中 $x_B \in \mathbb{R}^m$, $x_N \in \mathbb{R}^{n-m}$. 于是 (11.2.2) 可写成

$$c(x_B, x_N) = 0. \tag{11.2.4}$$

假定我们可从 (11.2.4) 中解出 x_B, 即有

$$x_B = \varphi(x_N), \tag{11.2.5}$$

则 (11.2.1)—(11.2.2) 等价于

$$\min_{x_N \in \mathbb{R}^{n-m}} f(x_B, x_N) = f(\varphi(x_N), x_N) = \tilde{f}(x_N). \tag{11.2.6}$$

我们称

$$\tilde{g}(x_N) = \nabla x_N \tilde{f}(x_N) \tag{11.2.7}$$

为既约梯度．不难验证

$$\tilde{g}(x_N) = \frac{\partial}{\partial x_N} f(x_B, x_N) + \frac{\partial x_B^T}{\partial x_N} \frac{\partial}{\partial x_B} f(x_B, x_N). \tag{12.2.8}$$

由 (11.2.4) 可知 $\dfrac{\partial x_B^T}{\partial x_N}$ 满足

$$\frac{\partial x_B^T}{\partial x_N} \frac{\partial}{\partial x_B} c(x_B, x_N)^T + \frac{\partial}{\partial x_N} c(x_B, x_N)^T = 0. \tag{11.2.9}$$

假定 $\dfrac{\partial c^T}{\partial x_B}$ 非奇异，则从上面两个式子可得到

$$\begin{aligned} \tilde{g}(x_N) = & \frac{\partial f(x_B, x_N)}{\partial x_N} \\ & - \frac{\partial c(x_B, x_N)^T}{\partial x_N} \left[\frac{\partial c(x_B, x_N)^T}{\partial x_B} \right]^{-1} \frac{\partial f(x_B, x_N)}{\partial x_B}. \end{aligned} \tag{11.2.10}$$

我们可将既约梯度写成 Lagrarge 函数在既约空间上的梯度：

$$\tilde{g}(x_N) = \frac{\partial}{\partial x_N} [f(x) - \lambda^T c(x)], \tag{11.2.11}$$

其中 λ 是满足于

$$\frac{\partial f(x)}{\partial x_B} = \frac{\partial c^T(x)}{\partial x_B} \lambda \tag{11.2.12}$$

的乘子．也就是说，当 Lagrange 乘子 λ 是

$$\left[\frac{\partial c^T(x_B)}{\partial x_B} \right]^{-1} \frac{\partial f(x)}{\partial x_B} \tag{11.2.13}$$

时，我们有

$$\nabla_x L(x, \lambda) = \begin{bmatrix} 0 \\ \tilde{g}(x_N) \end{bmatrix} \tag{11.2.14}$$

所以，既约梯度可看成 Lagrange 函数之梯度的非零部分．

利用既约梯度，我们可以构造无约束优化问题 (11.2.6) 的线搜索方向，例如可取最速下降方向：

$$\bar{d}_k = -\tilde{g}((x_N)_k) \tag{11.2.15}$$

或者是拟牛顿方向

$$\bar{d}_k = -B_k^{-1}\tilde{g}((x_N)_k). \tag{11.2.16}$$

这里下标 k 表示第 k 次迭代， B_k 是一个近似的既约 Hesse 阵，B_1 预先给出， $B_k(k>1)$ 可由拟牛顿公式 (如 BFGS) 逐步迭代产生. 值得指出的是对无约束问题 (11.2.6) 作线性搜索：

$$\min_{\alpha \geqslant 0} f(\varphi((x_N)_k + \alpha\bar{d}_k), \quad x_N + \alpha\bar{d}_k) \tag{11.2.17}$$

实质等价于对原目标函数 $f(x)$ 在曲线

$$c(x_B, (x_N)_k + \alpha\bar{d}_k) = 0 \tag{11.2.18}$$

上作曲线搜索. 由于 $\varphi(x)$ 的解析表达式并不知道，所以在作一维搜索 (11.2.17) 时，每个试探步长 $\alpha > 0$ 都需要利用求解 (11.2.18) 来得到

$$x_B = \varphi((x_N)_k + \alpha\bar{d}_k). \tag{11.2.19}$$

我们可用近似牛顿法来解，即

$$x_B^{(0)} = (x_B)_k, \tag{11.2.20}$$

$$x_B^{(i+1)} = x_B^{(i)} - \left[\frac{\partial c(x_k)^T}{\partial x_B}\right]^{-1} c(x_B^{(i)}, (x_N)_k + \alpha\bar{d}_k). \tag{11.2.21}$$

由于牛顿法是二次收敛的，在一般情况下，用 (11.2.21) 式迭代几次后就可得到满足误差允许的 x_B. 如果经过若干次迭代发现点列 $x_B^{(i)}$ 可能不收敛，则缩小 α, 重新进行线搜索.

下面给出的是一个一般的变量消去法的计算步骤.

算法 11.2.1 (变量消去法)

步 1 给出可行点 $x_1, \varepsilon \geqslant 0, k=1$;

步 2 计算

$$\frac{\partial c(x_k)^T}{\partial x} = \begin{bmatrix} A_B \\ A_N \end{bmatrix}, \tag{11.2.22}$$

其中分划使得 A_B 非奇异;

由 (11.2.12) 计算 λ;

由 (11.2.11) 计算 $\tilde{g}_k$;

步 3 如果 $\|\tilde{g}_k\| \leqslant \varepsilon$ 则停;

利用某种方式产生下降方向 $\bar{d}_k$, 即使得

$$\bar{d}_k^T \tilde{g}_k < 0; \tag{11.2.23}$$

步 4 对 (11.2.17) 进行线搜索给出 $\alpha_k > 0$, 令 $x_{k+1} = (\varphi((x_N)_k + \alpha_k \bar{d}_k); (x_N)_k + \alpha_k \bar{d}_k)$, $k := k+1$; 转步 2. □

不难看出, 上述算法实质是求解无约束优化问题 (12.2.6) 的算法. 只是每次迭代变量的分划 (x_B, x_N) 不一定相同. 利用无约束优化下降算法的收敛结果. 我们有如下定理.

定理 11.2.2 设 $f(x), c(x)$ 都是二次连续可微. 如果 $[(\nabla c(x)^T)^T \nabla c(x)^T]^{-1}$ 在可行域上都存在且一致有界, 则算法 12.2.1 在精确搜索下以及

$$\sum \cos^2\langle \bar{d}_k, \tilde{g}_k \rangle = \infty \tag{11.2.24}$$

的假定下所产生的点列必有

$$\liminf_{k\to\infty} \|(\nabla f(x_k) - \nabla c(x_k)^T \lambda_k)\| = 0. \tag{11.2.25}$$

或者

$$\lim_{k\to\infty} f(x_k) = -\infty, \tag{11.2.26}$$

其中 $\lambda_k = [\nabla c(x_k)^T]^+ \nabla f(x_k)$.

令 $\bar{d}_k = -\tilde{g}_k$, 则显然 (11.2.23) 和 (11.2.24) 都成立. 这时算法 12.2.1 就是在分离变量后的低维子空间上的最速下降法.

考虑任何非奇异矩阵 $S \in \mathbb{R}^{n\times n}$ 以及变量替换

$$x = Sw. \tag{11.2.27}$$

对 w 进行变量分离

$$w = \begin{bmatrix} w_B \\ w_N \end{bmatrix}, \tag{11.2.28}$$

其中 $w_B \in \mathbb{R}^m$, $w_N \in \mathbb{R}^{n-m}$. 利用约束条件

$$c((S)_B w_B + (S)_N w_N) = 0 \tag{11.2.29}$$

进行变量消去得到

$$w_B = \bar{\varphi}(w_N). \tag{11.2.30}$$

于是优化问题 (11.2.1)—(11.2.2) 等价于

$$\min_{w_N \in \mathbb{R}^{n-m}} f(S_B w_B + S_N w_N) = \bar{f}(w_N). \tag{11.2.31}$$

只要 $S_B^T \nabla c(x)^T$ 非奇异，则利用直接计算可得到

$$\nabla_{w_N} \bar{f}(w_N) = \bar{g}(w_N) = S_N^T[\nabla f(x) - \nabla c(x)^T \lambda], \tag{11.2.32}$$

其中 λ 是满足于

$$S_B^T[\nabla f(x) - \nabla c(x)^T \lambda] = 0. \tag{11.2.33}$$

于是我们可给出一个每次迭代都进行变量替换的消去法，即广义消去法.

算法 11.2.3 (广义消去法)

步 1 给出可行点 $x_1, \varepsilon \geqslant 0, k = 1$;

步 2 以某种方式构造一非奇异阵 S_k, 且有分划 $S_k = [(S_k)_B \ (S_k)_N]$ 使得 $(S_k)_B^T \nabla c(x_k)^T$ 非奇异；

由 (11.2.33) 计算 λ;

由 (11.2.32) 计算 $\bar{g}_k$;

步 3　如果 $\|\bar{g}_k\| \leqslant \varepsilon$ 则停；利用某种方式产生下降方向 $\bar{d}_k$，即使得

$$\bar{d}_k \bar{g}_k < 0; \tag{11.2.34}$$

步 4　对

$$\min_{\alpha>0} f((S_k)_B \bar{\varphi}((w_k)_N + \alpha \bar{d}_k) + (S_k)_N[(w_k)_N + \alpha \bar{d}_k J]) \tag{11.2.35}$$

进行线搜索给出 $\alpha_k > 0$; 令

$$x_{k+1} = (S_k)_B \bar{\varphi}((w_k)_N + \alpha_k \bar{d}_k) + (S_k)_N[(w_k)_N + \alpha_k \bar{d}_k]; \tag{11.2.36}$$

$k := k+1$; 转步 2.　□

在算法中 w_k 是满足于 $x_k = S_k w_k$ 的向量. 与消去法一样，对于给出的试探步长 $\alpha > 0$, 需要计算

$$w_B = \bar{\varphi}((w_k)_N + \alpha \bar{d}_k). \tag{11.2.37}$$

利用近似的牛顿法求解

$$c((S_k)_B w_B + (S_k)_N[(w_k)_N + \alpha \bar{d}_k]) = 0, \tag{11.2.38}$$

得到迭代公式

$$\begin{aligned} w_B^{(i+1)} =& w_B^{(i)} - [(\nabla c(x_k)^T)^T (S_k)_B]^{-1} c((S_k)_B w_B^{(i)} \\ &+ (S_k)_N[(w_k)_N + \alpha \bar{d}_k]), \quad i = 1, 2, \cdots. \end{aligned} \tag{11.2.39}$$

不难看出，如果在广义消去法中每次迭代的 S_k 都是单位矩阵，则方法就是消去法 11.2.1.

广义消去法每次迭代的变量增量 $x_{k+1} - x_k$ 实际上是两部分之和

$$x_{k+1} = x_k + d_k^{(1)} + d_k^{(2)}, \tag{11.2.40}$$

其中

$$d_k^{(1)} = \alpha_k (S_k)_N \bar{d}_k, \tag{11.2.41}$$

$$d_k^{(2)} = (S_k)_B[\bar{\varphi}((w_k)_N + \alpha_k \bar{d}_k) - (w_k)_B]. \tag{11.2.42}$$

迭代的过程是先得到 $d_k^{(1)}$, 然后是在 $d_k^{(2)}$ 方向上利用近似的牛顿迭代得到正确的步长，如图 11.2.1 所示.

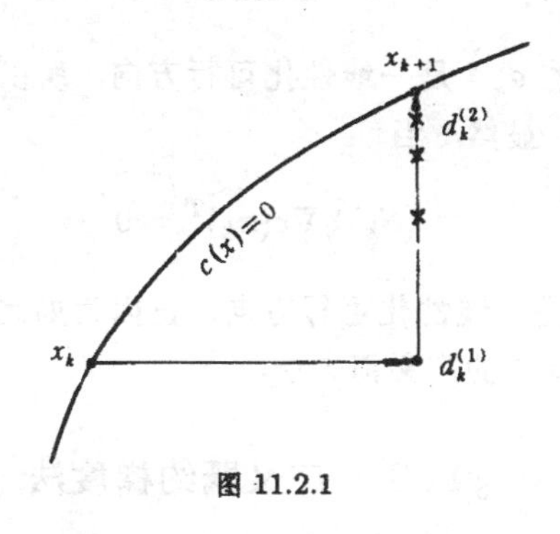

图 11.2.1

从图 11.2.1 即可看到迭代方式存在的不合理之处. 我们本来是希望迭代点都在可行域上，但具体迭代过程却是先远离可行域，然后再校正回到可行域内. 除非是特殊约束条件，这种离开可行集然后再回来的技巧在要求所有迭代点都是可行点的方法中是不可避免的. 但怎样才能使这种离开可行域的“离开程度”尽可能地小呢？对这个问题的直观答复是让每次迭代时的初始搜索方向 $d_k^{(1)}$ 是在 x_k 处的一线性化可行方向. 有理由相信，这样定义的 $d_k^{(1)}$ 和 (11.2.41) 相比应使 $x_k + d_k^{(1)}$ 更靠近可行域，从而使得从 $x_k + d_k^{(1)}$ 用近似牛顿法计算 x_{k+1} 将更快地收敛. 图 11.2.2 是关于这一讨论的示意图.

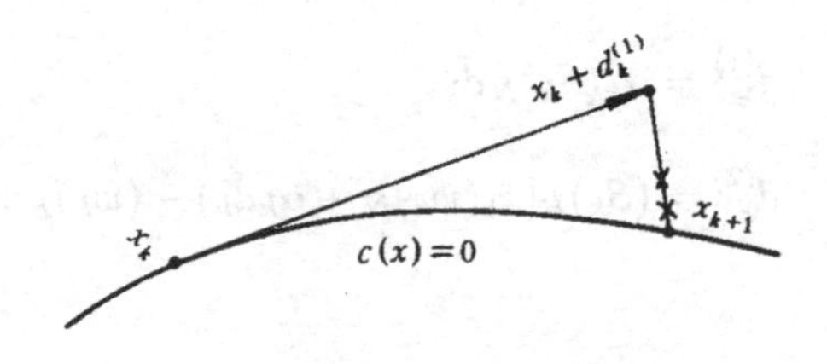

图 11.2.2

这样选取的 $d_k^{(1)}$ 是一线性化可行方向，所以人们将此方法称为可行方向法. 显然，当

$$(S_k)_N^T \nabla c(x_k)^T = 0 \tag{11.2.43}$$

成立时， $d_k^{(1)}$ 是一线性化可行方向. 正因为如此，可行方向法可以看成是一种特殊的广义消去法.

§11.3 广义既约梯度法

广义既约梯度法 (GRG 法) 实质上就是算法 11.2.1 中取 $\bar{d}_k = -\tilde{g}_k$ 的方法. 它就是在既约空间的最速下降法.

在每次迭代中，线搜索可用 Armijó 步长技巧，即逐步缩小步长. 线搜索条件可简单地取为

$$f(x_{k+1}) < f(x_k). \tag{11.3.1}$$

在利用迭代公式 (11.2.21) 计算 x_B 时，我们最多只迭代 N 次 (N 是一预先给定的正整数). 如果 N 次近似牛顿步仍末收敛则缩小步长 α, 重新迭代. 由于牛顿法是二次收敛的，所以当靠近解时，仅需要迭代一、二次 (11.2.21) 就可得到足够精度的可行点 x_{k+1}. 因而在实际计算中 N 可取 3—6 之间的正整数.

下面给出的是基于 Armijo 步长简单线搜索条件的广义既约梯度法.

算法 11.3.1 (广义既约梯度法)

步 1 给出可行点 $x_1, \varepsilon \geqslant 0, \bar{\varepsilon} > 0$; M 正整数; $k := 1$.

步 2 计算

$$\nabla c(x_k)^T = \begin{bmatrix} A_B \\ A_N \end{bmatrix}. \tag{11.3.2}$$

其中分划使得 $A_B \in \mathbb{R}^{m\times m}$ 非奇异;

由 (11.2.12) 计算 λ;

由 (11.2.11) 计算 $\tilde{g}_k$.

步 3 如果 $\|\tilde{g}_k\| \leqslant \varepsilon$ 则停;

令 $\bar{d}_k = -\tilde{g}_k$; 取 $\alpha = \alpha_k^{(0)} > 0$.

步 4 $x_N = (x_k)_N + \alpha \bar{d}_k$;

$x_B = (x_k)_B$; $j := 0$.

步 5 $x_B = x_B - A_B^{-T} c(x_B, x_N)$;

计算 $c(x_B, x_N)$;

如果 $\|c(x_B, x_N)\| \leqslant \bar{\varepsilon}$ 则转步 7; $j := j+1$;

如果 $j < M$ 则转步 5.

步 6 $\alpha := \alpha/2$, 转步 4;

步 7 如果 $f(x_B, x_N) \geqslant f(x_k)$ 则转步 6;

$x_{k+1} = (x_B, x_N)$,

$k := k+1$; 转步 2. □

这个算法的本质是一梯度方向法，所以简单的线搜索条件 (11.3.1) 并不能保证收敛. 也就是说，算法 11.3.1 并不能保证点列 x_k 收敛于原优化问题 (11.2.1)—(11.2.2) 的 K–T 点. 解决这个问题的办法有两种. 第一种是将简单下降条件写成 Wolfe 线搜索条件，即要求

$$\tilde{f}((x_k)_N + \alpha_k \bar{d}_k) \leqslant \tilde{f}((x_k)_N) + \beta \alpha_k \bar{d}_k^T \tilde{g}_k, \tag{11.3.3}$$

其中 α 是步长，$\beta \in (0,1)$ 是一正常数，$\tilde{f}(x_N)$ 由 (11.2.6) 定义. (11.3.3) 可等价地写成

$$f(x_{k+1}) \leqslant f(x_k) - \alpha_k \beta \|\tilde{g}_k\|_2^2. \tag{11.3.4}$$

于是我们将算法 11.3.1 中步 7 中的判别条件. $f(x_B, x_N) \geqslant f(x_k)$ 换成

$$f(x_B, x_N) > f(x_k) - \alpha\beta \|\tilde{g}_k\|_2^2, \tag{11.3.5}$$

则知产生的点列在既约空间上满足 Wolfe 搜索条件 (11.3.3). 另一种办法是在步 3 中要求初始步长 $\alpha_k^{(0)}$ 满足:

$$\frac{\alpha_k^{(0)}}{\|\tilde{g}_k\|} \to 0, \tag{11.3.6}$$

$$\sum_{k=1}^{\infty} \frac{\alpha_k^{(0)}}{\|\tilde{g}_k\|} = +\infty. \tag{11.3.7}$$

类似于无约束最速下降法的收敛性分析，我们可证如下收敛性结果.

定理 11.3.2 设 $f(x)$, $c(x)$ 二次连续可微，设算法 11.3.1 步 2 中的分划使得 A_B^{-1} 一致有界，如果步 3 中的 $\alpha_k^{(0)}$ 满足 $(\alpha_k^{(0)})^{-1}$ 一致有界，如果将算法步 7 中的判别条件换成 (11.3.5), 如果 $\varepsilon = 0$ 而且算法不有限终止，则必有

$$\lim_{k\to\infty} \|\tilde{g}_k\| = 0, \tag{11.3.8}$$

或者

$$\lim_{k\to\infty} f(x_k) = -\infty. \tag{11.3.9}$$

定理 11.3.3 设 $f(x), c(x)$ 二次连续可微，设算法 11.3.1 步 2 中的分划使得 A_B^{-1} 一致有界，如果步 3 中的 $\alpha_k^{(0)}$ 满足 (11.3.6), (11.3.7), 如果 $\varepsilon = 0$ 而且算法不有限终止，则 (11.3.8) 和 (11.3.9) 两者之一必成立.

广义既约梯度法的优点是由于消去变量而使问题降低了维数. 该方法还可充分地利用问题的稀疏、常系数等性质，使得在计算 λ 和 $\tilde{g}$ 时速度提高. 同样，在 A_B 稀疏时，可利用求解稀疏代数方程组的技巧来进行近似牛顿迭代求得 x_B. 所以，对于有大量线性约束或者是稀疏结构的大规模非线性规划问题，广义既约梯度法是最有效的方法之一.

广义既约梯度法的缺点是它每次迭代都要求解一个或多个非线性方程组，当 A_B 不是稀疏而且没有特殊结构时，奇次迭代所需计算量将相当大.

§11.4 投 影 梯 度 法

从 11.2 节最后的讨论可知，为使广义消去法的 $d_k^{(1)}$ 是一线性化可行方向，我们应选取 S_k 使得

$$(S_k)_N^T \nabla c(x_k)^T = 0. \tag{11.4.1}$$

我们考虑在广义消去法中用最速下降法方向. 即

$$\bar{d}_k = -\bar{g}_k, \tag{11.4.2}$$

则由 (11.2.41) 可知

$$d_k^{(1)} = -\alpha_k (S_k)_N (S_k)_N^T \nabla f(x_k). \tag{11.4.3}$$

显然，$(S_k)_N (S_k)_N^T$ 是从 $\mathbb{R}^n$ 到由 $(S_k)_N$ 的列向量所张成的子空间的一个线性映射. 假定 $A_k = \nabla c(x_k)^T$ 是列满秩的，则由 $(S_k)_N$ 的列向量所张成的子空间就是 A_k^T 的零空间. 所以 (11.4.3) 所定义的方向实际上就是目标函数的负梯度方向在约束函数的 Jacobi 阵的零空间的映照. 如果 S_k 满足

$$(S_k)_N^T (S_k)_N = I, \tag{11.4.4}$$

则 $(S_k)_N(S_k)_N^T$ 是一个投影算子，在 A_k 列满秩的假设下有

$$\begin{aligned} P_k &= (S_k)_N(S_k)_N^T \\ &= I - A_k(A_k^T A_k)^{-1}A_k^T. \end{aligned} \tag{11.4.5}$$

这时 $P_k\nabla f(x_k)$ 是 $\nabla f(x_k)$ 在 A_k^T 零空间上的投影. 因而广义消去法就是一个投影梯度法. 在投影梯度法的实际计算中，我们可利用 A_k 的 QR 分解：

$$A_k = [Y_k\ Z_k]\begin{bmatrix} R_k \\ 0 \end{bmatrix}. \tag{11.4.6}$$

显然我们可取 $(S_k)_N = Z_k$. 于是，

$$\bar{g}_k = Z_k^T g_k \tag{11.4.7}$$

是既约梯度. 这时

$$d_k = -Z_k\bar{g}_k = -Z_k Z_k^T g_k \tag{11.4.8}$$

是负梯度在 A_k^T 的零空间的投影，它是 $f(x)$ 的下降方向. 所以可选取 α_k 使得

$$f(x_k + \alpha_k d_k) < f(x_k). \tag{11.4.9}$$

由于 $x_k + \alpha_k d_k$ 可能不是可行点，我们可用近似牛顿法求可行点

$$x_k^{(1)} = x_k + \alpha_k d_k, \tag{11.4.10}$$

$$x_k^{(i+1)} = x_k^{(i)} - Y_k R_k^{-1} c(x_k^{(i)}), \quad i = 1, 2, \cdots. \tag{11.4.11}$$

当 $c(x_k^{i+1})$ 充分小时，我们终止迭代过程 (11.4.11) 且令 $x_{k+1} = x_k^{(i+1)}$. 上述迭代实质上等价于在迭代式 (11.2.39) 中取 $(S_k)_B = Y_k$. 当 α_k 充分小时，

$$\|x_{k+1} - (x_k + \alpha_k d_k)\| = O(\alpha_k^2), \tag{11.4.12}$$

所以一定可选取 $\alpha_k > 0$ 使得

$$f(x_{k+1}) < f(x_k). \tag{11.4.13}$$

下面给出的是基于 Armijo 步长简单线搜索条件的投影梯度法.

算法 11.4.1 (投影梯度法)

步 1 给出可行点 $x_1, \varepsilon \geqslant 0, \bar{\varepsilon} > 0, N$ 正整数, $k := 1$.

步 2 计算 QR 分解

$$\nabla c(x_k)^T = [Y_k\ Z_k]\begin{bmatrix} R_k \\ 0 \end{bmatrix};$$

$\bar{g}_k = Z_k^T \nabla f(x_k)$;

如果 $\|\bar{g}_k\| \leqslant \varepsilon$ 则停;

$d_k = -Z_k \bar{g}_k$; 取 $\alpha = \alpha_k^{(0)} > 0$.

步 3 $y := x_k + \alpha d_k$;

$i := 0$.

步 4 $y := y - Y_k R_k^{-1} c(y)$;

如果 $\|c(y)\| \leqslant \bar{\varepsilon}$ 和 $f(y) < f(x_k)$ 则转步 5; $i := i + 1$;

如果 $i < N$ 则转步 4;

$\alpha = \alpha/2$; 转步 3;

步 5 $x_{k+1} := y$, $k := k + 1$; 转步 2. □

和广义既约梯度法类似, 算法 11.4.1 只有在修正线搜索条件或者限制初始步长才可能保证算法的收敛性.

对于带不等式约束问题, 可利用积极约束来构造可行方向. 积极集法的一个问题是可能出现 "锯齿" (Zigzagging) 现象, 使得点列收敛于非稳定点. 这种现象最早由 Wolfe (1972) 所指出. 克服锯齿现象的可行方向法已有不少人提出. 克服锯齿现象的基本思想是不轻易将约束从积极集合中去掉.

如果在算法 11.4.1 步 2 中最后一行的搜索方向 $d_k = -Z_k \bar{g}_k$ 换成

$$d_k = -Z_k z_k, \tag{11.4.14}$$

其中 $z_k \in \mathbb{R}^{n-m}$, 使任何满足

$$z_k^T \bar{g}_k < 0 \tag{11.4.15}$$

的向量, 则算法是一个一般形式的线性化可行方向法, 简称为可行方向法.

根据我们的定义, 可行方向法中的搜索方向 d_k 并不是可行方向, 它仅是一个线性化可行方向. 只有在线性约束时是例外, 这时线性化可行方向和可行方向是一致的. 而可行方向法最初就是对线性约束提出的. 这个方法推广到非线性约束, 人们由于习惯仍叫它可行方向法. 从精确的角度来考虑, 这方法在非线性约束时应叫做线性化可行方向法, 而不是可行方向法.

对于非线性约束, 线性化可行方向一般不是可行方向, 因而沿 d_k 的任何搜索可能导致不可行点, 就需要牛顿迭代或近似牛顿迭代使之回到可行域, 然后再沿搜索方向移动并回到可行域, 产生所谓的“花边”现象, 如图 11.4.1 所示.

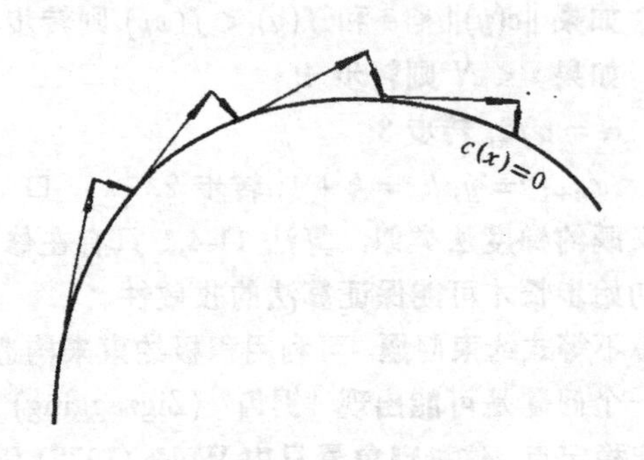

图 11.4.1

§11.5 线性约束问题

对于线性约束问题, 可行方向法是很有效的. 例如, 对于等式

约束问题

$$\min_{x\in\mathbb{R}^n} f(x), \tag{11.5.1}$$

$$\text{s.t. } A^T x = b, \tag{11.5.2}$$

其中 $b \in \mathbb{R}^m$, $A \in \mathbb{R}^{n\times m}$. 且秩 $(A) = m$, $f(x)$ 是非线性函数，可行方向法的搜索方向可写成

$$d_k = Z\bar{d}_k, \tag{11.5.3}$$

其中 $\bar{d}_k \in \mathbb{R}^{n-m}$, $Z \in \mathbb{R}^{n\times(n-m)}$ 满足

$$A^T Z = 0, \tag{11.5.4}$$

$$\bar{d}_k^T Z^T \nabla f(x_k) < 0. \tag{11.5.5}$$

特别地，取 $\bar{d}_k = -Z^T\nabla f(x_k)$, 则可得到如下的基于最速下降的可行方向法.

算法 11.5.1

步 1　给出 (11.5.2) 的可行点 x_1;
　　给出或计算 Z 使得 $A^T Z = 0$ 且
　　秩 $(Z) = n - m$; $k = 1, \varepsilon \geqslant 0$.

步 2　$d_k = -ZZ^T\nabla f(x_k)$; 如果 $\|d_k\| \leqslant \varepsilon$ 则停；
　　对 $f(x)$ 沿方向 d_k 进行线搜索求给 $\alpha_k > 0$;
　　$x_{k+1} = x_k + \alpha_k d_k$;
　　$k := k + 1$; 转步 2.　□

这个算法实质上就是在可行域上的最速下降法，所以在一定的线搜索假定下就可证明算法的收敛性. 当矩阵 Z 满足 $Z^T Z = I$ 时，则算法 11.5.1 就是一个投影梯度法.

下面我们介绍一个求解一般线性约束优化问题的投影梯度法，它由 Calamai 和 Moré (1987) 给出.

对于一般线性约束优化问题

$$\min_{x\in\mathbb{R}^n} f(x), \tag{11.5.6}$$

$$\text{s.t. } a_i^T x = b_i, \quad i \in E, \tag{11.5.7}$$

$$a_i^T x \geqslant b_i, \quad i \in I, \tag{11.5.8}$$

可行域为 X:

$$X = \{x | a_i^T x = b_i,\ i \in E; a_i^T x \geqslant b_i,\ i \in I\}. \tag{11.5.9}$$

定义映照 P 为:

$$P(x) = \arg\min\{\|z - x\|,\ z \in X\}, \tag{11.5.10}$$

其中 argmin 是指任一 $z \in X$ 使 $\|z-x\|$ 达到最小, $\|\cdot\|$ 是一内积范数. 为了简单起见, 我们假定 $\|\cdot\|$ 是欧氏范数 $\|\cdot\|_2$.

考虑最速下降法; x_{k+1} 是在下面直线

$$\bar{x}_k(\alpha) = x_k - \alpha \nabla f(x_k) \tag{11.5.11}$$

上找到, 由于我们要求迭代点可行, 故将直线 (11.5.11) 利用 P 映照到 X, 得到折线

$$x_k(\alpha) = P[x_k - \alpha \nabla f(x_k)]. \tag{11.5.12}$$

我们对 $f(x)$ 沿 $x_k(\alpha)$ 进行折线搜索, 即求 $\alpha_k > 0$, 使得,

$$f(x_k(\alpha_k)) \leqslant f(x_k) + \mu_1 (x_k(\alpha_k) - x_k)^T \nabla f(x_k), \tag{11.5.13}$$

$$\alpha_k \geqslant \gamma_1 \quad 或者\ \alpha_k \geqslant \gamma_2\, \bar{\alpha}_k > 0, \tag{11.5.14}$$

其中 $\bar{\alpha}_k$ 满足

$$f(x_k(\bar{\alpha}_k)) > f(x_k) + \mu_2 (x_k(\alpha_k) - x_k)^T \nabla f(x_k). \tag{11.5.15}$$

$\gamma_1,\gamma_2,\mu_1,\mu_2$ 是正常数，且 $\mu_1,\mu_2\in(0,1)$.

Calamai 和 Moré 的方法可写成如下形式.

算法 11.5.2

步 1　给出可行点 x_1, $\mu\in(0,1)$, $\gamma>0$, $\alpha_0=1$, $k:=1$;

步 2　$\alpha_k:=\max\{2\alpha_{k-1},\gamma\}$.

步 3　如果 (11.5.13) 满足则转步 4, $\alpha_k=\alpha_k/4$; 转步 3;

步 4　$x_{k+1}:=x_k(\alpha_k)$; $k:=k+1$; 转步 2.　□

显然，算法 11.5.2 求出的 α_k, 对于 $\mu_2=\mu_1$, $\gamma_1=\gamma$, $\gamma_2=1/4$ 满足 (11.5.13)—(11.5.15).

由于 $P(x)$ 的定义，对任何 $x\in\mathbb{R}^n$, 有

$$(x-P(x))^T(z-P(x))\leqslant 0,\quad \forall z\in X. \tag{11.5.16}$$

在上式中令 $x=x_k-\alpha_k\nabla f(x_k)$ 和 $z=x_k$ 得到

$$(x_k-\alpha_k\nabla f(x_k)-x_{k+1})^T(x_k-x_{k+1})\leqslant 0. \tag{11.5.17}$$

于是由 (11.5.13) 和 (11.5.17) 式可知

$$f(x_k)-f(x_{k+1})\geqslant \mu_1\frac{\|x_{k+1}-x_k\|_2^2}{\alpha_k}. \tag{11.5.18}$$

首先，我们有如下引理.

引理 11.5.3　设 $f(x)$ 在可行域 X 上连续可微且在 X 上下方有界. 如果 $\nabla f(x)$ 在可行域上一致连续，则由算法 11.5.2 产生的点列满足

$$\lim_{k\to\infty}\frac{\|x_{k+1}-x_k\|}{\alpha_k}=0. \tag{11.5.19}$$

证明　假定引理非真，则存在无穷子列 K_0 使得

$$\frac{\|x_{k+1}-x_k\|}{\alpha_k}\geqslant\delta,\quad \forall k\in K_0. \tag{11.5.20}$$

其中 $\delta>0$ 是一个与 k 无关的正常数. 由上式和 (11.5.18) 可知对所有 $k\in K_0$ 都有

$$f(x_k)-f(x_{k+1})\geqslant\delta\mu_1\|x_{k+1}-x_k\|\geqslant\delta^2\mu_1\alpha_k. \tag{11.5.21}$$

因为 $f(x)$ 在可行域上有下界而且 x_k 都是可行点，所以

$$\sum_{k=1}^{\infty}[f(x_k)-f(x_{k+1})]<+\infty. \tag{11.5.22}$$

利用 (11.5.21) 和 (11.5.22) 即得到

$$\lim_{\substack{k\to\infty\\ k\in K_0}}\|x_{k+1}-x_k\|=\lim_{\substack{k\to\infty\\ k\in K_0}}\alpha_k=0. \tag{11.5.23}$$

从而，对充分大的 $k\in K_0$, (11.5.14) 的第一个条件不成立，故有

$$\alpha_k\geqslant\gamma_2\bar{\alpha}_k, \tag{11.5.24}$$

且 (11.5.15) 式成立. 利用函数

$$\Psi(\alpha)=\frac{\|P(x+\alpha d)-x\|}{\alpha},\quad \alpha>0 \tag{11.5.25}$$

的单调非增性，和关系式 (11.5.24), 我们可证

$$\frac{\|x_k-x_k(\bar{\alpha}_k)\|}{\bar{\alpha}_k}\geqslant\min\left\{1,\frac{1}{\gamma_2}\right\}\frac{\|x_k-x_k(\alpha_k)\|}{\alpha_k}. \tag{11.5.26}$$

于是在 (11.5.16) 中令 $x=x_k-\bar{\alpha}_k\nabla f(x_k)$, $z=x_k$, 可得

$$\begin{aligned}-(x_k(\bar{\alpha}_k)-x_k)^T\nabla f(x_k)&\geqslant\frac{\|x_k-x_k(\bar{\alpha}_k)\|^2}{\bar{\alpha}_k}\\&\geqslant\min\left\{1,\frac{1}{\gamma_2}\right\}\delta\|x_k-x_k(\bar{\alpha}_k)\|\end{aligned} \tag{11.5.27}$$

对所有充分大的 $k\in K_0$ 都成立. 由于 $\nabla f(x)$ 在 X 上一致连续，我们有

$$f(x_k(\bar{\alpha}_k))-f(x_k)=(x_k(\bar{\alpha}_k)-x_k)^T\nabla f(x_k)+o(\|x_k(\bar{\alpha}_k)-x_k\|). \tag{11.5.28}$$

由 (11.5.15) 和 (11.5.28) 即知

$$-(x_k(\bar{\alpha}_k)-x_k)^T\nabla f(x_k)\leqslant o(\|x_k-x_k(\alpha_k)\|). \tag{11.5.29}$$

(11.5.29) 显然与 (11.5.27) 相矛盾. 此矛盾说明引理为真. □

引理 11.5.4 $x^* \in X$ 是问题 (11.5.6)—(11.5.8) 的 KT 点当且仅当存在 $\bar{\delta} > 0$ 使得

$$P(x^* - \alpha \nabla f(x^*)) = x^*, \tag{11.5.30}$$

对一切 $\alpha \in [0, \bar{\delta}]$ 都成立.

证明 (11.5.30) 等价于

$$\|x^* - \bar{\delta} \nabla f(x^*) - x^*\|_2^2 \leqslant \|x^* - \bar{\delta} \nabla f(x^*) - x\|_2^2 \tag{11.5.31}$$

对一切 $x \in X$ 都成立. 由于 X 是凸集, (11.5.31) 等价于

$$(x - x^*) \nabla f(x^*) \geqslant 0 \tag{11.5.32}$$

对所有充分靠近 x^* 的可行点 x 都成立. 这等价于 x^* 是函数 $x^T \nabla f(x^*)$ 在 X 上的极小点, 而后者等价于 x^* 是问题 (11.5.6)—(11.5.8) 的 KT 点. □

利用上面两个引理可得到算法 11.5.2 的收敛性结果.

定理 11.5.5 设 $f(x)$ 在可行域 X 上连续可微, 则算法 11.5.2 产生的点列 $\{x_k\}$ 的任一聚点 x^* 都是问题 (11.5.6)—(11.5.8) 的 K-T 点.

证明 假设定理不真, 则有 $\{x_k\}$ 一个收敛子列满足

$$\lim_{\substack{k \in K_0 \\ k \to \infty}} x_k = x^*, \tag{11.5.33}$$

且

$$P(x^* - \bar{\delta} \nabla f(x^*)) \neq x^*, \tag{11.5.34}$$

其中 $\bar{\delta} > 0$, K_0 是 $\{1, 2, \cdots\}$ 的一个子集. 由于 (11.5.33), 我们可假定 $x_k \in S$ $(k \in K_0)$, 其中 S 是一有界闭集. 因为 $\nabla f(x)$ 在 S 上一致连续, 由引理 11.5.3 可知

$$\lim_{\substack{k \in K_0 \\ k \to \infty}} \frac{\|x_{k+1} - x_k\|}{\alpha_k} = 0. \tag{11.5.35}$$

由于 $\nabla f(x)$ 的连续性以及 (11.5.33)—(11.5.34), 我们有

$$\lim_{\substack{k\in k_0\\ k\to\infty}} \frac{\|x_k(\bar{\delta})-x_k\|}{\bar{\delta}} = \frac{\|P(x^*-\bar{\delta}\nabla f(x^*))-x^*\|}{\bar{\delta}} > 0. \qquad (11.5.36)$$

因为 (11.5.25) 所定义的 $\Psi(\alpha)$ 是单调非增的, 由 (11.5.35) 和 (11.5.36) 知 $\alpha_k \geqslant \bar{\delta}$ 对所有充分大的 $k \in K_0$ 都成立. 故知

$$\begin{aligned} f(x_k)-f(x_{k+1}) &\geqslant -\mu_1(\nabla f(x_k))^T(x_k(\alpha_k)-x_k) \\ &\geqslant -\mu_1(\nabla f(x_k))^T(x_k(\bar{\delta})-x_k) \\ &\geqslant \mu_1\frac{\|x_k(\bar{\delta})-x_k\|^2}{\bar{\delta}}. \end{aligned} \qquad (11.5.37)$$

利用 (11.5.37) 和 (11.5.36) 即可得到

$$\lim_{\substack{k\in K_0\\ k\to\infty}} \inf[f(x_k)-f(x_{k+1})] > 0. \qquad (11.5.38)$$

这显然与 $\lim\limits_{k\to\infty} f(x_k)=f(x^*)$ 相矛盾. 所以定理为真. □

第十二章　逐步二次规划法

§12.1　Lagrange-Newton 法

考虑等式约束优化问题

$$\min_{x\in\mathbb{R}^n} f(x) \tag{12.1.1}$$

$$\text{s.t. } c(x) = 0. \tag{12.1.2}$$

x 是一个 K–T 点当且仅当存在 $\lambda \in \mathbb{R}^m$ 使得

$$\nabla f(x) - \nabla c(x)^T \lambda = 0, \tag{12.1.3}$$

$$- c(x) = 0. \tag{12.1.4}$$

根据 Lagrange 函数的定义,

$$L(x,\lambda) = f(x) - \lambda^T c(x), \tag{12.1.5}$$

(12.1.3)—(12.1.4) 实质上就是要求 Lagrange 函数的稳定点. 因而一切基于求解 (12.1.3)—(12.1.4) 的方法都称为 Lagrange 方法. 给定当前迭代点 $x_k \in \mathbb{R}^n$ 及 $\lambda_k \in \mathbb{R}^m$. 求解 (12.1.3)—(12.1.4) 的 Newton-Raphson 步为 $((\delta x)_k, (\delta\lambda)_k)$, 它满足

$$\begin{pmatrix} W(x_k,\lambda_k) & -A(x_k) \\ -A(x_k)^T & 0 \end{pmatrix} \begin{pmatrix} (\delta x)_k \\ (\delta\lambda)_k \end{pmatrix} = - \begin{pmatrix} \nabla f(x_k) - A(x_k)\lambda_k \\ -c(x_k) \end{pmatrix}, \tag{12.1.6}$$

其中

$$A(x) = \nabla c(x)^T, \tag{12.1.7}$$

$$W(x,\lambda) = \nabla^2 f(x) - \sum_{i=1}^{m} (\lambda_k)_i \nabla^2 c_i(x_k). \tag{12.1.8}$$

考虑罚函数

$$P(x,\lambda) = \|\nabla f(x) - A(x)\lambda\|_2^2 + \|c(x)\|_2^2, \tag{12.1.9}$$

不难验证，由 (12.1.6) 所定义的 $(\delta x)_k$ 和 $(\delta\lambda)_k$ 满足

$$((\delta x)_k^T, (\delta\lambda)_k^T)\nabla P(x_k,\lambda_k) = -2P(x_k\lambda_k) \leqslant 0. \tag{12.1.10}$$

这里 ∇P 是指在 (x,λ) 空间上的梯度. 下面给出的算法就是基于 (12.1.6) 的算法，所以它被称为 Lagrange-Newton 法.

算法 12.1.1

步 1　给出 $x_1 \in \mathbb{R}^n$, $\lambda_1 \in \mathbb{R}^m$, $\beta \in (0,1)$, $\varepsilon \geqslant 0$, $k := 1$;

步 2　计算 $P(x_k,\lambda_k)$; 如果 $P(x_k,\lambda_k) \leqslant \varepsilon$ 则停；

　　求解 (12.1.6) 得到 $(\delta x)_k$ 和 $(\delta\lambda)_k$; $\alpha = 1$;

步 3　如果

$$P(x_k + \alpha(\delta x)_k, \lambda_k + \alpha(\delta\lambda)_k) \leqslant (1-\beta\alpha)P(x_k,\lambda_k), \tag{12.1.11}$$

　　则转步 4; $\alpha = \alpha/4$, 转步 3;

步 4　$x_{k+1} = x_k + \alpha(\delta x)_k$; $\lambda_{k+1} = \lambda_k + \alpha(\delta\lambda)_k$;

　　$k := k+1$; 转步 2.　□

对于上面算法，我们有如下收敛性结果.

定理 12.1.2　设 $f(x)$ 和 $c(x)$ 二次连续可微，如果矩阵

$$\begin{bmatrix} W(x_k,\lambda_k) & -A(x_k) \\ -A(x_k)^T & 0 \end{bmatrix}^{-1} \tag{12.1.12}$$

一致有界，则 $\{(x_k,\lambda_k)\}$ 的任何聚点都是方程 $P(x,\lambda) = 0$ 的根.

证明 假定 $(\bar{x},\bar{\lambda})$ 是 $\{(x_k,\lambda_k)\}$ 的一个聚点且

$$P(\bar{x},\bar{\lambda}) > 0. \tag{12.1.13}$$

则必存在无穷集合 $K_0 \subseteq \{1,2,\cdots\}$ 使得

$$\lim_{\substack{k\in K_0\\k\to\infty}} x_k = \bar{x}, \quad \lim_{\substack{k\in K_0\\k\to\infty}} \lambda_k = \bar{\lambda}_k. \tag{12.1.14}$$

根据线搜索条件 (12.1.11), 我们有

$$P(x_{k+1},\lambda_{k+1}) \leqslant (1-\beta\alpha_k)P(x_k,\lambda_k). \tag{12.1.15}$$

从 (12.1.13)—(12.1.15) 可知

$$\lim_{\substack{k\in k_0\\K\to\infty}} \alpha_k = 0. \tag{12.1.16}$$

根据算法的构造可得

$$P(x_k+\hat{\alpha}_k(\delta x)_k,\lambda_k+\hat{\alpha}_k(\delta\lambda)_k) > (1-\beta\hat{\alpha}_k)P(x_k,\lambda_k) \tag{12.1.17}$$

对所有充分大的 $k\in K_0$ 均成立，其中 $\hat{\alpha}_k = 4\alpha_k \in (0,1)$. 记 $(\overline{\delta x},\overline{\delta\lambda})$ 为

$$\begin{pmatrix} W(\bar{x},\bar{\lambda}) & -A(\bar{x}) \\ -A(\bar{x})^T & 0 \end{pmatrix}\begin{pmatrix} \delta x \\ \delta\lambda \end{pmatrix} = -\begin{pmatrix} \nabla f(\bar{x}) - \nabla c(\bar{x})^T\bar{\lambda} \\ c(\bar{x}) \end{pmatrix} \tag{12.1.18}$$

的解，由于 $\hat{\alpha}_k \to 0$, 我们有

$$\lim_{\substack{k\in K_0\\k\to\infty}} \frac{P(\bar{x}+\hat{\alpha}_k\overline{\delta x},\bar{\lambda}+\hat{\alpha}_k\overline{\delta\lambda})-P(\bar{x},\bar{\lambda})}{\hat{\alpha}_k} = -2P(\bar{x},\bar{\lambda}) < -P(\bar{x},\bar{\lambda}). \tag{12.1.19}$$

利用 $(x_k,\lambda_k)\to(\bar{x},\bar{\lambda})$ $(k\in K_0)$ 以及 (12.1.12) 的一致有界性即知 $((\delta x)_k,(\delta\lambda)_k)\to(\overline{\delta x},\overline{\delta\lambda})$. 于是对充分大的 $k\in K_0$ 有

$$\frac{P(x_k+\hat{\alpha}_k(\delta x)_k,\lambda_k+\hat{\alpha}_k(\delta\lambda)_k)-P(x_k,\lambda_k)}{\hat{\alpha}_k} \leqslant -P(x_k,\lambda_k). \tag{12.1.20}$$

由于 $\beta<1$, (12.1.20) 显然与 (12.1.17) 相矛盾. 此矛盾说明定理成立. □

定理 12.1.3 设 $f(x)$ 和 $c(x)$ 二次连续可微, 如果矩阵 (12.1.12) 一致有界, 则由算法 12.1.1 所产生的点列 $\{x_k\}$ 之任一聚点都是问题 (12.1.1)—(12.1.2) 的 K–T 点.

证明 假定定理不真, 由于 $P(x_k,\lambda_k)$ 的单调下降性, 我们有

$$\lim_{k\to\infty} P(x_k,\lambda_k)>0. \tag{12.1.21}$$

这一极限和条件 (12.1.11) 可推出

$$\prod_{k=1}^{\infty}(1-\beta\alpha_k)>0. \tag{12.1.22}$$

从上式可知

$$\sum_{k=1}^{\infty}\alpha_k<+\infty. \tag{12.1.23}$$

由于

$$\begin{bmatrix} W(x_k,\lambda_k) & -A(x_k) \\ -A(x_k)^T & 0 \end{bmatrix}\begin{bmatrix} (\delta x)_k \\ \lambda_k+(\delta\lambda)_k \end{bmatrix}=\begin{bmatrix} -\nabla f(x_k) \\ -c(x_k) \end{bmatrix}, \tag{12.1.24}$$

故知存在正常数 $\gamma>0$ 使得

$$\|(\delta x)_k\|+\|\lambda_k+(\delta\lambda)_k\|\leqslant\gamma(\|\nabla f(x_k)\|+\|c(x_k)\|). \tag{12.1.25}$$

设 $\bar{x}$ 是 $\{x_k\}$ 的任一聚点. 定义集合

$$S_\delta=\{x\,|\,\|x-\bar{x}\|\leqslant\delta\}, \tag{12.1.26}$$

其中 $\delta>0$ 是任意给定的一正常数. 由 (12.1.25) 知存在常数 $\eta>0$ 使得对一切 $x_k\in S_\delta$ 都有

$$\|(\delta x)_k\|\leqslant\eta. \tag{12.1.27}$$

从 (12.1.23) 知存在 $\bar{k}$ 使得

$$\sum_{k=\bar{k}}^{\infty} \alpha_k < \frac{\delta}{2\eta}. \tag{12.1.28}$$

由于 $\bar{x}$ 是 $\{x_k\}$ 的聚点，故存在 $\hat{k} > \bar{k}$ 使得

$$\|x_{\hat{k}} - \bar{x}\| < \frac{\delta}{2}. \tag{12.1.29}$$

从 (12.1.27)—(12.1.29) 以及 $\|x_{k+1} - x_k\| = \alpha_k \|(\delta x)_k\|$ 可知

$$x_k \in S_\delta, \quad \forall k \geqslant \hat{k}. \tag{12.1.30}$$

于是 (12.1.27) 对一切 $k \geqslant \hat{k}$ 都成立. 因此，从 (12.1.23) 可知

$$\lim_{k\to\infty} x_k = \bar{x}. \tag{12.1.31}$$

从上一定理知 $\{(x_k, \lambda_k)\}$ 无聚点，故有

$$\lim_{k\to\infty} \|\lambda_k\| = \infty. \tag{12.1.32}$$

于是，从 (12.1.32) 和 (12.1.25) 可知

$$\begin{aligned}\|\lambda_{k+1}\| &= \|\lambda_k + \alpha_k (\delta\lambda)_k\| \\ &= \|(1-\alpha_k)\lambda_k + \alpha_k(\lambda_k + (\delta\lambda)_k)\| \\ &= (1-\alpha_k)\|\lambda_k\| + O(\alpha_k) < \|\lambda_k\|\end{aligned} \tag{12.1.33}$$

对一切充分大的 k 都成立，这显然与 (12.1.32) 矛盾. 矛盾说明定理成立. □

关于算法 12.1.1 的收敛速度，我们有如下结果.

定理 12.1.4 设算法 12.1.1 产生的点列收敛于 x^*, 如果 $f(x)$ 和 $c(x)$ 在 x^* 附近三次连续可微， $A(x^*)$ 是列满秩，而且在 x^* 处

二阶充分条件满足，则必有 $\lambda_k \to \lambda^*$, 且

$$\left\| \begin{pmatrix} x_{k+1} - x^* \\ \lambda_{k+1} - \lambda^* \end{pmatrix} \right\| = O\left(\left\| \begin{pmatrix} x_k - x^* \\ \lambda_k - \lambda^* \end{pmatrix} \right\|^2 \right). \tag{12.1.34}$$

证明 由于算法 12.1.1 实质上是 (12.1.3), (12.1.4) 的 Newton-Raphson 方法，而且二阶充分条件保证矩阵

$$\begin{bmatrix} W(x^*, \lambda^*) & -A(x^*) \\ -A(x^*)^T & 0 \end{bmatrix} \tag{12.1.35}$$

是非奇异的，故知对充分大的 k 有

$$\left\| \begin{pmatrix} x_k + (\delta x)_k - x^* \\ \lambda_k + (\delta \lambda)_k - \lambda^* \end{pmatrix} \right\| = O\left(\left\| \begin{pmatrix} x_k - x^* \\ \lambda_k - \lambda^* \end{pmatrix} \right\|^2 \right). \tag{12.1.36}$$

利用 (12.1.36) 和 $f(x)$ 、 $c(x)$ 的三次连续可微性，知对所有充分大的 k, (12.1.11) 在 $\alpha = 1$ 时成立. 于是 (12.1.34) 成立. □

应当指出的是， (12.1.34) 并不等价于常规的二次收敛定义：

$$\|x_{k+1} - x^*\| = O(\|x_k - x^*\|^2). \tag{12.1.37}$$

为分析迭代点列 $\{x_k\}$ 的收敛速度，我们先给出如下结果：

引理 12.1.5 在定理 12.1.4 的假定下，我们有

$$\varepsilon_{k+1} = O(\|x_k - x^*\| \varepsilon_k), \tag{12.1.38}$$

其中

$$\varepsilon_k = \|x_k - x^*\| + \|\lambda_k - \lambda^*\|. \tag{12.1.39}$$

证明 从定理 12.1.4 的证明可知对所有充分大的 k 都有 $\alpha_k = 1$. 于是由 $(\delta x)_k$ 和 $(\delta \lambda)_k$ 的定义可得到

$$\begin{bmatrix} W(x_k, \lambda_k) & -A(x_k) \\ -A(x_k)^T & 0 \end{bmatrix} \begin{bmatrix} x_{k+1} - x^* \\ \lambda_{k+1} - \lambda^* \end{bmatrix} = \begin{bmatrix} -\nabla f(x_k) + A(x_k)\lambda_k \\ c(x_k) \end{bmatrix}$$

$$
+\begin{bmatrix} W(x_k,\lambda_k)(x_k-\lambda^*)-A(x_k)(\lambda_k-\lambda^*) \\ -A(x_k)^T(x_k-x^*) \end{bmatrix}
$$

$$
=\begin{bmatrix} (A(x^*)-A(x_k))(\lambda_k-\lambda^*)+O(\|x_k-x^*\|^2) \\ O(\|x_k-x^*\|^2) \end{bmatrix}
$$

$$
=\begin{bmatrix} O(\|x_k-x^*\|[\|x_k-x^*\|+\|\lambda_k-\lambda^*\|]) \\ O(\|x_k-x^*\|^2) \end{bmatrix}
$$

$$
=O(\|x_k-x^*\|\varepsilon_k). \tag{12.1.40}
$$

从上式和矩阵 (12.1.35) 的非奇异性即知引理为真. □

定理 12.1.6 在定理 12.1.4 的假定下，点列 $\{x_k\}$ 超线性收敛于 x^* 且对任意给定的正整数 p 都有

$$
\|x_{k+1}-x^*\|=o\Big(\|x_k-x^*\|\prod_{j=1}^{p}\|x_{k-j}-x^*\|\Big). \tag{12.1.41}
$$

证明 从 (12.1.38) 即知点列 $\{x_k\}$ 超线性收敛于 x^*. 对任意给定的正整数 p, 反复利用 (12.1.38) 可得到

$$
\begin{aligned}
\|x_{k+1}-x^*\| &= O(\varepsilon_{k+1})=O(\|x_k-x^*\|\varepsilon_k) \\
&= O(\|x_k-x^*\|\,\|x_{k-1}-x^*\|\varepsilon_{k-1}) \\
&= O\Big(\|x_k-x^*\|\Big(\prod_{j=1}^{p}\|x_{k-j}-x^*\|\Big)\varepsilon_{k-p}\Big) \\
&= o\Big(\|x_k-x^*\|\prod_{j=1}^{p}\|x_{k-j}-x^*\|\Big).
\end{aligned} \tag{12.1.42}
$$

故知定理成立. □

Lagrange-Newton 法的一个重要贡献是在它的基础上发展了逐步二次规划方法，后者已经成为当今求解中小规模非线性约束优化问题的一类最重要的方法.

我们将 (12.1.6) 写成如下形式：

$$W(x_k,\lambda_k)(\delta x)_k+\nabla f(x_k)=A(x_k)[\lambda_k+(\delta\lambda)_k], \tag{12.1 43}$$

$$c(x_k)+A(x_k)^T(\delta x)_k=0. \tag{12.1.44}$$

不难发现，$(\delta x)_k$ 是二次规划问题：

$$\min d^T\nabla f(x_k)+\frac{1}{2}d^TW(x_k,\lambda_k)d, \tag{12.1.45}$$

$$\text{s.t. } c(x_k)+A(x_k)^Td=0. \tag{12.1.46}$$

的 K–T 点．而且 $(\lambda_k+(\delta\lambda)_k)$ 是相应的 Lagrange 乘子．所以，Lagrange-Newton 法可理解为逐步求解二次规划 (12.1.45)—(12.1.46 的方法．λ_1 预先给出，对任何 $k\geqslant 1$, 有

$$\lambda_{k+1}=\lambda_k+\alpha_k(\delta\lambda)_k=\lambda_k+\alpha_k[\bar{\lambda}_k-\lambda_k]. \tag{12.1.47}$$

其中 $\bar{\lambda}_k$ 是 (12.1.45)—(12.1.46) 的 Lagrange 乘子，α_k 是第 k 次迭代的步长．

§ 12.2 Wilson-Han-Powell 方法

本节我们介绍一个逐步二次规划方法，这个方法于 1976 年由 Han (韩世平) 提出．该方法是基于上一节所讨论的 Lagrange-Newton 方法．在每次迭代中用一修正矩阵 B_k 代替 $W(x_k,\lambda_k)$．由于 Lagrange-Newton 方法早在 Wilson (1963) 所考虑，以及由于该方法后经 Powell (1977) 所修改，所以，通常人们称其为 Wilson-Han-Powell 方法．

考虑一般非线性约束问题 (8.1.1)—(8.1.3), 类似 (12.1.45)—(12.1.46), 我们构造子问题：

$$\min_{d\in\mathbb{R}^n} g_k^Td+\frac{1}{2}d^TB_kd, \tag{12.2.1}$$

$$\text{s.t. } a_i(x_k)^T d + c_i(x_k) = 0,\ i \in E, \tag{12.2.2}$$

$$a_i(x_k)^T d + c_i(x_k) \geqslant 0, \quad i \in I, \tag{12.2.3}$$

其中

$$A(x_k) = [a_1(x_k), \cdots, a_m(x_k)] = \nabla c(x_k)^T; \tag{12.2.4}$$

$g_k = g(x_k) = \nabla f(x_k)$, $E = \{1, 2, \cdots m_e\}$, $I = \{m_e + 1, \cdots, m\}$, $B_k \in \mathbb{R}^{n\times n}$ 是 Lagrange 函数的海色阵的近似. 记 (12.2.1)—(12.2.3) 的解为 d_k, Wilson-Han-Powell 方法就是用 d_k 作为第 k 次迭代的搜索方向. 记 λ_k 为 (12.2.1)—(12.2.2) 的 Lagrange 乘子，故有

$$g_k + B_k d_k = A(x_k)\lambda_k, \tag{12.2.5}$$

$$(\lambda_k)_i \geqslant 0, \quad i \in I; \tag{12.2.6}$$

$$(\lambda_k)_i[c_i(x_k) + a_i(x_k)^T d_k] = 0, \quad i \in I. \tag{12.2.7}$$

值得注意的是上式定义的 λ_k 和上一节所定义的 λ_k 是不一样的.

d_k 的一个很好性质是：它是许多罚函数的下降方向. 例如，对于 L_1 精确罚函数我们有：

引理 12.2.1 设 d_k 为 (12.2.1)—(12.2.3) 的 K–T 点， λ_k 是相应的 Lagrange 乘子，则对于 L_1 罚函数

$$P(x, \sigma) = f(x) + \sigma\|c^{(-)}(x)\|_1, \tag{12.2.8}$$

其中 $c^{(-)}(x)$ 由 (10.1.2)—(10.1.3) 所定义，有

$$P'_\alpha(x_k + \alpha d_k, \sigma)\big|_{\alpha=0} \leqslant -d_k^T B_k d_k - \sigma\|c^{(-)}(x_k)\|_1 + \lambda_k^T c(x_k). \tag{12.2.9}$$

如果 $d_k^T B_k d_k > 0$ 且 $\sigma \geqslant \|\lambda_k\|_\infty$, 则 d_k 是罚函数 (12.2.8) 在 x_k 处的下降方向.

证明 利用 $\|(c+Ad)^{(-)}\|_1$ 的凸性，我们有

$$P'_\alpha(x_k+\alpha d_k,\sigma)\big|_{\alpha=0}=\lim_{\alpha\to 0_+}\frac{P(x_k+\alpha d_k)-P(x_k)}{\alpha}$$

$$=g_k^T d_k+\lim_{\alpha\to 0_+}\sigma\frac{\|[c(x_k)+\alpha A(x_k)^T d_k]^{(-)}\|_1-\|c^{(-)}(x_k)\|_1}{\alpha}$$

$$\leqslant g_k^T d_k+\lim_{\alpha\to 0_+}\sigma[\|(c(x_k)+A(x_k)^T d_k)^{(-)}\|_1-\|c^{(-)}(x_k)\|_1]$$

$$=g_k^T d_k-\sigma\|c^{(-)}(x_k)\|_1. \tag{12.2.10}$$

从 (12.2.5) 和 (12.2.7) 式可推得

$$g_k^T d_k=-d_k^T B_k d_k+\lambda_k^T c(x_k). \tag{12.2.11}$$

利用 (12.2.10) 和 (12.2.11) 即知道 (12.2.9) 式成立. 因为 λ_k 满足 (12.2.6), 由 $c^{(-)}(x)$ 的定义即有

$$\lambda_k^T c(x_k)\leqslant\sum_{i=1}^{m}|(\lambda_k)_i|\;|c_i^{(-)}(x_k)|, \tag{12.2.12}$$

将上式代入 (12.2.9) 式，再利用 $d_k^T B_k d_k>0$ 和 $\sigma>\|\lambda_k\|_\infty$ 的假设，我们有

$$P'_\alpha(x_k+\alpha d_k,\sigma)\big|_{\alpha=0}\leqslant -d_k^T B_k d_k-\sum_{i=1}^{m}(\sigma-|(\lambda_k)_i|)|c_i^{(-)}(x_k)|<0. \tag{12.2.13}$$

从而引理成立. □

下面的算法是 Han (1977) 提出的逐步二次规划二次规划方法：

算法 12.2.2

步 1　给出 $x_1\in\mathbb{R}^n$, $\sigma>0$, $\delta>0$, $B_1\in\mathbb{R}^{n\times n}$, $\varepsilon\geqslant 1$, $k:=1$;

步 2　求解 (12.2.1)—(12.2.3) 给出 d_k; 如果 $\|d_k\|\leqslant\varepsilon$ 则停；求 $\alpha_k\in[0,\delta]$ 使得

$$P(x_k+\alpha_k d_k,\sigma)\leqslant\min_{0\leqslant\alpha\leqslant\delta}P(x_k+\alpha d_k,\sigma)+\varepsilon_k \tag{12.2.14}$$

步 3　$x_{k+1} = x_k + \alpha_k d_k$; 计算 B_{k+1};

$k := k+1$; 转步 2.　□

在 (12.2.14) 中，罚函数 $P(x,\sigma)$ 是 L_1 精确罚函数，ε_k 是一非负数列且满足

$$\sum_{k=1}^{\infty} \varepsilon_k < +\infty. \tag{12.2.15}$$

算法 12.2.2 的全局收敛性结果如下.

定理 12.2.3　假定 $f(x)$ 和 $c_i(x)$ 连续可微, 存在常数 $m, M > 0$ 使得

$$m\|d\|^2 \leqslant d^T B_k d \leqslant M\|d\|^2 \tag{12.2.16}$$

对一切 k 和 $d \in \mathbb{R}^n$ 都成立，如果 $\|\lambda_k\|_\infty \leqslant \sigma$ 对一切 k 均成立，则算法 12.2.2 产生的点列 $\{x_k\}$ 之任何聚点都是问题 (8.1.1)—(8.1.3) 的 K–T 点.

证明　假设定理不真，则存在子列收敛于 $\bar{x}$, 且 $\bar{x}$ 不是 K–T 点. 记

$$\lim_{\substack{k\in K_0\\ k\to\infty}} x_k = \bar{x}. \tag{12.2.17}$$

不失一般性，可假定

$$\lim_{\substack{k\in K_0\\ k\to\infty}} \lambda_k = \bar{\lambda}, \quad \lim_{\substack{k\in K_0\\ k\to\infty}} B_k = \bar{B}. \tag{12.2.18}$$

如果

$$\lim_{\substack{k\in K_0\\ k\to\infty}} \|d_k\| = 0, \tag{12.2.19}$$

则由

$$g_k + B_k d_k = A(x_k)\lambda_k, \tag{12.2.20}$$

可推出

$$g(\bar{x}) = A(\bar{x})\bar{\lambda}. \tag{12.2.21}$$

这与 $\bar{x}$ 不是 K–T 点相矛盾. 故我们可假设

$$\|d_k\| \geqslant \eta > 0, \quad \forall k \in K_0, \tag{12.2.22}$$

其中 η 是一常数. 利用上式和 (12.2.13) 可知

$$P'_\alpha(x_k+\alpha d_k,\sigma)\big|_{\alpha=0}\leqslant -m\eta\|d_k\|, \tag{12.2.23}$$

对一切 $k\in K_0$ 都成立. 从 (12.2.23) 和函数的连续性假设可知必存在正常数 $\bar\eta$, 使得

$$\min_{0\leqslant\alpha\leqslant\delta} P(x_k+\alpha d_k,\sigma)\leqslant P(x_k,\sigma)-\bar\eta \tag{12.2.24}$$

对所有 $k\in K_0$ 都成立. 故知

$$P(x_{k+1},\sigma)\leqslant P(x_k,\sigma)-\bar\eta+\varepsilon_k,\quad \forall k\in K_0. \tag{12.2.25}$$

于是我们得到

$$\begin{aligned}\sum_{k\in K_0}\bar\eta &\leqslant \sum_{k\in K_0}[P(x_k,\sigma)-P(x_{k+1},\sigma)]+\sum_{k\in K_0}\varepsilon_k\\ &\leqslant \sum_{k=1}^{\infty}[P(x_k,\sigma)-P(x_{k+1},\sigma)]+\sum_{k=1}^{\infty}\varepsilon_k.\end{aligned} \tag{12.2.26}$$

由于 $\lim\limits_{k\to\infty}P(x_k,\sigma)=P(\bar x,\sigma)$, 我们可推得

$$\sum_{k\in K_0}\bar\eta\leqslant P(x_1,\sigma)-P(\bar x,\sigma)+\sum_{k=1}^{\infty}\varepsilon_k<+\infty. \tag{12.2.27}$$

从上式和 $\bar\eta>0$ 知 K_0 是一有限集合，这与假定 K_0 是一无穷子列相矛盾. 此矛盾说明定理为真. □

全局收敛性要求

$$\sigma>\|\lambda_k\|_\infty \tag{12.2.28}$$

对一切 k 都成立. 但在实际计算中很难先给定这样的 σ. 如果 σ 太小，则条件 (12.2.28) 可能遭到破坏，如果 σ 过大则会使搜索步长 α_k 变得很小将影响算法的收敛速度. Powell 提出在第 k 次迭代时利用如下精确罚函数

$$P(x,\sigma_k)=f(x)+\sum_{i=1}^{m}(\sigma_k)_i|c_i^{(-)}(x)|, \tag{12.2.29}$$

这里 $(\sigma_k)_i > 0$. 这些罚系数可用下面方法产生,

$$(\sigma_1)_i = (\lambda_1)_i \quad i = 1, \cdots m, \tag{12.2.30}$$

$$(\sigma_k)_i = \max\left\{|[\lambda_k]_i|, \frac{1}{2}[(\sigma_{k-1})_i + |(\lambda_k)_i|]\right\}, \quad i = 1, \cdots, m, \ k > 1; \tag{12.2.31}$$

这样定义的 σ_k 显然满足

$$(\sigma_k)_i \geqslant |(\lambda_k)_i| \quad i = 1, 2, \cdots, m. \tag{12.2.32}$$

由于 $(\sigma_k)_i$ 是随 k 变化, 故定理 12.2.3 的条件不成立. Chamberlain (1979) 举例说明 Powell 的修正罚因子技巧可能导致死循环.

关于算法 12.2.2 中 B_{k+1} 的计算, 一般是用拟牛顿修正公式逐步迭代产生. 从 12.1 节中的讨论可知, 我们希望 B_{k+1} 是 Lagrange 函数之海色阵的近似, 我们可取

$$s_k = x_{k+1} - x_k, \tag{12.2.33}$$

$$y_k = \nabla f(x_{k+1}) - \nabla f(x_k) - \sum_{i=1}^{m}(\lambda_k)_i[\nabla c_i(x_{k+1}) - \nabla c_i(x_k)]. \tag{12.2.34}$$

然后利用拟牛顿公式计算 B_{k+1}. 与无约束优化本质不一样的是, 对于价值函数进行线搜索并不能保证

$$s_k^T y_k > 0, \tag{12.2.35}$$

从而不能直接利用 BFGS 方法. Powell (1978) 建议取

$$\bar{y}_k = \begin{cases} y_k, & \text{如果 } s_k^T y_k \geqslant 0.2 s_k^T B_k s_k, \\ \theta_k y_k + (1 - \theta_k) B_k s_k, & \text{否则}. \end{cases} \tag{12.2.36}$$

其中

$$\theta_k = \frac{0.8 s_k^T B_k s_k}{s_k^T B_k s_k - s_k^T y_k}. \tag{12.2.37}$$

这种选取 $\bar{y}_k$ 的基本思想是利用 y_k 和 $B_k s_k$ 的凸组合构造一可以用来修正矩阵的向量. 由于 $B_k s_k$ 可理解为 y_k 的一种近似估计, 且满足 (因为 B_k 正定)

$$s_k^T(B_k s_k) > 0. \tag{12.2.38}$$

故利用 y_k 和 $B_k s_k$ 的凸组合是一种很自然的选择. Powell 的公式 (12.2.36)—(12.2.37) 在几何上可理解为: 设 $B_k s_k$ 在 s_k 方向上的投影长度为 1, 修正公式 (12.2.36)—(12.2.37) 实际上就是要求 $\bar{y}_k$ 是在 y_k 和 $B_k s_k$ 的连线上使其尽可能靠近 y_k, 且在 s_k 方向上投影的长度至少为 0.2. 这可由图 12.2.1 表明.

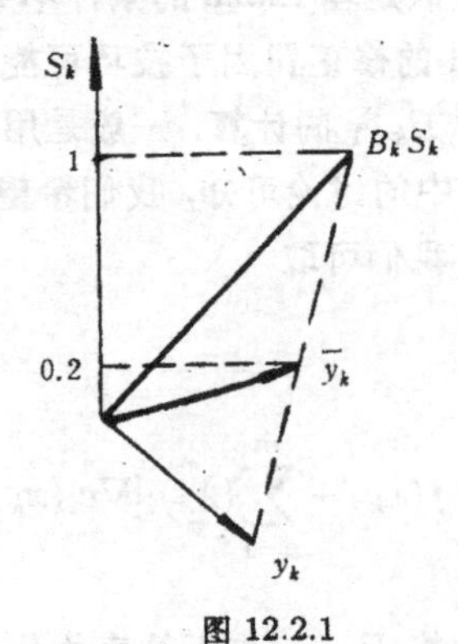

图 12.2.1

得到修正方向后, 我们可用 BFGS 方法计算 B_{k+1}:

$$B_{k+1} = B_k - \frac{B_k s_k s_k^T B_k^T}{s_k^T B_k s_k} + \frac{\bar{y}_k \bar{y}_k^T}{s_k^T \bar{y}_k}. \tag{12.2.39}$$

另一种修正 y_k 的方法是取

$$\hat{y}_k = y_k + 2\rho \sum_{i=1}^{m} -c_i(x_k)\nabla c_i(x_k) \tag{12.2.40}$$

代替 y_k. 由于

$$\hat{y}_k \approx [\nabla^2 L(x_k, \lambda_k) + 2\rho A(x_k)A(x_k)^T]s_k, \tag{12.2.41}$$

所以可理解为利用 $\hat{y}_k$ 来使得 B_{k+1} 近似增广 Lagrange 函数的 Hesse 阵. 这一选取的优点是

$$s_k^T\hat{y}_k > 0 \tag{12.2.42}$$

通常可以得到满足. 如果 $s_k^T\hat{y}_k \leqslant 0$, 可利用增大 ρ 来使 (12.2.42) 成立. 一般说来, 在解处增广 Lagrange 函数的 Hesse 阵是正定的, 故用正定矩阵 B_k 近似它是比较合理.

§12.3 SQP 步的超线性收敛性

为了证明逐步二次规划方法的超线性收敛性

$$\lim_{k\to\infty}\frac{\|x_{k+1}-x^*\|}{\|x_k-x^*\|}=0, \tag{12.3.1}$$

只需证明算法产生的搜索方向 d_k 满足

$$\lim_{k\to\infty}\frac{\|x_k+d_k-x^*\|}{\|x_k-x^*\|}=0 \tag{12.3.2}$$

以及算法在 (12.3.2) 成立的条件下可允许对所有充分大的 $k, \alpha_k = 1$. 所以算法超线性收敛的关键在于它所给出的搜索方向 d_k 满足 (12.3.2). 我们称满足于 (12.3.2) 的 d_k 为超线性收敛步. 本节我们讨论逐步二次规划法的搜索方向是超线性收敛步的等价条件.

在本节, 我们作如下假设.

假设 12.3.1

1) $f(x), c_i(x)$ 都是二次连续可微;

2) 由算法产生的点列 $x_k \to x^*$;

3) x^* 是 K–T 点且

$$\nabla c_i(x^*),\quad i\in E\cup I(x^*) \tag{12.3.3}$$

线性无关. 记矩阵 $A(x^*)$ 是由 (12.3.3) 组成的 $n\times|E\cup I(x^*)|$ 矩阵, 对一切满足

$$A(x^*)^T d = 0 \tag{12.3.4}$$

的非零向量 d 都有

$$d^T W(x^*,\lambda^*)d \neq 0 \tag{12.3.5}$$

其中 $W(x^*,\lambda^*)$ 由 (12.1.8) 定义， λ^* 是在 x^* 处的 Lagrange 乘子.

上述假定是约束优化超线性收敛分析时常用的. 显然，在二阶充分性假定:

$$d^T W(x^*,\lambda^*)d > 0, \quad \forall d \neq 0,\ A(x^*)^T d = 0, \tag{12.3.6}$$

时， (12.3.4) 与 (12.3.5) 成立.

我们还假定算法在收敛时，能自动判断在解处的积极集合 $E \cup I(x^*)$, 从而当 k 充分大时，搜索方向 d_k 实际上就是一个等式约束的二次规划的解.

假定 12.3.2 在 k 充分大时， d_k 是问题

$$\min_{d\in\mathbb{R}^n} g_k^T d + \frac{1}{2} d^T B_k d \tag{12.3.7}$$

$$\text{s.t. } c_i(x_k) + d^T \nabla c_i(x_k) = 0, \quad i \in E \cup I(x^*) \tag{12.3.8}$$

的解.

在假定 12.3.2 成立时，存在 $\lambda_k \in \mathbb{R}^{|E\cup I(x^*)|}$ 使得

$$g_k + B_k d_k = A(x_k)\lambda_k, \tag{12.3.9}$$

$$A(x_k)^T d_k = -\hat{c}(x_k), \tag{12.3.10}$$

其中 $\hat{c}(x)$ 由 $c_i(x)(i \in E \cup I(x^*))$ 组成.

定理 12.3.3 设假定 12.3.1 和假定 12.3.2 成立，则 d_k 是一超线性收敛步，即

$$\lim_{k\to\infty} \frac{\|x_k + d_k - x^*\|}{\|x_k - x^*\|} = 0 \tag{12.3.11}$$

等价于

$$\lim_{k\to\infty} \frac{\|P_k(B_k - W(x^*,\lambda^*))d_k\|}{\|d_k\|} = 0. \tag{12.3.12}$$

其中 P_k 是从 $\mathbb{R}^n$ 到 $A(x_k)^T$ 零空间上的投影算子，即有

$$P_k = (I - A(x_k)(A(x_k)^T A(x_k))^{-1} A(x_k)^T). \tag{12.3.13}$$

证明 由 (12.3.9) 和 P_k 的定义，我们有

$$\begin{aligned} P_k B_k d_k &= -P_k g_k = -P_k[\nabla f(x_k) - A(x_k)\lambda^*] \\ &= -P_k W(x^*, \lambda^*)(x_k - x^*) + O(\|x_k - x^*\|^2). \end{aligned} \tag{12.3.14}$$

所以

$$\begin{aligned} P_k(B_k - W(x^*, \lambda^*))d_k = &- P_k W(x^*, \lambda^*)[x_k + d_k - x^*] \\ &+ O(\|x_k - x^*\|^2). \end{aligned} \tag{12.3.15}$$

利用 (12.3.10) 和

$$\begin{aligned} \hat{c}(x_k) &= \hat{c}(x_k) - \hat{c}(x^*) \\ &= A(x_k)^T(x_k - x^*) + O(\|x_k - x^*\|^2), \end{aligned} \tag{12.3.16}$$

我们有

$$A(x_k)^T(x_k + d_k - x^*) = O(\|x_k - x^*\|^2). \tag{12.3.17}$$

将 (12.3.15) 和 (12.3.17) 写成矩阵形式：

$$\begin{bmatrix} P_k W(x^*, \lambda^*) \\ A(x_k)^T \end{bmatrix} (x_k + d_k - x^*) = \begin{bmatrix} -P_k(B_k - W(x^*, \lambda^*))d_k \\ 0 \end{bmatrix} + O(\|x_k - x^*\|^2). \tag{12.3.18}$$

定义矩阵

$$G^* = \begin{bmatrix} P_* W(x^*, \lambda^*) \\ A(x^*)^T \end{bmatrix}, \tag{12.3.19}$$

其中 $P_* = I - A(x^*)(A(x^*)^T A(x^*))^{-1} A(x^*)^T$. 则对任何 $d \in \mathbb{R}^n$ 如果 $G^* d = 0$ 则有

$$A(x^*)^T d = 0, \tag{12.3.20}$$

$$d^T P_* W(x^*, \lambda^*) d = 0. \tag{12.3.21}$$

从 (12.3.20) 知 $P_* d = d$, 因而

$$d^T W(x^*, \lambda^*) d = 0. \tag{12.3.22}$$

由假定 12.3.1 知 $d = 0$. 所以矩阵 G^* 是一列满秩矩阵. 故从 $x_k \to x^*$ 和 (12.3.18) 知 (12.3.11) 等价于

$$\lim_{k \to \infty} \frac{\|P_k(B_k - W(x^*, \lambda^*))d_k\|}{\|x_k - x^*\|} = 0. \tag{12.3.23}$$

利用 (12.3.23) 等价于 (12.3.11), 以及 (12.3.11) 等价于

$$\lim_{k \to \infty} \|x_k - x^*\| \Big/ \|d_k\| = 1. \tag{12.3.24}$$

我们可证 (12.3.23) 等价于 (12.3.12). 所以定理为真. □

利用 (12.3.9) 和关系式 $\lambda_k \to \lambda^*$, 我们有

$$\begin{aligned} W(x^*, \lambda^*) d_k &= W(x^*, \lambda_k) d_k + o(\|d_k\|) \\ &= \nabla f(x_k + d_k) - A(x_k + d_k)\lambda_k \\ &\quad - \nabla f(x_k) + A(x_k)\lambda_k + o(\|d_k\|). \end{aligned} \tag{12.3.25}$$

于是

$$\begin{aligned} P_k(B_k - W(x^*, \lambda^*))d_k = &- P_k[\nabla f(x_k + d_k) - A(x_k + d_k)\lambda_k] \\ &+ o(\|d_k\|). \end{aligned} \tag{12.3.26}$$

从上式和定理 12.3.3 得到下面结果.

推论 12.3.4 在定理 12.3.3 的假定下，(12.3.11) 等价于

$$\lim_{k\to\infty}\frac{\|P_k[\nabla f(x_k+d_k)-A(x_k+d_k)\lambda_k\|}{\|d_k\|}=0. \tag{12.3.27}$$

从定理 12.3.3 可知，为了使逐步二次规划超线性收敛，我们应选取 B_k 使其满足 (12.3.12), 也就是说 B_k 应是 $W(x^*,\lambda^*)$ 的好的近似.

§12.4 Marotos 效应

对于无约束优化问题，如果 x^* 是一稳定点且二阶充分性条件

$$\nabla^2 f(x^*) \quad 正定 \tag{12.4.1}$$

成立，则只要 $x_k\to x^*$, d_k 是一超线性收敛步，则对所有充分大的 k, 都有

$$f(x_k+d_k)<f(x_k). \tag{12.4.2}$$

从而可知，在无约束情形，超线性收敛步都是可以接受的. 但这一点在约束优化时却不成立，此现象是 Marotos(1978) 最先指出的，因而称为 Marotos 效应.

考虑等式约束优化问题

$$\min_{x=(u,v)\in\mathbb{R}^2} f(x)=3v^2-2u, \tag{12.4.3}$$

$$\text{s.t. } c(x)=u-v^2=0. \tag{12.4.4}$$

不难验证 $x^*=(0,0)^T$ 是唯一的极小点且假设 12.3.1 中的 3) 满足. 事实上，在 x^* 处二阶充分条件满足. 考虑任何靠近解的点 ($\varepsilon>0$ 充分小)

$$\bar{x}(\varepsilon)=(u(\varepsilon),v(\varepsilon))^T=(\varepsilon^2,\varepsilon)^T. \tag{12.4.5}$$

取 $B=W(x^*,\lambda^*)$, 则二次规划子问题为

$$\min_{d\in\mathbb{R}^2} d^T\begin{pmatrix}-2\\6\varepsilon\end{pmatrix}+\frac{1}{2}d^T\begin{bmatrix}0&0\\0&2\end{bmatrix}d, \tag{12.4.6}$$

$$\text{s.t. } d^T\begin{pmatrix}1\\-2\varepsilon\end{pmatrix}=0. \tag{12.4.7}$$

不难计算，(12.4.6)—(12.4.7) 之解为

$$\bar{d}(\varepsilon)=\begin{bmatrix}-2\varepsilon^2\\-\varepsilon\end{bmatrix} \tag{12.4.8}$$

所以我们有

$$\|\bar{x}(\varepsilon)+\bar{d}(\varepsilon)-x^*\|=O(\|\bar{x}(\varepsilon)-x^*\|^2). \tag{12.4.9}$$

因此，$\bar{d}(\varepsilon)$ 是一超线性收敛步. 直接计算还表明：

$$f(\bar{x}(\varepsilon)+\bar{d}(\varepsilon))=2\varepsilon^2, \tag{12.4.10}$$

$$c(\bar{x}(\varepsilon)+\bar{d}(\varepsilon))=-\varepsilon^2. \tag{12.4.11}$$

由于

$$f(\bar{x}(\varepsilon))=\varepsilon^2, \tag{12.4.12}$$

$$c(\bar{x}(\varepsilon))=0, \tag{12.4.13}$$

所以

$$f(\bar{x}(\varepsilon)+\bar{d}(\varepsilon))>f(\bar{x}(\varepsilon)), \tag{12.4.14}$$

$$|c(\bar{x}(\varepsilon)+\bar{d}(\varepsilon))|>|c(\bar{x}(\varepsilon))|. \tag{12.4.15}$$

也就是说，尽管 $\bar{d}(\varepsilon)$ 是一超线性收敛步 (即 $\bar{x}(\varepsilon)+\bar{d}(\varepsilon)$ 比 $\bar{x}(\varepsilon)$ 远远近于 x^*), 但无论是从目标函数值还是从约束函数的违反度来看,

$\bar{x}(\varepsilon)+\bar{d}(\varepsilon)$ 都比 $\bar{x}(\varepsilon)$"坏". 事实上，对任何具有 (10.6.2) 形式的罚函数 $P_{\sigma,h}(x)$, 都有

$$P_{\sigma,h}(\bar{x}(\varepsilon)+\bar{d}(\varepsilon))>P_{\sigma,h}(\bar{x}(\varepsilon)). \tag{12.4.16}$$

特别地，如果 L_1 罚函数是价值函数，则 $\bar{x}(\varepsilon)+\bar{d}(\varepsilon)$ 不能被接受.

Marotos 效应揭露了对于许多罚函数，超线性收敛步并不一定能被接受，从而可能破坏算法的收敛性.

克服 Marotos 效应的方法主要有三种. 第一是放松接受试探步的条件. 粗略地说，既然试探步 d_k 是一超线性收敛步，我们应当在保证收敛的前提下尽可能地接受 $\alpha_k=1$ 的步长因子. 第二是引进二阶校正步 $\hat{d}_k$ 的技巧，其中 $\hat{d}_k$ 满足 $\|\hat{d}_k\|=O(\|d_k\|^2)$, 且有 $P_\sigma(x_k+d_k+\hat{d}_k)<P_\sigma(x_k)$. 这样 $d_k+\hat{d}_k$ 仍是一超线性收敛步，且它可被接受. 第三是在算法中用光滑精确罚函数作为价值函数. 如果罚函数 $P_\sigma(x)$ 是光滑的，则只要 (12.3.11) 成立就有

$$P_\sigma(x_k+d_k)<P_\sigma(x_k). \tag{12.4.17}$$

我们将在下几节对这几种克服 Marotos 效应的技巧加以介绍.

§12.5 Watchdog 技术

Marotos 效应的本质是由于

$$P_\sigma(x_k+d_k)>P_\sigma(x_k), \tag{12.5.1}$$

使得 $x_{k+1}\neq x_k+d_k$, 因而破坏超线性收敛性. 在 Chamberlain 等人 (1982) 提出的 Watchdog 技术中，在一些迭代进行标准型线搜索，即要求

$$P_\sigma(x_{k+1})<P_\sigma(x_k), \tag{12.5.2}$$

而在另一些迭代中进行 "松弛搜索". "松驰搜索" 可要求 Lagrange 函数值下降，或可简单地取 $\alpha_k=1$. 如果在一次迭代求得的新点

与原先迭代过程中最好的点相比 $P_\sigma(x)$ 有了“足够的”下降，就可让下一次迭代中的线搜索为“松驰搜索”.

定义函数

$$P_\sigma(x)=f(x)+\sum_{i=1}^{m_e}\sigma_i|c_i(x)|+\sum_{i=m_e+1}^{m}\sigma_i|\min[0,c_i(x)]|, \tag{12.5.3}$$

$$\begin{aligned}P_\sigma^{(k)}(x)=&f(x_k)+(x-x_k)^T\nabla f(x_k)+\frac{1}{2}(x-x_k)^TB_k(x-x_k)\\&+\sum_{i=1}^{m_e}\sigma_i|c_i(x_k)+(x-x_k)^T\nabla c_i(x_k)|\\&+\sum_{i=m_e+1}^{m}\sigma_i|\min[0,c_i(x_k)+(x-x_k)^T\nabla c_i(x_k)]|.\end{aligned} \tag{12.5.4}$$

设 $l\leqslant k$ 是至第 k 次迭代“最好”的点，即

$$P_\sigma(x_l)=\min_{1\leqslant i\leqslant k}P_\sigma(x_i). \tag{12.5.5}$$

设 $\beta\in\left(0,\frac{1}{2}\right)$ 是一给定的常数，如果在第 k 次迭代得到的 $x_{k+1}=x_k+\alpha_kd_k$, 满足

$$P_\sigma(x_{k+1})\leqslant P_\sigma(x_l)-\beta[P_\sigma(x_l)-P_\sigma^{(l)}(x_{l+1})], \tag{12.5.6}$$

则称 x_{k+1} 与 x_l 相比 $P_\sigma(x)$ 有了“足够的”下降，也称为 $P_\sigma(x_{k+1})$ 是比 $P_\sigma(x_l)$“足够小”.

下面给出的是 Watchdog 方法.

算法 12.5.1 (Watchdog 法)

步 1 给出初值 $x_1\in\mathbb{R}^n$, 给出正整数 $\bar{n}$, 令线搜索类型为标准型： $k:=l:=1$;

步 2 计算搜索方向 d_k; 利用所定义的线搜索类型进行线搜索得到 $\alpha_k>0$; 令 $x_{k+1}=x_k+\alpha_kd_k$;

步 3 如果 (12.5.6) 满足，则下一次的线搜索类型为松弛搜

索，否则为标准搜索.

步 4　如果 $P_\sigma(x_{k+1}) \leqslant P_\sigma(x_l)$, 则 $l := k+1$;

步 5　如果 $k < l + \bar{n}$, 则转步 6; $x_{k+1} := x_l$; $l := k+1$;

步 6　如果需要迭代，则 $k := k+1$; 转步 2.　□

事实上，如果“松驰搜索”和“标准搜索”都一样的话，上面给出的算法实际上就是基于标准线搜索的方法. 所以 Watchdog 技术不过就是原来优化方法的推广.

设标准线搜索要求

$$P_\sigma(x_{k+1}) \leqslant P_\sigma(x_k) - \beta[P_\sigma(x_k) - P_\sigma^{(k)}(x_{k+1})]. \tag{12.5.7}$$

由算法的构造可知，一定存在 $k \leqslant l + \bar{n} + 1$ 使得

$$P_\sigma(x_{k+1}) \leqslant P_\sigma(x_l) - \beta[P_\sigma(x_l) - P_\sigma^{(l)}(x_{l+1})] \tag{12.5.8}$$

成立. 故知 Watchdog 方法虽然不使 $P_\sigma(x)$ 单调下降，但保证每 $\bar{n}+1$ 次迭代中必使价值函数 $P_\sigma(x)$ 足够下降. 令 $l(j)$ 是第 j 个 l 的值，从上面的讨论我们有

$$l(j) < l(j+1) \leqslant l(j) + \bar{n} + 2. \tag{12.5.9}$$

如果假定点列 $\{x_k\}$ 有界，则 $P_\sigma(x_{l(j)})$ 不趋于负无穷，于是从不等式

$$P_\sigma(x_{l(j+1)}) \leqslant P_\sigma(x_{l(j)}) - \beta[P_\sigma(x_{l(j)}) - P_\sigma^{(l(j))}(x_{l(j)+1})] \tag{12.5.10}$$

可推得

$$\sum_{j=1}^{\infty}[P_\sigma(x_{l(j)}) - P_\sigma^{(l(j))}(x_{l(j)+1})] < +\infty. \tag{12.5.11}$$

利用上式就可证明 $\{x_k\}$ 必有一聚点是约束优化问题的 K–T 点.

§12.6　二阶校正步

二阶校正步是指满足于

$$\|\hat{d}_k\| = O(\|d_k\|^2) \tag{12.6.1}$$

且使

$$P_\sigma(x_k + d_k + \hat{d}_k) < P_\sigma(x_k) \tag{12.6.2}$$

成立的修正步 $\hat{d}_k$. 我们考虑 $\hat{d}_k$ 是下面二次规划之解,

$$\min_{d\in\mathbb{R}^n} g_k^T(d_k + d) + \frac{1}{2}(d_k + d)^T B_k(d_k + d), \tag{12.6.3}$$

$$\text{s.t. } c_i(x_k + d_k) + a_i(x_k)^T d = 0, \quad i \in E, \tag{12.6.4}$$

$$c_i(x_k + d_k) + a_i(x_k)^T d \geqslant 0, \quad i \in I. \tag{12.6.5}$$

这里 d_k 是 (12.2.1)—(12.2.3) 的解.

为了简单起见, 我们考虑所有的约束都是等式约束. 假定二阶充分条件在 x^* 满足且 $x_k \to x^*$. 由 K-T 条件知存在 $\lambda_k \in \mathbb{R}^m$ 和 $\hat{\lambda}_k \in \mathbb{R}^m$ 使得

$$B_k d_k = -g_k + A(x_k)\lambda_k, \tag{12.6.6}$$

$$A(x_k)^T d_k = -c(x_k). \tag{12.6.7}$$

和

$$B_k d_k + B_k\hat{d}_k = -g_k + A(x_k)\hat{\lambda}_k, \tag{12.6.8}$$

$$A(x_k)^T\hat{d}_k = -c(x_k + d_k). \tag{12.6.9}$$

利用 (12.6.6) 和 (12.6.8) 知

$$P_k B_k \hat{d}_k = 0, \tag{12.6.10}$$

其中 P_k 由 (12.3.13) 定义. 我们作如下假定:

假定 12.6.1

1) $x_k \to x^*$;

2) 在 x^* 处 $A(x^*)$ 列满秩;

3) 存在正常数 $\bar{m}, \bar{M}$ 使得

$$d^T B_k d \geqslant \bar{m}\|d\|_2^2 \tag{12.6.11}$$

对任何满足 $A(x_k)^T d = 0$ 的 d 都成立以及 $\|B_k\| \leqslant \bar{M}$ 对一切 k 都成立；

在上面假定下，我们有如下结果.

引理 12.6.2 设假定 12.6.1 的条件成立，则存在正常数 η 使得

$$\left\|\begin{pmatrix} P_k B_k \\ A(x_k)^T \end{pmatrix} d\right\|_2 \geqslant \eta\|d\|_2 \tag{12.6.12}$$

对一切 $d \in \mathbb{R}^n$ 和一切充分大的 k 都成立.

证明 设 $A(x_k)$ 的 QR 分解为

$$A(x_k) = [Y_k\ Z_k]\begin{bmatrix} R_k \\ 0 \end{bmatrix}. \tag{12.6.13}$$

由于 $A(x^*)$ 非奇异，故存在 k_0 使得当 $k \geqslant k_0$

$$\|R_k^{-1}\|_2 \leqslant \hat{\eta}, \tag{12.6.14}$$

其中 $\hat{\eta} > 0$ 是一常数，于是当 $k \geqslant k_0$ 时，

$$\|A(x_k)^T d\|_2 = \|R_k^T Y_k^T d\|_2 \geqslant \frac{1}{\hat{\eta}}\|Y_k^T d\|_2. \tag{12.6.15}$$

利用 $Y_k Y_k^T + Z_k Z_k^T = I$, 我们有

$$\begin{aligned} \|P_k B_k d\|_2 &= \|Z_k Z_k^T B_k d\|_2 \\ &= \|Z_k Z_k^T B_k Y_k Y_k^T d + Z_k Z_k^T B_k Z_k Z_k^T d\|_2 \\ &\geqslant \|Z_k Z_k^T B_k Z_k Z_k^T d\|_2 - \|B_k\|_2\|Y_k^T d\|_2 \\ &\geqslant \bar{m}\|Z_k^T d\|_2 - \bar{M}\|Y_k^T d\|_2. \end{aligned} \tag{12.6.16}$$

于是当

$$\|Y_k^T d\| \geqslant \frac{\bar{m}}{2\bar{M}}\|Z_k^T d\| \tag{12.6.17}$$

时，用 (12.6.15) 可推得

$$\|A(x_k)^T d\|_2 \geqslant \frac{1}{\hat{\eta}}\|Y_k^T d\|_2$$

$$\geqslant \frac{\frac{\bar{m}}{2\bar{M}}}{\hat{\eta}\sqrt{1+\left(\frac{\bar{m}}{2\bar{M}}\right)^2}}\|d\|_2. \tag{12.6.18}$$

如果 (12.6.17) 不成立，则从 (12.6.16) 可知

$$\|P_k B_k d\|_2 \geqslant \frac{1}{2}\bar{m}\|Z^T d\|_2 \geqslant \frac{\bar{M}}{\sqrt{1+\left(\frac{2\bar{M}}{\bar{m}}\right)^2}}\|d\|_2. \tag{12.6.19}$$

于是当 $k \geqslant k_0$ 时，(12.6.18) 和 (12.6.19) 两者必有一个成立. 令

$$\eta = \min\left\{\frac{1}{\hat{\eta}}, \bar{M}\right\}\frac{1}{\sqrt{1+4(\bar{M}/\bar{m})^2}}, \tag{12.6.20}$$

则知 (12.6.12) 对所有的 $k \geqslant k_0$ 和所有的 $d \in \mathbb{R}^n$ 都成立. □

利用 (12.6.9)—(12.6.10), 我们有

$$\begin{bmatrix} P_k B_k \\ A(x_k)^T \end{bmatrix} \hat{d}_k = \begin{bmatrix} 0 \\ -c(x_k+d_k) \end{bmatrix} = O(\|d_k\|_2^2). \tag{12.6.21}$$

所以，从上面关系式和引理 12.6.1 可得到以下引理.

定理 12.6.3 在假定 12.6.2 的条件下，必存在正常数 $\bar{\eta} > 0$ 使得

$$\|\hat{d}_k\|_2 \leqslant \bar{\eta}\|d_k\|_2^2. \tag{12.6.22}$$

于是，我们证明了由 (12.6.3)—(12.6.5) 定义的修正步的确是一个二阶步.

下面我们证明二阶校正步 $\hat{d}_k$ 一定会使得 $d_k+\hat{d}_k$ 可接受. 首先利用 (12.6.9) 即知

$$
\begin{aligned}
c(x_k+d_k+\hat{d}_k) &= c(x_k+d_k)+A(x_k)^T\hat{d}_k+o(\|\hat{d}_k\|) \\
&= o(\|d_k\|^2)=o(\|x_k-x^*\|^2).
\end{aligned} \tag{12.6.23}
$$

定义向量

$$
\bar{d}_k=-(A(x_k)^T)^+c(x_k+d_k)-P_k(x_k+d_k-x^*), \tag{12.6.24}
$$

则知

$$
\begin{aligned}
\|x_k+d_k+\bar{d}_k-x^*\| &= \|(I-P_k)(x_k+d_k-x^*) \\
&\quad -(A(x_k)^T)^+c(x_k+d_k)\| \\
&= \|(I-P_k)(x_k+d_k-x^*) \\
&\quad -(A(x_k)^T)^+A(x_k)^T(x_k+d_k-x^*)\| \\
&\quad +o(\|x_k-x^*\|^2)=o(\|x_k-x^*\|^2),
\end{aligned} \tag{12.6.25}
$$

而且，从 (12.6.24) 可知

$$
A(x_k)^T\bar{d}_k=-c(x_k+d_k). \tag{12.6.26}
$$

如果我们不仅假定 (12.3.12) 成立，而且假定

$$
\frac{\|(B_k-W(x^*,\lambda^*))d\|}{\|d\|}\to 0 \tag{12.6.27}
$$

对 $d=d_k+\hat{d}_k$, $d=d_k+\bar{d}$ 都成立，则有

$$
(g_k-A_k\lambda^*)^Td+\frac{1}{2}d^TB_kd=L(x_k+d,\lambda^*)-L(x_k,\lambda^*)
$$

$$+o(\|d\|^2)+o(\|x_k-x^*\|^2)$$

$$=L(x_k+d,\lambda^*)-L(x_k,\lambda^*)+o(\|x_k-x^*\|^2) \tag{12.6.28}$$

对 $d=d_k+\hat{d}_k$ 和 $d=d_k+\bar{d}_k$ 都成立．由 $\hat{d}_k$ 的定义，我们有

$$g_k^T\hat{d}_k+\frac{1}{2}(d_k+\hat{d}_k)^TB_k(d_k+\hat{d}_k)$$

$$\leqslant g_k^T\bar{d}_k+\frac{1}{2}(d_k+\bar{d}_k)^TB_k(d_k+\bar{d}_k). \tag{12.6.29}$$

从 (12.6.28)—(12.6.29) 可知

$$L(x_k+d_k+\hat{d}_k,\lambda^*)\leqslant L(x_k+d_k+\bar{d}_k,\lambda^*)+o(\|x_k-x^*\|^2)$$

$$\leqslant L(x^*,\lambda^*)+o(\|x_k-x^*\|^2).$$

利用上式和 (12.6.23) 即知

$$f(x_k+d_k+\hat{d}_k)\leqslant f(x^*)+o(\|x_k-x^*\|^2), \tag{12.6.30}$$

从 (12.6.23) 和 (12.6.30) 我们有

$$P_\sigma(x_k+d_k+\hat{d}_k)\leqslant P_\sigma(x^*)+o(\|x_k-x^*\|^2). \tag{12.6.31}$$

在二阶充分性假定下，一定存在正常数 $\delta>0$ 使得

$$P_\sigma(x_k)\geqslant P_\sigma(x^*)+\delta\|x_k-x^*\|^2. \tag{12.6.32}$$

于是，从上面两个不等式即知对所有充分大的 k, 都有

$$P_\sigma(x_k+d_k+\hat{d}_k)<P_\sigma(x_k). \tag{12.6.33}$$

事实上，利用 (12.6.31)—(12.6.32) 我们可证

$$\lim_{k\to\infty}\frac{P_\sigma(x_k)-P_\sigma(x_k+d_k+\hat{d}_k)}{P_\sigma(x_k)-P_\sigma(x^*)}=1. \tag{12.6.34}$$

利用 (12.6.22) 和 (12.6.33), 我们知

$$\lim_{k\to\infty}\frac{\|x_k+d_k+\hat{d}_k-x^*\|}{\|x_k-x^*\|}=0, \tag{12.6.35}$$

即 $d_k+\hat{d}_k$ 是一超线性收敛步，而且它也是可被接受的.

另一种计算二阶校正步的方法是求解子问题

$$\min_{d\in\mathbb{R}^n}\tilde{g}_k^T d+\frac{1}{2}d^T B_k d, \tag{12.6.36}$$

$$\text{s.t. } c_i(x_k)+a_i(x_k)^T d=0, \quad i\in E, \tag{12.6.37}$$

$$c_i(x_k)+a_i(x_k)^T d\geqslant 0, \quad i\in I, \tag{12.6.38}$$

其中

$$\tilde{g}_k=g_k+\frac{1}{2}\sum_{i=1}^{m}(\lambda_k)_i[\nabla c_i(x_k)-\nabla c_i(x_k+d_k)], \tag{12.6.39}$$

λ_k 是二次规划 (12.2.1)—(12.2.3) 的 Lagrange 乘子. 可以证明 (12.6.36)—(12.6.38) 所定义的搜索方向也是一超线性收敛步而且可被接受. 详细的讨论可参阅 Mayne 和 Polak(1982) 以及 Fukushima (1986).

§ 12.7 光滑价值函数

Marotos 效应之所以出现是由于用来判别迭代点好坏的价值函数是非光滑. 如果 $P(x)$ 是一光滑函数，它在 x^* 处达到最小，且 $\nabla^2 P(x)$ 正定. 则对充分靠近于 x^* 的 x, 有

$$\bar{M}\|x-x^*\|^2\geqslant P(x)-P(x^*)\geqslant\bar{m}\|x-x^*\|^2, \tag{12.7.1}$$

其中 $\bar{M}\geqslant\bar{m}$ 是两个正常数. 于是，只要

$$\frac{\|x_k+d_k-x^*\|}{\|x_k-x^*\|}\to 0, \tag{12.7.2}$$

就有

$$P(x_k+d_k) \leqslant P(x^*) + \bar{M}\|x_k+d_k-x^*\|^2$$

$$< P(x^*) + \bar{m}\|x_k-x^*\|^2 \leqslant P(x_k) \tag{12.7.3}$$

对充分大的 k 成立. 所以, 用光滑精确罚函数作为价值函数则可避免 Marotos 效应.

考虑等式约束问题

$$\min_{x\in\mathbb{R}^n} f(x), \tag{12.7.4}$$

$$\text{s.t. } c(x)=0. \tag{12.7.5}$$

我们用 Fletcher 光滑精确罚函数 (10.5.4) 作为价值函数. 由于函数 (10.5.4) 的导数需要计算 $f(x)$ 和 $c(x)$ 的二阶导数, Powell 和 Yuan (1986) 利用 (10.5.4) 的一个逼近形式

$$\begin{aligned}\Phi_{k,i}(\alpha\beta_{k,i}) =& f(x_k+\alpha\beta_{k,i}d_k) \\ &- [\lambda(x_k)+\alpha(\lambda(x_k+\beta_{k,i}d_k)-\lambda(x_k))]^T c(x_k+\alpha\beta_{k,i}d_k) \\ &+ \frac{1}{2}\sigma_{k,i}\|c(x_k+\alpha\beta_{k,i}d_k)\|_2^2, \quad 0\leqslant\alpha\leqslant 1.\end{aligned} \tag{12.7.6}$$

其中 d_k 是二次规划 (12.2.1)—(12.2.3) 之解, $\beta_{k,i}$ 是第 k 次迭代中的第 $i+1$ 个试探步. $\sigma_{k,i}$ 是当前的罚因子, 且满足

$$\Phi'_{k,i}(0) \leqslant -\frac{1}{2}[d_k^T B_k d_k + \sigma_{k,i}\|c(x_k)\|_2^2]$$

$$\leqslant -\frac{1}{4}\sigma_{k,i}\|c(x_k)\|_2^2. \tag{12.7.7}$$

于是我们可给出 Powell 和 Yuan 的方法如下:

算法 12.7.1

步 1 给出 $x_1 \in \mathbb{R}^n$, $\beta_1 \in (0,1)$, $\beta_2 \in (\beta_1, 1)$, $\mu \in (0, 1/2)$, $\sigma_{1,-1} > 0$, $B_1 \in \mathbb{R}^{n\times n}$, $\varepsilon \geqslant 0$. $k := 1$;

步 2 解 (12.2.1)—(12.2.3), 给出 d_k; 如果 $\|d_k\| \leqslant \varepsilon$ 则停; 令 令 $i = 0$, $\beta_{k,0} = 1$;

步 3 选取 $\sigma_{k,i}$ 使得 (12.7.7) 成立; 如果

$$\Phi_{k,i}(\beta_{k,i}) \leqslant \Phi_{k,i}(0) + \mu\beta_{k,i}\Phi'_{k,i}(0), \tag{12.7.8}$$

则转步 4; $i := i + 1$, $\beta_{k,i} \in [\beta_1, \beta_2]\beta_{k,i-1}$; 转步 3;

步 4 $x_{k+1} = x_k + \beta_{k,i}d_k$; $\sigma_{k+1,-1} = \sigma_{k,i}$; 计算 B_{k+1}; $k := k+1$; 转步 2. □

引理 12.7.2 设 $\{x_k\}$, $\{d_k\}$, $\{B_k\}$ 有界, $A(x) = \nabla c(x)^T$ 对一切 $x \in \mathbb{R}^n$ 均为列满秩以及存在常数 $\delta > 0$, 使得对一切 k 都有

$$d^T B_k d \geqslant \delta\|d\|_2^2, \quad \forall A(x_k)^T d = 0. \tag{12.7.9}$$

则存在 k' 使得对一切 $k \geqslant k'$ 都有

$$\sigma_{k,i} = \sigma_{k',0} = \bar{\sigma} > 0, \tag{12.7.10}$$

而且

$$\lim_{k\to\infty} \|d_k\| = 0. \tag{12.7.11}$$

利用这一引理就可证明算法 12.7.1 的全局收敛性结果.

定理 12.7.3 在引理 12.7.2 的条件下, 算法 12.7.1 产生的点列 $\{x_k\}$ 的任何聚点都是问题 (12.7.4)—(12.7.5) 的 K–T 点.

我们下面证明在靠近解时, 任何超线性收敛步都能被算法 12.7.1 所接受.

引理 12.7.4 设引理 12.7.2 的条件满足, 算法 9.3.4 产生的点列 $\{x_k\}$ 收敛于 x^*. 设任一子列 $\{k_i, i = 1, 2, \cdots\}$ 当 $k_i \to \infty$ 时有

$$\|x_{k_i} + d_{k_i} - x^*\| = o(\|x_{k_i} - x^*\|), \tag{12.7.12}$$

则对所有充分大的 i, 有

$$x_{k_i+1} = x_{k_i} + d_{k_i}. \tag{12.7.13}$$

证明 不失一般性，我们可假定所有的 $k_i \geqslant k'$. 为了记号简便起见，我们用 j 代替 k_i. 根据算法的构造，只需证明

$$\Phi_{j,0}(1) - \Phi_{j,0}(0) - \mu\Phi'_{j,0}(0) < 0. \tag{12.7.14}$$

由 (12.7.10) 知

$$\Phi_{j,0}(1) = f(x_j + d_j) - \lambda(x_j + d_j)^T c(x_j + d_j) + \frac{1}{2}\bar{\sigma}\|c(x_j + d_j)\|_2^2. \tag{12.7.15}$$

利用 $f(x)$ 的二次连续可微性，我们有

$$\begin{aligned} f(x_j + d_j) &= f(x_j) + \frac{1}{2}d_j^T[g_j + g(x_j + d_j)] + o(\|d_j\|_2^2) \\ &= f(x_j) + \frac{1}{2}d_j^T[g_j + g(x^*)] + o(\|d_j\|_2^2). \end{aligned} \tag{12.7.16}$$

同样，对 $c_i(x_j + d_j)$ 也有类似 (12.7.16) 的表达式. 将这些表达式代入 (12.7.15) 中得到

$$\begin{aligned} \Phi_{j,0}(1) - \Phi_{j,0}(0) &= \frac{1}{2}d_j^T[g_j + g(x^*)] - \lambda(x_j + d_j)^T \\ &\quad \cdot \left[c_j + \frac{1}{2}A_j^T d_j + \frac{1}{2}A(x^*)^T d_j\right] \\ &\quad - \left[-\lambda_j^T c_j + \frac{1}{2}\bar{\sigma}\|c_j\|_2^2\right] + o(\|d_j\|_2^2) \\ &= \frac{1}{2}\Phi'_{j,0}(0) + \frac{1}{2}d_j^T[g(x^*) - A(x^*)\lambda(x_j + d_j)] \\ &\quad + o(\|d_j)\|_2^2) = \frac{1}{2}\Phi'_{j,0}(0) + o(\|d_j\|_2^2). \end{aligned} \tag{12.7.17}$$

不难证明存在正常数 $\bar{\eta}>0$, 使得对一切 k 和 i 都有

$$\Phi'_{k,i}(0)\leqslant -\bar{\eta}\|d_k\|_2^2. \tag{12.7.18}$$

利用 (12.7.17), (12.7.18) 以及 $\mu<\dfrac{1}{2}$ 即知，对充分大的 $j=k_i$, (12.7.14) 成立，所以引理为真. □

从引理 12.7.4 可直接推出以下定理.

定理 12.7.5 设引理 12.7.2 的条件满足，算法 12.7.1 产生的点列收敛于 x^*, 如果

$$\lim_{k\to\infty}\frac{\|x_k+d_k-x^*\|}{\|x_k-x^*\|}=0, \tag{12.7.19}$$

则对充分大的 k 都有 $x_{k+1}=x_k+d_k$, 于是点列 $\{x_k\}$ 超线性收敛于 x^*.

§12.8 既约 Hesse 阵方法

既约 Hesse 阵方法是从 Lagrange-Newton 法发展出来的方法，它的基本思想只利用 Lagrange 函数的 Hesse 阵的部分信息，从而算法在每次迭代计算量小而且算法所需内存也小.

考虑等式约束优化问题 (12.1.1) 和 (12.1.2), 记 Lagrange-Newton 法的试探步为 $(d_k,(\delta\lambda)_k)$, 则由 (12.1.6) 可知

$$\begin{bmatrix} W(x_k,\lambda_k) & -A(x_k)\\ -A(x_k)^T & 0\end{bmatrix}\begin{bmatrix} d_k\\ (\delta\lambda)_k\end{bmatrix}=-\begin{bmatrix}\nabla f(x_k)-A(x_k)\lambda_k\\ -c(x_k)\end{bmatrix}. \tag{12.8.1}$$

利用记号

$$W_k=W(x_k,\lambda_k), \tag{12.8.2}$$

$$A_k=A(x_k)=\nabla c(x_k)^T, \tag{12.8.3}$$

$$g_k=\nabla f(x_k), \tag{12.8.4}$$

$$c_k = c(x_k), \tag{12.8.5}$$

$$\hat{\lambda}_k = \lambda_k + (\delta\lambda)_k, \tag{12.8.6}$$

我们可将 (12.8.1) 等价地写成如下形式：

$$\begin{bmatrix} W_k & -A_k \\ -A_k^T & 0 \end{bmatrix} \begin{bmatrix} d_k \\ \hat{\lambda}_k \end{bmatrix} = \begin{bmatrix} -g_k \\ c_k \end{bmatrix}. \tag{12.8.7}$$

设 A_k 的 QR 分解有如下形式

$$A_k = [Y_k \ Z_k] \begin{bmatrix} R_k \\ 0 \end{bmatrix}, \tag{12.8.8}$$

则我们可将 (12.8.7) 写成等价形式

$$\begin{bmatrix} Y_k^T W_k Y_k & Y_k^T W_k Z_k & -R_k \\ Z_k^T W_k Y_k & Z_k^T W_k Z_k & 0 \\ -R_k^T & 0 & 0 \end{bmatrix} \begin{bmatrix} p_k \\ q_k \\ \hat{\lambda}_k \end{bmatrix} = \begin{bmatrix} -Y_k^T g_k \\ -Z_k^T g_k \\ c_k \end{bmatrix}, \tag{12.8.9}$$

其中

$$p_k = Y_k^T d_k, \tag{12.8.10}$$

$$q_k = Z_k^T d_k. \tag{12.8.11}$$

很显然，p_k 和 q_k 分别是搜索方向 d_k 在 A_k^T 的秩空间和 A_k^T 的零空间上的投影. 由于线性方程组 (12.8.9) 的分块三角形状，我们很容易依次求解 $p_k, q_k, \hat{\lambda}_k$:

$$R_k^T p_k = -c_k, \tag{12.8.12}$$

$$(Z_k^T W_k Z_k) q_k = -Z_k^T g_k - Z_k^T W_k Y_k p_k, \tag{12.8.13}$$

$$R_k \hat{\lambda}_k = Y_k^T g_k + Y_k^T W_k (Y_k p_k + Z_k q_k). \tag{12.8.14}$$

如果把 (12.8.9) 式的后二行 (分块意义下) 单独考虑，则得到与 λ 无关的线性方程组：

$$\begin{bmatrix} Z_k^T W_k Y_k & Z_k^T W_k Z_k \\ -R_k^T & 0 \end{bmatrix} \begin{bmatrix} p_k \\ q_k \end{bmatrix} = \begin{bmatrix} -Z_k^T g_k \\ c_k \end{bmatrix}, \tag{12.8.15}$$

这实质上就是

$$\begin{bmatrix} Z_k^T W_k \\ -A_k^T \end{bmatrix} d_k = \begin{bmatrix} -Z_k^T g_k \\ c_k \end{bmatrix}. \tag{12.8.16}$$

Nocedal 和 Overton (1985) 建议用拟牛顿修正矩阵 B_k 代替 $Z_k^T W_k$，即每次迭代的线搜索方向 d_k 是通过求解线性方程组

$$\begin{bmatrix} B_k \\ -A_k^T \end{bmatrix} d = \begin{bmatrix} -Z_k^T g_k \\ c_k \end{bmatrix} \tag{12.8.17}$$

来得到. $B_k \in \mathbb{R}^{(n-m)\times n}$ 是 $Z_k^T W_k$ 的一个近似，我们可用 Broyden 非对称秩 1 公式修正 B_k，即

$$B_{k+1} = B_k + \frac{(y_k - B_k s_k)s_k^T}{s_k^T s_k}, \tag{12.8.18}$$

其中

$$s_k = x_{k+1} - x_k, \tag{12.8.19}$$

$$y_k = Z_{k+1}^T g_{k+1} - Z_k^T g_k. \tag{12.8.20}$$

由于 $Z_k^T W_k$ 是单边既约 Hesse 阵，所以这一方法也称为单边既约 Hesse 阵方法. 在一定条件下，Nocedal 和 Overton(1985) 证明了利用修正公式 (12.8.19) 与 (12.8.20) 的单边既约 Hesse 阵方法是局部超线性收敛的.

如果我们用一个对称矩阵 $B_k \in \mathbb{R}^{(n-m)\times(n-m)}$ 代替 $Z_k^T W_k Z_k$，用零矩阵代替 $Z_k^T W_k Y_k$，则从 (12.8.15) 式得到

$$\begin{bmatrix} 0 & B_k \\ -R_k^T & 0 \end{bmatrix} \begin{bmatrix} p_k \\ q_k \end{bmatrix} = \begin{bmatrix} -Z_k^T g_k \\ c_k \end{bmatrix}. \tag{12.8.21}$$

这样作的理由是：首先 Powell (1978b) 在研究逐步二次规划方法的超线性收敛性质时发现 $Y_k^T W_k Z_k$ 这一矩阵用任一有界矩阵代替都有两步超线性收敛性结果：

$$\lim_{k\to\infty}\frac{\|x_{k+1}-x^*\|}{\|x_{k-1}-x^*\|}=0. \tag{12.8.22}$$

另一个理由是当所有的迭代点都是可行点时，我们有 $p_k=0$, 而且 $Z_k^T W_k Y_k$ 并不影响 q_k 的值. 对于线性约束问题，只要某个 x_{k_0} 是可行点，则所有的 $x_k(k\geqslant k_0)$ 都是可行点. 还有由于 $Z_k^T W_k Z_k$ 是方阵，在二阶充分条件的假定下它在解附近是正定的，所以我们可用正定矩阵 (如 BFGS 修正公式) 来逼近它，即

$$B_{k+1}=B_k-\frac{B_k s_k s_k^T B_k}{s_k^T B_k s_k}+\frac{y_k y_k^T}{s_k^T y_k}. \tag{12.8.23}$$

其中

$$s_k=Z_k^T(x_{k+1}-x_k), \tag{12.8.24}$$

$$y_k=Z_{k+1}^T g_{k+1}-Z_k^T g_k. \tag{12.8.25}$$

我们可将 (12.8.21) 写成等价形式：

$$\begin{bmatrix} B_k Z_k^T \\ -A_k^T \end{bmatrix} d_k=\begin{bmatrix} -Z_k^T g_k \\ c_k \end{bmatrix} \tag{12.8.26}$$

由于 $Z_k^T W_k Z_k$ 是双边既约 Hesse 阵，所以这一方法称为双边既约 Hesse 阵方法. 该方法在解的附近是局部超线性收敛的.

定理 12.8.1 设 d_k 由 (12.8.26) 定义，$x_{k+1}=x_k+d_k$, $x_k\to x^*$, 在 x^* 处二阶充分条件满足，$A(x^*)$ 列满秩，而且 $\|B_k^{-1}\|$, 一致有界并满足

$$\lim_{k\to\infty}\frac{\|[B_k-Z(x^*)^T W(x^*,\lambda^*)Z(x^*)]Z_k^T d_k\|}{\|d_k\|}=0, \tag{12.8.27}$$

则必有二步超线性收敛

$$\lim_{k\to\infty}\frac{\|x_{k+1}-x^*\|}{\|x_{k-1}-x^*\|}=0. \tag{12.8.28}$$

证明 由 (12.8.26) 有

$$\begin{aligned}B_kZ_k^Td_k&=-Z_k^Tg_k=-Z_k^T[g_k-A_k\lambda^*]\\&=-Z_k^TW(x^*,\lambda^*)(x_k-x^*)+O(\|x_k-x^*\|^2)\end{aligned} \tag{12.8.29}$$

所以,

$$\begin{aligned}&[B_k-Z(x^*)^TW(x^*,\lambda^*)Z(x^*)]Z_k^Td_k\\&=-Z_k^TW(x^*,\lambda^*)(x_k-x^*)-Z(x^*)^TW(x^*,\lambda^*)d_k\\&\quad+O(\|x_k-x^*\|^2)+O(\|Y(x^*)^Td_k\|)+o(\|d_k\|)\\&=-Z_k^TW(x^*,\lambda^*)(x_k+d_k-x^*)\\&\quad+O(\|x_k-x^*\|^2+\|Y(x^*)^Td_k\|)+o(\|d_k\|).\end{aligned} \tag{12.8.30}$$

所以，在 (12.8.27) 的假定下，从上式可得到

$$Z_k^TW(x^*,\lambda^*)(x_k+d_k-x^*)=o(\|x_k-x^*\|+\|d_k\|)+O(\|Y(x^*)^Td_k\|). \tag{12.8.31}$$

根据 d_k 的定义

$$A_k^T(x_k+d_k-x^*)=O(\|x_k-x^*\|^2). \tag{12.8.32}$$

由 $A(x^*)$ 的列满秩，我们有

$$\|Y(x^*)^Td_k\|=O(\|c(x_k)\|)=O(\|d_{k-1}\|^2). \tag{12.8.33}$$

利用 (12.8.31) 和 (12.8.32) 知

$$\begin{bmatrix} Z_k^T W(x^*, \lambda^*) \\ A_k^T \end{bmatrix} (x_k + d_k - x^*) = o(\|x_k - x^*\| + \|d_k\|) + o(\|d_{k-1}\|). \tag{12.8.34}$$

由 B_k^{-1} 的一致有界，我们从 (12.8.26) 可证

$$\|d_k\| = O(\|x_k - x^*\|), \tag{12.8.35}$$

(12.8.35) 表明 $\|x_k - x^*\| \leqslant \|x_{k-1} - x^*\| + \|d_{k-1}\| = O(\|x_{k-1} - x^*\|)$. 从而从 (12.8.34) 知

$$\begin{bmatrix} Z_k^T W(x^*, \lambda^*) \\ A_k^T \end{bmatrix} (x_k + d_k - x^*) = o(\|x_{k-1} - x^*\|). \tag{12.8.36}$$

与 (12.3.19) 类似，我们可证矩阵

$$\begin{bmatrix} Z(x^*)^T W(x^*, \lambda^*) \\ A(x^*)^T \end{bmatrix} \tag{12.8.37}$$

非奇异，于是从 (12.8.36) 可得到

$$\|x_k + d_k - x^*\| = o(\|x_{k-1} - x^*\|), \tag{12.8.38}$$

故知定理为真. □

双边既约 Hesse 阵法的两步超线性收敛结果不能进一步改进，Yuan (1985c) 给出了一个例子，使得双边既约 Hesse 阵法收敛形式为

$$\|x_{2k+1} - x^*\|_\infty = \|x_{2k} - x^*\|_\infty, \tag{12.8.39}$$

$$\|x_{2k+2} - x^*\|_\infty = \|x_{2k+1} - x^*\|_\infty^2. \tag{12.8.40}$$

从而揭露了双边既约 Hesse 阵法可能出现“一快一慢”的收敛形式. 使点列不是一步 Q 超线性收敛. 一个类似的例子由 Byrd (1985) 独立地提出.

第十三章 信 赖 域 法

§13.1 算法的基本形式

在 §3.6 我们已初步介绍了解无约束最优化的信赖域方法，为了下面讨论的方便，我们在这一节以拟牛顿型方法为基础，对信赖域方法作进一步的讨论.

信赖域法的基本思想是要求试探步 d_k 在信赖域之内，即在每次迭代时有一正数 Δ_k，并要求试探步 d_k 满足

$$\|d_k\| \leqslant \Delta_k, \tag{13.1.1}$$

其中 $\|\cdot\|$ 是 $\mathbb{R}^n$ 中的某一范数. 信赖域法的试探步 d_k 在某种意义下 (如对于逼近子问题) 使得 $x_k + d_k$ 是在以 x_k 为中心的广义球

$$\{x_k + d \,|\, \|d\| \leqslant \Delta_k\} \tag{13.1.2}$$

上"最好的"点. 由于试探步的这一性质以及要求变量之增量 $x_{k+1} - x_k$ 也满足

$$\|x_{k+1} - x_k\| \leqslant \Delta_k, \tag{13.1.3}$$

信赖域法不进行搜索，而是令 $x_{k+1} = x_k + d_k$ 或者 $x_{k+1} = x_k$.

对于任何类型的优化问题，都可以构造信赖域法. 它的形式如下.

算法 13.1.1 (信赖域法模型)

步 1 给出初始值 $x_1 \in \mathbb{R}^n$, $\Delta_1 > 0$, $k := 1$;

步 2　计算一个满足 (13.1.1) 的试探步 d_k;

步 3　如果 d_k 满足某种下降条件，则

$$x_{k+1} = x_k + d_k; \tag{13.1.4}$$

否则，

$$x_{k+1} = x_k. \tag{13.1.5}$$

步 4　以某种方式给出 Δ_{k+1}; $k := k+1$; 转步 2. □

在信赖域法中，试探步的计算一般是在信赖域 $\{d|\ \|d\| \leqslant \Delta_k\}$ 上求解一个原优化问题的逼近问题，常称为子问题. 例如，在线搜索方法中，拟牛顿法的搜索方向 $d_k = -B_k^{-1} g_k$ 可视为

$$\min_{d\in\mathbb{R}^n} g_k^T d + \frac{1}{2} d^T B_k d \tag{13.1.6}$$

的解. 基于此，对于无约束优化问题

$$\min_{x\in\mathbb{R}^n} f(x) \tag{13.1.7}$$

的信赖域子问题 (拟牛顿型) 可取为

$$\min_{d\in\mathbb{R}^n} g_k^T d + \frac{1}{2} d^T B_k d = \varphi_k(d), \tag{13.1.8}$$

$$\text{s.t.} \quad \|d\| \leqslant \Delta_k. \tag{13.1.9}$$

记 d_k 是 (13.1.8), (13.1.9) 的解，则

$$\text{Pred}_k = \varphi_k(0) - \varphi_k(d_k) \tag{13.1.10}$$

是目标函数的预估下降量，因为我们有 $\varphi_k(d) \approx f(x_k + d)$. 目标函数 $f(x)$ 的真实下降量为

$$\text{Ared}_k = f(x_k) - f(x_k + d_k). \tag{13.1.11}$$

真实下降量与预估下降量的比值

$$r_k = \frac{\text{Ared}_k}{\text{Pred}_k} \tag{13.1.12}$$

对 x_{k+1} 的选取以及 Δ_{k+1} 的产生起关键的作用. 粗略的说，r_k 越大说明目标函数下降越多，新的点 x_k+d_k 也就越好，故 x_{k+1} 可取为 x_k+d_k, 而且 Δ_{k+1} 也可考虑扩大. 否则 r_k 越小，例如 $r_k<0$, 这时 $f(x_k+d_k)>f(x_k)$, 故 x_{k+1} 应取为 x_k, Δ_{k+1} 也应小于 Δ_k.

下面的求解无约束优化的信赖域法是由 Powell (1975) 给出的.

算法 13.1.2

步 1　给出 $x_1\in\mathbb{R}^n$, $B_1\in\mathbb{R}^{n\times n}$, $\Delta_1>0$, $\varepsilon\geqslant 0$, $\beta_1>1>\beta_2>0$. $0<\beta_3<\beta_4<1$, $k:=1$.

步 2　如果 $\|g_k\|\leqslant\varepsilon$, 则停；求解 (13.1.8)—(13.1.9) 得到 d_k;

步 3　计算 r_k;

令

$$x_{k+1}=\begin{cases}x_k+d_k, & \text{如果} r_k>0,\\ x_k, & \text{如果} r_k\leqslant 0.\end{cases}\tag{13.1.13}$$

选取 Δ_{k+1} 使其满足

$$\Delta_{k+1}\in\begin{cases}[1,\beta_1]\|d_k\|, & \text{如果 } r_k\geqslant\beta_2,\\ [\beta_3,\beta_4]\|d_k\|, & \text{否则}.\end{cases}\tag{13.1.14}$$

步 4　产生 B_{k+1}; $k:=k+1$, 转步 2.　□

为了分析算法 13.1.2 的收敛性，我们先给出一些引理.

引理 13.1.3　设 d_k 是 (13.1.8)—(13.1.9) 的解，$\|\cdot\|=\|\cdot\|_2$, 则有

$$\begin{aligned}\mathrm{Pred}_k&=\varphi_k(0)-\varphi_k(d_k)\\ &\geqslant\frac{1}{2}\|g_k\|_2\min[\Delta_k,\|g_k\|_2/\|B_k\|_2].\end{aligned}\tag{13.1.15}$$

证明　由 d_k 的定义，对任何 $\alpha\in[0,1]$ 有

$$\varphi_k(0)-\varphi_k(d_k)\geqslant\varphi_k(0)-\varphi_k\Big(-\alpha\frac{\Delta_k}{\|g_k\|}g_k\Big)$$

$$= \alpha\Delta_k\|g_k\|_2 - \frac{1}{2}\alpha^2\Delta_k^2 g_k^T B_k g_k/\|g_k\|_2^2$$

$$\geqslant \alpha\Delta_k\|g_k\|_2 - \frac{1}{2}\alpha^2\Delta_k^2\|B_k\|_2. \tag{13.1.16}$$

所以，必定有

$$\text{Pred}_k \geqslant \max_{0\leqslant\alpha\leqslant1}\left[\alpha\Delta_k\|g_k\|_2 - \frac{1}{2}\alpha^2\Delta_k^2\|B_k\|_2\right]$$

$$\geqslant \frac{1}{2}\|g_k\|_2 \min[\Delta_k, \|g_k\|_2/\|B_k\|_2], \tag{13.1.17}$$

故知引理为真. □

引理 13.1.4 设 $g(x) = \nabla f(x)$ 一致连续，设由算法 13.1.2 产生的点列有

$$\|g_k\| \geqslant \delta > 0, \tag{13.1.18}$$

其中 δ 是正常数，则存在正常数 β_5 使得

$$\|d_k\| \geqslant \beta_5/M_k, \quad k = 1, 2, \cdots \tag{13.1.19}$$

成立，其中

$$M_k = \max_{1\leqslant i\leqslant k}\|B_i\| + 1. \tag{13.1.20}$$

证明 如果 $\|d_k\| < \Delta_k$, 则由 d_k 的最优性假定可知

$$g_k + B_k d_k = 0. \tag{13.1.21}$$

于是

$$\|d_k\| \geqslant \|\frac{B_k d_k\|}{\|B_k\|} = \frac{\|g_k\|}{\|B_k\|} \geqslant \frac{\delta}{M_k}. \tag{13.1.22}$$

从而我们知道，只需证明存在 $\beta_5 > 0$, 使得

$$\Delta_k \geqslant \beta_5/M_k. \tag{13.1.23}$$

对一切 k 都成立就足够了. 如果 (13.1.23) 不成立, 则存在子列 $\{k_i\}$ 使得

$$\lim_{i\to\infty}\Delta_{k_i}M_{k_i}=0. \tag{13.1.24}$$

由于 $M_k\geqslant 1$, 从上式知 $\Delta_{k_i}\to 0$. 由于 M_k 的单调上升性, 我们可假定 $\Delta_{k_i}<\Delta_{k_i-1}$ 对一切 i 都成立. 利用记号 $\bar{i}=k_i-1$. 则从 (13.1.24) 和 (13.1.14) 知

$$\lim_{i\to\infty}=\|d_{\bar{i}}\|M_{\bar{i}}=0. \tag{13.1.25}$$

比较 (13.1.22) 和 (13.1.25) 即知对充分大的 i, 我们有

$$\|d_{\bar{i}}\|=\Delta_{\bar{i}}. \tag{13.1.26}$$

从不等式 (13.1.15), (13.1.18) 和 (13.1.25) 知, 存在正常数 $\bar{\tau}$ 使得

$$\mathrm{Pred}_{\bar{i}}\geqslant\bar{\tau}\|d_{\bar{i}}\|_2. \tag{13.1.27}$$

利用上式和 $g(x)$ 的一致连续性, 我们有

$$\begin{aligned}\mathrm{Ared}_{\bar{i}}&=f(x_{\bar{i}})-f(x_{\bar{i}}+d_{\bar{i}})=-g_{\bar{i}}^Td_{\bar{i}}+o(\|d_{\bar{i}}\|)\\&=\mathrm{Pred}_{\bar{i}}+o(\|d_{\bar{i}}\|).\end{aligned} \tag{13.1.28}$$

从 (13.1.27)—(13.1.28) 可知

$$\lim_{i\to\infty}r_{k_i-1}=\frac{Ared_{\bar{i}}}{Pred_{\bar{i}}}=1. \tag{13.1.29}$$

所以当 i 充分大时, 有

$$\Delta_{k_i}\geqslant\|d_{k_i-1}\|=\Delta_{k_i-1}. \tag{13.1.30}$$

这与我们的假定 $\Delta_{k_i}<\Delta_{k_i-1}$ 相矛盾. 矛盾说明引理为真. □

引理 13.1.5 设 $\{\Delta_k\}$ 和 $\{M_k\}$ 是任意两正数列, 如果存在正常数 $\tau>0$, $\beta_1>0$, $\beta_4\in(0,1)$, 以及 $\{1,2,3,\cdots\}$ 的一个子集 I, 使得

$$\Delta_{k+1}\leqslant\beta_1\Delta_k,\quad \forall k\in I; \tag{13.1.31}$$

$$\Delta_{k+1} \leqslant \beta_4 \Delta_k, \quad \forall k \notin I; \tag{13.1.32}$$

$$\Delta_k \geqslant \tau / M_k, \quad \forall k; \tag{13.1.33}$$

$$M_{k+1} \geqslant M_k, \quad \forall k; \tag{13.1.34}$$

$$\sum_{k \in I} 1/M_k < +\infty, \tag{13.1.35}$$

则必有

$$\sum_{k=1}^{\infty} \frac{1}{M_k} < +\infty. \tag{13.1.36}$$

证明 取 p 是一满足于

$$\beta_1 \cdot \beta_4^{p-1} < 1 \tag{13.1.37}$$

的正整数. 定义集合

$$I_k = I \cap \{1, 2, \cdots, k\}, \tag{13.1.38}$$

记 $|I_k|$ 是 I_k 中元素的个数. 定义集合

$$J := \{k | k \leqslant p|I_k|\}. \tag{13.1.39}$$

利用 M_k 的单调性以及上述定义, 我们有

$$\sum_{k \in J} \frac{1}{M_k} \leqslant p \sum_{k \in I} \frac{1}{M_k} < +\infty. \tag{13.1.40}$$

对于 $k \notin J$, 我们有

$$|I_k| < k/p,$$

因而

$$|I_{k-1}| \leqslant |I_k| \leqslant (k-1)/p.$$

于是,

$$\Delta_k \leqslant \beta_1^{|I_{k-1}|} \beta_4^{k-1-|I_{k-1}|} \Delta_1$$

$$\leqslant (\beta_1\beta_4^{p-1})^{(k-1)/p}\Delta_1 \tag{13.1.41}$$

对一切 $k \notin J$ 都成立，从而

$$\sum_{k\notin J}\frac{1}{M_k} \leqslant \sum_{k=1}^{\infty}(\beta_1\beta_4^{p-1})^{(k-1)/p}\Delta_1/\tau$$

$$= \frac{\Delta_1}{\tau[1-(\beta_1\beta_4^{p-1})^{1/p}]}. \tag{13.1.42}$$

这样，从 (13.1.40) 和 (13.1.42) 即知 (13.1.36) 成立. □

定理 13.1.6 设 $g(x) = \nabla f(x)$ 一致 Lipschitz 连续，如果由 (13.1.20) 定义的 M_k 满足

$$\sum_{k=1}^{\infty}\frac{1}{M_k} = +\infty, \tag{13.1.43}$$

则算法 13.1.2 产生的点列 $\{x_k\}$ 必满足 $f(x_k) \to -\infty$ 或者

$$\lim_{k\to\infty}\inf\|g_k\| = 0. \tag{13.1.44}$$

证明 如果定理不对，则 $\{f(x_k)\}$ 下方有界且存在正常数 δ 使得 (13.1.19) 成立. 定义集合

$$I = \{k|r_k \geqslant \beta_2\}, \tag{13.1.45}$$

则从 $\{f(x_k)\}$ 的下方有界性，引理 13.1.3 和引理 13.1.4 知：

$$+\infty > \sum_{k=1}^{\infty}[f(x_k)-f(x_{k+1})] \geqslant \sum_{k\in I}[f(x_k)-f(x_{k+1})]$$

$$\geqslant \sum_{k\in I}\beta_2 Pred_k \geqslant \sum_{k\in I}\frac{1}{2}\beta_2\delta\min[\Delta_k, \delta/M_k]$$

$$\geqslant \sum_{k\in I}\frac{1}{2}\beta_2\delta\min[\beta_5, \delta]/M_k \tag{13.1.46}$$

利用上式和引理 13.1.5 即知

$$\sum_{k=1}^{\infty} \frac{1}{M_k} < +\infty, \tag{13.1.47}$$

这与假定 (13.1.43) 相矛盾. 矛盾说明定理为真. □

信赖域法的一个优点是由于有强制性条件

$$\|d\| \leqslant \Delta_k, \tag{13.1.48}$$

子问题的目标函数并不要求是凸的. 例如, 子问题 (13.1.8), (13.1.9) 中, 我们可用 PSB 公式来修正矩阵 B_k:

$$\begin{aligned} B_{k+1} = & B_k + \frac{(y_k - B_k d_k)d_k^T + d_k(y_k - B_k d_k)^T}{d_k^T d_k} \\ & - \frac{d_k^T(y_k - B_k d_k)d_k d_k^T}{(d_k^T d_k)^2} \end{aligned} \tag{13.1.49}$$

其中

$$y_k = \nabla f(x_k + d_k) - \nabla f(x_k). \tag{13.1.50}$$

Powell (1975) 证明了由 (13.1.49)—(13.1.50) 产生的 B_k 能使

$$\frac{\|(\nabla^2 f(x^*) - B_k)d_k\|}{\|d_k\|} \to 0, \tag{13.1.51}$$

从而在二阶充分条件 ($\nabla^2 f(x^*)$ 正定) 下证明了算法 13.1.2 (用 (13.1.49)—(13.1.50) 构造 B_k) 的超线性收敛性, 即

$$\lim \frac{\|x_{k+1} - x^*\|}{\|x_k - x^*\|} = 0, \tag{13.1.52}$$

Powell 的收敛性结果要求矩阵 B_k 在每次迭代都用 (13.1.49)—(13.1.50) 修正. 因而在

$$f(x_k + d_k) > f(x_k) \tag{13.1.53}$$

时，$x_{k+1}=x_k$, 在 x_k+d_k 处我们也需要计算目标函数的梯度. 为了避免这一多余的计算，Khalfan (1989) 建议在 x_k+d_k 是不能接受时，采用修正公式

$$B_{k+1}=B_k+2\Big[f(x_k+d_k)-f(x_k)-d_k^Tg_k-\frac{1}{2}d_k^TB_kd_k\Big]\frac{d_kd_k^T}{\|d_k\|_2^4}, \tag{13.1.54}$$

而且证明了这一改进并不影响算法的超线性收敛性.

从收敛性分析中可看到，只要 d_k 满足 $\|d_k\|\leqslant\hat{\eta}\Delta_k$ 和

$$\varphi_k(0)-\varphi_k(d_k)\geqslant\bar{\delta}\|g_k\|\min[\Delta_k,1/\|B_k\|] \tag{13.1.55}$$

就能保证全局收敛性. 这里 $\hat{\eta}$ 和 $\bar{\delta}$ 是两正常数. 所以，在实际计算中，一般并不精确求解问题 (13.1.8)—(13.1.9) 之解，而是求一近似解，只要它满足 (13.1.55) 就可以了.

对于子问题 (13.1.8)—(13.1.9), 我们有如下结果：

定理 13.1.7 d^* 是子问题

$$\min g^Td+\frac{1}{2}d^TBd=\varphi(d), \tag{13.1.56}$$

$$\text{s.t. } \|d\|_2\leqslant\Delta \tag{13.1.57}$$

的解，当且仅当存在 $\lambda^*\geqslant0$ 使得

$$(B+\lambda^*I)d^*=-g, \tag{13.1.58}$$

$$\|d^*\|_2\leqslant\Delta, \tag{13.1.59}$$

$$\lambda^*(\Delta-\|d^*\|_2)=0, \tag{13.1.60}$$

而且 $(B+\lambda^*I)$ 是半正定矩阵.

证明 设 d^* 是子问题 (13.1.56)—(13.1.57) 的解，由最优性条件知存在乘子 $\lambda^*\geqslant0$ 使得 (13.1.58)—(13.1.60) 成立，我们需证明 $(B+\lambda^*I)$ 是半正定矩阵. 如果 $\|d^*\|_2<\Delta$, 则 $\lambda^*=0$ 且 d^* 是

$\varphi(d)$ 的局部极小点，故知 B 半正定，因而 $(B+\lambda^*I)$ 半正定．如果 $\|d^*\|_2=\Delta$．则由二阶充分性条件知

$$d^T(B+\lambda^*I)d\geqslant 0 \tag{13.1.61}$$

对一切满足于 $d^Td^*=0$ 的 d 都成立．如果 $d^Td^*\neq 0$，取 $t=-2d^Td^*/\|d\|_2^2$，则 $\|d^*+td\|_2=\Delta$．由 d^* 的定义，我们有

$$\phi(d^*+td)+\frac{1}{2}\lambda^*\|d^*+d\|_2^2\geqslant\phi(d^*)+\frac{1}{2}\lambda^*\|d^*\|_2^2. \tag{13.1.62}$$

这个不等式与关系式 (13.1.58) 表明 $d^T(B+\lambda^*I)d\geqslant 0$，所以 $d^T(B+\lambda^*I)d\geqslant 0$ 对一切 d 都成立．从而 $B+\lambda^*I$ 是半正定的．

反之，假设 d^* 满足 (13.1.58)—(13.1.60) 且 $(B+\lambda^*I)$ 半正定，则对任何满足于 $\|d\|_2\leqslant\Delta$ 的 d 我们有

$$\begin{aligned}\phi(d)&=g^Td+\frac{1}{2}d^T(B+\lambda^*I)d-\frac{1}{2}\lambda^*\|d\|_2^2\\&\geqslant g^Td^*+\frac{1}{2}(d^*)^T(B+\lambda^*I)d^*-\frac{1}{2}\lambda^*\|d\|_2^2\\&=\phi(d^*)+\frac{1}{2}\lambda^*[\Delta^2-\|d\|_2^2]\geqslant\phi(d^*).\end{aligned} \tag{13.1.63}$$

所以 d^* 是问题 (13.1.56)—(13.1.57) 的解． □

如果 $B+\lambda^*I$ 奇异，这时我们称是 "Hard case"．此时，d^* 一定有如下形式

$$d^*=-(B+\lambda^*I)^+g+v, \tag{13.1.64}$$

其中 v 是 $(B+\lambda^*I)$ 零空间的一个向量．

假定 $B+\lambda^*I$ 正定，则 d^* 可通过求解

$$\lambda[\Delta-\|(B+\lambda I)^{-1}g\|_2]=0, \tag{13.1.65}$$

$$\|(B+\lambda I)^{-1}g\|_2\leqslant\Delta,\quad\lambda\geqslant 0 \tag{13.1.66}$$

来得到 λ^* 然后置 $d^*=-(B+\lambda^* I)^{-1}g$. 如果 B 正定且 $\|B^{-1}g\|_2<\Delta$ 则 $d^*=-B^{-1}g$. 否则 $\lambda^*>0$. 我们只需求解

$$\psi(\lambda)=\frac{1}{\|(B+\lambda I)^{-1}g\|_2}-\frac{1}{\Delta}=0. \tag{13.1.67}$$

我们考虑 $\psi(\lambda)=0$ 而不是 $\Delta-\|(B+\lambda I)^{-1}g\|_2=0$ 是因为 $\psi(\lambda)$ 更像一个线性函数. 直接计算可得

$$\psi'(\lambda)=\frac{g^T H(\lambda)^{-3}g}{\|H(\lambda)^{-1}g\|_2^3}, \tag{13.1.68}$$

$$\psi''(\lambda)=-\frac{3g^T H(\lambda)^{-4}g}{\|H(\lambda)^{-1}g\|_2^3}[1-\cos^2(\langle H(\lambda)^{-1}g, H^{-2}(\lambda)g\rangle)]. \tag{13.1.69}$$

其中 $H(\lambda)=B+\lambda I$. 所以对任何大于 $-B$ 的最大特征值 $-\sigma_n(B)$ 的 λ, $\psi(\lambda)$ 是严格单调上升且是凹的. 我们可以利用牛顿法来求解 (13.1.67), 即,

$$\begin{aligned}\lambda_+&=\lambda-\frac{\psi(\lambda)}{\psi'(\lambda)}\\&=\lambda-\frac{g^T(B+\lambda I)^{-3}g}{\|(B+\lambda I)^{-1}g\|_2^3}\left[\frac{1}{\|(B+\lambda I)^{-1}g\|_2}-\frac{1}{\Delta}\right].\end{aligned} \tag{13.1.70}$$

§13.2 线性约束问题的信赖域法

本节我们介绍一个求解线性约束的信赖域法. 该方法是一可行点法和信赖域技巧的结合.

考虑线性约束问题

$$\min_{x\in\mathbb{R}^n} f(x), \tag{13.2.1}$$

$$\text{s.t. } a_i^T x=b_i, \quad i\in E, \tag{13.2.2}$$

$$a_i^T x \geqslant b_i, \quad i \in I. \tag{13.2.3}$$

设第 k 次迭代已有当前迭代点 x_k, 且 x_k 是可行的. 信赖域子问题为

$$\min_{d\in\mathbb{R}^n} g_k^T d + \frac{1}{2} d^T B_k d = \varphi_k(d), \tag{13.2.4}$$

$$\text{s.t. } a_i^T d = 0, \quad i \in E, \tag{13.2.5}$$

$$a_i^T(x_k + d) \geqslant b_i, \quad i \in I, \tag{13.2.6}$$

$$\|d\|_\infty \leqslant \Delta_k. \tag{13.2.7}$$

不难看出 (13.2.4)—(13.2.7) 是一个二次规划，可用第 9 章的方法求解. 记 d_k 为 (13.2.4)—(13.2.7) 的解，与无约束优化信赖域法类似，定义比值

$$r_k = \frac{f(x_k) - f(x_k + d_k)}{\varphi_k(0) - \varphi_k(d_k)}. \tag{13.2.8}$$

由 d_k 的定义, 显然 $d_k = 0$ 当且仅当 x_k 是原问题 (13.2.1)—(13.2.3) 的 K–T 点. 由于每次迭代的子问题把所有约束都考虑到了，故不可能出现锯齿 (Zigzagging) 现象. 下面给出的信赖域法是假定初始点 x_1 是一个可行点.

算法 13.2.1

步 1　给出 x_1 满足 (13.2.2)—(13.2.3); 给出 $B_1 \in \mathbb{R}^{n\times n}$, $\Delta_1 > 0$, $\varepsilon \geqslant 0$, $k := 1$.

步 2　求解 (13.2.4)—(13.2.7) 给出 d_k; 如果 $\|d_k\| \leqslant \varepsilon$ 则停；计算 (13.2.8);

$$x_{k+1} = \begin{cases} x_k + d_k, & \text{如果 } r_k > 0, \\ x_k, & \text{否则}. \end{cases} \tag{13.2.9}$$

步 3　如果 $r_k \geqslant 0.25$ 则转步 4, $\Delta_k := \Delta_k/2$, 转步 5;

步 4　如果 $r_k < 0.75$ 或者 $\|d_k\|_\infty < \Delta_k$ 则转步 5; $\Delta_k := 2\Delta_k$;

步 5　$\Delta_{k+1} := \Delta_k$; 计算矩阵 B_{k+1}; $k := k+1$; 转步 2.　□

B_{k+1} 可由拟牛顿公式给出. 在下面的收敛性分析中, 我们假定 $\{B_k\}$ 一致有界, 即存在正常数 M 使得

$$\|B_k\| \leqslant M \tag{13.2.10}$$

对一切 k 都成立.

定理 13.2.2 设 $f(x)$ 在可行域上连续可微, (13.2.10) 式满足, 算法 13.2.1 所产生的点列 $\{x_k\}$ 如有聚点, 则必有一个聚点是原问题的 K–T 点.

证明 假定定理不真, 我们可证

$$\lim_{k\to\infty} \Delta_k = 0. \tag{13.2.11}$$

如果上式不成立, 则存在常数 $\delta > 0$, 使得有无穷多个 k

$$\Delta_k \geqslant \delta \quad 且 \quad r_k \geqslant 0.25 \tag{13.2.12}$$

成立. 记所有满足 (13.2.12) 的 k 的集合为 K_0. 不妨设

$$\lim_{\substack{k\in K_0\\ k\to\infty}} x_k = \bar{x}. \tag{13.2.13}$$

根据假设, $\bar{x}$ 不是 (13.2.1)—(13.2.2) 的 K–T 点, 故 $d = 0$ 不是问题

$$\min g(\bar{x})^T d + \frac{M}{2}\|d\|_2^2 \tag{13.2.14}$$

$$\text{s.t. } a_i^T d = 0, \quad i \in E, \tag{13.2.15}$$

$$a_i^T(\bar{x} + d) \geqslant 0, \quad i \in I, \tag{13.2.16}$$

$$\|d\|_\infty \leqslant \delta/2 \tag{13.2.17}$$

的解. 记 $\bar{d}$ 是 (13.2.14)—(13.2.17) 的解, 则有

$$\eta = g(\bar{x})^T \bar{d} + \frac{1}{2}M\|\bar{d}\|_2^2 < 0. \tag{13.2.18}$$

于是由 (13.2.12), (13.2.13) 和 (13.2.18) 可知

$$\varphi_k(0)-\varphi_k(d_k)\geqslant -\frac{1}{2}\eta>0 \tag{13.2.19}$$

对所有充分大的 $k\in K_0$ 都成立. 利用 (13.2.19) 和 (13.2.12) 的第二个不等式即知

$$f(x_k)-f(x_{k+1})\geqslant -\frac{1}{8}\eta>0 \tag{13.2.20}$$

对所有充分大的 $k\in K_0$ 均成立. 由于 $\lim\limits_{k\to\infty} f(x_k)=f(\bar{x})$, (13.2.20) 不可能对无穷多个 k 成立. 此矛盾说明了只要定理不真则必有 (13.2.11).

如果 (13.2.11) 成立, 则必存在一个子列 K_1, 使得

$$r_k<0.25,\quad \forall k\in K_1. \tag{13.2.21}$$

不妨设

$$\lim_{\substack{k\in K_1\\ k\to\infty}} x_k=\hat{x}, \tag{13.2.22}$$

根据假设, $\hat{x}$ 不是 K–T 点, 令 $\hat{d}$ 是问题

$$\min_{d\in\mathbb{R}^n} g(\hat{x})^T d+\frac{1}{2}M\|d\|_2^2, \tag{13.2.23}$$

$$\text{s.t. } a_i^T d=0,\quad i\in E, \tag{13.2.24}$$

$$a_i^T(\hat{x}+d)\geqslant b_i,\quad i\in I, \tag{13.2.25}$$

$$\|d\|_\infty\leqslant 1 \tag{13.2.26}$$

的解, 则必有

$$g(\hat{x})^T\hat{d}+\frac{M}{2}\|\hat{d}\|_2^2=\hat{\eta}<0. \tag{13.2.27}$$

于是, 由于 $(\Delta_k\hat{d})$ 是问题

$$\min_{d\in\mathbb{R}^n} g(\hat{x})^T d+\frac{1}{2}M\|d\|_2^2, \tag{13.2.28}$$

$$\text{s.t. } a_i^T d = 0, \quad i \in E, \tag{13.2.29}$$

$$a_i^T(\hat{x} + d) \geqslant b_i, \quad i \in I, \tag{13.2.30}$$

$$\|d\| \leqslant \Delta_k \tag{13.2.31}$$

的可行点，则只要 $\Delta_k \leqslant 1$ 就有

$$g(\hat{x})^T \hat{d}_k + \frac{1}{2} M \|\hat{d}_k\|_2^2 < \Delta_k \hat{\eta}. \tag{13.2.32}$$

这里 $\hat{d}_k$ 是问题 (13.2.28)—(13.2.31) 之解. 利用 (13.2.22) 和 (13.2.32) 即知

$$\varphi_k(0) - \varphi_k(d_k) \geqslant -\frac{1}{2}\hat{\eta}\Delta_k \tag{13.2.33}$$

对所有充分大的 $k \in K_1$ 都成立. 由于 $f(x)$ 连续可微以及 $\{B_k\}$ 一致有界，我们有

$$Pred_k = Ared_k + o(\|d_k\|). \tag{13.2.34}$$

从 (13.2.33)—(13.2.34) 可证

$$\lim_{\substack{k \in K_1 \\ k \to \infty}} r_k = 1. \tag{13.2.35}$$

这显然与 (12.2.21) 相矛盾. 此矛盾说明定理为真. □

类似无约束优化的信赖域法，将条件 (13.2.10) 换成

$$\sum_{k=1}^{\infty} \frac{1}{1 + \max\limits_{1 \leqslant i \leqslant k} \|B_i\|} = +\infty. \tag{13.2.36}$$

定理 13.2.2 仍成立.

从收敛性结果的证明看，并不要求 d_k 是子问题 (13.2.4)—(13.2.7) 的精确解. 定义 $f(x)$ 在可行域 X 上的投影梯度为

$$\nabla_X f(x) = \lim_{\alpha \to 0_+} \frac{P(x - \alpha \nabla f(x)) - x}{\alpha}. \tag{13.2.37}$$

其中

$$P(y) = \arg\min\{\|z-y\|, z \in X\}.$$

不难证明， x^* 是问题 (13.2.1)—(13.2.3) 的 K–T 点当且仅当

$$\nabla_X f(x^*) = 0. \tag{13.2.38}$$

从定理 13.2.2 的证明可看出，只要 d_k 是 (13.2.5)—(13.2.7) 的可行点且满足

$$\varphi_k(0) - \varphi_k(d_k) \geqslant \bar{\delta}\|\nabla_X f(x_k)\| \min\left\{\Delta_k, \frac{\|\nabla_X f(x_k)\|}{\|B_k\|}\right\}, \tag{13.2.39}$$

则算法 13.2.1 仍然是有全局收敛性的.

考虑局部收敛性时，我们假定 $x_k \to x^*$, 且只有等式约束，还假定 $A(x^*) = \nabla c(x^*)$ 是列满秩的，以及在 x^* 处二阶充分条件满足，在这些假定下，不难证明，算法 13.2.1 产生的点列 $\{x_k\}$ 超线性收敛于 x^*, 即

$$\lim_{k\to\infty} \frac{\|x_{k+1} - x^*\|}{\|x_k - x^*\|} = 0 \tag{13.2.40}$$

等价于矩阵 B_k 和试探步 d_k 满足

$$\lim_{k\to\infty} \frac{\|Z^{*T}(B_k - [\nabla^2 f(x^*) - \Sigma\lambda_i^*\nabla^2 c_i(x^*)])Z^*Z^{*T}d_k\|}{\|d_k\|} = 0, \tag{13.2.41}$$

其中 Z^* 是由 $A(x^*)^T$ 的零空间的一组正交基向量组成的 $\mathbb{R}^{n\times(n-m)}$ 矩阵.

§13.3 信赖域子问题

信赖域方法的关键组成部分之一是试探步 d_k 的计算. 求 d_k 等价于某一个子问题的构造. 由于逐步二次规划方法是线搜索类型方法中十分有效的方法. 人们自然希望将二次规划子问题和信赖域技巧结合起来. 由于信赖域法要求

$$\|d\| \leqslant \Delta_k. \tag{13.3.1}$$

简单地将逐步二次规划法中的子问题 (12.2.1)—(12.2.3) 和 (13.3.1) 合并成一个子问题即得到

$$\min_{d\in\mathbb{R}^n} g_k^T d + \frac{1}{2} d^T B_k d = \varphi_k(d), \tag{13.3.2}$$

$$\text{s.t. } c_i(x_k) + a_i(x_k)^T d = 0, \tag{13.3.3}$$

$$c_i(x_k) + a_i(x_k)^T d \geqslant 0, \tag{13.3.4}$$

$$\|d\| \leqslant \Delta_k. \tag{13.3.5}$$

这样做显然是行不通的，因为 (13.3.3)—(13.3.5) 可能无解. 所以，我们必须修改 (13.3.2)—(13.3.5)，以便得到一合理的信赖域子问题.

首先，我们可考虑如下类型的子问题

$$\min_{d\in\mathbb{R}^n} g_k^T d + \frac{1}{2} d^T B_k d = \varphi_k(d), \tag{13.3.6}$$

$$\text{s.t. } \theta_k c_i(x_k) + d^T \nabla c_i(x_k) = 0, \quad i \in E, \tag{13.3.7}$$

$$\theta_k c_i(x_k) + d^T \nabla c_i(x_k) \geqslant 0, \quad i \in I, \tag{13.3.8}$$

$$\|d\| \leqslant \Delta_k, \tag{13.3.9}$$

其中 $\theta_k \in (0,1]$ 是一个参数. 如果 θ_k 充分小，则 (13.3.7)—(13.3.9) 一般是有可行点的. 从几何上来看，在 $c_i(x_k)$ 前乘上一个因子 θ_k，实际上就是将 (13.3.3), (13.3.4) 中每个约束的可行域往原点方向压缩. 这种利用 θ_k 的技巧在逐步二次规划方法中克服线性化约束不相容时也用到.

显然，在 $\theta_k \neq 1$ 时， d_k 不一定是 (13.3.3), (13.3.4) 的可行点. 为了使 d_k 在 (13.3.3), (13.3.4) 意义下尽可能可行，我们应当选取 θ_k 尽可能靠近 1. 另一方面， θ_k 越大，则 (13.3.7)—(13.3.9) 的可行域愈小，为了使子问题能有一定的自由度，我们不能让 θ_k 过大.

我们称下列问题

$$\min_{d\in\mathbb{R}^n}\|(c(x_k)+A(x_k)^Td)^{(-)}\|_2 \tag{13.3.10}$$

的最小范数解为 Gauss-Newton 步，记为 d_k^{GN}. 这里 $c^{(-)}$ 的定义由 (10.1.2)—(10.1.3) 给出. 由 d_k^{GN} 的定义，当且仅当

$$\theta_k\|d_k^{GN}\|\leqslant\Delta_k \tag{13.3.11}$$

时， (13.3.7)—(13.3.9) 有可行点. 为了不使 θ_k 太小，给定一正常数 $\delta_1\in(0,1)$, 只要 $\theta_k<1$, 则要求 θ_k 满足

$$\theta_k\|d_k^{GN}\|\geqslant\delta_1\Delta_k. \tag{13.3.12}$$

例如，我们可以按如下公式

$$\theta_k=\begin{cases}1, & \text{如果 } 2\|d_k^{GN}\|\leqslant\Delta_k,\\ \dfrac{1}{2}\Delta_k/\|d_k^{GN}\|, & \text{否则},\end{cases} \tag{13.3.13}$$

选取 θ_k.

另一种非直接选取 θ_k 的方法是把 $\theta=\theta_k$ 看成一个变量，且在目标函数 (13.3.6) 中加上一罚项 $\sigma(\theta-1)^2$, 即得到如下子问题

$$\min_{\substack{d\in\mathbb{R}^n\\ \theta\in(0,1]}} g_k^Td+\frac{1}{2}d^TB_kd+\sigma_k(\theta-1)^2, \tag{13.3.14}$$

$$\text{s.t. } \theta c_i(x_k)+d^T\nabla c_i(x_k)=0,\quad i\in E, \tag{13.3.15}$$

$$\theta c_i(x_k)+d^T\nabla c_i(x_k)\geqslant 0\quad i\in I, \tag{13.3.16}$$

$$\|d\|\leqslant\Delta_k, \tag{13.3.17}$$

其中 $\sigma_k>0$ 是一罚因子.

另一种克服 (13.3.3)—(13.3.5) 不相容的方法是将 (13.3.3)—(13.3.4) 用一个平方和约束

$$\|(c_k+A_k^Td)^{(-)}\|_2^2\leqslant\xi_k \tag{13.3.18}$$

代替，其中 $c_k = c(x_k) = (c_1(x_k), \cdots, c_m(x_k))^T$, $A_k = A(x_k) = \nabla c(x_k)^T$, $\xi_k > 0$ 是一参数. 故子问题可写成

$$\min_{d\in\mathbb{R}^n} g_k^T d + \frac{1}{2}d^T B_k d, \tag{13.3.19}$$

$$\text{s.t. } \|(c_k + A_k^T d)^{(-)}\|_2^2 \leqslant \xi_k, \tag{13.3.20}$$

$$\|d\|_2^2 \leqslant \Delta_k^2. \tag{13.3.21}$$

显然，要使 (13.3.20) 相容， ξ_k 必满足

$$\xi_k \geqslant \min_{\|d\|_2\leqslant\Delta_k} \|(c_k + A_k^T d)^{(-)}\|_2^2. \tag{13.3.22}$$

设 $\bar{d}_k$ 是函数 $\|(c_k + A_k^T d)^{(-)}\|_2^2$ 在 $d = 0$ 处的一负梯度方向，即 $\bar{d}_k = -A_k c_k^{(-)}$, 记 $\bar{\alpha}_k > 0$ 是问题

$$\min_{\substack{\alpha>0\\ \|\alpha\bar{d}_k\|_2\leqslant\Delta_k}} \|(c_k + A_k^T \alpha\bar{d}_k)^{(-)}\|_2^2 \tag{13.3.23}$$

的解，则 $\bar{\alpha}_k\bar{d}_k$ 被称为 Cauchy 点或 Cauchy 步，用 d_k^{CP} 表示. 在 Celis, Dennis 和 Tapia (1985) 的方法中，

$$\xi_k = \|(c_k + A_k^T d_k^{CP})^{(-)}\|_2^2. \tag{13.3.24}$$

在 Powell 和 Yuan (1991) 的方法中， ξ_k 取成满足

$$\min_{\|d\|_2\leqslant b_1\Delta_k} \|(c_k + A_k^T d)^{(-)}\|_2^2 \leqslant \xi_k \leqslant \min_{\|d\|\leqslant b_2\Delta_k} \|(c_k + A_k^T d)^{(-)}\|_2^2 \tag{13.3.25}$$

的任何值，其中 $b_1 \geqslant b_2$ 是 (0, 1) 中的两个常数.

基于精确罚函数

$$P(x,\sigma) = f(x) + \sigma\|c^{(-)}(x)\|, \tag{13.3.26}$$

我们可构造子问题

$$\min_{d\in\mathbb{R}^n} g_k^T d + \frac{1}{2}d^T B_k d + \sigma_k\|(c_k + A_k^T d)^{(-)}\|, \tag{13.3.27}$$

$$\text{s.t. } \|d\| \leqslant \Delta_k. \tag{13.3.28}$$

对于这类子问题，(13.3.27) 中的范数与 (13.3.28) 的范数并不一定是一样的.

§13.4 零 空 间 方 法

考虑等式约束问题

$$\min_{x\in\mathbb{R}^n} f(x), \tag{13.4.1}$$

$$\text{s.t. } c(x) = 0, \tag{13.4.2}$$

则信赖域子问题 (13.3.6)—(13.3.9) 可写成

$$\min_{d\in\mathbb{R}^n} g_k^T d + \frac{1}{2} d^T B_k d = \varphi_k(d), \tag{13.4.3}$$

$$\text{s.t. } \theta_k c_k + A_k^T d = 0, \tag{13.4.4}$$

$$\|d\|_2 \leqslant \Delta_k. \tag{13.4.5}$$

假定 $c_k \in \text{Range}\ (A_k^T)$, 从 (13.3.11) 可知 θ_k 应满足

$$\theta_k \|(A_k^T)^+ c_k\|_2 \leqslant \Delta_k. \tag{13.4.6}$$

记 (13.4.3)—(13.4.5) 的解为 d_k, 则不难看出，d_k 也是如下问题

$$\min_{d\in\mathbb{R}^n} \varphi_k(d), \tag{13.4.7}$$

$$\text{s.t. } A_k^T(d - \hat{d}_k) = 0, \tag{13.4.8}$$

$$\|d - \hat{d}_k\|_2 \leqslant \hat{\Delta}_k \tag{13.4.9}$$

的解，其中

$$\hat{d}_k = -\theta_k (A_k^T)^+ c_k; \tag{13.4.10}$$

$$\hat{\Delta}_k = \sqrt{\Delta_k^2 - \|\hat{d}_k\|_2^2}. \tag{13.4.11}$$

引入变量 $\tilde{d} = d - \hat{d}_k$, 设 Z_k 是由 A_k^T 的零空间的一组正交基组成的矩阵，即 $A_k^T Z_k = 0$, $Z_k^T Z_k = I$, 则我们有

$$\tilde{d} = Z_k u, \quad u \in \mathbb{R}^{n-r}. \tag{13.4.12}$$

其中 r 是 A_k 的秩. 利用上式，我们可将子问题 (13.4.7)—(13.4.9) 等价地写成

$$\min_{u \in \mathbb{R}^{n-r}} \tilde{g}_k^T u + \frac{1}{2} u^T \tilde{B}_k u, \tag{13.4.13}$$

$$\text{s.t. } \|u\|_2 \leqslant \hat{\Delta}_k. \tag{13.4.14}$$

其中 $\tilde{g}_k = Z_k^T (g_k + B_k \hat{d}_k)$, $\tilde{B}_k = Z_k^T B_k Z_k$. 这已化成了无约束优化信赖域法子问题的形式了.

我们用 L_1 精确罚函数

$$P_1(x) = f(x) + \sigma_k \|c(x)\|_1 \tag{13.4.15}$$

作为价值函数来决定是否接受 d_k. 显然

$$Ared_k = P_1(x_k) - P_1(x_k + d_k). \tag{13.4.16}$$

我们令预估下降量是函数 $\phi_k(d) + \sigma_k \|c_k + A_k^T d\|_1$ 的下降量，即

$$Pred_k = \phi_k(0) - \phi_k(d_k) + \sigma_k [\|c_k\|_1 - \|c_k + A_k^T d_k\|_1]. \tag{13.4.17}$$

假定 $f(x)$ 和 $c(x)$ 二次连续可微以及 $\|B_k\|$ 有界，则有

$$Ared_k = Pred_k + O(\|d_k\|_2^2). \tag{13.4.18}$$

由 $\hat{d}_k$ 的定义，我们有

$$\hat{d}_k = (A_k^T)^+ A_k^T d_k, \tag{13.4.19}$$

$$d_k - \hat{d}_k = Z_k Z_k^T d_k = (I - (A_k^T)^+ A_k^T) d_k. \tag{13.4.20}$$

于是 $\hat{d}_k$ 是在 A_k 的值空间的向量，故称为值空间步，而 $d_k - \hat{d}_k$ 是在 A_k^T 的零空间，称为零空间步. 由于在几何上，人们在画示意图时，一般是将值空间画成垂直方向，而零空间画在水平方向 (见图 13.4.1), 故人们也常称值空间步为垂直步，零空间步为水平步.

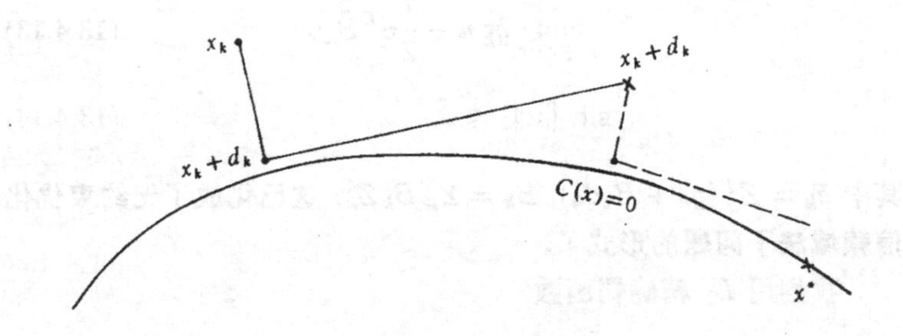

图 13.4.1

我们可将预估下降量写成两部分，即在垂直方向和水平方向的预估下降量，

$$Vpred_k = \phi_k(0) - \phi_k(\hat{d}_k) + \sigma_k(\|c_k\|_1 - \|c_k + A_k^T \hat{d}_k\|_1), \tag{13.4.21}$$

$$Hpred_k = \phi_k(\hat{d}_k) - \phi_k(d_k). \tag{13.4.22}$$

我们可选取 θ_k, 使其满足“不太小”的条件

$$\theta_k \|(A_k^T)^+ c_k\|_2 \geqslant \delta_1 \Delta_k, \text{ 如果 } \theta_k < 1. \tag{13.4.23}$$

再假定我们选取 σ_k 使其满足

$$\sigma_k \geqslant \left\| A_k^+ \left(g_k + \frac{1}{2} B_k \hat{d}_k \right) \right\|_\infty + \rho, \tag{13.4.24}$$

则可证

$$Vpred_k \geqslant \rho \min[\|c_k\|_1, \delta_1\Delta_k/\|(A_k^T)^+\|_2]. \tag{13.4.25}$$

与 (13.1.15) 类似，我们有

$$Hpred_k \geqslant \frac{1}{2}\|\tilde{g}_k\|_2 \min[\hat{\Delta}_k, \|\tilde{g}_k\|_2/\|\tilde{B}_k\|_2]. \tag{13.4.26}$$

于是我们证明了，存在正常数 ρ_1, ρ_2 使得

$$\begin{aligned} Pred_k \geqslant &\rho_1 \min[\|c_k\|_1, \Delta_k/\|(A_k^T)^+\|_2] \\ &+ \rho_2\|\tilde{g}_k\|_2 \min[\hat{\Delta}_k, \|\tilde{g}_k\|_2/\|\tilde{B}_k\|_2]. \end{aligned} \tag{13.4.27}$$

所以，我们可先计算 $\hat{d}_k$, 然后非精确求解 (13.4.13)—(13.4.14) 得到 u_k, 则可令 $d_k = \hat{d}_k + Z_k u_k$. 这样求出的 d_k 显然满足 (13.4.27).

下面给出的是一个基于零空间的信赖域法.

算法 13.4.1

步 1　给出 $x_1 \in \mathbb{R}^n$, $\Delta_1 > 0$, $\varepsilon \geqslant 0$.

$0 < \beta_3 < \beta_4 < 1 < \beta_1$, $0 \leqslant \beta_0 \leqslant \beta_2 < 1$,

$\beta_2 > 0, \sigma_1 > 0, k := 1;$

步 2　如果 $\|c_k\|_2 + \|Z_k^T g_k\|_2 \leqslant \varepsilon$ 则停；如果 (13.4.24) 满足则转步 3,

$$\sigma_k = \left\|A_k^+\left(g_k + \frac{1}{2}B_k\hat{d}_k\right)\right\| + 2\rho;$$

步 3　求满足于 (13.4.27) 的 d_k.

步 4　由 (13.4.16)—(13.4.17) 计算 Ared_k, Pred_k;

计算 $r_k = Ared_k/Pred_k$;

$$x_{k+1} = \begin{cases} x_k + d_k, & \text{如果} r_k > \beta_0, \\ x_k, & \text{否则}. \end{cases} \tag{13.4.28}$$

选取 Δ_{k+1} 使其满足

$$\Delta_{k+1} \in \begin{cases} [\beta_3\|d_k\|_2,\ \beta_4\Delta_k], & \text{如果} r_k < \beta_2, \\ [\Delta_k, \beta_1\Delta_k], & \text{否则}; \end{cases} \tag{13.4.29}$$

步 5　计算 B_{k+1}; $\sigma_{k+1} := \sigma_k$ $k := k+1$; 转步 2. □

首先，我们给出如下引理.

引理 13.4.2　设 d_k 满足 (13.4.27), 则有

$$Pred_k \geqslant \tau \min[\varepsilon_k, 1] \min[\Delta_k, \varepsilon_k/(1+\|B_k\|_2)], \tag{13.4.30}$$

其中 $\tau = \min[\rho_1/2\max(1, \|A_k^+\|_2), \rho_2/4]$ 和

$$\varepsilon_k = \|c_k\|_2 + \|Z_k^T g_k\|_2. \tag{13.4.31}$$

证明　如果

$$\|c_k\|_2 > \Delta_k/2\|A_k^+\|_2, \tag{13.4.32}$$

则从 (13.4.27) 直接得到

$$Pred_k \geqslant \rho_1\Delta_k/2\|A_k^+\|_2. \tag{13.4.33}$$

故知 (13.4.30) 成立.

于是，我们可假定 (13.4.32) 不成立. 因而我们有

$$\hat{\Delta}_k = \sqrt{\Delta_k^2 - \|\hat{d}_k\|_2^2} \geqslant \sqrt{\Delta_k^2 - (\|A_k^+\|_2\|c_k\|_2^2)^2} \geqslant \frac{1}{2}\Delta_k. \tag{13.4.34}$$

如果

$$(1 + 2\|B_k\|_2\|A_k^+\|_2)\|c_k\|_2 \leqslant \|Z_k^T g_k\|_2, \tag{13.4.35}$$

则有

$$\begin{aligned} \|\tilde{g}_k\|_2 &\geqslant \|Z_k^T g_k\|_2 - \|B_k\|_2\|\hat{d}_k\|_2 \\ &\geqslant \|Z_k^T g_k\|_2 - \|B_k\|_2\|A_k^+\|_2\|c_k\|_2 \end{aligned}$$

$$\geqslant \frac{1}{2}(\|Z_k^T g_k\|_2 + \|c_k\|_2) = \frac{1}{2}\varepsilon_k. \tag{13.4.36}$$

于是从上式，(13.4.34) 和 (13.4.27) 知 (13.4.30) 在 $\tau = \rho_2/4$ 时成立.

现假定不等式 (13.4.35) 不成立，则

$$\|c_k\|_2 \geqslant \varepsilon_k/2(1 + \|B_k\|_2\|A_k^+\|_2). \tag{13.4.37}$$

因而

$$\begin{aligned} Pred_k &\geqslant \rho_1 \min[\varepsilon_k/2(1 + \|B_k\|_2\|A_k^+\|_2),\ \Delta_k/\|A_k^+\|_2] \\ &\geqslant \frac{\rho_1}{2\max[1, \|A_k^+\|_2]} \min[\Delta_k, \varepsilon_k/(1 + \|B_k\|_2)], \end{aligned} \tag{13.4.38}$$

故知 (13.4.30) 在 $\tau = \rho_1/2\max[1, \|A_k^+\|_2]$ 时成立. □

利用上面引理，可证算法 13.4.1 的全局收敛性：

定理 13.4.3 设 $f(x), c(x)$ 二次连续可微，设算法 13.4.1 产生的点列 $\{x_k\}$ 属于某一开集 S. 设 $\nabla f(x)$, $\nabla^2 f(x)$, $A(x)$, $\nabla A(x)$ 在 S 上有界. 如果对充分大的 k, $\sigma_k = \bar{\sigma}$, 如果 $P_1(x_k)$ 下方有界，以及 $\|A_k^+\|_2$ 一致有界，而且

$$\sum \frac{1}{1 + \max\limits_{1\leqslant i\leqslant k} \|B_k\|_2} = \infty, \tag{13.4.39}$$

则必有

$$\liminf_{k\to\infty}[\|c_k\|_2 + \|Z_k^T g_k\|_2] = 0. \tag{13.4.40}$$

如果还假定 $\|B_k\|$ 一致有界和 $\beta_0 > 0$, 则有

$$\lim_{k\to\infty}[\|c_k\|_2 + \|Z_k^T g_k\|_2] = 0. \tag{13.4.41}$$

该定理的证明技巧与定理 13.1.6 的证明类似.

§ 13.5 CDT 子问题

考虑子问题 (13.3.19)—(13.3.21) 在只有等式约束 ($m_e = m$) 的情形，它可写成如下形式

$$\min_{d\in\mathbb{R}^n} g^T d + \frac{1}{2}d^T Bd = \phi(d), \tag{13.5.1}$$

$$\text{s.t. } \|A^T d + c\|_2 \leqslant \xi, \tag{13.5.2}$$

$$\|d\| \leqslant \Delta. \tag{13.5.3}$$

这类子问题最早由 Celis, Dennis 和 Tapia(1985) 提出，故常称为 CDT 子问题.

显然，只有在

$$\xi \geqslant \xi_{\min} = \min_{\|d\|_2\leqslant\Delta} \|A^T d + c\|_2 \tag{13.5.4}$$

时，(13.5.2)—(13.5.3) 才是相容.

先考虑 $\xi = \xi_{\min}$. 不难看出，如果 (13.5.2)—(13.5.3) 的可行域不只一个点，则必有

$$\xi = \xi^*_{\min} = \min_{d\in\mathbb{R}^n} \|A^T d + c\|_2. \tag{13.5.5}$$

如果 (13.5.2)—(13.5.3) 仅有一个可行点，则这个可行点 d 必有如下形式

$$d = -(AA^T + \lambda I)^+ c. \tag{13.5.6}$$

其中 $\lambda \geqslant 0$, 如果 $\|d\|_2 < \Delta$ 则 $\lambda = 0$. $AA^T + \lambda I$ 只有在 $\|d\|_2 = \Delta$ 时才可能奇异. 这种情形没必要进行更多的讨论, 因为可行点 (13.5.6) 也是子问题 (13.5.1), (13.5.2) 的解. 于是我们考虑 (13.5.5) 成立. 此时，必有

$$\|\hat{d}\|_2 \leqslant \Delta, \tag{13.5.7}$$

其中 $\hat{d} = -(A^T)^+c$. 令 Z 是由 A^T 的零空间的一组正交基组成的矩阵，与 13.4 节类似作变量代换 $d = \hat{d} + Zu$, 则可将子问题 (13.5.1)—(13.5.3) 化成

$$\min_{n\in\mathbb{R}^{\hat{n}}} \tilde{g}^T u + \frac{1}{2}u^T\tilde{B}u, \tag{13.5.8}$$

$$\text{s.t. } \|u\|_2 \leqslant \tilde{\Delta}. \tag{13.5.9}$$

这已是问题 (13.1.56)—(13.1.57) 的形式.

于是，在下面的讨论中，我们假设

$$\xi > \xi_{\min}. \tag{13.5.10}$$

首先，我们有如下必要性结果：

定理 13.5.1 设 d^* 是子问题 (13.5.1)—(13.5.3) 之解. 如果 (13.5.10) 成立，则必存在 Lagrange 乘子 $\lambda^* \geqslant 0, \mu^* \geqslant 0$ 使得

$$(B + \lambda^* I + \mu^* AA^T)d^* = -(g + \mu^* Ac), \tag{13.5.11}$$

$$\lambda^*[\Delta - \|d^*\|_2] = 0, \tag{13.5.12}$$

$$\mu^*[\xi - \|c + A^T d^*\|_2] = 0. \tag{13.5.13}$$

如果乘子 λ^* 和 μ^* 是唯一的，则矩阵

$$H(\lambda^*, \mu^*) = B + \lambda^* I + \mu^* AA^T \tag{13.5.14}$$

至多只有一个负特征值.

证明 由于 (13.5.2), (13.5.3) 的可行域是凸集且有非空内点，故知条件 8.2.11 满足. 于是从第八章的结果知存在 $\lambda^* \geqslant 0, \mu^* \geqslant 0$ 使得 (13.5.11)—(13.5.13) 成立. 所以我们仅需证明矩阵 (13.5.14) 在 λ^*, μ^* 唯一时至多只有一个负特征值.

如果有一个约束在 d^* 处不积极，则利用二阶必要性条件即知 $H(\lambda^*, \mu^*)$ 至多只有一个负特征值.

下面我们可假定二个约束都在 d^* 处积极. 定义向量

$$y^* = A(c + A^T d^*). \tag{13.5.15}$$

如果 d^* 和 y^* 线性相关，则存在 $\eta \in \mathbb{R}$ 使得

$$y^* = \eta d^*. \tag{13.5.16}$$

利用 $\xi > \xi_{\min}$ 即知 $\eta > 0$. 由于 λ^* 和 μ^* 是唯一的，则可推出 $\lambda^* = \mu^* = 0$. 从 (13.5.11) 式即知 d^* 是 $\phi(d)$ 的稳定点. 从 (13.5.16) 和 $\eta > 0$ 知对任何满足 $d^T d^* < 0$ 的方向都是可行方向. 从而 $d^T B d \geqslant 0$. 所以我们可得到 $d^T B d \geqslant 0$ 对任何 $d^T d^* \leqslant 0$ 也成立，故知 B 是一半正定矩阵.

如果 d^* 和 y^* 线性无关，从二阶必要性条件可知 $H(\lambda^*, \mu^*)$ 在一个与 d^* 和 y^* 正交的 $n-2$ 维子空间是半正定的. 假定 $H(\lambda^*, \mu^*)$ 有两个负特征值，则有线性无关向量 $z_1, z_2 \in \mathbb{R}^n$, 使得 $H(\lambda^*, \mu^*)$ 在 Span (z_1, z_2) 上负定，而且 Span (z_1, z_2) 与上面提到的 $n-2$ 维子空间仅在零点相交. 于是矩阵

$$\begin{pmatrix} z_1^T d^* & z_2^T d^* \\ z_1^T y^* & z_2^T y^* \end{pmatrix} \tag{13.5.17}$$

是非奇异阵. 这个矩阵的非奇异说明存在非零向量 $\bar{d} \in \text{Span}(z_1, z_2)$ 使得

$$\|d^* + \bar{d}\|_2 = \Delta, \quad \|c + A^T(d^* + \bar{d})\|_2 = \xi. \tag{13.5.18}$$

(13.5.18) 和 $H(\lambda^*, \mu^*)$ 在 Span (z_1, z_2) 上负定可推得 $\phi(d^* + \bar{d}) < \phi(d^*)$. 这与 d^* 的定义相矛盾. 矛盾说明定理为真. □

下面给出的是充分性条件.

定理 13.5.2 设 d^* 是 (13.5.2), (13.5.3) 的可行点，如果存在 $\lambda^* \geqslant 0$, $\mu^* \geqslant 0$ 使得 (13.5.11)—(13.5.13) 成立，而且 $H(\lambda^*, \mu^*)$ 是半正定矩阵，则 d^* 是问题 (13.5.1)—(13.5.13) 的解.

证明 对任何满足于 (13.5.2)—(13.5.3) 的 d, 我们有

$$\begin{aligned}\phi(d) &= \phi(d) + \frac{1}{2}\lambda^*\|d\|_2^2 + \frac{1}{2}\mu^*\|c + A^T d\|_2^2 \\ &\quad - \frac{1}{2}[\lambda^*\|d\|_2^2 + \mu^*\|c + A^T d\|_2^2] \\ &\geqslant \phi(d^*) + \frac{1}{2}\lambda^*\|d^*\|_2^2 + \frac{1}{2}\mu^*\|c + A^T d^*\|_2^2 \\ &\quad - \frac{1}{2}[\lambda^*\|d\|_2^2 + \mu^*\|c + A^T d\|_2^2] \\ &= \phi(d^*) + \frac{1}{2}\lambda^*[\Delta^2 - \|d\|_2^2] + \frac{1}{2}\mu^*[\xi^2 - \|c + A^T d\|_2^2] \\ &\geqslant \phi(d^*). \end{aligned} \tag{13.5.19}$$

故知 d^* 是 (13.5.1)—(13.5.3) 的解. □

定理 13.5.2 的一个直接推论是推论 13.5.3.

推论 13.5.3 假定 B 正定，则 (13.5.2), (13.5.3) 的可行点 d^* 是 (13.5.1)—(13.5.3) 的解，当且仅当存在 $\lambda^* \geqslant 0$, $\mu^* \geqslant 0$ 使得 (13.5.11)—(13.5.13) 成立.

所以，在 B 正定时，(13.5.1)—(13.5.3) 的解必有如下形式

$$d(\lambda, \mu) = -H(\lambda, \mu)^{-1}[g + \mu A c]. \tag{13.5.20}$$

利用推论 13.5.3, 我们有如下结果.

引理 13.5.4 设 B 正定，由 (13.5.20) 所定义的 $d(\lambda, \mu)$ 是问题 (13.5.1)—(13.5.3) 的解当且仅当它是 (13.5.2)—(13.5.3) 的可行点，且下列之一成立：

1. $\lambda = \mu = 0.$;
2. $\lambda > 0$, $\mu = 0$, $\|d(\lambda, \mu)\|_2 = \Delta$;
3. $\lambda = 0$, $\mu > 0$, $\|c + A^T d(\lambda, \mu)\|_2 = \xi$;
4. $\lambda > 0, \mu > 0$, $\|d(\lambda, \mu)\|_2 = \Delta$, $\|c + A^T d(\lambda, \mu)\|_2 = \xi$.

于是，求解 CDT 问题等价于找到 $\lambda^*, \mu^* \geqslant 0$ 使得 $d(\lambda^*, \mu^*)$ 可行且引理 13.5.4 中的四种情况之一成立.

当 $\lambda^* = \mu^* = 0$, 这时 $d = -B^{-1}g$ 是唯一解.

当 $\mu^* = 0$ 和 $\lambda^* > 0$, 我们可利用 $\bar{\psi}(\lambda, 0) = 0$ 求 λ^*, 其中

$$\bar{\psi}(\lambda, \mu) = \frac{1}{\|d(\lambda, \mu)\|_2} - \frac{1}{\Delta}. \tag{13.5.21}$$

我们考虑 $\bar{\psi}(\lambda, 0) = 0$ 而不是 $\|d(\lambda, 0)\|_2 = \Delta$ 的理由和 13.1 节类似, 即 $\bar{\psi}(\lambda, 0)$ 更像一个线性函数. $\bar{\psi}(\lambda, \mu)$ 作为 λ 的函数是凹的且单调上升. 所以我们可用牛顿法迭代:

$$\lambda_+ = \lambda - \frac{\bar{\psi}(\lambda, 0)}{\bar{\psi}'_\lambda(\lambda, 0)} \tag{13.5.22}$$

不难证明, 对任何初值 $\lambda \in [0, \lambda^*]$, (13.5.22) 将产生单调上升的点列收敛于 λ^*.

当 $\lambda^* = 0$ 和 $\mu^* > 0$, 我们定义

$$\hat{\psi}(\lambda, \mu) = \frac{1}{\|c + A^T d(\lambda, \mu)\|_2} - \frac{1}{\xi}. \tag{13.5.23}$$

类似地采用牛顿法求解 $\hat{\psi}(0, \mu) = 0$. 即

$$\mu_+ = \mu - \frac{\hat{\psi}(0, \mu)}{\hat{\psi}'_\mu(0, \mu)}. \tag{13.5.24}$$

当 $\lambda^* > 0$, $\mu^* > 0$, 我们可利用

$$\bar{\psi}(\lambda, \mu) = 0, \tag{13.5.25}$$

$$\hat{\psi}(\lambda, \mu) = 0 \tag{13.5.26}$$

来求解 λ^*, μ^*. 解 (13.5.25), (13.5.26) 的牛顿迭代为

$$\begin{pmatrix} \lambda_+ \\ \mu_+ \end{pmatrix} = \begin{pmatrix} \lambda \\ \mu \end{pmatrix} - J(\lambda, \mu)^{-1} \begin{pmatrix} \bar{\psi}(\lambda, \mu) \\ \hat{\psi}(\lambda, \mu) \end{pmatrix}. \tag{13.5.27}$$

其中 $J(\lambda, \mu)$ 是 Jacobi 阵:

$$J(\lambda, \mu) = \begin{bmatrix} \bar{\psi}'_\lambda(\lambda, \mu) & \bar{\psi}'_\mu(\lambda, \mu) \\ \hat{\psi}'_\lambda(\lambda, \mu) & \hat{\psi}'_\mu(\lambda, \mu) \end{bmatrix} \tag{13.5.28}$$

下面这个算法正是基于计算 λ^*, μ^* 使得引理 13.5.4 中的四种情形之一得到满足.

算法 13.5.5

步 1　给出 $g \in \mathbb{R}^n$, B 正定, $\Delta > 0, \xi > \xi_{\min}$.

步 2　计算 $d(0,0)$, 如果 $d(0,0)$ 可行则停;

　　如果 $\|d(0,0)\| \leqslant \Delta$ 则转步 4;

步 3　用 (13.5.22) 求解 $\bar{\psi}(\lambda, 0) = 0$, 给出 λ^*;

　　如果 $d(\lambda^*, 0)$ 可行则停;

步 4　用 (13.5.24) 求解 $\hat{\psi}(0, \mu) = 0$, 给出 μ^*;

　　如果 $d(0, \mu^*)$ 可行则停;

步 5　用 (13.5.27) 求解 (13.5.25), (13.5.26) 给出 λ^*, μ^*; 停.

□

上面算法实质上是将可能的四种情况逐一试探, 直到求解为止. 另一种比较直接的方法是在 $\mathbb{R}^2_+ = \{\lambda \geqslant 0, \mu \geqslant 0\}$ 上求解系统

$$\begin{pmatrix} \bar{\psi}(\lambda, \mu) \\ \hat{\psi}(\lambda, \mu) \end{pmatrix} \geqslant 0, \quad (\lambda, \mu)^T \begin{bmatrix} \bar{\psi}(\lambda, \mu) \\ \hat{\psi}(\lambda, \mu) \end{bmatrix} = 0. \tag{13.5.29}$$

§13.6　Powell-Yuan 方法

考虑等式约束问题 (13.4.1), (13.4.2). 试探步 d_k 由求解子问题

$$\min_{d \in \mathbb{R}^n} g_k^T d + \frac{1}{2} d^T B_k d = \phi_k(d), \tag{13.6.1}$$

$$\text{s.t. } \|c_k + A_k^T d\|_2 \leqslant \xi_k, \tag{13.6.2}$$

$$\|d\|_2 \leqslant \Delta_k, \tag{13.6.3}$$

Δ_k 是信赖域半径, ξ_k 是满足 (13.3.25) 的参数. 价值函数取为

$$P_k(x) = f(x) - \lambda(x)^T c(x) + \sigma_k \|c(x)\|_2^2, \tag{13.6.4}$$

其中 $\sigma_k > 0$ 是罚因子, $\lambda(x)$ 是

$$\min_{\lambda \in \mathbb{R}^n} \|g(x) - A(x)\lambda\|_2 \tag{13.6.5}$$

的最小范数解. 真实下降量为

$$Ared_k = P_k(x_k) - P_k(x_k + d_k), \tag{13.6.6}$$

预估下降量定义为

$$\begin{aligned} pred_k = & -(g_k - A_k\lambda_k)^T d_k - \frac{1}{2} d_k^T B_k \hat{d}_k \\ & + [\lambda(x_k + d_k) - \lambda_k]^T \Big(c_k + \frac{1}{2} A_k^T d_k\Big) \\ & + \sigma_k(\|c_k\|_2^2 - \|c_k + A_k^T d_k\|_2^2). \end{aligned} \tag{13.6.7}$$

其中 $\hat{d}_k$ 是 d_k 在 A_k^T 的零空间上的投影, 即

$$\hat{d}_k = \bar{P}_k d_k, \tag{13.6.8}$$

$$\bar{P}_k = I - A(x_k)A(x_k)^+. \tag{13.6.9}$$

如果 $\|c_k\|_2 - \|c_k + A_k^T d_k\|_2 > 0$, 则从 (13.6.7) 可知, 我们可使得 (必要时增大 σ_k)

$$Pred_k \geqslant \frac{1}{2}\sigma_k(\|c_k\|_2^2 - \|c_k + A_k^T d_k\|_2^2). \tag{13.6.10}$$

如果 $\|c_k\|_2 - \|c_k + A_k^T d_k\|_2 = 0$, 则 d_k 是 $\phi_k(d)$ 在信赖域与 A_k^T 零空间之交上的最小点, 此时 $\mathrm{Pred}_k = \phi_k(0) - \phi_k(d_k)$. 而且 $Pred_k = 0$ 仅当 $g_k - A_k\lambda_k = 0$.

下面的算法是 Powell 和 Yuan (1991) 给出的:

算法 13.6.1

步 1　给出 $x_1 \in \mathbb{R}^n$, $\Delta_1 > 0$, $\varepsilon \geqslant 0$.

$0 < \tau_3 < \tau_4 < 1 < \tau_1$, $0 \leqslant \tau_0 \leqslant \tau_2 < 1$, $\tau_2 > 0$; $k := 1$;

步 2　如果 $\|c_k\|_2 + \|g_k - A_k\lambda_k\|_2 \leqslant \varepsilon$ 则停;
解 (13.6.1)—(13.6.3) 得到 d_k;

步 3　计算 $Pred_k$; 如果 (13.6.10) 满足则转步 4;

令

$$\sigma_k := 2\sigma_k + \max\left\{0, \frac{-2Pred_k}{\|c_k\|_2^2 - \|c_k + A_k^T d_k\|_2^2}\right\}. \tag{13.6.11}$$

重新由 (13.6.7) 计算 $Pred_k$.

步 4　计算 $r_k = Ared_k/Pred_k$;

$$x_{k+1} = \begin{cases} x_k + d_k, & \text{如果 } r_k > 0, \\ x_k, & \text{否则} \end{cases} \tag{13.6.12}$$

选取 Δ_{k+1} 满足

$$\Delta_{k+1} = \begin{cases} \max[4\|d_k\|_2, \Delta_k], & \text{如果 } r_k > 0.9, \\ \Delta_k, & 0.1 \leqslant r_k \leqslant 0.9, \\ \min[\Delta_k/4, \|d_k\|_2/2], & r_k < 0.1 \end{cases} \tag{13.6.13}$$

步 5　修正矩阵 B_{k+1}; $\sigma_{k+1} := \sigma_k$, $k := k+1$; 转步 2. □

为证明算法 13.6.1 的收敛性，我们作如下假定:

假定 13.6.2

1) 存在有限凸闭集 $\Omega \in \mathbb{R}^n$ 使得 $\{x_k\}, \{x_k + d_k\}$ 都在 Ω 内;

2) $A(x)$ 对所有的 $x \in \Omega$ 列满秩;

3) 矩阵 $\{B_k | k = 1, 2, \cdots\}$ 一致有界.

下面两个引理对 $Pred_k$ 的下界进行估计.

引理 13.6.3　对一切 k 都有

$$\|c_k\|_2 - \|c_k + A_k^T d_k\|_2 \geqslant \min\left[\|c_k\|_2, \frac{b_2\Delta_k}{\|A_k^+\|_2}\right], \tag{13.6.14}$$

其中 b_2 是在 (13.3.25) 引入的正常数.

证明　如果 $b_2\Delta_k \geqslant \|(A_k^T)^+ c_k\|_2$, 则 $\xi_k = 0$, 于是

$$\|c_k\|_2 - \|c_k + A_k^T d_k\|_2 = \|c_k\|_2, \tag{13.6.15}$$

显然 (13.6.14) 成立.

如果 $b_2\Delta_k < \|(A_k^T)^+ c_k\|_2$, 则从 (13.3.24) 和约束条件 (13.6.2) 可知

$$\begin{aligned}\|c_k\|_2 - \|c_k + A_k^T d_k\| &\geqslant \|c_k\|_2 - \xi_k \\ &\geqslant \|c_k\|_2 - \left\| c_k - A_k^T \Big[\frac{b_2\Delta_k}{\|(A_k^T)^+ c_k\|_2} \Big] (A_k^T)^+ c_k \right\|_2 \\ &= \|c_k\|_2 \frac{b_2\Delta_k}{\|(A_k^T)^+ c_k\|_2} \geqslant \frac{b_2\Delta_k}{\|A_k^+\|_2}. \end{aligned} \tag{13.6.16}$$

所以引理为真. □

引理 13.6.4 存在正常数 δ_1 使得

$$\begin{aligned} Pred_k - \frac{1}{2}\sigma_k(\|c_k\|_2^2 - \|c_k + A_k^T d_k\|_2^2) + \delta_1 \|d_k\|_2 \|c_k\|_2 \\ \geqslant \frac{1}{4}\|\bar{P}_k \bar{g}_k\|_2 \min\left[\bar{\Delta}_k, \frac{\|\bar{P}_k\bar{g}_k\|_2}{2\|B_k\|_2}\right] \\ + \frac{1}{2}\sigma_k \|c_k\|_2 \min\left[\|c_k\|_2, \frac{b_2\Delta_k}{\|A_k^+\|_2}\right] \end{aligned} \tag{13.6.17}$$

对一切 k 都成立. 其中

$$\bar{g}_k = g_k + B_k \bar{d}_k, \tag{13.6.18}$$

$$\bar{d}_k = d_k - \bar{P}_k d_k = d_k - \hat{d}_k, \tag{13.6.19}$$

$$\bar{\Delta}_k = \sqrt{\Delta_k^2 - \|\bar{d}_k\|_2^2}. \tag{13.6.20}$$

证明 根据 $\bar{d}_k$ 的定义和 $\|c_k + A_k^T d_k\|_2 \leqslant \|c_k\|_2$ 可得到

$$\begin{aligned}\|\bar{d}_k\|_2 &= \|A_k A_k^+ d_k\|_2 = \|(A_k^+)^T[(c_k + A_k^T d_k) - c_k]\|_2 \\ &\leqslant 2\|A_k^+\|_2 \|c_k\|_2,. \end{aligned} \tag{13.6.21}$$

由定义可知 $\hat{d}_k$ 是问题

$$\min_{d\in\mathbb{R}^n} \bar{g}_k^T d + \frac{1}{2} d^T B_k d, \tag{13.6.22}$$

$$\text{s.t. } A_k^T d = 0, \tag{13.6.23}$$

$$\|\bar{d}_k + d\|_2 \leqslant \Delta_k \tag{13.6.24}$$

的解．不难证明，$\hat{d}_k$ 也是问题

$$\min_{d\in\mathbb{R}^n} (\bar{P}_k\bar{g}_k)^T d + \frac{1}{2}(\bar{P}_k d)^T B_k(\bar{P}_k d), \tag{13.6.25}$$

$$\text{s.t. } \|d\|_2 \leqslant \bar{\Delta}_k \tag{13.6.26}$$

的解．利用与引理 13.1.3 类似的证明方法，我们可证

$$\bar{g}_k^T \hat{d}_k \leqslant -\frac{1}{2}\|\bar{P}_k\bar{g}_k\|_2 \min\left[\bar{\Delta}_k, \frac{\|\bar{P}_k\bar{g}_k\|_2}{2\|B_k\|_2}\right]. \tag{13.6.27}$$

利用 $\lambda_k, \hat{d}_k, \bar{g}_k$ 的定义, 不等式 (13.6.27), (13.6.21) 以 $\hat{d}_k$ 是 (13.6.25), (13.6.26) 之解可得到

$$\begin{aligned}
&(g_k - A_k\lambda_k)^T d_k + \frac{1}{2}d_k^T B_k d_k \\
&\qquad = \left(g_k + \frac{1}{2}B_k d_k\right)^T \hat{d}_k = \frac{1}{2}[g_k^T\hat{d}_k + \hat{d}_k^T B_k\hat{d}_k + \bar{g}_k^T\hat{d}_k] \\
&\qquad \leqslant \frac{1}{2}g_k^T\hat{d}_k \leqslant \frac{1}{2}\bar{g}_k^T\hat{d}_k + \frac{1}{2}\|B_k\bar{d}_k\|_2\|\hat{d}_k\|_2 \\
&\qquad \leqslant -\frac{1}{4}\|\bar{P}_k\bar{g}_k\|_2 \min\left[\bar{\Delta}_k, \frac{\|\bar{P}_k\bar{g}_k\|_2}{2\|B_k\|_2}\right] \\
&\qquad\quad + \|A_k^+\|_2\|B_k\|_2\|d_k\|_2\|c_k\|_2,
\end{aligned} \tag{13.6.28}$$

而且，利用假定 13.6.2 我们知道存在 $\delta_2 > 0$ 使得

$$\|\lambda(x_k) - \lambda(x_k + d_k)\|_2 \leqslant \delta_2\|d_k\|_2 \tag{13.6.29}$$

对一切 k 都成立．利用 $\|c_k + A_k^T d\|_2$ 的凸性可证

$$\left\|c_k + \frac{1}{2}A_k^T d_k\right\|_2 \leqslant \frac{1}{2}(\|c_k\|_2 + \|c_k + A_k^T d_k\|_2) \leqslant \|c_k\|_2. \tag{13.6.30}$$

令 $\delta_1 = \delta_2 + \sup_{k\geqslant 1}\{\|B_k\|_2\|A_k^+\|_2\}$, 从假定 13.6.2 知 δ_1 是一有限数. 于是, 利用 (13.6.28)—(13.6.30), (13.6.7) 和 (13.6.14) 即知不等式 (13.6.17) 成立. □

上面引理的直接推论是如果 $\|c_k\|_2/\Delta_k$ 充分小则 (13.6.10) 将被满足.

推论 13.6.5 设算法 13.6.1 中 $\varepsilon > 0$, 则必存在正常数 δ_3 和 δ_4 使得在所有满足

$$\|c_k\|_2 \leqslant \delta_3\Delta_k, \tag{13.6.31}$$

的迭代 k 都有

$$Pred_k \geqslant \frac{1}{2}\sigma_k[\|c_k\|_2^2 - \|c_k + A_k^T d_k\|_2^2] + \delta_4\Delta_k. \tag{13.6.32}$$

证明 从假定 13.6.2 知 Δ_k 一致有界, 我们说 $\Delta_k \leqslant \bar{M}$, 故当 $\delta_3 < \dfrac{\varepsilon}{3\bar{M}}$, 则从 (13.6.31) 可推得 $\|c_k\|_2 \leqslant \varepsilon/3$, 利用算法的终止判别条件知

$$\|g_k - A_k\lambda_k\|_2 \geqslant 2\varepsilon/3, \tag{13.6.33}$$

如果 $\delta_3 < \varepsilon/(6\bar{M}\sup_k\|B_k\|_2\|A_k^+\|_2)$, 则从 (13.6.31) 可导出

$$\|c_k\|_2 \leqslant \frac{\varepsilon}{6\sup_{1\leqslant k}\|B_k\|_2\|A_k^+\|_2}, \tag{13.6.34}$$

从上式我们有

$$\begin{aligned}\|g_k - A_k\lambda_k\|_2 = \|\bar{P}_k g_k\|_2 &\leqslant \|\bar{P}_k\bar{g}_k\|_2 + \|\bar{P}_k B_k\bar{d}_k\|_2\\ &\leqslant \|\bar{P}_k\bar{g}_k\|_2 + 2\|A_k^+\|_2\|B_k\|_2\|c_k\|_2\\ &\leqslant \|\bar{P}_k\bar{g}_k\|_2 + \frac{\varepsilon}{3},\end{aligned} \tag{13.6.35}$$

所以, 只要

$$\delta_3 < \frac{\varepsilon}{3\bar{M}}\min\left[1, \frac{1}{2\sup\|B_k\|_2\|A_k^+\|_2}\right], \tag{13.6.36}$$

则由 (13.6.33) 和 (13.6.35) 可知

$$\|\bar{P}_k\bar{g}_k\|_2 \geqslant \frac{\varepsilon}{3}. \tag{13.6.37}$$

故从引理 13.6.4 可得到

$$\begin{aligned}Pred_k &- \frac{1}{2}\sigma_k[\|c_k\|_2^2 - \|c_k + A_k^T d_k\|_2^2] + \delta_1\|d_k\|_2\|c_k\|_2 \\ &\geqslant \frac{\varepsilon}{12}\min\left[\bar{\Delta}_k, \frac{\varepsilon}{6\|B_k\|}\right].\end{aligned} \tag{13.6.38}$$

如果 δ_3 满足

$$\delta_3 \leqslant 0.3/\sup_k\|A_k^+\|, \tag{13.6.39}$$

则从 (13.6.31) 可证 $\bar{\Delta}_k > 0.8\Delta_k$. 当

$$\delta_3 < \frac{\varepsilon}{\delta_1 24}\min\left[\frac{0.8}{\bar{M}}, \frac{\varepsilon}{6\bar{M}^2\sup_k\|B_k\|_2}\right], \tag{13.6.40}$$

则利用 (13.6.31) 可得到

$$\delta_1\|c_k\|_2\|d_k\|_2 \leqslant \frac{\varepsilon}{24}\min\left[0.8\Delta_k, \frac{\varepsilon}{6\|B_k\|_2}\right]. \tag{13.6.41}$$

从 (13.6.38) 和 (13.6.41), 我们有

$$\begin{aligned}Pred_k &- \frac{1}{2}\sigma_k[\|c_k\|_2^2 - \|c_k + A_k^T d_k\|_2^2] \\ &\geqslant \frac{\varepsilon}{24}\min\left[0.8\Delta_k, \frac{\varepsilon}{6\|B_k\|}\right].\end{aligned} \tag{13.6.42}$$

由不等式 (13.6.42) 和 $\{\Delta_k\}$, $\{\|B_k\|\}$ 的有界性知 (13.6.32) 成立.
□

利用上面给出的预备性结果, 我们可证明 $\{\sigma_k\}$ 的有界性. 这一性质对于算法的全局收敛性是至关重要的.

引理 13.6.6 设算法 13.6.1 中的 $\varepsilon > 0$, 则数列, $\{\sigma_k|k = 1, 2, \cdots\}$ 有界. 由于 σ_k 的每次增加至少扩大一倍, 故有正整数 $\bar{k}$, 使得

$$\sigma_k = \sigma_{\bar{k}}, \quad \forall k \geqslant \bar{k}. \tag{13.6.43}$$

证明 推论 13.6.5 表明 (13.6.10) 仅在 $\|c_k\|_2 > \delta_3\Delta_k$ 时才不成立. 在这种情形下，我们利用引理 13.6.4 可得到

$$Pred_k - \frac{1}{2}\sigma_k(\|c_k\|_2^2 - \|c_k + A_k^T d_k\|_2^2)$$
$$\geqslant \|d_k\|_2\|c_k\|_2\left[\frac{1}{2}\sigma_k \min(\delta_3, b_2/\delta_5) - \delta_1\right], \tag{13.6.44}$$

其中 δ_5 是 $\{\|A_k^+\|_2, k = 1, 2, \cdots\}$ 的一个上界. 所以，只要 $\sigma_k > 2\delta_1 \max[1/\delta_3, \delta_5/b_2]$, 则 (13.6.10) 成立. 故知 $\{\sigma_k\}$ 有界. □

基于上一引理, 在进行收敛性分析时, 我们可假定 $\sigma_k \equiv \sigma(\forall k)$. 下一个引理指出如果算法在 $\varepsilon > 0$ 时不有限终止则信赖域半径和约束函数都趋于零.

引理 13.6.7 设 $\varepsilon > 0$ 且算法 13.6.1 不有限终止，则必有

$$\lim_{k\to\infty} \Delta_k = 0, \tag{13.6.45}$$

$$\lim_{k\to\infty} \|c_k\|_2 = 0. \tag{13.6.46}$$

证明 如果 (13.6.45) 不成立，则

$$\eta = \limsup_{k\to\infty} \Delta_k > 0, \tag{13.6.47}$$

定义所有满足

$$r_k \geqslant 0.1, \quad \Delta_k \geqslant \eta/8 \tag{13.6.48}$$

的 k 所组成的集合为 K. 由于 (13.6.47), 我们知 K 必是一个无穷集合，由于 $P(x_k)$ 单调下降且有下界，故知

$$\lim_{\substack{k\in K\\ k\to\infty}} Pred_k = 0. \tag{13.6.49}$$

所以当 $k \in K$ 且 k 充分大时， (13.6.32) 不成立. 从推论 13.6.5 和 (13.6.48) 可知

$$\|c_k\|_2 > \delta_3\eta/8 \tag{13.6.50}$$

对所有充分大的 $k \in K$ 都成立. 利用引理 13.6.3, 我们有

$$
\begin{aligned}
Pred_k &\geqslant \frac{1}{2}\sigma[\|c_k\|_2^2 - \|c_k + A_k^T d_k\|_2^2] \\
&\geqslant \frac{1}{2}\sigma\|c_k\|_2 \min\left[\|c_k\|_2, \frac{b_2\Delta_k}{\|A_k^+\|_2}\right].
\end{aligned} \tag{13.6.51}
$$

因而, 从 (13.6.48), (13.6.49) 和 (13.6.51) 可知

$$
\lim_{\substack{k\in K\\ k\to\infty}} \|c_k\|_2 = 0, \tag{13.6.52}
$$

这显然与 (13.6.50) 相矛盾. 矛盾说明 (13.6.45) 成立.

现证 (13.6.46) 也成立. 若不然, 则

$$
\bar{\eta} = \limsup_{k\to\infty} \|c_k\|_2 > 0 \tag{13.6.53}
$$

定义集合 $\bar{K} = \{k|\|c_k\|_2 > \bar{\eta}/2\}$. 利用 (13.6.51) 和已证明的 (13.6.45) 可知, 存在常数 $\bar{\delta} > 0$ 使得

$$
Pred_k \geqslant \bar{\delta}\Delta_k, \quad \forall k \in \bar{K}. \tag{13.6.54}
$$

这一不等式和 (13.6.45) 可推得

$$
\lim_{\substack{k\in K\\ k\to\infty}} r_k = 1. \tag{13.6.55}
$$

上面极限和不等式 (13.6.54) 表明

$$
\sum_{k\in\bar{K}} \Delta_k < +\infty. \tag{13.6.56}
$$

根据 $\bar{K}$ 的定义, 从 (13.6.56) 和 $c(x)$ 的连续性, 我们有

$$
\lim_{k\to\infty} \|c_k\|_2 = \bar{\eta}. \tag{13.6.57}
$$

于是, 所有充分大的 k 都属于 $\bar{K}$. 利用 (13.6.55) 即知 $\Delta_{k+1} \geqslant \Delta_k$ 对所有充分大的 k 都成立. 这与 (13.6.45) 相矛盾. 矛盾说明 (13.6.46) 为真. □

有了上述结果，证明算法 13.6.1 的全局收敛性就比较容易了.

定理 13.6.8 设假定 13.6.2 中的条件都满足，则算法 13.6.1 在 $\varepsilon > 0$ 时必有限步迭代终止，在 $\varepsilon = 0$ 时必有限终止于 K–T 点或者产生无穷点列 $\{x_k\}$ 且满足

$$\liminf_{k\to\infty}[\|c_k\|_2 + \|\bar{P}_k g_k\|_2] = 0. \tag{13.6.58}$$

证明 先假定 $\varepsilon > 0$, 如果算法不终止，则

$$\|c_k\|_2 + \|\bar{P}_k g_k\|_2 \geqslant \varepsilon \tag{13.6.59}$$

对一切 k 都成立. 利用 (13.6.46) 即知

$$\|\bar{P}_k g_k\|_2 \geqslant \varepsilon/2 \tag{13.6.60}$$

对所有充分大的 k 都成立. 利用 (13.6.60), (13.6.45), (13.6.46) 以及 (13.6.17) 可以证明存在正常数 δ 使得

$$pred_k \geqslant \delta\Delta_k \tag{13.6.61}$$

对所有充分大的 k 都成立. 从上式我们有

$$\lim_{k\to\infty} r_k = 1. \tag{13.6.62}$$

这一极限将导致 $\Delta_{k+1} \geqslant \Delta_k$(当 k 充分大时), 因而与 (13.6.45) 相矛盾. 此矛盾说明对任何 $\varepsilon > 0$ 算法 13.6.1 均将经过有限次迭代后终止.

如果 $\varepsilon = 0$, 则算法终止当且仅当 $d_k = 0$. 如果 $d_k = 0$, 则 x_k 是优化问题的 K–T 点. 假定算法不有限终止，则对一切 k 均有 $d_k \neq 0$. 令

$$\eta = \inf_k[\|c_k\|_2 + \|\bar{P}_k g_k\|_2]. \tag{13.6.63}$$

如果 $\eta > 0$, 则算法对于 $\varepsilon = \eta/2$ 不有限终止，这显然与上面的证明相矛盾. 矛盾说明 $\eta = 0$, 所以 (13.6.58) 成立. □

第十四章　非光滑优化

§14.1　广义梯度

非光滑函数在本书中是指不作可微要求的函数，故也称不可微函数．在非线性规划问题 (8.1.1)—(8.1.3) 中，$f(x)$, $c_i(x)(i=1,\cdots,m)$ 中有一个是非光滑函数，则称问题为非光滑优化．为了研究非光滑优化的最优性条件和构造求解非光滑优化的计算方法，首先应了解非光滑函数的基本性质．

设 X 是一个 Banach 空间，$\|\cdot\|$ 是定义在 X 上的范数．函数 $f(x)$ 满足

$$|f(x)-f(y)|\le K\|x-y\|,\quad \forall x,y\in Y\subseteq X, \tag{14.1.1}$$

则称 $f(x)$ 在 Y 上满足 Lipschitz 条件．其中 K 是一常数，Y 是 X 中的一子集．定义广义球

$$B(x,\varepsilon)=\{y|\ \|x-y\|\le\varepsilon\}. \tag{14.1.2}$$

对任给 $\bar{x}\in X$, 如果存在 $\varepsilon>0$, 使得 $f(x)$ 在 $B(\bar{x},\varepsilon)$ 上满足 Lipschitz 条件，则称 $f(x)$ 在 $\bar{x}$ 附近满足 Lipschitz 条件．函数 $f(x)$ 在 X(或在某点 x 附近) 满足 Lipschitz 条件也可称其是 Lipschitz 的．

如果 $f(x)$ 在 x 附近是 Lipschitz 的，则对任何 $d\in X$, 定义 $f(x)$ 在 x 处沿方向 d 的广义方向导数为

$$f^\circ(x,d)=\limsup_{\substack{y\to x\\ t\downarrow 0}}\frac{f(y+td)-f(y)}{t} \tag{14.1.3}$$

这里 $t\downarrow 0$ 代表 t 单调下降地趋于 0.

引理 14.1.1 设 $f(x)$ 在 x 附近是 Lipschitz 的，则

1) $f^\circ(x,d)$ 作为 d 的函数是正齐次的和次可加的，且满足

$$|f^\circ(x,d)|\le K\|d\|. \tag{14.1.4}$$

2) $f^\circ(x,d)$ 作为 d 的函数在 X 上是 Lipschitz 的.

3) $f^\circ(x,d)$ 作为 (x,d) 的函数是上半连续的.

4) $f^\circ(x,-d)=(-f)^\circ(x,d)$.

证明 由 (14.1.1), (14.1.3) 以及 $f(x)$ 在 x 附近是 Lipschitz 的可直接得到 (14.1.4). 根据定义 (14.1.3) 即知对任何 $\lambda>0$ 都有 $f^\circ(x,\lambda d)=\lambda f^\circ(x,d)$. 由定义 (14.1.3) 有

$$\begin{aligned} f^\circ(x;d_1+d_2)&=\limsup_{\substack{y\to x\\ t\downarrow 0}}\frac{f(y+t(d_1+d_2))-f(y)}{t}\\ &\le \limsup_{\substack{y\to x\\ t\downarrow 0}}\frac{f(y+td_1+td_2)-f(y+td_2)}{t}\\ &\quad+\limsup_{\substack{y\to x\\ t\downarrow 0}}\frac{f(y+td_2)-f(y)}{t}\\ &\le f^\circ(x,d_1)+f^\circ(x,d_2). \end{aligned} \tag{14.1.5}$$

至此，1) 已得证.

对任给 $d_1,d_2\in X$, 我们有

$$f(y+td_1)-f(y)\le f(y+td_2)-f(y)+Kt\|d_1-d_2\| \tag{14.1.6}$$

对 x 附近的 y, 充分小的 $t>0$ 成立. 在上面不等式中取 $y\to x$, $t\downarrow 0$ 则可得到

$$f^\circ(x,d_1)\le f^\circ(x,d_2)+K\|d_1-d_2\|. \tag{14.1.7}$$

同理可证

$$f^\circ(x,d_2)\le f^\circ(x,d_1)+K\|d_1-d_2\|. \tag{14.1.8}$$

从 (14.1.7), (14.1.8) 即知

$$|f^\circ(x,d_1)-f^\circ(x,d_2)|\le K\|d_1-d_2\|. \tag{14.1.9}$$

所以 2) 成立.

现考虑任何的 $\{x_k\}$, $\{d_k\}$ 使得 $x_k\to x$, $d_k\to d$, 对每一个 k, 存在 $t_k>0$ 和 $y_k\in X$ 使得

$$\begin{aligned}&\|y_k-x_k\|+t_k<\frac{1}{k},\\&f^\circ(x_k,d_k)-\frac{1}{k}\le\frac{f(y_k+t_kd_k)-f(y_k)}{t_k}\\&\quad\frac{f(y_k+t_kd_k)-f(y_k+t_kd)}{t_k}+\frac{f(y_k+t_kd)-f(y_k)}{t_k}.\end{aligned} \tag{14.1.10}$$

利用 $f(x)$ 在 x 上附近是 Lipschitz 的和不等式 (14.1.10), 我们有

$$\limsup_{k\to\infty}f^\circ(x_k,d_k)\le f^\circ(x,d), \tag{14.1.11}$$

这正是上半连续的定义.

直接推导有

$$\begin{aligned}f^\circ(x,-d)=\limsup_{\substack{y\to x\\t\downarrow0}}&\frac{f(y-td)-f(y)}{t}\\&\limsup_{\substack{u\to x\\t\downarrow0}}\frac{(-f)(u+td)-(-f)(u)}{t}\\&(-f)^\circ(x;d)\end{aligned} \tag{14.1.12}$$

其中 $u=y-td$. 所以引理为真. □

根据 Hahn-Banach 定理 (例如, Cryer (1982), 定理 7.4), X 中任何正齐次且次可加泛函都强于 X 的某一线性泛函. 故从引理 14.1.1 可知存在线性泛函 ξ 使得对一切 $d\in X$ 都有 $f^\circ(x,d)\ge\xi(d)$. 显然 ξ 是一有界线性泛函, 故它必属于 X 的所有连续线性泛函的共轭空间 X^*. 因而我们可用常规记号 $\langle\xi,d\rangle$ 或者 $\langle d,\xi\rangle$ 来表示 $\xi(d)$. 于是, 我们可给出如下定义:

定义 14.1.2 设 $f(x)$ 在 x 附近是 Lipschitz 的，则我们称集合

$$\{\xi \in X^* | f^\circ(x,d) \geq \langle \xi, d \rangle, \forall d \in X\} \tag{14.1.13}$$

是 f 在 x 处的广义梯度，记为 $\partial f(x)$.

共轭空间 X^* 的范数 $\|\xi\|_*$ 定义为

$$\|\xi\|_* = \sup\{\langle \xi, d \rangle : d \in X,\ \|d\| \leq 1\}, \tag{14.1.14}$$

则关于广义梯度有如下结果.

引理 14.1.3 设 $f(x)$ 在 x 附近是 Lipschitz 的，则

1) $\partial f(x)$ 是 X^* 中的一个弱 *- 紧的、非空凸集；而且对 $\partial f(x)$ 中任何 ξ, 都有 $\|\xi\|_* \leq K$.

2) 关系式

$$f^\circ(x,d) = \max_{\xi \in \partial f(x)} \{\langle \xi, d \rangle\} \tag{14.1.15}$$

对一切 $d \in X$ 都成立.

关于引理 14.1.3 的证明可见 Clarke (1983). 广义方向导数和广义梯度由 Clarke 提出，这些概念在 $f(x)$ 是凸函数时正好和 Rockafellar (1970) 对凸函数所定义的方向导数和次梯度相吻合.

根据定义 14.1.2, 明显可见广义方向导数和广义梯度有如下关系.

引理 14.1.4 设 $f(x)$ 在 x 附近是 Lipschitz 的，则

$$\xi \in \partial f(x), \tag{14.1.16}$$

当且仅当

$$f^\circ(x,d) \geq \langle \xi, d \rangle, \quad \forall d \in X. \tag{14.1.17}$$

X 上的一个非空集合 Ω 的支撑函数定义为：$\sigma_\Omega(\xi) = \sup\limits_{x\in\Omega} < \xi, x >$. 不难看出，$f^\circ(x,\cdot)$ 就是 $\partial f(x)$ 的支撑函数. 从 Clarke (1983) 的命题 2.1.5 可知，

$$\partial f(x) = \bigcap_{\delta>0} \bigcup_{y\in x+B(0,\delta)} \partial f(y), \tag{14.1.18}$$

其中 $B(0,\delta)=\{x|\ \|x\|\le\delta,\ x\in X\}$. 当 X 是有限维时，$\partial f(x)$ 是上半连续的.

广义梯度对于数乘具有交换性，即对任何 $s\in\mathcal{R}$, $\partial(sf)(x)=s\partial f(x)$. 如果 $f_i(i=1,\cdots,m)$ 是有限个在 x 附近 Lipschitz 的函数，则 $\sum_{i=1}^{m} f_i$ 在 x 附近也是 Lipschitz 的而且有关系式

$$\partial\Big(\sum_{i=1}^{m} f_i\Big)(x)\subset\sum_{i=1}^{m}\partial f_i(x). \tag{14.1.19}$$

如果 $f(x)=g(h(x))$, $h(x)=(h_1(x),\cdots,h_n(x))^T$, 每个 $h_i(x)$ 都在 x 附近是 Lipschitz 的，$g(\cdot)$ 在 $h(x)$ 附近是 Lipschitz 的，则 $f(x)$ 在 x 附近是 Lipschitz 的且有

$$\partial f(x)\subset\bar{co}\Big\{\sum_{i=1}^{n}\alpha_i\xi_i:\xi_i\in\partial h_i(x),\ \alpha\in\partial g(h)|_{h=h(x)}\Big\}, \tag{14.1.20}$$

其中 $\bar{co}$ 表示弱 *− 紧凸包 (详见 Clarke (1983) 定理 2.3.9).

利用引理 14.1.4, 我们可得到非光滑优化的一阶必要条件：

定理 14.1.5 如果 $f(x)$ 在 x^* 处达到局部极大或局部极小，且 $f(x)$ 在 x^* 附近是 Lipschitz 的，则必有

$$0\in\partial f(x^*). \tag{14.1.21}$$

证明 如果 x^* 是 $f(x)$ 的局部极小点，则从定义可证对任何 $d\in X$ 都有

$$f^\circ(x^*,d)\ge 0: \tag{14.1.22}$$

从上式和引理 14.1.4 即知 $0\in\partial f(x^*)$.

如果 x^* 是 $f(x)$ 的局部极大点，则 x^* 是 $(-f)(x)$ 的局部极小点，故有 $0\in\partial(-f)(x^*)$. 不难证明对任何 $s\in\mathbb{R}$ 都有 $\partial(sf)(x)=s\partial f(x)$, 因而 $0\in\partial(-f)(x^*)=-\partial f(x^*)$, 即知 $0\in\partial f(x^*)$. 所以定理为真.

关于充分性条件，我们有以下定理.

定理 14.1.6 设 $f(x)$ 在 X^* 附近是凸的和 Lipschitz 的，且

$$0 \in \partial f(x^*), \tag{14.1.23}$$

则 x^* 是 $f(x)$ 的局部极小点.

证明 对于凸函数 $f(x)$, 由 (14.1.13) 所定义的广义梯度与次梯度

$$\{\xi \in X^* | f(z) - f(x) \geq \langle \xi, z - x \rangle, \quad \forall z \in X\} \tag{14.1.24}$$

是等价的 (见 Clarke (1983) 引理 2.2.7). 于是从 (14.1.23) 和 (14.1.24) 即知 x^* 是 $f(x)$ 的局部极小点.

所以对于凸函数，(14.1.23) 是 x^* 为局部极小点的充分必要条件. 这一充分必要条件也等价于

$$f^\circ(x^*, d) \geq 0, \quad \forall d \in X. \tag{14.1.25}$$

对于凸函数, 广义方向导数 $f^\circ(x,d)$ 等于下面定义的方向导数 $f'(x,d)$

$$f'(x,d) = \lim_{t \downarrow 0} \frac{f(x+td) - f(x)}{t}. \tag{14.1.26}$$

我们还可得到一个关于严格 (强) 极小点的充分性条件.

定理 14.1.7 设 $f(x)$ 在 x^* 附近是凸的和 Lipschitz 的，如果

$$f'(x^*, d) > 0, \quad \forall d \neq 0, d \in X, \tag{14.1.27}$$

则 x^* 是 $f(x)$ 的严格 (强) 极小点，即存在 $\delta > 0$ 使得

$$f(x) - f(x^*) \geq \delta \|x - x^*\| \tag{14.1.28}$$

对所有充分靠近 x^* 点处的 x 都成立.

证明 定义集合 $S = \{d | d \in X, \|d\| = 1\}$, 则知 S 是一紧闭集. 由 (14.1.27) 知 $f'(x^*, d)$ 在 S 上为正，故由 $f'(x^*, d)$ 的连续性 (事实上，$f'(x^*, d)$ 是 d 的正齐次、凸函数) 可知存在 $\delta > 0$ 使得

$$f'(x^*, d) \geq 2\delta, \quad \forall d \in S. \tag{14.1.29}$$

于是对任何 $d \in S$, 存在 $t(d) > 0$ 使得

$$f(x^* + td) - f(x^*) \geq t\delta, \quad \forall t \in [0, t(d)]. \tag{14.1.30}$$

我们假定 $t(d)$ 满足 $t(d) \geq 1$ 或者对任何 $t \in [t(d), 1]$ 都有

$$f(x^* + td) - f(x^*) < t\delta \tag{14.1.31}$$

成立. 利用 $f(x)$ 的凸性和连续性, 我们可证必存在 $\varepsilon > 0$ 使得

$$t(d) \geq \varepsilon, \quad \forall d \in S. \tag{14.1.32}$$

于是对任何 x 满足 $\|x - x^*\| \leq \varepsilon$ 都有

$$f(x) - f(x^*) \geq \delta\|x - x^*\| \tag{14.1.33}$$

故知定理为真. □

但是, 对于非凸函数, 我们并没有类似上面给出的充分性结果. 事实上, 考虑单变量问题

$$f(x) = \begin{cases} (-1)^{k+1}\left[\dfrac{1}{2^{k+1}} - 3x\right], & x \in \left[\dfrac{1}{2^{k-1}}, \dfrac{1}{2^k}\right], \\ 0, & x = 0, \end{cases} \tag{14.1.34}$$

$$f(x) = f(-x), \quad \forall x \in [-1, 0), \tag{14.1.35}$$

则知 $f(x)$ 在 $[-1, 1]$ 是 Lipschitz 的. 且在 $x^* = 0$ 处

$$f^\circ(x^*, \pm 1) = 3 > 0, \tag{14.1.36}$$

即两个广义方向导数均为 3. 但 $x^* = 0$ 不是极值点.

§14.2 非光滑优化问题

考虑无约束优化问题:

$$\min_{x \in X} f(x). \tag{14.2.1}$$

其中 $f(x)$ 是定义在 Banach 空间的不可微函数. 假定函数 $f(x)$ 满足 Lipschitz 条件. 由上一节结果知 x^* 是问题 (14.2.1) 之解则必有

$$0 \in \partial f(x^*). \tag{14.2.2}$$

我们称满足 $0 \in \partial f(x)$ 之点 x 为问题 (14.2.1) 的稳定点.

非光滑优化问题 (14.2.1) 的求解, 如果利用解可微问题的方法 (假定在每个迭代点上 $f(x)$ 都可微) 有两个很大的难点. 第一是算法的终止条件不易给出. 我们知道, 当 x 充分靠近一连续可微函数 $f(x)$ 的极小点时 $\|\nabla f(x)\|$ 一定非常小, 所以光滑的无约束优化方法的终止判别条件常常是

$$\|\nabla f(x)\| \leq \varepsilon. \tag{14.2.3}$$

但对于非光滑函数 $f(x)$, 我们并没有类似的结果. 例如, 考虑 $X = \mathbb{R}^1$, $f(x) = |x|$, 则对任何不是解的 x, $f(x)$ 都可微, 有

$$|\partial f(x)| = |\nabla f(x)| = 1. \tag{14.2.4}$$

另一个难点是由 Wolfe (1975) 指出的"折线收敛于非解"现象, 也就是说, 当 $f(x)$ 是不可微函数时, 用精确搜索下的最速下降法去求解 (14.2.1) 可能产生一收敛于非稳定点的点列 $\{x_k\}$. 例如 $X = \mathbb{R}^2$, 设 $x = (u, v)^T$,

$$f(x) = \max \left[\frac{1}{2}u^2 + (v-1)^2, \quad \frac{1}{2}u^2 + (v+1)^2\right\} \tag{14.2.5}$$

假定 x_k 具有形式

$$x_k = \begin{pmatrix} 2(1+|\varepsilon_k|) \\ \varepsilon_k \end{pmatrix} \tag{14.2.6}$$

且 $\varepsilon_k \neq 0$, 则不难计算出:

$$\nabla f(x_k) = \begin{pmatrix} 2(1+|\varepsilon_k|) \\ 2(1+|\varepsilon_k|)t_k \end{pmatrix} = 2(1+|\varepsilon_k|)\begin{pmatrix} 1 \\ t_k \end{pmatrix}, \tag{14.2.7}$$

其中 $t_k=\mathrm{sign}(\varepsilon_k)$. 对 $f(x)$ 从 x_k 沿负梯度方向 $-\nabla f(x_k)$ 进行精确线搜索，得到

$$x_{k+1}=x_k+\alpha_k(-\nabla f(x_k))=\begin{bmatrix}2(1+|\varepsilon_k|/3)\\-\varepsilon_k/3\end{bmatrix}$$

$$=\begin{bmatrix}2(1+|\varepsilon_{k+1}|)\\\varepsilon_{k+1}\end{bmatrix}, \tag{14.2.8}$$

其中 $\varepsilon_{k+1}=-\varepsilon_k/3\neq 0$. 于是，我们可证 $\varepsilon_k\to 0$. 故知对给出形如 $(2+2|\delta|,\delta)^T$ $(\delta\neq 0)$ 的初始点，精确线搜索下的最速下降法将收敛于 $(2,0)^T$. 显然 $(2,0)^T$ 不是 (14.2.5) 的稳定点.

带约束条件的非光滑优化问题可以写为

$$\min_{x\in Y} f(x), \tag{14.2.9}$$

其中 $Y\subseteq X$ 是一个集合，显然 Y 是可行域. 定义矩阵函数

$$\mathrm{dist}(x,Y)=\min_{y\in Y}\|y-x\|, \tag{14.2.10}$$

则从罚函数理论知在一定条件下，(14.2.9) 等价于

$$\min_{x\in X} f(x)+\sigma\mathrm{dist}(x,Y). \tag{14.2.11}$$

由于 $f(x)$ 是不可微函数，而所加的罚项 dist (x,Y) 是一并不太复杂的不可微函数，故我们可把 (14.2.11) 的目标函数看成一个不可微函数. 故知原约束优化问题化为一等价的无约束问题. 这也部分地解释了为什么人们讨论非光滑优化问题时仅讨论无约束问题.

不可微优化的例子很多，例如极大极小问题，即对于一极大值函数

$$f(x)=\max_{1\le i\le m} f_i(x),\quad x\in X. \tag{14.2.12}$$

如果要求 $f(x)$ 的极小就得到

$$\min f(x)=\min_{x\in X}\max_{1\le i\le m} f_i(x). \tag{14.2.13}$$

另外，关于非线性方程组求解

$$f_i(x) = 0, \quad i = 1, \cdots, m, \tag{14.2.14}$$

我们考虑在范数 $\|\cdot\|$ 意义下极小就得到

$$\min_{x\in X} f(x) = \min_{x\in X} \|\bar{f}(x)\|. \tag{14.2.15}$$

其中 $f(x) = \|\bar{f}(x)\|$, $\bar{f}(x) = (f_1(x), f_2(x), \cdots, f_m(x))$ 是 X 到 $\mathbb{R}^m$ 的向量函数，$\|\cdot\|$ 是 $\mathbb{R}^m$ 中的范数. 问题 (14.2.15) 显然是一非光滑优化问题. 当 $\|\cdot\| = \|\cdot\|_1$, 它是 L_1 极小化问题；当 $\|\cdot\| = \|\cdot\|_\infty$ 时，它是一 Chebychev 逼近问题.

第十章 6 节中的精确罚函数 (10.6.1) 也是一非光滑函数. 所以它的极小化问题也是一非光滑优化问题.

§14.3 次梯度方法

次梯度方法是最速下降法的直接推广. 它每次迭代利用 $-g_k$ 作为搜索方法，这里 g_k 是任一次梯度.

设 $f(x)$ 是 $\mathbb{R}^n$ 中的凸函数，它处处有定义. 不难证明，凸函数几乎处处可微，且有

$$\partial f(x) = \text{conv } \Omega(x), \tag{14.3.1}$$

其中 convΩ 代表 Ω 的凸闭包,

$$\Omega(x) = \{g | g = \lim \nabla f(x_i) \text{存在}, \ x_i \to x, \nabla f(x_i) \text{ 存在}\}. \tag{14.3.2}$$

次梯度法可描述如下：

算法 14.3.1

步 1　给出初值 $x_1 \in \mathbb{R}^n$, $k = 1$;

步 2　计算 $f(x_k)$, 以及 $g_k \in \partial f(x_k)$;

步 3　选取步长 $\alpha_k > 0$:

$$\text{令} \quad x_{k+1} = x_k - \alpha_k g_k / \|g_k\|_2 \tag{14.3.3}$$

$k := k+1$; 转步 2. □

正如上节给出的例子一样，在次梯度法中，线搜索采用精确搜索可能导致收敛到非稳定点.

在光滑优化中，非精确搜索常要求步长 α_k 满足

$$f(x_k+\alpha_k d_k) \le f(x_k)+\alpha_k c_1 d_k^T \nabla f(x_k), \tag{14.3.4}$$

其中 $c_1 \in (0,1)$ 是常数. 对于最速下降法，上式为

$$f(x_k-\alpha_k \nabla f(x_k)) \le f(x_k)-\alpha_k c_1 \|\nabla f(x_k)\|^2. \tag{14.3.5}$$

但是，当 $f(x)$ 是非光滑时，则对任何 $c_1 \in (0,1)$, 和 $g_k \in \partial f(x_k)$, 不等式

$$f(x_k-\alpha g_k) \le f(x_k)-\alpha c_1 \|g_k\|^2 \tag{14.3.6}$$

可能对任何 $\alpha>0$ 都不成立. 所以，在非光滑优化中进行 Wolfe 线搜索是不可行的.

尽管精确搜索和非精确搜索均不能简单地从光滑优化推广到非光滑优化，但是次梯度方向是一“好方向”，它可以使新的迭代点更靠近于解.

引理 14.3.2 设 $f(x)$ 是凸函数，集合

$$S^*=\left\{x \mid f(x)=f^*=\min_{x\in\mathbb{R}^n} f(x)\right\} \tag{14.3.7}$$

非空，如果 $x_k \notin S^*$, 则对任何 $x^* \in S^*$, $g_k \in \partial f(x_k)$, 必存在 $T_k>0$ 使得

$$\left\|x_k-\alpha\frac{1}{\|g_k\|_2}g_k-x^*\right\|_2 < \|x_k-x^*\|_2 \tag{14.3.8}$$

对一切 $\alpha \in (0,T_k)$ 都成立.

证明 直接计算有

$$\left\|x_k-\alpha\frac{1}{\|g_k\|_2}g_k-x^*\right\|_2^2 = \|x_k-x^*\|_2^2$$

$$+2\alpha\left(\frac{g_k}{\|g_k\|_2}\right)^T(x^*-x_k)+\alpha^2 \tag{14.3.9}$$

由于 $g_k\in\partial f(x_k)$ 和 $x_k\notin S^*$, 我们有

$$g_k^T(x^*-x_k)\le f(x^*)-f(x_k)<0. \tag{14.3.10}$$

于是，我们可定义

$$T_k=-2g_k^T(x^*-x_k)/\|g_k\|_2>0, \tag{14.3.11}$$

则从 (14.3.9) 即知 (14.3.8) 对一切 $\alpha\in(0,T_k)$ 都成立. □

正由于次梯度方向的这一性质，我们可以取充分小的步长，使点列 $\{x_k\}$ 离解的距离逐步缩短直到已经非常靠近解. 下面定理由 Shor (1962) 给出.

定理 14.3.3 设 $f(x)$ 是凸的，集合 S^* 非空，对任何 $\delta>0$, 必存在 $r>0$ 使得算法 14.3.1 在 $\alpha_k\equiv\alpha\in(0,r)$ 时有

$$\liminf_{k\to\infty} f(x_k)\le f^*+\delta. \tag{14.3.12}$$

选择固定步长 $\alpha_k\equiv\alpha$ 的缺点是算法所产生的点列 $\{x_k\}$ 可能不会收敛. Ermolév(1966) 和 Polyak (1967) 建议选取 α_k 使其满足

$$\alpha_k>0,\quad \lim_{k\to\infty}\alpha_k=0, \tag{14.3.13}$$

$$\sum_{k=1}^{\infty}\alpha_k=\infty. \tag{14.3.14}$$

定理 14.3.4 设 $f(x)$ 是凸的，集合 S^* 非空且有界. 如果 α_k 满足 (14.3.13), (14.3.14). 则算法 14.3.1 产生的点列 $\{x_k\}$ 有

$$\lim_{k\to\infty}\operatorname{dist}(x_k,S^*)=0, \tag{14.3.15}$$

其中 $\operatorname{dist}(x,S)$ 由 (14.2.10) 定义.

证明　由于 $f(x)$ 的凸性，必存在连续函数 $\delta(\varepsilon)$ 使得

$$f(x) \leq f^* + \varepsilon \tag{14.3.16}$$

对任何

$$\operatorname{dist}(x, S^*) \leq \delta(\varepsilon), \tag{14.3.17}$$

$\delta(\varepsilon) > 0 (\forall \varepsilon > 0)$ 成立．对每个 k, 我们定义

$$\varepsilon_k = f(x_k) - f^* \geq 0. \tag{14.3.18}$$

如果 $\varepsilon_k > 0$, 则有

$$\begin{aligned}
\|x_{k+1} - x^*\|^2 &= \|x_k - x^*\|^2 + \alpha_k^2 - 2\alpha_k (x_k - x^*)^T g_k / \|g_k\| \\
&= \|x_k - x^*\|^2 + \alpha_k^2 - 2\delta(\varepsilon_k)\alpha_k \\
&\quad - 2\alpha_k \left[x_k - x^* - \delta(\varepsilon_k)\frac{g_k}{\|g_k\|}\right]^T g_k / \|g_k\| \\
&\leq \|x_k - x^*\|^2 + \alpha_k^2 - 2\delta(\varepsilon_k)\alpha_k.
\end{aligned} \tag{14.3.19}$$

故知

$$[\operatorname{dist}(x_{k+1}, S^*)]^2 - [\operatorname{dist}(x_k, S^*)]^2 \leq -\alpha_k [2\delta(\varepsilon_k) - \alpha_k]. \tag{14.3.20}$$

定义 $\delta(0) = 0$, 则上式对于一切 k 都成立．利用 (14.3.20), 两边求和即知

$$\liminf_{k \to \infty} \delta(\varepsilon_k) = 0. \tag{14.3.21}$$

所以

$$\liminf_{k \to \infty} \operatorname{dist}(x_k, S^*) = 0. \tag{14.3.22}$$

如果定理非真，则必存在正常数 $\delta' > 0$ 且无穷多个 k 使得

$$\operatorname{dist}(x_{k+1}, S^*) > \operatorname{dist}(x_k, S^*), \tag{14.3.23}$$

$$\varepsilon_k > \delta' \tag{14.3.24}$$

成立．从 (14.3.23) 和 (14.3.20) 知

$$2\delta(\varepsilon_k) < \alpha_k \tag{14.3.25}$$

对于充分大的 k 成立，(14.3.25) 与 (14.3.24) 相矛盾．矛盾说明定理为真． □

上面定理表明满足 (14.3.13)—(14.3.14) 的 α_k 可使算法收敛．但是对于这样选取的 α_k, 算法收敛不可能很快．事实上，我们有

$$\|x_k - x^*\| + \|x_{k+1} - x^*\| \geq \|x_k - x_{k+1}\| = \alpha_k, \tag{14.3.26}$$

于是，从 (14.3.26) 和 (14.3.14) 即知

$$\sum_{k=1}^{\infty} \|x_k - x^*\| = +\infty. \tag{14.3.27}$$

所以，点列不可能是 R- 线性收敛．

为了强迫算法具有 R- 线性收敛， Shor (1968) 建议取

$$\alpha_k = \alpha_0 q^k, \quad 0 < q < 1. \tag{14.3.28}$$

这样选取的 α_k 显然不满足 (14.3.14). 对任何给定的 α_0 和 q, 只要

$$\mathrm{dist}(x_1, S^*) > \frac{\alpha_0}{1-q}, \tag{14.3.29}$$

则算法产生的点列不可能靠近 S^*. 关于步长方式 (14.3.28) 的收敛性结果如下．

定理 14.3.5 设 $f(x)$ 是凸函数以及存在正常数 $\delta_1 > 0$, 使得对一切 x 都有：

$$(x - x^*)^T g \geq \delta_1 \|g\| \|x - x^*\|, \quad \forall g \in \partial f(x), \tag{14.3.30}$$

则必存在正常数 $\bar{q} \in (0,1)$, $\bar{\alpha} > 0$, 使得只要

$$q \in (\bar{q}, 1), \quad \alpha_0 > \bar{\alpha}, \tag{14.3.31}$$

算法 14.3.1 产生的点列 $\{x^*\}$ 就满足

$$\|x_k - x^*\| \le M(\delta, \alpha_0)q^k, \tag{14.3.32}$$

其中 $x^* \in S^*$, $\bar{q}$ 和 $\bar{\alpha}$ 是和 $\|x_1 - x^*\|$ 与 δ_1 相关的常数, $M(\delta_1, \alpha_0) > 0$ 是和 δ_1, α_0 相关的但与 k 无关的常数.

但是, 选取步长 (14.3.28) 在实际计算中几乎不可行, 因为我们在一般情况下不可能知道 $\bar{\alpha}$ 和 $\bar{q}$ 的值. 如果 α_0 给得太小, 则 (14.3.31) 不满足. 如果 α_0 取得太大, 则算法收敛得非常慢.

在知道 f^* 的值的情形, 我们可让

$$\alpha_k = \lambda \frac{f(x_k) - f^*}{\|g_k\|}, \quad 0 < \lambda < 2. \tag{14.3.33}$$

这一步长选取方法最初由 Eremin (1965) 对于极大极小问题

$$\min F(x) \equiv \max_{1 \le i \le m} \{f_i(x), 0\} \tag{14.3.34}$$

提出来的. Polyak (1969) 将这一方法推广到一般非光滑优化, 且证明了其 R- 线性收敛性. 值得指出的是: 对于问题 (14.3.34), 该方法等价于求解非线性不等式组

$$f_i(x) \le 0, \quad i = 1, 2, \cdots, m \tag{14.3.35}$$

的松弛方法. 算法 14.3.1 在 α_k 由 (14.3.33) 给出时的收敛性结果如下.

定理 14.3.6 设 $f(x)$ 是凸的, 集合 S^* 非空. 如果存在正常数 $\bar{c}$ 和 $\hat{c}$ 使得

$$\|g\| \le \bar{c}, \quad \forall g \in \partial f(x), \tag{14.3.36}$$

$$f(x) - f^* \ge \hat{c}\ \mathrm{dist}\,(x, S^*) \tag{14.3.37}$$

对一切满足于 $\mathrm{dist}(x, S^*) \le \mathrm{dist}(x_1, S^*)$ 的 x 都成立, 则算法 14.3.1 在 α_k 由 (14.3.33) 给出时所产生的点列必收敛到 S^* 中的某一点 x^* 且存在正常数 M 使得

$$\|x_k - x^*\| \le Mq^k, \tag{14.3.38}$$

其中 $q=(1-\lambda(2-\lambda)\hat{c}^2/\bar{c}^2)^{1/2}<1$.

另一种加快次梯度法收敛的方法由 Shor (1979) 提出. 该方法的基本思想是：在第 k 次迭代时，搜索方向不仅和 g_k 有关，而且也依赖于 g_{k-1}. 它实质上可看作为变尺度方法的推广. 该方法被称为空间扩充法，可写为如下形式：

算法 14.3.7

步 1　给出初值 $x_1, \alpha>0, H_1=\alpha I; k:=1$;

步 2　计算 $g_k\in\partial f(x_k)$; 求得步长 $\alpha_k>0$;
令

$$x_{k+1}=x_k-\alpha_k H_k g_k/(g_k^T H_k g_k)^{1/2}; \tag{14.3.39}$$

步 3　选取 $r_k>0$ 和 $\beta_k<1$;
令

$$H_{k+1}=r_k\left(H_k-\beta_k\frac{H_k g_k g_k^T H_k}{g_k^T H_k g_k}\right); \tag{14.3.40}$$

$k:=k+1$; 转步 2.

不难看出，由 (14.3.40) 产生的矩阵列 $\{H_k\}$ 都是正定的. α_k, β_k, r_k 的选取方式有不少，其中之一为

$$\alpha_k=\frac{1}{n+1}, \beta_k=\frac{2}{n+2}, r_k=\frac{n^2}{n^2-1}. \tag{14.3.41}$$

定理 14.3.8　假设 $f(x)$ 是凸的且集合 S^* 非空. 如果 dist $(x_1, S^*)\le\alpha$, 则在 α_k, β_k, r_k 由 (14.3.41) 给出时算法 14.3.7 产生的点列 $\{x_k\}$ 满足

$$\liminf_{k\to\infty}\frac{f(x_k)-f^*}{q^k}<+\infty, \tag{14.3.42}$$

其中

$$q=\left(1-\frac{2}{n+1}\right)^{\frac{1}{2n}}\frac{n}{\sqrt{n^2-1}}. \tag{14.3.43}$$

次梯度方法的推广方式还有其他形式，例如有椭球算法，有限差分逼近法等. 更详细的讨论可见 Zowe (1985).

§14.4 割平面法

解凸规划问题的割平面法分别由 Kelley (1959), Cheney 和 Goldstein (1959) 独立提出的. 这一方法的基本思想是，每次迭代求函数在一凸多面体的极小值. 每次迭代后引进一割平面，从而逐步缩小多面体，使迭代点收敛至解.

对于凸函数 $f(x)$, 我们有

$$f(x) = \sup_{y} \sup_{g\in\partial f(y)} [f(y) + g^T(x-y)]. \tag{14.4.1}$$

所以，对 $f(x)$ 求极小就等价于问题

$$\min v, \tag{14.4.2}$$

$$\text{s.t. } v \geq f(y) + g^T(x-y), \quad \forall y \in \mathbb{R}^n,\ g \in \partial f(y). \tag{14.4.3}$$

割平面法正是奇次迭代求解一个近次的 (14.4.2), (14.4.3). 设 $x_i(i=1,\cdots,k)$ 是已有的迭代点，在第 k 次迭代求解问题

$$\min v, \tag{14.4.4}$$

$$\text{s.t. } v \geq f(x_i) + g_i^T(x-x_i), \quad i=1,\cdots,k. \tag{14.4.5}$$

很显然，线性规划 (14.4.4)—(14.4.5) 是问题 (14.4.2)—(14.4.3) 的逼近.

割平面法可写为如下形式.

算法 14.4.1

步 1　给出一初值 $x_1 \in S$, S 是一给出的凸多面体； $k := 1$;

步 2　计算 $g_k \in \partial f(x_k)$.

步 3　在 S 上求解 (14.4.4), (14.4.5) 得到 v_{k+1} 和 x_{k+1};
　　　令 $k := k+1$; 转步 2. □

该算法每次迭代增加一个约束，从几何上看就是用一个超平面去将 S' 中一个不包含解的部分割掉. 正因为如此，该方法被称为割平面法. 割平面法的收敛结果如下.

定理 14.4.2 设 $f(x)$ 是凸的且下方有界，则由算法 14.4.1 产生的点列 $\{x_k\}, \{v_k\}$ 必满足

1) $v_2 \le v_3 \le \cdots \le v_k \to f^*$;

2) $\{x_k\}$ 的任一聚点都是 $f(x)$ 在 S 上的极小点.

当函数 $f(x)$ 可微时，且假定算法收敛于解，则对所有充分大的 $k, g_k = \nabla f(x_k)$ 非常小. 从而约束条件 (14.4.5) 将会是非常坏条件的. 割平面法的另一个缺点是：当 k 充分大时，问题 (14.4.4)—(14.4.5) 的约束个数太多. 使线性规划求解太费时. 正因为这些原因，割平面法尽管是最早的求解更一般凸规划的方法，它从未受到很大的重视.

§14.5 捆 集 法

捆集法 (Bundle method) 是从共轭次梯度法发展而得到的一类方法，它是下降算法，要求在每次迭代都有 $f(x_{k+1}) \le f(x_k)$.

共轭次梯度法由 Wolfe 提出，在第 k 次迭代，有一个下标集合 $I_k \subset \{1, 2, \cdots, k\}$, 搜索方向由

$$d_k = -\sum_{i \in I_k} \lambda_i^{(k)} g_i, \quad g_i \in \partial f(x_k) \tag{14.5.1}$$

给出，其中 $\lambda_i^{(k)} (i \in I_k)$ 是通过求解子问题

$$\min \Big\| \sum_{i \in I_k} \lambda_i g_i \Big\|_2^2, \tag{14.5.2}$$

$$\text{s.t.} \sum_{i \in I_k} \lambda_i = 1, \quad \lambda_i \ge 0 \tag{14.5.3}$$

所得到的. 当 $f(x)$ 是凸的二次函数以及 $I_k = \{1, 2, \cdots k\}$ 时，则在精确线搜索下，由 (14.5.1)—(14.5.3) 所产生的方向和共轭梯度法

一样. 正由于这一点，利用 (14.5.1)—(14.5.3) 的方法称为共轭次梯度法. 该方法可叙述如下：

算法 14.5.1

步 1　给出初值 $x_1 \in \mathbb{R}^n$, 计算 $g_1 \in \partial f(x_1)$. 选取 $0 < m_2 < m_1 < \frac{1}{2}$, $0 < m_3 < 1$; $\varepsilon > 0$, $\eta > 0$, $k = 1$; $I_1 = \{1\}$;

步 2　由 (14.5.1)—(14.5.3) 计算 d_k; 如果 $\|d_k\| \le \eta$ 则停；

步 3　计算 $y_k := x_k + \alpha_k d_k$, 使得

$$f(y_k) \le f(x_k) - m_2\alpha_k\|d_k\|_2^2, \tag{14.5.4}$$

或者

$$\|y_k - x_k\| \le m_3\varepsilon \tag{14.5.5}$$

成立.

步 4　如果存在 $g_{k+1} \in \partial f(y_k)$ 使得

$$g_{k+1}^T d_k \ge -m_1\|d_k\|_2^2, \tag{14.5.6}$$

则令 $x_{k+1} := y_k$, 否则置 $x_{k+1} := x_k$.

步 5　令 $I_{k+1} := I_k \cup \{k+1\} \backslash T_k$, 其中 T_k 是所有满足 $\|x_i - x_{k+1}\| > \varepsilon$ 的下标 i 的集合；

步 6　$k := k+1$; 转步 2.　□

下面的定理是 Wolfe (1975) 给出的.

定理 14.5.2　设 $f(x)$ 是凸的, $\|\partial f(x)\|$ 在包含集合 $\{x | f(x) \le f(x_1)\}$ 的某一开集上是有界的. 设由算法 14.5.1 产生的点列 $\{x_k\}$ 使得 $f(x_k)$ 下方有界，则算法必经过有限次迭代后终止.

下面我们考虑将共轭次梯度法推广. 设在第 k 次迭代时，我们有加权因子 $t_i^{(k)} \ge 0, (i = 1, 2, \cdots, k)$. 考虑子问题

$$\min\Big\| \sum_{i=1}^{k} \lambda_i g_i \Big\|, \tag{14.5.7}$$

$$\text{s.t.} \sum_{i=1}^{k} \lambda_i = 1, \quad \lambda_i \geq 0, \tag{14.5.8}$$

$$\sum_{i=1}^{k} \lambda_i t_i^{(k)} \leq \bar{\varepsilon}, \tag{14.5.9}$$

其中 $\bar{\varepsilon} > 0$ 是一预先给定的常数. 记 $\lambda_i^{(k)}$ 是 (14.5.7)—(14.5.8) 的解. 捆集法的搜索方向取为

$$d_k = -\sum_{i=1}^{k} \lambda_i^{(k)} g_i. \tag{14.5.10}$$

不难看出, 如果 $t_i^{(k)} = 0 (i \in I_k)$ 且 $t_i^{(k)} = +\infty \ (i \notin I_k)$, 则 (14.5.7)—(14.5.9) 和 (14.5.2), (14.5.3) 完全等价.

算法 14.5.3

步 1　给出初值 $x_1 \in \mathbb{R}^n$, 计算 $g_1 \in \partial f(x_1)$;

选取 $0 < m_2 < m_1 < \dfrac{1}{2}$; $0 < m_3 < 1$; $\varepsilon > 0$, $\eta > 0$,

$k = 1$, $t_1^{(1)} = 1$.

步 2　求解 (14.5.7)—(14.5.9) 得到 $\lambda_i^{(k)}$, 由 (14.5.10) 计算 d_k;

如果 $\|d_k\| \leq \eta$ 则停;

步 3　计算 $y_k = x_k + \alpha_k d_k$ 使得 (14.5.4) 或者

$$f(y_k) - \alpha_k g_{k+1}^T d_k \geq f(x_k) - \varepsilon. \tag{14.5.11}$$

其中 $g_{k+1} \in \partial f(y_k)$.

如果 (14.5.4) 不成立, 则转步 5;

步 4　$x_{k+1} := y_k$, $t_{k+1}^{(k+1)} = 1$,

$$t_j^{(k+1)} = t_j^{(k)} + f(x_{k+1}) - f(x_k) - \alpha_k g_j^T d_k,$$

$$i = 1, 2, \cdots, k, \tag{14.5.12}$$

令 $k := k + 1$; 转步 2.

步 5 $\quad x_{k+1} := x_k$, $t_j^{(k+1)} = t_j^{(k)} (j = 1, 2, \cdots, k)$

$$t_{k+1}^{(k+1)} = f(x_k) - f(y_k) + \alpha_k g_{k+1}^T d_k, \tag{14.5.13}$$

令 $k := k + 1$; 转步 2. □

捆集法的收敛性由 Lemarechal 证明.

定理 14.5.4 在定理 14.5.2 的条件下，算法 14.5.3 也将经过有限次迭代后终止.

§14.6 复合非光滑优化的基本性质

在本章的最后两节，我们讨论具有如下特殊形式：

$$\min_{x \in \mathbb{R}^n} h(f(x)) \tag{14.6.1}$$

的问题以及求解这类问题的信赖域法. 在 (14.6.1) 中， $f(x) = (f_1(x), \cdots, f_m(x))^T$ 是连续可微函数， $h(f)$ 是 $\mathbb{R}^m$ 中的凸函数. 问题 (14.6.1) 的目标函数是复合函数，故该问题被称为复合非光滑优化.

复合非光滑优化问题在离散逼近以及数据拟合等方面常常可以见到. 下面的简单例子是将一个逼近问题化为一个复合非光滑优化问题.

考虑线性方程组

$$Ax = b, \tag{14.6.2}$$

其中 $A \in \mathbb{R}^{m \times n}$, $b \in \mathbb{R}^m$. 当 $m > n$ 时，方程 (14.6.2) 一般无解，所以我们可取 x, 使得 Ax 和 b 之间的误差尽可能小，也就是说，我们需要求解

$$\min_{x \in \mathbb{R}^n} \|Ax - b\|, \tag{14.6.3}$$

其中 $\|\cdot\|$ 为 $\mathbb{R}^m$ 中的某一范数. 不难看出; (14.6.3) 具有形式 (14.6.1). 在 (14.6.3) 中取范数为欧氏范数 $\|\cdot\|_2$, 则问题是经典的最小二乘问题.

复合非光滑优化问题越来越吸引人们注意的另一个原因是：一般的光滑约束优化问题可通过 L_1 精确罚函数改写成一个复合非光滑优化问题.

关于复合非光滑优化问题的最优性条件，我们显然可以直接引用 14.1 节的结果. 为了叙述简单，我们引入如下记号：

$$\chi(x,d) = h(f(x)) - h(f(x) + A(x)^T d), \tag{14.6.4}$$

$$\psi_t(x) = \max_{\|d\| \le t} \chi(x,d), \tag{14.6.5}$$

$$DF(x,d) = \sup_{\lambda \in \partial h(f)\big|_{f=f(x)}} d^T A(x)\lambda, \tag{14.6.6}$$

其中 $\partial h(f)|_{f=f(x)}$ 是指函数 $h(\cdot)$ 在 $f(x)$ 点处的次梯度， $A(x) = \nabla f(x)^T$.

由于 $h(\cdot)$ 是凸函数，利用复合函数次梯度的连锁规则，我们不难证明以下引理.

引理 14.6.1 对于复合函数 $\tilde{f}(x) = h(f(x))$.

$$0 \in \partial \tilde{f}(x), \tag{14.6.7}$$

等价于

$$DF(x,d) \ge 0, \quad \forall d \in \mathbb{R}^n. \tag{14.6.8}$$

于是，非光滑优化的稳定点即是满足 (14.6.8) 的点. 从 $h(f)$ 的凸性我们还可得到如下结果.

引理 14.6.2 设 $\chi(x,d), \psi_t(x), DF(x,d)$ 由 (14.6.4)—(14.6.6) 定义，则有

1) $DF(x,d)$ 对一切 x 和 d 都存在；

2) $\chi(x,d)$ 看成是 d 的函数时是一凹函数. 且在 $d^* = 0$ 处沿 d 的方向导数为 $-DF(x,d)$;

3) $\psi_t(x) \ge 0, \forall t \ge 0$; $\psi_1(x) = 0$ 当且仅当 x 是稳定点；

4) $\psi_t(x)$ 是 t 的凹函数；

5) $\psi_t(x)$ 对任何给定的 $t \ge 0$ 都是 x 的连续函数.

利用上述结果，我们可证 $\{x_k\}$ 存在一个为稳定点的聚点 x^* 等价于

$$\liminf \psi_1(x_k) = 0. \tag{14.6.9}$$

由 14.1 节的必要性定理知，若 x^* 是 $h(f(x))$ 的极小点，则它必是稳定点. 由于复合非光滑优化具有特殊形式，我们可将它的必要性条件写成下面的等价形式.

定理 14.6.3 如果 x^* 是复合非光滑优化问题 (14.6.1) 的局部极小点，则必存在 $\lambda^* \in \partial h(\cdot)|_{f(x^*)}$, 使得

$$A(x^*)\lambda^* = 0, \tag{14.6.10}$$

其中 $A(x) = \nabla f(x)^T$.

证明 我们只需证明 (14.6.10) 和

$$DF(x^*, d) \ge 0, \quad \forall d \in \mathbb{R}^n \tag{14.6.11}$$

等价. 如果 (14.6.10) 成立，从定义 (14.6.6) 即知 (14.6.11) 成立.

现假定 (14.6.11) 成立. 如果 (14.6.10) 不成立，则集合

$$\overline{S} = \{A(x^*)\lambda | \lambda \in \partial h(\cdot)|_{f(x^*)}\} \tag{14.6.12}$$

不包含原点. 由于 $\partial h(\cdot)|_{f(x^*)}$ 是闭凸集，故 $\overline{S}$ 也是闭凸集. 利用凸集分离定理，我们知道必存在 $\bar{d} \in \mathbb{R}^n$, 使得

$$\bar{d}^T A(x^*)^T \lambda < 0, \quad \forall \lambda \in \partial h(\cdot)|_{f(x^*)} \tag{14.6.13}$$

由于 $\partial h(\cdot)|_{f(x^*)}$ 是闭集，(14.6.13) 显然与 $DF(x^*, \bar{d}) \ge 0$ 相矛盾. 此矛盾说明 (14.6.11) 与 (14.6.10) 等价. □

尽管函数 $\tilde{f}(x) = h(f(x))$ 可能是非凸的，我们仍可得到如下一阶充分性条件.

定理 14.6.4 如果

$$DF(x^*, d) > 0 \tag{14.6.14}$$

对一切非零向量 d 成立，则 x^* 必是函数 $h(f(x))$ 的局部严格极小点.

证明　由 (14.6.14) 知存在 $\delta>0$ 使得

$$DF(x^*,d)\geq\delta,\quad \forall\|d\|_2=1. \tag{14.6.15}$$

如果定理不真，则存在 $x_k\to x^*$, 且 $h(f(x_k))\leq h(f(x^*))$, 不妨设 $x_k=x^*+\alpha_k d_k$, $\|d_k\|_2=1$, $\alpha_k>0$, $\alpha_k\to 0_+$. 于是

$$\begin{aligned}h(f(x_k))-h(f(x^*))&=h(f(x^*)+A(x^*)^T(x_k-x^*))\\&\quad-h(f(x^*))+o(\alpha_k)\\&\geq\alpha_k DF(x^*,d_k)+o(\alpha_k)\geq\alpha_k\delta+o(\alpha_k).\end{aligned} \tag{14.6.16}$$

这与 $h(f(x_k))\leq h(f(x^*))$ 相矛盾. 故知定理成立. □

事实上，从 (14.6.16) 式我们知在 (14.6.14) 的假定下，必存在 $\bar{\delta}>0$, $\bar{\varepsilon}>0$ 使得

$$h(f(x))-h(f(x^*))\geq\bar{\delta}\|x-x^*\| \tag{14.6.17}$$

对一切 $\|x-x^*\|\leq\bar{\varepsilon}$ 都成立.

§14.7　信　赖　域　法

对于复合非光滑优化问题 (14.6.1), 信赖域法的子问题具有如下形式

$$\min_{d\in\mathbb{R}^n} h(f(x_k)+A(x_k)^Td)+\frac{1}{2}d^TB_kd=\phi_k(d), \tag{14.7.1}$$

$$\text{s.t. } \|d\|\leq\Delta_k, \tag{14.7.2}$$

这里 $\|\cdot\|$ 是 $\mathbb{R}^n$ 中的某一范数. 由于欧氏空间的任何两个范数都相互等价，除特别声明外，我们假定 $\|\cdot\|$ 是 $\|\cdot\|_2$. (14.7.1) 中的

$A(x) = \nabla f(x)^T$, $B_k \in \mathbb{R}^{n\times n}$ 是一对称矩阵. $\Delta_k > 0$ 是一信赖域半径. 设 d_k 是子问题 (14.7.1)—(14.7.2) 的解, 类似定理 14.6.3, 我们可证必存在

$$\lambda_k \in \partial h(\cdot)|_{f(x_k)+A(x_k)^T d_k}, \tag{14.7.3}$$

$$\mu_k \in \partial \|\cdot\||_{d_k}, \tag{14.7.4}$$

以及 $\bar{\mu}_k \geq 0$, 使得

$$A(x_k)\lambda_k + B_k d_k + \bar{\mu}_k \mu_k = 0, \tag{14.7.5}$$

$$\bar{\mu}_k[\Delta_k - \|d_k\|] = 0. \tag{14.7.6}$$

下面给出的信赖域法是由 Fletcher (1981) 给出的.

算法 14.7.1

步 1　给出 $x_1 \in \mathbb{R}^n$, $\lambda_0 \in \mathbb{R}^m$, $\Delta_1 > 0$, $\varepsilon \geq 0$, $k := 1$;

步 2　计算

$$B_k = \sum_{i=1}^{m} (\lambda_{k-1})_i \nabla^2 f_i(x_k); \tag{14.7.7}$$

求解 (14.7.1)—(14.7.2), 给出 d_k;

如果 $\|d_k\| \leq \varepsilon$, 则停;

步 3　计算

$$r_k = \frac{h(f(x_k)) - h(f(x_k + d_k))}{\phi_k(0) - \phi_k(d_k)}; \tag{14.7.8}$$

如果 $r_k < 0.25$ 则令 $\Delta_{k+1} := \|d_k\|/4$;

如果 $r_k > 0.75$ 且 $\|d_k\| = \Delta_k$, 则 $\Delta_{k+1} = 2\Delta_k$;

如果 Δ_{k+1} 还未定义, 则令 $\Delta_{k+1} = \Delta_k$.

步 4　如果 $r_k > 0$, 则转步 5; $x_{k+1} := x_k$, $\lambda_k := \lambda_{k-1}$, 转步 6;

步 5　$x_{k+1} = x_k + d_k$; λ_k 由 (14.7.5) 定义;

步 6　$k := k + 1$, 转步 2.　□

在分析算法 14.7.1 的收敛性时，我们假定算法产生的点列 $\{x_k\}$ 有界，这一假定在集合 $\{x|h(f(x)) \le h(f(x_1))\}$ 有界时显然成立. 由 $\{x_k\}$ 的有界性知必存在有界凸闭集 Ω 使得

$$x_k \in \Omega,\ x_k + d_k \in \Omega,\ \forall k = 1, 2, \cdots. \tag{14.7.9}$$

由于 $h(\cdot)$ 是凸函数且在整个空间 $\mathbb{R}^m$ 有定义，故必存在常数 $L > 0$ 使得

$$|h(f_1) - h(f_2)| \le L\|f_1 - f_2\| \tag{14.7.10}$$

对所有的 f_1 、 $f_2 \in f(\Omega) = \{v = f(x), x \in \Omega\}$ 都成立. 从 $f(x)$ 的连续可微性和 Ω 的有界性可知，存在常数 $M > 0$ 使得

$$\|A(x)\| \le M \tag{14.7.11}$$

对一切 $x \in \Omega$ 都成立.

定理 14.7.2　设 $f_i(x)(i = 1, \cdots, m)$ 两次连续可微，如果算法产生的点列 $\{x_k\}$ 有界，则 $\{x_k\}$ 必存在一个聚点 x^* 是优化问题 (14.6.1) 的稳定点.

关于这一定理的证明可见 Fletcher (1981), Fletcher 还指出：如果 B_k 不是由 (14.7.7) 给出，但只要 $\|B_k\|$ 一致有界，则上面的收敛性结果仍成立.

我们现在把 $\|B_k\|$ 一致有界的条件放宽到

$$\|B_k\| \le c_5 + c_6 \sum_{i=1}^{k} \Delta_i, \tag{14.7.12}$$

而且，将信赖域半径的调节也推广为一般性的，即要求

$$\|d_k\| \le \Delta_{k+1} \le \min[c_1\Delta_k, \bar{\Delta}], \quad \text{如果 } r_k \ge c_2. \tag{14.7.13}$$

$$c_3\|d_k\| \le \Delta_{k+1} \le c_4\Delta_k, \qquad \text{如果 } r_k < c_2 \tag{14.7.14}$$

其中 $c_i(i=1,\cdots,6)$ 是正常数且满足 $c_1>1>c_4>c_3$, $c_2<1$; $\bar{\Delta}>0$ 是一预先给定的常数，它是信赖域半径的上界.

首先我们有如下引理.

引理 14.7.3 设 d_k 是 (14.7.1), (14.7.2) 的解，则必有

$$h(f(x_k))-\phi_k(d_k)\ge\frac{1}{2}\psi_{\Delta_k}(x_k)\min\left[1,\frac{\psi_{\Delta_k}(x_k)}{\|B_k\|\Delta_k^2}\right],\tag{14.7.15}$$

其中 $\psi_t(x)$ 由 (14.6.4)—(14.6.5) 所定义.

证明 由 d_k 的定义，我们有

$$h(f(x_k))-\phi_k(d_k)\ge h(f(x_k))-\phi_k(d)\tag{14.7.16}$$

对任何满足 $\|d\|\le\Delta_k$ 的 d 都成立. 由 $\psi_t(x)$ 的定义，存在 $\|\bar{d}_k\|\le\Delta_k$, 使得

$$\psi_{\Delta_k}(x_k)=h(f(x_k))-h(f(x_k)+A(x_k)^T\bar{d}_k).\tag{14.7.17}$$

于是，利用 $h(\cdot)$ 的凸性即知

$$\begin{aligned}h(f(x_k))-\phi_k(d_k)&\ge h(f(x_k))-\phi_k(\alpha\bar{d}_k)\\&=\chi(x_k,\alpha\bar{d}_k)-\frac{1}{2}\alpha^2\bar{d}_k^TB_k\bar{d}_k\\&\ge\alpha\chi(x_k,\bar{d}_k)-\frac{1}{2}\alpha^2\|B_k\|\|\bar{d}_k\|^2\\&\ge\alpha\psi_{\Delta_k}(x_k)-\frac{1}{2}\alpha^2\|B_k\|\Delta_k^2\end{aligned}\tag{14.7.18}$$

对一切 $\alpha\in[0,1]$ 均成立. 从而有

$$\begin{aligned}h(f(x_k))-\phi_k(d_k)&\ge\max_{0\le\alpha\le1}\left[\alpha\psi_{\Delta_k}(x_k)-\frac{1}{2}\alpha^2\|B_k\|\Delta_k^2\right]\\&\ge\frac{1}{2}\min\left[\psi_{\Delta_k}(x_k),\frac{[\psi_{\Delta_k}(x_k)]^2}{\|B_k\|\Delta_k^2}\right].\end{aligned}\tag{14.7.19}$$

即知引理成立. □

利用上面的引理可将定理 14.7.2 推广到以下定理.

定理 14.7.4 设 $f_i(x)(i=1,\cdots,m)$ 两次连续可微, 如果算法 14.7.1 中 B_k 不由 (14.7.7) 给出但满足 (14.7.12), 假定算法产生的点列 $\{x_k\}$ 有界, 则 $\{x_k\}$ 必存在一个聚点 x^* 是优化问题 (14.6.1) 的稳定点.

证明 如果定理不成立, 则必有正常数 $\delta>0$ 使得

$$\psi_1(x_k)\geq\delta,\quad \forall k \tag{14.7.20}$$

从引理 14.6.2 的 5) 、引理 14.7.3 、不等式 (14.7.20) 和 Δ_k 的有界性, 我们可证

$$\begin{aligned}h(f(x_k))-\phi_k(d_k)&\geq c_7\min\left[\Delta_k,\frac{1}{\|B_k\|}\right]\\&\geq c_7\min\left[\Delta_k,\frac{1}{c_5+c_6\sum_{i=1}^{k}\Delta_i}\right],\end{aligned} \tag{14.7.21}$$

其中 c_7 是一正常数. 定义集合

$$S=\{k|r_k\geq c_2\}, \tag{14.7.22}$$

于是有

$$\begin{aligned}h(f(x_1))-\min_{x\in\Omega}h(f(x))&\geq\sum_{k=1}^{\infty}[h(f(x_k))-h(f(x_{k+1}))]\\&\geq\sum_{k\in S}[h(f(x_k))-h(f(x_{k+1}))]\\&\geq c_2\sum_{k\in S}[h(f(x_k))-\phi_k(d_k)].\end{aligned} \tag{14.7.23}$$

由 (14.7.23) 、 (14.7.21), (14.7.12) 和 $\Delta_k\leq\bar{\Delta}$ 可证

$$\sum_{k\in S}\Delta_k\Big/\Big(c_5+c_6\sum_{i=1}^{k}\Delta_i\Big)<+\infty. \tag{14.7.24}$$

根据 Δ_{k+1} 的定义知

$$\Delta_{k+1} \le c_4\Delta_k, \quad \forall k \notin S. \tag{14.7.25}$$

从上式即知

$$\sum_{i=1}^{k} \Delta_i \le \left(1 + \frac{c_1}{1-c_4}\right)\left[\sum_{\substack{i=1 \\ i\in S}}^{k} \Delta_i + \Delta_1\right]. \tag{14.7.26}$$

从 (14.7.24) 和 (14.7.26) 可证 $\sum_{i\in S}\Delta_i$ 收敛，再利用 (14.7.26) 即知 $\sum_{k=1}^{\infty}\Delta_k$ 收敛. 故知 $\|B_k\|$ 一致有界. 由定理 14.7.2 知 (14.7.20) 不可能对一切 k 都成立. 此矛盾说明定理为真. □

与无约束优化信赖域法的收敛性分析类似. 我们可将条件 (14.7.12) 减弱至

$$\|B_k\| \le c_8 + c_9 k. \tag{14.7.27}$$

和无约束优化不同的是, 非光滑优化信赖域法 (即算法 14.7.1) 无论 B_k 如何选取也可能出现仅仅线性收敛. 为了克服这一类似于 Marotos 效应的现象, 必须对算法进行修正. 修正的方法主要有两种, 一种是基于二阶校正步, 另一种是基于 Watchdog. 关于 Fletcher 二阶校正步的信赖域法的超线性的证明由 Yuan (1985) 给出.

参 考 文 献

[1] N. Adachi, "On variable metric algorithms", *J. Optimization Theory and Methods,* 7 (1971), 391–410.

[2] M. Al-Baali, "Descent property and global convergence of the Fletcher-Reeves method with inexact line search", *IMA J. Numer. Anal.,* 5 (1985), 121–124.

[3] K.A. Ariyawansa, "Deriving collinear scaling algorithms as extensions of quasi-Newton methods and the local convergence of DFP-and BFGS-related collinear scaling algorithms", *Math. Prog.,* 49 (1990), 23–48.

[4] L. Armijo, "Minimization of functions having Lipschitz continuous partial derivatives", *Pacific J. Math.,* 16 (1966), 1–3.

[5] R. Bartels and A. Conn, "An approach to nonlinear l_1 data fitting", in: J. P. Hennart, ed., *Lecture Notes in Math. 909: Numer. Analy., Cocoyoc,* 1981 (Springer Verlag, Berlin, 1982), 48–58.

[6] J. Barzilai and J.M. Borwein, "Two-point step size gradient methods", *IMA J. Numer. Anal.,* 8 (1988), 141–148.

[7] M.S. Bazara and C.M. Shetty, *Nonlinear Programming, Theory and Algorithms,* John Wiley and Sons, New York, 1979.

[8] C.S. Beighter, D.T. Phillips and D.J. Wilde, *Foundations of Optimization,* Prentice-Hall, Englewood Cliffs, N.J., 1979.

[9] D.P. Bertsekas, *Constrained Optimization and Lagrange Multiplier Methods,* Academic Press, New York, 1982.

[10] M.C. Biggs, "Minimization algorithms making use of non-quadratic properties of the objective function", *Institute of Mathematics and Its Applications,* 8 (1971), 315–327.

[11] M.C. Bartholomew-Biggs, "The estimation of the Hessian matrix in nonlinear least squares problems with non-zero residuals", *Math. Prog.,* 12 (1977), 67–80.

[12] P.T. Boggs and J.W. Tolle, "Merit function for nonlinear programming problems", Operations Res. and Sys. Anal. Report, No 81-2, University of North Carolina at Capel Hill, 1981.

[13] P.T. Boggs, J.W. Tolle and P. Wang, "On the local convergence of quasi-Newton methods for constrained optimization", *SIAM J. Control Opt.,* 20 (1982), 161–171.

[14] C.A. Botsaris and D.H. Jacobson, "A Newton-type curvilinear search method for optimization", *J. Math. Anal. Appl.,* 54 (1976), 217–229.

[15] C.G. Broyden, "A class of methods for solving nonlinear simultaneous equations", *Math. Comp.,* 19 (1965), 577–593.

[16] C.G. Broyden, J.E. Dennis, Jr., and J.J. Moré, "On the local superlinear convergence of quasi-Newton methods", *J. Inst. Math. Appl.,* 12 (1973),

223–246.

[17] A. Buckley, "A combined conjugate gradient quasi-Newton minimization algorithm", *Math. Prog.,* 15 (1978), 200–210.

[18] J. Burke, "Descent methods for composite nondifferential optimization problems", *Math. Prog.,* 33 (1985), 260–279.

[19] J. Burke, "Second order necessary and sufficient conditions for convex composite NDO", *Math. Prog.,* 38 (1987), 287–302.

[20] J. Burke, "A robust trust region method for constrained nonlinear programming problems", Technical Report MCS-P131-0190, Argonne National Laboratory, USA, 1990.

[21] J.V. Burke and J.J. Moré, "On the identification of active constraints", *SIAM J. Numer. Anal.,* 25 (1988), 1197–1211.

[22] J.V. Burke, J.J. Moré and G. Toraldo, "Convergence properties of trust region methods for linear and convex constraints", *Math. Prog.,* 47 (1990), 305–336.

[23] R. Byrd, "An example of irregular convergence in some constrained optimization methods that use projected Hessian", *Math. Prog.,* 32 (1985), 232–237.

[24] R. Byrd and J. Nocedal, "An analysis of reduced Hessian methods for constrained optimization", *Math. Prog.,* 49 (1991), 285–323.

[25] R. Byrd, J. Nocedal and Y. Yuan, "Global convergence of a class of variable metric algorithms", *SIAM J. Numer. Anal.,* 24 (1987), 1171–1190.

[26] R. Byrd, R.B. Schnabel and G.A. Shultz, "A trust region algorithm for nonlinearly constrained optimization", *SIAM J. Numer. Anal.,* 24 (1987), 1152–1170.

[27] P.H. Calamai and Moré, "Projected gradient methods for linearly constrained problems", *Math. Prog.,* 39 (1987), 93–116.

[28] M.R. Celis, *A Trust Region Strategy for Nonlinear Equality Constrained Optimization,* Ph. D. thesis, Dept of Math. Sci., Rice University, Houston, 1985.

[29] M.R. Celis, J.E. Dennis and R.A. Tapia, "A trust region algorithm for nonlinear equality constrained optimization", in P.T. Boggs, R.H. Byrd and R.B. Schnabel, eds., *Numer. Opt.* (SIAM, Philadelphia, 1985), 71–82.

[30] R.M. Chamberlain, "Some examples of cycling in variable metric methods for constrained minimization", *Math. Prog.,* 16 (1979), 378–283.

[31] R.M. Chamberlain, C. Lemarechal, H.C. Pedersen and M.J.D. Powell, "The watchdog techniques for forcing convergence in algorithms for constrained optimization", *Math. Prog. Study,* 16 (1982), 1–17.

[32] C. Charelambous, Unconstrained optimization based on homogeneous models, *Math. Prog.,* 5 (1973), 189–198.

[33] C. Charelambous and A.R.Conn, "An efficient method to solve the minimax problem directly", *SIAM J. Numer. Anal.,* 15 (1978), 162–187.

[34] E.W. Cheney and A.A. Goldstein, "Newton's method for convex programming and Chebyshev approximation", *Numerische Mathematik,* 1 (1959), 253–268.

[35] V. Chvátal, *Linear Programming,* W.M. Freeman and Company, New York, 1983.

[36] F.H. Clarke, *Optimization and Nonsmooth Analysis,* John Wiley and Sons, New York, 1983.

[37] A. Cohen, "Rate of convergence for root finding and optimization algorithms", *SIAM J. Numer. Anal.,* 9 (1972), 248–259.

[38] T.F. Coleman and A.R. Conn, "Nonlinear programming via an exact penalty function: asymptotic analysis', *Math. Prog.,* 24 (1982), 123–136.

[39] T.F. Coleman and A.R. Conn, "On the local convergence of a quasi-Newton method for the nonlinear programming problem", *SIAM J. Numer. Anal.,* 21 (1984), 755–769.

[40] A.R. Conn, N.I.M. Gould and Ph.L. Toint, "Global convergence of a class of trust region algorithms for optimization with simple bounds", *SIAM J. Numer. Anal.,* 25 (1988), 433–460.

[41] A.R. Conn, N.I.M. Gould and P.L. Toint, "Convergence of quasi-Newton matrices generated by symmetric rank one update", *Math. Prog., Ser. A,* 50 (1991), 177–195.

[42] A.R. Conn, N. Gould and Ph. L. Toint, "Convergence properties of minimization algorithms for convex constraints using a structured trust region", Technical Report, 92/11, Facultés Universitaires de Namur, Belgium, 1992.

[43] G. Corradi, "Quasi-Newton methods for nonlinear equations and unconstrained optimization methods", *International J. Comput. Math.,* 38 (1991), 71–89.

[44] C.W. Cryer, *Numerical Functional Analysis,* Clarendon Press, Oxford, 1982.

[45] G.B. Dantzig, *Linear Programming and Extensions,* Princeton University Press, Princeton, New Jersey, 1963.

[46] W.C. Davidon, "Variable metric methods for minimization", Argonne National Labs Report, ANL-5990.

[47] W.C. Davidon, "Optimally conditioned optimization algorithms without line searches", *Math. Prog.,* 9 (1975), 1–30.

[48] W.C. Davidon, "Optimization by nonlinear scaling", in: D.Jacobs, ed., *Proceedings of the Conference on Applications of Numerical Software — Needs and Availability,* Academic Press, New York, 1978, 377–383.

[49] W.C. Davidon, "Conic approximations and collinear scalings for optimizers', *SIAM J. Numer. Anal.,* 17 (1980), 268–281.

[50] R.S. Dembo, S.C. Eisenstat and T.Steihaug, "Inexact Newton methods", *SIAM J. Numer. Anal.,* 19 (1982), 400–408.

[51] 邓乃扬，无约束最优化计算方法，科学出版社，北京， 1982.

[52] N.Y. Deng, Y.Xiao and F.J. Zhou, "A nonmonotonic trust region algorithm", *JOTA,* 76 (1993), 259–285.

[53] J.E. Dennis Jr., D.M. Gay and R.E. Welsch, "An adaptive nonlinear least-squares algorithm", *ACM Transactions on Math. Software,* 7 (1981), 348–368.

[54] J.E. Dennis Jr., D.M. Gay and R.E. Welsch, "Algorithm 573 NL2SOL –An adaptive nonlinear least squares algorithm", *ACM Transaction on Math. Software,* 7 (1981), 369–383.

[55] J. E. Dennis and H.H.W. Mei, "Two new unconstrained optimization algorithms which use function and gradient values", *J. Opt, Theory and*

Applns, 28 (1979), 453–482.

[56] J.E. Dennis Jr. and J.J. Moré, "A characterization of superlinear convergence and its application to quasi-Newton methods", *Math. Comput.*, 28 (1974), 549–560.

[57] J.E. Dennis Jr. and J.J. Moré, "Quasi-Newton method, motivation and theory", *SIAM Review,* 19 (1977), 46–89.

[58] J.E. Dennis Jr. and R.B. Schnabel, "Least change secant updates for quasi-Newton methods", *SIAM Review,* 21 (1979), 443–459.

[59] J.E. Dennis Jr. and R.B. Schnabel, "A new derivation of symmetric positive definite secant updates", in: O.L. Mangasarian, R.R. Meyer and S.M. Robinson, eds., *Nonlinear Programming,* Vol.4, Academic Press, New York, 1980, 167–199.

[60] J.E. Dennis Jr. and R.B. Schnabel, *Numerical Methods for Unconstrained Optimization and Nonlinear Equations,* Prentice-Hall, Englewood Cliffs, NJ, 1983.

[61] J.E. Dennis Jr. and K. Turner, "Generalized conjugate directions", Report 85–11, Dept of Mathematics, Rice University, Houston, 1985.

[62] J.E. Dennis Jr. and H.F. Walker, "Convergence theorems for least change secant update methods", *SIAM J. Numer. Anal.*, 18 (1981), 949–987; 19 (1982) 443–443.

[63] J.E. Dennis, Jr. and H.F. Walker, "Least-change sparse secant update methods with inaccurate secant conditions", *SIAM J. Nurmer. Anal.* 22 (1985), 760–778.

[64] J.E. Dennis, Jr. and H. Wolkowicz, "Sizing and least change secant methods", Research Report 90-02, Faculty of Mathematics, University of Waterloo, Canada, 1990.

[65] S. Di and W. Sun, "Trust region method of conic model to solve unconstrained optimization problems", to appear.

[66] G. Di Pillo and L. Grippo, "A new class of augmented Lagrangians in nonlinear programming", *SIAM J. Control Opt.*, 17 (1979), 618–828.

[67] G. Di Pillo and L. Grippo, "An exact penalty function method with global convergence properties for nonlinear programming problem", *Math. Prog.* 36 (1986), 1–18.

[68] G. Di Pillo, L. Grippo and F. Lampariello, "A class of algorithms for the solution of optimization problems with inequalities", CNR Inst. di Anal. dei Sistemi ed Inf. Report, R18, 1981.

[69] L.C.W. Dixon, "The choice of step length, a crucial factor in the performance of variable metric method", in: F.A. Lootsma, ed.,*Numerical Methods for Nonlinear Optimization,* Academic Press, London, 1972, 149–170.

[70] L.C.W. Dixon, "Variable metric algorithms: necessary and sufficient conditions for identical behavior of nonquadratical functions", *J. Opt. Theory Appl.*, 10 (1972), 34–40.

[71] L.C.W. Dixon, Quasi-Newton family generate identical points, Part I and Part II, *Math. Prog.*, 2 (1972), 383–387, 3 (1972), 345–358.

[72] L.C.W. Dixon, E. Spedicato and G.P. Szego, (eds.) *Nonlinear Optimization,* Birkhauser, Boston, 1980.

[73] L.C.W. Dixon and G.P. Szegö, *Towards Global Optimization,* Vol. 1,2, North-Holland,Amsterdam, 1975, 1978.

[74] I.S. Duff, J. Nocedal, and J.K. Reid, "The use of linear programming for the solution of sparse sets of nonlinear equations", *SIAM J. Sci. Stat. Comput.*, 8 (1987), 99–108.
[75] M. El-Alem, *A Global Convergence Theory for a Class of Trust Region Algorithms for Constrained Optimization,* Ph. D. Thesis, Dept of Mathematical Sciences, Rice University, Houston, 1988.
[76] M. EL Alem, "A global convergence theory for the Celis-Dennis-Tapia trust region algorithm for constrained optimization", Report 88–10, Dept of Mathematical Sciences, Rice University, Houston, 1988.
[77] M. El Hallabi, "A global convergence theory for a class of trust region methods for nonsmooth optimization", Report MASC, TR 90–16, Rice University, USA.
[78] El Hallabi and Tapia, "A global convergence theory for arbitrary norm trust-region methods for nonlinear equations", Report MASC, TR 87–25, Rice University, Houston, USA.
[79] I.I. Eremin, "A generalization of the Motzkin-Agmon relaxation method", *Soviet Math. Doklady,* 6 (1965), 219–221.
[80] Yu. M. Ermoliev, "Method of solution of nonlinear extremal problems" (in Russian), *Kibernetika,* 2 (1966), 1–17.
[81] A.V. Fiacco and G.P. McCormick, Nonlinear Programming: Sequential Unconstrained Minimization Techniques, John Wiley, New York, 1968.
[82] J. Flachs, "On the convergence, invariance, and related aspects of a modification of Huang's algorithm", *J. Optimization Theory and Methods,* 37 (1982), 315–341.
[83] J. Flachs, "On the generalization of updates for quasi-Newton method", *J. Optimization Theory and its Applications,* 48 (1986), 379–418.
[84] R. Fletcher, "A new approach to variable metric algorithms", *Computer J.*, 13 (1970), 317–322.
[85] R. Fletcher, "An exact penalty function for nonlinear programming with inequalities", *Math. Prog.*, 5 (1973), 129–150.
[86] R. Flecther, "An ideal penalty function for constrained optimization", *J. Inst. Math. Applns.*, 15 (1975), 319–342.
[87] R. Fletcher, *Practical Methods of Optimization, Vol. 1, Unconstrained Optimization,* John Wiley and Sons, Chichester, 1980.
[88] R. Fletcher, *Practical Methods of Optimization, Vol. 2, Constrained Optimization,* John Wiley and Sons, Chichester, 1981.
[89] R. Fletcher, "A model algorithm for composite NDO problem", *Math. Prog. Study,* 17 (1982), 67–76.
[90] R. Fletcher, "Second order correction for nondifferentiable optimization", in: G.A. Watson, ed., *Numer. Anal.*, Springer-Verlag, Berlin, 1982. 85–115.
[91] R. Fletcher, "Penalty functions", in: A. Bachem, M. Grötschel and B. Korte, eds., *Mathematical Programming: The State of the Art,* Springer-Verlag, Berlin, 1983, 87–114.
[92] R. Fletcher, *Practical Methods of Optimization* (second edition), John Wiley and Sons, Chichester, 1987.
[93] R. Fletcher and T.L. Freeman, "A modified Newton method for minimization", *J. Optimization Theory and Methods,* 23 (1977), 357–372.

[94] R. Fletcher and M.J.D. Powell, "A rapid convergent descent method for minimization", *The Computer Journal,* 6 (1963), 163–168.

[95] R. Fletcher and C.M. Reeves, "Function minimization by conjugate gradients", *Computer Journal,* 7 (1964), 149–154.

[96] J. A. Ford and R.A. Ghundhari, "On the use of curvature estimates in quasi-Newton methods", *J. Comput. Appl. Math.,* 35 (1991), 185–196.

[97] M. Fukushima, "A successive quadratic programming algorithm with global and superlinear convergence properties", *Math. Prog,* 35 (1986), 253–264.

[98] D.M. Gay, "Computing optimal local constrained step", *SIAM J. Sci. Stat. Comp.,* 2 (1981), 186–197.

[99] D.M. Gay, "A trust region approach to linearly constrained optimization", in: D.F. Griffiths, ed., *Lecture Notes in Mathematics 1066: Numer. Anal.,* Springer-Verlag, Berlin, 1984, 72–105.

[100] P.E. Gill and W. Murray, "Quasi-Newton methods for unconstrained optimization", *J. Inst. Maths. Applns.,* 9 (1972), 91–108.

[101] P.E. Gill and W. Murray, "Numerically stable methods for quadratic programming", *Math. Prog.,* 14 (1978), 348–372.

[102] P.E. Gill and W. Murray, "Conjugate gradient methods for large-scale nonlinear optimization", Technical Report SOL 79–15, Department of Operations Research, Stanford University, Stanford, California, 1979.

[103] P.E. Gill and W. Murray and M.H. Wright, *Practical Optimization,* Academic Press, London, 1981.

[104] D. Goldfarb, "A family of variable metric method derived by variation mean", *Math. Comput.,* 23 (1970), 23–26.

[105] D. Goldfarb and A. Idinani, "A numerical stable dual method for solving strictly convex quadratic programs", *Math. Prog.,* 27 (1983), 1–33.

[106] L. Grippo, F. Lampariello and S. Lucidi, "A nonmonotone line search technique for Newton's methods", *SIAM J. Numer. Anal.,* 23 (1986), 707–716.

[107] J. Hald and K. Madsen, "Combined LP and quasi-Newton methods for minima", *Math. Prog.* 20 (1981), 49–62.

[108] S.P. Han, "A global convergent method for nonlinear programming", *J. Opt. Theory Appl.,* 22 (1977), 297–309.

[109] 何旭初、孙文瑜，广义逆矩阵引论，江苏科学技术出版社，南京， 1991.

[110] M.R. Hestenes and E. Stiefel, "Method of conjugate gradient for solving linear system", *J. Res. Nat. Bur. Stand.,* 49 (1952), 409–436.

[111] E. Höpfinger, "On the solution of the unidimensional local minimization problem", *J. Opt. Theory and Appl.,* 18 (1976), 425–428.

[112] R. Hooke and T.A. Jeeves, "Direct search solution of numerical and statistical problems", *J. ACM,* 8 (1961), 212–229.

[113] 胡毓达，非线性规划，高等教育出版社，北京， 1990.

[114] H.Y. Huang, "Unified approach to quadratically convergent algorithms for function minimization", *J. Opt. Theory and Appl.,* 5 (1970), 405–423.

[115] D.H. Jacobson and W. Oxman, "An algorithm that minimizes homogeneous functions of n variables in $n+2$ iterations and rapidly minimizes general functions", *J. Math. Anal. Appl.,* 38 (1972), 533–552.

[116] D.H. Jacobson and L.M. Pels, "A modified homogeneous algorithm for function minimization", *J. Math. Anal. Appl.,* 46 (1974), 533–541.

F. John, "Extremum problem with inequalities as subsidiary conditions", in: F.D. Friedricks, et al. (eds.) *Studies and Essays, Courant Anniversary Volume* Interscience Publishers, New York, 1948.

[117] N. Karmarkar, "A new polynomial-time algorithm for linear programming", *Combinatorica*, 4 (1984), 374–395.

[118] W. Karush, *Minima of functions of several variables with inequalities as side conditions*, Master's thesis, University of Chicago, Chicago, Illinois, 1939.

[119] J.E. Kelley, "The cutting plane method for solving convex programs", *J. of SIAM*, 8 (1960), 703–712.

[120] H.F.H. Khalfan, *Topics in quasi-Newton methods for unconstrained optimization*, Ph D thesis, University of Colorado, 1989.

[121] J. Kowalik and K. Ramakrishnan, "A numerically stable optimization method based on homogeneous function", *Math. Prog.*, 11 (1976), 50–66.

[122] H.W. Kuhn and A.W. Tucker, "Nonlinear programming", in: J. Neyman, ed., *Proceeding of the Second Berkeley Symposium on Mathematical Statistics and Probability*, University of California Press, Berkeley, California, 1951, 481–492.

[123] C.J.L. Lagrange, "Essai dune nouvelle methods pour deteminer les maxima et les minima", *Miscellanea Taurinensia*, 2 (1760–61), *Oeuvres*, 1, 356–57, 360.

[124] C. Lemaréchal, "Bundel methods in nonsmooth optimization", in: C. Lemaréchal and R.Mifflin, eds., *Nonsmooth Optimization* Pergamon, Oxford, 1978, 79–102.

[125] C. Lemaréchal, "Nondifferentiable optimization", in: L.C.W. Dixon, E. Spedicato and G.P. Szego, eds., *Nonlinear Optimization* (Birkhauser, Boston, 1980,) 149–199.

[126] K. Levenberg, "A method for the solution of certain nonlinear problems in least squares", *Qart. Appl. Math.*, 2 (1944), 164–166.

[127] D.C. Liu and J. Nocedál, "On the limited memory BFGS method for large scale optimization", *Mathematical Programming*, 45 (1989), 503–528.

[128] D.G. Luenberger, *Linear and Nonlinear Programming* (2nd Edition), Addison-Wesley, Massachusetts, 1984.

[129] G.P. McCormick, Nonlinear *Programming: Theory, Algorithms, and Applications*, John Wiley and Sons, New York, 1983.

[130] G.P. McCormick and K. Ritter, "Alternative proofs of the convergence properties of the conjugate gradient method", *J. Optimization Theory and Appl.*, 13 (1974), 497–518.

[131] K. Madsen, "An algorithm for the minimax solution of overdetermined systems of nonlinear equations" *J. Inst. Math. Appl.*, 16 (1975), 1–20.

[132] O.L Mangasarian, *Nonlinear Programming*, McGraw-Hill, New York, 1969.

[133] O.L. Mangasarian and S. Fromowitz, "The Fritz John necessary optimality conditions in the presence of equality and inequality constraints", *J. Math. Anal. Appl.*, 17 (1967), 37–47.

[134] N. Maratos, *Exact Penalty Function Algorithms for Finite Dimensional and Control Optimization Problems*, Ph. D. thesis, Imperial College Sci. Tech., University of London, 1978.

[135] D.W. Marquardt, "An algorithm for least-squares estimation of nonlinear inequalities", *SIAM J. Appl. Math.*, 11 (1963), 431–441.

[136] D.Q. Mayne and E. Polak, "A superlinearly convergent algorithm for constrained optimization problems", *Math. Prog. Study,* 16 (1982), 45–61.

[137] R.R. Meyer, "Theoretical and computational aspects of nonlinear regression", in: J. Rosen, O. Mangasarian and K. Ritter eds., *Nonlinear Programming* (Academic Press, London, 1970), 465–486.

[138] J.J. Moré, "The Levenberg-Marquardt algorithm: implementation and theory", in: G.A. Watson, ed., *Lecture Notes in Mathematics 630: Numerical Analysis* (Springer-Verlag, Berlin, 1978), 105–116.

[139] J.J. Moré, "Recent developments in algorithms and software for trust region methods", in: A. Bachem, M. Grötschel and B. Korte, eds., *Mathematical Programming: The State of the Art* (Springer-Verlag, Berlin, 1983), 258–287.

[140] J.J. Moré and D.C. Sorensen, "Computing a trust region step", *SIAM J.Sci. Stat. Comp.,* 4 (1983), 553–572.

[141] T. Motzkin and I.J. Schoenberg, "The relaxation method for linear inequalities", *Canadian J. Math.,* 6 (1954), 393–404.

[142] W. Murray and M.L. Overton, "A projected Lagrangian algorithm for nonlinear minimax optimization", *SIAM J. Sci. Stat. Comp.,* 1 (1980), 345–370.

[143] W. Murray and M.L. Overton, "A projected Lagrangian algorithm for nonlinear L_1 optimization", *SIAM J. Sci. Stat. Comp.,* 2 (1981), 207–224.

[144] Murtagh, B.A. and Sargent, R.H.W. (1969) "A constrained minimization method with quadratic convergence", in: R. Fletcher, ed., *Optimization* (Academic Press, London, 1969), 215–346.

[145] L. Nazareth, "A relationship between the BFGS and conjugate gradient algorithms and its implications for new algorithms", *SIAM J. Numer. Anal.,* 16 (1979), 794–800.

[146] J. Nocedal and M.L. Overton, "Projected Hessian update algorithms for nonlinear constrained optimization", *SIAM J. Numer. Anal.,* 22 (1985), 821–850.

[147] J. Nocedal and Y. Yuan, "Analysis of a self-scaling quasi-Newton method", *Math. Prog.,* 61 (1993), 19–37.

[148] E.A. Nurminski, (ed.) *Progress on Nondifferentiable Optimization,* IIASA, Luxembourg, 1982.

[149] O.Omojokun, *Trust Region Algorithms for Optimization with Nonlinear Equality and Inequality Constraints,* Ph. D. Thesis, University of Colorado at Boulder, 1989.

[150] S.S. Oren, "Perspectives on self-scaling variable metric algorithms", *J. Optimization Theory and Methods,* 37 (1982), 137–147.

[151] S.S. Oren, "Planar quasi-Newton algorithm for unconstrained saddle point problems", *J. Optimization Theory and Methods,* 43 (1984), 167–204.

[152] S.S. Oren and E. Spedicato, "Optimal conditioning of self-scaling variable metric algorithm", *Math. Prog.,* 10 (1976), 70–90.

[153] J.M. Ortega and W.C. Rheinboldt, *Iterative Solution of Nonlinear Equations in Several Variables,* Academic Press, New York, 1970.

[154] M.L. Overton, "Algorithms for nonlinear l_1 and l_∞ fitting", in: M.J.D. Powell, ed., *Nonlinear Optimization* 1981 (Academic press, London, 1982).

[155] J.D. Pearson, "Variable metric methods of minimization", *The Computer* J. 12 (1969), 171–178.

[156] B.T. Polyak, "A general method of solving extremal problems", *Soviet math. Doklady,* 8 (1967), 14–29.

[157] B.T. Polyak, "The conjugate gradient method in extremum problems", *USSR Comp. Math. and Math. Phys.,* 9 (1969), 94–112.

[158] B.T. Polyak, "Subgradient methods: A survey of Soviet research", in: C. Lemarechal and R. Mifflin, eds., *Nonsmooth Optimization* (Pergamon, Oxford, 1978), 5–30.

[159] M.J.D. Powell, "An efficient method for finding the minimum of a function of several variables without calculating derivatives", *The Computer J.,* 7 (1964) 155–162.

[160] M.J.D. Powell, "On the calculation of orthogonal vectors", *Computer J.,* 11 (1968), 302–304.

[161] M.J.D. Powell, "A theory on rank one modifications to a matrix and its inverse", *The Computer J.,* 12 (1969), 288–290.

[162] M.J.D. Powell, "A new algorithm for unconstrained optimization", in: J.B. Rosen, O.L. Mangasarian and K. Ritter, eds., *Nonlinear Programming* (Academic press, New York, 1970), 31–66.

[163] M.J.D. Powell, "A hybrid method for nonlinear equations", in: P. Robinowitz, ed., *Numerical Methods for Nonlinear Algebraic Equations* (Gordon and Breach Science, London, 1970), 87–144.

[164] M.J.D. Powell, "On the convergence of the variable metric algorithm", *J. Inst. Maths. Appl.,* 7 (1971), 21–36.

[165] M.J.D. Powell, "Quadratic termination properties of minimization algorithms, Part I and Part II", *J. Inst. Maths. Appl.,* 10 (1972), 332–357.

[166] M.J.D. Powell, "Convergence properties of a class of minimization algorithms", in: O.L. Mangasarian, R.R. Meyer and S.M. Robinson, eds., *Nonlinear Programming 2* (Academic Press, New York, 1975), 1–27.

[167] M.J.D. Powell, "Some global convergence properties of a variable metric algorithm for minimization without exact line searches", in: R.W. Cottle and C.E. Lemke, eds., *Nonlinear Programming, SIAM-AMS Proceedings,* Vol. IX (SIAM publications, Philadelphia, 1976), 53–72.

[168] M.J.D. Powell, "Some convergence properties of the conjugate gradient method", *Math. Prog.,* 11 (1976), 42–49.

[169] M.J.D. Powell, "Restart procedure for the conjugate gradient method" *Mathematical Programming,* 12 (1977), 241–254.

[170] M.J.D. Powell, " A fast algorithm for nonlinearly constrained optimization calculations", in: G.A. Watson, ed., *Numer. Anal.* (Springer-Verlag, Berlin, 1978), 144–157.

[171] M.J.D. Powell, "VMCWD: A FORTRAN subroutine for constrained optimization", DAMTP Report 1982/NA4 (University of Cambridge, England, 1982).

[172] M.J.D. Powell, "Nonconvex minimization calculations and the conjugate gradient method", in: D.F. Griffiths, ed., *Numerical Analysis,* Lecture Notes in Mathematics 1066 (Springer-Verlag, Berlin, 1984) 122–141.

[173] M.J.D. Powell, "On the rate of convergence of variable metric algorithms for unconstrained optimization", in: Z. Ciesielki and C. Olech, eds., *Proceeding of the International Congress of Mathematicians* (Elsevier, New York, 1984), 1525–1539.
[174] M.J.D. Powell, "Genera algorithms for discrete nonlinear approximation calculations", in: L.L. Schumarker, ed., *Approximation Theory IV* (Academic Press, New York, 1984), 187–218.
[175] M.J.D. Powell, "On the global convergence of trust region algorithms for unconstrained optimization", *Math. Prog.*, 29 (1984), 297–303.
[176] M.J.D. Powell, "On the quadratic programming algorithm of Goldfarb and Idinani", *Math. Prog. Study,* 25 (1985), 46–61.
[177] M.J.D. Powell, "Updating conjugate directions by the BFGS formula", *Math. Prog.,* 38 (1987), 29–46.
[178] M.J.D. Powell and Ph.L. Toint, "On the estimation of sparse Hessian matrices", *SIAM J. Numer. Anal.,* 16 (1979), 1060–1074.
[179] M.J.D. Powell and Y. Yuan, "A recursive quadratic programming algorithm that use differentiable exact penalty function", *Math. Prog.,* 35 (1986), 265–278.
[180] M.J.D. Powell and Y. Yuan, "A trust region algorithm for equality constrained optimization", *Math. Prog,* 49 (1991), 189–211.
[181] L. Qi, "Convergence analysis of some algorithms for solving nonsmooth equations", *Math. of Operations Res.,* 18 (1993), 227–244.
[182] L. Qi and Wenyu Sun, "An iterative method for the minimax problem", in: D.Z. Du and P.M. Pardalos, eds., *Minimax and Applications* (Kluwer Academic Publisher, Nowell, MA, USA, 1994).
[183] R.T. Rockafellar, *Convex Analysis,* Princeton University Press, Princeton, 1970.
[184] R.T. Rockafellar, *The Theory of Subgradient and Its Application to Problems of Optimization: Convex and Not Convex Functions,* Heldermann-Verlag, West Berlin, 1981.
[185] J. B. Rosen, "The gradient projection method for nonlinear programming, Part 1: Linear constraints", *J. SIAM,* 8 (1960), 181–217.
[186] J. B. Rosen, "The gradient projection method for nonlinear programming, Part 2: Nonlinear constraints", *J. SIAM,* 9 (1961), 514–532.
[187] K. Schittkowski, "The nonlinear programming method of Wilson, Han and Powell with an augmented Lagrangian type line search function, Part 1: convergence analysis", *Numerische Mathematik,* 38 (1981), 83–114.
[188] R.B. Schnabel, *Analyzing and improving quasi-Newton methods for unconstrained optimization,* PhD thesis, Department of Computer Science, Cornell University, Ithaca, NY, 1977.
[189] R.B.Schnabel, "Conic methods for unconstrained optimization and tensor methods for nonlinear equations", in: A. Bachem, M. Grotschel and B. Korte eds., *Math. Prog., The State of the Art* (Springer-Verlag, Berlin, 1983), 417–438.
[190] R.B.Schnabel and Ta-Tung Chow, "Tensor methods for unconstrained optimization using second derivatives", *SIAM J. Opt.,* 1 (1991), 293–315.
[191] R.B.Schnabel and P.D. Frank, "Tensor methods for nonlinear equations", *SIAM J. Numer. Anal.,* 21 (1984), 815–843.

[192] L,K. Schubert, "Modification of a quasi-Newton method for nonlinear equations with sparse Jacobian", *Math. of Comput.*, 24 (1970) 27–30.

[193] D.F. Shanno, "Conditioning of quasi-Newton methods for function minimization", *Math. Comput.*, 24 (1970), 647–656.

[194] D.F. Shanno, "Conjugate gradient methods with inexact searches", *Math. Oper. Res.*, 3 (1978), 244–256.

[195] N. Z. Shor, "Application of the gradient method for solution of network transportation problems" (in Russian), in: *Notes Scientific Seminar on Theory and Application of Cybernetics and Operations Research* (Acad. of Sciences, 1962).

[196] N. Z. Shor, "Utilization of the operation of space dilatation in the minimization of convex function" (in Russian), *Kebernetika,* 6 (1970), 6–12.

[197] N. Z. Shor, "Generalized gradient methods of nondifferentiable optimization employing space dilatation operations", in: A. Bachem, M.Grotschel and B. Korte, eds., *Math. Prog., The State of the Art* (Springer-Verlag, Berlin, 1983), 501–529.

[198] D.C. Sorensen, "The q-superlinear convergence of a collinear scaling algorithm for unconstrained optimization", *SIAM J.Numer. Anal.*, 17 (1980), 84–114.

[199] D.C. Sorensen, "Newton's method with a model trust region modification", *SIAM J. Numer. Anal.*, 20 (1982), 409–426.

[200] D.C. Sorensen, "Trust region methods for unconstrained optimization", in: M.J.D. Powell, ed., *Nonlinear Optimization 1981* (Academic Press, London, 1982), 29–38.

[201] E. Spedicato, "A variable metric method for function minimization derived from invariancy to nonlinear scaling", *J. Opt. Theory and its Applications* (1976).

[202] E. Spedicato, "A note on the determination of the scaling parameters in a class of quasi-Newton methods for unconstrained optimization", *J. Inst. Maths. Applics.*, 21 (1978), 285–291.

[203] E. Spedicato and Zunquan Xia, "Finding general solutions of the quasi-Newton equation via the ABS approach", *Opt., Methods and Software,* 1 (1992), 243–252.

[204] T. Steihaug, *Quasi-Newton methods for large scale optimization,* Ph. D. Dissertation, SOM Technical Report No. 49, Yale University.

[205] J. Stoer, "On the convergence rate of imperfect minimization algorithms in Broyden β class", *Math. Prog.*, 9 (1975), 313–335.

[206] J. Stoer, "Foundations of recursive quadratic programming methods for solving nonlinear programs", in: K. Schittkowski, ed. *Comput Math Prog.*, (Springer-Verlag, Berlin, 1985), 165–207.

[207] J. Stoer and R. Bulirsch 著, *Introduction to Numerical Analysis* (Springer-Verlag, New York, 1993), 中译本：孙文瑜等译，南京大学出版社出版， 1994.

[208] 孙文瑜, Numerical treatment of linear dependence in quasi-Newton methods, 5 (1983), 高校计算数学, 第 5 卷 (1983 年), 349–361.

[209] 孙文瑜、Zhonglin Wu, "Numerical researches on self-scaling variable metric algorithm, Numerical Mathematics", 高校计算数学, 第 11 卷 (1989 年), 145–158.

[210] 孙文瑜、Xiaowen chang, Graville's method for minimization of homogeneous function models", 南京大学学报, (自然科学版) 第 25 卷 (1989 年), 577–583.

[211] Wenyu Sun, "Generalized Newton's method for LC^1 unconstrained optimization", to appear in *J. Comput. Math.*, Vol. 13, 1995.

[212] Wenyu Sun and Xiaowen Chang, An unconstrained minimization method based on homogeneous functions. II. Orthogonal factorization and its update method, *J. of Applied Math. & Comput. Math.*, 3 (1989), 81–88.

[213] 孙文瑜, "大规模优化 Lanczos 方法", 南京大学学报 (自然科学版), 第 25 卷, (1989 年)69–73.

[214] 孙文瑜, "非线性预条件共轭梯度法", 数值计算与计算机应用, 第 11 卷 (1990 年), 134–137.

[215] 孙文瑜, "Generalized inverse solution of general quadratic programming", 高校计算数学, 第 13 卷 (1991 年), 94–98.

[216] 孙文瑜, "Optimization methods based on non-quadratic function model", Operations Research and Making Decision, 成都出版社, (1992), 247–254.

[217] 孙文瑜, "An adaptive approach for self-scaling variable metric algorithms", 南京大学学报, 10 (1993), 35–38.

[218] 孙文瑜、何旭初, "广义逆和优化", 运筹学杂志, 第 12 卷 (1993 年), 1–14.

[219] W. Sun and L. Qi, An iterative method for the minimax problem, in D.Z. Du and P.M. Pardalos eds., *Minimax and Applications*, (Kluwer Academic Publisher, Boston, USA, 1995), 55—67.

[220] W. Sun, Generalized Newton's method for LC^1 unconstrained optimization, *Journal of Computational Mathematics* 13 (1995), 250—258.

[221] W. Sun and S. Di, Trust region method for conic model to solve unconstrained optimization, *Optimization Methods and Software* 6 (1996), 237—263.

[222] W. Sun, On convergence of an iterative method for minimax problem, *Journal of Australian mathematics Society*, Series B. (1996).

[223] W. Sun, R. Sampaio and J. Yuan, On trust region algorithm for nonsmooth optimization, *Applied Mathematics and Computation*, (1996).

[224] Ph. L. Toint, "Towards an efficient sparsity exploiting Newton method for minimization", in: M.J.D. Powell, ed., *Nonlinear Optimization 1981* (Academic Press, London, 1982), 57–88.

[225] Ph. L. Toint, "Global convergence of a class of trust region methods for nonconvex minimization in Hilbert space", *IMA J. Numer. Anal.*, 8 (1988), 231–252.

[226] A. Vardi, "A trust region algorithm for equality constrained minimization: convergence properties and implementation", *SIAM J. Numer. Anal.*, 22 (1985), 575–591.

[227] 王薏娟、袁亚湘, "一维优化的一个二阶收敛算法", 运筹学杂志, 第 11 卷 (1992 年), 1–10.

[228] G.R. Walsch, An Introduction to Linear Programming, John Wiley and Sons, New York, 1985.

[229] G.A. Watson, "Methods for best approximation and regression", in: A. Iserles and M.J.D. Powell eds., *The State of the Art in Numer. Analysis* (Clarendon Press, Oxford, 1987), 139–164.

[230] P. Wolfe, "Methods of Recent advances in mathematical programming", in: R.L. Graves and P.Wolfe, eds., *Recent Advances in Math. Prog.*, (McGraw-Hill, New York, 1963), 67–86.

[231] P. Wolfe, "Another variable metric method", working paper, 1968.

[232] P. Wolfe, "A method of conjugate subgradients for minimizing nondifferentiable functions", *Math. Prog. Study,* 3 (1975), 145–173.

[233] R. S. Womersley, "Local properties of algorithms for minimizing nonsmooth composite functions", *Math. Prog.*, 32 (1985), 69–89.

[234] J. Wright, "Local properties of inexact methods for minimizing nonsmooth composite functions", *Math. Prog.*, 37 (1987), 232–252.

[235] 席少霖，非线性最优化方法，高等教育出版社，北京， 1992.

[236] 席少霖，赵风治，最优化计算方法，上海科学技术出版社，上海， 1983.

[237] Y. Ye and M.J. Todd, "Containing and shrinking ellipsoids in the path-following algorithm", *Math. Prog.*, 47 (1990), 1–9.

[238] Y. Ye and E. Tse, "An extension of Karmarkar's algorithm to convex quadratic programming", *Math. Prog.*, 44 (1989), 157–179.

[239] Y. Yuan, "On the least Q-order of convergence of variable metric algorithms", *IMA J. Numer. Analy.*, 4 (1984), 233–239. (1984a)

[240] Y. Yuan, "An example of only linearly convergence of trust region algorithms for nonsmooth optimization", *IMA J. Numer. Anal.*, 4 (1984) 327–335. (1984b)

[241] Y. Yuan, "Conditions for convergence of trust region algorithms for nonsmooth optimization", *Math. Prog.*, 31 (1985), 220–228. (1985a)

[242] Y. Yuan, "On the superlinear convergence of a trust region algorithm for nonsmooth optimization", *Math. Prog.*, 31 (1985), 269–285. (1985b)

[243] Y. Yuan, "An only 2-step Q-superlinear convergence example for some algorithms that use reduced Hessian approximation", *Math Prog.*, 32 (1985), 224–231. (1985c)

[244] Y. Yuan, "On a subproblem of trust region algorithms for constrained optimization", *Math. Prog.*, 47 (1990), 53–63.

[245] Y. Yuan, "A modified BFGS algorithm for unconstrained optimization", *IMA J. Numer Anal.*, 11 (1991), 325–332.

[246] Y. Yuan, "On self-dual update formulae in the Broyden family", *Optimization Methods and Software,* 1 (1992), 117–127.

[247] 袁亚湘，非线性规划数值方法，上海科学技术出版社，上海， 1993.

[248] Y. Yuan, "On the convergence of a new trust region algorithm", *Numer. Math.*, 70 (1995), 515—539.

[249] Y. Yuan and R. Byrd, "Non-quasi-Newton updates for unconstrained optimization", *J. Comp. Math.*, 13 (1995), 95—107.

[250] W.I. Zangwill. "Non-linear programming via penalty functions", *Management Sci.*, 13 (1967), 344–358.

[251] J. Zowe, "Nondifferentiable optimization-a motivation and a short introduction into the subgradient and the bundle concept", in: K. Schittkowski, ed., *Comput. Math.* prog. (Springer-Verlag, Berlin, 1985), 321–356.

《计算方法丛书 · 典藏版》书目

1　样条函数方法　1979.6　李岳生 齐东旭　著
2　高维数值积分　1980.3　徐利治 周蕴时　著
3　快速数论变换　1980.10　孙　琦等　著
4　线性规划计算方法　1981.10　赵凤治　编著
5　样条函数与计算几何　1982.12　孙家昶　著
6　无约束最优化计算方法　1982.12　邓乃扬等　著
7　解数学物理问题的异步并行算法　1985.9　康立山等　著
8　矩阵扰动分析(第二版)　2001.11　孙继广　著
9　非线性方程组的数值解法　1987.7　李庆扬等　著
10　二维非定常流体力学数值方法　1987.10　李德元等　著
11　刚性常微分方程初值问题的数值解法　1987.11　费景高等　著
12　多元函数逼近　1988.6　王仁宏等 著
13　代数方程组和计算复杂性理论　1989.5　徐森林等　著
14　一维非定常流体力学　1990.8　周毓麟 著
15　椭圆边值问题的边界元分析　1991.5　祝家麟　著
16　约束最优化方法　1991.8　赵凤治等　著
17　双曲型守恒律方程及其差分方法　1991.11　应隆安等　著
18　线性代数方程组的迭代解法　1991.12　胡家赣　著
19　区域分解算法——偏微分方程数值解新技术　1992.5　吕　涛等　著
20　软件工程方法　1992.8　崔俊芝等　著
21　有限元结构分析并行计算　1994.4　周树荃等　著
22　非数值并行算法(第一册)模拟退火算法　1994.4　康立山等　著
23　非数值并行算法(第二册)遗传算法　1995.1　刘　勇等　著
24　矩阵与算子广义逆　1994.6　王国荣　著
25　偏微分方程并行有限差分方法　1994.9　张宝琳等　著
26　准确计算方法　1996.3　邓健新　著
27　最优化理论与方法　1997.1　袁亚湘　孙文瑜　著
28　黏性流体的混合有限分析解法　2000.1　李　炜　著
29　线性规划　2002.6　张建中等　著